# 에너지관리 기능장

필기 X 이론 무료특강

삼원북스

# 나만의 합격비법
# 나합격은 다르다!

**나합격 독자만을 위한
동영상강의로
학습효과가 배가 됩니다**

나합격 수험생지원센터를 통해 시험에 대한
오리엔테이션 및 이론강의와 기출문제 풀이까지
모든 동영상 강의를 시청할 수 있습니다.

- 오리엔테이션
- 전과목 이론강의
- 기출문제 특강

**동영상강의 수강방법**

01  에듀강닷컴 카페에 회원가입
02  교재 인증샷(닉네임기재)과 함께 등업 신청
03  등업 이후 다양한 동영상강의 수강

NAVER 카페 | 에듀강닷컴 ▼ | 검색

## 모든 시험정보가 한곳에!
**나합격 수험생지원센터**에서
앞서가십시오

지금 카페에 접속해 보세요. 시험정보 및 뉴스,
독자 Q&A, 각종 시험자료와 동영상 강의 등
시험에 필요한 모든 것을 나합격지원센터에서
지원받을 수 있습니다.

- 동영상강의
- 시험정보
- 질의응답

나합격지원센터에서는 본 종목뿐만 아니라
관련분야 자격종목까지 지원을 확대하고 있습니다.

에듀강닷컴 네이버카페 바로가기
www.edukang.com

에듀강닷컴 유튜브 바로가기
www.youtube.com/win1008kr

* 이론강의 - 무료제공
  기출강의 - 멤버쉽 가입 후 제공

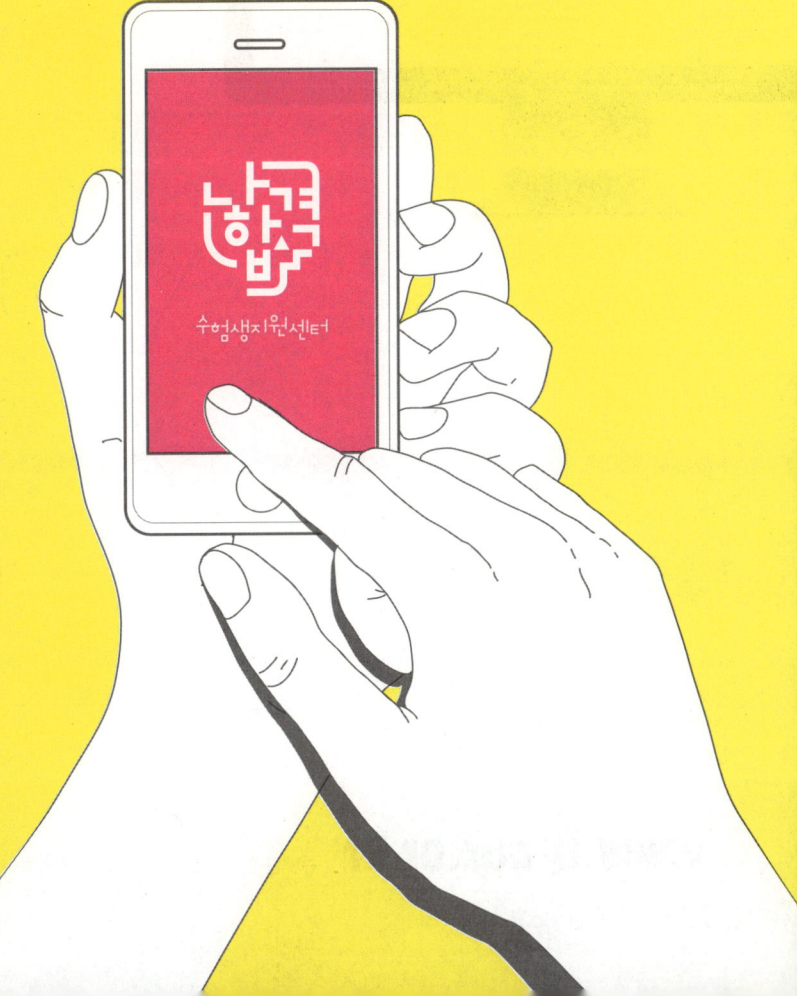

# 시험접수부터 자격증발급까지 응시절차

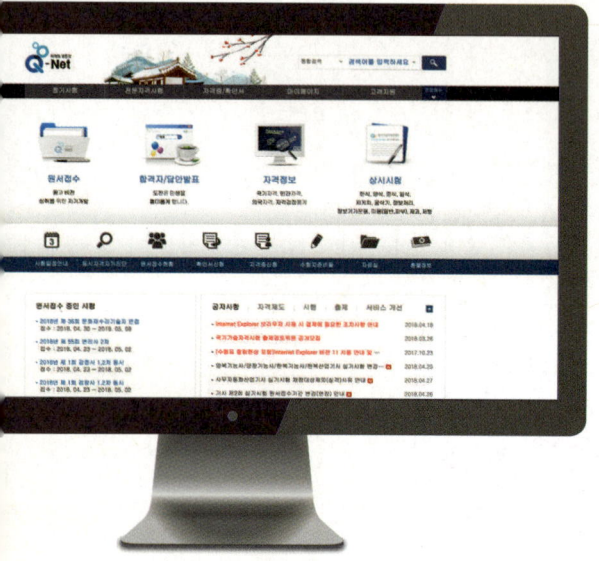

## 01
### 시험일정 & 응시자격조건 확인

- 큐넷 시험일정 안내에서 응시 종목의 접수기간과 시험일을 확인합니다.
- 큐넷 자격정보에서 응시 종목의 자격조건을 확인합니다(기능사 제외).

## 04
### 필기시험 합격자 발표

- 인터넷, ARS 또는 접수한 지사에서 공고됩니다.
- 기능사 CBT의 경우 큐넷 합격자 발표 조회에서 바로 확인이 가능합니다.

www.Q-net.or.kr    큐넷은 한국산업인력공단에서 운영하는국가 자격증 포털 사이트입니다.

## 02 필기시험 원서접수

- 큐넷 www.Q-net.or.kr 에 로그인합니다.
  (회원가입시 반명함판 사진 등록 필수)
- 큐넷 원서접수에서 신청 순서에 따라 접수하면 됩니다.
- 시험일자 및 장소는 현재접수 가능인원을 반드시
  확인 후 선택해야 합니다.
- 결제하기에서 검정수수료 확인 후 결제를 진행합니다.

## 03 필기시험 응시 및 유의사항

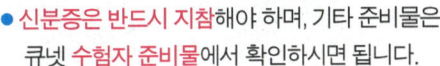

- 신분증은 반드시 지참해야 하며, 기타 준비물은
  큐넷 수험자 준비물에서 확인하시면 됩니다.
- 시험시간 20분 전부터 입실이 가능합니다.
  (시험시간 미준수시 시험 응시 불가)

## 05 실기시험 원서접수

- 인터넷 접수 www.Q-net.or.kr 만 가능하며,
  필기시험 합격자에 한하여 실기접수기간에 접수합니다.
- 최종합격여부는 큐넷 홈페이지를 통해 확인 가능합니다.

## 06 자격증 신청 및 수령

- 큐넷 자격증 신청에서 상장형, 모바일형, 수첩형 자격증 선택
- 상장형, 모바일형 무료 / 수첩형 수수료 6,110원입니다.

# 콕!찝어~ 꼭!필요한 에너지관리기능장 오리엔테이션

## 에너지관리기능장 시험은?

**필기 검정방법** : 객관식 60문항 사지선다형, 시험시간 1시간

**필기 과목명** : 보일러구조학, 보일러시공, 보일러취급 및 안전관리, 유체역학 및 열역학, 배관공학, 보일러 재료, 에너지이용 합리화 관계법규, 공업경영에 관한 사항

**합격기준** : 필기 실기 각각 100점 만점으로 60점 이상 득점 시 합격

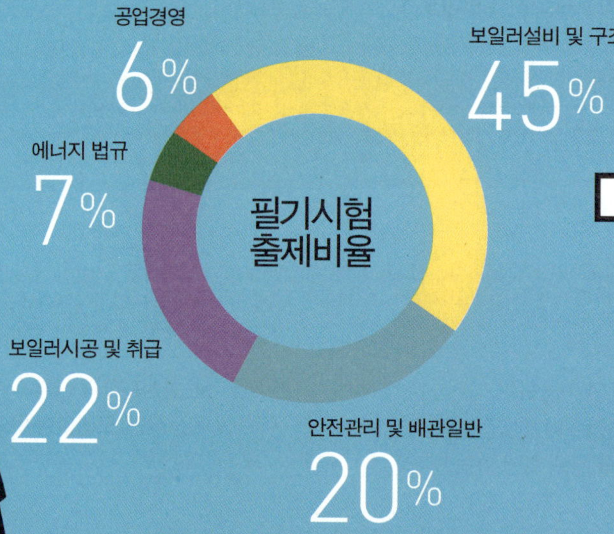

### 필기시험 출제비율

- 보일러설비 및 구조 45%
- 보일러시공 및 취급 22%
- 안전관리 및 배관일반 20%
- 에너지 법규 7%
- 공업경영 6%

## 필기시험에서 꼭 필요한 숙지사항은?

01 보일러설비 및 구조, 취급 과목의 경우, 이해 위주로 접근하여야 응용 문제를 정확히 풀어낼 수 있습니다.
02 안전관리 및 배관일반의 경우 일부 암기와 이해가 병행되어야 합니다.
03 에너지이용합리화 법규과목은 암기위주로 접근하는 것이 좋습니다.
04 공업경영 과목은 이해위주로 접근하여야 하며 일부 계산문제는 계산기 사용방법만 잘 숙지하면 됩니다.
05 이론과목 정독 및 동영상 강의 시청 후 2018년부터 CBT로 변경된 시험을 빅데이터로 출제경향을 파악해 복원된 21회차 모의고사(기출문제)를 반복하여 풀이하고 맞출 수 있는 문제는 반드시 맞추도록 준비해야 합니다. 모의고사(기출문제) 풀이 영상 또한 제공되고 있으며 해당 문제 풀이 영상은 (유튜브)에듀강닷컴 멤버십 가입 후 시청할 수 있습니다.
06 60문항 중 36문항 이상 득점 시 합격(60점 이상)입니다.

필기는 기출문제를 중심으로 공부하되, 문제의 정답이 되는 근거를 본문에서 찾아가며 공부하는 방법이 좋고 처음에는 기출문제가 생소하고 암기내용이 잘 떠오르지 않을 수 있지만 시간이 지나면 암기내용은 뚜렷해지고 자연스럽게 이해가 될 것입니다.

# 개념잡는 핵심이론
## 나합격만의 본문구성

**NEW DESIGN**

나합격만의 아이덴티티를 강조한
새로운 디자인과 함께 최신 출제경향을
완벽히 반영한 최신 개정판입니다.

본문의 이론을 유기적인 보충설명을 통해
지루하지 않고 탄탄하게 흡수하도록 구성했습니다.

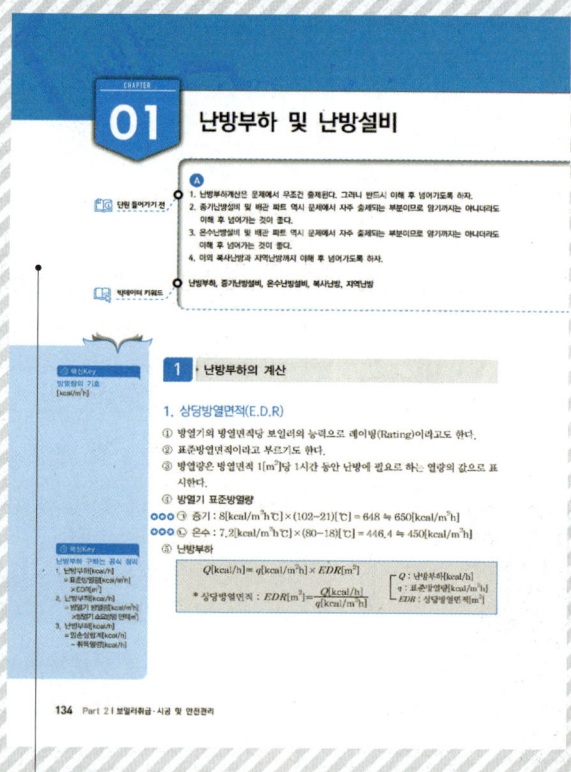

NEW DESIGN

**KEYWORD**

빅데이터 키워드를 통해
시험에 중요한 키워드를
확인하세요.

### 본문 날개구성
독창적인 날개구성을 통해
이론학습에 도움을 주는
다양한 컨텐츠를 제공합니다.

### 핵심 KEY
기출문제부터 핵심KEY까지
다양한 보충 설명과 정보로
학습에 도움을 드립니다.

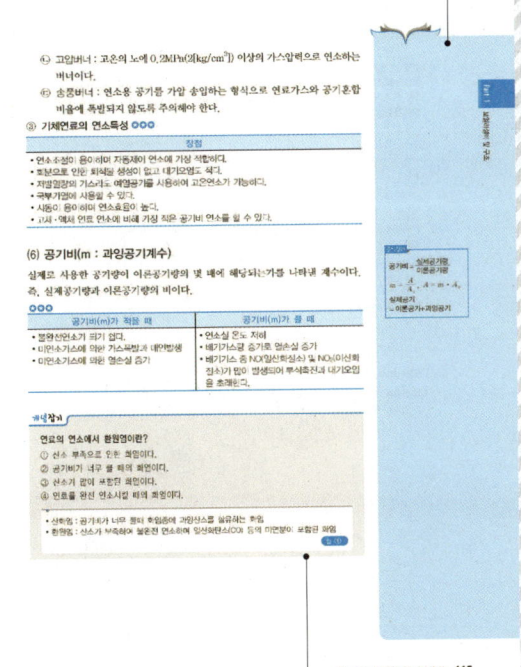

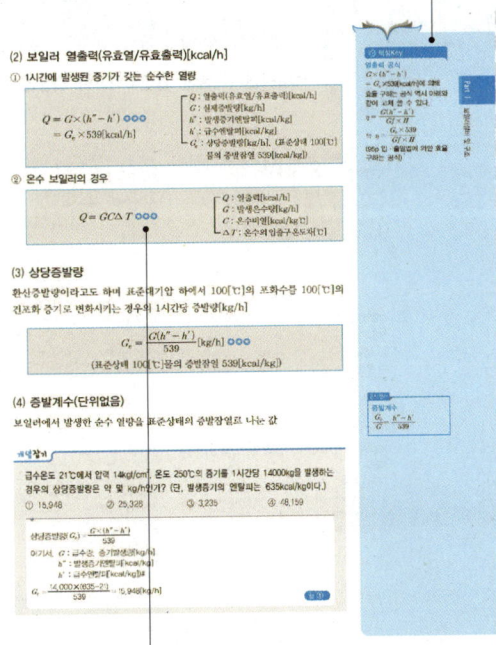

### 개념잡기
지루한 본문의 흐름을 피하고
문제의 개념잡기를 위해 바로바로
예제를 배치했습니다.

### ★★★
출제되는 정도에 따라
중요도를 별표로
표기하였습니다.

# 최신반영 기출문제 & CBT대비 모의고사

실전 모의고사 기출문제 21회로
실력을 다져보세요.
난이도와 출제경향을 파악할 수 있습니다.

기출문제

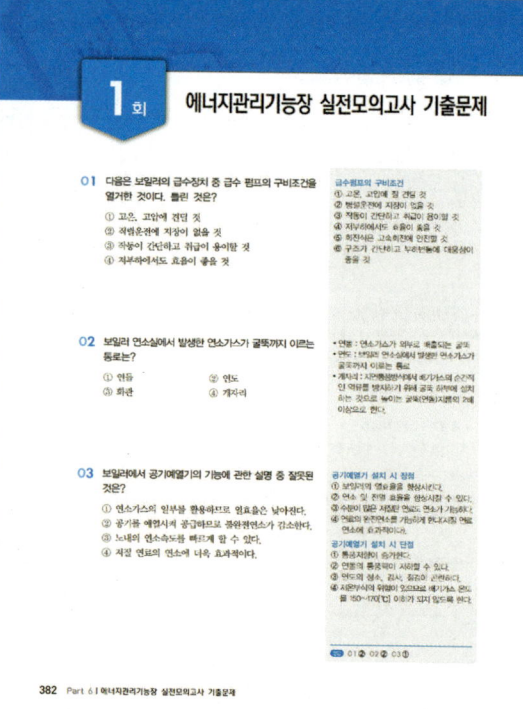

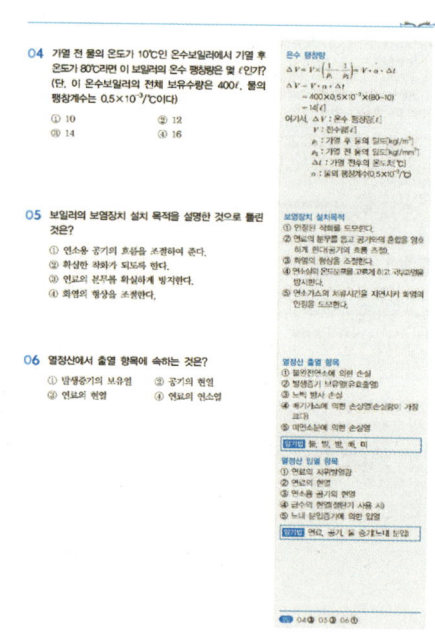

해설 및 풀이
기출문제 풀이는 회차별로 구성하였으며,
완벽히 정리된 해설로 해당 이론을 익히도록
배치하였습니다.

# 시험의 흐름을 잡는 나합격만의 합격도우미

부록
합격족보 + 공식정리

시험 당일까지 공부일정 및 계획을 짜는 것은 매우 중요합니다. 셀프스터디 합격플래너를 통해 스스로의 합격을 만들어 보세요.

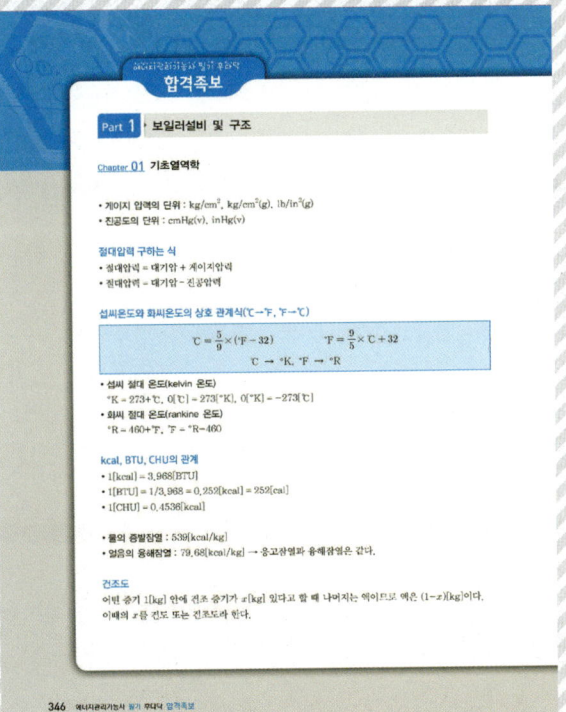

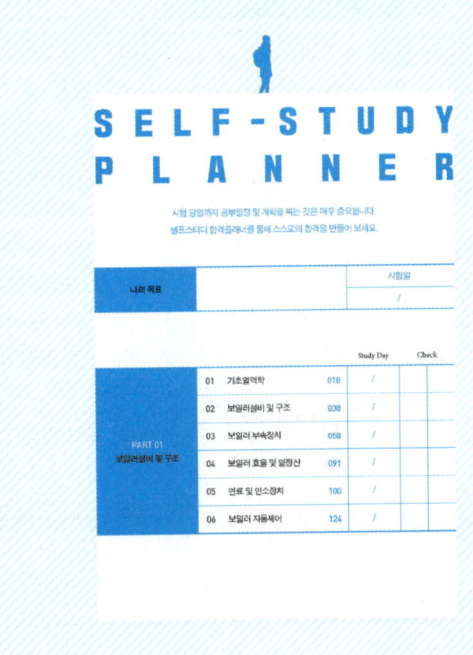

**과목별 핵심이론 및 공식정리**
시험에 필요한 핵심이론과 공식을 정리하여 구성하였습니다.
본 구성을 통해 시험에 필요한 내용을 효율적으로
학습해 보세요.

**나만의 합격플래너**
스스로 공부한 날이나 시험일을 적어 공부 진척도를
한 눈에 확인할 수 있고, 체크 박스를 통해 공부의 완성도를
파악할 수 있도록 하였습니다.

# SELF-STUDY PLANNER

시험 당일까지 공부일정 및 계획을 짜는 것은 매우 중요합니다.
셀프스터디 합격플래너를 통해 스스로의 합격을 만들어 보세요.

| 나의 목표 | | 시험일 |
|---|---|---|
| | | / |

| | | | | Study Day | Check |
|---|---|---|---|---|---|
| **PART 01**<br>보일러설비 및 구조 | 01 | 기초열역학 | 018 | / | |
| | 02 | 보일러설비 및 구조 | 038 | / | |
| | 03 | 보일러 부속장치 | 058 | / | |
| | 04 | 보일러 효율 및 열정산 | 091 | / | |
| | 05 | 연료 및 연소장치 | 100 | / | |
| | 06 | 보일러 자동제어 | 124 | / | |

|  |  |  | Study Day | Check |
|---|---|---|---|---|
| **PART 02**<br>보일러취급·시공<br>및 안전관리 | 01 | 난방부하 및 난방설비 | 134 | / |
| | 02 | 보일러설치·시공기준 | 150 | / |
| | 03 | 보일러 취급 | 168 | / |
| | 04 | 보일러 안전관리 | 177 | / |

|  |  |  | Study Day | Check |
|---|---|---|---|---|
| **PART 03**<br>배관일반 | 01 | 배관재료 | 188 | / |
| | 02 | 배관공작 및 배관도시법 | 209 | / |

|  |  |  | Study Day | Check |
|---|---|---|---|---|
| **PART 04**<br>에너지이용<br>합리화관계 법규 | 01 | 에너지이용합리화법 | 226 | / |
| | 02 | 에너지이용합리화 계획 및 조치 | 239 | / |
| | 03 | 에너지이용합리화 시책 | 248 | / |
| | 04 | 산업 및 건물관련 시책 | 256 | / |
| | 05 | 열사용기자재의 관리 | 264 | / |
| | 06 | 에너지관리공단 | 277 | / |
| | 07 | 시공업자 단체 | 280 | / |
| | 08 | 보칙 | 282 | / |
| | 09 | 벌칙 및 벌금 | 285 | / |

|  |  |  | | Study Day | Check |
|---|---|---|---|---|---|
| **PART 05**<br>공업경영 | 01 | 품질관리 | 292 | / | |
| | 02 | 생산관리 | 309 | / | |
| | 03 | 작업관리 | 319 | / | |
| | 04 | 기타 공업경영 | 330 | / | |

|  |  |  | | Study Day | Check |
|---|---|---|---|---|---|
| **PART 06**<br>에너지관리기능장 필기<br>실전모의고사 기출문제 | 1회 | 실전모의고사 기출문제 | 382 | / | |
| | 2회 | 실전모의고사 기출문제 | 401 | / | |
| | 3회 | 실전모의고사 기출문제 | 419 | / | |
| | 4회 | 실전모의고사 기출문제 | 438 | / | |
| | 5회 | 실전모의고사 기출문제 | 456 | / | |
| | 6회 | 실전모의고사 기출문제 | 476 | / | |
| | 7회 | 실전모의고사 기출문제 | 495 | / | |
| | 8회 | 실전모의고사 기출문제 | 515 | / | |
| | 9회 | 실전모의고사 기출문제 | 535 | / | |
| | 10회 | 실전모의고사 기출문제 | 554 | / | |
| | 11회 | 실전모의고사 기출문제 | 573 | / | |
| | 12회 | 실전모의고사 기출문제 | 591 | / | |

|  |  |  | Study Day | Check |
|---|---|---|---|---|
| **PART 06**<br>에너지관리기능장 필기<br>실전모의고사 기출문제 | **13회** 실전모의고사 기출문제 | 610 | / |  |
| | **14회** 실전모의고사 기출문제 | 629 | / |  |
| | **15회** 실전모의고사 기출문제 | 648 | / |  |
| | **16회** 실전모의고사 기출문제 | 666 | / |  |
| | **17회** 실전모의고사 기출문제 | 684 | / |  |
| | **18회** 실전모의고사 기출문제 | 703 | / |  |
| | **19회** 실전모의고사 기출문제 | 722 | / |  |
| | **20회** 실전모의고사 기출문제 | 740 | / |  |
| | **21회** 실전모의고사 기출문제 | 760 | / |  |

# PART 01 보일러설비 및 구조

CHAPTER 01    기초열역학
CHAPTER 02    보일러설비 및 구조
CHAPTER 03    보일러 부속장치
CHAPTER 04    보일러 효율 및 열정산
CHAPTER 05    연료 및 연소장치
CHAPTER 06    보일러 자동제어

# CHAPTER 01 기초열역학

**단원 들어가기 전**

1. 절대압력, 게이지압력, 진공압력에 대해 정리할 것
2. ℃와 ℉의 관계 및 절대온도 켈빈과 랭킨에 대해 알아둘 것
3. 열역학 법칙(제0법칙, 제1법칙, 제2법칙, 제3법칙)에 대한 의미를 정확히 파악할 것

**빅데이터 키워드**

압력, 온도, 열역학 법칙

## 1 단위, 압력, 온도

### 1. 기본단위

단위계는 크게 MKS와 CGS단위계로 나뉘게 된다.

#### (1) 기본단위
물리적 현상을 다루는데 필요한 단위 힘(kgf), 길이(m), 시간(s) 등

#### (2) 유도단위
기본단위의 조합으로 만들어진 단위 면적($m^2$), 속도(m/s), 밀도($kg/m^3$) 등

| | 기본단위 | 유도단위 |
|---|---|---|
| 중력단위(힘 : kgf) | F·L·T<br>kgf, m, s | kgf·m, $kgf/m^2$ 등 |
| 절대단위(힘=N=kgm·$m/s^2$) | M·L·T<br>kgm, m, s | N, Nm, $N/m^2$ 등 |

## (3) 단위계

① M, K, S : m, kg, s
② C, G, S : cm, g, s

## (4) 차원

① F, L, T : kgf, m, s (중력단위계)
② M, L, T : kgm, m, s (절대단위계)

$F = m \cdot a$

$1[kgf] = 1[kgm] \cdot 9.8[m/s^2] = 9.8[kgm \cdot m/s^2]$

$\Rightarrow 1[N] = 1[kgm \cdot m/s^2]$

$\therefore 1[kgf] = 9.8[N] = 9.8[kgm \cdot m/s^2]$

## (5) 단위와 차원

① $kgf = kgm \cdot \dfrac{m}{s^2}$

$[F] = [MLT^{-2}]$

② $kgm = kgf \cdot \dfrac{s^2}{m}$

$[M] = [FL^{-1}T^2]$

③ $kgf/m^2 = kgm \cdot \dfrac{m}{m^2 s^2} = \dfrac{kgm}{m \cdot s^2}$

$[FL^{-2}] = [ML^{-1}T^{-2}]$

## 2. 압력(Pressure)

서로 밀어내려는 힘을 압력(pressure)이라 하며, 압력의 세기는 단위면적당 작용하는 힘으로 나타낸다.

단위면적 $1[cm^2]$에 작용하는 힘[kg 또는 lb]의 크기로 단위는 $[kg/cm^2]$ 또는 $[lb/in^2]$ (PSI : pound per square inch)

### (1) 대기압(Atmospheric pressure)

지구의 대기가 지상을 누르고 있는 힘을 말하며 표준상태에서 수은주 760mm와 같고 1기압(1atm)으로 나타낸다.
Hg(수은)의 비중이 13.595이고 H₂O(물)의 비중은 1이므로 아래와 같은 식이 성립된다.

> **공식정리**
> 압력을 구하는 식
> $P = \dfrac{F}{A} [kg/cm^2]$

$$76[cm] \times 13.595[g/cm^3] = 1033.22[g/cm^2] = 1.0332[kg/cm^2] = 10.33[mH_2O]$$

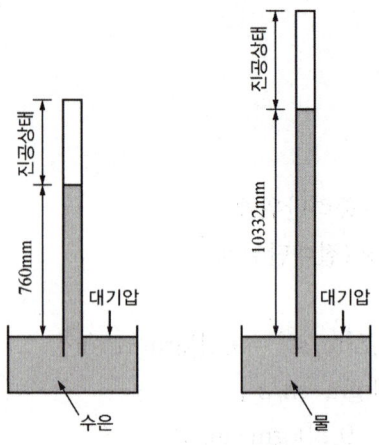

토리첼리의 정의

이 때 1[$cm^2$]에 대하여 1.033[kg]의 무게가 적용되므로 1[atm] = 1[$kg/cm^2$]로 나타낼 수 있다.

① 표준 대기압(atm) ✪✪✪

1기압은 위도 45°의 해면에서 0[℃] 760[mmHg]가 매 [$cm^2$]에 주는 힘으로서,

$$1[atm] = 1.0332[kg/cm^2] = 760[mmHg] = 10.33[mH_2O] = 1.01325[bar]$$
$$= 1013.25[mbar] = 101325[N/m^2] = 101325[Pa] = 14.7[lb/in^2]$$
$$= 101.325[kPa]이다.$$

## (2) 게이지 압력

표준 대기압을 0으로 하여 측정한 압력, 즉 압력계가 표시하는 압력

> 🌟 꼭찝어 어드바이스
> 
> 단위 : $kg/cm^2$, $kg/cm^2(g)$, $lb/in^2(g)$

## (3) 진공도(Vacuum)

대기압보다 낮은 압력을 진공도 또는 진공압력이라 한다.

> 🌟 꼭찝어 어드바이스
> 
> 단위 : cmHg(v), inHg(v)

### (4) 절대 압력

완전 진공을 0으로 하여 측정한 압력

> **꼭찝어 어드바이스**
>
> 단위 : $kg/cm^2 abs$, $lb/in^2 abs$

① 절대압력 = 게이지압력 + 대기압
② 절대압력 = 대기압 − 진공압
③ 게이지압력 = 절대압력 − 대기압

$$1[MPa] = 10[kg/cm^2]$$

> **꼭찝어 어드바이스** ★★
>
> 필수암기
> - 절대압력 = 대기압+게이지압력
> - 절대압력 = 대기압−진공압력

## 3. 온도(Temperature)

### (1) 섭씨 온도(Centigrade temperature)

섭씨 온도란 표준 대기압(1atm)하에서 물이 어는 온도(빙점)를 0[℃]로 정하고, 끓는 온도(비점)를 100[℃]로 정한 다음 그 사이를 100등분하여 한 눈금을 1[℃]로 규정한다.

### (2) 화씨 온도(Fahrenheit temperature)

화씨 온도란 표준 대기압(1atm)인 상태에서 물이 어는 온도(빙점)를 32[℉], 끓는 온도(비점)를 212[℉]로 정한 다음 그 사이를 180등분하여 한 눈금을 1[℉]로 규정한다.

### (3) 절대 온도(Absolute temperature)

자연계에 존재하는 온도를 0[°K]로 기준한 온도이며 온도의 시점을 −273.16[℃]로 한 온도이기도 하다. °K로 표시한다.

### (4) 건구 온도

온도계로 측정할 수 있는 온도

---

**핵심Key**

섭씨온도와 화씨온도의 상호 관계식(℃→℉, ℉→℃)

$$℃ = \frac{5}{9} \times (℉ - 32)$$

$$℉ = \frac{9}{5} \times ℃ + 32$$

**핵심Key**

℃ → °K, ℉ → °R

섭씨 절대 온도(kelvin 온도)
- °K = 273+℃
- 0[℃] = 273[°K]
- 0[°K] = −273[℃]

화씨 절대 온도(rankine 온도)
- °R = 460+℉
- ℉ = °R−460

### (5) 습구 온도

봉상 온도계(유리 온도계)의 수은 부분에 명주를 물에 적셔 수분이 대기 중에 증발될 때 측정한 온도

### (6) 노점 온도

대기 중에 존재하는 포화증기가 응축하여 이슬이 맺히기 시작할 때의 온도

## 2 열량과 비열

### 1. 열량

열량의 단위는 cal를 사용한다. 1[cal]란 순수한 물 1[g]을 14.5[℃]에서 15.5[℃] 높이는데 필요한 열량을 말하며 영국과 미국에서는 BTU(Britich thermal unit) 단위를 사용한다. 이것은 1[lb]의 물의 온도를 1[℉] 높이는데 필요한 열량을 말한다.

#### (1) 1[kcal]

물 1[kg]을 1[℃] 올리는데 필요한 열량(한국·일본에서 사용되는 단위)

#### (2) 1[BTU]

물 1[lb]를 1[℉] 올리는데 필요한 열량(미국·영국에서 사용되는 단위)

#### (3) 1[CHU]

물 1[lb]를 1[℃] 올리는데 필요한 열량

### 2. 비열(Specific Heat)

단위 중량당 물질의 온도를 1[℃] 올리거나 내릴 때 필요한 열량을 그 물질의 비열이라 한다.

#### (1) 정압 비열(Constant Pressure : Cp)

기체를 압력이 일정한 상태에서 1[℃] 높이는데 필요한 열량

---

**핵심Key**

kcal, BTU, CHU의 관계
- 1[kcal] = 3.968[BTU]
- 1[BTU] = 1/3.968
  = 0.252[kcal]
  = 252[cal]
- 1[CHU] = 0.4536[kcal]

**참고**

비열의 단위는 [kcal/kg·℃]로 나타내며 영국과 미국에서는 [BTU/lb·℉]를 사용한다.

### (2) 정적 비열(Constant Volume : Cv)

기체를 체적이 일정한 상태에서 1[℃] 높이는데 필요한 열량

### (3) 비열비(K)

기체의 정압 비열과 정적 비열과의 비/ 즉, Cp/Cv 이므로 비열비는 항상 1보다 크다.
다시 말해 Cp 〉 Cv 이므로 Cp/Cv 〉 1 이다.

① 비열과 온도의 변화 : 비열이 큰 물질일수록 온도의 변화가 힘들다.
② 물질의 비열값
　　물 : 1, 공기 : 0.24, 얼음 : 0.5, 수증기 : 0.46

> **핵심Key**
> 비열비가 큰 가스일수록 가스 압축 후의 온도가 높다.

## 3 현열과 잠열 및 열용량

### 1. 현열(감열)

어떤 물질의 상태 변화 없이 온도만 변화시키는데 필요한 열량

$$Q = G \cdot C \cdot \triangle T$$

- $Q$ : 열량(현열)[kcal]
- $G$ : 물체의 중량[kg]
- $C$ : 비열[kcal/kg·℃]
　(얼음 0.5, 물 1, 공기 0.24, 수증기 0.46)
- $\triangle T$ : 온도차[℃]

### 2. 잠열

어떤 물질의 온도 변화 없이 상태만 변화시키는데 필요한 열량

$$Q = G \cdot r$$

- $Q$ : 열량(잠열)[kcal]
- $G$ : 물체의 중량[kg]
- $r$ : 잠열량[kcal/kg]

> **꼭찝어 어드바이스**
>
> **필수암기**
> - 물의 증발잠열 : 539[kcal/kg]
> - 얼음의 융해잠열 : 79.68[kcal/kg] → 응고잠열과 융해잠열은 같다.

**핵심 Key**
열용량(Q)
= 물질의 질량(m)×비열(C)

## 3. 열용량

열용량이란 어떤 물질의 온도를 1[℃]만큼 올리는데 필요한 열량이며 그 단위는 kcal/℃이다.

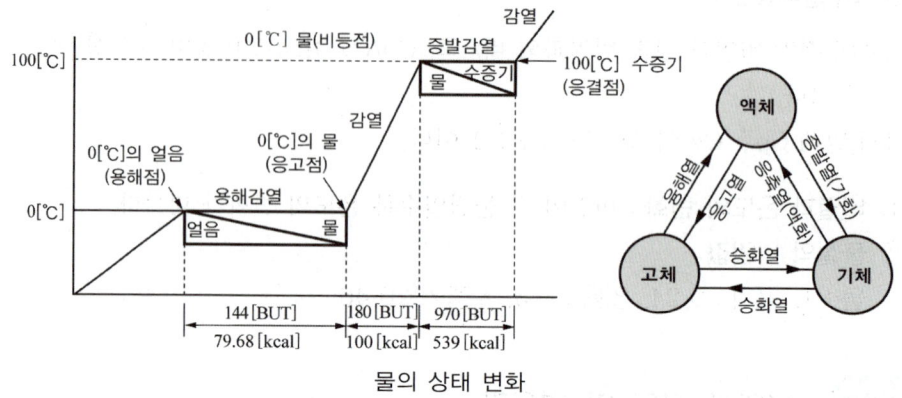

물의 상태 변화

**참고**
공기 중 포함할 수 있는 습증기의 양은 건구온도가 높을수록 많다.

## 4 ▶ 증기

### 1. 포화
어느 일정한 압력하에서 공기가 더 이상 습증기를 포함할 수 없는 상태

### 2. 과냉각액
일정한 압력하에서 포화온도 이하로 냉각된 액체를 말한다.

### 3. 포화액
포화온도 상태에 있는 액에 열을 가하면 온도가 일정한 상태에서 증발하는 액을 말한다.

### 4. 포화증기
① **습포화증기** : 포화온도 상태에서 수분을 포함하고 있는 증기(건조도 1 이하)
② **건조포화증기** : 포화온도 상태에서 수분을 포함하지 않은 증기로 습포화 증기를 계속 가열하여 수분을 완전히 제거한 증기(건조도 1)

## 5. 건조도

습증기가 포함하고 있는 기체의 비율을 나타내며 건조도라 표시한다.

## 6. 과열증기

건포화증기를 계속 가열하면 포화온도보다 온도가 높아지며 이때의 증기를 과열증기라 한다. 이 때 증기의 압력은 일정한 상태에서 변하게 된다.

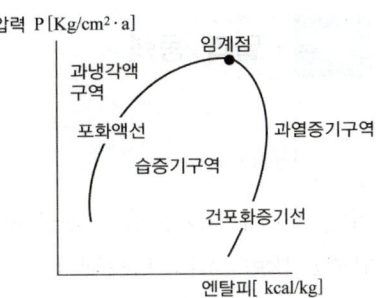

① **포화온도** : 어느 일정한 압력 안에서 액을 가열할 때, 액의 상태에서 더 이상 온도가 오르지 않는 한계의 온도(온도를 더 올리면 증발하게 된다)

> **핵심Key**
> 어떤 증기 1[kg] 안에 건조 증기가 $x$[kg] 있다고 할 때 나머지는 액이므로 액은 $(1-x)$[kg]이다. 이때의 $x$를 건도 또는 건조도라 한다.

> 🌟 꼭찝어 어드바이스
> **포화온도에서의 압력**
> 포화온도는 압력에 비례하며 압력이 낮아지면 포화 온도가 낮아지고 압력이 높으면 포화 온도는 상승한다.

## 7. 과열도

과열증기 온도 - 건포화증기 온도 = 과열도
과열증기 온도와 건포화증기 온도와의 차를 말한다.

## 8. 임계점

증발잠열은 압력이 클수록 적어지므로 어느 압력에 도달하면 잠열이 0[kcal/kg]이 되어 액체, 기체의 구분이 없어진다. 이 상태를 임계상태라 하고 이때의 온도를 임계온도, 이에 대응하는 압력을 임계압력이라 한다.(그 이상의 압력에서는 액체와 증기가 서로 평행으로 존재할 수 없는 상태, 임계압력 이상에서는 물질의 상태 변화는 이루어질 수 없다)

### (1) 임계점의 특징

① 증기와 포화수간의 비중량이 같다.
② 증발현상이 없다.
③ 증발잠열은 0이 된다.

### (2) 물의 임계온도, 임계압력

① 임계온도 : 374.15[℃]
② 임계압력 : 225.65[kg/cm² · a]

## 5 일과 동력

### 1. 일(Work)

어떤 물체의 힘(kgf)을 가했을 때 그 물체가 움직인 거리(m)를 말한다.
단위는 [kgf · m]로 나타낸다.

일 = 힘 × 거리
[kgf · m] = [kgf × m]

### (1) 줄의 실험

줄은 1843년 열과 역학적인 일 사이의 정량적인 관계를 정밀하게 측정하여 발표하였다.
이 실험 내용은 물이 든 수조 속에 회전날개를 설치하고 여기에 도르레를 설치한 추를 매달아 추의 무게에 의해 도르레를 잡아당겨 회전자를 회전시키고 이때 수조 속 물의 온도가 올라가는 것을 측정하였다. 발생 열량은 "열량 = 수량 × 비열 × 온도차"에 의해 구하게 되며, 이를 위해 온도계가 삽입되었다. 이 실험에 의해 중량 1[kgf]을 1[m] 움직일 때 발생되는 열량의 값은 $\frac{1}{427}$[kcal]라는걸 알게 된다.

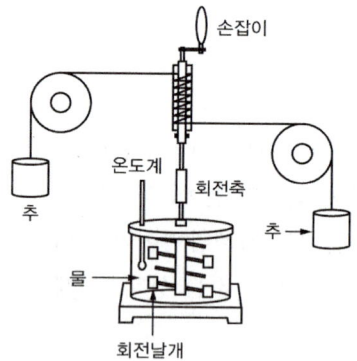

### (2) 일의 열당량(A)과 열의 일당량(J)

① 일의 열당량(A) : 일을 할 때 발생되는 열의 양
② 열의 일당량(J) : 열량이 있을 때 이 열량으로 할 수 있는 일의 양

$$A : \text{일의 열당량} = \frac{1}{427} [\text{kcal/kgf} \cdot \text{m}] \; ★★★$$

$$J : \text{열의 일당량} = 427 [\text{kgf} \cdot \text{m/kcal}]$$

열의 일당량을 표시하는 기호로 J(제이)를 사용하며 이 기호는 J(주울) 단위와 무관하다.

### 개념잡기

열의 일당량 값으로 옳은 것은 무엇인가?
① 427kg·m/kcal  ② 327kg·m/kcal
③ 273kg·m/kcal  ④ 472kg·m/kcal

- 열의 일당량 = 427[kg·m/kcal]
- 일의 열당량 = $\frac{1}{427}$ [kcal/kg·m]

답 ①

## 2. 동력(Power)

단위시간당 얼마만큼 일을 했는지를 나타내는 단위. kgf·m/s 또는 HP(영국마력), PS(국제표준마력), KW(한국마력)로 표시하기도 한다.

### (1) 동력 단위

① 1[W] = 1[J/s]

> 꼭찝어 어드바이스
> ※ 1W(와트)는 1초에 1J의 일을 한 것을 말한다.

② 1[J] = 1[N·m]

> 꼭찝어 어드바이스
> ※ 1[J](주울)은 1[N·m]와 같다.

③ 1[kgf] = 9.8[N]

> 꼭찝어 어드바이스
> ※ 힘1[kgf]은 9.8[N]과 같다.

> **꼭찝어 어드바이스**
>
> 동력 단위를 정리하면 다음과 같다.
>
> $1[KW] = 1000[W] = 1000[J/s] = 1000[N \cdot m/s] = \dfrac{1000}{9.8}[kgf \cdot m/s] = 102[kgf \cdot m/s]$
>
> → $1[KW] = 102[kgf \cdot m/s]$
> → $1[PS] = 75[kgf \cdot m/s]$
> → $1[HP] = 76[kgf \cdot m/s]$

### (2) 동력의 열량 환산

- $1[KWh] = 102[kgf \cdot m/s] \times 3600[s] \times \dfrac{1}{427}[kcal/kgf \cdot m] = 860[kcal]$

- $1[PSh] = 75[kgf \cdot m/s] \times 3600[s] \times \dfrac{1}{427}[kcal/kgf \cdot m] = 632[kcal]$

- $1[HPh] = 76[kgf \cdot m/s] \times 3600[s] \times \dfrac{1}{427}[kcal/kgf \cdot m] = 641[kcal]$

> **꼭찝어 어드바이스** ★★★
>
> **필수암기**
> - $1[KW] = 102[kg \cdot m/s] = 860[kcal/h]$
> - $1[PS] = 75[kg \cdot m/s] = 632[kcal/h]$
> - $1[HP] = 76[kg \cdot m/s] = 641[kcal/h]$

## 6 열역학 용어정리(밀도, 비중, 비체적, 원자와 분자)

### 1. 원자량

질량수 12인 탄소원자 C의 질량을 12라 정하고 이것과 비교한 각 원소의 원자인 상대적인 질량의 값을 말한다.

한편, 원자량에 g 단위를 붙인 질량을 1[g] 원자 또는 원자 1몰이라 하며, 1[g] 원자는 종류에 관계없이 $6.02 \times 10^{23}$개(아보가드로의 법칙)의 질량이다.

### 2. 분자량

각 분자를 구성하고 있는 성분 원소의 원자량의 총합. 한편 분자량에 g 단위를 붙인 질량을 1[g] 분자 또는 1[mol]이라 하며, 1[g] 분자는 $6.02 \times 10^{23}$개의 질량이다.
- 표준상태가 아닐 경우 이상기체 상태방정식을 이용하여 분자량을 구할 수 있다.

> **참고**
> **아보가드로의 법칙**
> 모든 기체는 종류에 관계없이 같은 온도와 압력에서 같은 부피 속에서 같은 수의 분자를 포함한다는 법칙이다.

> **핵심Key**
> **공기의 평균 분자량**
> 공기의 평균 조성은 부피(%)로
> - 질소($N_2$) 78[%]
> - 산소($O_2$) 21[%]
> 아르곤(Ar) 및 기타가스 1[%]
> 로 보아 그 평균 분자량은
> $\dfrac{(28 \times 78)+(32 \times 21)+(40 \times 1)}{100}$
> $= 29$
> 즉, 공기 22.4[$l$]가 차지하는 무게는 약 29[g]이라 할 수 있다.

$$PV = \frac{W}{M}RT \text{ 에서 } M = \frac{WRT}{PV}$$

- $P$ : 압력(atm)
- $R$ : 기체상수($0.082[\text{atm} \cdot l/\text{mol} \cdot °K]$)
- $V$ : 체적($l$)
- $T$ : 절대온도(°K)
- $M$ : 분자량
- $W$ : 질량(g)

### 3. 기체 1[g] 분자가 차지하는 부피(아보가드로 법칙)

이탈리아 과학자 아보가드로가 돌톤의 원자설에 어긋나지 않으면서 기체 반응 법칙을 설명하기 위해 고안해낸 법칙으로 모든 기체는 표준상태(STP : 0[℃] 1기압)에서 22.4[$l$]의 부피에 $6.02 \times 10^{23}$개의 분자를 포함한다는 법칙이다.

| 구분 | $O_2$ | $H_2$ | $CO_2$ | $NH_3$ |
|---|---|---|---|---|
| 분자량[g] | 32[g] | 2[g] | 44[g] | 17[g] |
| 몰[mol] | 1[mol] | 1[mol] | 1[mol] | 1[mol] |
| 체적[$l$] | 22.4[$l$] | 22.4[$l$] | 22.4[$l$] | 22.4[$l$] |
| 분자 수 | $6.02 \times 10^{23}$ | $6.02 \times 10^{23}$ | $6.02 \times 10^{23}$ | $6.02 \times 10^{23}$ |

즉, 몰(mol)이란 분자, 원자, 전자 이온 $6.02 \times 10^{23}$개의 모임을 말하며, 원자 전자(이온)란 명시가 없을 때 분자 몰만을 표시한다.

### 4. 가스밀도

각 물질은 고유의 밀도를 가지고 있으며, 물질의 질량을 부피로 나눈 값으로 단위는 [g/$l$], [g/$cm^3$], [kg/$m^3$] 등을 주로 사용한다.(어떤 물질의 분자들이 정해진 공간에 빽빽하게 들어차 있을 경우 '밀도가 크다'라고 표현하며, 고체보다 기체가 분자 간의 거리가 멀기 때문에 고체에 비해 기체가 밀도가 작다고 볼 수 있다)

**공식정리 — 기체밀도의 공식**

$$\frac{\text{분자량}}{22.4} = \text{기체밀도}[kg/m^3]$$

### 5. 가스비중

표준 상태(STP : 0[℃], 1기압)에서 어떤 물질의 질량과 이것과 같은 부피를 가진 표준 물질(가스의 경우 : 공기분자량 29)의 질량과의 비율이다.(대부분의 경우 밀도와 같은 개념이며 밀도는 고유 분자의 개념이고 기체 비중의 경우 온도와 압력에 따라 변할 수 있는 값이다)

**공식정리 — 기체비중의 공식**

$$\frac{\text{기체분자량}}{\text{공기의 평균 분자량}(29)} = \text{기체비중}$$

### 6. 비체적

어떤 물질이 단위질량당 차지하는 체적을 나타낸 값이다. 단위는 [$l$/g], [$m^3$/kg]으로 밀도의 역수라 할 수 있다.

**공식정리 — 기체비체적의 공식**

$$\frac{22.4}{\text{분자량}} = \text{기체비체적}[m^3/kg]$$

**공식정리**
액밀도의 공식
$$\frac{질량[m]}{부피[v]} = 액밀도[kg/m^3]$$

**핵심Key**
질량[kg]
그 물질이 갖는 고유의 무게로 장소에 따라 변하지 않는다.

중량[kgf]
그 물질이 갖는 고유의 무게에 중력 가속도($9.8[m/s^2]$)가 더해진 값 무게 상태와 장소에 따라 값이 변할 수 있다.

## 7. 액의 밀도

단위부피당 질량(기체 밀도와 같은 개념)

## 8. 액비중

4[℃]의 순수한 물의 무게와 같은 부피의 액의 무게와 비

**개념잡기**

보일러와 관련한 기초 열역학에서 사용하는 용어에 대한 설명으로 틀린 것은?
① 절대압력 : 완전 진공상태를 0으로 기준하여 측정한 압력
② 비체적 : 단위 체적당 질량으로 단위는 $kg/m^3$임
③ 현열 : 물질 상태의 변화없이 온도가 변화하는데 필요한 열량
④ 잠열 : 온도의 변화없이 물질 상태가 변화하는데 필요한 열량

• 비체적[$m^3/kg$] : 단위 질량당 체적

답 ②

# 7 열역학 법칙

## 1. 열역학 제0법칙(열평형 법칙)

온도가 서로 다른 물체를 접촉시키면 높은 온도를 지닌 물체의 온도는 내려가고 낮은 온도의 물체는 온도가 올라가서 두 물체의 온도차가 없게 되어 열평형이 이루어지는 현상으로 열평형 법칙이라고도 한다.

$$G_1 C_1 t_1 + G_2 C_2 t_2 = (G_1 C_1 + G_2 C_2) \times tm$$

$$tm(평균온도) = \frac{G_1 C_1 t_1 + G_2 C_2 t_2}{G_1 C_1 + G_2 C_2}$$ ★★

$$= \frac{G_1 t_1 + G_2 t_2}{G_1 + G_2}$$

- $G$ : 질량[kg]
- $C$ : 비열[kcal/kg·℃]
- $t_1$ : 1번 물체의 온도[℃]
- $t_2$ : 2번 물체의 온도[℃]
- $tm$ : 평균온도[℃]

## 2. 열역학 제1법칙(에너지보존의 법칙)

기계적 일은 열로 변할 수 있고 반대로 열도 기계적 일로 변환이 가능하다는 법칙, 열역학 제1법칙은 지금 일 $W$를 하여 발생한 열량을 $Q$라 할 때, 다음 식으로 나타낼 수 있다.

$$Q = AW, \quad W = JQ$$

- $W$ : 일량[kg·m]
- $J$ : 열의 일당량(427[kg·m/kcal])
- $Q$ : 열량[kcal]
- $A$ : 일의 열당량(1/427[kcal/kg·m])

① **엔탈피(enthalpy)** : 유체가 가진 열에너지와 일 에너지를 합한 열역학적 총에너지를 엔탈피라 하고 유체 1[kg]이 가진 엔탈피가 비엔탈피이다.

$$\text{엔탈피}(h) = U + APV$$

- $U$ : 내부에너지[kcal]
- $A$ : 일의 열당량(1/427[kcal/kg·m])
- $PV$ : 일량[kg·m]

## 3. 열역학 제2법칙(에너지 흐름의 법칙 = 실제적 법칙)

일에너지는 열에너지로 쉽게 바뀔 수 있지만 열에너지를 일에너지로 바꾸려면 열기관을 통해야 하는데 열기관을 통해도 열의 전부가 일로 바뀌지는 않고 일부가 손실된다.

① 일은 쉽게 열로 변화되지만, 열은 일로 변할 때 그보다 더 낮은 저온체를 필요로 한다.
② 어떤 기관이든 100[%] 열효율을 가지는 기관은 지구상에 존재하지 않는다.
③ **엔트로피(entropy)** : 어떤 단위중량당의 물체가 가지고 있는 열량에 그 유체의 그때 절대온도로 나눈 값이다.

$$\text{엔트로피}(\triangle S) = \frac{\triangle Q}{T}$$

- $\triangle Q$ : 열량[kcal/kg]
- $\triangle S$ : 엔트로피[kcal/kg°K]
- $T$ : 절대온도[°K]

## 4. 열역학 제3법칙(네른스트의 열 정리)

열적 평형 상태에 있는 '모든 결정성 고체의 엔트로피는 절대 0°에서 0이 된다.'는 법칙, 즉 어떠한 상태에서도 절대 0°(−273[℃])에 이르게 할 수 없다는 법칙

## 8. 이상기체와 실제기체

### 1. 이상기체(완전가스-압력이 낮고 온도가 높을수록 이상기체에 가깝다)

이상기체법칙(보일·샬, 돌턴의 법칙 등)을 따르는 기체로 구성분자들이 모두 동일하며 분자의 부피가 0이고, 분자 간 상호작용이 없는 가상적인 기체이다. 실제의 기체들은 낮은 압력과 높은 온도에서 이상기체와 거의 유사한 성질을 나타낸다.

**핵심Key**
① 이상기체는 질량이 있으나, 이상기체 분자 자신의 부피가 없다.
② 이상기체 분자 사이에 인력이 존재하지 않는다.
③ 이상기체는 응축 액화가 불가능하다.

#### (1) 이상기체 상태방정식

온도, 압력, 부피와의 관계를 나타내는 방정식
① 1[mol]인 경우 : $PV = RT$
② n[mol]인 경우 : $PV = nRT$

$$PV = \frac{W}{M}RT,\ n = \frac{W}{M}$$

$P$ : 압력[atm]
$V$ : 체적/부피[$l$]
$T$ : 절대온도[K]
$W$ : 무게[g, kg]

- $R$ : 기체상수 – 기체 1mol의 경우 $R = \dfrac{PV}{T}$ 로 0℃ 1기압일 때 모든 기체는 22.4[L]의 체적을 가지므로 $\dfrac{1 \times 22.4}{273} = 0.082[l \cdot \text{atm/K} \cdot \text{mol}]$이 된다.
- $M$ : 분자량[g/mol], [kg/kmol]

**핵심Key**
단위에 따른 기체상수 $R$의 값
① $l \cdot \text{atm/K} \cdot \text{mol} = 0.082$
② $\text{erg/K} \cdot \text{mol} = 8.31 \times 10^7$
③ $\text{cal/K} \cdot \text{mol} = 1.978$

#### (2) 보일(Boyle)의 법칙

온도가 일정할 때, 일정량의 기체가 차지하는 체적(부피)은 압력에 반비례한다. (1662년 아일랜드의 학자인 보일에 의해 고안되었다)
아래 식에 의해 T = C일 때 압력과 체적이 반비례함을 알 수 있다.

$$P_1 V_1 = P_2 V_2 \rightarrow V_1 = \frac{P_2 V_2}{P_1}$$

$P$ : 압력[kg/cm$^2$]
$V$ : 체적/부피[$l$]

#### (3) 샬(Charle)의 법칙

압력이 일정할 때 기체의 체적(부피)은 온도에 비례한다.(1782년 프랑스 학자인 샬의 미발표 논문에 의해 개발됨. 이 후 1802년 조셉루이 게이뤼삭이 발표)
아래 식에 의해 P = C일 때 체적과 온도는 비례함을 알 수 있다.

$$\frac{V_1}{T_1} = \frac{V_2}{T_2} \rightarrow V_1 = \frac{T_1 V_2}{T_2} \qquad \begin{bmatrix} T : 절대온도[K] \\ V : 체적/부피[l] \end{bmatrix}$$

### (4) 보일-샬의 법칙

일정량의 기체가 가진 체적은 압력에 반비례하고, 절대 온도에 비례한다.
아래 식에 의해 $\frac{PV}{T} = C(일정)$일 때 체적은 온도와 비례하고 압력에 반비례함을 알 수 있다.

○○○

$$\frac{PV}{T} = C(일정) \rightarrow \frac{P_1 V_1}{T_1} = \frac{P_2 V_2}{T_2}$$
$$\rightarrow V_1 = \frac{T_1 P_2 V_2}{P_1 T_2} \qquad \begin{bmatrix} P : 압력[kg/cm^2] \\ T : 절대온도[K] \\ V : 체적/부피[l] \end{bmatrix}$$

### (5) 달톤(Dalton)의 분압 법칙

여러 종류의 이상기체를 혼합할 때 이 혼합기체의 전압(전체 압력)은 각 기체 분압(부분 압력)의 총합과 같다.

$$P = P_1 + P_2 + P_3 \qquad \begin{bmatrix} P : 전체압력(전압) \\ P_1, P_2, P_3 : 각 기체의 압력(분압) \end{bmatrix}$$

## 2. 실제기체

이상기체는 실제로 존재할 수 없는 것이다. 이 세상에 분자 간의 인력이 존재하지 않거나 부피가 0인 기체는 존재할 수 없다. 그러므로 실제기체는 분자 간 인력이 존재하고 분자 자체의 부피도 무시할 수 없다. 이상기체와 반대로 압력이 높거나 온도가 낮을 때 이상기체 법칙으로부터 제외된다.

## 9. 기체의 상태변화(등온과정, 단열과정, 폴리트로픽 과정)

### 1. 등온과정(Isothermal)

기체를 압축 또는 팽창 시 온도가 일정한 것을 나타내며 이론적인 변화에 해당된다.

$$PV^n = C \rightarrow n = 1 \rightarrow PV = C \text{로 나타낼 수 있다.}$$

### 2. 단열과정(Adiabatic)

기체의 상태변화 중 기체에 대한 열의 출입이 없는 상태로 단열과정이라 하며 냉동기의 압축과정은 이론적으로 단열변화에 가장 가깝다고 할 수 있다.

$$PV^K = C \rightarrow K = \frac{Cp}{Cv} > 1 \text{로 나타난다.} \quad ㄷ K : 비열비$$

### 3. 폴리트로픽 과정(Polytropic)

가장 실제적인 압축과정. 등온과정과 단열과정의 중간 형태로 열량, 온도상승, 압력상승도 중간 형태인 압축방식이다.

$$PV^n = C \rightarrow 1 < n < K \text{ 로 나타낼 수 있다.}$$

---

**핵심Key**

압축일량 크기별 순서
등온압축 〈 폴리트로픽 압축 〈 단열압축
1 〈 n 〈 K

## 10. 전열

전열이란 온도가 높은 곳에서 낮은 곳으로 열이 이동하는 것을 말하며 전열은 온도차에 의해서 이루어진다.

$$Q = \frac{\Delta T}{W}$$

- $Q$ : 전열량[kcal/h]
- $W$ : 열이동에 대한 저항[mh℃/kcal]
- $\Delta T$ : 온도차[℃]

> **참고**
> 전열량을 구하는 공식에 의해 전열량은 온도차에 비례하고 열저항에 반비례한다.

### 1. 열전도(Conduction)

고체와 고체 간의 열 이동을 열전도라 한다.
고체 내에서 열이 이동하는 것도 열전도라 할 수 있다.

$$Q = \lambda \cdot \frac{F \cdot \Delta t}{l}$$

- $Q$ : 한 시간에 이동되는 열량[kcal/h]
- $\lambda$ : 열전도율[kcal/mh℃]
- $F$ : 전열면적[m²]
- $\Delta t$ : 온도차[℃]
- $l$ : 두께[m]

### 2. 열전달(Heat transter)

유체와 고체 간의 열이동을 말한다.

$$Q = \alpha \cdot F \cdot \Delta t$$

- $Q$ : 한 시간에 이동되는 열량[kcal/h]
- $\alpha$ : 열전달률, 표면전열률[kcal/m²h℃]
- $F$ : 전열면적[m²]
- $\Delta t$ : 유체와 고체간의 온도차[℃]

### 3. 열관류율(열통과율 : K)

온도가 다른 유체가 고체벽을 사이에 두고 있을 때 온도가 높은 유체 Ⅰ에서 낮은 유체 Ⅱ로 열이 이동하는 것을 열통과 또는 열관류율[kcal/m²h℃]이라 한다.

★★★

$$Q = K \cdot F \cdot \Delta t$$

- $Q$ : 한 시간 동안에 통과한 열량[kcal/h]
- $K$ : 열통과율[kcal/m²h℃ : 전열계수]
- $F$ : 전열면적[m²]
- $\Delta t$ : 온도차[℃]

### 4. 평판전열벽

열통과 저항은 제반 전열저항의 합이므로
$W = Ws_1 + Wc_1 + Wc_2 + Wc_3 + \cdots + Ws_2$ 이다.

열전도저항 $Wc = \dfrac{l}{\lambda \cdot F}$

열전달저항 $Ws = \dfrac{1}{\alpha \cdot F}$ 이므로

$W = \dfrac{1}{\alpha_1 \cdot F} + \dfrac{l_1}{\lambda_1 \cdot F} + \dfrac{l_2}{\lambda_2 \cdot F} + \dfrac{l_3}{\lambda_3 \cdot F} + \cdots + \dfrac{1}{\alpha_2 \cdot F}$

$K = \dfrac{1}{F \cdot W}$ 에서 $W = \dfrac{1}{K \cdot F}$ 이므로

$K = \dfrac{1}{F\left\{\dfrac{1}{F}\left(\dfrac{1}{\alpha_1} + \dfrac{l_1}{\lambda_1} + \dfrac{l_2}{\lambda_2} + \dfrac{l_3}{\lambda_3} + \cdots + \dfrac{1}{\alpha_2}\right)\right\}}$

$\therefore K = \dfrac{1}{\dfrac{1}{\alpha_1} + \dfrac{l_1}{\lambda_1} + \dfrac{l_2}{\lambda_2} + \dfrac{l_3}{\lambda_3} + \cdots + \dfrac{1}{\alpha_2}}$

### 용어정의
- 자연대류 : 유체의 밀도 변화에 의하여 일어나는 대류
- 강제대류 : 송풍기 또는 펌프 등 기계를 이용한 강제 대류

### 5. 대류(Connection)

수조에 차가운 물을 반쯤 담아 두고 그 위에 뜨거운 물을 부었을 때 차가운 물에 비해 뜨거운 물의 밀도가 작아지므로 수조의 위쪽으로 올라오려 하고 이때 차가운 물은 상대적으로 밀도가 커지므로 수조의 아랫부분으로 내려가려고 하는데 이때 이 밀도 차에 의해 물이 순환하는 것을 대류라 한다. 이러한 현상은 액체뿐만 아니라 기체에서도 공통적으로 발생된다.

### 6. 복사(Radiation)

태양열은 공기층을 지나 지구표면에 이른다. 이와 같이 열이 통하는 중간매질을 통하지 않고 열선(자외선)에 의해 높은 온도의 물체에서 낮은 온도의 물체로 열이 옮아가는 작용을 복사라 한다.

### 7. 단열재의 구비조건
① 전열이 불량할 것
② 흡습성이 적을 것
③ 강도가 있을 것
④ 불연성일 것

⑤ 부식성이 없을 것
⑥ 시공이 용이할 것
⑦ 내구력이 있을 것
⑧ 가격이 저렴하고 구입이 용이할 것

### 개념잡기

다음 열역학과 관계된 용어 중 그 단위가 다른 것은?
① 열전달계수    ② 열전도율    ③ 열관류율    ④ 열통과율

- 열전도율 : kcal/m·h·℃
- 열전달계수, 열관류율, 열통과율, 열복사율 : kcal/m²·h·℃

답 ②

# CHAPTER 02 보일러설비 및 구조

**A**
1. 보일러 3대 구성요소에 대해 정확히 파악할 것
2. 보일러 종류(원통 보일러, 수관식 보일러, 주철제 보일러, 특수 보일러)에 대해 구분할 수 있어야 한다.
3. 각 보일러의 특징에 대해 이해하고 넘어갈 것

단원 들어가기 전

보일러의 3대 구성 요소, 보일러의 종류, 보일러의 특징

빅데이터 키워드

> **참고**
> 보일러의 3대 구성요소
> - **본체**
>   동, 수관군, 연관군
> - **연소장치**
>   연소실, 연도, 열돌(굴뚝), 버너, 화격자 등
> - **부속설비**
>   급수장치, 안전장치, 송기장치, 열회수장치, 통풍장치, 자동제어장치 등

## 1 ▶ 보일러 개요

### 1. 보일러의 정의
밀폐된 용기 속에 물 또는 열매체를 넣어 가열하여 증기 또는 온수를 발생시켜 이를 이용해 난방하는 장치를 보일러라 한다.

### 2. 보일러의 3대 구성요소

#### (1) 본체
보일러의 본체는 동(drum)과 관(tube)으로 되어 있으며 노 내에서 연료의 연소열을 받아 동 내의 수 또는 열매체를 가열하여 증기 또는 온수를 발생시키는 부분

#### (2) 연소장치
사용 연료를 연소시키는 장치로 화염 및 고온의 연소 가스를 발생시킨다.

#### (3) 부속설비
보일러의 효율적인 운전 및 안전운전을 위한 장치

### 개념잡기

보일러의 3대 구성요소 중 부속장치에 속하지 않는 것은?
① 통풍장치　　② 급수장치　　③ 여열장치　　④ 연소장치

> 보일러의 3대 구성요소
> ① 보일러 본체, ② 부속장치, ③ 연소장치
> 위 문제에서는 부속장치를 찾으라고 했으나 여기서 연소장치의 경우 부속장치가 아닌 보일러의 3대 구성요소에 속한다.
>
> 답 ④

## 3. 보일러의 분류

사용장소, 형식, 방법 등에 따라 다음과 같이 분류한다.

① **사용장소** : 육용 보일러, 선박용 보일러
② **동의 축심** : 횡형 보일러, 입형 보일러
③ **노의 위치** : 내분식 보일러, 외분식 보일러
④ **사용형식** : 원통 보일러, 수관 보일러
⑤ **이동여하** : 정치 보일러, 운반 보일러
⑥ **본체구조** : 노통 보일러, 연관 보일러

### ○ 보일러 종류 구분표

| 원통 보일러 | 입형 보일러 | | 입형횡관, 입형연관, 코크란(= 입형횡연관 보일러) |
|---|---|---|---|
| | 횡형 보일러 | 노통 보일러 | 코르니시(노통1개), 랭커셔(노통2개) |
| | | 연관 보일러 | 횡연관 보일러, 기관차 보일러, 케와니 보일러 |
| | | 노통연관 보일러 | 스코치, 하우덴존슨, 노통연관패키지형 |
| 수관식 보일러 | 자연순환식 | | 바브콕(15°), 쓰네기찌(30°), 타쿠마(45°), 2동D형, 야로우(3동A형), 방사 보일러, 가르베 |
| | 강제순환식 | | 베록스, 라몬트 |
| | 관류식 | | 벤슨, 슐저, 엣모스, 람진, 소형관류 보일러 |
| 주철제 보일러 | 주철제증기 보일러, 주철제온수 보일러 | | |
| 특수 보일러 | 특수액체 보일러 | | 열매체 보일러(수은, 다우섬, 모빌섬, 카네크롤액) |
| | 특수연료 보일러 | | 버가스(사탕수수 찌꺼기), 흑회(연료쓰레기), 소다 회수, 바크(나무껍질) |
| | 폐열 보일러 | | 리히, 하이네 |
| | 간접가열 보일러 | | 슈미트, 레플러 |

**용어정의**
- 전열면적 : 연소가스가 접하는 면
- 연관 : 연소가스가 지나가는 관
- 수관 : 물이 지나가는 관
- 안전저수위 : 사용 중 유지해야 될 최저 수위
- 상용수위 : 사용 중 항상 유지해야 할 수위(수면계 1/2지점)
- 수격작용(water hammer) : 응축수가 고속으로 진입되는 증기 압력에 의해 관 및 부속품을 때리는 현상

## 2. 원통 보일러

원통형 보일러는 강도상 유리하며 구조가 간단하고 관수의 대류가 용이해서 자연순환에 지장이 없도록 본체가 큰 동으로 그 내부에 노통, 연소실, 연관 등을 설치한 보일러이다.

> 🌟 **꼭찝어 어드바이스**
>
> **원통 보일러의 특징** ⭐⭐⭐
>
> | 장점 | 단점 |
> |---|---|
> | • 구조가 간단하며 취급이 용이하다. | • 고압, 대용량에 부적당하다. |
> | • 청소 및 검사가 용이하다. | • 전열면적이 작아 효율이 낮다. |
> | • 보유수량이 많아 부하변동에 응하기 쉽다. | • 보유수량이 많아 파열 시 피해가 크다. |
> | • 급수처리가 수관보일러에 비해 쉽다. | • 예열시간이 길다.(물이 증발하기까지 시간이 오래 걸린다) |

### 핵심 Key

**입형 보일러(횡관 설치)의 장점**

**장점**
- 전열면적 증가
- 물의 순환양호
- 화실(연소실)강도 보강

**입형 보일러의 특징**

**특징**
- 설치장소를 작게 차지한다.
- 효율이 일반적으로 낮다.
- 연소실이 좁아 완전연소가 힘들다.
- 습증기가 다량 발생한다.

### 1. 입형 보일러

① **입형 횡관 보일러** : 일반 입형 보일러에 전열면적을 증가시키기 위해 화실 내부에 수부를 연결하는 3~4개의 횡관을 설치한 보일러이다.

② **입형 연관 보일러** : 화실관판과 상부관판 사이에 다수의 연관군을 형성하여 전열면적을 증가시키고 효율을 향상시킨 보일러이다.
상부관판 부근의 과열로 인한 부식 사고가 일어날 수 있다.

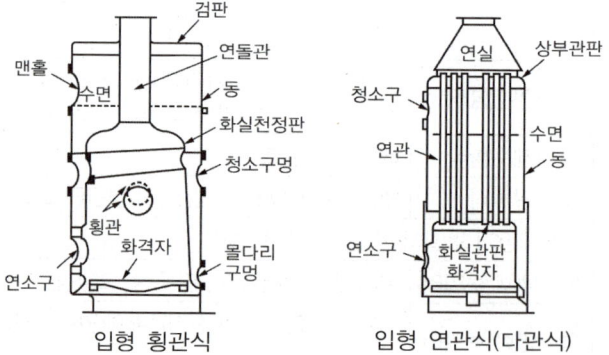

입형 횡관식      입형 연관식(다관식)

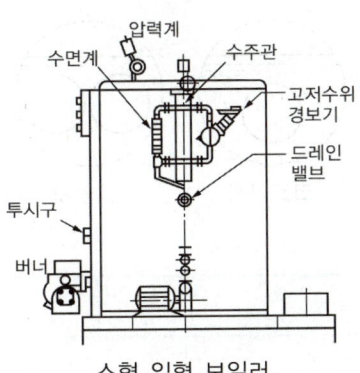

소형 입형 보일러

③ **코크란 보일러** : 상부의 동을 크게 하고 중심부의 지름을 작게 하여 연관을 옆으로 배열한 형식으로 반구형으로 제작해 고압에 잘 견딜 수 있도록 하였으며 연관 상부의 과열을 방지할 수 있도록 설계된 보일러이다.

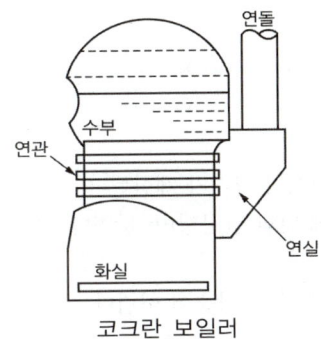

코크란 보일러

## 2. 횡형 보일러

내분식으로 동을 수평 배치하여 전열면적을 증가시킨 보일러로 입형 보일러보다 효율이 좋다.

### (1) 노통 보일러 : 코르니시 보일러, 랭커셔 보일러

① **코르니시 보일러** : 노통이 한 개인 보일러로 열가스 흐름을 2[Pass]이상 주어 전열지연 효과를 나타낸 보일러이다. 노통은 물의 순환을 촉진시키기 위해 편심으로 제작하며 증기압력은 7[kg/cm$^2$] 내외로 한다.
② **랭커셔 보일러** : 노통이 2개인 보일러로 연소가스가 뒤에서 합쳐져 미연소 가스가 다시 완전히 연소할 수 있도록 설계한 보일러이다. 설치면적이 크고, 보유 수량이 많아 난방용보다는 동력용으로 많이 쓰이며 증기압력은 15[kg/cm$^2$]정도이다.

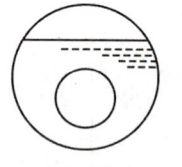 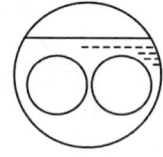

코르니시     랭커셔

> ⭐ **꼭찝어 어드바이스**
>
> **노통 보일러의 특징** ★★★
>
> | 장점 | 단점 |
> |---|---|
> | • 구조가 간단하고 취급이 용이하다.<br>• 청소, 검사, 수리가 용이하다.<br>• 보유수량이 많아 부하변동에 응하기 좋다.<br>• 급수처리가 간단하다.<br>• 수면이 넓어 기수공발 발생이 적다. | • 전열면적이 형체에 비해 작아 효율이 낮다.<br>• 예열 부하가 커서 부하에 응하기 어렵다.<br>• 내분식이어서 연료의 질이나 연소 공간의 확보가 어렵다.<br>• 보유수량이 많아 폭발 시 피해가 크다. |

> ⭐ **꼭찝어 어드바이스**
>
> **내분식 연소장치의 특징** ★★
> - 열손실이 적다.
> - 노가 본체에 둘러싸여 형상이나 크기가 제한된다.
> - 완전 연소가 어려워 노벽에 탄화분(검댕)이 쌓인다.
> - 연료의 질이 양호해야 한다.
> - 주위 온도가 냉각되어 노 내 온도 상승이 어렵다.

> ⭐ **꼭찝어 어드바이스**
>
> **완전 연소의 구비 조건** ★★★
> - 연소실 온도가 높을 것
> - 연료와 공기의 혼합이 양호할 것
> - 연소실 용적이 클 것
> - 연소시간이 충분할 것

### (2) 파형노통, 평형노통

파형노통     평형노통

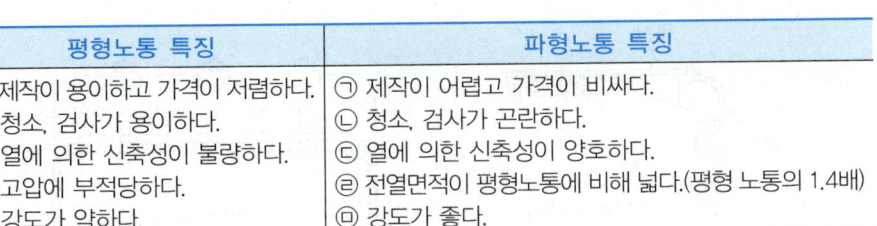

| 평형노통 특징 | 파형노통 특징 |
|---|---|
| ㉠ 제작이 용이하고 가격이 저렴하다. | ㉠ 제작이 어렵고 가격이 비싸다. |
| ㉡ 청소, 검사가 용이하다. | ㉡ 청소, 검사가 곤란하다. |
| ㉢ 열에 의한 신축성이 불량하다. | ㉢ 열에 의한 신축성이 양호하다. |
| ㉣ 고압에 부적당하다. | ㉣ 전열면적이 평형노통에 비해 넓다.(평형 노통의 1.4배) |
| ㉤ 강도가 약하다. | ㉤ 강도가 좋다. |

### (3) 아담슨 조인트

노통의 열응력에 따른 신축을 고려하여 1~2[m] 정도로 분할 제작한 플랜지형식으로 접합, 강도보강, 열에 의한 신축을 흡수한다.

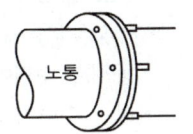

아담슨 조인트

### (4) 겔러웨이관

노통 내부에 설치하여 보일러수의 순환을 촉진시킨다.

① 설치 시 장점
㉠ 물의 순환이 양호해진다.
㉡ 전열면적이 증가한다.
㉢ 노통 강도를 보강할 수 있다.

겔러웨이관

### (5) 버팀(stay)

강도가 약한 부분의 강도를 보강하기 위한 이음부

① 종류
㉠ 관 스테이 : 연관과 경판 선단 부위에 관을 확관 마찰이나 마모에 견디게 한다.
㉡ 바 스테이 : 경판, 화실, 천장판의 강도 보강용
㉢ 볼트 스테이 : 평행판의 강도보강(횡연관 보일러)
㉣ 가셋트 스테이 : 경판과 동판의 강도보강(노통 보일러)
㉤ 도리 스테이 : 화실 천장판의 강도보강(기관차 보일러)
㉥ 도그 스테이 : 맨홀, 청소의 밀봉용

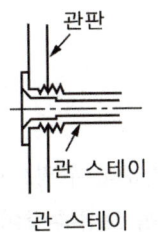

관 스테이

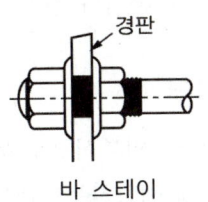

바 스테이

> **핵심Key**
>
> 동(drum)
> 경판(end plate)과 동판(drum plate)이 결합된 상태
>
>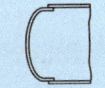
> 반구형 평판    접시형 경판
>
>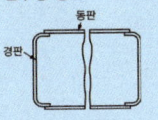
> 평 경판
>
> 일반적으로 동의 수위는 2/3~4/5 정도이며 고수위나 저수위가 되지 않도록 주의해야 한다.

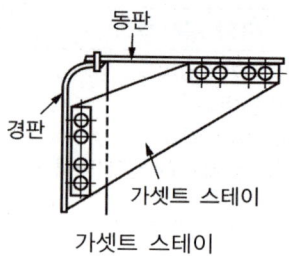
가셋트 스테이

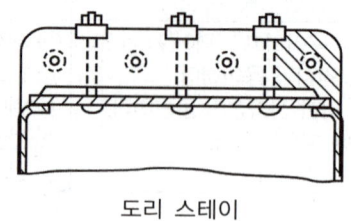
도리 스테이

> **꼭찝어 어드바이스**
>
> **고수위 시 문제점** ✪✪
> - 동 내부 수면이 정상 수위보다 높게 되면 증기부가 작아지므로 건조증기를 얻기 힘들다.
> - 보유 수량이 많아 시동부하가 크고 파열 시 피해가 크다.
> - 비수현상이 발생한다.
>
> **저수위 시(이상감수) 문제점**
> - 보일러수가 없을 경우 빈 동이 과열되어 파열사고로 이어질 수 있다.
> - 관의 농축으로 과열부식이나 스케일 생성이 빨라진다.

### (6) 브리딩 스페이스

가셋트스테이와 노통사이의 거리로 열팽창을 흡수하고 그루빙을 방지하기 위하여 확보한 공간이다.(최소 225[mm]이상의 공간을 확보해야 한다)

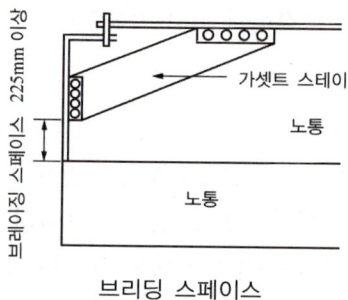

브리딩 스페이스

### (7) 맨홀

보일러 내부를 감시하거나 청소를 하기 위한 구멍

### (8) 연관 보일러

① **횡연관 보일러** : 외분식으로 동 내부에 다수의 연관군을 수평으로 연결하여 동체의 안지름에 해당하는 전열 면적을 증가시켰으며 보유수량이 많지 않아 예열부하를 작게 할 수 있어 증기발생시간이 짧으며 부하에 대응하기 좋게 만든 보일러이다. 증기압력은 10[kg/cm$^2$]정도이다.

> **꼭찝어 어드바이스**
> 
> **외분식 연소장치의 특징** ✪✪
> - 연소실 크기의 제한을 받지 않는다.
> - 연소효율이 좋아 노 내 온도 상승이 쉽다.
> - 완전연소가 가능하다.
> - 노벽방사 손실이 있다.
> - 연료의 질이 나빠도 된다. (저질연료라도 연소가 양호하다)

② **기관차 보일러** : 증기기관차의 보일러로 좁은 궤도 철도 위를 주행하는 한정된 높이, 폭이 제한되고, 경량이며 진동에 잘 견디고 비교적 고압의 증기를 다량 발생시키며, 증기량의 급격한 변화에도 견디는 능력이 필요하다. 이와 같은 조건 때문에 기관차 보일러는 가늘고 긴 연관 보일러가 사용되며 굴뚝이 특히 짧기 때문에 그 아래쪽에서부터 기관의 배기를 분출하여 부족한 통풍력을 보충한다.

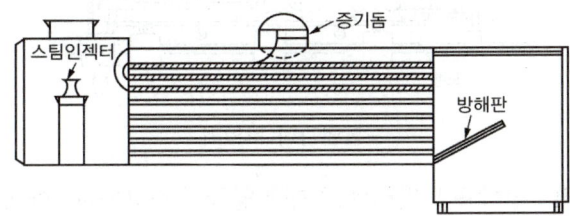

기관차 보일러

③ **케와니 보일러** : 기관차용 보일러를 지상에 설치한 형식의 보일러로서 기관차형 보일러라고도 하며 주로 공장용 보일러로 많이 사용되고, 압력은 10[kg/cm$^2$] 이하로 한다. 벽돌 구축이 없기 때문에 설치가 용이하며 간단한 내화식 보일러 이므로 효율이 비교적 좋아 난방, 온수, 취사용 등 널리 사용되고 있다.

### (9) 노통연관 보일러

① **노통연관 패키지 보일러** : 내분식으로 노통과 연관을 동시에 두어 서로의 결점을 보완하였으며 구조가 치밀한 콤팩트(compact) 구조로 시동부하가 짧으며 효율이 높아 주로 난방용, 산업용으로 널리 쓰이며 종류도 용도에 따라 다양하다. 사용압력은 5~10[kg/cm$^2$] 정도이다.

**노통연관 보일러의 특징** ★★★

| 장점 | 단점 |
| --- | --- |
| • 내분식이여서 열손실이 적다.<br>• 콤팩트한 구조로 전열면적이 크고 증발능력이 우수하다.(노통 보일러, 연관 보일러에 비해) | • 구조가 복잡하므로 청소 및 수리 점검이 까다롭다.<br>• 급수처리가 까다롭다.<br>• 증발속도가 빨라, 과열로 인한 스케일부착이 쉽다. |

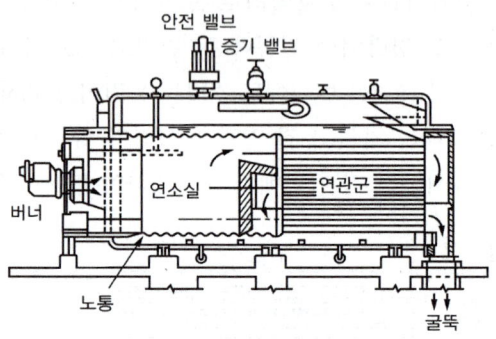

노통연관식 보일러

② **스코치 보일러** : 선박용 보일러로 초기에 영국의 스코틀랜드에서 많이 사용되어 이름이 붙여졌고 큰 지름의 동 내에 1~4개의 노통을 끼우고, 각 노통 속에 연소실과 같은 확대실을 설치하여 연소실 내벽과 앞쪽 경판 사이에 다수의 연관을 배치한 구조의 보일러이다. 사용압력은 15[kg/cm$^2$]정도이다.

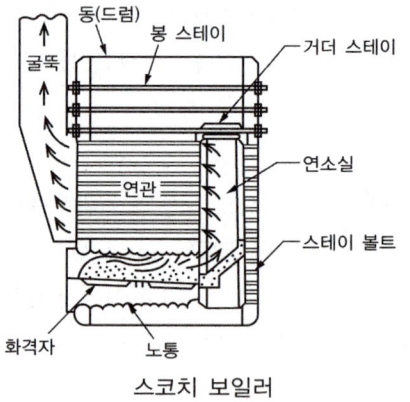

스코치 보일러

③ 하우덴-존슨 보일러 : 연소실 주위가 건조한 형식으로 스코치 보일러의 후부 연소실에 복잡함을 개조한 형태이다. 사용압력은 20[kg/cm$^2$]정도이며 300~400[℃] 가량의 과열증기를 발생시킨다.

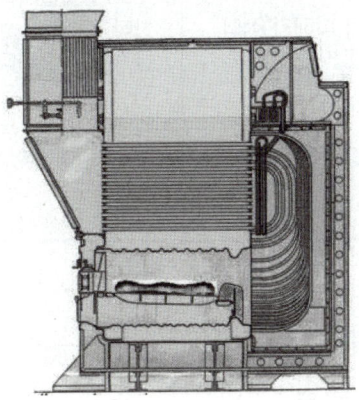

하우덴-존슨 보일러

## 3 수관식 보일러

상·하부에 드럼이 있고 고압에 견디기 좋은 구조의 보일러로서 보일러 열교환기용 합금강관(STBA, 이음매 없는 강관)을 사용해 연결하여 외분식의 장점인 전열면적을 최대한으로 설계한 고압 대용량 보일러이다.

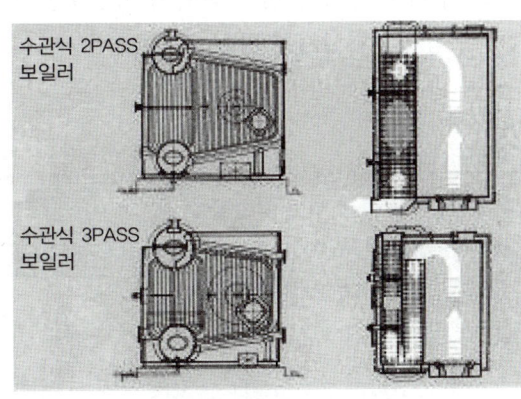

• 고압에 견딜 수 있는 구조는 관의(동) 안지름이 작을수록 우수하다.

### 꼭찝어 어드바이스

**수관식 보일러의 특징** ★★★

| 장점 | 단점 |
|---|---|
| • 고온, 고압에 적당하다.<br>• 보유수량이 적어 파열 시 피해가 적다.<br>• 설치면적이 작고 발생열량이 크다.<br>• 외분식이여서 연료의 질에 관계없이 연소가 양호하다.<br>• 보일러 전체가 전열면이기 때문에 효율이 대단히 높다. | • 구조가 복잡하여 청소, 검사, 수리가 불편하다.<br>• 급수처리가 까다롭다.<br>• 제작이 까다로우며 제작비가 많이 든다.<br>• 외분식이므로 노벽 방산손실이 많다.<br>• 보유수량이 적어 부하 변동에 응하기 어렵다.<br>• 증발속도가 너무 빨라 습증기로 인한 관내 장애가 발생된다. |

### 핵심Key
**수냉노벽**
수관식 보일러에서 수관을 연소실 주위에 울타리모양으로 배치한 것을 말하며 설치 시 장점은 아래와 같다.
① 전열면적 증가
② 복사열 흡수
③ 노 벽보호
④ 보일러 효율 증가

## 1. 수관 보일러의 분류

### (1) 순환방식에 따른 분류

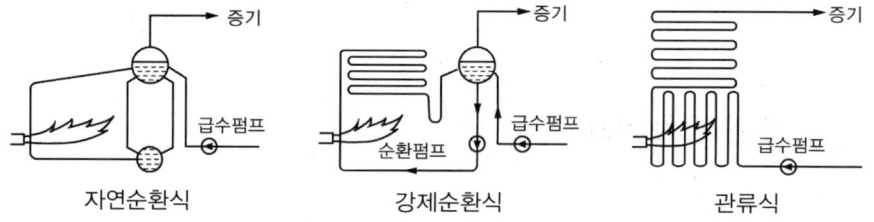

자연순환식    강제순환식    관류식

① **자연순환식** : 포화증기와 포화수의 비중차를 이용한 중력환수방식
② **강제순환식** : 임계압력에 가까워질수록 잠열이 감소하고 이로 인해 포화증기와 포화수의 비중차가 점차 작아져 자연순환이 힘들어질 경우 순환 펌프를 사용하여 강제순환시키는 방식
③ **관류식** : 관으로만 이루어진 고압 보일러이며 구조상 강제순환하게 된다.

### 꼭찝어 어드바이스

**관수의 순환을 좋게 하는 방법** ★★
• 관지름을 크게 할 것
• 수관의 경사도를 크게 할 것
• 강수관의 가열을 피할 것
• 포화수와 포화증기의 비중차를 크게 할 것

### (2) 배열방식
수평관식, 수직관식, 경사식, 곡관식

## 2. 자연순환식 수관 보일러

① **바브콕 보일러** : 상부에 증기드럼을 설치하고 수드럼 대신 순환이 용이한 관모음헤더를 설치하여 수평에서 15°의 경사로 장착하며, 연소 가스 이용도를 높이기 위해 배플판(baffle-plate)으로 구획을 나눈 조립식 수관 보일러이다. 종류로는 수관과 증기드럼의 설치방식에 따라 WIF형과 CTM형이 있다.

② **쓰네기찌 보일러** : 2동 형식의 직관 자연순환식 보일러로 수관을 드럼의 관판에 부착하며, 수관의 경사를 30°로 설치한 소형 난방 보일러이다.

③ **타쿠마 보일러** : 상부에 증기 드럼 하부에 수 드럼을 설치하여 그 사이에 45°의 경사수관을 연결한 형식으로 중앙에 2중관으로 된 130[mm]의 강수관을 두고 주위를 다수의 증발관으로 에워싸 강수관이 가열되지 않아 관수의 순환이 양호하도록 설계되어 있다.

> **꼭집어 어드바이스**
>
> 타쿠마 보일러 집수기 설치 목적
> - 관수순환 촉진
> - 동의 부동팽창 방지
> - 급수내관 보호

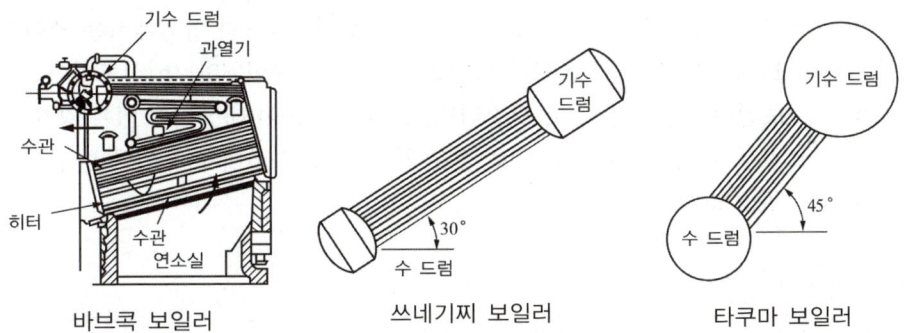

바브콕 보일러    쓰네기찌 보일러    타쿠마 보일러

④ **2동 D형 보일러** : 상부에 증기(기수)드럼 하부에 수 드럼을 설치한 곡관형식의 보일러로 영문자 "D"자 모양으로 수관을 배열, 관의 신축흡수를 어느 정도 고려한 보일러이다.

⑤ **가르베 보일러** : 복사열을 흡수하기 위해 증기 드럼의 높이를 낮추고 전열면의 활용을 위해 급경사형의 사각순환 방식의 보일러로 상하부 연결수관에 헤더를 설치 순환을 도운 형식이다.

⑥ **야로우 보일러** : 증기 드럼과 수드럼을 삼각배열로 형성한 것으로 주로 선박용 보일러로 사용된다.

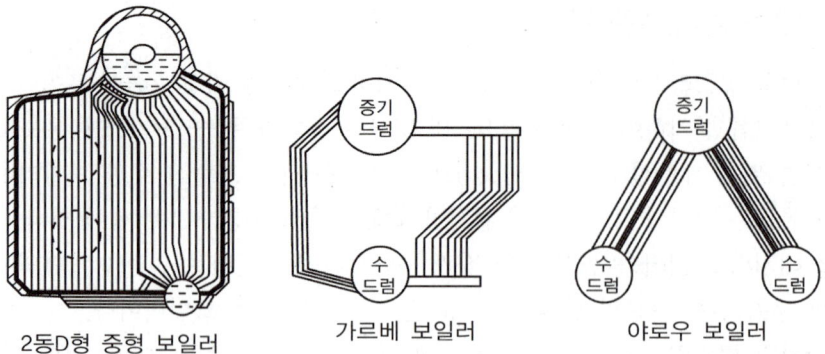

2동D형 중형 보일러　　가르베 보일러　　야로우 보일러

⑦ 방사수관 보일러 : 외분식 구조의 단점인 방사손실을 줄이기 위해 수냉노벽을 연소실 내벽에 설치한 형식으로 65[%] 정도의 복사열을 흡수하는 대용량 보일러이다.
⑧ 스터링 보일러 : 급경사 곡관식 보일러로 상부에 기수 드럼 2~3개와 하부에 수드럼 1~2개를 설치하여 관의 양단을 구부려 각 드럼에 수직으로 결합시킨 보일러이다.

## 3. 강제순환식 수관 보일러

① 라몬트 보일러 : 순환펌프로 여러 개의 강수관에 강제적으로 물을 보내는 방식으로 수관의 수량을 균일하게 하기 위해 수관과 파이프랙의 결합부에 작은 구멍(오리피스)으로 구성된 라몬트 노즐을 설치한다. 단드럼 형식에서는 게이지 압력이 110atm이고 증기온도가 530[℃]이며 증발량이 85[t/h]정도이다.
② 베록스 보일러 : 공기 압축기, 가스터빈, 순환펌프 등이 내장되어 있는 강제 순환식 보일러로 고압연소를 하므로 짧은 시간(6분 이내)내에 증기를 발생시킬 수 있는 보일러이다.

## 4. 관류식 보일러

하나의 관계에서 급수 펌프로 공급된 관수가 가열, 증발, 과열이 동시에 일어나는 형식으로 초임계압력 보일러이다.

① 벤슨 보일러 : 수관을 병렬로 배치하여 폐열회수능력을 향상시킨 형식으로 가장 고압 대용량 보일러로 사용된다.
② 슐저 보일러 : 벤슨 보일러의 기본원리는 같지만 증발부에서 복사증발이 더 큰 형식으로 압력이 낮은 보일러이다.

> 핵심Key
> 급수가열 순서
> 가열 → 증발 → 과열(과열증기)

### 꼭찝어 어드바이스

**관류 보일러의 특징** ★★★

| 장점 | 단점 |
|---|---|
| • 순환비가 1이므로 드럼이 필요없다.<br>　(순환비 = $\dfrac{급수량}{증발량}$)<br>• 전열면적이 크고 효율이 높다.<br>• 고압이므로 증기의 열량이 크다.<br>• 기동부하가 짧아 부하측 대응하기 쉽다. | • 소형구조로 청소 및 검사 수리가 어렵다.<br>• 완벽한 급수처리를 해야 한다.<br>• 자동연소, 온도 제어장치를 설치하여 부하의 변동에 대응해야 한다.<br>• 급수의 유속을 일정하게 유지해야 한다. |

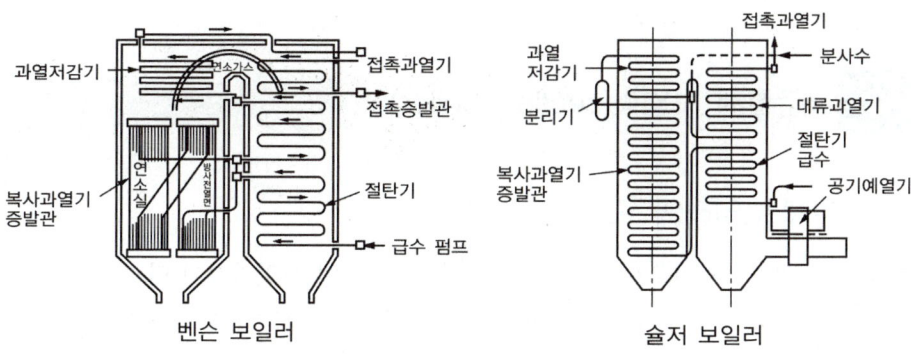

벤슨 보일러　　　　　슐저 보일러

③ **소형 관류 보일러** : 증기압력 20kg/cm²이하의 포화 증기를 발생시키는 관류 보일러를 뜻하며 가정용, 사우나, 병원 등에 널리 사용되며 증발량은 사용처에 따라 차이가 있으나 약 0.5[t/h] 정도로 본다.

④ **램진 보일러**

⑤ **엣모스 보일러**

### 개념잡기

수관식 보일러 종류에 해당되지 않는 것은?
① 코르니시 보일러　　　② 슐처 보일러
③ 다쿠마 보일러　　　　④ 라몽트 보일러

> **횡형노통 보일러**
> 코르니시(노통1개), 랭커셔 보일러(노통2개)
> 
> 답 ①

> 개념잡기
>
> 보일러의 분류 중 원통형 보일러에 속하지 않는 것은?
> ① 다쿠마 보일러  ② 랭커셔 보일러
> ③ 케와니 보일러  ④ 코르니시 보일러
>
> **원통형 보일러 종류**
> 코르니시 보일러, 랭커셔 보일러, 횡연관식 보일러, 기관차 보일러, 케와니 보일러, 스코치 보일러, 하우덴 존슨, 노통연관 보일러 등
> • 다쿠마 보일러 : 수관식 보일러 중 자연순환식에 해당된다.
>
> 답 ①

## 4 주철제 보일러(section boiler)

### 1. 주철제 보일러의 구조

주물로 제작된 보일러로서 내부구조를 복잡하게 하여 전열면적이 비교적 큰 형식의 저압 보일러이다. 조합방식에 따라 전후, 좌우, 맞세움 전후 조합으로 나뉘며 각 섹션(쪽)을 용량에 알맞게(5~18쪽) 조절하여 사용한다.

> 🔖 **꼭찝어 어드바이스**
>
> **주철제 보일러의 조합방식** ★★★
> • 전후조합
> • 좌우조합
> • 맞세움 전후조합

**핵심Key**

**주철제 보일러의 특징**

**장점**
• 저압 보일러이므로 파열사고 시 피해가 적다.
• 주물로 제작하여 복잡한 구조로 제작이 가능하다.
• 전열면적이 크고 효율이 높다.
• 내식·내열성이 우수하다.
• 섹션증감으로 용량조절이 용이하다.
• 현장 반입 시 조립식으로 유리하다.

**단점**
• 고압·대용량에 부적당하다.
• 구조가 복잡하므로 내부청소 및 검사 수리가 곤란하다.
• 인장 및 충격에 약하다.
• 열에 의한 부동팽창으로 균열이 생기기 쉽다.

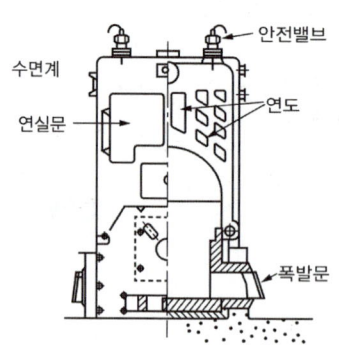 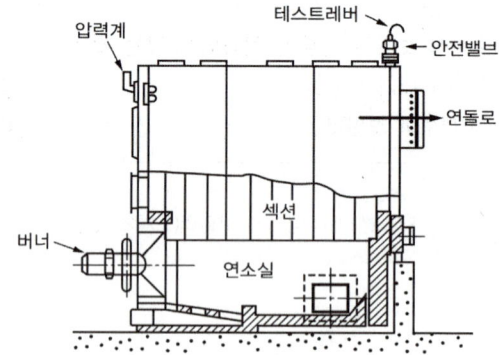

주철제 보일러

### 개념잡기

주철제 보일러인 섹셔널 보일러의 일반적인 조합방법이 아닌 것은?
① 전후조합    ② 좌우조합    ③ 맞세움조합    ④ 상하조합

주철제 보일러 섹션 조합방식
① 전후조합
② 좌우조합
③ 맞세움조합

답 ④

### 개념잡기

주철제 보일러의 특징 설명으로 옳은 것은?
① 내열성 및 내식성이 나쁘다.    ② 고압 및 대용량으로 적합하다.
③ 섹션의 증감으로 용량을 조절할 수 있다.    ④ 인장 및 충격에 강하다.

주철제 보일러의 특성
[장점]
① 저압이므로 파열사고 시 피해가 적다.
② 주물제작으로 복잡한 구조로 제작이 가능하다.
③ 전열면적이 크고 효율이 높다.
④ 내식·내열성이 우수하다.
⑤ 섹션 증감으로 용량조절이 용이하다.
[단점]
① 인장 및 충격에 약하다.
② 열에 의한 부동팽창으로 균열이 생기기 쉽다.
③ 고압·대용량에 부적당하다.
④ 구조가 복잡하므로 내부청소 및 검사가 곤란하다.

답 ③

## 5  온수 보일러

난방의 열매체로 온수를 생산하여 이용하는 방식으로 외관상 증기보일러와 큰 차이는 없으며 전열면적이 14[m$^2$] 이하, 최고사용압력이 0.35MPa(3.5kg/cm$^2$) 이하인 보일러를 말한다.

### 1. 가열방식에 따른 분류

① **1회로식** : 보일러 본체 안에 물을 저장하고 직접 가열하는 보일러
② **2회로식** : 보일러 본체 안에 또 다른 별개의 간접 가열부를 만들어 물을 가열하는 보일러

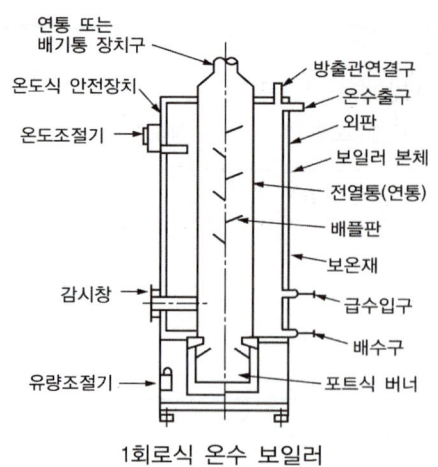
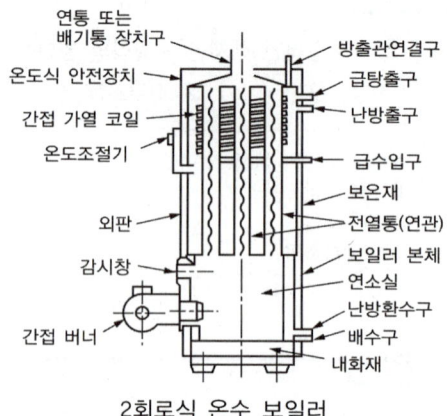

1회로식 온수 보일러 　　　2회로식 온수 보일러

## 2. 사용 연료에 따른 분류

유류용, 특수연료용(석탄·목재·톱밥), 혼소용

## 3. 온수 보일러의 버너(연소장치)

① **압력분무식** : 연료 및 공기를 가압하여 노즐로 분무하여 연소시키는 방식
  (건형, 저압공기 분무식)
② **증발식(포트식)** : 연료를 포트 등에서 증발시켜 연소시키는 방식
③ **회전분무식** : 연료를 회전체의 원심력으로 비산시켜 무화연소 시키는 방식
④ **기화식** : 연료를 예열하여 기화시켜 노즐로 분무하여 연소시키는 방식
⑤ **낙차식** : 낙차에 따라 고정한 심지에 연료를 보내어 연소시키는 방식

## 6 ▶ 특수열매체 보일러

열매체를 물 대신 수은, 다우섬, 모빌섬, 카네크롤 등 특수열매체를 사용하여 증기를 발생시키는 보일러로 이는 물보다 비열이 낮은 물질을 이용함으로써 낮은 압력에서도 고온을 얻을 수 있는 특징이 있다.

### 핵심Key
**특수열매체 보일러의 특징**

**특징**
- 저압에서 고온의 증기를 얻을 수 있다.
- 동결의 위험이 적다.
- 안전밸브를 밀폐식으로 사용한다.(인화성, 유독성 증기를 발생시킬 수 있다)
- 급수처리장치가 불필요하다.

## 1. 특수열매체의 종류

수은, 다우섬, 모빌섬, 세큐리티53, 카네크롤

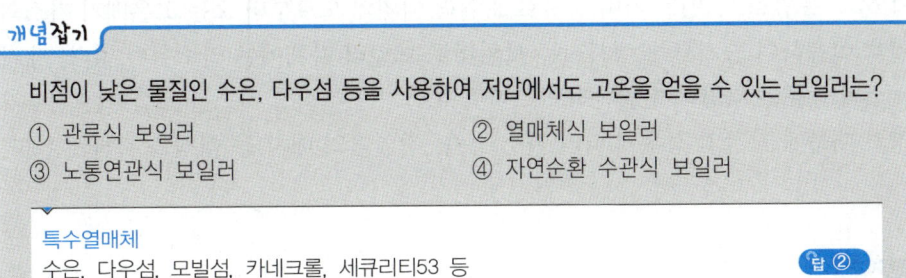

**개념잡기**

비점이 낮은 물질인 수은, 다우섬 등을 사용하여 저압에서도 고온을 얻을 수 있는 보일러는?
① 관류식 보일러　　　　　　② 열매체식 보일러
③ 노통연관식 보일러　　　　④ 자연순환 수관식 보일러

> **특수열매체**
> 수은, 다우섬, 모빌섬, 카네크롤, 세큐리티53 등
>
> 답 ②

## 7 ▶ 간접가열 보일러

100기압 이상의 고온·고압 보일러의 경우 물이 증발할 때 급수 중의 불순물이 다량의 관석(scale)이 되어 관벽에 부착하게 된다. 이러한 문제를 해결하기 위해 2중 증발장치를 이용하여 증기를 발생시키는 보일러를 간접가열 보일러라 한다.

### 1. 종류

슈미트 보일러, 레플러 보일러

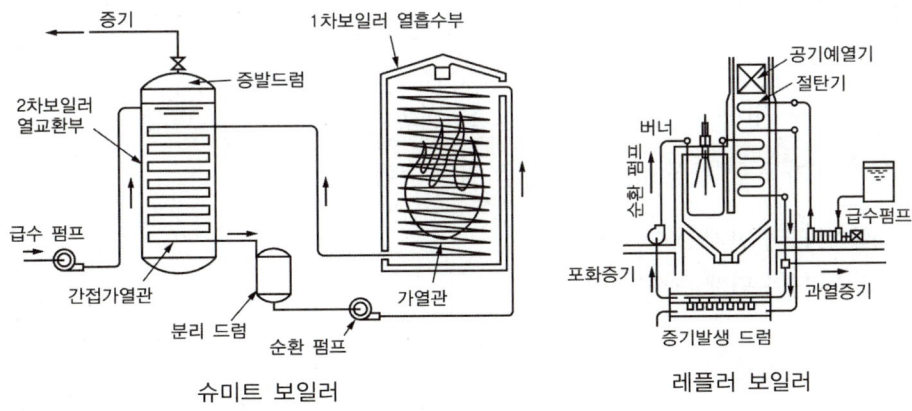

슈미트 보일러　　　　　　　　레플러 보일러

## 8. 폐열 보일러

가열로·용광로·시멘트 가마 등으로 보일러 이외의 노로부터 오는 고온배기 가스의 열을 이용하여 증기를 발생시키는 보일러로 보일러 자체에는 연소실이 없다. 배기가스의 종류는 다양하며 일반적으로 다량의 먼지나 부식성 가스를 포함하는 경우가 많기 때문에 각각의 경우에 따라 가스 유속, 전열면의 배치 등 대책을 취하게 된다.

## 9. 특수 연료 보일러

일반적으로 사용되는 화석연료 이외의 연료를 사용하는 보일러를 말한다.

### 1. 특수 연료 보일러의 종류

① 톱밥 연소 보일러
② 버개스(bagasse) 보일러
③ 바크 연소 보일러
④ 소다 회수 보일러

## 10. 보일러 수위

### 1. 상용수위(수면계중심, 1/2 : 50%)

보일러가 가동 중 항상 유지되어야 할 적정 수위

① 저수위 : 수면계 20% 이하
② 고수위 : 수면계 80% 이상

### 2. 안전저수위

운전 중 유지되어야 할 최저 수면, 수면계 하단부와 일치

① 입형횡관 보일러 : 화실 천장판 최고부위 75mm 상단
② 입형연관 보일러 : 연관 길이 1/3 이상

③ 코크란 보일러(입형횡연관 보일러) : 연관 상부 75mm 상단
④ 노통 보일러 : 노통 100mm 상단
⑤ 연관 보일러 : 연관 75mm 상단
⑥ 노통연관 보일러
    ㉠ 노통이 위일 때 : 노통 100mm 상단
    ㉡ 연관이 위일 때 : 연관 75mm 상단

## 11 ▶ 최고사용압력과 수압시험

### 1. 최고사용압력

보일러 강도상 허용할 수 있는 최고 게이지 압력을 말하며 최고사용압력으로 계속 사용하여도 보일러에 무리가 없어야 한다.

### 2. 수압시험

① **수압시험 목적** : 균열여부 파악
② 수압시험은 천천히 수압을 가하여 규정된 수압에 도달한 후 30분 경과 뒤에 검사를 실시한다.
③ 수압시험을 30분간 행한 후 이상이 없으면 수압을 제거한다.
④ 수압시험 압력은 최고사용압력보다 높게 설정한다.
⑤ 수압시험 압력은 최소한 0.2MPa(2kg/cm$^2$) 이상으로 설정한다.
⑥ 수압시험 도중 또는 시험 후 동파의 위험이 없도록 조치한다.
⑦ 규정된 수압시험 압력의 6%를 초과하지 않도록 조치한다.

### 3. 수압시험 압력 ★★★

| 보일러 종류 | 최고사용압력 | 수압시험 |
| --- | --- | --- |
| 강철제 보일러 | 0.43MPa(4.3kg/cm$^2$) 이하 | 2배 |
|  | 0.43MPa 초과 1.5MPa 이하 | 1.3배 + 0.3MPa |
|  | 1.5MPa(15kg/cm$^2$) 초과 | 1.5배 |
| 주철제 보일러 | 0.43MPa(4.3kg/cm$^2$) 이하 | 2배 |
|  | 0.43MPa(4.3kg/cm$^2$) 초과 | 1.3배 + 0.3MPa |
| 소용량 강철제 보일러 | 0.35MPa(3.5kg/cm$^2$) 이하 | 2배 |
| 가스용 소형온수 보일러 | 0.43MPa(4.3kg/cm$^2$) 이하 | 2배 |

# CHAPTER 03 보일러 부속장치

**단원 들어가기 전**

🅐
1. 급수장치 중 펌프의 구비조건 및 펌프의 종류에 대해 숙지하고 넘어갈 것
2. 밸브의 종류에 대해 구분할 수 있어야 한다.
3. 송기장치의 종류 및 각 장치의 역할을 숙지하고 넘어갈 것
4. 폐열회수 장치에 대한 문제가 자주 나오므로 종류 및 각 장치의 역할을 정확히 파악할 것

**빅데이터 키워드**

급수장치, 밸브, 송기장치, 폐열회수장치

## 1 급수장치

### 1. 급수펌프

보일러에 물을 공급하는 장치로 회전식과 왕복동식으로 구분된다.

> ⭐ **꼭찝어 어드바이스**
>
> 급수펌프의 구비조건 ★★
> - 고온, 고압에 잘 견딜 것
> - 병렬운전이 가능할 것
> - 저부하 시에도 효율이 좋을 것
> - 구조가 간단하고 부하변동에 대응성이 좋을 것
> - 회전식일 경우 고속회전에 적합할 것
> - 작동이 확실하고 내구성이 좋을 것

> ⭐ **꼭찝어 어드바이스**
>
> 급수펌프 설치기준
> - 설치 시 2세트를 설치하는데 이때 1세트의 경우 동력펌프 또는 인젝터로 할 수 있다.
> - 다음의 경우 보조펌프 생략이 가능하다.
>   - 전열면적 12m$^2$ 이하의 증기 보일러 및 소용량 보일러

- 전열면적 14m² 이하의 가스용 온수 보일러
- 전열면적 100m² 이하의 관류 보일러
• 주펌프, 보조펌프의 용량은 보일러 상용압력에서 정상작동 상태에 필요한 물의 양을 단독으로 공급할 수 있는 것으로 한다.
• 주펌프 세트가 2개 이상의 펌프를 조합한 것일 때 보조펌프 용량은 보일러 최대증발량의 25% 이상이며, 주펌프 세트 중 최대펌프 이상일 것

### (1) 원심식 펌프

① **터빈 펌프** : 임펠러가 케이싱 속에서 고속으로 회전함에 따라 진공이 생겨 물을 빨아올리며, 빨아올려진 물이 임펠러 중심에서 압력이 생겨 토출하는 형식으로 임펠러 선단에 안내날개(guide vane)를 장착하여 유속을 작게 하고 수압을 높인 펌프이다.

② **볼류트 펌프** : 터빈 펌프의 원리와 동일하며, 안내날개(guide vane)가 없다. 20[m] 이하의 저양정 펌프

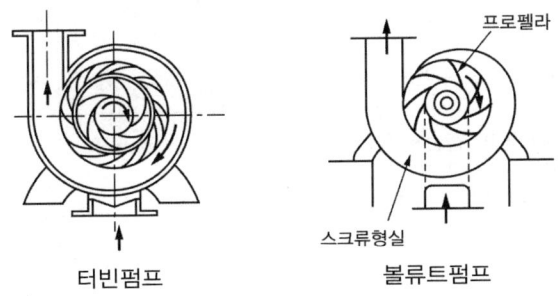

터빈펌프    볼류트펌프

🔖 꼭찍어 어드바이스 ★★★

| 캐비테이션(cavitaion : 공동현상) | 서징(surging : 맥동현상) |
|---|---|
| • 유체 속에서 압력이 낮은 곳이 생기면 물속에 포함되어 있는 기체(공기)가 물에서 빠져나와 압력이 낮은 곳에 모이는데, 이로 인해 물이 없는 빈공간이 생긴 것을 가리킨다. 이러한 공동부가 발생되면 이 공기층에 의해 배관에 심한 소음과 진동충격이 발생된다. | • 펌프나 송풍기에 어떤 관로를 연결하여 운전하면, 어떤 운전상태에서 압력·유량·회전수·소요동력 등이 주기적으로 바뀌면서 일종의 자려진동이 발생한다. 이때 압력계의 지침이 흔들리거나 송출유량이 변하게 되는데 이를 서징이라 한다. |
| 캐비테이션 방지대책 | 서징 방지대책 |
| ① 펌프의 회전수를 낮게 하여 유속을 적게 한다.<br>② 설치 위치를 수원과 가까이하여 흡입수 양정을 작게 한다.<br>③ 가급적 만곡부를 줄인다.<br>④ 2단 이상의 펌프를 사용한다.<br>⑤ 흡입관의 손실 수두를 줄인다. | ① 유량·회전수를 조정하여 서징점을 피한다.<br>② 관로의 도중에 있는 공기실의 용량·관로 저항 등을 조정한다. |

### (2) 왕복동식 펌프

① 플런저 펌프 : 동력이나 증기를 사용, 내부의 플런저가 수평으로 좌우 왕복 운동을 함으로써, 주로 소용량 고압으로 운전되는 펌프
② 워싱톤 펌프 : 증기의 힘으로 내부의 증기 피스톤을 움직여 물실린더 피스톤이 왕복운동을 함으로써, 급수를 행하는 펌프
③ 웨어 펌프 : 워싱톤 펌프의 구조와 동일하며 1개의 피스톤 봉으로 연결되어 있다.

> **꼭찝어 어드바이스**
>
> **펌프의 동력계산** ●●
> ① $Kw = \dfrac{r \cdot Q \cdot H}{102 \cdot \eta}$
> ② $PS = \dfrac{r \cdot Q \cdot H}{75 \cdot \eta}$
>
> $r$ : 유체의 비중량[kg/m³]
> $Q$ : 유량[m³/s]
> $H$ : 양정[m]
> $\eta$ : 효율

> **개념잡기**
>
> **왕복동식 펌프가 아닌 것은?**
> ① 플런저 펌프   ② 피스톤 펌프   ③ 터빈 펌프   ④ 다이어프램 펌프
>
> • 왕복동식 : 피스톤 펌프, 플런저 펌프, 다이어프램 펌프, 웨어 펌프
> • 회전식 : 기어 펌프, 나사 펌프, 베인 펌프
> • 원심식 : 터빈 펌프, 볼류트 펌프
>
> 답 ③

### (3) 인젝터(injector)

증기를 노즐에서 분출시켜 그것이 보유한 열 에너지를 운동 에너지로 변화시키고, 이것을 물에 전달하여 고속도의 수류를 만들고, 이것을 다시 압력 에너지로 바꾸어 보일러의 압력에 대항하여 보일러 속으로 압입(급수)하는 장치

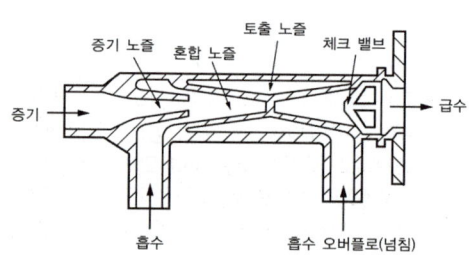

① 인젝터 작동불능 원인
　㉠ 노즐 마모 시
　㉡ 인젝터 과열 시
　㉢ 급수온도가 높을 때(50℃ 이상)
　㉣ 체크밸브 고장 시
　㉤ 증기압이 너무 낮거나(2kg/cm² 이하), 높을 때(10kg/cm² 이상)
　㉥ 증기 속에 수분이 많을 때

---

**핵심Key**

**인젝터의 특징**

**장점**
• 동력이 필요없다.
• 설치장소를 작게 차지한다.
• 구조가 간단하고 가격이 저렴하다.
• 급수가 예열되어 열응력 발생을 방지할 수 있다.

**단점**
• 흡입양정이 낮아 급수조절이 어렵다.
• 증기압이 낮으면 급수가 곤란하다.
• 구조상 소용량이다.
• 급수온도가 높아지면 급수가 곤란하다.

② 인젝터 작동 순서

　㉠ 출구밸브를 연다.
　㉡ 급수밸브를 연다.
　㉢ 증기밸브를 연다.
　㉣ 조절핸들을 연다.

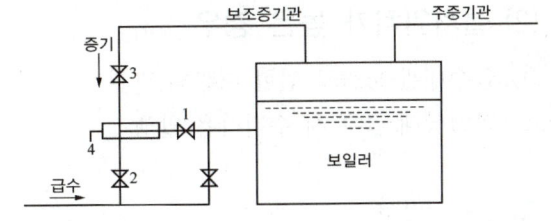

> 🔖 **꼭찝어 어드바이스**
>
> 인젝터의 작동순서
> 닫을 때는 역순으로 한다.

### (4) 환원기

저압 소용량 보일러에서 급수 펌프대신 사용되었던 장치이며 증기 사용 후에 생긴 응축수를 회수하여 집결된 탱크로 증기를 보내어 다시 보일러로 급수하는 장치 (수두압과 증기압을 이용하는 장치)

> 🔖 **꼭찝어 어드바이스**
>
> 무동력 급수장치
> ① 인젝터, ② 워싱톤 펌프, ③ 웨어 펌프, ④ 환원기

## 2. 급수내관

보일러 내에 급수를 행하는 관을 말하며 보일러 운전 중 갑작스러운 급수로 인한 부동팽창을 방지하고 보일러 물의 온도분포를 일정하게 유지시켜준다. 설치위치는 보일러 안전저수위 50mm 하단에 설치한다.

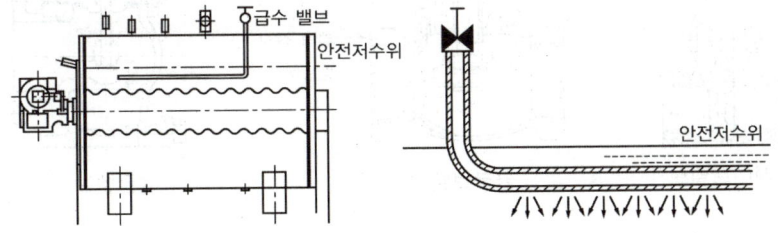

### (1) 설치위치가 낮은 경우

① 동하부 냉각
② 보일러수 순환불량
③ 체크밸브 고장 시 역류의 위험 발생

> ▶ **참고**
>
> 급수내관 설치 시 장점
> ① 집중급수를 피하므로 동내 부동팽창을 방지한다.
> ② 급수가 이루어지면서 예열 하게 되어 열응력 발생이 방지된다.
> ③ 안전저수위 이하에서 급수 가 행하여지기 때문에 수격 작용을 방지할 수 있다.

### (2) 설치위치가 높은 경우
① 급수내관 노출로 인한 내관의 과열
② 과열상태 급수 시 수격작용 발생

## 3. 급수밸브
① 급수밸브는 20A 이상이어야 한다. 단, 전열면적 10m² 이하인 보일러는 15A 이상으로 할 수 있다.
② 보일러에 가까이 급수밸브를 설치하고 바로 전단에 체크밸브를 설치한다.

### (1) 게이트밸브
슬루스밸브라고도 하며 유량조절용으로는 부적합하나 구조상 퇴적물이 체류하지 않는 장점이 있고 유체의 차단을 주목적으로 일반 배관용으로 가장 많이 사용된다.

### (2) 글로브밸브
구조상 유량조절용으로 사용되는 밸브로 디스크가 유체흐름방향과 평행하게 개폐된다.

### (3) 앵글밸브
스톱밸브라고도 하며 출입 유체의 방향이 90°가 되는 밸브이다.

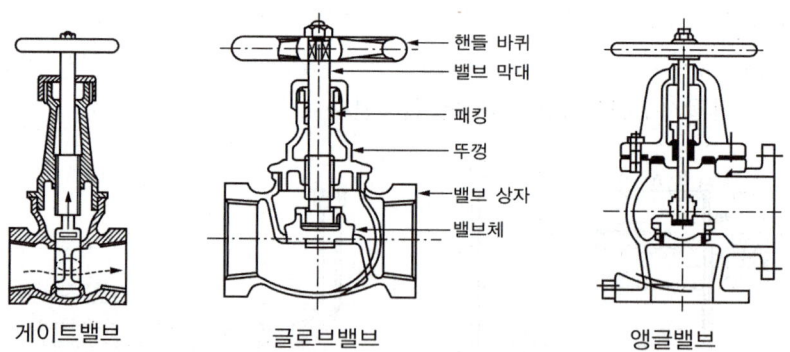

게이트밸브   글로브밸브   앵글밸브

### (4) 콕(cocks)
원뿔형 콕을 90° 회전시켜 유체의 흐름을 차단하고 유량을 정지시킨다. 각도가 0°~90° 사이의 각도만큼 회전하면서 유량을 조절하며 가장 신속히 개폐할 수 있다.

## (5) 체크밸브

유체를 한 방향으로만 유동시키고 유체가 정지했을 때 밸브 디스크가 유체의 배압(背壓)으로 닫혀 역류하는 것을 방지하기 위한 밸브이다.

> **개념잡기**
>
> 보일러 급수배관에서 급수의 역류를 방지하기 위하여 설치하는 밸브는 어떤 것인가?
> ① 체크밸브    ② 슬루스밸브    ③ 글로브밸브    ④ 앵글밸브
>
> - 체크밸브(역류방지밸브) : 유체의 역류방지용
> - 슬루스밸브(게이트밸브) : 유량 개폐용
> - 글로브밸브 : 유량 조절용
> - 앵글밸브 : 유체의 입구와 출구의 방향이 직각(90°)으로 꺾여 있는 밸브
>
> 답 ①

> 참고
>
> **체크밸브의 종류**
> ① 스윙식(swing) : 수평·수직 배관에 사용이 가능하다.

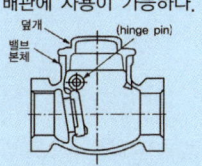

② 리프트식(lift) : 수평배관에만 사용가능하다.

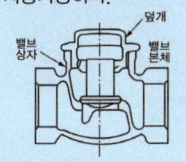

> 참고
>
> 강의에서도 언급했듯 스톱밸브의 종류에 글로브밸브와 앵글밸브가 속합니다. 학생들의 혼란을 피하고자 삭제하는 것이니 참고하시기 바랍니다.

## 2 송기장치

보일러에서 발생한 증기를 각 사용처에 공급하는 장치

### 1. 주증기밸브(main stop valve)

① 발생증기를 취출시키는 밸브
② 주증기관에 설치하는 증기스톱 밸브로 최소 $0.7MPa(7kg/cm^2)$ 이상의 압력에서 견디는 것으로 한다.
③ 외형상 앵글밸브, 내부구조상 스톱밸브(글로브밸브)를 사용한다.

### 2. 기수분리기(수관식 보일러에 사용)

① 동 내부 또는 수관 보일러의 상승관 내에 설치하여 건조증기를 취출시킨다 (관내 부식이나 수격작용을 방지).
② **종류**
  ㉠ 사이클론식(원심력 이용)
  ㉡ 스크레버식(파도형 장애판 이용)
  ㉢ 건조스크린식(금속망 이용)
  ㉣ 배플식(방향전환 이용)

> 참고
>
> **송기장치의 종류**
> - 증기헤더
> - 주증기밸브
> - 감압밸브
> - 증기트랩
> - 신축이음
> - 기수분리기
> - 비수방지관
> - 증기축열기 등

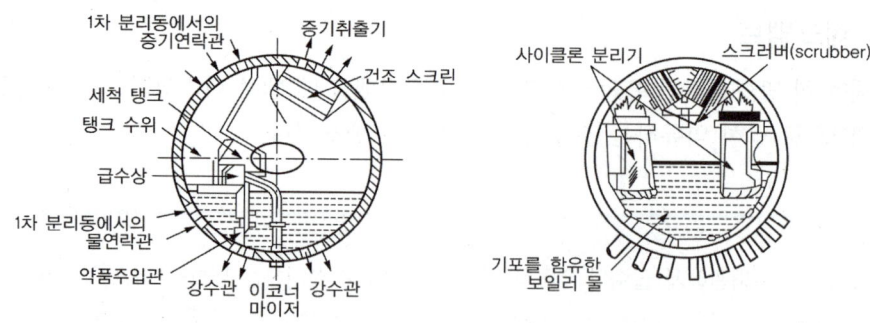

기수분리기(증기세정장치부)의 한 예

## 3. 비수방지관(원통형 보일러에 사용)

① 주증기밸브 급개 시 압력저하, 고수위, 관수농축, 과열 등으로 인한 비수현상으로 인한 수위의 오판, 수격작용 등의 피해를 방지하기 위해 주증기관에 연결 설치한다.

② 비수방지관은 주증기 밸브 전단에 설치하며, 비수방지관의 구멍 단면적은 주증기관 단면적의 1.5배로 한다.

> **참고**
> 비수방지관 설치 시 장점
> • 프라이밍(비수현상) 방지
> • 수격작용 방지
> • 동내수면 안정으로 정확한 수위 측정
> • 건조증기를 얻을 수 있다.

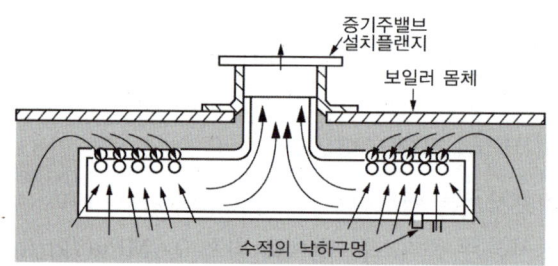

③ 프라이밍(Priming : 비수) : 주증기 밸브 급개시, 고수위 시 수면으로부터 끊임없이 물방울이 비산하면서 수위를 불안전하게 하는 현상

④ 포밍(Foaming : 물거품) : 관수 중 용해 고형물, 유지류 등의 불순물로 인한 거품의 층을 형성하는 단계로 심해지면 프라이밍으로 이어질 수 있다.

> **핵심 Key**
> 기수공발(carry over)
> 증기관 내로 물방울이 따라 들어가 운반되는 현상
>
> 워터해머(수격작용)
> 증기관 내에 고인 응축수가 송기 시 고압의 증기에 밀려 굴곡부에 심하게 부딪쳐 소음과 진동을 유발하는 현상

### 꼭찝어 어드바이스

프라이밍(비수)의 원인 ★★★
• 주증기 밸브 급개시
• 고수위
• 관수농축
• 급격한 과열
• 고압에서 저압으로 변할 때
• 용존 고형물, 유지분의 과다

> ⭐ **꼭찝어 어드바이스**
>
> 프라이밍(비수) 발생 시 피해 ❶❷❸
> - 수위의 오판
> - 증기의 과열도 저하
> - 수격작용
> - 저수위사고
> - 계기류의 통수공들의 차단

> ⭐ **꼭찝어 어드바이스**
>
> 프라이밍(비수) 현상의 조치
> - 연소량을 가볍게 한 뒤 증기밸브를 닫아 수위안정을 도모한다.
> - 보일러 관수를 일부 교환한다(분출반복).
> - 계기류의 통수공들의 막힘을 시험한다.
> - 원인을 알아내(수질검사, 기계류점검) 제거한다.

## 4. 신축이음

신축이음은 노통, 관 등의 열응력에 의한 신축팽창을 흡수하기 위하여 설치한다. (신축 팽창에 의한 배관의 파손방지)

① **슬리브이음(미끄럼식)** : 본체 내부에 유동할 수 있는 슬리브를 설치 변화에 따라 생기는 관의 신축을 슬리브의 미끄럼(sliding)에 의해 흡수하는 형식으로 단식과 복식이 있다.

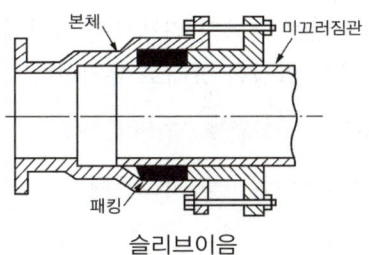

슬리브이음

② **벨로우즈이음(주름통식, 팩레스식)** : 온도에 따라 일어나는 관의 신축이음쇠를 벨로즈의 변형에 의해 흡수시키는 형식으로 증기관에 널리 사용되며 응력흡수가 아주 용이한 이음방식이다.

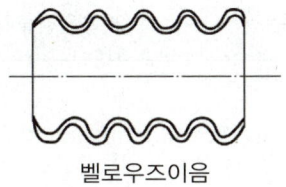

벨로우즈이음

> **참고**
> 벨로우즈이음은 다른 말로 팩레스이음이라고도 한다.

③ 스위블이음 : 온수 또는 저압증기 난방의 주관과 지관(방열기) 배관법 중 하나로 2개 이상의 엘보우(elbow)를 사용해서 나사의 회전에 의해 신축을 흡수하는 장치이다. 신축이 클 경우에는 나사부의 헐거움으로 인한 누설의 우려가 있으므로 사용할 수 없다.

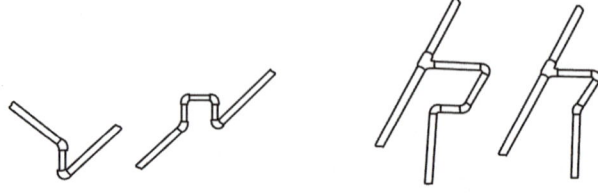

스위블이음

④ 루프이음(신축곡관) : 신축곡관이라고도 하며 그 휨에 의해 배관의 신축을 흡수하는 형식으로 주로 고압증기의 옥외배관 등에 많이 사용된다. 설치장소를 많이 차지하며 응력이 생긴다는 단점이 있다.

루프이음

## 5. 감압밸브

고압배관과 저압배관의 사이에 감압밸브를 설치하여 고압증기를 사용처에 알맞게 저압증기로 만들어 사용한다. 이때 저압측의 증기 사용량의 증감에 관계없이 또는 고압측 압력의 변동에 관계없이 밸브의 리프트를 자동적으로 제어하여 증기유량을 조정해 저압측압력을 항상 일정한 상태로 유지한다.

① 작동방법에 의한 분류
　　㉠ 벨로즈형, ㉡ 다이어프램형, ㉢ 피스톤형
② 구조에 의한 분류
　　㉠ 스프링식, ㉡ 추식

> **참고**
> **감압밸브의 설치목적**
> ① 고압증기를 저압증기(사용압)로 유지한다.
> ② 항상 부하측을 일정압력으로 유지한다.
> ③ 고압과 저압증기를 동시에 사용한다.

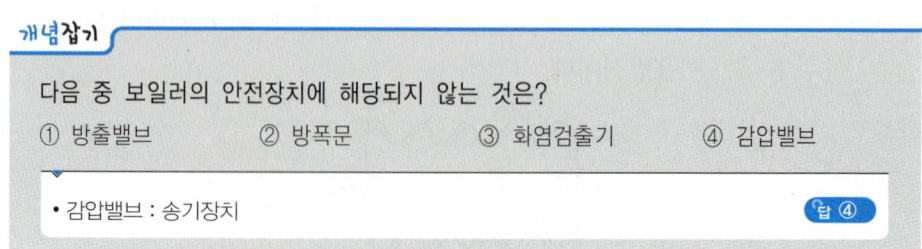

다음 중 보일러의 안전장치에 해당되지 않는 것은?
① 방출밸브　　② 방폭문　　③ 화염검출기　　④ 감압밸브

• 감압밸브 : 송기장치

답 ④

## 6. 증기트랩

증기트랩은 방열기의 환수구나 증기배관의 말단에 설치하여 방열기나 증기관 내에서 발생되는 응축수 및 공기를 배제하여 수격작용을 방지하고 증기를 막아 증기의 응축열을 효과적으로 발열시키는 장치이다.

① **기계적트랩** : 포화수와 포화증기의 비중차를 이용한 방식
    ㉠ 종류 : 플로트트랩(다량트랩), 버킷트랩

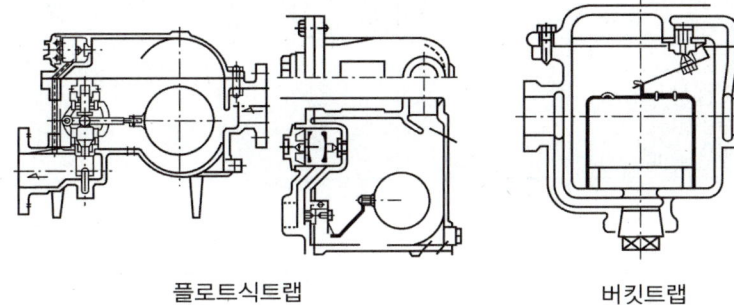

플로트식트랩      버킷트랩

② **온도조절식트랩** : 포화수와 포화증기의 온도차를 이용한 방식
    ㉠ 종류 : 바이메탈트랩, 벨로즈트랩

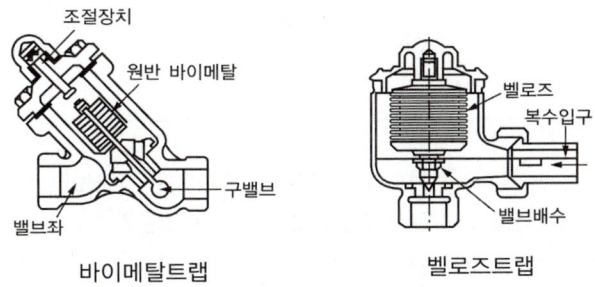

바이메탈트랩      벨로즈트랩

③ **열역학적트랩** : 포화수 또는 포화증기의 열역학적 특성차를 이용한 방식
    ㉠ 종류 : 디스크트랩, 오리피스트랩

> 🔖 **꼭찝어 어드바이스**
>
> **트랩의 구비조건** ★★★
> - 동작이 확실할 것
> - 내식·내마모성이 있을 것
> - 마찰저항이 작고 단순한 구조일 것
> - 응축수를 연속적으로 배출할 수 있을 것
> - 공기의 배제나 정지 후 응축수 빼기가 가능할 것

> 🌟 **꼭찝어 어드바이스**
>
> **트랩용량**
> 증기트랩의 용량은 응축수의 시간당 배출량[kg/h]으로 표시한다.

> 🌟 **꼭찝어 어드바이스**
>
> **트랩고장의 분류**
>
> | 트랩이 뜨거울 때 | 트랩이 차가울 때 |
> | --- | --- |
> | ㉠ 트랩 용량 부족<br>㉡ 밸브의 마모<br>㉢ 이물질 혼입<br>㉣ 벨로즈 손상<br>㉤ 바이메탈 변형<br>㉥ 배압이 높을 때 | ㉠ 밸브의 고장<br>㉡ 스트레이너 막힘 |

> 🌟 **꼭찝어 어드바이스**
>
> **트랩의 설치 시 주의사항**
> - 드레인 배출구에서 트랩입구의 배관은 굵고 짧게 한다.
> - 트랩 입구의 배관은 트랩 입구를 향해 내림구배가 좋다.
> - 트랩 입구의 배관은 입상관으로 하지 않는다.
> - 트랩 입구의 배관은 보온하지 않는다.(냉각레그)

### 개념잡기

온도 조절식 트랩으로 응축수와 함께 저온의 공기도 통과시키는 특성이 있으며, 진공환수식 증기 배관의 방열기 트랩이나 관말 트랩으로 사용되는 것은?

① 버킷트랩    ② 열동식트랩    ③ 플로트트랩    ④ 매니폴드트랩

- 기계적트랩 : 플로트식, 버킷식
- 온도조절트랩 : 바이메탈식, 벨로우즈식(열동식트랩)
- 열역학적트랩 : 오리피스식, 디스크식

답 ②

## 7. 증기헤더

보일러에서 발생한 증기를 한 곳에 모아 일시 저장한 후 사용처에 알맞게 보내주는 장치로 일종에 분배기라고 볼 수 있다.

> 🌟 **꼭찝어 어드바이스**
>
> **헤더크기**
> 헤더에 부착되는 가장 큰 증기관 지름의 2배

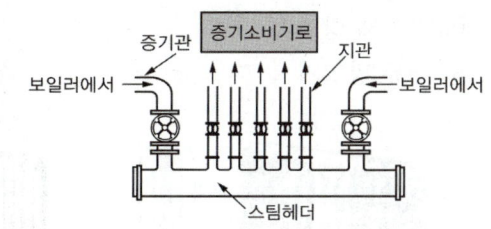

증기헤더

## 8. 증기축열기(Steam Accumulator)

보일러에서 발생한 증기(蒸氣)량이 소비(消費)량에 대해 과잉(過剩)했을 때, 증기를 저장하고, 발생량보다 소비량이 많아졌을 때, 저장한 증기를 방출해서 증기의 부족량을 보충하는 장치를 말한다. 이 증기 축열기는 여분의 증기를 물로 바꾸어 저장하는 것이며, 방식은 변압식과 정압식의 방법이 있다.

① **변압식** : 탱크 내에 여분의 증기를 불어넣어 그 열을 저장하고 필요에 따라 그 압력을 낮춰 증기로 꺼내어 쓰는 방식(송기계통에 설치)
② **정압식** : 보일러의 급수 중에 여분의 증기를 집어넣어 그 열을 저장시켜 같은 압력으로 하고, 필요에 따라 그 고온급수를 이용할 수 있는 증기(蒸氣)량(급수 가열용 증기량을 제외한 것)을 증가시킨 방식(급수계통에 설치)

> 🔖 **꼭찝어 어드바이스**
> 증기열을 저장하는 매체 : 물

## 9. 온도조절 밸브

사용 증기나 온수의 설비온도를 일정온도로 유지하기 위하여 설치된 금속 감온부에 의해 자동적으로 온도를 조절하는 밸브이다.

> ▶참고
> 감온부의 방식에 따른 종류
> ① 바이메탈식
> ② 증기압력식
> ③ 전기저항식

## 10. 방열기(Radiator)

실내에 설치하여 증기 또는 온수의 잠열과 현열을 이용하여 방산열로 실내공기를 데우는 장치이다.

① **재질에 따른 분류** : 주철제, 강제, Al제
② **구조에 따른 분류**
  ㉠ 주형 방열기(Ⅱ, Ⅲ)
  ㉡ 세주형 방열기(3, 5) or (3C, 5C)
  ㉢ 벽걸이형 방열기(W-H, W-V)

ⓔ 길드 방열기
　　ⓜ 강판제 방열기
　　ⓑ 대류 방열기

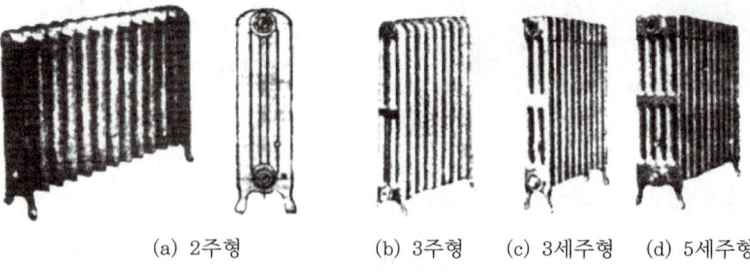

(a) 2주형　　(b) 3주형　　(c) 3세주형　　(d) 5세주형

주형 방열기

③ 방열기 호칭법
　㉠ 주형 : 종류 – 높이×쪽수
　㉡ 벽걸이 : 종류 – 형×쪽수

④ 방열기의 도면도시방법

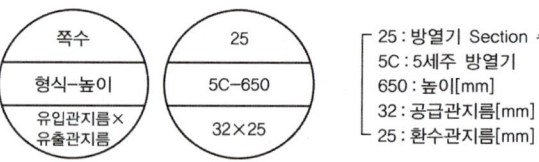

⑤ 방열기의 배치
　㉠ 외기와 접한 창문 아래쪽에 설치한다.(부하가 가장 큰 곳 – 대류현상 이용)
　㉡ 기둥형 방열기 : 벽에서 50~60[mm] 거리에 설치
　㉢ 벽걸이형 방열기 : 바닥에서 150[mm] 거리에 설치
　㉣ 대류방열기 : 바닥으로부터 하부 케이싱까지 최저 90[mm] 이상 높게 설치한다.

⑥ **상당방열면적[EDR]** : 방열기의 방열면적당 보일러의 능력으로 레이팅(Rating)이라고도 한다.

⑦ 방열기 표준방열량
　㉠ 증기 : $8[\text{kcal/m}^2\text{h}℃] \times (102-21)[℃] = 648 ≒ 650[\text{kcal/m}^2\text{h}]$
　㉡ 온수 : $7.2[\text{kcal/m}^2\text{h}℃] \times (80-18)[℃] = 446.4 ≒ 450[\text{kcal/m}^2\text{h}]$

---

• 난방부하
　$Q[\text{kcal/h}] = q[\text{kcal/m}^2\text{h}] \times EDR[\text{m}^2]$

　$Q$ : 난방부하[kcal/h]
　$q$ : 표준방열량[kcal/m²h]
　$EDR$ : 상당방열면적[m²]

---

**핵심Key**

시험에 잘 나오는 내용
**방열기와 벽과의 거리**
50~60[mm]
일반 방열기라고 나올 때도 있고, 주철제방열기라고 나올 때도 있으나 결국은 주철제방열기 및 대부분의 방열기는 기둥방형 방열기에 속한다.

○ 표준상태의 열매에 따른 방열계수 및 온도 기준표

| 열매 | 방열계수(열관류율) [kcal/m²h℃] | 표준상태의 온도 | | 표준방열량 [kcal/m²h] |
|---|---|---|---|---|
| | | 열매온도[℃] | 실내의공기온도[℃] | |
| 증기 | 8 | 102 | 21 | 650 |
| 온수 | 7.2 | 80 | 18 | 450 |

### 개념잡기

다음 방열기 도시기호 중 벽걸이 종형 도시기호는?
① W–H　　② W–V　　③ W–Ⅱ　　④ W–Ⅲ

- W–H : 벽걸이 수평형
- W–V : 벽걸이 수직형
- ③, ④번의 형식은 존재하지 않는다.

답 ②

## 11. 스트레이너(Strainer : 여과기)

주요 밸브 및 부속장치 앞에 설치하여 관내 불순물을 제거하는 장치

① 형상에 따라 Y형, U형, V형이 있다.
② 여과기의 여과망의 단위 : 메쉬(mesh)

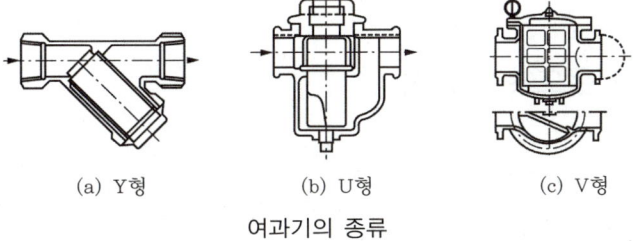

(a) Y형　　(b) U형　　(c) V형
여과기의 종류

## 3 ▸ 폐열 회수장치

### 1. 과열기

연소가스의 여열을 이용하여 보일러 속에서 발생한 포화증기를 과열증기로 만드는 장치. 압력은 일정한 상태에서 과열된다.

> 참고

**과열기 설치 시 장점**
① 보일러의 열효율을 높여 준다.
② 관내부식 및 워터해머를 방지할 수 있다.
③ 적은량의 증기로 많은 열을 얻을 수 있다.
④ 관내 유속에 따른 마찰저항이 감손된다.

## (1) 과열기의 종류

① 열가스 흐름에 따른 분류
　㉠ 병류형 : 증기와 열가스의 흐름이 같은 방향, 열 이용율도 높고, 소손도 적다.
　㉡ 향류형 : 증기와 열가스의 흐름이 반대 방향, 열 이용율이 높고 양호하나 연소가스에 의한 소손의 우려가 있다.
　㉢ 혼류형 : 병류식과 향류식을 합쳐놓은 형태, 소손의 우려가 적다.

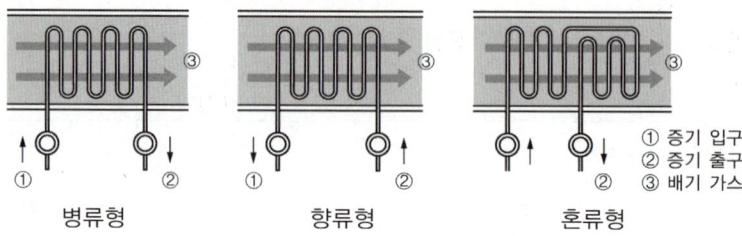

병류형　　　　　향류형　　　　　혼류형

① 증기 입구
② 증기 출구
③ 배기 가스

② 열가스 접촉에 따른 분류
　㉠ 접촉형(대류형)
　㉡ 복사형(방사형)
　㉢ 접촉복사형(대류방사형)
③ 연소방식에 따른 분류
　㉠ 직접연소식
　㉡ 간접연소식

## (2) 과열증기 온도조절 방법

① 열가스량 조절
② 과열저감기 사용방법
③ 과열기 전용 회로에 의하는 방법
④ 배기가스의 재순환 방법
⑤ 화염 위치 조절 방법
⑥ 과열 증기에 습증기나 급수를 분무하는 방법

## 2. 재열기

증기의 건조도를 높이기 위해 증기를 재가열하는 장치로 과열증기가 고압 터빈에서 팽창이 끝나고 응축 직전에 회수하여 다시 가열시켜 저압 터빈에서 팽창하도록 하는 것으로 증기 터빈의 열효율을 향상시킬 뿐만 아니라 터빈 날개의 부식이나 마찰에 따른 손실을 감소시켜 준다.

## 3. 절탄기(Economizer)

배기가스의 여열을 이용하여 급수를 예열하는 장치로 연도 안에 설치되어 보일러의 포화온도보다 약간 낮은 10~20[℃] 이하 정도로 급수를 예열하여 보일러 본체와 급수관에 연결한다.

> **꼭집어 어드바이스**
> 절탄기에서 급수 온도를 10[℃] 높일 때마다 보일러 효율은 1.5[%] 증가된다. 절탄기 출구온도는 170[℃] 이상 되어야 저온부식이 방지된다.

○ **절탄기의 장점 및 단점**

| 장점 | 단점 |
| --- | --- |
| • 보일러 효율이 증가한다.<br>• 급수와 보일러수의 온도차를 작게 하여 열응력을 방지한다.<br>• 급수에 포함된 일부 불순물을 제거할 수 있다. (경수 → 연수) | • 청소 및 점검이 곤란하다.<br>• 연소가스 통풍의 마찰손실이 많다.(통풍력 감소)<br>• 저온부식이 발생한다. |

## 4. 공기예열기(Air Preheater)

보일러의 연소가스 온도(200~400[℃])의 여열을 이용하여 연소용 공기를 예열하는 장치

### (1) 구조에 따른 공기예열기의 분류

증기식 공기예열기, 급수식 공기예열기, 가스식 공기예열기 등이 있으나 주로 가스식이 사용되며 다음은 가스식 공기예열기의 종류이다.

① **전열식 공기예열기(전도식)** : 전도식은 금속 전열면을 통해서 배기가스가 보유하는 열을 공기에 전하는 것이며 구조에 따라 관형과 판형이 있다.
② **축열식(재생식) 공기예열기** : 재생식은 금속판을 일정시간 배기가스에 접촉시켜 열을 흡수시키고 다음에 또 일정시간 공기에 접촉시켜 열을 방출하는 방식이며 종류로는 회전식, 고정식, 이동식이 있다.

> **참고**
> **공기예열기의 특징**
> • 착화 및 연소를 좋게 하고 연소온도를 높인다.
> • 연료의 완전연소를 가능하게 한다.
> • 저온부식의 위험이 크므로 배기가스 온도를 150~170[℃] 이하가 되지 않도록 한다.
>
> **공기예열기의 설치 시 장점**
> ① 보일러의 열효율을 향상시킨다.
> ② 연소 및 전열 효율을 향상시킬 수 있다.
> ③ 수분이 많은 저질탄 연료도 연소가 가능하다.
> ④ 연료의 완전연소를 가능하게 한다.

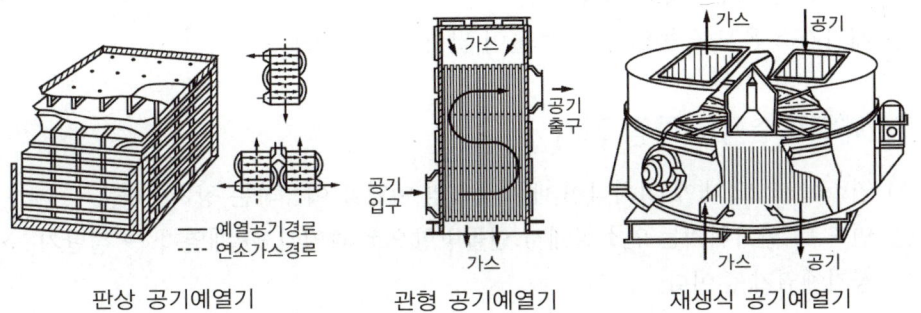

판상 공기예열기    관형 공기예열기    재생식 공기예열기

## 5. 고온부식

### (1) 발생위치
과열기, 재열기

### (2) 발생원인
연료 중 V(바나듐) 성분으로 인해 발생, 배기가스 온도가 450~500[℃] 이상일 때 $V_2O_5$(오산화바나듐)이 생성되어 발생한다.

### (3) 고온부식 방지법
① 연료 내의 바나듐 성분 제거
② 연료첨가제를 이용, 바나듐(또는 회분)의 융점을 높인다.
③ 배기가스 온도를 적절하게 유지
④ 전열면을 내식재로 피복한다.

## 6. 저온부식

### (1) 발생위치
절탄기, 공기예열기

### (2) 발생원인
연료 중 S(황)성분으로 인해 발생, 배기가스 온도가 150~170[℃] 이하일 때 $H_2SO_4$(황산)이 생성되어 발생한다.

### (3) 저온부식 방지법
① 연료 중 황분 제거
② 연료첨가제를 이용, 황산가스의 노점을 낮춘다.
③ 과인공기를 줄인다.( = 과잉산소를 줄인다. 공기비를 줄인다)
④ 장치표면을 내식재로 피복한다.
⑤ 배기가스 온도를 높인다.(열효율이 낮아질 수 있음)

## 7. 폐열회수장치 특징 정리
① 연소실·연도 내에 설치하여 배기가스의 여열을 이용하는 장치이다.
② 연도 내 설치위치는 연소실에서 연돌방향으로 과열기 → 재열기 → 절탄기 → 공기예열기 순이다.

③ 과열기·재열기에서는 일반적으로 고온부식($V_2O_5$)이 문제가 되므로 배기가스 온도가 500[℃] 이상이 되지 않도록 주의해야 한다.
④ 절탄기·공기예열기에서는 일반적으로 저온부식($H_2SO_4$)이 문제가 되므로 배기가스온도가 170[℃] 이하가 되지 않도록 주의해야 한다.

○ **폐열회수장치의 장점 및 단점**

| 장점 | 단점 |
|---|---|
| • 배기가스 손실을 줄일 수 있다.<br>• 보일러 용량이 증가한다.<br>• 연소효율·전열효율이 증가한다. | • 연도 내 통풍력이 감소한다.<br>• 취급자의 운전범위가 넓어진다.<br>• 저온·고온부식에 주의해야 한다. |

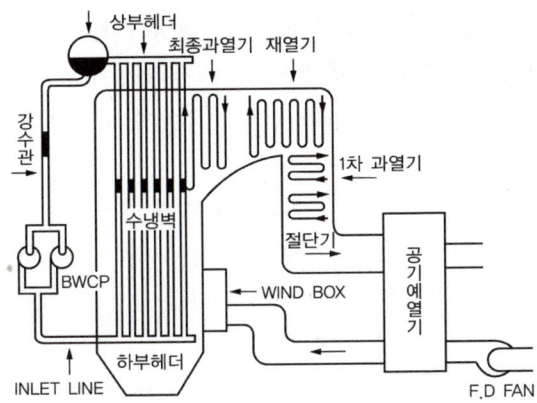

### 개념잡기

연도에서 폐열회수장치의 설치순서가 옳은 것은?

① 재열기 → 절탄기 → 공기예열기 → 과열기
② 과열기 → 재열기 → 절탄기 → 공기예열기
③ 공기예열기 → 과열기 → 절탄기 → 재열기
④ 절탄기 → 과열기 → 공기예열기 → 재열기

**폐열회수장치 설치순서**
과열기 → 재열기 → 절탄기 → 공기예열기

답 ②

## 4 안전장치

### 1. 안전밸브(Safety Valve)

보일러 동상부(증기부)에 설치하며, 보일러 내부의 증기압이 이상 상승하게 될 때 자동적으로 이상 증기압을 외부로 배출하여 보일러를 보호하는 장치이다.

#### (1) 안전밸브의 종류

① **중추식(추식)** : 추의 중량(kg)이 연결된 구체 밸브와의 단면적에($cm^2$) 작용되는 힘의 원리로 중량에 의해 분출능력을 결정한다.
② **지렛대식(레버식)** : 지점과 지렛대 사이의 거리에 추의 위치를 설정하여 그 위치에 따라 분출능력을 결정하며 변좌의 전압이 600[kg] 이상이면 사용이 불가능하다.
③ **스프링식** : 밸브본체에 걸리는 내압에 의하여 순간적으로 작동하는 기능을 가진 자동압력방출장치로 밸브가 직접 스프링에 의하여 부하가 걸리는 장치이다.(보일러에서는 주로 스프링식이 사용된다)

> 꼭찝어 어드바이스 ★★
>
> 스프링식은 밸브양정(열리는 거리)에 따라 저양정식, 고양정식, 전양정식, 전량식이 있다.
>
> | 형식 구분 | 유량제한기구 |
> |---|---|
> | 저양정식 | 안전밸브의 리프트가 시트 지름의 1/40 이상 1/15 미만인 것 |
> | 고양정식 | 안전밸브의 리프트가 시트 지름의 1/15 이상 1/7 미만인 것 |
> | 전양정식 | 안전밸브의 리프트가 시트 지름의 1/7 이상인 것. 이 경우 시트 지름의 1/7 열릴 때의 유체통로의 면적보다도 기타 부분의 유체의 최소 통로 면적은 10% 이상 커야 한다. |
> | 전량식 | 시트 지름이 목부분 지름보다 1.15배 이상인 것. 디스크가 열렸을 때의 유체통로의 면적이 목부분 면적의 1.05배 이상을 안전 밸브의 입구 및 배관 내의 유체 통로 면적은 목부단면적의 1.7배 이상이어야 한다. |

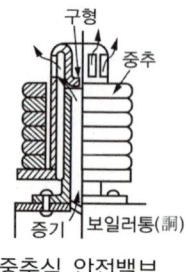
중추식 안전밸브

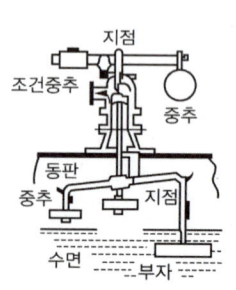
지렛대식 안전밸브

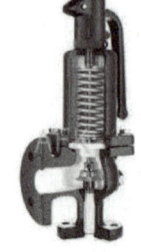
스프링식 안전밸브

### (2) 안전밸브 및 압력방출장치의 크기

안전밸브 및 압력방출장치의 크기는 호칭지름 25[A] 이상으로 한다. (단, 다음의 보일러에서는 호칭지름 20[A] 이상으로 할 수 있다)

① 최고사용압력 0.1MPa(1[kg/cm$^2$]) 이하의 보일러
② 최고사용압력 0.5MPa(5[kg/cm$^2$]) 이하이며, 동체 안지름 500[mm] 이하, 동체 길이가 1000[mm] 이하인 보일러
③ 최고사용압력 0.5MPa(5[kg/cm$^2$]) 이하이며, 전열면적이 2[m$^2$] 이하인 보일러
④ 최대증발량 5[t/h] 이하의 관류 보일러
⑤ 소용량 강철제보일러, 소용량 관류보일러

> **참고**
> 안전밸브 증기누설 원인
> ① 밸브와 시트의 가공이 불량한 경우
> ② 시트와 밸브 축이 이완된 경우
> ③ 스프링 장력 감소
> ④ 조정압력이 너무 낮은 경우
> ⑤ 밸브 시트에 이물질이 낀 경우

### (3) 법적 설치기준

① 증기 보일러에는 2개 이상의 안전밸브를 설치하여야 한다. (단, 전열면적 50[m$^2$]이하는 1개 이상 설치, 작동은 최고사용압력이하로 하며, 2개 설치 시 1개는 최고사용압력 이하로 하고 다른 1개는 최고사용압력의 1.03배에서 작동)
② 자동연소제어장치 및 보일러 최고사용압력의 1.06배 이하의 압력에서 급속하게 연료의 공급을 차단하는 장치를 갖는 보일러이어야 한다.
③ 스프링 안전밸브의 구조는 KS B 6216에 따라야 하며 어떠한 경우에도 밸브 시트나 몸체에서 누설이 없어야 한다. 파일럿 안전 밸브를 사용할 경우 소요분출량의 1/2은 스프링 안전밸브에 의하여야 한다.
④ 과열기에는 출구에 1개 이상의 안전밸브를 설치하고 분출용량은 과열기온도를 설계온도 이하로 유지하는데 필요한 양 이상이어야 한다.
⑤ 재열기 또는 독립과열기에는 입구출구에 각각 1개 이상의 안전밸브를 설치한다.

### (4) 안전밸브의 시험검사

① 안전밸브의 작동시험은 1년에 2회(6개월마다 1회)정도 행하며 표준압력으로 조정한다.
② 점검은 상용압력의 75[%] 이상 되었을 때 1일 1회 이상 행한다. (점화전 안전밸브의 분출시험은 불가능하다)

## 2. 화염검출기

버너의 화염유무를 감시 검출하여 화염의 유무에 따라 연료 차단신호, 경보 신호 등을 송출하는 기기이며, 화염 검출의 원리는 연소 시 화염의 발열, 발광, 전기적 성질을 검출하는 것으로, 검출 방법에 따라 다음의 3가지로 나눈다.

### (1) 플레임 아이(flame eye) – 유류 보일러에 사용

화염에서 나타나는 방사선을 전기적 신호로 바꾸어 화염의 정상유무를 검출하는 형식으로 화염의 발광을 이용한 검출기이다. 종류로는 황화카드뮴셀(Cds셀), 황화납셀(Pbs셀), 광전관, 자외선 광전관 등이 있다.

### (2) 플레임 로드(flame rod) – 가스 보일러에 사용

화염의 이온화현상(고온측 : 양이온)을 통해 이때의 전기전도성을 이용하여 화염의 유무를 검출하는 형식이다.

### (3) 스택 스위치 – 소용량 보일러에 사용

화염의 발열현상을 이용한 것으로 내부에 바이메탈을 사용 열에 의한 팽창현상으로 화염의 정상유무를 검출한다. 응답속도가 매우 느리므로 소용량 보일러에 사용된다.(현재는 거의 사용하지 않는다)

> **꼭찝어 어드바이스**
>
> **스택 스위치의 작동원리**
> 불착화, 실화 시 전자밸브에 신호를 보내어 연료를 차단한다.

**개념잡기**

화염 검출기의 종류 중 화염의 이온화 현상에 따른 전기 전도성을 이용하여 화염의 유무를 검출하는 것은?
① 플래임 로드   ② 플래임 아이   ③ 스택 스위치   ④ 광전관

- 플레임 아이 : 화염의 발광 현상 이용(유류 보일러용)
- 플레임 로드 : 화염의 이온화 현상 이용(가스 보일러용)
- 스택 스위치 : 화염의 발열 현상 이용(소형 보일러, 연도)

답 ①

> **참고**
> 고저수위 경보기
> 기계식과 전기식으로 대별되며 주로 후자가 이용된다.

## 3. 고저수위 경보 장치

보일러의 이상 수위에 의한 사고를 미연에 방지하기 위하여 사용하는 장치로서, 보일러 수위가 허락되는 최고 또는 안전 저수위에 도달했을 때 경보를 울리는 장치

### (1) 종류

플로트식(맥도널식), 전극식, 열팽창식(코프스식)

## (2) 수위제어방식

① 1요소식 : 수위만 검출
② 2요소식 : 수위, 증기량 검출
③ 3요소식 : 수위, 증기, 급수량 검출

## (3) 플로트식(맥도널식)

내부에 플로트를 설치하여 수위의 부력에 의해 연결된 수은 스위치를 작동하는 형식으로 다른 말로 부자식이라고도 한다.

## (4) 전극식

물의 전기전도도를 이용하여 내부에 수위에 맞는 기본 접점들을 두어 수위의 변화에 나타나는 전기적 신호를 제어 릴레이를 통해 경보를 발하는 형식이다.

## (5) 열팽창식(코프스식)

금속의 열팽창력을 이용하여 수위를 제어하는 형식

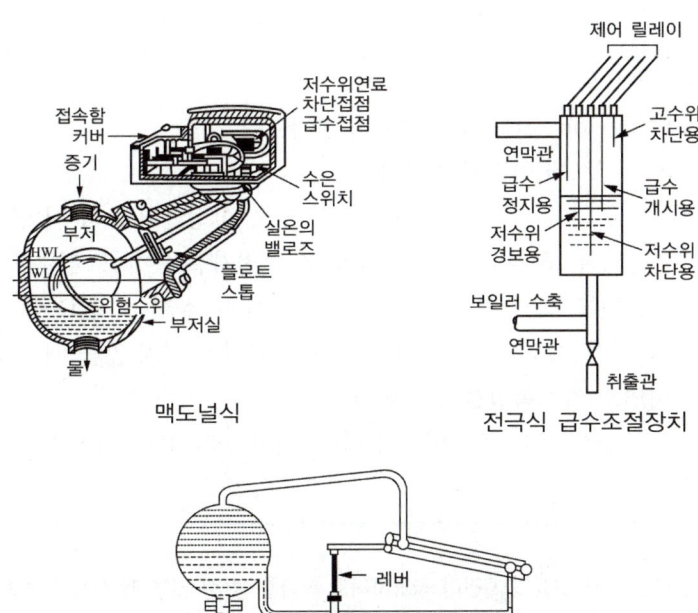

맥도널식

전극식 급수조절장치

코프스식 수위 제어기

## 4. 증기압력 제한기

보일러 내의 증기 압력이 설정압력에 도달하면 연료를 차단시키고, 공기량을 조절하여 효율적이고, 안전한 운전을 도모하기 위한 장치

### (1) 증기압력 제한기

수은 스위치의 변위에 의해 전기의 온(ON), 오프(OFF)신호를 버너와 전자밸브로 보내 연료의 공급 및 차단을 하는 역할을 한다.

### (2) 증기압력 조절기

증기압력에 따른 벨로즈의 신축작용으로 전기저항을 변화시켜 연료량과 함께 공기량을 조절하여 항상 일정한 증기 압력이 되도록 유지하는 장치

> 🌟 꼭찝어 어드바이스
> 증기압력제한기는 솔레노이드 밸브와 더불어 압력초과인터록 장치로 사용된다.

> ▶참고
> 전자밸브는 인터록장치의 메인 밸브로 사용된다.

## 5. 전자밸브(솔레노이드밸브)

① 비상 시 자동으로 연료를 차단하는 밸브
② 2위치제어 또는 on-off스위치라고도 한다.
③ 인터록 : 전자밸브에 연결된 자동제어
　㉠ 압력초과 인터록 : 증기압력제한기와 연결, 설정압력 초과 시 연료차단
　㉡ 저수위 인터록 : 고저수위 경보기와 연결, 안전저수위 이하로 감수 시 연료차단
　㉢ 불착화 인터록 : 화염검출기와 연결, 불착화 및 실화 시 연료차단
　㉣ 프리퍼지 인터록 : 송풍기와 연결, 노 내 환기가 되지 않을 때 연료를 차단하여 미연소 가스폭발을 방지한다.
　㉤ 저연소 인터록 : 연료조절밸브와 연결, 저연소로 전환되지 않을 때 연료차단

> 개념잡기
>
> 버너에서 연료분사 후 소정의 시간이 경과하여도 착화를 볼 수 없을 때 전자 밸브를 닫아서 연소를 저지하는 제어는?
> ① 저수위 인터록　　　　　　　② 저연소 인터록
> ③ 불착화 인터록　　　　　　　④ 프리퍼지 인터록
>
> **불착화 인터록**
> 버너에서 연료분사 후 소정의 시간이 경과하여도 착화를 볼 수 없을 때 전자밸브를 닫아 연소를 저지하는 제어
>
> 답 ③

## 6. 가용전

노통이나 화실 천장부에 설치하여 이상온도 상승으로 과열되게 되면 그 속에 내장된 합금이 녹아 급수가 화실로 분출하여 보일러를 안전하게 지켜주는 장치로 주성분은 납과 주석이다.

> 참고
> 가용전은 현재 보일러에서는 거의 사용하지 않고 있다.

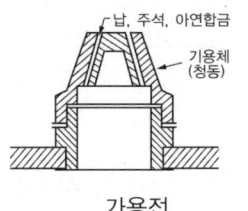

가용전

| 합금원소 | | 용융온도 |
|---|---|---|
| 주석 | 납 | |
| 10 | 3 | 150[℃] |
| 3 | 3 | 200[℃] |
| 3 | 10 | 250[℃] |

## 7. 방폭문

연소실 내의 미연소가스에 의한 폭발이나 역화의 발생 시 그 폭발압을 외부로 배출시켜, 역화에 의한 보일러의 손상이나 안전사고를 방지하기 위한 장치이다.

① 종류 : 스프링식(밀폐식), 스윙식(개방식)
② 설치위치 : 연소실 후부나 측면(좌우측)

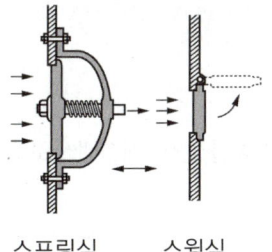

스프링식   스윙식

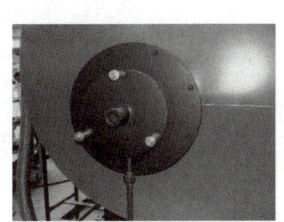

## 8. 방출밸브(온수 보일러의 안전장치)

① 온수온도 120[℃](393[K]) 초과 : 안전밸브(20A 이상) 부착
② 온수온도 120[℃](393[K]) 이하 : 방출밸브(20A 이상) 부착
③ 온수 보일러의 방출밸브는 보일러 압력이 최고사용압력의 10%를 초과하지 않도록 지름과 개수를 정하여야 한다.

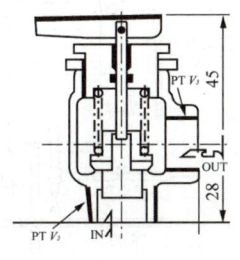 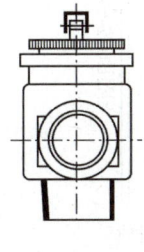 

방출밸브

④ 온수 보일러 방출관 크기

| 전열면적 | 방출관의 안지름 |
|---|---|
| 10[m²] 미만 | 25[A] 이상 |
| 10~15[m²] 미만 | 30[A] 이상 |
| 15~20[m²] 미만 | 40[A] 이상 |
| 20[m²] 이상 | 50[A] 이상 |

## 9. 팽창탱크(expansion tank)

온수 보일러에서의 이상팽창압력을 흡수하는 장치로 온수의 사용온도에 따라 개방식(85~90[℃])과 밀폐식(100[℃] 이상)으로 나뉜다.

### (1) 개방식

① 온수온도 85~90[℃](100[℃] 이하)에 사용
② 최고층 방열기 또는 방열관보다 1m 높게 설치
③ 급수관, 안전관, 배기관, 오버플로우관, 배수관, 팽창관으로 구성되어 있다.

### (2) 밀폐식

① 온수온도 100[℃] 이상인 경우 사용
② 설치높이 제한 없음
③ 급수관, 수위계, 안전밸브, 압력계, 압축공기 공급장치, 배수관으로 구성되어 있다.

### (3) 팽창탱크 설치목적

① 온수의 체적팽창 및 이상팽창압력 흡수
② 공기빼기밸브 역할
③ 장치 내 일정압력 유지
④ 보일러수 부족 시 보충
⑤ 온수넘침으로 인한 열손실 방지

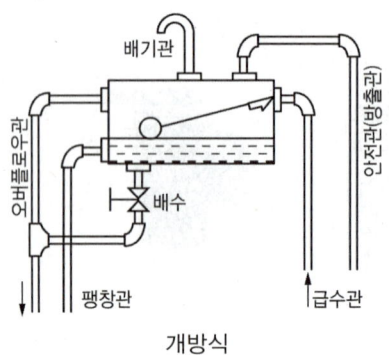

개방식　　　　　밀폐식

## 10. 추기장치

고진공의 기기를 운전하기 위해 공기 및 불응축가스를 제거하기 위한 장치로 추기펌프, 추기탱크, 역류방지밸브 등이 설치되며 진공도를 확인하는 마노메타가 부착되어 있다.

# 5 지시장치(계측기기)

## 1. 압력계

보일러 동 내부 압력을 계측하여 보일러의 안전운전을 도모하는 장치

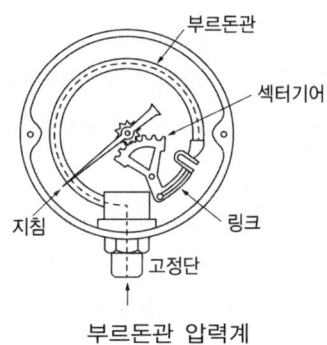

부르돈관 압력계

> **핵심Key**
> 압력계의 종류
> • 부르돈관식
> • 벨로즈식
> • 다이어프램식

### (1) 압력계의 크기

① 압력계 최고눈금은 보일러 최고사용압력의 1.5배 이상 3배 이하로 한다.
② 문자판 지름 100[mm] 이상으로 한다.(60[mm] 이상인 경우 안전밸브 지름 20A 이상인 경우와 동일)
③ 재질은 황동으로 내부온도를 80[℃](353[K]) 이하로 유지해야 한다.
④ 압력계 연결관은 동관일 경우 안지름 6.5[mm], 강관일 경우 안지름 12.7[mm] 이상으로 한다(증기온도가 210[℃](483[K]) 이상인 경우 동관 사용금지).
⑤ 사이폰관의 안지름은 6.5[mm] 이상이어야 한다.

### (2) 압력계 검사시기

① 두 개가 설치된 경우 지시도가 다를 때
② 비수현상, 포밍 등으로 압력계에 영향이 있다고 판단될 때
③ 부르돈관이 높은 열을 받았을 때
④ 신설 보일러의 경우 압력이 오르기 전

> **핵심Key**
> 압력계의 검사시기
> 원칙적으로는 매년 1회, 압력계의 시험을 해야 한다.

⑤ 계속사용 검사를 할 때
⑥ 장기간 휴지 후 사용하고자 할 때
⑦ 안전밸브의 실제분출압력과 설정압력이 맞지 않을 때

### (3) 압력계 취급 시 주의 사항

① 온도가 80[℃](353[K]) 이상 올라가지 않도록 한다. 부르돈관 내에 직접 증기가 들어가면 고장이 나기 쉬우므로 사이폰관에 물이 가득차지 않으면 안 된다. 압력계를 부착할 때에는 사이폰관의 상태에 이상이 없는지 확인하여야 한다.
② 압력계 사이폰관의 수직부에 콕(cock)을 설치하고 콕의 핸들이 축방향과 일치할 때 열린 것이어야 한다.
③ 압력계의 위치가 보일러 본체로부터 멀리 있어 긴 연락관을 사용할 때에는 본체의 가까운 곳에 정지밸브를 설치할 필요가 있지만 이 경우 정지밸브를 완전히 열어 고정하거나 또는 핸들을 뽑아 둔다.
④ 압력계를 떼어내었을 때에는 콕, 사이폰관, 연락관을 불어내고 이물질 및 녹 등을 제거한다. 스케일이 부착되어 있는 경우에는 완전히 청소하거나 또는 새 것으로 교체한다.
⑤ 한냉기에 장기간 사용하지 않을 경우에는 동결로 인하여 고장이 발생되므로 압력계를 떼어 내어 보관하고, 연락관, 사이폰관을 비워둔다.
⑥ 항상 검사 받은 정확한 압력계 예비품을 1개 준비해두고 사용 중, 압력계의 기능이 의심스러울 때에는 수시로 연락관 콕을 닫고 예비압력계로 교체하여 비교하여 본다.
⑦ 압력계는 고장이 나서 바꾸는 것이 아니라 일정 사용시간을 정하고 정기적으로 교체해야 한다.

## 2. 수면계

증기 보일러 내의 수위를 측정하는 계측장치로 수위의 관리는 대단히 중요하므로 항상 정확히 알고 있어야 하며, 증기 보일러에는 2개 이상의 유리수면계를 부착하여야 한다. 또한 밸브류는 한눈에 개폐여부를 알 수 있도록 하며 수면계의 설치는 최하단부가 안전저수위와 일치하여야 한다.

### (1) 수면계의 종류

① 원형유리관식 수면계 : 원형유리관 안에 수위가 표시되며 저압용으로 사용된다. 유리관의 안지름은 10mm 이상일 것

② **평형투시식 수면계** : 고압용에 사용되며 두께 10mm 이상의 금속테의 양쪽에 두꺼운 유리판을 끼우고, 다시 양 바깥쪽에 금속테를 대어 볼트로 체결하였고 유리판이 투명하여 광선이 유리판을 통과하여 수면이 표시되는 형식이다.

③ **평형반사식 수면계** : 표면에 3각형의 홈이 새겨진 1매의 두꺼운 유리판을 금속 테나 부품으로 체결한 것으로 유리의 앞면에서 보면, 광선의 반사로 증기부가 흰(은색)빛이고, 수부는 검게 보이기 때문에 수면을 확실히 알 수 있다.

④ **2색식 수면계** : 고압용 수위의 식별을 위해 색유리의 굴절차로 색이 나타나게 한 수면계이다.(녹색 : 물, 적색 : 증기)

⑤ **멀티포트식 수면계** : 원격지시수면계로 21MPa까지의 초고압용으로 사용된다.

> **핵심Key**
>
> **수면계 점검시기**
> ① 두 개의 수면계 수위가 서로 다를 때
> ② 비수·포밍 발생 시
> ③ 연락관에 이상이 발견된 때
> ④ 운전 전이나 송기 전 압력이 오를 때
> ⑤ 수위가 보이지 않을 때
> ⑥ 수면계의 움직임이 둔하고, 수위가 의심스러울 때
> ⑦ 보일러 가동 전
>
> **수면계 파손원인**
> ① 외부에서 충격을 가할 때
> ② 급열·급냉 시
> ③ 무리한 너트의 조임
> ④ 상하부의 축이 이완되었을 때

수면계

## (2) 수주관

외연소 수평 연관 보일러나 주철제 보일러와 같이 그 구조상, 보일러 본체에 직접 유리 수면계가 부착되지 않은 경우, 원통형의 관을 부착하고, 이것에 유리 수면계를 부착하는데, 이관을 수주관이라 한다.

① **역할** : 수면계 파손방지, 수면계 연락관 막힘 방지, 포밍·프라이밍으로 인한 수위교란 방지

② **수주관 설치 시 주의사항**
   ㉠ 보일러와 수주의 연결관은 20A 이상으로 할 것
   ㉡ 수주관에는 20A 이상 분출관을 설치할 것
   ㉢ 최고사용압력 1.6MPa(16[kg/cm$^2$]) 이하의 보일러의 수주관은 주철제로 할 수 있다.(통상 원통형 강판으로 제작함)

**핵심Key**

원통 보일러의 안전 저수위
① 수평연관 보일러 : 연관의 최고부위 75[mm]
② 노통연관 보일러
  ㉠ 연관의 최고부위 75[mm]
  ㉡ 노통 윗면이 높은 것은 노통 최고부위 100[mm]
③ 수직형 보일러 : 연소실 천장관 최고부위 75[mm]
④ 수직형 연관 보일러 : 연소실 천장관 최고부위, 연관길이의 1/3

**▶참고**

수위 검출 시 검출기 종류
플로트식, 전극식, 차압식, 열팽창식

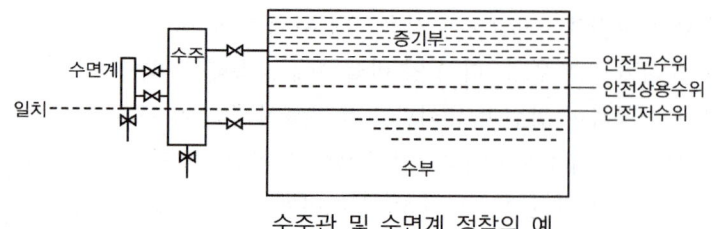

수주관 및 수면계 정착의 예

### (3) 수면계 설치기준

① 2개 이상의 유리수면계를 부착할 것(소용량 및 소형관류보일러는 1개)
② 최고사용압력 1MPa(10kg/cm$^2$) 이하, 동체안지름 750mm 미만일 때 수면계 중 하나는 다른 수면 측정장치로 대신할 수 있다.
③ 2개 이상의 원격지시수면계를 부착한 경우 유리수면계를 1개 이상으로 할 수 있다.
④ 단관식 관류보일러는 부착하지 않아도 된다.

### (4) 수면계 점검순서

① 물 밸브를 닫는다.
② 증기 밸브를 닫는다.
③ 드레인 밸브를 열어 물을 빼낸다.
④ 물 밸브를 열고 확인 후 잠근다.
⑤ 증기 밸브를 연다.
⑥ 드레인 밸브를 닫고 물 밸브를 연다.

---

**개념잡기**

증기 보일러에서 수면계의 점검시기로 적절하지 않은 것은?
① 2개의 수면계 수위가 다를 때 행한다.
② 프라이밍, 포밍 등이 발생할 때 행한다.
③ 수면계 유리관을 교체하였을 때 행한다.
④ 보일러의 점화 후에 행한다.

**수면계 점검시기**
① 비수·포밍 발생 시
② 두 개의 수면계 수위가 서로 다를 때
③ 연락관에 이상이 발견된 때
④ 운전 전이나 송기 전 압력이 오를 때
⑤ 수위가 보이지 않을 때
⑥ 수면계의 움직임이 둔하고, 수위가 의심스런 경우
⑦ 보일러를 가동하기 전

답 ④

## 3. 수고계

온수 보일러의 온수 압력인 수두압을 측정하는 계기이며, 증기 보일러의 압력계에 해당한다.

## 4. 유량계

유체가 흐르는 양을 측정하기 위하여 사용되는 계측장치로 교축에 의한 차압이나 유속분포, 용적을 이용하여 측정한다. 시간당 1[t/h]이상의 보일러에서는 급수·급유 유량계를 설치하여야 하며, 유량계전에는 여과기를 설치하여야 한다. 온수 보일러나 난방전용 보일러로서 2[t/h] 미만의 보일러는 급유량계를 $CO_2$측정 장치로 바꾸어 사용할 수 있다.

## 5. 온도계

보일러에서의 온도계 설치위치는 다음과 같다.

① 급수입구 급수온도계
② 버너입구 급유온도계
③ 절탄기·공기예열기 전후
④ 과열기·재열기 출구
⑤ 보일러 본체 배기가스 온도계(③이 설치된 경우 제외한다)
⑥ 소용량, 가스용 온수보일러는 배기가스 온도계만 설치

## 6 기타부속장치

### 1. 분출장치

보일러 장시간 운전 시 관수의 증발 및 농축에 의해 슬러지 및 스케일이 생성되고 이런 불순물들이 수면에 부유하거나 동체하부(수저)에 체류하게 되면 보일러 수의 순환을 방해하고 과열사고를 유발할 수가 있다. 이러한 불순물을 배출하여, 보일러 수의 순환을 촉진하고 안전한 운전을 돕는 장치를 분출장치라 한다.

**(1) 종류**

① 수면분출(연속분출) : 동 내부 안전저수위보다 약간 높게 설치하여 유지분, 부유물 등을 제거하는 장치로 수위 농도를 일정하게 유지하도록 조절밸브에 의해 분출량을 가감하는 연속분출형식도 있다.

② **수저분출(단속분출)** : 침전된 슬러지를 배출하는 것으로 동 저부 가장 낮은 곳에 설치한다. 일반적으로 하나의 밸브를 사용하나 두 개의 밸브를 사용할 때에 보일러 가까이 급개형밸브 그 뒤에 서개형밸브를 설치하며 개방 순서는 급개형을 열고 서개형밸브를 연다. 잠글 때는 역순으로 잠근다.(급개형밸브는 콕밸브를 사용한다)

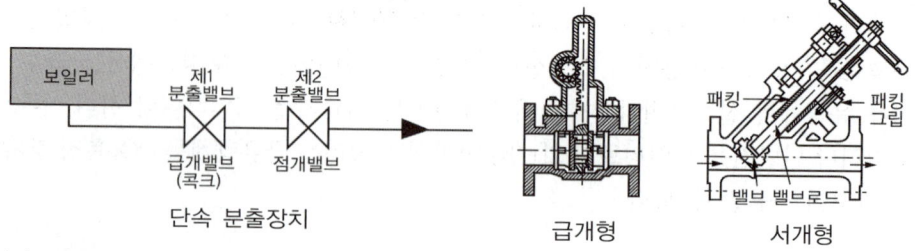

### 핵심 Key
**분출시기**
① 보일러 점화 전
② 프라이밍, 포밍현상 발생 시
③ 연속가동 시 열부하가 가장 가벼울 때(운전 중 보일러 부하가 가장 가벼울 때)
④ 관수가 농축되어 있을 때
⑤ 고수위로 가동될 때

### (2) 분출목적
① 관수 농축방지
② 프라이밍, 포밍 방지
③ 관수순환 촉진
④ 관수 pH조절
⑤ 스케일 생성 방지

### (3) 분출 시 주의사항
① 관수 중 불순물 농도를 분석 분출량을 측정한다.
② 분출은 2명이 1조로 하되 수위의 감시를 철저히 하도록 한다.(저수위사고 예방)
③ 분출은 가급적 시동 전 또는 부하가 가장 가벼울 때 한다.
④ 1일 1회 이상 분출하되 신속히 작업한다.
⑤ 비수현상이나 관수 농축이 예상될 때 분출을 행한다.

### (4) 분출밸브 설치 조건
① 분출밸브는 25A 이상일 것(전열면적 10m² 이하는 20A 이상)

⭐ **꼭찝어 어드바이스**

**설치 조건 비교** ●●

| 분출밸브 | 급수밸브 |
|---|---|
| 25A 이상 | 20A 이상 |
| 전열면적 10m² 이하는 20A 이상 | 전열면적 10m² 이하는 15A 이상 |

② 최고사용압력 0.7MPa(7kg/cm$^2$) 이상의 보일러에는 분출밸브 2개를 직렬로 설치, 또는 분출콕과 분출밸브를 직렬로 설치
③ 분출콕은 반드시 글랜드가 있어야 한다.
④ 분출밸브는 스케일, 그 밖의 침전물이 쌓이지 않는 구조일 것
⑤ 호칭압력 : 보일러 최고사용압력의 1.25배, 또는 최소한 0.7MPa(7kg/cm$^2$) 이상에서 견디는 구조일 것
⑥ 밸브의 재질이 주철제일 경우 1.3MPa(13kg/cm$^2$) 이하에서 사용할 것
⑦ 밸브의 재질이 흑심가단주철일 경우 1.9MPa(19kg/cm$^2$) 이하에서 사용할 것

> **용어정의**
> • 글랜드 : 회전부에 들어가는 패킹

## 2. 수트 블로워(Soot Blower)

전열면에 부착된 그을음을 제거하는 장치로 증기분사·공기분사·물분사 형식이 있으며 주로 수관식 보일러에서 사용한다.

### (1) 롱 리트랙터블형(long retractable)

긴 분사관의 선단에 2개의 노즐을 설치 후 전·후진+회전을 주어 증기 및 공기를 동시에 분사시키는 방식으로 주로 고온의 전열면에 사용된다.

### (2) 숏 리트랙터블형(short retractable)

보일러 노벽 등에 부착하는 그을음, 찌꺼기를 제거하는데 적합하며 짧은 분사관 선단에 1개의 노즐을 설치하여 증기 또는 압축공기를 분사한다.

### (3) 건타입형(gun)

숏 리트렉터블형과 비슷하나 회전을 하지 않는 형태로 고온의 연소가스에 과열되는 것을 방지하기 위해 전·후진 동작을 신속히 해야 한다.

### (4) 로터리형(rotary : 정치회전형)

회전을 하면서 청소하는 것으로 롱 리트렉터블형과 달리 전후진을 하지 않고 고정되어 회전하는 정치형이다. 보일러의 연도등의 저온전열면, 절탄기등에 사용된다.

### (5) 에어히터클리너형(air hearer cleaner)

관형공기예열기의 그을음을 불어내기 위한 특수구조의 그을음 제거장치

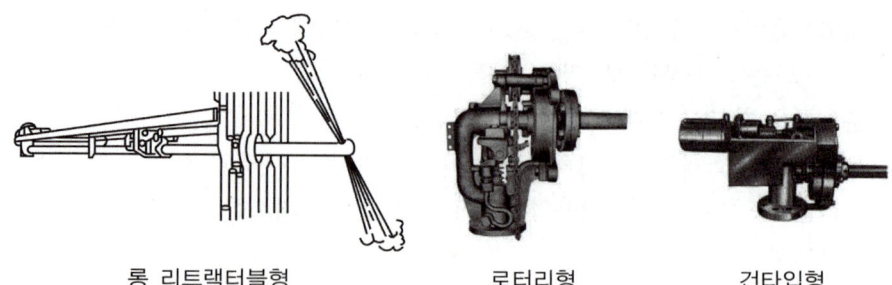

| 롱 리트랙터블형 | 로터리형 | 건타입형 |

### (6) 수트 블로워 사용 시 주의사항

① 부하가 적거나(50[%] 이하) 소화 후 사용하지 말 것
② 분출 전 송풍기를 가동하여 유인통풍을 증가시킬 것
③ 장치 내 응축수를 제거한 다음 사용할 것
④ 한 곳에 집중적으로 분사하지 말 것(전열면에 무리가 갈 수 있다)
⑤ 연료의 종류, 분출 위치, 증기의 온도 등에 따라 분출시기를 결정할 것

### (7) 종류정리

① 롱 리트랙터블형(장발형) : 고온 전열면에 사용
② 로터리형(정치회전형) : 저온 전열면에 사용
③ 건타입형(총형) : 일반 전열면에 사용
④ 숏 리트랙터블형(단발형) : 연소실 노벽에 사용
⑤ 에어히터클리너 : 관형공기예열기 그을음 제거장치

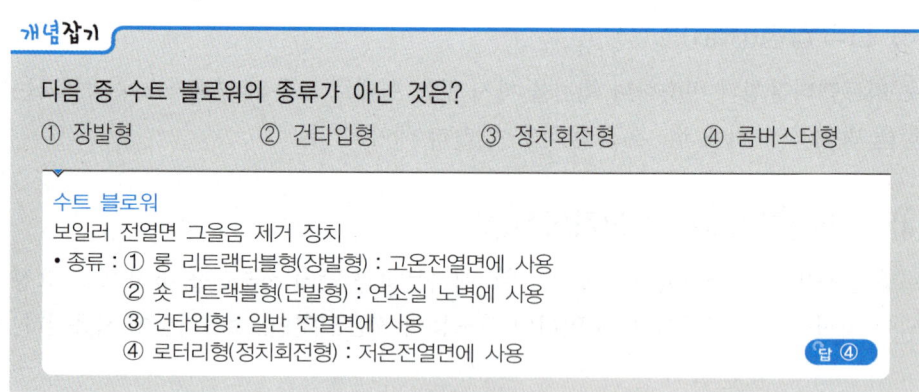

**개념잡기**

다음 중 수트 블로워의 종류가 아닌 것은?
① 장발형    ② 건타입형    ③ 정치회전형    ④ 콤버스터형

**수트 블로워**
보일러 전열면 그을음 제거 장치
• 종류 : ① 롱 리트랙터블형(장발형) : 고온전열면에 사용
② 숏 리트랙블형(단발형) : 연소실 노벽에 사용
③ 건타입형 : 일반 전열면에 사용
④ 로터리형(정치회전형) : 저온전열면에 사용

답 ④

# CHAPTER 04 보일러 효율 및 열정산

단원 들어가기 전

1. 열정산 목적 및 열정산 기준은 필기시험 뿐 아니라 실기시험에서도 출제되어지고 있다.
2. 보일러의 입열항목과 출열항목에 대해 알고 보일러 효율 및 열정산을 할 수 있어야 한다.
3. 보일러 마력과 상당증발량에 관한 문제는 아주 많이 나오므로 반드시 숙지 후 넘어가도록 하자!

빅데이터 키워드

열정산 목적, 열정산 기준, 입열, 출열, 보일러 마력(B-HP)

열정산이란 내연기관 등에서 공급된 열량 중 얼마만큼이 유효하게 작업에 이용되고, 또 각종 손실의 비율이 어떻게 되는가를 측정하는 일이다.

## 1 열정산의 목적

① 열손실 파악
② 열설비 성능(능력) 파악
③ 조업방법 개선
④ 열설비 구축자료로 활용

### 개념잡기

**보일러의 열정산 목적이 아닌 것은?**
① 보일러의 성능 개선 자료를 얻을 수 있다.
② 열의 행방을 파악할 수 있다.
③ 연소실의 구조를 알 수 있다.
④ 보일러 효율을 알 수 있다.

보일러의 열정산 목적
① 보일러의 성능 개선 자료를 수집 목적(열설비의 구축자료)
② 열의 행방을 파악 목적(열의 손실파악)
③ 보일러 효율을 파악 목적
④ 조업방법 개선 목적

 답 ③

## 2. 열정산 기준

① 단위
  ㉠ 발열량 : 고체, 액체연료는 1kg당(kcal/kg),
    기체연료는 $1Nm^3$당($kcal/Nm^3$)
  ㉡ 부하열량 : 시간당 열량으로 계산(kcal/h)
② 열정산 시 입열과 출열은 같아야 한다.
③ 결과표시는 입열, 출열, 순환열로 한다.
④ 발열량은 원칙적으로 고위발열량으로 한다.(단, 저위발열량을 사용 시는 기준 발열량을 명기하여야 한다)
⑤ 기준온도 : 외기온도(단, 외기온도측정이 곤란한 경우 0[℃]을 기준으로 한다)
⑥ 시험부하 : 정격부하(필요에 따라 3/4, 1/2, 1/4로 표시)
⑦ 시험 보일러 : 다른 보일러와 무관한 상태일 것
⑧ 정상운전 상태에서 2시간 이상 운전한 결과에 따름
⑨ 성능시험 : 가동 후 1~2시간 이후부터 측정하고, 측정시간은 1시간 이상, 측정은 매 10분마다 시행한다.
⑩ 유종별 비중, 발열량은 다음에 따른다.(단, 실측이 가능한 경우 실측값을 따른다)

| 유종 | 경유 | B-A유 | B-B유 | B-C유 |
|---|---|---|---|---|
| 비중 | 0.83 | 0.86 | 0.92 | 0.95 |
| 저위발열량(kcal/kg) | 10,300 | 10,200 | 9,900 | 9,750 |

> ☆ 꼭찝어 어드바이스
>
> **유종별 비중**
> 일반적으로 중유의 비중은 0.963kg/ℓ로 계산한다.

⑪ 증기의 건도
  ㉠ 강철제 보일러 증기건도 : 0.98
  ㉡ 주철제 보일러 증기건도 : 0.97
⑫ 측정 시 압력변동은 ±6% 이내로 유지한다.
⑬ 증기발생량의 변동은 ±10% 이내로 유지한다.
⑭ 수위는 최초 측정 시와 최종 측정 시가 일치하여야 한다.

---

**▶용어정의**
- 입열 : 보일러 설비 내로 들어오는 열
- 출열 : 보일러 설비 내에서 외부 쪽으로 방출되는 열, 유효열과 손실열이 있다.
- 순환열 : 설비 내에서 순환하는 열

**▶참고**
증기의 건도
실측이 가능한 경우 실측값을 따른다.

# 3. 입열과 출열

## 1. 입열항목 : 보일러에 공급되는 열량

① 연료의 저위발열량
② 연료의 현열

$$C \times (t_1 - t_2) = C\Delta t [\text{kcal/kg}]$$

- $C$ : 연료의 비열 [kcal/kg℃, kcal/Nm³℃]
- $t_1$ : 공급연료온도[℃]
- $t_2$ : 외기온도[℃]

③ 연소용 공기의 현열

$$AC\Delta t = mAoC(t_1 - t_2)[\text{kcal/kg}]$$

- $A$ : 실제공기량 = $(m \times Ao)$[Nm³/kg]
- $m$ : 공기비
- $Ao$ : 이론공기량[Nm³/kg]
- $t_1$ : 실내온도[℃]
- $t_2$ : 외기온도[℃]

④ 급수의 현열(절탄기 사용 시)
⑤ 노 내 분입증기에 의한 입열

> **꼭찝어 어드바이스**
>
> **노 내 분입증기란?**
> B-C 유 보일러에서 스팀제트버너 사용 시 증기를 이용하여 연료를 무화시키는 역할을 하며 노 내에 분사된 증기는 노 내에서 열을 흡수하게 되므로 입열항목으로 본다.
> (경우에 따라 손실열량에도 포함된다)
>
> **암기법**
> 연료, 공기, 물, 증기(노내분입)

## 2. 출열항목

유효열과 손실열이 있다.

① **유효열(유효출열)**
  ㉠ 발생증기 보유열(또는 온수 발생 보유열)
② **손실열**
  ㉠ 불완전연소에 의한 손실
  ㉡ 노벽 방산 손실
  ㉢ 배기가스에 의한 손실열(손실열량이 가장 크다)
  ㉣ 미연소분에 의한 손실열

> 🌟 꼭찝어 어드바이스
> 
> 암기법
> 불 발 방 배 미

## 3. 순환열

입열·출열에 포함되므로 열정산 시 제외된다.

① 노 내 분입증기 보유열
② 증기축열기의 흡수열량

## 4. 측정방법

### (1) 외기온도

보일러실 외기 주위의 입구에서 측정한다.
(공기예열기가 있는 경우 → 공기예열기 입구 측에서 측정)

### (2) 연료량

① 고체 연료 : 연소 직전에 계량(계량기 허용오차 ±1.5[%])
② 액체 연료 : 탱크중량, 탱크용량, 체적식 유량계(허용오차 ±1.0[%])
③ 기체 연료 : 체적식 유량계, 오리피스 유량계(허용오차 1.6[%])

### (3) 급수량

탱크중량, 탱크용량, 체적식 유량계, 오리피스 유량계(허용오차 ±1.0[%]) 등으로 측정한다.

### (4) 급수온도 측정

절탄기 입구에서 측정(절탄기가 없는 경우에는 보일러 몸체의 입구에서 측정)한다.

### (5) 연소용 공기량 측정

연료 및 연소가스의 조성으로 산출(예열공기의 경우 공기예열기 입구 및 출구에서 측정)한다.

### (6) 발생증기량 측정

급수량에서 산정한다.(운전 전후의 수면이 다르다면 보정해주어야 한다)

### (7) 과열증기 및 재열증기온도 측정(증기온도)

열증기 및 재열증기온도의 측정은 과열기 및 재열기 출구에 근접한 위치에서 측정한다.

### (8) 증기압력의 측정

포화증기의 압력은 보일러 동 또는 그에 상당하는 부분에서 측정한다.

### (9) 포화증기의 건조도 측정

보일러 동 출구에 근접한 위치 또는 그에 상당하는 부분에서 조임식(교축식) 열량계 등을 사용하여 측정한다.

### (10) 배기가스 온도 측정

보일러의 최종 가열기의 출구에서 측정한다.
(배기가스 압력 측정 → 최종가열기 출구에서 측정한다)

## 5. 열효율 향상 대책

① 손실열을 가급적 적게 한다.
② 장치의 설계조건과 운전조건을 일치시키도록 노력한다. 또한 각각의 장치에 대해서도 적정연료, 적정 조업조건을 연구한다.
③ 운전조건이 불연속적인 경우 축열로 인한 손실이 많으므로 될 수 있는 한 연속 운전할 수 있도록 한다.
④ 전열량이 증가되는 방법을 취한다.(폐열회수장치 등 사용)

# 4 보일러 열효율

## 1. 입·출열법

$$열효율(\eta) = \frac{유효열}{입열} \times 100[\%]$$

$$\fallingdotseq \eta = \frac{G(h'' - h')}{Gf \times H}$$

- $G$ : 실제증발량[kg/h]
- $h''$ : 발생증기엔탈피[kcal/kg]
- $h'$ : 급수엔탈피[kcal/kg]
- $Gf$ : 연료사용량[kg/h]
- $H$ : 발열량[kcal/kg]

> **꼭짚어 어드바이스**
> 유효열 = 유효출열

## 2. 손실열법

$$열효율(\eta) = \frac{입열 - 손실열}{입열} \times 100[\%] ≒ \eta = \left(1 - \frac{손실열}{입열}\right) \times 100[\%]$$ ❋❋❋

## 3. 열효율, 연소효율, 전열효율

① 열효율

$$연소효율 \times 전열효율 = \frac{유효열}{공급열} \times 100[\%]$$

② 연소효율

$$\frac{연소열}{공급열} \times 100[\%]$$

③ 전열효율

$$\frac{유효열}{연소열} \times 100[\%]$$

## 5 보일러 용량

### 1. 보일러 용량 표시방법

보일러의 용량 표시는 최대 연속부하(정격부하)의 상태에서 단위시간당 증발량 [kg/h], [Ton/h]로 표시하며 일반적으로 상당증발량으로 표시한다.

### (1) 보일러의 크기표시

① 정격출력
② 보일러마력
③ 전열면적
④ 상당방열면적(EDR)
⑤ 상당증발량
⑥ 최대 연속 증발량

## (2) 보일러 열출력(유효열/유효출력)[kcal/h]

① 1시간에 발생된 증기가 갖는 순수한 열량

$$Q = G \times (h'' - h')$$
$$= G_e \times 539 [kcal/h]$$

- $Q$ : 열출력(유효열/유효출력)[kcal/h]
- $G$ : 실제증발량[kg/h]
- $h''$ : 발생증기엔탈피[kcal/kg]
- $h'$ : 급수엔탈피[kcal/kg]
- $G_e$ : 상당증발량[kg/h], (표준상태 100[℃] 물의 증발잠열 539[kcal/kg])

② 온수 보일러의 경우

$$Q = GC\Delta T$$

- $Q$ : 열출력[kcal/h]
- $G$ : 발생온수량[kg/h]
- $C$ : 온수비열[kcal/kg℃]
- $\Delta T$ : 온수의 입출구 온도차[℃]

## (3) 상당증발량

환산증발량이라고도 하며 표준대기압 하에서 100[℃]의 포화수를 100[℃]의 건포화 증기로 변화시키는 경우의 1시간당 증발량[kg/h]

$$G_e = \frac{G(h'' - h')}{539} [kg/h]$$

(표준상태 100[℃]물의 증발잠열 539[kcal/kg])

## (4) 증발계수(단위없음)

보일러에서 발생한 순수 열량을 표준상태의 증발잠열로 나눈 값

> **핵심Key**
>
> **열출력 공식**
> $G \times (h'' - h')$
> $= G_e \times 539[kcal/h]$에 의해 효율 구하는 공식 역시 아래와 같이 고쳐 쓸 수 있다.
> $$\eta = \frac{G(h''-h')}{Gf \times H}$$
> $$\approx \eta = \frac{G_e \times 539}{Gf \times H}$$
> (95p 입·출열법에 의한 효율 구하는 공식)

> **공식정리**
>
> **증발계수**
> $$\frac{G_e}{G} = \frac{h''-h'}{539}$$

### 개념잡기

급수온도 21℃에서 압력 14kgf/cm², 온도 250℃의 증기를 1시간당 14,000kg을 발생하는 경우의 상당증발량은 약 몇 kg/h인가? (단, 발생증기의 엔탈피는 635kcal/kg이다)

① 15,948  ② 25,326  ③ 3,235  ④ 48,159

상당증발량$(G_e) = \dfrac{G \times (h'' - h')}{539}$

여기서, $G$ : 급수량, 증기발생량[kg/h]
$h''$ : 발생증기엔탈피[kcal/kg]
$h'$ : 급수엔탈피[kcal/kg])#

$G_e = \dfrac{14,000 \times (635-21)}{539} = 15,948[kg/h]$

답 ①

### (5) 보일러 마력(B-HP)

① 표준대기압(760[mmHg])에서 100[℃]의 포화수 15.65[kg]을 1시간에 100[℃]의 포화증기로 바꿀 수 있는 능력
② 4.9[kg/cm²atg]에서 100[℉](37.8[℃])의 급수를 1시간에 13.6[kg]의 포화증기로 바꿀 수 있는 능력
③ 수관 보일러 전열면적 $0.929m^2$, 또는 노통 보일러 전열면적 $0.465m^2$에 해당한다.
④ 1시간당 유효열량 8435.35[kcal/h]의 능력
⑤ 상당 증발량이 15.65[kg]인 보일러의 능력

**공식정리**
보일러 마력[B-HP]
$$\frac{G_e}{15.65}$$

> ⭐ **꼭찝어 어드바이스**
>
> **필수암기**
> - 보일러 1마력의 열량은 약 8435[kcal/h], 상당증발량은 15.65[kg/h]이다.

> **개념잡기**
>
> 보일러 마력을 열량으로 환산하면 몇 kcal/h인가?
> ① 8435kcal/h    ② 9435kcal/h    ③ 7435kcal/h    ④ 10173kcal/h
>
> 1보일러 마력(1B-HB)의 열량 8435kcal/h, 상당증발량 15.65kg/h 이다.    **답 ①**

### (6) 전열면 증발율[kg/m²h]

보일러의 전열면적 1[m²]당 1시간 동안의 실제 증발량

⭐⭐

$$전열면(실제) 증발율 = \frac{G}{H_A} [kg/m^2h]$$

$$전열면 상당 증발율 = \frac{G_e}{H_A} [kg/m^2h]$$

- $G$ : 실제 증발량[kg/h]
- $G_e$ : 상당 증발량[kg/h]
- $H_A$ : 전열면적[m²]

### (7) 증발배수[kg/kg 연료]

연료 1[kg]이 발생시킨 증발 능력(필답문제 풀이 시 단위는 kg/kg으로 표시해줄 것)

⭐⭐⭐

$$증발배수 = \frac{실제증발량}{사용연료량} = \frac{G}{Gf} [kg/kg]$$

$$환산증발배수 = \frac{환산(상당)증발량}{사용연료량} = \frac{G_e}{Gf} [kg/kg]$$

## (8) 전열면 열부하(열발생율)[kcal/m²h]

보일러 전열면적 1[m²]당 1시간 동안의 보일러 전열면 열 이동량

★★★

$$전열면\ 열부하 = \frac{유효열}{전열면적} = \frac{G(h'' - h')}{H_A} [kcal/m^2h]$$

## (9) 연소실 열부하(열발생율)[kcal/m³h]

보일러 연소실 용적 1[m³]당 연료를 소비시켜 발생된 총 열량

★★★

$$연소실\ 열부하 = \frac{입열}{연소실용적}$$
$$= \frac{Gf \cdot Hl}{V} = \frac{Q}{V \cdot \eta} [kcal/m^3h]$$

- $Gf$ : 사용연료량[kg/h]
- $Hl$ : 저위발열량[kcal/kg]
- $V$ : 연소실용적[m³]
- $Q$ : 유효열[kcal/h]
- $\eta$ : 효율

# CHAPTER 05 연료 및 연소장치

단원 들어가기 전

**A**
1. 연료의 구비조건에 대해 알아둘 것
2. 연료의 종류(고체, 액체, 기체)에 따른 특성을 이해하고 넘어갈 것
3. 연소의 3대 조건은 상식적으로 알고 넘어가야 한다.
4. 연소장치의 종류 및 연소방법에 대해 숙지할 것
5. 통풍장치와 송풍기의 종류에 대한 문제 역시 많이 출제되고 있다.

빅데이터 키워드

연료의 구비조건, 연료의 종류, 연소의 3대 구성, 연소장치, 통풍장치, 송풍기

## 1 연료의 정의

공기로 인해 쉽게 연소하여 그 연소열을 경제적으로 이용하는 물질

### 1. 연료의 성분 분석

C(탄소), H(수소), O(산소), N(질소), S(황), P(인), 기타 W(수분), 회분(A)

① 가연성분 : C(탄소), H(수소), S(황)
  ㉠ 가연성 : 불에 타기 쉬운 성질로 연소 시 산소와 화합하므로 산화반응이라고도 한다.

> 꼭찝어 어드바이스
>
> 탄소, 수소, 황의 완전연소 반응식과 발열량
> $C + O_2 \rightarrow CO_2 + 8100[kcal/kg]$
> $H_2 + \frac{1}{2}O_2 \rightarrow H_2O + 34000[kcal/kg]$
> $S + O_2 \rightarrow SO_2 + 2500[kcal/kg]$

㉡ 연료성분 중 수소(H)는 연소 시 생성되는 수증기($H_2O$)로 인해 발생된 발열량 중 일부를 증발잠열로 손실하게 된다.

ⓒ 고위발열량과 저위발열량이 차이 나게 되는 원인은 연료중 수소와 연료 수분 때문이다.

### 꼭찝어 어드바이스

고위발열량 공식
Hh = Hl+600(9H+W)
Hh = 8100C+34000$\left(H-\dfrac{O}{8}\right)$+2500S

- Hl : 저위발열량(kcal/kg),
- Hh : 고위발열량(kcal/kg)
- O, H, W : 연료 1kg중의 산소, 수소, 수분의 양

$\left(H-\dfrac{O}{8}\right)$ 유효수소

연료속의 산소 중 일부는 수소와 결합되어 연소되지 않는데 이를 무효수소라 한다.
(중량비 $H_2$ : O = 2 : 16이므로 $\dfrac{O}{8}$의 무효수소가 발생한다)

∴ 유효수소 = $\left(H-\dfrac{O}{8}\right)$

저위발열량 공식
Hl= Hh−600(9H+W)
Hl = [8100C+34000$\left(H-\dfrac{O}{8}\right)$+2500S]−600(9H+W)
  = 8100C +28600$\left(H-\dfrac{O}{8}\right)$+2500S−600(W)

600(9H+W) 기화잠열
수증기의 증발잠열은 0[℃]를 기준했을 때 발열량이 10,800 [kcal/kg]이다.
이때 수증기 1kg당 발열량을 계산하면
10,800 ÷ 18 = 600[kcal/kg]
(9H+W)는 $H_2$와 W($H_2O$)의 중량비 2 : 18 = 1 : 9의 비율이다.

ⓔ 연료 중 S(황)은 연소 후 $SO_2$(아황산가스)가 생성되며 이는 저온부식과 대기오염의 원인이 된다.

② **불연성분** : O(산소), N(질소), P(인), 기타

### 꼭찝어 어드바이스

불연성 : 불에 잘 타지 않는 성질

③ **조연성분** : O(산소)

### 꼭찝어 어드바이스

조연성 : 연소를 돕는 성질

④ 주성분 : C(탄소), H(수소)
⑤ 불순물 : O(산소), S(황), N(질소), P(인), 기타

## 2. 연료의 구비조건

① 공기 중 쉽게 연소할 것
② 발열량이 클 것
③ 구입이 쉽고 경제적일 것
④ 취급, 운반, 저장이 용이할 것
⑤ 공해의 요인이 적을 것

---

**개념잡기**

보일러 연료의 구비조건으로 틀린 것은?
① 공기 중에 쉽게 연소할 것
② 단위 중량당 발열량이 클 것
③ 연소 시 회분 배출량이 많을 것
④ 저장이나 운반, 취급이 용이할 것

연료의 구비조건
① 공기 중에 쉽게 연소할 것
② 단위 중량당 발열량이 클 것
③ 연소 시 회분 배출량이 작을 것(회분은 공해의 요인이 된다)
④ 저장이나 운반, 취급이 용이할 것
⑤ 구입이 쉽고 경제적일 것

답 ③

---

## 2 고체연료

고체연료의 종류로는 석탄, 목재, 코크스, 목탄 등이 있다.

### ○ 고체연료의 특성

| 장점 | 단점 |
| --- | --- |
| • 구입이 쉽고 가격이 저렴하다.<br>• 취급 및 저장이 용이하다.<br>• 연소장치가 간단하고 설비비가 적게 든다. | • 품질이 균일하지 않고 연소효율이 낮다.<br>• 불순물이 많아 완전연소가 곤란하다. |

**공식정리**

연료비 = $\dfrac{\text{고정탄소}}{\text{휘발분}}$

### 1. 석탄

### (1) 연료비

석탄의 공업분석결과 중에서 고정 탄소(%)를 휘발분(%)으로 나눈 값이다. 휘발분과 고정 탄소는 연료로서 석탄의 유효성분을 나타내는 것이고, 석탄화도가 진행함

에 따라서 휘발분은 감소하고 고정 탄소는 증가한다. 따라서 연료비는 석탄화도와 함께 커지기 때문에 석탄의 분류 및 특성을 나타내는 하나의 지표이다. 보통 갈탄은 1 이하, 역청탄은 1~4, 무연탄은 4 이상의 값을 갖는다.

### (2) 고정탄소량이 증가할 때의 특징

① 발열량 증가
② 휘발분 감소
③ 착화온도 증가
④ 연료비 증가
⑤ 연소속도 감소

### (3) 석탄의 함유성분과 연소 시 영향

① 수분 : 착화성 저하, 열손실 증가
② 회분 : 발열량 저하, 연소효율 저하
③ 휘발분 : 불꽃이 길어짐, 매연발생
④ 고정탄소 : 불꽃 짧아짐, 발열량 증가

### (4) 자연발화

석탄의 탄층 내에 열의 축적으로 가연성분이 흰 연기를 내면서 연소하는 현상

① 자연발화 방지법
　㉠ 그늘지고 공기 유통을 좋게 하여 보관한다.
　㉡ 실외에서 4m 이하, 실내에서 2m 이하 높이에 저장
　㉢ 실내온도를 60[℃] 이하로 유지할 것

### (5) 풍화작용

석탄 저장 시 연료 속 휘발분이 공기 중 산소와 결합하여 연료가 변질되는 현상

① 풍화작용 발생 시 특성
　㉠ 휘발분 감소
　㉡ 발열량 저하
　㉢ 석탄의 표면 탈색
　㉣ 점결성 저하
　㉤ 석탄의 질이 나빠짐

**용어정의**
- 코크스화성 : 석탄가열 시 350℃ 부근에서 용융되고 450℃ 부근에서 굳는 성질

**핵심Key**
건류
고체 유기물, 예를 들면 석탄을 공기와 차단하여 분해 온도 또는 그 이상으로 가열하여 가열분해하는 조작

## 2. 코크스

역청탄(유연탄) 등 점결탄을 고온 1,000[℃] 건류 후 얻은 2차 연료이다.

## 3. 미연탄연료 : 150메쉬 이하의 가루 석탄

① 적은 공기비로 완전연소가 가능하다.
② 폭발 위험성
③ 비산회로 인해 반드시 집진장치가 필요하다.
④ 메쉬(mesh) : 면적 $1in^2$당 구멍수, 여과망의 촘촘함의 단위

## 3 액체연료

① 종류 : 휘발유, 경유, 등유, 중유 등
② 특성(장점)
　㉠ 품질이 균일하고 발열량이 높다.
　㉡ 연소효율, 열효율이 좋다.
　㉢ 운반 및 저장, 취급이 용이하다.
　㉣ 회분이 적고 연소조절이 쉽다.
③ 특성(단점)
　㉠ 화재 및 역화의 위험성이 있다.
　㉡ 연소 온도가 높아 국부과열의 위험성이 있다.
　㉢ 버너의 종류에 따라 소음이 발생할 수 있다.

### 1. 액체연료의 종류에 따른 연소방법

| 종류 | 성상 | 연소 형태 | 사용 버너 |
|---|---|---|---|
| 휘발유(가솔린) 등유(케로신) 경유(디젤유) | 경질유 | 증발연소 (기화연소) | 증발식 버너 (기화식 버너) |
| 중유(벙커유) | 중질유 | 무화연소 | 무화식 버너 |

### (1) 원유
천연적으로 얻어지는 포화, 불포화 탄화수소의 혼합물

### (2) 휘발유(가솔린)
① 비점 : 30~210[℃]
② 인화점 : -20~43[℃] 정도
③ 폭발범위 : 2.1~9.5

### (3) 등유(케로신)
① 비점 : 150~300[℃]
② 인화점 : 30~70[℃]
③ 착화온도 : 254[℃]
④ 용도 : 소형 내연기관용

### (4) 경유(디젤유)
① 비점 : 250~350[℃]
② 인화점 : 50~70[℃]
③ 착화온도 : 257[℃]
④ 용도 : 대형 보일러 점화용

### (5) 중유
① 점도에 따라 A, B, C급으로 구분한다.
② 중유의 예열
　㉠ A중유 : 점도가 낮아 예열 불필요
　㉡ B, C 중유 : 예열이 필요하다.

> **꼭찝어 어드바이스**
> 중유 예열 목적
> 점도를 낮추어 무화를 용이하게 하기 위함이다.

③ 중유첨가제 및 작용
　㉠ 연소촉진제 : 분무를 양호하게 하여 연소를 촉진시킨다.
　　• 종류 : 니켈, 크롬, 망간, 철 등 유기화합물 및 계면활성제
　㉡ 회분개질제 : 고온부식을 방지한다.
　　• 종류 : 마그네슘 화합물, 알루미나
　㉢ 슬러지분산제(안정제) : 슬러지 생성을 방지한다.
　　• 종류 : 계면활성제

---

**핵심Key**

**수분·불순물 방지대책**
① 기름탱크의 드레인 빼기를 할 것(수분제거)
② 관로에 유수분리기를 설치할 것(수분제거)
③ 여과기를 자주 청소할 것(불순물제거)
④ 불순물의 혼입량이 많은 경우 침강분리제와 원심분리기로 분리할 것(불순물제거)

**핵심Key**
**관련용어**
- **착화점**
  불씨의 접촉없이 스스로 불이 붙는 최저온도, 발화점이라고도 한다.
- **인화점**
  불씨가 접촉하여 불이 붙는 최저온도
- **연소점**
  인화 후 연소가 지속될 수 있는 온도, 인화점보다 일반적으로 7~10[℃]정도 높다.
- **유동점**
  유동할 수 있는 최저온도, 응고점 +2.5[℃]
- **API**
  미국석유협회의 약조로 중유의 비중을 공업적으로 나타낸 수치
  API도
  $= \dfrac{141.5}{비중(60/60[℉])} - 131.5$
- **유럽에서는 보오메도(Baume) 사용**
  baume도
  $= \dfrac{141.5}{비중(60/60[℉])} - 130$

ⓔ 탈수제 : 중유 속 수분을 분리한다.
  - 종류 : 인화합물, 지방산아민화합물, 슬폰산염
ⓜ 유동점 강하제 : 중유의 유동점을 낮추어 송유를 양호하게 한다.
  - 종류 : 스테아린산, 올루미늄염
ⓗ 저온부식 방지제 : 무수황산 생성 억제, 무수황산의 노점 강하
  - 종류 : 암모니아, 도로마이트

④ **중유에 함유성분과 연소에 미치는 영향**
  ㉠ 잔유탄소 : 연소하지 않은 탄화물(영향 : 노즐 막힘, 검댕부착, 카본생성)
  ㉡ 수분 : 발열량저하, 진동연소, 연소불안정, 저장 중 부유물 생성
  ㉢ 불순물 : 밸브, 여과기, 버너칩 막힘, 펌프/유량계/버너칩 마모
  ㉣ 회분 : 전열면에 고착하여 전열방해, 연료의 질 저하, 고온부식 발생
  ㉤ 황 : 저온부식 발생

⑤ **중유 선택 시 고려사항**
  ㉠ 황분이 적을 것
  ㉡ 수분, 기타 불순물이 적을 것
  ㉢ 사용 연소장치와 적합할 것

⑥ **타르계 중유**
  ㉠ 황분의 영향이 적다.
  ㉡ 석유계의 것과 혼합 시 슬러지가 생성된다.
  ㉢ 화염의 방사율이 크다.(C/H 비가 14 이상)

---

**개념잡기**

보일러 액체 연료의 특징 설명으로 틀린 것은?
① 품질이 균일하여 발열량이 높다.
② 운반 및 저장, 취급이 용이하다.
③ 회분이 많고 연소조절이 쉽다.
④ 연소온도가 높아 국부과열 위험성이 높다.

**액체연료의 특성**
① 품질이 균일하여 발열량이 높다.
② 운반 및 저장, 취급이 용이하다.
③ **회분이 적고 연소조절이 쉽다.**
④ 연소온도가 높아 국부과열의 위험성이 높다.
⑤ 고체연료보다 연소효율 및 열효율이 좋다.
⑥ 화재 및 역화의 위험이 있다.

**답 ③**

## 4. 기체연료

기체연료의 종류로는 LNG(액화천연가스), LPG(액화석유가스), 도시가스 등이 있다.

### ○ 기체연료의 특성 ★★★

| 장점 | 단점 |
|---|---|
| • 발열량이 낮은 연료로 고온을 얻을 수 있다.<br>• 연소효율이 좋고 작은 공기비로 완전연소가 가능하다.<br>• 황분·회분이 거의 없어 공해 및 전열면의 오손이 없다. | • 저장·운반에 압력용기가 필요하다.<br>• 가격이 비싸고 시설비가 많이 든다.<br>• 가스누출에 따른 폭발 위험성이 크다. |

### 1. 액화천연가스(LNG)

① 주성분 : $CH_4$(메탄)
② 공기보다 가벼워 누설 시 체류하지 않는다.
③ 비등점 : 메탄 $-162[℃]$
④ 도시가스 사용 장소는 천장으로부터 30cm 이내에 환기구, 가스검지기를 설치하여야 한다.
⑤ 액화 시 부피가 $\frac{1}{600}$로 줄어든다.
⑥ 도시가스의 주원료로 사용
⑦ 발열량은 메탄 $8100[kcal/Nm^3]$ 정도이다.

### 2. 액화석유가스(LPG)

① 주성분 : $C_3H_8$(프로판), $C_4H_{10}$(부탄), $C_3H_6$(프로필렌), $C_4H_8$(부틸렌)
② 공기보다 무거워 누설 시 하부에 체류한다.
③ 비등점 : 프로판 $-42[℃]$, 부탄 $-0.5[℃]$
④ LPG 사용 장소는 바닥으로부터 30cm 이내에 환기구, 가스검지기를 설치하여야 한다.
⑤ 발열량이 높다. 프로판 $24000[kcal/Nm^3]$, 부탄 $30000[kcal/Nm^3]$

### 3. 석탄가스

석탄을 $1000[℃]$ 정도로 건류할 때 얻어지는 가스

① 주성분 : $H_2$(수소), $CH_4$(메탄), $CO$(일산화탄소)
② 특징 : 발열량이 크다, 연소성이 우수하다, 수소 및 메탄가스가 다량 함유되어 있다.

---

**핵심Key**

**LPG 취급 시 주의사항**
① 직사광선을 피하고 용기 표면온도는 $40[℃]$ 이하를 유지할 것
② 용기의 전락 충격 금지 (전락 : 굴러 떨어짐)
③ 서늘하고 환기가 잘 되는 곳에 보관할 것
④ 2m 이내에 인화성, 발화성 물질을 금지할 것
⑤ 화기로부터 8m 이상 우회거리를 둘 것
⑥ 용기밸브에 서리 얼음 등이 끼었을 때 $40[℃]$ 이하의 온수 혹은 $60[℃]$ 이하의 열습포를 사용하여 녹일 것

## 4. 고로가스

용광로에서 코크스를 연소해 얻어지는 부산물 가스

① 주성분 : $N_2$, $CO$, $CO_2$

## 5. 발생로 가스

적열상태로 가열하여 탄소함유량이 많은 고체연료에 공기 또는 산소를 공급하여 다량의 질소와 일산화탄소가 포함된 불완전 연소로 발생된 가스

① 주성분 : $N_2$, $CO$, $H_2$

## 6. 수성가스

고온의 코크스, 무연탄 등으로 수증기를 작용시켜 대부분의 $H_2$와 $CO$를 발생하는 가스

① 주성분 : $H_2$, $CO$, $N_2$

## 7. 도시가스

천연가스(액화한 것을 포함하며 이하성질은 같다), 배관을 통하여 공급되는 석유가스, 나프타부생가스, 바이오가스 또는 합성천연가스로서 대통령령이 정하는 가스

① 도시가스 원료 : 석탄, 코크스, 원유, 중유, 천연가스, LPG 등
② 특징 : LPG와 천연가스를 주로 사용한다.

## 8. 기체연료의 저장

① 저장 목적 : 제조량 및 공급량을 조절하여 품질을 균일하고 일정한 압력을 유지시키기 위하여 가스 홀더에 저장해 두었다가 공급한다.
② 가스홀더의 역할
   ㉠ 균일한 품질 및 압력 유지
   ㉡ 피크 시 부족한 양 보충, 공급 중단 시 잔류가스 저장
③ 가스홀더의 종류
   ㉠ 유수식 홀더
   ㉡ 무수식 홀더
   ㉢ 고압 홀더

### 개념잡기

보일러에서 기체연료의 연소방식으로 가장 적당한 것은?
① 화격자연소     ② 확산연소     ③ 증발연소     ④ 분해연소

- 고체연료(분해연소, 표면연소)
- 액체연료(증발연소)
- 기체연료(확산연소, 예혼합연소)

 답 ②

## 5. 연소방법 및 연소장치

연소란 가연성분(C, H, S)이 공기 중 산소와 화합하여 빛과 열을 수반하는 현상이다.

### 1. 연소의 3대 조건
① 가연물(C, H, S)
② 산소공급원
③ 점화원(불씨)

### 2. 연소속도
연료가 착화하여 완전히 연소되기까지의 속도라고 하며 연소속도에 영향을 주는 원인으로는 연료의 발열량, 공기비, 산소농도 등이 있다.

### 3. 연료의 연소형태

#### (1) 고체연료의 연소
① **표면연소** : 연소 초기에 화염이 나타나지 않으며 표면이 빨갛게 빛이 나면서 연소하는 형태(코크스, 목탄)
② **분해연소** : 연소 초기에 화염을 내면서 연료가 가열·분해되어 기체로 변해 공기 중의 산소와 화합하면서 연소하는 형태(석탄, 장작 등 코크스, 목탄을 제외한 나머지 연료)
③ **증발연소** : 고체가 가열되어 가연성 가스를 발생시키며 연소하는 형태(나프탈렌)

---

**용어정의**

- **발열반응** : 산화반응 시 외부로 열을 방출하면서 반응하는 현상(C, H, S)
- **흡열반응** : 산화반응 시 외부로부터 열을 흡수하여 반응하는 현상($N_2$)
- **산화염** : 공기비를 너무 많이 취하였을 때 화염 중에 과잉산소를 함유하는 화염
- **환원염** : 산소가 부족하여 일산화탄소(CO) 등의 미연분을 함유하며 피열물을 환원하는 성질을 가지는 화염

### (2) 액체연료의 연소

① 증발연소 : 연료가 표면으로부터 증발하면서 화염을 내는 연소 형태
(액체연료 : 중유, 경유, 등유, 휘발유 등), (기체연료 : LPG)
② 분해연소(무화연소)

### (3) 기체연료의 연소

① 확산연소 : 연료가 연소장치 밖으로 나오면서 대기 중에 확산하여 공기 중 산소와 화합하여 연소하는 형태(LPG를 제외한 기체연료)
② 예혼합연소 : 연료가 혼합기 내에서 미리 산소와 혼합하여 연소장치 밖으로 화염을 내는 연소 형태(화염이 짧고 고온의 화염을 얻을 수 있지만 역화의 위험성이 있다)

○ 연료종류와 연소형태 및 연소장치

|  | 연료종류 | 연소형태 | 연소장치 | |
|---|---|---|---|---|
| 고체연료 | 석탄, 목재 | 분해연소 | 화격자 | 수분식 |
|  | 코크스목탄 | 표면연소 |  | 기계식(스토커) |
| 액체연료 | 경질유 | 증발연소 | 증발식 버너 | |
|  | 중질유 | 분해연소(무화연소) | 무화식 버너 | |
| 기체연료 | 액화연료 | 증발연소 | 포트식, 버너식 | |
|  |  | 확산연소 |  | |
|  | 기체연료 | 예혼합연소 | 버너(고압, 저압, 송풍) | |

### 핵심 Key

고체연료의 연소방식
- 화격자 연소방식
- 미분탄 연소방식
- 세분탄 연소방식

## 4. 연소장치

### (1) 고체연료의 연소장치

일반적으로 화격자 연소방식으로 고정 화격자연소와 기계 화격자 연소로 나누어지며 연료의 공급과 재의 처리방식에 따라 손으로 때기(수분 : 手焚)와 기계로 때기(기계분 : 機械焚)로 구별된다.

① 기계분(스토커) 연소장치 : 중형 보일러에 사용되는 연소방식으로 연료의 층을 항상 균일하게 제어하고 저질연료라도 연소효율이 높은 장점으로 운전할 수 있다.
  ㉠ 산포식 스토커 : 호퍼에 공급된 연료를 회전차에 의해 널리 산포시키는 방법으로 왕복식, 회전식, 공기분사식, 증기분사식 등이 있으며 휘발분이 적은 무연탄 연소에 적합하다.
  ㉡ 계단식 스토커 : 30~40° 정도로 화격자에 경사도를 주어 상부에 투입된 연료를 굴러 떨어지게 하여 연소하는 방법으로 주로 쓰레기소각로에 사용하는 방식이다.

ⓒ **쇄상식 스토커** : 벨트 모양의 체인 위에서 투탄부터 회의 처리까지 연속 완전 자동형식으로 대형 연소로로 휘발성분이 15[%] 이상 점결성이 적은 연료에 적합하다.

　　ⓔ **하입식 스토커** : 고정화격자 하부에 설치한 스크류(screw)로 공급하는 방식으로 일반적 보일러나 공업 요로(要路) 등에 널리 사용된다.

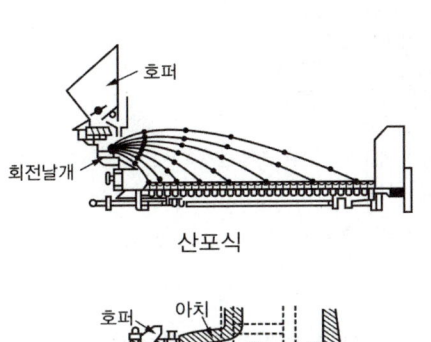
산포식

계단식 스토커

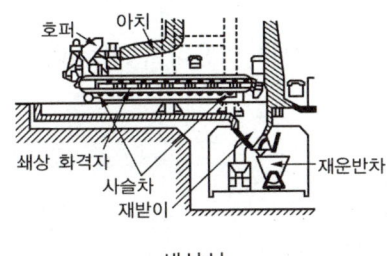
쇄상식

하입식

　② **미분탄 연소장치** : 석탄을 150~200[mesh] 이하로 미세하게 분쇄하여 이것을 공기와 함께 연소실에 취입하고 화염의 방사열에 의해 착화시켜 연소실 속에 넣고 부유상태로 연소시키는 방식이다.

### (2) 액체연료의 연소장치

액체연료는 대체적으로 버너(burner) 연소방식을 사용하며 중질류, 경질류에 따라 무화방식과 기화방식(증발식)으로 나뉜다.

① **버너 선택 시 주의사항**
　　ⓐ 상의 구조, 사용유의 성질, 사용유량 등에 적합할 것
　　ⓑ 연소제어의 범위나 설비비 등이 고려되어야 한다.
　　ⓒ 통풍장치의 제어범위를 고려해야 한다.

② **버너의 종류**
　　ⓐ 유압 분무식 : 연료유에 기어펌프로 0.5~2MPa(5~20[kg/cm$^2$]) 정도의 압력을 가하여 팁을 통해 고속으로 분무하여 연소하는 방식으로 환류방식과 비환류방식으로 나눈다.

---

**핵심Key**
**미분탄 연소장치의 장·단점**
*장점*
- 고온의 예열공기의 사용이 가능하다.
- 단위중량당 표면적이 커서 공기와의 접촉이 좋다.
- 적은 공기로도 충분히 연소가 가능하다.
- 연소조절이 용이하여 부하변동에 응하기 쉽다.
- 다소 저급의 탄이라 할지라도 연소효율이 높다.

*단점*
- 비산회가 많아 집진 장치가 필요하다.
- 대규모 연소실이 필요하다.
- 설비비가 높다.
- 소요동력, 보수, 유지비가 많이 든다.
- 폭발의 위험성이 있다.

**핵심Key**
**액체연료 연소장치의 장·단점**
*장점*
- 대용량 제작이 용이하다.
- 무화 매체가 필요 없다.
- 설비가 간단하며 분무상태가 양호하다.

*단점*
- 팁이 잘 폐쇄된다.
- 흡입력이 작아 착화 안전장치가 필요하다.
- 유량조절범위가 좁다. (비환류식 1:2, 환류식 1:3)

**참고**
유량조절방법
버너팁교환, 버너수 가감, 환류식 버너사용 등

> 참고
> 회전식 버너의 장·단점
>
> **장점**
> - 소음이 적고 자동화에 용이하다.
> - 분무각이 넓다(40~80°).
> - 유량조절범위가 비교적 넓다.(1:5)
>
> **단점**
> - 유량이 적어지면 무화가 곤란하다.
> - 점도가 커지면 무화가 곤란하다.

ⓛ 회전식 버너 : 무화통(霧化筒, atomizing cup)의 고속 회전에 의한 원심력으로 오일 연료를 비산시켜 무화하는 형식의 오일 버너로서, 연소용 공기(1차 공기)는 무화통의 역방향으로 선회 분출하여 오일의 양호한 분무가 행해질 수 있도록 되어 있다.

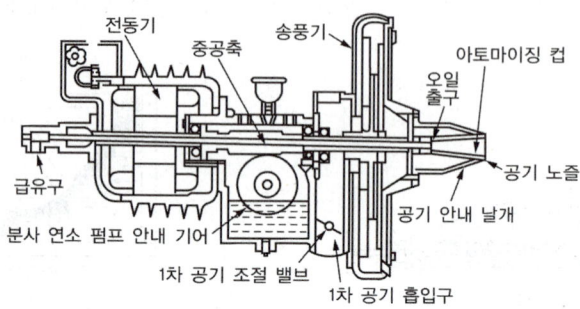

③ 고압 기류식 버너(2유체 버너)
  ㉠ 2~7[kg/cm$^2$]의 분무매체(공기 또는 증기)를 이용하여 연료(0.05~0.2 kg/cm$^2$)를 분무하는 형식
  ㉡ 분무각도는 30°정도로 가장 좁다.
  ㉢ 유량조절범위는 1 : 10 정도로 가장 크다.

④ 저압 기류식 버너(저압 공기식)
  ㉠ 0.02~0.2[kg/cm$^2$]정도의 저압공기를 사용하여 0.3~0.5[kg/cm$^2$]정도로 가압한 기름을 분출하는 방식
  ㉡ 1차공기와 2차공기의 공급이 별개의 계통으로 되어 있다.
  ㉢ 분무각도는 30~60° 정도이다.

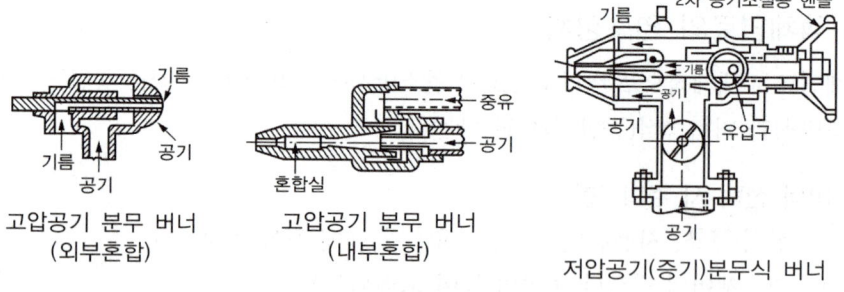

⑤ 건타입 버너 : 송풍기와 버너를 조합한 형식으로 제어방식이 용이한 버너이다. 0.7MPa(7[kg/cm$^2$])정도의 유압으로 노즐에 공급하며 연소조절은 ON-OFF 방식이다.

> 참고
> 건타입 버너의 특징
>
> **특징**
> - 구조가 간단하며 주로 소형 보일러에 사용된다.
> - 콤팩트하게 제작된다.
> - 양호한 연소가 이루어진다.

## (3) 보염장치

착화와 연소화염을 안정시키고 공기와 연료의 혼합을 좋게 하여 공기비가 낮아도 충분히 연소할 수 있도록 하는 장치

> **꼭찝어 어드바이스**
>
> 보염장치의 설치목적 ★★
> - 안정된 착화를 도모한다.
> - 연료의 분무를 돕고 공기와의 혼합을 양호하게 한다.
> - 화염의 형상을 조절한다.
> - 연소실의 온도분포를 고르게 하고 국부과열을 방지한다.
> - 연소가스의 체류시간을 지연시켜 화염의 안정을 도모한다.

① **윈드박스(wind box)** : 버너 벽면에 설치된 밀폐상자로 공기흐름을 적절히 유지하며 동압을 정압상태로 바꾸어 착화나 연속화염을 안정시키는 장치이다.

> **꼭찝어 어드바이스**
>
> 윈드 박스 주위에 부착하는 기구
> - 화염검출기
> - 착화버너
> - 투시구
> - 점화구

② **버너타일** : 버너의 앞부분에 설치되어 분무되는 연료와 타일벽과의 사이에 와류 또는 저속부가 형성되어 화염이 소멸되는 것을 방지함으로써 화염을 안정시키는 장치이다.

③ **콤버스터** : 저온의 노에서도 연소를 안정시켜 분출흐름의 모양을 안정시키는 장치이다.

④ **스테빌라이저(보염기)** : 연료유의 분무흐름이나 연소공기 사이에서 저유속 흐름을 유도함으로 불꽃의 안정성을 유지하게 하는 장치이다.

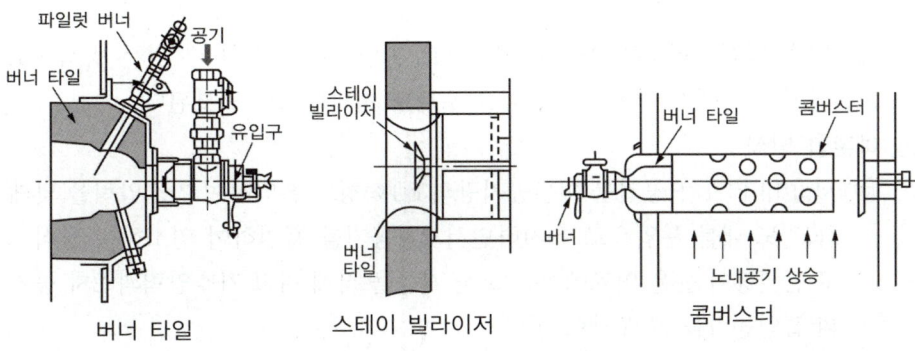

### (4) 급유계통

① **저장탱크** : 연료 메인 탱크로 7~14일 정도의 분량을 저장하며 저장온도는 40~50[℃] 정도이다.

② **서비스탱크** : 버너로 이송하기 전 저장탱크로부터 3~5시간 정도 사용할 분량을 저장하는 탱크로 보일러로부터 2[m]이상 떨어진 곳에 설치하며 버너보다 1.5[m]이상 높게 설치한다.(예열온도 60~70[℃])

③ **유예열기** : 중유의 점도가 높으면 분무 시 무화가 힘들다. 이때 무화를 돕기 위해 오일은 사전에 가열하여 적정점도로 유지하기 위한 가열장치로 증기로 가열하는 증기식, 온수로 가열하는 온수식, 전기로 가열하는 전열식이 있다. (예열온도 : 80~90[℃])

| 가열온도가 너무 높을 경우 | 가열온도가 너무 낮은 경우 |
|---|---|
| • 관내에서 기름의 분해가 일어난다.<br>• 분무상태가 고르지 못하다.<br>• 분사각도가 흐트러진다.<br>• 탄화물 생성의 원인이 된다. | • 무화가 불량해진다.<br>• 불길이 한편으로 흐른다.<br>• 그을음·분진이 발생한다. |

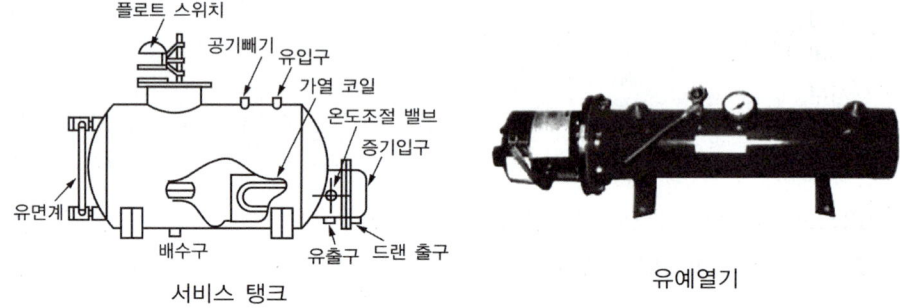

서비스 탱크 / 유예열기

### (5) 기체연료의 연소장치

연료자체가 연소성이 우수하여 안정된 화염을 얻을 수 있고 연속제어가 용이하므로 자동화설비에도 적합하다. 연소용 공기의 공급방식에 따라 확산 연소방식과 예혼합 연소방식이 있다.

① **확산연소 방식** : 연소용 공기를 고온으로 예열하여 사용할 수 있는 방식으로 고온에서 열분해가 일어나는 관계로 포트형 버너형으로 구분된다.

② **예혼합 방식**
　㉠ 저압버너 : 1차 공기를 이론공기량의 60% 정도 흡입하여 가스압력을 낮게 하고 노 내를 부압으로 유지하면서 2차공기를 흡인하여 연소하는 방식으로 발열량이 높은 연료에서는 노즐 지름을 작게 하고 가스압력과 2차 공기의 흡인능력을 크게 해야 한다.

---

**핵심Key**

시험에서는 강제혼합식과 유도혼합식 버너의 종류를 묻는 문제가 자주 출제된다.
- **강제혼합식(내부,외부,부분혼합식)**
  고압버너, 표면연소버너, 리본버너, 휘염버너, 혼소버너 등
- **유도혼합식(적화식,분젠식)**
  파이프버너, 어미식버너, 층염버너, 링버너, 슬리트버너, 적외선버너, 중압분젠식 버너
- **라디언트 튜브 버너**
  방사관을 이용한 강제 혼합식 버너

ⓛ 고압버너 : 고온의 노에 0.2MPa(2[kg/cm²]) 이상의 가스압력으로 연소하는 버너이다.
　　ⓒ 송풍버너 : 연소용 공기를 가압 송입하는 형식으로 연료가스와 공기혼합비율에 폭발되지 않도록 주의해야 한다.

③ 기체연료의 연소특성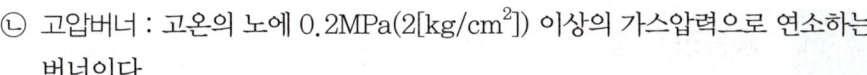

| 장점 |
|---|
| • 연소조절이 용이하며 자동제어 연소에 가장 적합하다.<br>• 회분으로 인한 퇴적물 생성이 없고 대기오염도 적다.<br>• 저발열량의 가스라도 예열공기를 사용하여 고온연소가 가능하다.<br>• 국부가열에 사용할 수 있다.<br>• 시동이 용이하며 연소효율이 높다.<br>• 고체·액체 연료 연소에 비해 가장 적은 공기비 연소를 할 수 있다. |

## (6) 공기비(m : 과잉공기계수)

실제로 사용한 공기량이 이론공기량의 몇 배에 해당되는가를 나타낸 계수이다. 즉, 실제공기량과 이론공기량의 비이다.

| 공기비(m)가 적을 때 | 공기비(m)가 클 때 |
|---|---|
| • 불완전연소가 되기 쉽다.<br>• 미연소가스에 의한 가스폭발과 매연발생<br>• 미연소가스에 의한 열손실 증가 | • 연소실 온도 저하<br>• 배기가스량 증가로 열손실 증가<br>• 배기가스 중 NO(일산화질소) 및 $NO_2$(이산화질소)가 많이 발생되어 부식촉진과 대기오염을 초래한다. |

> **공식정리**
> 공기비 = 실제공기량/이론공기량
> $m = \dfrac{A}{A_o}$, $A = m \cdot A_o$
> 실제공기
> = 이론공기+과잉공기

### 개념잡기

**연료의 연소에서 환원염이란?**
① 산소 부족으로 인한 화염이다.
② 공기비가 너무 클 때의 화염이다.
③ 산소가 많이 포함된 화염이다.
④ 연료를 완전 연소시킬 때의 화염이다.

• 산화염 : 공기비가 너무 클 때 화염 중에 과잉산소를 함유하는 화염
• 환원염 : 산소가 부족하여 불완전 연소하며 일산화탄소(CO) 등의 미연분이 포함된 화염

답 ①

## 6 통풍장치 및 집진장치

### 1. 통풍

**(1) 자연통풍**

소형 보일러에 채택되며 배기가스와 공기의 비중차와 연돌의 높이에 의한 능력으로 통풍된다. 배기가스의 유속은 3~4[m/s]정도이다.

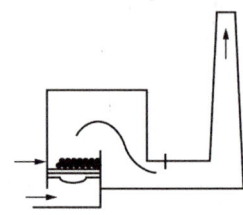

① 통풍력을 크게 하려면 ★★★
  ㉠ 연돌의 높이를 높인다.
  ㉡ 배기가스 온도를 높인다.
  ㉢ 굴곡부를 줄인다.
  ㉣ 연돌 상부단면적을 크게 한다.

② 이론 통풍력 계산 ★★★

$$Z = H(r_a - r_g)$$

- $Z$ : 통풍력[mmH$_2$O]
- $H$ : 연돌높이[m]
- $r_a$ : 외기공기비중량[kg/m$^3$]
- $r_g$ : 배기가스비중량[kg/m$^3$]

$$Z = 273H\left(\frac{r_a}{T_a} - \frac{r_g}{T_g}\right)$$

- $T_a$ : 외기공기의 절대온도[K]
- $T_g$ : 배기가스의 절대온도[K]

$$Z = 355H\left(\frac{1}{T_a} - \frac{1}{T_g}\right),$$
$$Z = H\left(\frac{353}{T_a} - \frac{367}{T_g}\right)(고체연료일 경우)$$

1atm상태에서 비중량[kg/m$^3$]
- ① 공기 : 1.294
- ② 배기가스
  - 고체연료 : 1.345
  - 기체연료 : 1.25
  - 액체연료 : 1.31

**꼭찝어 어드바이스**

실제 통풍력 = 이론 통풍력×0.8

## (2) 강제통풍

① **압입통풍** : 연소실 앞에 압입송풍기를 장착하여 통풍하는 방식으로 연소실 내 압력이 대기압보다 높은 정압(+)상태이며 연소가스나 화염의 누설이 발생할 수 있다. 배기가스의 유속은 8[m/s]정도이다.

② **유인통풍** : 흡입통풍이라고도 하며 연도에 배풍기를 장착하여 통풍하는 방식으로 연소실 내 압력이 대기압보다 낮은 부압(-)상태이며 외기공기의 누입이 발생될 수 있다. 배기가스의 유속은 10[m/s]정도이다.

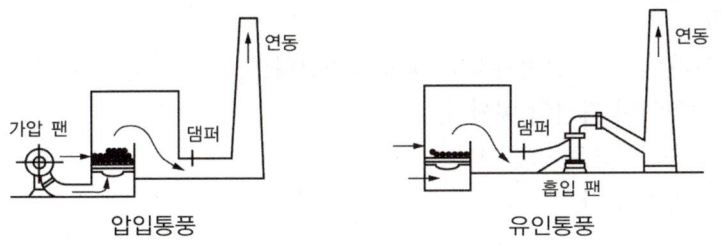

압입통풍 / 유인통풍

③ **평형통풍** : 압입통풍과 유인통풍을 조합한 형식으로 연소실 앞에 송풍기와 연도 내에 배풍기를 장착 정·부압을 임의로 조정하여 사용할 수 있다. 배기가스 유속은 10[m/s]이상이며 실제적으로 가장 많이 사용되는 통풍방식으로 소요동력이나 설치비가 많이 든다.

> 🔖 **꼭찝어 어드바이스**
>
> **강제통풍 시 통풍력 조절방법**
> - 송풍기 회전수 조절
> - 댐퍼에 의한 조절
> - 흡입 베인에 의한 조절

### 핵심Key
실제통풍력은 이론통풍력에서 마찰손실수두를 뺀 값으로 하며 편의상 약 20[%]를 줄인다.

### 핵심Key
**베인[vane]**
유입된 공기를 일정한 방향으로 축을 회전시키기 위해서 붙어있는 작은 날개들 또는 풍향기와 같이 공기를 유연하게 흐르게 하는 것

## 2. 송풍기

공기를 유동시키는 기계장치를 송풍기라 하며, 압입송풍기는 풍압이 낮고, 송풍량이 큰 것이 필요하고 흡입송풍기는 부식이나 마모에 강하고 또한 열에 잘 견디는 구조여야 한다.

### (1) 원심식 송풍기(다익형, 터보형, 플레이트형)

① 다익형 송풍기(전향날개 : 시로코형) – sirocco fan
- 특징
  ㉠ 소형, 경량이며 값이 싸다.
  ㉡ 효율이 낮으나 설치면적이 적다.
  ㉢ 저압, 저회전에 적합하다.

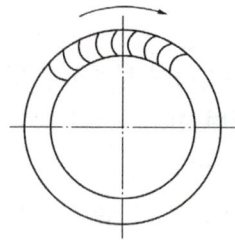

다익형 송풍기(전향날개 : 시로코형)

② 터보형 송풍기(후향날개) – turbo fan
- 특징
  ㉠ 효율이 높고 설치면적도 크게 차지한다.
  ㉡ 대형이며 가격이 비싸다.
  ㉢ 고속회전으로 소음이 크다.
  ㉣ 풍압이 높다.

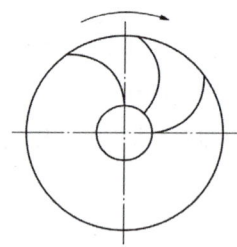

터보형 송풍기(후향날개)

③ 플레이트 송풍기(방사형)–plate fan
- 특징
  ㉠ 효율이 높다.
  ㉡ 풍압이 낮다.
  ㉢ 풍량이 많지 않다.

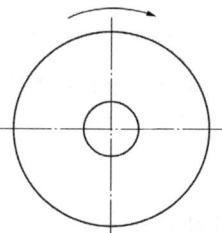

플레이트 송풍기(방사형)

## (2) 축류식 송풍기(종류 : 프로펠러형, 디스크형)

① 특징
  ㉠ 경량, 소형으로 설치가 간단하다.
  ㉡ 소음이 적고, 고속운전에 적합하다.
  ㉢ 풍량이 많다.
  ㉣ 주로 배기(환기)용으로 사용된다.

> **꼭찝어 어드바이스**
>
> 송풍기의 동력계산
> ① $Kw = \dfrac{Q \cdot H}{102 \cdot 60 \cdot \eta}$
> ② $PS = \dfrac{Q \cdot H}{75 \cdot 60 \cdot \eta}$
>
> $Q$ : 풍량[m³/min]
> $H$ : 풍압[mmH₂O], [mmAq]
> $\eta$ : 효율

## 3. 댐퍼

### (1) 댐퍼 설치 목적

① 통풍력 조절
② 배기가스 흐름 차단
③ 주연도 부연도 전환

### (2) 형식에 따른 분류

① 회전식 : 댐퍼판의 중앙 또는 한쪽으로 회전축을 설치하여 개·폐도에 의해 통풍력을 조절한다.
② 승강식 : 댐퍼판의 승강에 의하여 개·폐도를 조절한다.(대형 보일러용)

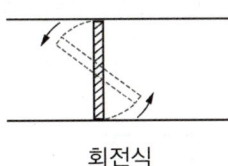
회전식

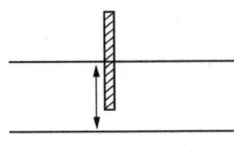
승강식

### (3) 형상에 따른 분류

① 버터플라이형 댐퍼
② 다익형 댐퍼
③ 스플릿형 댐퍼(분배용)

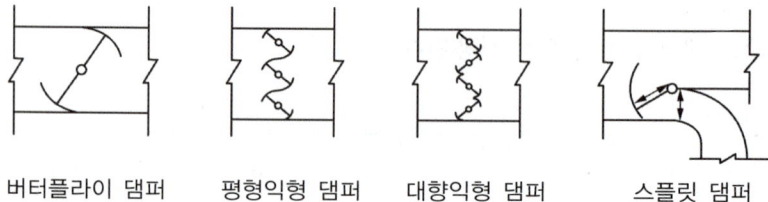

버터플라이 댐퍼    평형익형 댐퍼    대향익형 댐퍼    스플릿 댐퍼

## 4. 집진장치

연소로 인한 함진 배기가스 중 분진, 회분, 유해가스 등을 처리하는 장치로 건식과 습식이 있다.

### (1) 건식집진장치

① **중력침강식** : 함진 공기를 장치 내의 넓은 공간으로 인도하여, 유속을 작게 하여서 대형 입자를 자연 침강시키는 방식의 집진 장치. 설비가 간단하지만 장소를 요하며, 미립자의 집진에는 효과가 없으므로 다른 집진 장치의 전처리에 주로 사용된다.

처리가스 속도가 늦을수록 흐름이 균일할수록 집진효율이 좋다.

② **관성력식** : 함진가스를 방해판 등에 충돌시켜 기류의 급격한 전환에 의해 침강력을 가지게 될 때 분리 포집하는 방식으로 전환각도가 작고 전환회수가 많을수록 집진효율이 높다.

③ **원심력식(사이클론식)** : 함진가스에 선회운동을 주어 입자에 작용하는 원심력에 의하여 입자를 분리하는 방식으로 내통경은 작게, 처리가스 속도는 크게 하면 집진효율이 좋아진다.

> 🌟 **꼭찝어 어드바이스**
>
> **사이클론의 집진율을 크게 하려면**
> - 입구의 속도를 크게 한다.
> - 본체의 길이를 크게 한다.
> - 입자의 지름, 밀도가 클수록
> - 동반 분진량이 많을수록
> - 내벽이 미끄러울수록
> - 직경비가 클수록

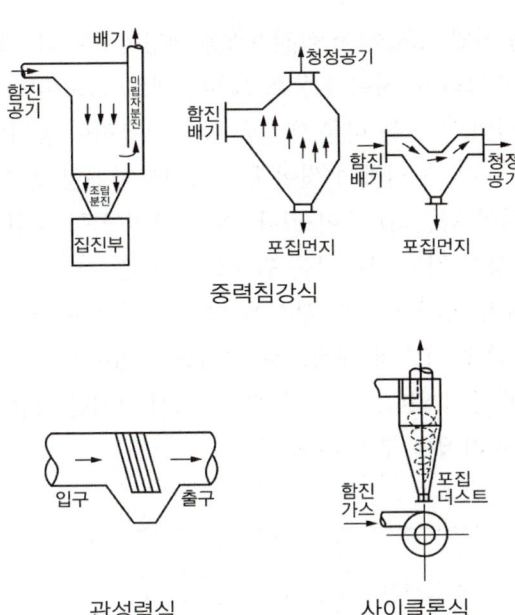

④ 여과식(백필터방식) : 함진가스를 여과제(filter)를 통하여 분리, 포집하는 방식

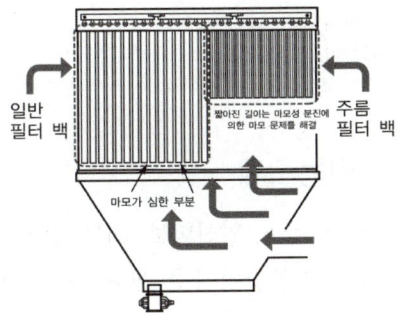

⑤ 전기식(cotterⅡ : 코트렐식) : 고압의 직류 전원을 사용하여 방전극 근처에서 양이온과 자유전자로부터 이루어지는 플라즈마 형성에 의해 입자를 전리하는 방식으로 이러한 방전을 코로나 방전현상이라 하며 가스 중 함유입자는 음이온으로 되어 부착·분리되어 제거하는 방식이다.(집진방식 중 가장 효율이 뛰어나다)

### (2) 습식집진장치

습식집진장치의 일종으로 공기와 가스 속의 분진을 물을 분사해 닦아 흐르게 하는 장치를 말한다. 물방울, 수막, 기포 등을 다량으로 형성하여 분진 입자의 확산, 충돌, 응집 작용으로 집진율을 향상시킨다.
세정식 집진 장치는 크게 가압수식, 유수식, 회전식으로 나뉜다.

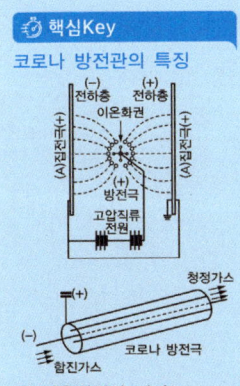

**코로나 방전관의 특징**

① 적용범위가 넓다.
② 압력손실이 적다.
③ 더스트(dust)의 외부 배출이 용이하다.
④ 미세입자의 포집이 용이하고 가장 높은 집진율을 얻을 수 있다.

① 가압수식 : 물을 가압·공급하여 함진가스를 세정하여 분리·제거하는 방식
(종류 : 벤튜리 스크러버, 사이클론 스크러버, 제트스크러버, 충전탑, 분무탑 등)
② 유수식 : 장치 내의 물 또는 다른 액체를 항상 보유하여 공기나 가스 중의 분진을 물의 분사나 수막에 의하여 씻어내는 장치로서 S형 임펠러, 로터형, 분수형, 선회류형(에어 텀블러) 등이 있다. 유수(고인물)를 순환시켜 사용하기 때문에 물의 소비량이 적고 급수압을 필요로 하지 않는다.
③ 회전식 : 스크러버 속의 세정수 분산을 날개 회전으로 실행해 물방울, 수막, 기포를 만들고 함진 가스의 세정으로 진애를 포집하는 것으로, 타이젠 와셔, 임펠러 스크러버 등이 있다. 설치 면적은 비교적 작지만 가동 부분이 있으므로, 부식성 가스의 처리에는 부적당하다.

> **개념잡기**
>
> 집진장치의 종류 중 건식집진장치의 종류가 아닌 것은?
> ① 가압수식 집진기　　② 중력식 집진기
> ③ 관성력식 집진기　　④ 원심력식 집진기
>
> • 건식집진 장치 : 중력식, 원심식, 여과식, 관성력식
> • 습식집진 장치 : 유수식, 회전식, 가압수식
>
> 답 ①

## 5. 매연농도측정 및 매연농도계

연료의 연소에 의한 검댕, 일산화탄소, 황산화물, 회분, 분진 등의 배기가스 중에 유해 물질이 발생하여 인체, 동식물 및 열설비에 큰 재해를 준다. 이러한 대기오염을 방지하기 위하여, 또한 배기가스의 매연을 측정하기 위하여 매연농도계를 설치한다.

### (1) 매연발생원인

① 연소장치의 결함
② 불완전연소
③ 공기비 부족
④ 취급자의 연소기술 미숙
⑤ 저질연료 사용 시(저질연료 : 수분, 회분, 휘발분 등이 많이 함유된 연료)
⑥ 연소실 온도가 너무 낮을 때

### (2) 매연농도계 종류

① 링겔만 매연농도표 : 연돌위에 배출되는 매연과 관측자 앞에 놓인 매연농도표를 시각에 의해 비교 측정하는 방법으로 0~5번까지 6단계로 구분되어 있다.

---

**핵심Key**

링겔만 매연농도 측정 방법
① 농도표는 관측자 전방 16m 떨어진 곳에서 눈의 위치와 동일한 높이에 설치
② 관측자와 연돌의 거리 : 30~39m
③ 연돌 상단부 30~45cm의 연기색을 농도표와 비교 관찰
④ 직사광선을 피하고 태양을 등지고 연기 흐름과 직각 방향에서 측정
⑤ 주위의 하늘색이 너무 환하거나 어두울 때는 측정하지 않는다.
⑥ 10초 간격으로 반복 실시하여 평균값을 취할 것

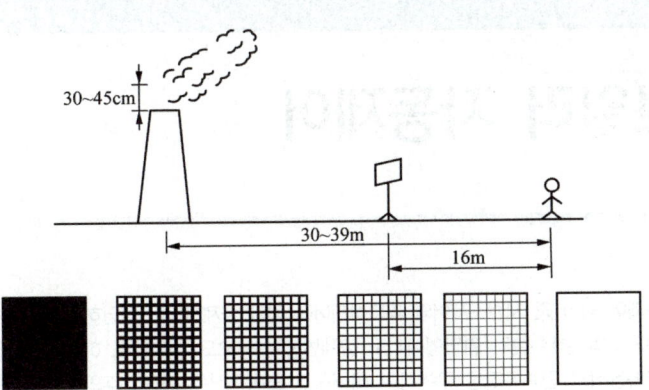

○ 링겔만 농도표(가로 14[cm], 세로 21[cm])

| No. | 0 | 1 | 2 | 3 | 4 | 5 |
|---|---|---|---|---|---|---|
| 농도율 | 0% | 20% | 40% | 60% | 80% | 100% |
| 흑색폭 | 전백 | 1 | 2.3 | 3.7 | 5.5 | 전흑 |
| 백색폭 | – | 9 | 7.7 | 6.3 | 4.5 | – |
| 연기색 | 무색 | 옅은 회색 | 회색 | 짙은 회색 | 흑색 | 암흑색 |

② **로버트 농도표** : 링겔만의 일종, 4단계의 농도표
③ **광전관식 매연 농도계** : 빛의 투과율 측정에 의한 매연 농도계
④ **매연포집중량법** : 먼지를 포함한 배기가스를 석면, 암면 등의 여과지에 통과, 포집시켜 여과지의 중량변화를 자동으로 측정하는 장치
⑤ **바카락카 스모크 테스트** : 매연 포집 중량법과 비슷하나 배기가스를 여과지에 통과시켜 여과지에 부착된 먼지농도를 표준농도와 비교 측정한다. 0~9번까지 10단계로 세분화 되어 있다.

# CHAPTER 06 보일러 자동제어

**단원 들어가기 전**

1. 자동제어 방식 중 시퀀스제어와 피드백제어에 대한 출제빈도가 상당히 높다. 특히 피드백제어의 제어요소의 경우 실기 필답형에서도 출제빈도가 높으므로 이해를 하고 넘어가는 것이 좋다.
2. 불연속동작과 연속동작을 구분하여 이해하고 연속동작은 좀 더 주의깊게 보도록 한다.
3. 인터록제어의 종류와 그 역할에 대한 문제가 많이 출제되므로 정확히 숙지 후 넘어가도록 하자.
4. 보일러 자동제어의 종류와 그 역할에 대해 정확히 숙지 후 넘어갈 것

**빅데이터 키워드**

시퀀스 제어, 피드백 제어, 불연속동작, 연속동작, 인터록제어, 보일러 자동제어의 종류

## 1 자동제어의 목적

① 보일러의 안전운전
② 효율적 운전으로 인건비 및 유지비 절감
③ 경제적이고 효율적인 증기 생산
④ 일정한 온도·압력의 증기 생산

## 2 자동제어 방식

### 1. 시퀀스 제어

미리 정해진 순서에 따라 제어단계를 순차적으로 진행하는 제어방식

### 2. 피드백 제어

제어량을 측정하여 목표값과 비교하고, 그 차를 적절한 정정 신호로 교환하여 제어 장치로 되돌리며, 제어량이 목표값과 일치할 때까지 수정 동작을 하는 자동 제어를 말한다. 제어 장치는 검출부, 조절부, 조작부 등으로 구성되어 있다.

> 🌟 **꼭찝어 어드바이스**
>
> 자동제어계의 동작순서
> 검출 → 비교 → 판단(조절) → 조작

## 3. 피드백 제어회로 구성

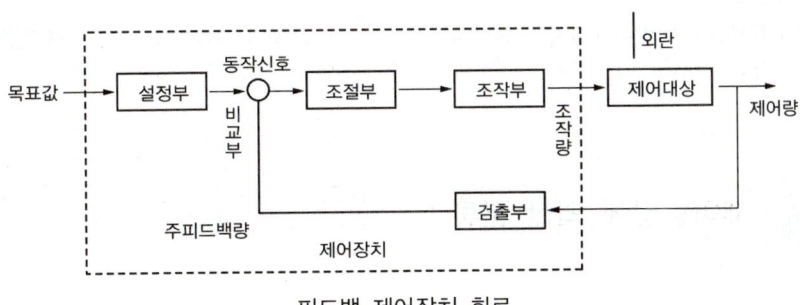

피드백 제어장치 회로

## 4. 제어요소

① **목표값** : 제어의 출력이 소정의 값을 만족하도록 목표를 세운 외부에서 주어진 값
② **제어량** : 제어대상에 대한 전체량 가운데 제어하고자하는 목적의 량
③ **제어대상** : 제어를 행하려는 대상물
④ **검출부** : 제어대상으로부터 압력이나 온도, 유량 등의 제어량을 검출하여 신호로 만드는 역할을 하는 부분
⑤ **조절부** : 동작신호를 받아 규정된 동작을 하기 위해 조작신호를 만들어 조작부로 보내는 부분
⑥ **조작부** : 조절부에서 보낸 조작신호를 받아 조작량으로 변환하여 제어대상으로 보내는 부분
⑦ **외란** : 제어계를 혼란시키는 외적작용으로 가스유량, 탱크주위온도, 가스공급압, 공급온도 및 목표치 변경 등의 변화를 말한다.(제어대상에 가해지는 조작량 이외의 양)
⑧ **기준입력신호** : 목표값과 피드백 신호를 비교하기 위하여 주 피드백 신호와 같은 종류의 신호로 목표값을 변화시켜 제어계의 폐쇄 루프에 입력하는 입력신호를 말한다.
⑨ **동작신호** : 주 피드백량과 기준입력을 비교하여 얻어진 편차량 신호를 말하는 것으로 조절부의 입력이 되는 신호이다.
⑩ **주 피드백신호** : 제어량과 목표값과 비교하기 위한 피드백 신호를 말한다.
⑪ **제어편차** : 목표값에서 제어량의 값을 뺀 값

> 미리 정해진 순서에 따라 순차적으로 제어의 각 단계가 진행되는 제어 방식으로 작동명령이 타이머나 릴레이에 의해서 수행되는 제어는?
> ① 시퀀스 제어 ② 피드백 제어
> ③ 프로그램 제어 ④ 캐스케이드 제어
>
> **시퀀스 제어**
> 미리 정해진 순서에 따라 순차적으로 제어의 각 단계가 진행되는 제어방식
>
> 답 ①

## 3 제어방법에 의한 분류

### 1. 정치 제어
목표값이 변화가 없는 일정한 제어방식

### 2. 추치 제어
목표값이 시간의 변화에 따라 변하는 제어로, 추종 제어, 비율 제어, 프로그램 제어 방식이 있다.

① **추종 제어** : 목표값이 시간에 따라 임의로 변화하는 제어
② **비율 제어** : 목표값이 시간에 따라 어떤 다른 양과 일정한 비율로 변하는 제어
③ **프로그램 제어** : 목표값이 시간에 따라 미리 프로그램 된 값으로 변하는 제어

### 3. 캐스케이드 제어
2개의 제어계를 조합한 형태로 1차 제어계의 제어량 결과가 2차 제어계의 입력이 되는 제어방식

> ▶참고
> 캐스케이드 제어는 추치제어에 포함시킬 수 있다.

# 4. 제어동작에 의한 분류

## 1. 불연속동작

① **2위치 동작(ON-OFF동작)** ★★★ : 편차입력에 따라 두 개의 조작량의 값을 선택하는 동작, 사이클링 현상이 발생한다.

> **꼭찝어 어드바이스**
> 
> **사이클링 현상**
> 목표값을 중심으로 제어량이 일정하지 않고 과대·과소 등 진동현상이 일어나는 것

② **다위치 동작** : 조작 스위치가 3개 이상일 경우
③ **불연속 속도 동작** : 제어편차의 크고 작음에 따라 조작량을 일정한 속도로 정작동 또는 역작동 방향으로 움직이게 하는 동작
④ **간헐적 동작** : 제어동작이 일정한 시간마다 일어나는 동작으로 샘플링 동작이라고도 한다.

## 2. 연속동작

① **비례동작(P동작)** : 조작량이 제어량의 편차에 비례하는 동작
  ㉠ 외란이 있을 경우 잔류편차 발생
  ㉡ 부하변동이 작은 경우 이용한다.
  ㉢ 비례동작을 작게 할수록 동작은 강하게 변함
② **적분동작(I동작)** : 제어편차의 시간적분에 비례하여 조작량을 가감하는 동작
  ㉠ 잔류편차 제거
  ㉡ 제어의 안정성이 떨어지며 진동이 발생할 수 있다.
③ **미분동작(D동작)** : 출력편차의 시간변화에 비례하며 제어편차가 변화하는 속도에 비례해서 조작량을 가감하는 동작
  ㉠ 응답을 빨리 할 수 있다.
  ㉡ 단독으로 사용치 않고 비례동작과 함께 쓰임
  ㉢ 진동이 제거되어 빨리 안정된다.
④ **비례적분동작(PI동작)** : 잔류편차가 남는 비례동작의 단점을 보완하기 위해 비례동작에 적분동작을 조합한 동작
⑤ **비례미분동작(PD동작)** : 응답을 신속화할 수 있고 잔류편차를 감소시킬 수 있다. 비례동작의 응답속도를 빠르게 할 수 있다.

⑥ 비례적분미분동작(PID동작) : PI동작과 PD동작의 결점을 보완하기 위해 결합한 형태로 적분동작으로 잔류편차를 제거하고, 미분동작으로 응답을 신속히 하여 안정화한 동작

---

**개념잡기**

보일러의 자동제어를 제어동작에 따라 구분할 때 연속동작에 해당되는 것은?
① 2위치 동작    ② 다위치 동작    ③ 비례동작(P동작)    ④ 부동제어 동작

- 불연속동작 : 2위치동작, 다위치동작, 불연속 동작
- 연속동작 : 비례동작(P동작), 적분동작(I동작), 미분동작(D동작)

답 ③

---

## 5 자동제어의 신호전달 방식

### 1. 공기압식

① 신호전달 지연 발생
② 전송거리가 짧다.(100m 정도)
③ 배관이 용이하고 위험성이 없다.
④ 조작부의 동특성이 좋다.
⑤ 공기압이 통일되어 있어 취급이 편리하다.
　㉠ 사용 공기압 : 0.2~1[kg/cm²]
　㉡ 전송거리 : 100~150[m]

### 2. 유압식

① 높은 유압이 필요하다.
② 공기압 방식에 비해 전송지연이 적고 응답성이 빠르다.
③ 기름 누설로 인한 오염 및 인화의 위험성이 있다.
④ 배관이 까다롭다.

> **꼭 찝어 어드바이스**
>
> 유압식 자동제어 ★★★
> - 사용유압 : 0.2~1[kg/cm²]
> - 전송거리 : 300[m]

## 3. 전기식

① 신호전달의 지연이 없고 배선이 용이하다.
② 대규모 조작력 및 복잡한 신호를 요하는 경우에 사용한다.
③ 높은 기술을 요하며 가격이 비싸다.

> **꼭찝어 어드바이스**
>
> **전기식 자동제어**
> • 사용전류 : − 4~20[mA](DC직류)
> 　　　　　　− 10~50[mA](DC직류)
> • 전송거리 : 0.3~10km

> **개념잡기**
>
> 보일러 자동제어에서 신호전달방식이 아닌 것은?
> ① 공기압식　　② 자석식　　③ 유압식　　④ 전기식
>
> ---
> 보일러 자동제어의 신호전달방식
> ① 전기식, ② 유압식, ③ 공기압식
> 효율이 가장 좋은 신호전달방식은 전기식이다.　　　　답 ②

## 4. 인터록제어

운전 조작상태에서 조건이 불충분하거나 다음의 진행에 미루어 불합리한 동작으로 변화하게 될 때 동작이 다음 단계에 도달되기 전에 기관을 정지시키는 제어방식으로 자동제어에는 꼭 필요한 동작이다.(전자밸브와 연결하여 비상 시 연료를 차단시켜 안전운전을 도모하는 제어방식)

> **꼭찝어 어드바이스**
>
> **인터록제어의 종류**
> • 압력초과 인터록
> • 저수위 인터록
> • 프리퍼지 인터록
> • 저연소 인터록
> • 불착화 인터록

> **개념잡기**
>
> 보일러의 인터록제어 중 송풍기 작동 유무와 관련이 가장 큰 것은?
> ① 저수위 인터록   ② 불착화 인터록   ③ 저연소 인터록   ④ 프리퍼지 인터록
>
> 인터록제어 방식의 종류
> ① 저수위 인터록, ② 불착화 인터록, ③ 저연소 인터록, ④ 프리퍼지 인터록, ⑤ 초과압력 인터록
> 이 중 송풍기와 관련있는 것은 프리퍼지 인터록이다.
>
> 답 ④

## 6. 보일러 자동제어(A.B.C : Automatic Boiler Contrrol)

### 1. 자동연소제어(A.C.C : Automatic Combustion Control)

증기의 압력 및 온수의 온도가 일정한 값이 되도록 연소의 양을 자동적으로 제어하는 방식

① 증기압력제어
② 온수온도제어
③ 노내압력제어

### 2. 자동급수제어(F.W.C : Feed Water Contorl)

급수의 양을 자동으로 보충하여 조절하는 제어장치

① 1요소식(단요소식) : 수위만 검출
② 2요소식 : 수위, 증기 검출
③ 3요소식 : 수위, 증기, 급수량 검출

### 3. 증기온도제어(S.T.C : Steam Temperature Control)

과열증기온도를 일정온도로 자동 조절하는 제어장치

### 4. 로컬제어(L.C : Local Control)

부속장치 및 설비를 자동으로 조작 가능하게 하는 제어장치

## 제어량과 조절량의 관계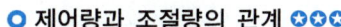

| 종류 | 제어량 | 조작량 |
|---|---|---|
| 증기온도제어(S.T.C) | 증기온도 | 전열량 |
| 급수제어(F.W.C) | 보일러수위 | 급수량 |
| 자동연소제어(A.C.C) | 증기압력 | 연료량, 공기량 |
| | 노내압력 | 연소가스량 |

### 개념잡기

보일러자동제어를 의미하는 용어 중 급수제어를 뜻하는 것은?

① A.B.C  ② F.W.C  ③ S.T.C  ④ A.C.C

- A.B.C : 보일러자동제어(Automatic Boiler Control)
- F.W.C : 급수제어(Feed Water Control)
- S.T.C : 증기온도제어(Steam Temperature Control)
- A.C.C : 자동연소제어(Automatic Combustion Control)

답 ②

# PART 02 보일러취급·시공 및 안전관리

CHAPTER 01　난방부하 및 난방설비

CHAPTER 02　보일러설치·시공기준

CHAPTER 03　보일러 취급

CHAPTER 04　보일러 안전관리

# CHAPTER 01 난방부하 및 난방설비

**단원 들어가기 전**

A
1. 난방부하계산은 문제에서 무조건 출제된다. 그러니 반드시 이해 후 넘어가도록 하자.
2. 증기난방설비 및 배관 파트 역시 문제에서 자주 출제되는 부분이므로 암기까지는 아니더라도 이해 후 넘어가는 것이 좋다.
3. 온수난방설비 및 배관 파트 역시 문제에서 자주 출제되는 부분이므로 암기까지는 아니더라도 이해 후 넘어가는 것이 좋다.
4. 이외 복사난방과 지역난방까지 이해 후 넘어가도록 하자.

**빅데이터 키워드**

난방부하, 증기난방설비, 온수난방설비, 복사난방, 지역난방

---

**핵심Key**
방열량의 기호
[kcal/m²h]

## 1. 난방부하의 계산

### 1. 상당방열면적(E.D.R)

① 방열기의 방열면적당 보일러의 능력으로 레이팅(Rating)이라고도 한다.
② 표준방열면적이라고 부르기도 한다.
③ 방열량은 방열면적 1[m²]당 1시간 동안 난방에 필요로 하는 열량의 값으로 표시한다.
④ 방열기 표준방열량
  ★★★ ㉠ 증기 : $8[\text{kcal/m}^2\text{h}°\text{C}] \times (102-21)[°\text{C}] = 648 ≒ 650[\text{kcal/m}^2\text{h}]$
  ★★★ ㉡ 온수 : $7.2[\text{kcal/m}^2\text{h}°\text{C}] \times (80-18)[°\text{C}] = 446.4 ≒ 450[\text{kcal/m}^2\text{h}]$
⑤ 난방부하

$$Q[\text{kcal/h}] = q[\text{kcal/m}^2\text{h}] \times EDR[\text{m}^2]$$

$$* \text{상당방열면적} : EDR[\text{m}^2] = \frac{Q[\text{kcal/h}]}{q[\text{kcal/m}^2\text{h}]}$$

- $Q$ : 난방부하[kcal/h]
- $q$ : 표준방열량[kcal/m²h]
- $EDR$ : 상당방열면적[m²]

**핵심Key**
난방부하 구하는 공식 정리
1. 난방부하[kcal/h]
  = 표준방열량[kcal/m²]
  × EDR[m²]
2. 난방부하[kcal/h]
  = 방열기 방열량[kcal/m²]
  × 방열기 소요방열 면적[m²]
3. 난방부하[kcal/h]
  = 열손실합계[kcal/h]
  − 취득열량[kcal/h]

## 표준상태의 열매에 따른 방열계수 및 온도 기준표

| 열매 | 병열계수(열관류율) [kcal/m²h℃] | 표준상태의 온도 | | 표준방열량 [kcal/m²h] |
|---|---|---|---|---|
| | | 열매온도[℃] | 실내의 공기온도[℃] | |
| 증기 | 8 | 102 | 21 | 650 |
| 온수 | 7.2 | 80 | 18 | 450 |

⑥ **소요방열량계산**

소요방열량 = 방열계수 × 온도차
→ $Q = K \cdot \Delta T$

- $Q$ : 방열기 방열량[kcal/m²h]
- $K$ : 방열계수[kcal/m²h℃]
- $\Delta T$ : 온도차[℃]

⑦ **방열면적계산**

방열면적 = 난방부하 / 방열기 방열량

$Q = q \times A \rightarrow A = \dfrac{Q}{q}$

- $Q$ : 난방부하[kcal/h]
- $q$ : 방열기 방열량[kcal/m²h]
- $A$ : 방열면적[m²]

### 꼭찍어 어드바이스

방열기 호칭법
① 주형 : (종별−높이×쪽수)
② 벽걸이 : (종별−형×쪽수)

⑧ **방열기쪽수 계산(섹션수)**

$Q = q \times A \times n \rightarrow n = \dfrac{Q}{q \times A}$

- $Q$ : 난방부하[kcal/h]
- $q$ : 표준방열량
  (온수450[kcal/m²h], 증기650[kcal/m²h])
- $A$ : 쪽당방열면적[m²/쪽]
- $n$ : 쪽수(섹션수)[쪽]

| 종별 | 기호 |
|---|---|
| 2주형 | II |
| 3주형 | III |
| 3세주형 | 3 |
| 5세주형 | 5 |
| 벽걸이형(수직) | W−V |

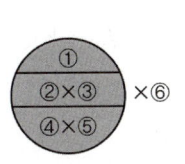
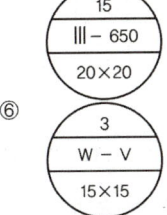

① 쪽수
② 종별
③ 형(치수)
④ 유입관지름
⑤ 유출관지름
⑥ 조(組) 수

⑨ 보일러 용량계산(정격출력[kcal/h])

㉠ 정격출력 = 난방부하+급탕부하+배관부하+예열부하(시동부하)

★★★
$$Q_t = H_1 + H_2 + H_3 + H_4$$

- $Q_t$ : 보일러용량(정격출력)[kcal/h]
- $H_1$ : 난방부하[kcal/h]
- $H_2$ : 급탕부하[kcal/h]
- $H_3$ : 배관부하[kcal/h]
- $H_4$ : 예열부하(시동부하)[kcal/h]

㉡

★★★
$$Q_t = \frac{(Q_1 + Q_2)(1+\alpha)\beta}{K} [kcal/h]$$

- $Q_t$ : 보일러용량(정격출력)[kcal/h]
- $Q_1$ : 난방부하[kcal/h]
- $Q_2$ : 급탕부하[kcal/h]
- $\alpha$ : 배관손실계수
- $\beta$ : 예열부하계수
- $K$ : 출력저하계수

### 개념잡기

온수난방에서 상당방열면적이 45m²일 때 난방부하는? (단, 방열기의 방열량은 표준방열량으로 한다)

① 16450kcal/h  ② 18500kcal/h  ③ 19450kcal/h  ④ 20250kcal/h

$Q = EDR \times q$
여기서, $Q$ : 난방부하[kcal/h]
$EDR$ : 상당방열면적[m²]
$q$ : 표준방열량[kcal/m²h]
$Q = 450 \times 45 = 20250$ [kcal/h]
[tip] 표준방열량(온수 : 450[kcal/m²h], 증기 : 650[kcal/m²h])

답 ④

## 2. 증기난방설비 및 배관

증기난방이란 보일러에서 증기를 발생시켜 방열기 등에 보냄으로써 실내공기를 덥히는 대류형식의 난방 방식을 말한다.

### 1. 난방방법에 따른 분류

① 개별난방 : 단독주택, 일반가정용 단독 난방
② 중앙난방 : 2개 이상의 난방형식으로 증기, 온수, 열풍 등의 열매체를 통해 난방 하는 대규모 난방방식이다.

### 핵심 Key
**중앙난방의 분류**
- 직접난방 : 증기난방, 온수난방
- 간접난방 : 공기조화설비
- 방사난방 : 복사난방

## 2. 배관방식에 따른 분류(단관식, 복관식)

① **단관식** : 증기와 응축수를 동일 관 속에 흐르게 하는 방식
  ㉠ 구배를 잘못하면 수격작용이 발생할 수 있다.
  ㉡ 소규모 난방에 이용된다.
  ㉢ 방열기 밸브는 하부태핑, 공기빼기 밸브는 상부태핑에 설치한다.
② **복관식** : 증기관과 응축수관을 별도로 설치하는 방식
  ㉠ 증기관과 환수관이 연결되는 곳에는 반드시 증기트랩을 설치하여 증기가 환수관으로 흐르는 것을 방지한다.
  ㉡ 방열기 밸브는 상하 어느 쪽에 설치해도 무관하다.
  ㉢ 열동식 트랩일 경우 하부태핑에 설치한다.

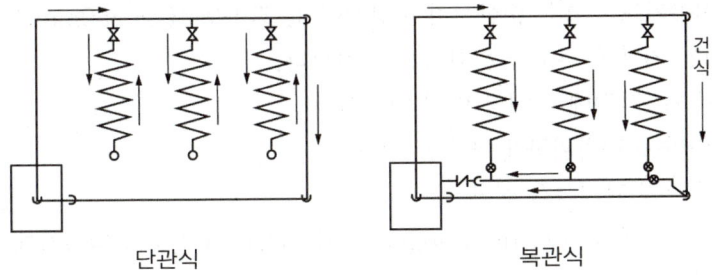

단관식 　　　　　복관식

## 3. 증기공급방식에 따른 분류(상향식, 하향식)

① **상향순환식** : 수평주관을 보일러 바로 위에 설치하고 여기에 수직관 또는 분기관을 연결하여 윗층의 방열기에 증기를 공급하는 방식
② **하향순환식** : 증기수평주관을 가장 높은 층의 천장에 배관하고 이 수평주관에서 방열기에 공급하는 방식

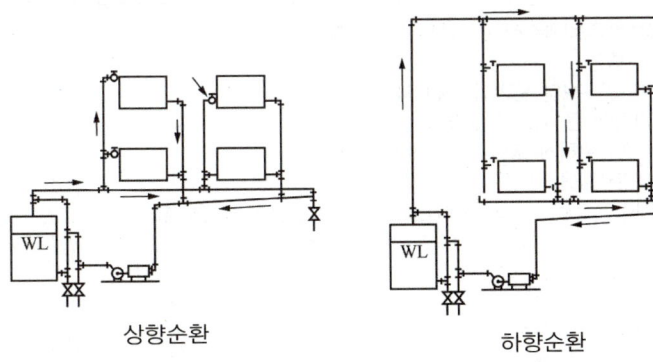

상향순환 　　　　　하향순환

### 4. 증기압력에 따른 분류(고압식, 저압식, 진공압식)

① **고압식** : 1~3[kg/cm²·g] 이상(고압), 0.35~1[kg/cm²·g](중압)
② **저압식** : 0.1~0.35[kg/cm²·g], 주철제 보일러는 0.3[kg/cm²·g]로 사용
③ **진공압식** : 대기압 이하

### 5. 응축수 환수방식에 따른 분류(중력환수, 기계환수, 진공환수)

① **중력환수식** : 응축수를 중력에 의해 환수하는 방식
② **기계환수식** : 방열기에서 응축수 탱크까지는 중력환수, 탱크에서 보일러까지는 펌프를 이용한 강제순환방식이다.
③ **진공환수식** : 방열기의 설치장소에 제한을 받지 않는 환수방식으로 증기와 응축수를 진공펌프로 흡입 순환시키는 방식이다.(진공도 100~250mmHg 정도).
  ㉠ 중력, 기계 환수보다 순환속도가 빠르다.
  ㉡ 기울기(구배)에 구애를 받지 않는다.
  ㉢ 방열량을 광범위하게 조절할 수 있다.
  ㉣ 환수관의 관지름을 작게 할 수 있다.
  ㉤ "버큠 브레이커(vacuum breaker)"를 사용하여 진공을 일정하게 유지해야 한다.

증기난방에서 응축수의 환수방법에 따른 분류 중 증기의 순환과 응축수의 배출이 빠르며, 방열량도 광범위하게 조절할 수 있어서 대규모 난방에 많이 채택하는 방식은?
① 진공 환수식 증기난방
② 복관 중력 환수식 증기난방
③ 기계 환수식 증기난방
④ 단관 중력 환수식 증기난방

**응축수 환수방식** : 중력환수식, 진공환수식, 기계환수식
• 진공환수식의 특징
  ① 중력, 기계 환수보다 순환이 가장 빠르다.
  ② 기울기(구배)에 큰 애로가 없다.
  ③ 방열량을 광범위하게 조절할 수 있다.
  ④ 환수관의 관지름을 적게 할 수 있다.
  ⑤ 버큠 브레이커(vacuum breaker)를 사용하여 진공을 일정히 유지해야 한다.

답 ①

## 6. 환수관의 배관방식에 따른 분류(건식, 습식)

① **건식환수** : 환수관이 보일러 수면보다 높게 설치되어 환수되는 방식
  ㉠ 환수관은 보일러의 표준수위보다 650mm정도 높은 위치에 배관한다.
  ㉡ 관말에 냉각관(냉각레그)과 관말트랩(열동식트랩)을 사용하여 증기의 환수로 인한 수격작용을 방지한다.

② **습식환수** : 환수관이 보일러 수면보다 낮게 설치되어 환수되는 방식
  ㉠ 접속부 누수로 인한 이상감수 현상을 방지하기 위하여 하트포드 접속을 해야 한다.
  ㉡ 하트포드 접속법(hartford connection) : **저압증기난방의 습식환수방식**에 있어 보일러의 수위가 환수관의 접속부로의 누설로 인한 저수위사고가 일어날 것을 방지하기 위해 증기관과 환수관 사이에 표준수면에서 50[mm] 아래로 균형관(밸런스관)을 설치한 방식

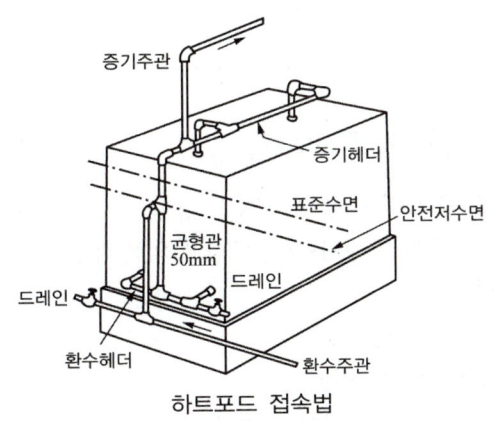

하트포드 접속법

---

**개념잡기**

하트포드 접속법(hart-ford connection)을 사용하는 난방방식은?
① 저압 증기난방    ② 고압 증기난방
③ 저온 온수난방    ④ 고온 온수난방

**하트포드 접속법**
저압증기난방에서 환수관의 위치가 보일러 수면보다 낮은 습식환수일 경우 사용하며 누수로 인한 저수위 사고를 방지하기 위해 표준수면 약 50mm 아래에 환수관을 설치하여 응축수를 환수하는 방식

답 ①

## 7. 배관구배(증기난방)

통수 시 공기의 배제, 관내 드레인의 배출을 위해 기울기(구배)를 주며 단관식, 복관식이나 중력환수식, 기계환수식 또는 진공 환수식이냐에 따라 각기 다르다.

○ **배관방법에 의한 기울기 및 시공요령**

| 배관방법 | 기울기 | | 시공요령 |
|---|---|---|---|
| 단관중력 환수식 | 상향공급식(역류관) $\frac{1}{50} \sim \frac{1}{100}$ | | 상향, 하향 모두 끝내림 기울기로, 순류관일 경우 관지름 65[mm]이상 $\frac{1}{250}$ 기울기로 한다. |
| | 하향공급식(순류관) $\frac{1}{100} \sim \frac{1}{200}$ | | |
| 복관중력 환수식 | $\frac{1}{200}$ 정도의 선단 하향 기울기로 보일러 실까지 배관 후 건식환수 및 습식환수에 알맞게 배관한다. | | 증기주관은 환수관의 수면보다 400[mm] 이상 높게 설치한다. |
| 진공 환수식 | $\frac{1}{200} \sim \frac{1}{300}$ | | |

## 8. 증기난방 배관시공 시 주의사항

① **증기배관의 구배** : 증기의 사용처를 향해 상향구배로 한다.
② **방열기 인입 배관** : 증기 및 온수의 온도차에 의해 배관의 신축을 흡수하기 위해 스위블 이음을 한다.
③ **냉각관(냉각레그 : cooling leg)**
  ㉠ 건식환수방식의 관말에 설치
  ㉡ 관내 응축수에서 생긴 플래시 증기로 인한 보일러의 수격작용 방지
     (주 역할 : 플래시증기 응축 후 증기트랩으로 유입)
  ㉢ 주관과 수직으로 100[mm] 이상 내리고 하부로 150[mm] 이상 연장하여 관내 슬러지 등 협착물을 제거할 목적으로 드레인 포켓(drain pocket)을 만들어준다.
  ㉣ 주관에서 1.5[m] 이상 보온하지 않은 나관을 설치하며 냉각관 끝에는 트랩을 설치하여 응축수를 제거한다.

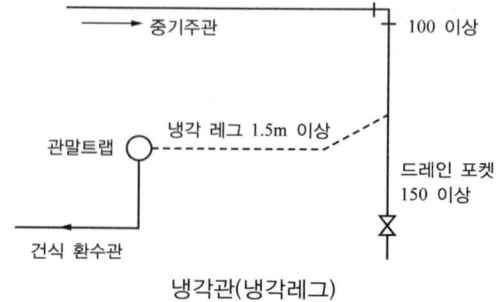

냉각관(냉각레그)

④ 플래쉬 레그(flash leg)
  ㉠ 고압증기 응축수를 직접 저압증기 환수관에 연결하여 환수하면 저압측의 응축수 회수가 어려워지는데 이런 현상을 방지하기 위한 장치이다.
  ㉡ 고압의 응축수를 플래쉬 레그에 넣어 압력을 낮춘 다음 저압트랩을 거쳐 저압 환수관으로 유입시킨다.
⑤ 감압밸브 : 고압의 증기를 저압으로 전환시켜 사용처에 알맞은 압력으로 공급하기 위한 장치
⑥ 하트포드 접속
  ㉠ 저압증기 난방의 습식 환수방식일 때 사용
  ㉡ 환수관의 접속부 누설로 인한 이상감수 방지
  ㉢ 주증기관과 환수관 사이 표준수면 50[mm] 아래로 균형관 설치
⑦ 리프트 피팅 ❋❋❋
  ㉠ 진공환수식에서 사용되는 배관이음
  ㉡ 저압증기 환수관이 진공펌프의 흡입구보다 낮은 위치에 있을 때 응축수를 원활히 회수하기 위해 설치한다.
  ㉢ 높이가 1.6[m] 이하 1단, 3.2[m] 이하는 2단으로 시공한다.
  ㉣ 리프트 피팅의 1단 높이는 1.5[m] 이내로 한다.
  ㉤ 리프트 피팅 관경은 환수주관보다 1~2[mm]정도 작은 크기로 하며, 응축수 펌프 근처에 1개소만 설치한다.

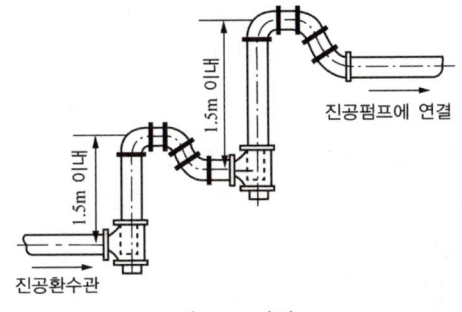

리프트 피팅

### 개념잡기

진공환수식 증기 난방장치의 리프트 이음 시 1단 흡상 높이는 최고 몇 [m] 이내로 하는가?
① 1.0   ② 1.5   ③ 2.0   ④ 2.5

리프트 피팅(lift fitting)설치시 1단 높이는 1.5[m] 이내로 한다.   답 ②

⑧ 배관시공방법
　㉠ 매설배관 : 가급적 노출 배관을 원칙적으로 하되 부득이 매설 시에는 관의 신축·부식 등에 유의하고 콘크리트의 매설 시엔 표면에 내산도료나 연관제 슬리브를 설치할 것
　㉡ 벽·바닥 등의 관통 : 미리 강관 슬리브를 이용하여 관통하되 주위로부터의 누수·방수 등에 주의 할 것
　㉢ 암거내의 배관 : 암거내의 배관 시에는 공간이 좁아 수리가 불편하므로 주요 밸브·트랩 등의 부속들은 맨홀 가까이 접속하고 특히 습기로 인한 부식에 주의할 것
　㉣ 편심 조인트 : 관의 지름 변경 시 수평배관에서 응축수·협착물의 체류를 방지하기 위해 사용한다.
　㉤ 분기관 시공 : 분기관의 취출은 주관으로부터 45°이상의 각도로 취출할 것

**핵심Key**
분기관 시공

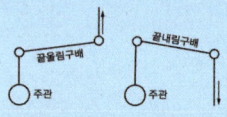

- **상향공급관**
  분기관의 수평관은 끝올림 구배
- **하향공급관**
  분기관의 수평관은 끝내림 구배

**고온수식 온수난방의 특징**
① 난방수 순환수량을 적게 할 수 있다(온도차가 크므로).
② 보유열량이 크므로 보일러의 용량을 축소시킬 수 있다.
③ 관지름을 작게 할 수 있어 경제적이다(내부 압력이 높다).

## 3 ▶ 온수난방설비 및 배관

온수난방이란 보일러에서 온수를 발생시켜 방열기, 팬코일 유닛 등에 보내어 실내의 공기를 덥히는 대류형식의 난방 방식을 말한다.

### 1. 온수난방의 특징(증기난방과 비교) ✪✪✪

① 예열시간이 길다.
② 방열량 조절이 용이하다.(온도조절이 용이)
③ 동결의 위험이 적다.
④ 방열면적이 넓고 취급이 쉽다.
⑤ 건축물의 높이에 제한을 받는다.
⑥ 방열기 표면온도가 낮아 화상의 위험이 적다.

### 2. 온수온도에 따른 분류

① **고온수식 온수난방** : 장치 내 온수온도가 100[℃] 이상이며 밀폐식 팽창탱크를 사용한다.
② **보통온수식 온수난방** : 장치 내 온수온도가 85~90[℃]정도로 장치 최상부에 개방식 팽창탱크를 설치한다.

## 3. 배관방식에 따른 분류

① 단관식
② 복관식
③ **역귀환방식** : 역환수방식 또는 리버스리턴 방식이라고도 하며, 하나의 배관계에 다수의 방열기를 취부할 때 배관의 길이가 다르기 때문에 환수관을 가장 먼 기기까지 가지고 간 다음, 반복하여 환수관을 원래 방향으로 되돌리면서 각 기기의 배관저항의 균형을 맞추어 기기로의 수량 평균성을 보존하는 방식이다.

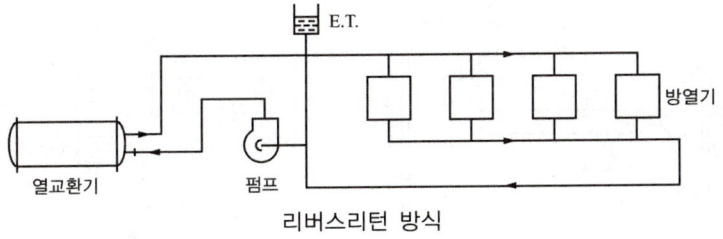

리버스리턴 방식

## 4. 순환방식에 따른 분류

① **자연환수식** : 온수 온도차에 의한 비중차를 이용해 순환시키는 방식으로 주로 단독 주택이나 소규모 난방에 사용된다.
② **강제순환식** : 순환펌프에 의해 강제로 순환시키는 방식
　㉠ 온수순환용 펌프 종류 : 센트리퓨갈 펌프, 축류펌프, 하이드로에이터, 라인펌프 등
　㉡ 순환펌프는 환수관 쪽 보일러 가까이에 수평으로 설치한다.

## 5. 배관구배(온수난방)

① 팽창탱크를 향해 상향구배로 하며 기울기는 $\frac{1}{250}$ 이상으로 한다.
② **단관중력 환수식** : 주관에 대해 하향구배로 한다.
③ **복관중력 환수식**
　㉠ 상향식 : 송수관은 상향구배, 환수관은 하향구배로 한다.
　㉡ 하향식 : 송수, 환수주관 모두 하향구배로 한다.
④ **강제순환식** : 공기가 체류하지 않도록 해야 하며, 배관은 수평으로 설치한다.

> **핵심Key**
> • (선)**상향구배**
> 　끝올림구배, 앞내림구배
> • (선)**하향구배**
> 　끝내림구배, 앞올림구배

## 6. 팽창탱크

팽창탱크는 온수보일러 운전 중 장치 내 온수온도 상승에 의한 체적팽창 및 이상 압력을 흡수하는 안전장치로 사용된다.

> 참고
**밀폐식 팽창탱크의 구성**
- 급수관
- 수위계
- 안전밸브(릴리프밸브)
- 압력계
- 콤프레셔(압축공기)
- 배수관

① 팽창탱크의 종류
  ㉠ 개방식 팽창탱크 : 보통온수 85~90[℃](100[℃]이하)에 일반 주택 등에 사용되며, 최고층 방열기로부터 팽창 탱크 수면까지 1[m]이상 높이로 설치한다. 용량은 온수 팽창량의 2~2.5배로 한다.(개방식 팽창탱크의 구성 : 급수관, 안전관(방출관), 배기관, 오버플로우관, 팽창관, 배수관)
  ㉡ 밀폐식 팽창탱크 : 100[℃]이상의 고온수 난방에 사용하며, 설치장소 및 높이에 제한을 받지 않는다.

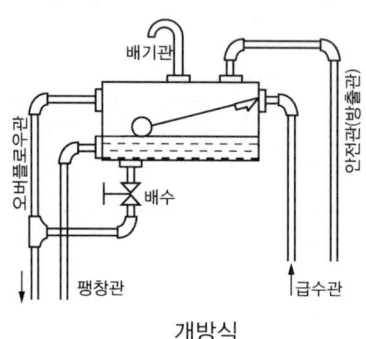
개방식

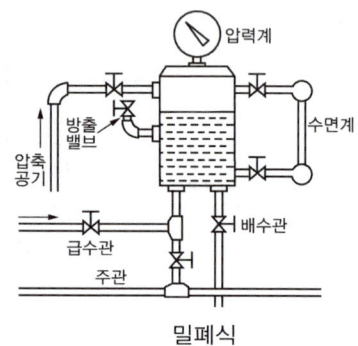
밀폐식

🔑 핵심Key
**온수팽창량 계산** ★★★
$\triangle V = V \times \left( \dfrac{1}{\rho_1} - \dfrac{1}{\rho_2} \right)[l]$

여기서,
$\triangle V$ : 온수 팽창량[$l$]
$V$ : 장치내 전수량[$l$]
$\rho_1$ : 가열후 온수밀도[kg/$l$]
$\rho_2$ : 가열전 급수밀도[kg/$l$]

※ 방열기 전내용적의 2배로 전수량을 계산한다.

② 설치목적 ★★★
  ㉠ 온수의 체적팽창 및 이상압력 흡수
  ㉡ 장치 내 압력을 일정하게 유지
  ㉢ 보일러 수 부족 시 보충의 역할
  ㉣ 온수 넘침에 의한 열손실 방지
  ㉤ 공기(불응축가스) 빼기 역할

③ 팽창탱크 설치 시 주의사항
  ㉠ 최고위 방열기 및 방열코일보다 1[m]이상 높게 설치해야 한다.
  ㉡ 팽창관의 끝부분은 팽창탱크 바닥면보다 25[mm]정도 높게 배관한다.
  ㉢ 팽창관이나 안전관(방출관)에는 밸브 및 체크밸브 등을 설치해서는 안 된다.
  ㉣ 재료는 100[℃] 이상에서 견딜 수 있을 것
  ㉤ 밀폐식의 경우 배관계통내의 압력이 제한 압력 이상으로 되면 자동적으로 과잉수를 배출시킬 수 있도록 방출밸브를 설치해야 한다.

## 7. 온수배관 시공방법

① 편심이음쇠를 이용한 이음방법 : 주관의 중간에서 관지름을 바꿀 경우 편심이음을 하여 관내 슬러지 등이 체류하지 않도록 한다.
  ㉠ 상향구배 : 관의 윗면이 수평이 되도록 한다.
  ㉡ 하향구배 : 관의 아랫면이 수평이 되도록 한다.

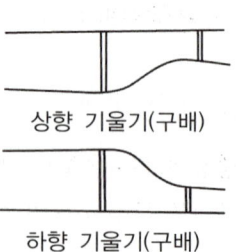
상향 기울기(구배)
하향 기울기(구배)

② **배관의 분기 및 합류** : 배관의 분기 및 합류 시에는 티(tee)를 사용한다.
  ㉠ 유체의 방향을 유도하여 분기 및 합류시키며 정체·감압현상 등을 방지해야 한다.
③ **지관의 배관**
  ㉠ 주관에 대해 45° 각도로 배관한다.
  ㉡ 주관의 아래에 있는 기기에 접속 시에는 아래로 취출하며, 하향구배로 한다.
  ㉢ 주관의 위쪽에 있는 기기에 접속 시에는 위로 취출하며, 상향구배로 한다.

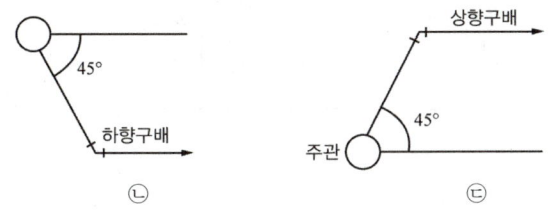

④ **공기빼기 밸브**
  ㉠ 조작이 용이한 곳에 설치할 것
  ㉡ 공기빼기 밸브전의 밸브는 축을 수평으로 설치할 것
  ㉢ 공기의 유통을 좋게 할 것

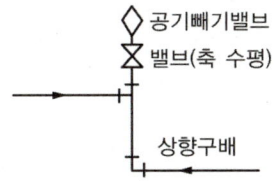

> **개념잡기**
>
> 온수보일러에서 팽창탱크를 설치할 경우 주의사항으로 틀린 것은?
> ① 밀폐식 팽창탱크의 경우 상부에 물 빼기 관이 있어야 한다.
> ② 100℃의 온수에도 충분히 견딜 수 있는 재료를 사용하여야 한다.
> ③ 내식성 재료를 사용하거나 내식 처리된 탱크를 설치하여야 한다.
> ④ 동결우려가 있을 경우에는 보온을 한다.
>
> 밀폐식 팽창탱크의 경우 하부에 물 빼기 관이 있어야 한다.    답 ①

> **개념잡기**
>
> 온수난방 설비의 밀폐식 팽창탱크에 설치되지 않는 것은?
> ① 수위계 ② 압력계 ③ 배기관 ④ 안전밸브
>
> - 밀폐식 팽창탱크 : 압력계, 안전밸브, 수위계, 급수관, 배수관, 팽창관, 공기공급관
> - 개방식 팽창탱크 : 통기관(배기관), 오버플로우관, 배수관, 팽창관, 급수관
>
>
>
> 답 ③

## 4  복사난방

패널난방이라고도 하며 건축물의 천장, 바닥, 벽 등에 가열코일을 매설하여 코일 내 증기 및 온수를 열매체로 순환시켜 그 복사열에 의해 난방을 하는 방식이다.

### 1. 복사난방의 특징

| 장점 | 단점 |
| --- | --- |
| ① 높이에 따른 온도분포가 균일하다.<br>② 동일 방열량에 대한 열손실이 적다.<br>③ 공기 등 미진을 태우지 않아 쾌감도가 좋다.<br>④ 방열기 등의 설치공간이 불필요하여 실내 공간의 이용율이 높다. | ① 초기 설비비가 많이 든다.<br>② 매입배관이므로 고장수리 및 점검이 어렵다.<br>③ 예열시간이 길어 부하변동에 대응하기 어렵다.<br>④ 표면부(시멘트, 모르타르층) 균열이 발생할 수 있다. |

### 2. 열매체의 종류에 따른 분류

① **온수 복사난방** : 매설된 코일에 65~82[℃]가량의 온수를 순환시켜 난방하는 방식
② **증기 복사난방** : 저압증기를 사용하며 100[℃] 이상의 고온이므로 매설을 피하고 구조체의 내외벽 사이에 코일을 배치하여 간접적으로 난방한다.
③ **온풍 복사난방** : 온풍을 덕트로 벽면 또는 마루면 내에 설치된 통로에 유도하여, 벽면·마루면 전체를 가열하는 난방 방식이다.(연소 가스와 온풍은 다른 점이 있으나 페치카는 이 방식에 의한 것이다)
④ **전열 복사난방** : 전열선을 이용하여 천장, 바닥, 벽 등을 가열하며 특수전열 패널을 사용하기도 한다.

## 3. 가열면의 위치에 따른 분류

① 천장난방
② 바닥난방
③ 벽난방

> **개념잡기**
>
> 건물을 구성하는 구조체 즉 바닥, 벽 등에 난방용 코일을 묻고 열매체를 통과시켜 난방을 하는 것은?
> ① 대류난방　　　　　　　② 복사난방
> ③ 간접난방　　　　　　　④ 전도난방
>
> **복사난방**
> 패널 또는 방열관을 천장, 벽, 바닥에 매설하여 난방하는 방식으로 쾌감도가 좋고 실내공간 이용률이 좋으며 열손실이 작다는 장점이 있지만, 패널 및 방열관이 매설되어 있으므로 초기설치비가 비싸고 고장발견이 어렵다는 단점이 있다.
> 답 ②

## 5  지역난방

열공급 시설에서 고압의 증기 및 고온수를 생산하여 일정지역을 대상으로 집단공급하는 난방방식이다. (지역난방공사)

### 1. 지역난방의 특징 ★★★

| 장점 | 단점 |
|---|---|
| ① 대규모 설비로 인한 우수한 장치의 확보로 열설비의 고효율화, 대기오염의 방지 효과를 얻을 수 있다.<br>② 한곳에 집중적으로 설비하므로 건물 공간을 유효하게 사용할 수 있다.<br>③ 폐열 회수 및 쓰레기 소각 등으로 연료비를 절감할 수 있다.<br>④ 작업인원의 절감으로 인건비를 절약할 수 있다.<br>⑤ 고압의 증기 및 고온수이므로 관지름을 적게 할 수 있다. | ① 시설비가 많이 든다.<br>② 설비가 길어지므로 배관의 열손실이 크다.<br>③ 고압의 증기, 고온의 온수를 사용하므로 취급에 어려움이 따른다. |

## 2. 난방용 증기압력에 따른 분류

① **고압** : 증기압력 10[kg/cm² · g], 온도 183[℃] 이상
② **중압** : 증기압력 2~4[kg/cm² · g], 온도 132~151[℃]
③ **저압** : 증기압력 1[kg/cm² · g], 온도 120[℃] 이하

## 3. 배관방식에 따른 분류

① **단관식** : 공급지역이 먼 경우, 환수관없이 증기를 사용 후 응축수를 하수도에 버리는 방식
② **복관식** : 공급지역이 가까운 경우, 응축수를 환수하여 재사용하는 방식

## 4. 고온수의 상태에 따른 분류

① **저압고온수식** : 압력 1[kg/cm² · g], 온수온도 120[℃]이하, 배관계 압력 5[kg/cm² · g] 이하
② **중압고온수식** : 압력 1~4[kg/cm² · g], 온수온도 120~150[℃], 배관계 압력 5~10[kg/cm² · g](송수온도 및 환수온도 차이를 60[℃]정도로 한다)
③ **고압고온수식** : 압력 4~20[kg/cm² · g], 온수온도 150~210[℃], 배관계 압력 10~30[kg/cm² · g](고압의 고온수를 감압장치나 열교환기 등을 통해 저압증기 또는 저온수로 바꾸어 사용하는 간접가열식이 일반적이다)

## 5. 고압증기 및 고온수를 사용할 경우의 특징

① **고압증기 사용 시 특징**

| 장점 | 단점 |
|---|---|
| ① 배관의 직경을 작게 할 수 있다.<br>② 난방 이외의 시설에도 증기를 사용할 수 있다.<br>③ 압력이나 속도를 높일 수 있다.<br>④ 공급열량에 유연성이 있다. | ① 응축수관의 부식이 많다.<br>② 응축수 재증발 및 방사손실에 의한 열손실이 많다.<br>③ 외기온도 변화에 대한 실온제어가 어렵다.<br>   (부하변동에 응하기 어렵다)<br>④ 배관의 구배에 신경 써야 한다. |

② 고온수 사용 시 특징

| 장점 | 단점 |
|------|------|
| ① 증기트랩이 필요 없다.<br>② 용량제어가 용이하다.<br>③ 증기에 비해 온수의 축열량이 크다.<br>　(비열이 크므로)<br>④ 부하변동에 응하기 쉽다.<br>⑤ 장치에 공기(불응축가스)혼입이 적어 내부 부식이 적다.<br>⑥ 열손실이 증기식에 비해 적다.<br>⑦ 운전 시 소음이 적다.<br>⑧ 배관의 구배를 크게 신경 쓰지 않아도 된다.<br>　(주로 강제순환식을 채택) | ① 온수순환펌프의 동력비가 크다.<br>② 간헐운전 시 불리하다.<br>③ 고층빌딩에 공급 시 수두압이 커진다.<br>　(공급높이에 제한이 따른다) |

### 개념잡기

지역난방의 일반적인 장점으로 거리가 먼 것은?

① 각 건물마다 보일러 시설이 필요 없고, 연료비와 인건비를 줄일 수 있다.
② 시설이 대규모이므로 관리가 용이하고 열효율 면에서 유리하다.
③ 지역난방설비에서 배관의 길이가 짧아 배관에 의한 열손실이 적다.
④ 고압증기나 고온수를 사용하여 관의 지름을 작게 할 수 있다.

지역난방설비의 경우 배관의 길이가 길어지므로 배관에 의한 열손실이 크다.　답 ③

# CHAPTER 02 보일러설치·시공기준

1. 본 단원의 경우 보일러 설치 시 시공기준으로 보일러 설치장소(옥내, 옥외)에 따른 이격거리를 주의 깊게 봐야 한다.
2. 압력방출장치, 급수장치, 수면계, 계측기기, 스톱밸브 및 분출밸브 등의 용도 및 시공기준 역시 한번씩 눈에 익히고 넘어갈 것
3. 수압시험 압력에 관한 사항은 필기 뿐만 아니라 실기 필답형에서도 자주 출제되어지므로 반드시 숙지하도록 하자.

 단원 들어가기 전

 빅데이터 키워드

옥내설치, 옥외설치, 압력방출장치, 급수장치, 수면계, 계측기기, 스톱밸브 및 방출밸브, 수압시험 압력

## 1 설치장소 및 가스배관

### 1. 옥내설치

① 불연성 격벽으로 구분된 장소에 설치할 것. 단, 소용량 강철제 보일러, 소용량 주철제 보일러, 가스용 온수 보일러, 소형 관류 보일러는 반격벽으로 구분된 장소에 설치할 수 있다.
② 보일러 상부와 천장까지 거리는 1.2m 이상으로 한다. 단, 소형 보일러 및 주철제 보일러의 경우에는 0.6m 이상으로 할 수 있다.
③ 보일러 동체에서 벽, 배관, 기타 보일러 측부에 있는 구조물과의 거리는 0.45m 이상이어야 한다. 단, 소형 보일러는 0.3m 이상으로 할 수 있다.(압력용기와 벽과의 거리 0.3m, 인접한 압력용기와의 거리 0.3m 이상으로 한다)
④ 연료를 저장할 때에는 보일러 외측으로부터 2m 이상 거리를 두거나 방화격벽을 설치하여야 한다. 단, 소형보일러의 경우 1m 이상 거리를 두거나 반격벽으로 할 수 있다.

### 2. 옥외설치

① 보일러에 빗물이 스며들지 않도록 케이싱 등 적절한 방지설비를 하여야 한다.
② 노출된 절연재 또는 래깅에는 방수처리를 하여야 한다.

③ 보일러 외부에 있는 증기관 및 급수관이 얼지 않도록 적절한 보호조치를 하여야 한다.
④ 강제 통풍팬의 입구에 빗물방지 보호판을 설치하여야 한다.

## 3. 가스배관의 설치

① 배관은 외부에 노출하여 시공하고 황색으로 표시하여야 한다.
② 배관표면에 사용 가스명, 최고사용압력, 가스흐름방향을 표시하여야 한다.
③ 지상배관은 부식방지 도장 후 표면색상을 황색으로 도색하여야 한다.
 단, 건축물의 내·외벽에 노출된 것으로서 바닥에서 1m의 높이에 폭 3cm의 황색띠를 2중으로 표시한 경우에는 표면색상을 황색으로 하지 아니할 수 있다.
④ **가스배관과 전기 장치들과의 이격거리**
  ㉠ 절연전선과 10cm 이상의 이격거리를 둘 것
  ㉡ 절연조치하지 않은 전선과 30cm 이상의 이격거리를 둘 것
  ㉢ 굴뚝, 전기점멸기, 전기접촉기와 30cm 이상의 이격거리를 둘 것
  ㉣ 전기계량기 및 전기개폐기와 60cm 이상의 이격거리를 둘 것
  ㉤ 전기 콘센트와 30cm 이상의 이격거리를 둘 것
  ㉥ 전기 계량기 및 전기안전기와 60cm 이상의 이격거리를 둘 것
⑤ **배관의 고정**
  ㉠ 관지름 13mm 미만의 것은 1m마다 고정장치를 설치할 것
  ㉡ 관지름 13~33mm 미만의 것은 2m마다 고정장치를 설치할 것
  ㉢ 관지름 33mm 이상의 것은 3m마다 고정장치를 설치할 것
⑥ **환기구 설치** : 지하실의 환기설비는 1종 환기로 한다.
  ㉠ 도시가스 사용시설 : 천장 가까이에 환기구를 설치한다.
  ㉡ LPG 사용시설 : 바닥 가까이에 환기구를 설치한다.

## 2 압력방출 장치

### 1. 안전밸브

① **증기 보일러** : 2개 이상의 안전밸브를 설치하여야 한다.
 단, 전열면적 $50m^2$ 이하는 1개 이상으로 할 수 있다.
② **관류 보일러** : 보일러와 압력방출장치 사이에 체크밸브를 설치할 경우 압력방출장치는 2개 이상 설치하여야 한다.

> **꼭집어 어드바이스**
>
> 관류 보일러의 안전밸브
> 1개 혹은 2개 설치 시 둘 중 한 개는 반드시 스프링식이어야 한다.

③ 안전밸브는 쉽게 검사할 수 있는 장소에 밸브 축을 수직으로 하여 가능한 보일러의 동체 등 장치에 직접 부착시켜야 하며, 안전밸브와 안전밸브가 부착된 보일러 동체 사이에는 어떠한 차단밸브도 있어서는 안 된다.

④ 안전밸브의 방출관은 단독으로 설치하되, 2개 이상의 방출관을 공동으로 설치하는 경우에 방출관의 크기는 각각의 방출관 분출용량의 합계 이상이어야 한다.

⑤ 압력방출장치의 용량은 자동연소제어장치 및 보일러 최고사용압력의 1.06배 이하의 압력에서 급속하게 연료의 공급을 차단하는 장치를 갖는 보일러로서 보일러 출구의 최고사용압력 이하에서 자동적으로 작동하는 압력방출장치가 있을 때에는 동 압력방출장치의 용량(보일러 최대증발량의 30%를 초과하는 경우에는 보일러 최대증발량의 30%)을 안전밸브용량에 산입할 수 있다.

⑥ 안전밸브 및 압력방출장치의 크기 : 안전밸브 및 압력방출장치의 크기는 호칭지름 25A 이상으로 하여야 한다.
다만 다음의 보일러에서는 호칭지름을 20A 이상으로 할 수 있다.

> **호칭지름 20A 이상으로 할 수 있는 보일러 ❸❸❸**
>
> 가. 최고사용압력 $0.1\text{MPa}[1\text{kgf}/\text{cm}^2]$ 이하의 보일러
> 나. 최고사용압력 $0.5\text{MPa}[5\text{kgf}/\text{cm}^2]$ 이하의 보일러로 동체의 안지름이 500mm 이하이며 동체의 길이가 1,000mm 이하인 보일러
> 다. 최고사용압력 $0.5\text{MPa}[5\text{kgf}/\text{cm}^2]$ 이하의 보일러로 전열면적 $2\text{m}^2$ 이하인 보일러
> 라. 최대증발량 5t/h 이하의 관류보일러
> 마. 소용량 강철제보일러, 소용량 주철제보일러

⑦ 부착위치 : 보일러 본체, 과열기 출구, 재열기 및 독립과열기의 입·출구에 부착
  ㉠ 과열기 출구 및 재열기 및 독립과열기 입·출구에 부착하는 안전밸브의 분출용량은 각 장치의 온도를 설계 온도 이하로 유지하는데 필요한 양이어야 한다.

⑧ 분출압력 조정
  ㉠ 1개일 경우 : 최고사용압력 이하에서 분출할 것
  ㉡ 2개일 경우 : 1개는 최고사용압력 이하에서, 나머지 1개는 최고사용압력의 1.03배 이하에서 분출할 것(설정압력 초과 시 자동연료 차단)

⑨ 인화성, 유독성 증기 발생 보일러에 부착하는 안전밸브는 밀폐식 구조이어야 한다.

## 2. 온수발생 보일러(액상식 열매체 보일러 포함)의 압력방출 또는 안전밸브의 크기

① 온수발생 보일러에는 압력이 보일러 최고사용압력에 달하면 즉시 작동하는 방출밸브 또는 안전밸브를 1개 이상 갖추어야 한다. 다만, 손쉽게 검사할 수 있는 방출관을 갖출 때는 방출밸브로 대응할 수 있다.

> 🔖 **꼭찝어 어드바이스**
> 방출관에는 차단장치(밸브 등)를 부착시키면 안 된다.

② 인화성 액체를 방출하는 열매체 보일러의 경우 방출밸브 또는 방출관은 밀폐식 구조이어야 한다.
③ 액상식 열매체 보일러 및 온도 393K[120℃] 이하의 온수발생 보일러에는 방출밸브를 설치하며 그 크기는 20A 이상으로 한다.
④ 온도 393K[120℃]를 초과하는 온수발생 보일러는 안전밸브를 설치하며 그 크기는 20A 이상으로 한다.
⑤ 온수발생 보일러 등에 부착하는 방출밸브의 크기 및 지름은 보일러의 압력이 최고사용압력에 그 10%를 더한 값을 초과하지 않도록 지름과 개수를 정하여야 한다.
⑥ 온수발생 보일러(액상식 열매체 보일러 포함) 방출관 : 전열면적에 따라 다음의 크기로 하여야 한다.

● **온수발생 보일러 : 전열면적에 따른 방출관의 크기**

| 전열면적[m²] | 방출관 안지름[mm] ★★★ |
|---|---|
| 10 미만 | 25 이상 |
| 10~15 미만 | 30 이상 |
| 15~20 미만 | 40 이상 |
| 20 이상 | 50 이상 |

> 🔖 **꼭찝어 어드바이스**
> 전열면적
> 164p 온수 보일러(확인대상기기)와 비교할 것

열사용기자재의 검사 및 검사의 면제에 관한 기준에 따라 온수발생 보일러(액상식 열매체 보일러 포함)에서 사용하는 방출밸브와 방출관의 설치 기준에 관한 설명으로 옳은 것은?
① 인화성 액체를 방출하는 열매체 보일러의 경우 방출밸브 또는 방출관은 밀폐식 구조로 하든가 보일러 밖의 안전한 장소에 방출시킬 수 있는 구조이어야 한다.
② 온수발생 보일러에는 압력이 보일러의 최고사용압력에 달하면 즉시 작동하는 방출밸브 또는 안전밸브를 2개 이상 갖추어야 한다.
③ 393K의 온도를 초과하는 온수발생 보일러에는 안전밸브를 설치하여야 하며, 그 크기는 호칭지름 10mm 이상이어야 한다.
④ 액상식 열매체 보일러 및 온도 393K 이하의 온수발생 보일러에는 방출밸브를 설치하여야 하며, 그 지름은 10mm 이상으로 하고, 보일러의 압력이 보일러의 최고 사용압력에 그 5%(그 값이 0.035MPa 미만인 경우에는 0.035MPa로 한다)를 더한 값을 초과하지 않도록 지름과 개수를 정하여야 한다.

① 인화성 액체를 방출하는 열매체 보일러의 경우 방출밸브 또는 방출관은 밀폐식 구조로 하든가 보일러 밖에 안전한 장소로 방출시킬 수 있는 구조이어야 한다.
② 온수발생 보일러에는 압력이 보일러의 최고사용압력에 달하면 즉시 작동하는 방출밸브 또는 안전밸브를 1개 이상 갖추어야 한다.
③ 393K의 온도를 초과하는 온수발생 보일러에는 안전밸브를 설치하여야 하며, 그 크기는 호칭지름 20mm 이상이어야 한다.
④ 액상식 열매체 보일러 및 온도 393K 이하의 온수발생 보일러에는 방출밸브를 설치하여야 하며, 그 지름은 20mm 이상으로 하고, 보일러의 압력이 보일러의 최고 사용압력에 그 10%(그 값이 0.035MPa 미만인 경우에는 0.035MPa로 한다)를 더한 값을 초과하지 않도록 지름과 개수를 정하여야 한다.

답 ①

## 3  급수장치

### 1. 급수장치의 종류

① 주펌프 세트(인젝터포함)+보조펌프 세트로 2세트 이상으로 설치하여야 한다. 다만 아래와 같은 경우 보조펌프 세트는 생략할 수 있다.
  ㉠ 전열면적 $12m^2$ 이하인 증기보일러
  ㉡ 전열면적이 $14m^2$ 이하인 가스용 온수 보일러
  ㉢ 전열면적이 $100m^2$ 이하인 관류 보일러
② 주펌프 세트는 동력으로 운전하는 급수펌프 또는 인젝터이어야 한다.
③ 보일러 급수가 멎는 경우 즉시 연료(열)의 공급이 차단되지 않거나 과열될 염려가 있는 보일러에는 인젝터, 상용압력 이상의 수압에서 급수할 수 있는 급수탱크, 내연기관 또는 예비전원에 의해 운전할 수 있는 급수장치를 설치해야 한다.
④ 주펌프 세트 및 보조 펌프 세트는 보일러의 상용압력에서 정상가동 상태에 필요량을 단독으로 공급할 수 있어야 한다.

⑤ 주펌프 세트가 2개 이상의 펌프를 조합한 경우, 보조펌프 세트의 용량은 보일러 급수 필요량의 25% 이상이면서 주펌프 세트 중 최대 펌프의 용량 이상으로 할 수 있다.

## 2. 2개 이상의 보일러에 대한 급수장치

1개의 급수장치로 2대 이상 보일러에 공급할 경우 이들 보일러를 1대로 간주하여 적용시킨다.

## 3. 급수밸브와 체크밸브

① 보일러에 인접하여 급수밸브, 이에 가까이 체크밸브를 설치한다.
② 최고사용압력이 0.1MPa[1kgf/cm$^2$] 미만일 경우 체크밸브를 생략할 수 있다.
③ **급수밸브, 체크밸브의 크기**
  ㉠ 전열면적 10m$^2$ 이하 : 15A 이상
  ㉡ 전열면적 10m$^2$ 초과 : 20A 이상

## 4. 자동급수조절기

2개 이상의 보일러에 공통으로 사용하는 자동급수조절기를 설치하여서는 안 된다.

## 5. 급수처리

용량 1t/h 이상의 증기보일러에는 수질관리를 위한 급수처리 또는 스케일 부착 방지나 제거를 위한 시설을 설치하여야 한다. 이때, 수처리 된 수질기준은 KS B6209(보일러 급수 및 보일러수의 수질)중 총경도(CaCO$_3$ ppm) 성분만으로 한다.

# 4  수면계

## 1. 수면계의 개수

① 2개 이상 유리 수면계 부착을 원칙으로 한다.
② 소용량 및 소형관류 보일러는 1개 이상의 유리수면계로 할 수 있다.
③ 2개 이상의 원격 지시수면계 부착 시 유리수면계를 1개 이상으로 할 수 있다.
④ 최고사용압력 1MPa[10kgf/cm$^2$] 이하, 동체 안지름 750mm 미만일 때 수면계 중 1개는 다른 종류의 수면 측정장치로 할 수 있다.
⑤ 단관식 관류 보일러는 수면계를 부착하지 않아도 된다.

## 2. 수면계의 구조

유리수면계는 상·하에 밸브 또는 콕을 갖추어야 하며, 한눈에 그것의 개·폐 여부를 알 수 있는 구조이어야 한다. 다만, 소형관류 보일러에서는 밸브 또는 콕크를 갖추지 아니할 수 있다.

## 5 계측기기

### 1. 압력계

보일러에는 KS B 5305(부르돈관 압력계)에 따른 압력계 또는 이와 동등 이상의 성능을 갖춘 압력계를 부착하여야 한다.

① 압력계의 눈금은 보일러 최고사용압력의 1.5~3배로 한다.
② 압력계의 문자판 지름은 100mm 이상으로 한다. 다만, 다음의 보일러에 부착하는 압력계의 경우 60mm 이상으로 할 수 있다.
　㉠ 최고사용압력 0.5MPa[5kgf/cm$^2$] 이하의 보일러로 동체의 안지름이 500mm 이하이며 동체의 길이가 1,000mm 이하인 보일러
　㉡ 최고사용압력 0.5MPa[5kgf/cm$^2$] 이하의 보일러로 전열면적 2m$^2$ 이하인 보일러
　㉢ 최대증발량 5t/h 이하의 관류 보일러
　㉣ 소용량 강철제 보일러, 소용량 주철제 보일러

> 꼭찝어 어드바이스
> 안전밸브 20A 이상으로 할 수 있는 기준과 비슷함(152p 참고)

③ 압력계와 연결된 증기관
　㉠ 황동관, 동관일 경우 : 안지름 6.5mm 이상
　㉡ 강관을 사용할 경우 : 안지름 12.7mm 이상
　㉢ 증기온도가 483K(210℃) 초과 시 황동관, 또는 동관 사용을 금지한다.
④ 압력계에 물을 넣은 안지름 6.5mm 이상의 사이폰관 또는 동등한 작용을 하는 장치를 부착하여 고온 증기가 직접 압력계에 들어가지 않도록 하여야 한다.

> 꼭찝어 어드바이스
> 사이폰관의 역할
> 고온의 증기로부터 압력계의 파손을 방지한다.

⑤ 압력계의 콕크는 그 핸들을 수직인 증기관과 동일방향에 놓은 경우에 열려 있는 것이어야 함

## 2. 수위계

① 온수 보일러의 수위측정을 위해 보일러 동체 또는 온수의 출구 부근에 부착한다.
② 수위계 눈금 : 보일러 최고 사용압력의 1~3배로 한다.

## 3. 온도계

소용량 보일러 및 가스용 온수 보일러는 배기가스 온도계만 설치하며 온도계의 종류는 아래와 같다.

① 급수입구, 버너입구, 절탄기·공기예열기 전후 온도계
② 보일러 본체 배기가스 온도계
③ 과열기, 재열기 출구 온도계

> 🖐️ **꼭찝어 어드바이스**
> 절탄기, 공기예열기 전후에 설치된 경우는 보일러 본체의 배기가스 온도계를 생략할 수 있다.

## 4. 유량계

용량 1t/h 이상의 보일러에는 다음의 유량계를 설치하여야 한다.

① 급수관에 급수유량계 설치(온수발생 보일러는 제외)
② 기름용 보일러에는 급유유량계설치(단, 2t/h 미만의 보일러로서 온수발생 보일러 및 난방전용 보일러에는 $CO_2$ 측정장치로 대신할 수 있다)
③ **가스용 보일러에는 가스유량계 설치**
   ㉠ 가스유량계는 절연조치 하지 않은 전선과 거리 15cm 이상, 전기점멸기 및 전기접촉기와의 거리 30cm 이상, 전기계량기, 전기개폐기와 거리 60cm 이상을 유지할 것
   ㉡ 가스유량계 앞에는 여과기를 설치하여야 한다.
   ㉢ 유량계는 화기로부터 우회거리를 2m 이상 유지하여야 한다.

## 5. 자동연료 차단기

① 최고사용압력 0.1MPa[1kgf/cm²]를 초과하는 증기보일러에는 저수위 안전장치를 부착하여야 한다.
  ㉠ 안전저수위 직전에 자동적으로 경보
  ㉡ 안전저수위까지 내려가는 즉시 연료 차단
② 열매체 보일러 및 사용온도 393K[120℃] 이상인 온수보일러에는 온도-연소제어 장치를 설치하여야 한다.
③ 최고사용압력 0.1MPa[1kgf/cm²]를 초과하는 주철제 온수보일러에는 온수온도가 115℃를 초과할 때는 연료차단장치 또는 파일로트 연소장치를 설치하여야 한다.

## 6. 공기유량 자동조절기능

가스용 보일러 및 용량 5t/h(난방전용일 경우 10t/h) 이상인 유류보일러는 공급연료량에 따라 연소용 공기를 자동조절하는 기능이 있어야 한다. 이때 보일러 용량이 kcal/h로 표시되어 있을 때에는 60만 kcal/h를 1t/h로 환산한다.

## 7. 연소가스 분석기

가스용 보일러 및 용량 5t/h(난방전용일 경우 10t/h) 이상인 유류보일러는 배기가스성분($O_2$, $CO_2$ 중 1성분)을 연속적으로 자동 분석하여 지시하는 계기를 부착한다. 다만, 용량 5t/h(난방전용은 10t/h) 미만인 가스용 보일러로서 배기가스 온도 상한스위치를 부착하여 배기가스가 설정온도를 초과하면 연료의 공급을 차단할 수 있는 경우에는 이를 생략할 수 있다.

## 6 스톱밸브 및 분출밸브

### 1. 스톱밸브

증기밸브는 유량을 조절하기 쉬운 구조의 글로브밸브를 설치하는 것이 일반적이다. 이때 글로브밸브를 다른 말로 스톱밸브라고도 한다.

① 증기의 각 분출구(안전밸브, 과열기의 분출구 및 재열기의 입구·출구를 제외한다)에는 스톱밸브를 설치한다.
② 맨홀을 가진 보일러가 공통의 주 증기관에 연결될 때에는 각 보일러와 주증기관을 연결하는 증기관에 2개 이상의 스톱밸브를 설치하여야 하며, 이들 밸브 사이에는 충분히 큰 드레인 밸브를 설치하여야 한다.

③ 호칭압력은 최고사용압력 이상 또는, 최소한 0.7MPa(7kgf/m²) 이상으로 한다.
④ 65mm 이상의 증기스톱밸브는 바깥나사형의 구조 또는 특수한 구조로 하며 밸브 몸체의 개폐를 한눈에 알 수 있는 것이야 한다.
⑤ 물이 고이는 위치에 스톱밸브를 설치할 때는 물빼기 장치를 설치하여야 한다.

## 2. 분출밸브

① 보일러 아랫부분에 분출관과 분출밸브 또는 분출콕크를 설치하여야 한다. 단, 관류보일러에 대해서는 적용하지 않는다.
② 분출밸브의 크기는 호칭지름 25A 이상의 것이어야 한다. 단, 전열면적이 10m² 이하인 보일러에서는 호칭지름 20A 이상으로 할 수 있다.
③ 최고사용압력 0.7MPa(7kgf/cm²) 이상의 보일러의 분출관에는 분출밸브 2개 또는 분출콕크, 분출밸브를 직렬로 설치하여야 한다.
④ 분출밸브는 최고사용압력의 1.25배 이상 또는 최소한 0.7MPa(7kgf/m²)이상에 견뎌야 한다.(주철제의 것은 1.3MPa(13kgf/m²)이하, 흑심가단주철제의 것은 1.9MPa(19kgf/m²)이하에 사용)
⑤ 분출콕크는 반드시 글랜드패킹이 있어야 한다.

> **꼭찝어 어드바이스**
>
> 글랜드패킹 ❶❷
> 밸브 회전축, 펌프의 회전부위 등의 누설을 방지하는 패킹

⑥ 2개 이상의 보일러에서 분출관을 공동으로 하여서는 안 된다. 단, 개별보일러마다 분출관에 체크밸브를 설치한 경우에는 예외로 한다.

## 3. 기타밸브

보일러 본체에 부착하는 기타 밸브의 호칭압력은 보일러 최고사용압력 이상이어야 한다.

> **개념잡기**
>
> 분출밸브의 최고사용압력은 보일러 최고사용압력의 몇 배 이상이어야 하는가?
> ① 0.5배   ② 1.0배   ③ 1.25배   ④ 2.0배
>
> 분출밸브 최고사용압력은 보일러 최고사용압력의 1.25배 이상으로 한다.   답 ③

## 7. 운전성능

### 1. 운전상태

보일러는 운전상태(정격부하 상태를 원칙으로 한다)에서 이상진동과 이상소음이 없고 각종 부품의 작동이 원활해야 한다.

### 2. 배기가스 온도

① 유류용 및 가스용 보일러(열매체 보일러는 제외한다) 출구에서의 배기가스 온도는 주위온도와의 차이가 정격용량에 따라 아래 표와 같다. 이때 배기가스온도의 측정위치는 보일러 전열면의 최종출구로 하며 폐열회수장치가 있는 보일러는 그 출구로 한다.

○ 배기가스 온도차(설치시공기준)

| 보일러 용량[t/h] | 배기가스 온도차(설치시공기준) |
|---|---|
| 5 이하 | 300[℃] 이하 |
| 5~20 이하 | 250[℃] 이하 |
| 20 초과 | 210[℃] 이하 |

② 열매체 보일러의 배기가스 온도는 출구열매 온도와의 차이가 150[℃] 이하이어야 한다.

### 3. 보일러의 외벽온도

보일러의 외벽온도는 주위온도보다 30[℃]를 초과하여서는 안 된다.

### 4. 저수위안전장치

① 저수위안전장치는 연료차단 전에 경보가 울려야 하며, 경보음은 70dB 이상이어야 한다.
② 온수발생 보일러(액상식 열매체 보일러 포함)의 온도-연소제어장치는 최고사용온도 이내에서 연료가 차단되어야 한다.

## 8 설치검사기준 및 계속사용검사기준

### 1. 설치검사기준

#### (1) 수압시험압력

① 강철제 보일러 수압시험압력
  ㉠ 보일러 최고사용압력이 0.43MPa[4.3kgf/cm²] 이하일 때는 그 최고사용압력의 2배로 한다. 단, 그 시험압력이 0.2MPa[2kgf/cm²] 미만인 경우에는 0.2MPa[2kgf/cm²]로 한다.
  ㉡ 보일러 최고사용압력이 0.43MPa[4.3kgf/cm²] 초과 1.5MPa[15kgf/cm²] 이하일 때는 그 최고사용압력의 1.3배에 0.3MPa[3kgf/cm²]를 더한 압력으로 한다.
  ㉢ 보일러 최고사용압력이 1.5MPa[15kgf/cm²]를 초과한 경우에는 그 최고사용압력의 1.5배의 압력으로 한다.

② 주철제 보일러 수압시험압력
  ㉠ 보일러 최고사용압력이 0.43MPa[4.3kgf/cm²] 이하일 때는 그 최고사용압력의 2배로 한다. 단, 시험압력이 0.2MPa[2kgf/cm²] 미만인 경우에는 0.2MPa[2kgf/cm²]로 한다.
  ㉡ 보일러 최고사용압력이 0.43MPa[4.3kgf/cm²]을 초과할 때에는 그 최고사용압력의 1.3배에 0.3MPa[3kgf/cm²]를 더한 압력으로 한다.

③ 가스용 온수보일러는 강철제인 경우 ①을 주철제인 경우 ②의 규정을 따른다.

> **개념잡기**
>
> 강철제 증기보일러의 최고사용압력이 0.4MPa인 경우 수압시험 압력은?
> ① 0.16MPa   ② 0.2MPa   ③ 0.8MPa   ④ 1.2MPa
>
> 0.4×2 = 0.8MPa
> **강철제 보일러 수압시험**
> ① 보일러의 최고사용압력이 0.43MPa 이하일 때에는 그 최고사용압력의 2배
> ② 보일러의 최고사용압력이 0.43MPa 초과 1.5MPa 이하일 때에는 그 최고사용압력의 1.3배에 0.3MPa를 더한 압력
> ③ 보일러의 최고사용압력이 1.5MPa를 초과할 때에는 그 최고사용압력의 1.5배

#### (2) 수압시험 방법

① 공기를 빼고 물을 채운 후 천천히 압력을 가하여 규정된 시험 수압에 도달된 후 30분이 경과된 뒤에 검사를 실시하여 검사가 끝날 때까지 그 상태를 유지한다.

② 시험수압은 규정된 압력의 6% 이상을 초과하지 않도록 모든 경우에 대한 적절한 제어를 마련하여야 한다.
③ 수압시험 중 또는 시험 후에도 물이 얼지 않도록 해야 한다.

### (3) 가스누설검사
① **외부검사** : 보일러 운전 중 비눗물시험 또는 가스누설검지기로 배관접속부위 및 밸브류 등의 누설유무를 확인한다.
② **내부검사** : 공기, 불활성 가스로 최고사용압력 1.1배, 또는 840mmH$_2$O 중 높은 압력이상으로 가압 후 24분 이상 유지시켜 압력의 변동을 측정한다.

### (4) 운전성능
가스보일러 및 용량 5t/h(난방용은 10t/h)이상인 유류보일러는 부하율을 90±10%에서 45±10%까지 연속적으로 변경시켜 배기가스 중 O$_2$ 또는 CO$_2$ 성분이 사용연료별로 적합하여야 하며 그 기준은 아래와 같다.

① 중유 연소 시 CO$_2$ 12% 이상(계속사용 검사 시 11.3% 이상), O$_2$ 5% 이하
② 경유 연소 시 CO$_2$ 10% 이상(계속사용 검사 시 9.5% 이상), O$_2$ 5% 이하
③ 배기가스 중 CO/CO$_2$가 0.02 이하일 것
  단, 가스용 보일러는 배기가스 중 CO$_2$가 0.1% 이하일 것
④ **매연농도** : 바마라카 스모크 스케일 4 이하일 것
⑤ 가스보일러는 CO농도 200ppm 이하일 것

## 2. 계속사용 성능검사 기준
① 운전 성능
  ㉠ 중유 연소 시 CO$_2$ 11.3% 이상
  ㉡ 경유 연소 시 CO$_2$ 9.5% 이상
② 용량에 따른 배기가스 온도차

○ 배기가스 온도차(성능검사기준)

| 보일러 용량[t/h] | 배기가스 온도차(성능검사기준) |
| --- | --- |
| 5 이하 | 315[℃] 이하 |
| 5~20 이하 | 275[℃] 이하 |
| 20 초과 | 235[℃] 이하 |

③ 열매체 보일러의 배기가스 온도는 출구열매 온도와의 차이가 200[℃] 이하이어야 한다.
④ 배기가스 온도측정은 보일러 전열면 최종출구로 한다.

> **꼭집어 어드바이스**
>
> 비교
> 배기가스 함량 측정(배기가스 분석)은 가스흐름이 안정되고 유속변동이 적은 곳으로 한다.

⑤ 가스 보일러 배기가스 $CO/CO_2$가 0.02 이하

## 9 온수 보일러 설치시공기준(확인대상기기의 경우)

### 1. 용어

① **상향순환식** : 송수주관을 상향구배로 하고 난방개소의 방열면을 보일러 설치기준면보다 높게 하여 온수의 순환이 상향으로 송수되어 환수되는 방식 (보일러를 방열면보다 낮게 설치)
② **하향순환식** : 송수주관을 지면에서 수직으로 배관하여 팽창관 및 방출관을 설치하고 온수를 하향으로 흐르게 하는 배관 방식(보일러를 방열면보다 높게 설치)

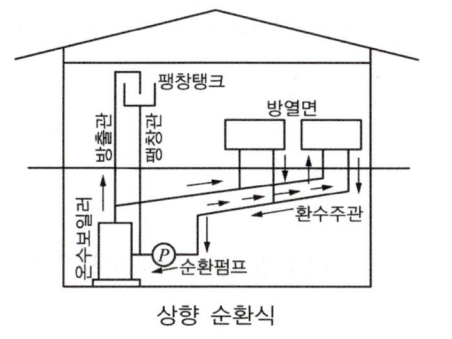

상향 순환식 / 하향 순환식

③ **송수주관** : 보일러에서 발생된 온수를 난방개소에 매설된 방열관 및 온수 탱크에 온수를 공급하는 관을 말한다.
④ **환수주관** : 난방을 목적으로 방열관을 통하여 냉각된 온수를 재가열하기 위하여 보일러에 환수시켜 주는 관을 말한다.
⑤ **급수탱크** : 팽창탱크에 물이 부족할 때 급수할 수 있는 장치로서 수도관 또는 급수관이 직접 보일러 또는 배관 등에 직결되지 않도록 설치된 탱크를 말한다.
⑥ **팽창탱크** : 장치내 온수의 온도변화에 따라 체적팽창 또는 이상팽창 압력을 흡수할 수 있도록 하고 보일러의 부족수를 보충할 수 있는 장치를 말하며 개방식과 밀폐식이 있다.
⑦ **공기방출기** : 순환수 중 함유된 기포(공기)를 외부로 방출하기 위한 장치
⑧ 설치 시공도는 1/50, 1/25의 축척으로 한다.

## 2. 배관

### (1) 송수주관 및 환수주관의 배관크기는 아래와 같이 한다.
① 보일러 용량 30,000[kcal/h] 이하 : 25A 이상 ✪✪
② 보일러 용량 30,000[kcal/h] 이상 : 30A 이상 ✪✪

### (2) 급탕관
① 보일러 용량 50,000[kcal/h] 이하 : 15A 이상 ✪✪
② 보일러 용량 50,000[kcal/h] 이상 : 20A 이상 ✪✪

### (3) 팽창관 및 방출관(확인대상기기)
① 보일러 용량 30,000[kcal/h] 이하 : 15A 이상
② 보일러 용량 30,000~150,000[kcal/h] 이하 : 25A 이상
③ 보일러 용량 150,000[kcal/h] 이상 : 30A 이상
④ 전열면적 5[m$^2$] 이하 : 25A 이상
⑤ 전열면적 5[m$^2$] 이상 : 30A 이상

> **꼭집어 어드바이스**
>
> 전열면적
> 153p 온수발생 보일러(액상식 열매체 보일러 포함)와 비교할 것

### (4) 급수관
급수관은 수도본관을 보일러에 직결 연결하지 않고 급수탱크, 팽창탱크 등을 설치하여 급수를 행한다.

### (5) 순환펌프
① 순환펌프는 원칙적으로 바이패스 회로를 설치하여 유지보수 등에 신경을 써야한다. 다만, 자연순환이 가능한 구조에서는 바이패스를 설치하지 않을 수 있다.
② 순환펌프의 흡입측에는 여과기를 설치하고, 펌프의 양측에는 밸브를 설치하여야한다.
③ 순환펌프의 배관 접속부는 공기의 흡입, 온수의 누설이 없어야 한다.
④ 순환펌프의 흡입 측에 펌프 자체에 공기빼기장치가 없을 경우 공기빼기 밸브를 만들어 공기를 제거할 수 있어야 한다.
⑤ 순환펌프와 전원콘센트의 거리는 최단거리로 하고 전선 피복 등에 피해가 없도록 보호관을 이용하여야 하며, 시동 초기의 허용전류 용량은 15[A] 이상에 견딜 수 있어야 한다.

⑥ 순환펌프는 펌프의 모터부분이 수평이 되도록 설치함을 원칙으로 한다.
⑦ 순환펌프의 규격은 난방 순환계통 장치 내를 충분히 순환시킬 수 있는 용량 및 규격의 것으로 시공한다.
⑧ 순환펌프의 설치 위치는 보일러 본체 등의 주위 방열과 배기가스 연도의 방열 등의 영향을 받지 않는 곳에 설치하여야 하며, 비에 젖거나 물에 잠길 우려가 없도록 설치하여야 한다.

### (6) 온수탱크

① 급탕이 필요한 곳에 설치할 수 있다.
② 온수탱크는 내식성 재료를 사용하거나 알루미늄 용융도금, 아연도금 등 동등 이상의 내식처리가 된 재료를 사용함을 원칙으로 한다.
③ 온수탱크는 KS F 2803(보온·보냉공사 시공표준)에 의한 보온을 하여야 한다.
④ 온수탱크는 100[℃]의 온수에도 견딜 수 있는 재료를 사용하여야 한다.
⑤ 온수탱크에는 드레인할 수 있는 관 및 밸브가 있어야 한다.
⑥ 밀폐식 온수 탱크의 경우 팽창관이나 팽창 흡수장치 또는 안전밸브(방출밸브)를 설치하여야 한다.

### (7) 팽창탱크

① 팽창탱크는 100[℃] 이상의 온도에서 견디는 재질이어야 한다.
② 온수의 수위를 쉽게 알 수 있는 재료 또는 구조여야 한다.
③ 개방식의 경우 팽창탱크의 높이는 최고높이를 가진 방열기 또는 방열코일면보다 1[m] 이상 높은 곳에 설치하여야 하며, 얼지 않도록 적절한 보온조치를 하여야 한다.
④ 팽창탱크에 연결되는 관로에는 밸브, 체크밸브 등을 설치하여서는 안 된다.
⑤ 밀폐식 팽창탱크를 사용할 때에는 보일러에 릴리프밸브를 설치하여 배관계통 내의 압력이 제한압력 이상으로 되면 자동적으로 과잉수를 배출시킬 수 있는 구조로 하여야 한다.
⑥ 팽창탱크의 용량은 보일러 및 배관 내의 보유수량이 200[$l$] 이하인 경우에 20[$l$] 이상으로 하고, 보유수량이 100[$l$]씩 초과할 때마다 10[$l$]를 가산한 용량 이상이어야 한다.
⑦ 팽창관 끝부분은 팽창탱크 바닥면보다 25[mm] 높게 설치한다.

### (8) 공기방출기

① 배관 중 발생된 공기를 자연적으로 방출할 수 있도록 하고, 형식은 개방식이 원칙이다.
② 개방식의 경우 팽창탱크 수면보다 50[cm] 높게 설치한다.

### (9) 연도

① 연도의 굽힘부는 3개소 이내로 하여야 하고, 수평부의 경사는 1/10 기울기 이상으로 시공하여야 한다. 단, 보일러 자체가 강압 통풍식으로 화실 내가 대기압보다 높은 압력으로 연소시킬 경우에는 예외로 할 수 있다.
② 연도의 재료는 보일러의 배기가스 온도에 견딜 수 있는 것으로 한다.
③ 연도는 주위의 가연물과 접촉하지 않도록 한다.

### (10) 연료배관

① 연료탱크의 위치에 따라 단관식과 복관식으로 나뉜다.
　㉠ 단관식 : 연료탱크의 위치가 버너의 펌프위치 보다 높을 때 사용하는 방식으로 공기배출장치가 필요하다.
　㉡ 복관식 : 연료탱크 위치가 버너의 펌프위치보다 낮을 때 사용하는 방식으로 공기배출장치가 필요없다.
② 보일러와 연료탱크 사이에 배관의 물과 연료(기름)를 분리할 수 있는 유수분리기를 설치하여야 한다.(유수분리기에 드레인 밸브가 부착되어있을 것)
③ 연료탱크와 버너사이의 배관에는 오일 스트레이너를 부착하여야 한다.
④ 배관은 노출배관을 원칙으로 하며, 통행 기타 등에 의하여 손상되지 않는 위치에 하고 짧고 굽힘이 적어야 한다.
⑤ 연료배관은 금속배관으로 하여야 하며, 배관 접속부는 실 또는 패킹을 이용하여 누설이 없도록 한다.

### (11) 설치시공 후 검사

① 수압시험압력 : 최고사용압력의 2배 또는 그 값이 $0.2\text{MPa}[2\text{kgf/cm}^2]$ 이하일 때는 $0.2\text{MPa}[2\text{kgf/cm}^2]$)의 수압을 가하였을 때 변형이나 누수가 되지 않아야 한다.
② 연소 및 배기성능 검사
③ 연료계통 누설 상태 검사
④ 순환펌프에 의한 온수 순환시험
⑤ 자동제어에 의한 작동검사

## 10 구멍탄 온수 보일러 설치시공기준

### 1. 보일러실 위치 선정
① 통풍 배수가 양호한 곳
② 빗물이 맞지 않는 구조일 것
③ 거실과 직접 통하지 않는 구조로 할 것(단, 부득이한 경우 연탄가스 유입을 방지할 수 있는 구조일 것)
④ 중앙집중식일 경우 관로 길이가 짧은 곳

### 2. 기타배관
① **팽창관, 급탕배관** : 15A 이상
② **송수주관, 환수주관** : 32A 이상
③ **수압시험** : 2[kgf/cm$^2$]
④ **온수탱크** : 급탕이 필요한 곳에 설치(이하 내용은 163p 온수보일러 기준과 동일)
⑤ **팽창탱크** : 난방면적 10[m$^2$] 이하 2[$l$] 이상, 10[m$^2$] 초과 시마다 2[$l$]씩 가산한다.(이하 내용은 163p 온수보일러 기준과 동일)

# CHAPTER 03 보일러 취급

1. 신설 보일러 점검사항 중 소다보링에 대한 내용은 좀 더 주의깊게 보도록 하자.
2. 사용 중 보일러 점검사항 중 프리퍼지와 포스트퍼지는 반드시 문제에 나오므로 잘 숙지하도록 한다.
3. 점화 시 주의사항과 점화순서 역시 주의깊게 보도록 하자.
4. 보일러 청소 및 보존, 급수처리 목적에 관해서 잘 숙지하도록 하자.

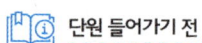 단원 들어가기 전

 빅데이터 키워드

소다보링, 노내환기(프리퍼지, 포스트퍼지), 점화순서, 보일러 청소 및 보존, 급수처리 목적

## 1. 보일러 가동 및 정지

### 1. 연간계획

① **운전계획** : 증기나 온수의 용도별, 공정별 사용조건을 고려하여 연간, 분기, 매월마다 운전계획을 세운다.
② **연료계획** : 운전계획에 따라 저장유량 및 사용유량을 고려하여 구입계획을 세운다.
③ **정비계획** : 보일러 운전 성능검사의 시기에 따라 6개월, 3개월마다 기기의 보전, 장비의 보전계획과 함께 정비계획을 세운다.
④ **점검계획** : 운전 중 수시점검사항 및 주간점검사항, 월간점검사항별로 점검계획을 세운다.

### 2. 가동 전 준비사항

#### (1) 신설보일러의 점검사항

① **소다보링** : 신설보일러 설치 중 부착된 페인트, 유지, 녹 등을 제거하기 위해 동 내부에 소다계통의 약액을 넣고 2~3일간 끓여 반복 분출한다.
(사용약액 : 탄산소다, 가성소다, 인산소다)

② **내부점검** : 설치 후 동 내부의 부속설비나 부속품 등의 부착상태, 사용공구나 불순물 등이 남아있는지 확인한다.
③ **노 및 연도 내의 점검** : 통풍의 장애나 연소장애 등의 원인을 제거하고 노벽의 건조 상태를 확인하도록 한다.
④ **부속품의 정비상황 점검** : 압력계, 수면계, 안전밸브, 주증기밸브 등 정비 및 개폐상태 등을 점검하고 조임부가 풀린 곳은 없나 정확히 점검한다.
⑤ **부속장치 점검** : 급수계통의 이상유무와 특히 연소계통의 정비점검은 보일러 파열사고와 직결되므로 철저한 점검 후 시운전을 통해 정상유무를 확인한다.
⑥ **자동제어장치 점검**

### (2) 사용 중인 보일러의 점검사항

① **보일러의 수위확인** : 보일러의 수위는 수면계의 $\frac{1}{2}$ 정도 오도록 표준수위를 설정하고 그 이상의 고수위나 저수위가 발생되지 않도록 조정한다.
② **분출 및 분출장치의 점검** : 보일러의 분출은 점화 전 부하가 가장 가벼울 때 하도록 전날 수위를 약간 높인 상태여야 하며 특히 수저분출장치의 누설은 저수위사고의 원인이 되므로 항상 감시한다.
③ **프리퍼지, 포스트퍼지(노 내 환기)** ❋❋❋
   ㉠ 프리퍼지 : 점화 전 댐퍼를 열고 노 내와 연도에 체류하고 있는 가연성가스를 송풍기를 이용해 취출시키는 작업
   ㉡ 포스트퍼지 : 보일러 운전이 끝난 후, 정상점화 후 갑작스런 실화로 인해 노 내와 연도에 체류하고 있는 가연성가스를 취출시키는 작업

> 🔖 **꼭찝어 어드바이스**
> **노 내 환기의 목적** ❋❋❋
> 프리퍼지와 포스트퍼지는 점화 전 존재하는 미연소가스 및 실화, 운전 정지 후 남아 있을 미연소가스에 의한 가스폭발(역화, 노내폭발)을 방지하기 위해 행하는 작업이다.

④ **연료, 연소장치의 점검** : 연료계통의 누설 및 연료 이송펌프, 스트레이너 등의 작동 유무를 확인한다.
⑤ **자동제어장치 점검**

### (3) 점화 시 주의사항 ❋❋

① 점화는 1회에 이루어질 수 있도록 화력이 큰 불씨를 사용한다.
② 특히 노 내 환기에 주의하여야 하고 실화 시에도 충분한 환기가 이루어진 뒤 점화한다.

누설시험 : 비눗물 시험

③ 연료배관과계통의 누설 유무를 정기적으로 점검할 수 있도록 한다.
④ 전자 밸브의 작동유무는 파열사고와 직결되므로 수시로 점검한다.

### 꼭찝어 어드바이스
**점화 순서**
노 내 환기(프리퍼지) → 버너동작 → 노내압조정 → 점화용버너(파일로트버너) → 화염검출 → 전자밸브열림 → 주버너착화 → 연소율 증가(저연소→고연소)

### 꼭찝어 어드바이스
**점화불량 원인** ○○
- 점화 버너의 가스압 이상
- 공기비 조정불량
- 보염기의 위치 불량
- 주전원 전압의 이상
- 점화용 트랜스의 전기 스파크 불량

### 개념잡기
가스 보일러에서 가스폭발의 예방을 위한 유의사항 중 틀린 것은?
① 가스압력이 적당하고 안정되어 있는지 점검한다.
② 화로 및 굴뚝의 통풍, 환기를 완벽하게 하는 것이 필요하다.
③ 점화용 가스의 종류는 가급적 화력이 낮은 것을 사용한다.
④ 착화 후 연소가 불안정할 때는 즉시 가스공급을 중단한다.

가스 보일러 점화 시 주의사항
① 점화는 1회에 이루어질 수 있도록 **화력이 높은 것을 사용한다.**
② 특히 노내환기에 주의하여야 하고 실화 시에도 충분한 환기가 이루어진 뒤 점화한다.
③ 연료배관계통의 누설 유무를 정기적으로 할 수 있도록 한다.(비눗물 사용)
④ 전자 밸브의 작동유무는 파열사고와 직결되므로 수시로 점검한다.   답 ③

## (4) 연소 초기의 취급
보일러의 연소 초기에는 급격한 연소가 되지 않도록 주의한다.

### 꼭찝어 어드바이스
**급격한(무리한) 연소 시 재해** ○○
- 보일러 본체의 부동팽창 발생으로 내화벽돌이 파손될 수 있다.
- 동내 구식(그루빙), 크랙, 이음부의 누설이 발생한다.
- 열응력으로 인한 부식 및 파열사고를 초래할 수 있다.

### (5) 증기압이 오르기 시작할 때의 취급 : 급격한 압력상승 주의
① 공기배재 후 공기빼기 밸브를 닫는다.
② 장치 및 부속품 등의 누설 점검 후 누설발견 시 조치한다.
③ 급격한 압력상승이 일어나지 않도록 연소상태를 천천히 조정한다.
④ 증기압이 거의 올랐을 때(75% 이상) 안전밸브를 열어 분출시험을 한다.

### (6) 송기 시 취급 : 급격한 송기로 인한 수격작용 주의
① 송기장치 등 증기관 내의 드레인을 제거한다.
② 주증기관 내의 소량의 증기를 공급하여 증기관을 예열한다.
③ 주증기 밸브를 서서히 연다.
④ 만개 후 조금 되돌려 놓는다.

### (7) 송기 후 취급
송기가 이루어졌다하더라도 완전한 상태가 아니므로 다음 사항에 주의한다.

① 밸브 개폐상태 확인
② 송기 후 압력강하로 인한 압력조절
③ 수면계 수위감시
④ 제어부 점검

### (8) 보일러 정지 시 취급
① 일반정지순서 : 연료차단 → 공기차단 → 급수차단 → 증기밸브 차단 → 드레인 밸브를 연다 → 댐퍼를 닫는다 ❂❂
② 비상정지순서 : 연료차단 → 공기차단(1차공기) → 버너정지 ❂❂
③ 정지 후 점검사항 ❂❂❂
   ㉠ 전원 스위치 점검
   ㉡ 노 내 여열로 인한 압력상승 점검
   ㉢ 밸브류의 누설 확인
   ㉣ 정지 시 증기압 점검
   ㉤ 재의 처리, 주위의 가연물 확인
   ㉥ 연료계통, 급수펌프 등의 누설 확인
   ㉦ 집진장치의 매진 처리

## 2 보일러 청소 및 보존

### 1. 보일러의 청소

#### (1) 외부청소
전열면에 부착된 그을음, 재 등의 청소 및 연도 내 축적된 재를 제거하는 청소로 그 방법은 아래와 같다.

① 스팀 소킹법(steam socking) : 매연층에 증기를 분사하여 청소하는 방법 ✪✪
② 워터 소킹법(water socking) : 매연층에 물을 분사하여 청소하는 방법 ✪✪
③ 수세법(washing) : pH 8~9의 용수를 대량 사용하여 수세하는 방법 ✪✪
④ 샌드 블로우(sand blow), 스틸쇼트클리닝(steel short cleaning) ✪✪

#### (2) 내부청소
보일러 내부에 축적된 스케일이나 슬러지 등을 제거하는 방법으로 기계적인 방법과 화학적인 방법이 있다.

① **기계적 방법** : 청소용 공구를 사용하여 청소하는 방법(공구종류 : 스케일해머, 와이어브러시, 스크랩퍼, 튜브크리너 등)
② **화학적 방법** : 산 세관, 알칼리 세관, 유기산 세관
  ㉠ 산 세관 시 사용되는 세정액
    ⓐ 무기산 – 유산, 설파민산
    ⓑ 유기산 – 구연산, 히드록산, 옥살산
    ⓒ 중화 방청제(부식억제제) – 탄산소다, 가성소다, 인산소다, 히드라진

> 🔖 **꼭찝어 어드바이스**
> 산 세척 처리 순서 ✪✪✪
> 전처리 → 수세 → 산액처리 → 수세 → 중화·방청처리

  ㉡ 알칼리 세관
    ⓐ 알칼리성 약품 : 가성소다, 탄산소다, 인산소다, 암모니아(알칼리성 약품에 계면활성제를 첨가하여 사용)
    ⓑ 알칼리 부식을 방지하기 위해 인산나트륨이나 질산나트륨을 첨가한다.
  ㉢ 유기산 세관 : 중성에 가까우므로 산 세관 방법 중 가장 안전하며 부식억제제 등이 필요없다.(구연산 농도를 3% 정도로 희석하여 수용액온도를 90±5℃정도 처리한다)
    ⓐ 유기산 약품 : 구연산, 히드록산, 옥살산

### 개념잡기

가동 보일러에 스케일과 부식물 제거를 위한 산 세척 처리 순서로 올바른 것은?
① 전처리 → 수세 → 산액처리 → 수세 → 중화·방청처리
② 수세 → 산액처리 → 전처리 → 수세 → 중화·방청처리
③ 전처리 → 중화·방청처리 → 수세 → 산액처리 → 수세
④ 전처리 → 수세 → 중화·방청처리 → 수세 → 산액처리

**산 세척 처리순서**
전처리 → 수세 → 산액처리 → 수세 → 중화·방청처리

답 ①

## 2. 보일러의 보존

계절적인 관계로 보일러가 휴지상태에 놓이면 보일러 내부에 물, 공기 등의 존재로 부식이 진행되는데 이러한 부식을 최대한 억제하기 위해 적절한 조치를 강구하여야 한다.

### (1) 건식보존법

① 가열건조법 : 보일러 물을 완전히 배출한 뒤 가벼운 연소량으로 가열하여 동 내부를 완전 건조시키는 방식(2주~1개월의 단기보존법)
② 흡습제 사용법 : 보일러 물을 완전히 배출한 뒤 생석회 등의 흡습제를 내부에 분할 배치하여 밀폐하는 방법으로 2~6개월 이상의 장기보전법으로 적합하다.

> **핵심Key**
> 흡습제 종류
> 생석회, 실리카겔, 염화칼슘, 활성알루미나 등

### (2) 만수보존법

① 휴지기간은 소다 만수 보존 2~3개월 이내, 보통 만수 보존은 2주~1개월 정도 보존에 적합하며 동결의 위험이 있는 경우에는 곤란하다.
② pH값을 10~12 정도로 높게 유지하도록 한다.

### (3) 특수보존법

① 질소가스봉입법 : 건조보존법중 하나로 질소를 0.06MPa(0.6[kg/cm$^2$])정도로 가압봉입하여 보존하는 방식(장기보존법에 속한다)
② 내면 페인트 도포 : 건조보존법의 경우 부식방지를 목적으로 흑연, 아스팔트, 타르 등으로 얇게 늘여 도포한다.

### (4) 기간에 따른 보일러 보존방법

① 단기보존 : 2주일에서 1개월 정도 휴지 시
② 장기보존 : 2~6개월 이상 휴지 시

○ 기간에 따른 보일러 보존방법

| 장기보존법 | 건조보존법 ✪✪ | 석회밀폐건조법 |
| --- | --- | --- |
| | | 질소가스봉입법 |
| | 만수보존법 | 소다만수보존법 |
| 단기보존법 | 건조보존법 | 가열건조법 |
| | 만수보존법 | 보통만수법 |

> 참고
> 가장 이상적인 급수는 증류수이다.

## 3. 급수처리

보일러 연소관리 다음으로 중요한 관리이며 최근 보일러구조가 복잡해지는 관계로 더욱 완벽한 급수처리를 통해 연료의 손실을 방지하고 보일러의 수명도 연장시킬 수 있다.

### 1. 급수처리 목적

① 가성 취화 방지
② 스케일 생성 방지
③ 포밍, 프라이밍 방지
④ 부식 방지
⑤ 관수 농축 방지
⑥ 슬러지 생성 방지

### 2. 불순물농도 표시

① ppm : 용액 1kg 중의 용질 1mg으로 mg/kg, g/ton의 중량 100만분율을 말한다.
② ppb : 용액 1ton 중의 용질 1mg으로 mg/ton의 중량 10억분율을 말한다.
③ epm : 용액 1kg 중의 용질 1mg당량으로 상온 수용액일 경우 ppm과 같이 1ℓ 중에 mg당으로 표시한다.

> 참고
> ppm
> 100만분율, 어떤 물질 전체의 100만분의 몇을 차지하는지 나타내는 값
> 예 물 1ℓ 중 다른 물질 A가 1mg 함유되어 있는 경우 mg/ℓ (ppm)으로 나타낸다.

### 3. 경도

① **수산화칼슘($Ca(OH)_2$) 경도** : 급수 1ℓ 속에 $CaCO_3$이 1mg 포함될 때 1도(mg/ℓ), 즉 ppm으로 표시한다.
② **독일경도(°dH)** : 급수 100cc 중에 광물(CaO, MgO)이 1mg이 포함된 값 1도 (mg/100cc)

## 4. pH

용액의 산성, 알칼리성을 구분하는 척도

① 급수의 pH8~9(약 8.5) : 약알칼리성 ✦✦✦
② 보일러 수 pH
  ㉠ 운전 중 : pH11~11.8 → pH측정 온도는 25℃를 기준으로 한다. ✦✦✦
  ㉡ 만수 보존 시 : pH12 ✦✦✦

> **꼭찝어 어드바이스**
> 급수는 보일러 본체 내에 공급되기 전의 상태이며, 보일러 수(관수)는 보일러 본체내부에 있는 물을 뜻한다.

## 5. 급수처리 종류

수관보일러에서 급수처리는 신중히 이루어져야 하므로 급수처리를 관외처리와 관내처리로 구분한다. 관외처리는 수관에 공급되기 전 밖에서 1차적으로 처리하는 것이고, 2차처리는 수관 내에 공급된 상태에서 처리하는 것을 말한다.

### (1) 관외 처리(1차처리)

① 가스분 : 기폭법, 탈기법(진공탈기법, 가열탈기법)
② 현탁질 고형물(고형협착물) : 여과법, 침강법, 응집법
③ 용존 고형물 : 증류법, 이온교환법, 약품첨가법

> **꼭찝어 어드바이스**
> • 가스분 : 산소, 탄산가스, 암모니아 등
> • 현탁질 고형물 : 물에 녹지 않고 탁하게 나타나는 불순물
> • 용존 고형물 : 물 속에 녹은 상태로 존재하는 불순물

### (2) 관내 처리(2차처리) : 청관제 사용

① 청관제 종류 : 가성소다, 탄산소다, 인산소다, 아황산소다, 암모니아, 히드라진, 탄닌, 리그린, 전분
② pH 조정제 : 가성소다, 탄산소다, 암모니아, 제1,3인산소다, 인산, 헥사메타인산소다
③ 연화제 : 탄산소다, 인산소다, 중합인산소다
④ 슬러지 조정제 : 탄닌, 리그린, 전분, 테스트린
⑤ 탈산소제 : 탄닌, 히드라진, 아황산소다
⑥ 가성취화 방지제 : 탄닌, 리그린, 초산소다, 인산소다, 질산소다
⑦ 포밍 방지제 : 폴리아미드, 고급지방산 에테르

## 6. 수중 불순물에 의한 장해 및 처리법

① 가스분 : 내면부식 발생 – 처리법 : 기폭법, 탈기법
② 용존 고형물 : 스케일, 슬러지 – 처리법 : 증류법, 이온교환법, 약품첨가법
③ 현탁질 고형물(고형협착물) : 부식, 포밍 발생 – 처리법 : 여과법, 침강법, 응집법

## 7. 불순물의 특성

### (1) 스케일

급수 중 용해되어 있는 칼슘염, 마그네슘염, 규산염 등의 농축이 단독 또는 다른 성분과의 화합으로 생되는 불순물

① 연질 스케일(슬러지) : 탄산염
② 경질 스케일 : 황산염, 규산염

### (2) 슬러지

Ca, Mg 중 탄산염 가열에 의해 분해되어 청정제 등과 화합하여 생기는 연질의 침전물

① 슬러지 주성분 : 탄산염, 수산화물, 산화철
② 슬러지 생성 원인 : 인산칼슘, 탄산마그네슘, 수산화마그네슘

 **핵심Key**

**스케일에 의한 장해** ★★★
(과열사고 및 파열사고로 이어질 수 있다.)
① 통수공 차단으로 순환불량
② 열효율 저하
③ 전열면 과열
④ 관 및 연락관 막힘
⑤ 전열량 감소로 배기가스 온도 상승

**스케일 생성 방지법** ★★★
① 급수처리를 철저히 할 것
② 슬러지 상태에서 철저히 분출할 것
③ 적절한 청관제를 사용하여 스케일 생성 방지

---

**개념잡기**

보일러 급수처리의 목적으로 거리가 먼 것은?
① 스케일의 생성 방지        ② 점식 등의 내부부식 방지
③ 캐리오버의 발생 방지      ④ 황분 등에 의한 저온부식 방지

> 급수처리 목적
> ① 스케일 생성 방지
> ② 점식 등 내부부식 방지
> ③ 포밍, 프라이밍, 캐리오버 방지
> ④ 보일러 수면연장 및 효율 증가
> • 저온부식은 황분(S)이 많은 연료를 사용할 때 발생하는 부식이다.      **답 ④**

---

**개념잡기**

보일러 급수처리의 목적으로 볼 수 없는 것은?
① 부식의 방지              ② 보일러수의 농축 방지
③ 스케일 생성 방지         ④ 역화(back fire)방지

> 급수처리 목적
> ① 부식 방지
> ② 보일러수의 농축 방지
> ③ 스케일 생성 방지
> • 역화란 연소실 내 미연소가스 및 과열 등의 원인으로 화염이 팁이나 연소실 내로 거꾸로 타고들어가는 현상을 말하며 이는 연료계통과 관계가 있다.      **답 ④**

# CHAPTER 04 보일러 안전관리

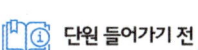

1. 안전관리 목적 및 사고의 원인(직접적, 간접적)에 대한 문제가 많이 출제되고 있다.
2. 부식의 경우 내부부식과 외부부식에 대한 문제가 많으므로 그 종류와 부식 형태를 알아두는 것이 좋다.
3. 그 외 손상과 방지대책 역시 출제빈도가 높으므로 이해하고 넘어가도록 하자.

안전관리 목적, 사고의 원인, 부식, 손상, 방지대책

## 1 ▸ 안전관리의 의의

인간의 생명을 존중하는 것을 목적으로 항시 작업자의 안전을 도모하여 위해를 방지하고 사고로 인한 재산적 피해를 입지 않도록 하기 위함이다.

### 1. 안전관리 목적

① 인간존중
② 사회복지의 증진
③ 생산성의 향상
④ 경제성의 향상
⑤ 안전사고 발생방지

## 2 ▸ 사고의 원인

### 1. 직접적 원인 ★★

① **불안전한 행동(인적 원인)** : 안전조치 불이행, 불안전한 상태의 방치 등
② **불안전한 상태(물적 원인)** : 작업환경의 결함, 보호구, 복장, 장비 등의 결함 등

## 2. 간접적 원인 ✦✦✦

① **기술적 원인** : 기계, 기구, 장비 등의 방호설비, 경계설비 등의 기술적 결함
② **교육적 원인** : 무지, 경시, 몰이해, 훈련미숙, 나쁜 습관 등
③ **신체적 원인** : 각종 질병, 피로, 수면부족 등
④ **정신적 원인** : 태만, 반항, 불만, 초조, 긴장, 공포 등
⑤ **관리적 원인** : 책임감 부족, 작업기준의 불명확, 근로의욕 침체 등

## 3. 안전관리 일반

① **온도** : 안전활동에 가장 적당한 온도 18~21[℃]
② **습도** : 가장 바람직한 상대습도 30~35[%]
③ **불쾌지수** 위험한계 75 이상
④ **유해가스**
　㉠ $CO_2$의 영향 : 1~2[%](작업능률 저하, 실수유발), 3[%] 이상(호흡장애), 5~10[%](일정시간 머물면 치명적인 상태), $CO_2$의 농도가 0.1[%]가 넘으면 환기를 해야 한다.
　㉡ CO의 영향 : 두통, 현기증, 귀울림, 경련, 질식(CO의 농도가 0.01[%] 이상일 경우 환기상태를 개선해야 한다.)
⑤ **안전색 표시사항** ✦✦✦
　㉠ 적색(정지, 금지)　　㉡ 황적색(위험)
　㉢ 황색(주의)　　　　㉣ 녹색(안전)
　㉤ 청색(조심)　　　　㉥ 백색(통로)
⑥ **화재의 등급별 소화방법**

| 분류 | A급화재 | B급화재 ✦✦ | C급화재 | D급화재 |
|---|---|---|---|---|
| 명칭 | 보통화재 | 유류·가스 화재 | 전기화재 | 금속화재 |
| 가연물 | 목재, 종이, 섬유 | 유류, 가스 | 전기 | Mg분, Al분 |
| 주된 소화 효과 | 냉각효과 | 질식효과 | 질식, 냉각 | 질식 효과 |
| 적용 소화제 | ① 물 소화기<br>② 강화액 소화기 | ① 포말 소화기<br>② $CO_2$ 소화기<br>③ 분말 소화기<br>④ 증발성 액체소화기 | ① 유기성 소화액<br>② $CO_2$ 소화기<br>③ 분말 소화기 | ① 건조사<br>② 팽창 질석<br>③ 팽창 진주암 |
| 구분색 | 백색 | 황색 | 청색 | 없음 |

⑦ **고압가스 용기(공업용) 도색**
　㉠ 산소(녹색)　　　　㉡ 액화탄산가스(청색)
　㉢ 아세틸렌(황색)　　㉣ 수소(주황색)
　㉤ 액화암모니아(백색)　㉥ 액화염소(갈색)
　㉦ 기타가스(회색)

# 3 보일러 손상과 방지대책

## 1. 부식

### (1) 내부부식 ★★★

① **점식(pitting)** : 동내부의 물은 전해액이 되고 동의 강재는 양극화가 되어 국부전지가 일시적으로 일어남으로서 보일러수 중의 용존산소가 양극에 집중적으로 발생되어 발생되는 부식으로 외형상 좁쌀알 크기의 반점으로 나타나는 부식으로 잘 일어날 수 있는 곳은 아래와 같다.
  ㉠ 강재의 표면이 불균일한 곳
  ㉡ 스케일이 쌓여 있는 곳
  ㉢ 산화철의 보호피막이 파괴된 곳

> **꼭찍어 어드바이스**
>
> **점식 방지법**
> 용존산소제거(탈기), 방청도장(보호피막), 약한 전류의 통전, 아연판 매달기(희생양극법)

② **국부부식** : 내면이나 외면에 얼룩모양으로 생기는 국부적인 부식(반점모양)
③ **전면부식** : 본체내부의 물과 접촉한 모든 부분이 부식을 일으키는 것, 보일러수의 pH가 산성일 때 주로 일어나는 부식
④ **구식(그루빙 : grooving)** : 열팽창에 의한 신축으로 팽창, 수축의 반복적인 응력에 의해 도랑 형태의(V, U자) 홈을 만들며 나타나는 부식으로 보일러 연결부위(가세트스테이와 노통사이) 및 만곡부에 발생한다.

> **꼭찍어 어드바이스**
>
> **발생 방지법**
> • 플랜지 만곡부의 반지름을 가능한 크게 한다.
> • 반복적인 열응력을 적게 한다.
> • 브리딩스페이스(노통 호흡장소)를 설치한다.

⑤ **알칼리 부식** : 보일러수의 pH가 13 이상일 때 발생하는 부식

> **꼭찍어 어드바이스**
>
> **내부부식 방지법**
> • 아연판을 매단다.(희생양극법)
> • 급수처리를 철저히 한다.(가스분 제거(탈기), 관수연화)
> • 급수의 pH값을 적정선에서 유지한다.

- 내면에 내식성 도료를 도포한다.
- 약한 전류를 통전시킨다.(국부적인 전위차로 인한 부식 방지)
- 급열, 급냉에 의한 전열면 열응력 방지(그루빙 방지)

### (2) 외부부식 ★★★ (74p 폐열회수장치 – 저온부식, 고온부식 참고)

① **저온부식** : 황분이 많은 연료 사용 시 발생하는 부식으로 저온대의 가스와 응축된 수증기가 화합하여 발생하며 배기가스 중 황산화물의 노점온도는 황분 1%당 4℃ 상승하며 그로 인해 150~170℃ 이하에서 발생되는 부식이다.
  ㉠ 발생원인 : 황(S)
  ㉡ 발생장소 : 절탄기, 공기예열기

> 🔖 꼭찝어 어드바이스
>
> 저온부식 방지법
> - 연료 중 황분 제거
> - 연료첨가제를 이용, 황산가스의 노점을 낮춘다.
> - 과잉공기를 줄인다.(= 과잉산소를 줄인다. 공기비를 줄인다)
> - 장치표면을 내식재로 피복한다.
> - 배기가스 온도를 높인다.(열효율이 낮아 질 수 있음)

② **고온부식** : 고체연료, 중질유를 사용하는 연소장치 중에서 일어나는 부식으로 고온으로 접촉되어지는 과열기, 수관 보일러의 천장 등에 $V_2O_5$(오산화 바나듐) 등의 성분이 고온에서 침착되어 발생하는 부식으로 발생온도는 약 450~500℃ 정도이다.
  ㉠ 발생원인 : 바나듐(V)
  ㉡ 발생장소 : 과열기, 재열기

> 🔖 꼭찝어 어드바이스
>
> 고온부식 방지법
> - 연료 내의 바나듐 성분 제거
> - 연료첨가제를 이용, 바나듐(또는 회분)의 융점을 높인다.
> - 배기가스 온도를 적절하게 유지 줄인다.
> - 전열면을 내식재로 피복한다.

## 2. 손상 ★★

① **마모** : 국부적으로 반복작용에 의해 닳아지는 현상으로 다음의 경우 발생된다.
  ㉠ 연소가스 중에 미립의 거친 성분을 함유하고 있는 경우
  ㉡ 수관이나 연관의 내부 청소에 튜브 크리너를 한 곳에 오래 사용된 경우
  ㉢ 매연취출에 의해 수관에 오래 증기를 취출하는 경우
② **라미네이션** ★★★ : 보일러 강판이나 관의 제작 시 속에 공기층이 들어가서 두 장의 층을 형성하고 있는 상태
③ **블리스터** ★★★ : 라미네이션이 발생된 강판이나 관에 보일러 제작 시 높은 열을 받아 속에 든 공기층이 부풀어 오르거나 표면이 터지는 현상
④ **팽출** ★★★ : 보일러 본체의 화염에 접하는 부분이 과열된 결과 내부의 압력에 의해 부풀어 오르는 현상(발생위치 : 횡연관, 보일러 동저부, 수관)
⑤ **압궤** ★★★ : 보일러 본체의 화염에 접하는 부분이 과열된 결과 외부의 압력에 의해 짓눌리는 현상(발생위치 : 노통, 연소실, 관판)
⑥ **크랙** : 무리한 응력을 받는 부분이나 응력이 국부적으로 집중되는 부분, 화염에 접촉된 부분 등에 압력변화, 가열로 인한 신축의 영향으로 조직이 파괴되고 금이 가는 현상, 특히 주철제 보일러의 경우 급열, 급냉에 의한 부동팽창으로 크랙이 발생하기 쉽다.

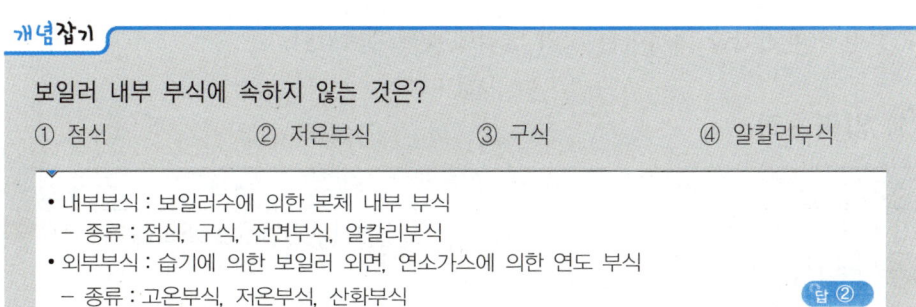

보일러 내부 부식에 속하지 않는 것은?
① 점식    ② 저온부식    ③ 구식    ④ 알칼리부식

- 내부부식 : 보일러수에 의한 본체 내부 부식
  – 종류 : 점식, 구식, 전면부식, 알칼리부식
- 외부부식 : 습기에 의한 보일러 외면, 연소가스에 의한 연도 부식
  – 종류 : 고온부식, 저온부식, 산화부식

답 ②

## 4. 보일러 사고 및 방지대책

### 1. 보일러 사고원인

① **제작상 원인** ✪✪ : 강도부족, 용접불량, 재료불량, 구조불량, 설계불량 등

> 🌟 **꼭찝어 어드바이스**
> 라미네이션, 블리스터
> 제작상 원인에 해당된다.

② **취급상 원인** ✪✪ : 이상감수, 압력초과, 역화(미연소가스 폭발), 급수처리 불량, 부식, 과열, 부속품정비 불량

### 2. 보일러 사고 구분

① **파열사고** : 압력초과, 저수위(이상감수), 과열
② **역화(미연소가스 폭발)**

### 3. 보일러 사고 및 방지대책

보일러 사고원인을 제거하는 것이 방지대책에 해당된다.

#### (1) 압력초과

| 원인 | 대책 |
|---|---|
| ① 안전장치의 작동불량 | ① 안전장치의 작동시험 및 점검 |
| ② 이상 감수 | ② 상용수위의 유지관리 철저 |
| ③ 급수계통의 이상 | ③ 펌프 및 밸브류의 누설점검 |
| ④ 압력계의 기능 이상 | ④ 압력계의 작동시험 및 점검 |
| ⑤ 수면계의 기능 이상 | ⑤ 수면계의 작동시험 및 점검 |

#### (2) 저수위(이상 감수)

| 원인 | 대책 |
|---|---|
| ① 수면계 주시 태만 | ① 수면계의 철저한 감시 |
| ② 수면계 수위의 오판 | ② 수면계 연락관 청소 및 기능점검 |
| ③ 급수계통의 이상 | ③ 펌프 및 밸브류의 기능점검·누설점검 |
| ④ 분출계통의 누수 | ④ 수저분출 밸브의 누설점검 |
| ⑤ 증발량 과잉 | ⑤ 상용수위의 유지 |

## (3) 과열

| 원인 | 대책 |
|---|---|
| ① 이상 감수<br>② 전열면의 국부가열<br>③ 관수의 농축<br>④ 관수의 순환불량<br>⑤ 스케일의 생성 | ① 상용수위의 유지<br>② 연소장치의 개선, 분사각 조절<br>③ 분출을 통한 한계값 유지<br>④ 전열의 확산 및 순환 펌프의 기능점검<br>⑤ 급수처리 철저 및 적당한 시기에 분출작업을 할 것 |

## (4) 역화(미연소가스의 폭발)

| 원인 | 대책 |
|---|---|
| ① 프리퍼지 부족<br>② 점화 시 착화가 늦은 경우<br>③ 과다한 연료공급<br>④ 흡입통풍의 부족<br>⑤ 압입통풍의 과대<br>⑥ 공기보다 연료의 공급이 우선된 경우<br>⑦ 연료의 불완전 연소 및 미연소 | ① 점화 시 송풍기 미작동일 때 연료 누입 방지 (프리퍼지 인터록)<br>② 착화장치의 기능점검<br>③ 적절한 연료공급<br>④ 흡입통풍(유인통풍)의 증대<br>⑤ 댐퍼의 개도를 적절히 조절<br>⑥ 공기의 공급이 우선되어야 한다.<br>⑦ 연료의 과대공급방지 및 연소장치의 개선 |

## (5) 수면계 유리관 파손의 원인

① 외부충격
② 상하 너트를 너무 조였을 때
③ 유리관 노쇄
④ 상하 바탕쇠 중심선 불일치
⑤ 유리관 재질 불량

## (6) 안전밸브 누설 원인

① 밸브와 밸브 사이트 불일치
② 용수철 불량
③ 밸브와 밸브 사이트 사이에 불순물이 있을 때

## (7) 점화 불량 원인

① 무화불량(점도과대, 불순물함유, 유압이 낮을 때, 기름 예열 온도가 너무 낮거나 높을 때)
② 버너 팁이 막혔을 때
③ 착화 버너의 불꽃 불량
④ 주 버너와 착화 타이밍 불일치

### (8) 버너 화구에 카본 축적원인
① 점도과대
② 유압과대
③ 기름 공급 불안정

---

**개념잡기**

보일러 사고의 원인 중 제작상의 원인에 해당되지 않는 것은?
① 구조의 불량　　　　　　　② 강도부족
③ 재료의 불량　　　　　　　④ 압력초과

보일러 사고원인별 구분

| 제작상의 원인 | 취급상의 원인 |
|---|---|
| ① 재료불량 | ① 압력초과 |
| ② 구조 및 설계불량 | ② 저수위 |
| ③ 강도불량 | ③ 과열 |
| ④ 용접불량 | ④ 역화 |
| ⑤ 부속장치 미비 | ⑤ 부식(급수처리 미흡) |

답 ④

---

**개념잡기**

보일러 사고의 원인 중 보일러 취급상의 사고원인이 아닌 것은?
① 재료 및 설계 불량　　　　② 사용압력초과 운전
③ 저수위 운전　　　　　　　④ 급수처리 불량

보일러 사고원인별 구분

| 제작상의 원인 | 취급상의 원인 |
|---|---|
| ① 재료불량 | ① 압력초과 |
| ② 구조 및 설계불량 | ② 저수위 |
| ③ 강도불량 | ③ 과열 |
| ④ 용접불량 | ④ 역화 |
| ⑤ 부속장치 미비 | ⑤ 부식(급수처리 미흡) |

답 ①

M·E·M·O

# PART 03 배관일반

CHAPTER 01 　배관재료

CHAPTER 02 　배관공작 및 배관도시법

# CHAPTER 01 배관재료

1. 배관용 강관의 종류에 대한 문제가 자주 출제되고 있으므로 잘 숙지하고 넘어가도록 하자.
2. 각 배관의 종류에 따른 특징 역시 필수적으로 보도록 한다.
3. 관 이음재료, 배관지지 장치, 패킹 및 보온재의 종류 역시 필수적으로 숙지하여야 한다.

강관의 종류, 각 배관의 종류, 관이음재료, 배관지지 장치, 패킹, 보온재

## 1. 관 재료 선택 시 고려사항

① 유체의 최고사용압력에 대한 관의 허용압력
② 관내 유체 온도
③ 관내 유체의 화학적 성질
④ 관의 이음방법 : 접합, 굽힘, 용접 등의 가공성
⑤ 관을 부설하는 장소의 환경 조건
⑥ 관이 받는 외부압력
⑦ 열팽창에 대한 신축흡수성

## 2. 관의 재질별 분류

① 철(steel)금속관 : 강관, 주철관
② 비철금속관 : 동관, 연관(Pb), 알루미늄관, 스테인레스관
③ 비금속관 : 석면시멘트관(에터닛관), 원심력 철근 콘크리트관(흄관), P.V.C관, 도관 등

# 1. 강관

배관용 강관에는 탄소강관, 수도용 아연 도금강관, 압력배관용 탄소강관 등이 있다. KS 규격에는 강관의 호칭을 mm(A), 또는 inch(B)로 표시한다.

## (1) 제조방법에 따른 분류
① 이음매 없는 강관(seamless pipe)
② 단접관
③ 전기저항용접관
④ 아크용접관

## (2) 재질상 분류
① 탄소강 강관
② 합금강 강관
③ 스테인레스강 강관

## (3) 강관의 특징 ✦✦✦
① 관의 접합작업이 용이하다.
② 주철관에 비해 내압성이 양호하다.
③ 연관, 주철관에 비해 가볍고 인장강도가 크다.
④ 내충격성, 굴요성이 크다.
⑤ 연관, 주철관에 비해 가격이 저렴하다.

## (4) 스케줄 번호(Schedule No)
관의 두께를 표시하는 번호

> ✦✦✦
> 스케줄 번호(Sch. No) $= 10 \times \dfrac{P}{S}$  $\begin{bmatrix} P : 사용압력[kg/cm^2] \\ S : 허용응력[kg/mm^2] \end{bmatrix}$

> 🔖 꼭찝어 어드바이스
> ✦✦✦
> ※ 허용응력 $= \dfrac{인장강도}{안전율}$ (통상적으로 안전율은 4로 준다)

## (5) 강관의 제조방법 표시

| -E | 전기저항 용접관 | -E-C | 냉간가공 전기저항 용접관 |
|---|---|---|---|
| -B | 단접관 | -B-C | 냉간가공 단접관 |
| -A | 아크용접관 | -A-C | 냉간가공 아크용접관 |
| -S-H | 열간가공 이음매 없는 관 | -S-C | 냉간가공 이음매 없는 관 |

## (6) 배관용 강관의 종류 ★★★

| | 종류 | 기호 | 용도 및 기타 |
|---|---|---|---|
| 배관용 | 배관용 탄소 강관 | SPP | 사용 압력이 비교적 늦은 1MPa(10kg/cm$^2$)이하의 증기·물·기름·가스 및 공기 등의 배관용으로 호칭지름 15~500A 정도이다. |
| | 압력 배관용 탄소 강관 | SPPS | 온도 350℃ 이하, 압력 1~10MPa(10~100kg/cm$^2$) 정도에 사용되는 배관용으로 관의 호칭은 호칭지름과 두께(스케줄 번호)에 따른다. |
| | 고압 배관용 탄소 강관 | SPPH | 온도 350℃ 이하, 압력 10MPa(100kg/cm$^2$) 이상에 사용되는 고압용 배관용이다. |
| | 고온 배관용 탄소 강관 | SPHT | 온도 350℃ 이상 고온에 사용되는 배관용으로 관의 호칭은 호칭지름과 두께(스케줄 번호)에 따른다. |
| | 배관용 아크 용접 탄소 강관 | SPW | 사용 압력 1MPa 이하의 비교적 낮은 증기·물·기름·가스 및 공기 등의 배관용이다. |
| | 배관용 합금강 강관 | SPA | 주로 고온의 배관용으로 호칭지름 6~500A, 두께는 스케줄 번호로 표시한다. |
| | 배관용 스테인레스 강관 | STS×TP | 내식용·내열용 및 고온 배관용으로 사용되며 저온 배관용에도 사용이 가능하다. 호칭지름 6~300A, 두께는 스케줄 번호로 표시한다. |
| | 저온 배관용 강관 | SPLT | 빙점 이하의 특히 저온 배관용으로 사용되며 호칭지름 6~500A, 두께는 스케줄 번호로 표시한다. |
| 수도용 | 수도용 아연 도금 강관 | SPPW | SPP관에 아연도금한 관으로 정수두 100m 이하의 급수(수도)배관용으로 사용한다. |
| | 상수도용 도복장 강관 | STWW | SPP, SPW관에 피복한 관으로 정수두 100m 이하의 수도용으로 사용한다. |
| 열전달용 | 보일러·열교환기용 탄소강 강관 | STH(STBH) | • 관의 내외에서 열교환을 목적으로 하는 장소에 사용된다.<br>• 보일러의 수관, 연관, 과열관, 공기예열관, 화학공업·석유공업의 열교환기, 콘덴서관, 촉매관, 가열로관 등에 사용된다. |
| | 보일러·열교환기용 합금 강관 | STHA | |
| | 보일러·열교환기용 스테인레스 강관 | STS×TB | |
| | 저온 열교환기용 강관 | STLT | • 빙점 이하의 저온에서 열교환을 목적으로 사용된다.<br>• 열교환기관, 콘덴서관으로 사용된다. |

| | 종류 | 기호 | 용도 및 기타 |
|---|---|---|---|
| 구조용 | 일반 구조용 탄소 강관 | SPS | 토목·건축·철탑·발판·지주 카타의 구조물용으로 사용된다. |
| | 기계 구조용 탄소 강관 | SM | 기계·항공기·자동차·자전거·가구·기구 등의 부품용으로 사용된다. |
| | 구조용 합금 강관 | STA | 항공기·자동차·기타의 구조물용으로 사용된다. |

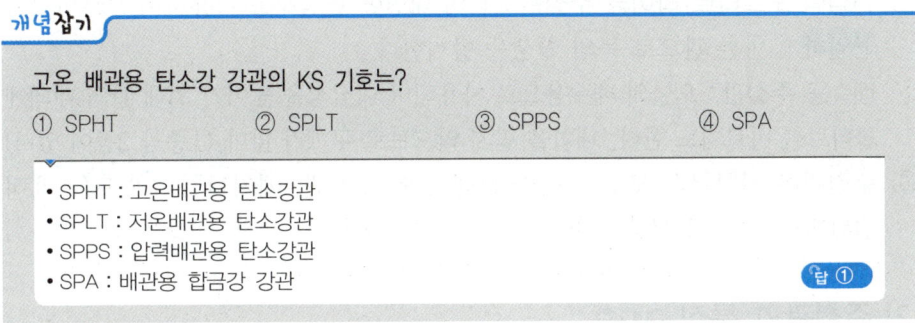

- SPHT : 고온배관용 탄소강관
- SPLT : 저온배관용 탄소강관
- SPPS : 압력배관용 탄소강관
- SPA : 배관용 합금강 강관

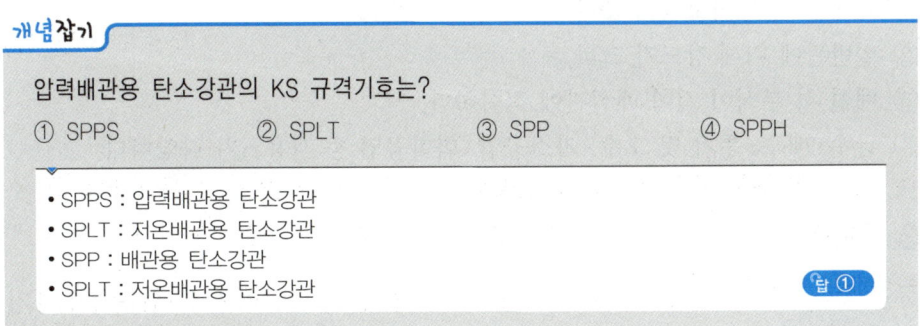

- SPPS : 압력배관용 탄소강관
- SPLT : 저온배관용 탄소강관
- SPP : 배관용 탄소강관
- SPLT : 저온배관용 탄소강관

## 2. 주철관

철과 탄소의 합금계에서 탄소함유량이 2% 이하인 것을 강(steel), 2% 이상인 것을 주철(cast iron)이라 한다.

주철관은 내식성, 내마모성이 우수하고 다른 금속관에 비해 내구성이 우수해 급수관, 배수관, 도시가스 공급관, 통신용 케이블 매설관, 화학공업용관, 광산용양수관 등 주로 매설관으로 사용된다. 재질에 따라 보통 주철관과 고급 주철관으로 분류할 수 있다.

### (1) 주철관의 분류

① 수도용 수직형 주철관 : 주조할 때 관의 중심선이 수직으로 되게 주형을 세워 선철을 이용해 주입하여 만든 것으로 보통압관(최대 사용수두 75m 이하)과 저압관(45m 이하)이 있다.

② **수도용 원심력 모래형 주철관** : 주사물로 만든 주형을 회전시키면서 용융 선철을 주입하여 원심력으로 제관한 것으로 재질이 치밀하고 두께가 균일하며 강도가 크다. 고압관(최대 사용 정수두 100m 이하), 보통압관(75m 이하), 저압관(45m 이하)의 3종류가 있다.

③ **수도용 원심 금형 주철관** : 수냉식 금형으로 만든 주형을 회전시키면서 용융선철을 주입하여 원심력으로 제관한 것으로 고압관, 보통압관의 2종류가 있다.

④ **원심력 모르타르 라이닝 주철관** : 관의 내면에 원심력을 이용하여 모르타르를 균일하게 바른 관으로 녹의 발생을 방지한다.

⑤ **배수용 주철관** : 오물의 배수용으로 사용되며 내식성을 높이기 위해 관의 내외에 콜타르를 바르기도 한다. 내압을 받지 않으므로 두께가 얇다.(1종과 2종이 있다)

⑥ 주철관은 접합부의 모양에 따라 플랜지관, 소켓관, 메커니컬 조인트(기계적 접합법)관 등으로 구분된다.

### (2) 주철관의 특징 ✪✪✪

① 내식성 및 내마모성이 좋다.
② 일반관에 비해 강도가 크다.
③ 매설 시 부식이 적어 매설관에 적합하다.
④ 급수·배수·통기 및 오수·가스공업·화학공업 등 사용처가 다양하다.

**핵심Key**
동관 두께에 따른 순서
K > L > M

## 3. 동관

동과 동합금은 대기, 담수, 해수는 물론 각종 염류산, 알칼리 등의 수용액과 유기화합물에 내식성이 강하고, 전기전도성, 기계적성질, 주조성과 전연성이 좋아 널리 사용되며, 두께에 따라서 K, L, M 3종류로 구분한다.

### (1) 동관의 분류

① **타프피치 동(Tcup)** : 동 중의 산소함류량이 0.02~0.05% 정도, 순도 99.9% 이상 되도록 전기동을 정제한 것으로 전기전도도와 전연성이 좋지만 고온의 환원성 분위기에서 수소취성을 일으키기 쉬워 고온 용접 시 주의하여야 한다.

② **인탈산 동(Dcup)** : 전기동 중의 산소를 인을 써서 제거한 것으로 산소는 0.01% 이하로 제거되나 인이 잔류하는 동재료로, 용접성이 우수하며 수도용, 냉난방용 기기, 열교환기용, 급수관, 송유관, 급탕관에 사용된다.

③ **무산소동** : 산소도를 최대한 제거하여 잔류하는 탈산소도 없는 동으로 타프피치 동과 인탈산 동의 성질을 동시에 갖고 있다. 주로 전자기기 제작에 사용되고 있다.

④ 황동관 : 동과 아연(Zn)의 합금으로 기계적 성질, 내식성이 우수하여 구조용, 열교환기, 각종 기기의 부품으로 사용된다.
⑤ 단동관 : 아연을 10~15% 포함한 황동관으로 내구성이 특히 강하다.
⑥ 규소청동관 : 규소(Si) 2.5~3.5%를 포함한 청동관으로 내산성이 특히 강하다.
⑦ 니켈 동합금관 : 니켈(Ni) 63~70%를 포함한 합금동관으로 내식 및 기계적 강도가 크다.

### (2) 동관의 특징 ★★★

① 전기 및 열전도성이 좋다.(열교환기 및 냉/난방 배관으로 널리 사용된다)
② 전연성이 풍부하고 가공이 용이하다.
③ 내식성이 좋아 수명이 길다.
④ 무게가 가벼워 운반 및 취급이 용이하나, 외부충격에 약하다.
⑤ 마찰저항이 작다.
⑥ 가격이 비싸다.
⑦ 알칼리에는 강하나 산에는 약하다.
⑧ 연수(軟水)에 부식되는 성질이 있어 증류수 및 증기관에는 적합하지 않다.

## 4. 연관(Pb : 납)

### (1) 연관의 분류

① **수도용 연관** : 정수두 75m 이하의 수도에 사용하는 것으로 강도와 내구성이 좋다.
② **배수용 연관** : 상온에서 구부림 및 확관이 용이한 것으로 트랩, 배수관, 오수관, 기구 연결관으로 사용된다.
③ **경연관** : 관 길이는 3m로, 화학공업에 사용하는 경질연관이다.

### (2) 연관의 특징 ★★

① 초산, 염산, 질산 등에 침식되나 그 밖의 산에 강하며 알칼리성에 약하다.
② 전연성이 풍부하여 상온가공이 용이하다.
③ 내식성이 일반 관에 비해 크다.
④ 해수나 천연수도 안전하게 사용할 수 있다.
⑤ 콘크리트 매설 시 생석회에 침식되므로 방식처리가 필요하다.
⑥ 중량이 무거워 수평배관 설치 시 늘어지기 쉽다.
⑦ 용도에 따라 1종(화학공업용), 2종(일반용), 3중(가스용)으로 다양하게 사용된다.

## 5. 알루미늄관(Al)

동 다음으로 전기 및 열전도성이 양호하며 전연성이 풍부하여 가공이 용이하며 열교환기, 선박, 차량, 건축재료 및 화학공업용 재료로 널리 사용된다. 알칼리에는 약하고 특히 해수, 염산, 황산, 가성소다 등에 약하다.

## 6. 스테인레스 강관

철에 12~20% 정도의 크롬을 첨가하여 만들어진 것으로 강의 표면에 얇은 보호피막을 만들어 부식진행을 느리게 한다.

### (1) 스테인레스 강관의 분류

① 배관용 스테인레스 강관 : 오스테나이트계, 오스테나이트 – 페라이트계, 페라이트계 등이 있으며 내식용, 저온용, 고온용 등의 배관에 사용된다. 관 제조법은 이음매없이 제조하거나, 자동 아크용접, 레이저 용접, 전기저항 용접으로 제조한다.
② 보일러 열교환기용 스테인레스 강관 : 오스테나이트계, 오스테나이트 – 페라이트계, 페라이트계 등이 있고, 관내 외에서 열 교환을 목적으로 사용된다.
③ 스테인레스 위생용관 : 식품공업 및 낙농 등에 사용되며, 표면 마무리가 좋아 스테인레스 위생용관이라 한다.
④ 스테인레스 주름관 : 급탕, 급수, 난방 등에 사용하며, 관을 쉽게 굽힐 수 있고 이음쇠에 쉽게 연결할 수 있다.

### (2) 스테인레스 강관의 특징 ★★★

① 기계적 성질이 우수하고 가벼워 운반 및 가공이 용이하다.
② 내식성이 우수하여 내경의 축소, 저항 증대현상이 적다.
③ 저온 충격성이 좋다.
④ 한랭지 배관이 가능하며 동결에 대한 저항성이 크다.
⑤ 연결법은 나사식, 용접식, 몰코식, 플랜지 이음법 등이 있다.

---

**개념잡기**

스테인리스 강관의 특징 설명으로 옳은 것은?
① 강관에 비해 두께가 얇고 가벼워 운반 및 시공이 쉽다.
② 강관에 비해 내열성은 우수하나 내식성은 떨어진다.
③ 강관에 비해 기계적 성질이 떨어진다.
④ 한랭지 배관이 불가능하며 동결에 대한 저항이 적다.

> **스테인리스 강관의 특징**
> ① 강관에 비해 기계적 성질이 우수하고, 두께가 얇고 가벼워 운반 및 시공이 쉽다.
> ② 내열성 및 내식성이 우수하다.
> ③ 기계적 성질이 우수하며 위생적이어서 적수, 백수, 청수의 염려가 없다.
> ④ 저온 충격성이 크고, 한랭지 배관이 가능하며 동결에 대한 저항이 크다.
>
>  답 ①

## 7. 비금속관

### (1) 석면 시멘트관(에터닛관)

석면과 시멘트를 1 : 5로 혼합하여 롤러로 압력을 가해 성형시킨 관이다. 1종(정수두 75m이하), 2종(정수두 45m이하)의 두 종류가 있으며 금속에 비해 내식성이 크며 특히 내알칼리성이 우수하다. 수도용, 가스관, 배수관, 공업용수관 등의 매설관에 사용되며 재질이 치밀하여 강도가 크다.

### (2) 철근 콘크리트관

① **보통 철근 콘크리트관** : 형틀에 철근을 넣고 콘크리트를 다져서 만든 관으로 조직이 거칠고 기공이 많아 강도가 약하나 보통 배수관으로 사용된다.
② **원심력 철근 콘크리트관** : 흄관(hume pipe)이라고도 하며, 철망을 원통형으로 엮어 형틀에 넣고 콘크리트를 주입하여 고속으로 회전시켜 균일한 두께의 관으로 성형시킨 관으로 상하수도 배관으로 사용되며 보통압관, 저압관의 2종류와 형상에 따라 A, B, C형의 3종류가 있다.
③ **도관** : 점토를 주원료로 하여 성형, 소성하여 만들며 보통관, 후관, 특후관이 있다.

> **참고**
> **도관의 종류**
> • 보통관 : 일반주택부지의 잡배수관, 농업관계용 수관으로 사용
> • 후관 : 도시하수관으로 사용
> • 특후관 : 철도용 배수관으로 사용

### (3) 합성수지관

석유, 석탄, 천연가스 등으로부터 얻어지는 에틸렌, 프로필렌, 아세틸렌, 벤젠 등을 주원료로 하여 제조된 관

① **경질염화비닐관(P.V.C관)** : 아세틸렌에 염화수소를 첨가하여 압출성형기로 제조한 관으로 사용온도는 5~50℃ 정도이며, 온도변화가 심한 곳에서 노출배관 시 30~40m마다 신축이음을 해야 한다.
  ㉠ 일반관(PV) : 해수관, 약액수송관, 수도용 및 일반배관
  ㉡ 박관(VU) : 배수관, 통기관
  ㉢ 수도관(VW) : 수도용 급수관 등으로 나뉜다.

### 꼭집어 어드바이스 ★★

| 장점 | 단점 |
|---|---|
| ① 내식성이 크고, 산, 알칼리, 염류 등의 부식에도 강하다.<br>② 가볍고 운반 및 취급이 편리하고 기계적 강도도 높다.<br>③ 전기절연 및 열의 부도체이다.<br>④ 가격이 싸고 가공 및 접합작업이 용이하다. | ① 열가소성수지이므로 180℃ 정도에서 연화된다.<br>② 열팽창이 커서 신축이 심하다.<br>③ 저온에 특히 약하다.(저온 취성)<br>④ 용제 및 아세톤 등에 침식된다. |

② **폴리에틸렌관(PE관)** : 에틸렌을 주원료로 하여 만든 관으로 우유색이 난다. 광선에 약하므로 장시간 직사광선을 받으면 산화되어 황색으로 변하기 때문에 카본블랙을 첨가하여 흑색으로 만든다. 수도용과 일반용 2종류가 있으며 화학적 성질, 기계적 성질이 P.V.C관보다 우수하며 내충격성이 크고 내한성이 좋아 −60℃에서도 취성이 나타나지 않아 한냉지 배관으로 적합하다.

### 꼭집어 어드바이스

**폴리에틸렌관의 분류**

- **수도용 폴리에틸렌관**
  사용압력 $7.5 kg/cm^2$ 이하의 수도용배관용으로 사용되며, 1종은 저밀도 또는 중밀도 폴리에틸렌, 2종은 고밀도 에틸렌으로 한다.
- **일반용 폴리에틸렌관**
  압출 가공한 일반용으로, 유연성이 좋은 1종과 견고성이 좋은 2종으로 구분된다.
- **가스용 폴리에틸렌관**
  매설용 가스 연료 공급관에 사용되며, 산화방지제, 안료, 자외선 안전제등의 첨가제가 혼합된 PE 컴파운드로 제조한다.
- **폴리에틸렌 전선관**
  전기배선 보호용으로 사용하며, 압출 성형으로 제조한다.

③ **폴리부틸렌관(polybuthylene)** : PB파이프라고도 하며, 주로 95℃ 이하의 물을 수송하는 관으로 에이콘 파이프(acorn pipe)로도 알려져 있다.

④ **가교화 폴리에틸렌관(XL관)** : 일명 엑셀(XL)파이프라고도 하며, 온수 온돌 난방 코일용으로 가장 많이 사용하고, 수도용 및 온수난방용으로 95℃ 이하의 물에 사용한다.

⑤ **단열2중관** : 강관, 스테인레스강관, 동관, PE관, PVC 관을 내관으로 외부는 폴리우레탄 등 보온재를 덮고, 그 위에 매설용은 고밀도 폴리에틸렌 파이프로, 노출용은 알루미늄 등으로, 고온, 고압 증기용은 PE관이나 아스팔트 코팅관으로 싸서 보온하는 단독관이다. 이 관은 지역 냉난방 시스템, 열병합 발전소, 동파 방지 배관, 온천수 배관 등에 사용된다.

## 3 관 이음 재료

### 1. 나사이음

강관에 나사를 내어 나사부분에 패킹제를 감고 파이프렌치를 이용해 체결하는 방식으로, 나사가 헐거우면 누수가 되고, 나사가 덜 절삭되어 빡빡하면 이음쇠가 파손될 수 있어 나사깊이를 적당히 절삭해야 한다.(종류 : 강제와 흑심가단주철제가 있다)

### (1) 나사이음의 사용목적별 분류 ★★

① 배관의 방향을 바꿀 때 : 엘보, 벤드, 리턴벤드
② 관을 도중에 분기할 때 : 티, 와이(Y), 크로스(+)
③ 같은 지름의 관(동경관)을 직선연결할 때 : 소켓, 유니언, 플랜지, 니플
④ 서로 다른 지름의 관(이경관)을 연결할 때 : 이경 소켓(레듀샤), 이경 엘보, 이경 티, 부싱
⑤ 관 끝을 막을 때 : 플러그(플러그-숫나사, 배관-암나사), 캡(캡-암나사, 배관-숫나사)

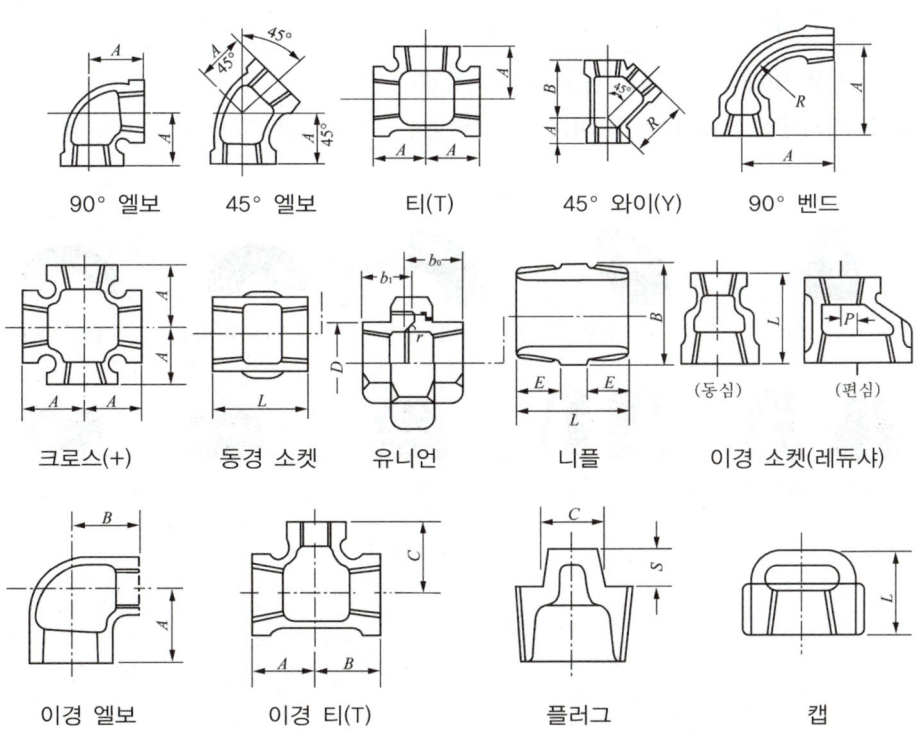

### (2) 이음쇠 크기 표시방법

① 지름이 같은 경우 : 호칭지름으로 표시한다.
   **예** 25A 엘보

② 지름이 2개인 경우 : 큰 치수를 먼저 표시한 후 작은 치수를 표시한다.
   **예** 20×15A 엘보

③ 지름이 3개인 경우 : 동일 중심선상 또는 평행한 중심선 위에서 지름이 큰 것을 1번, 조금 작은 것을 2번, 나머지를 3번의 순서로 나타낸다.
   **예** 32×25A 티

```
         25
         |
  32 ——————— 32
```

④ 지름이 4개인 경우 : 지름이 가장 큰 것을 1번, 이것과 동일한 중심선 위에 있는 것을 2번, 나머지 2개 중 지름이 큰 것을 3번, 작은 것을 4번의 차례로 나타낸다.
   **예** 50×20×40×32A 크로스

```
         40
  50 ——————— 20
         32
```

## 2. 용접 이음

① 일반용 맞대기 이음쇠 : 배관용 탄소강관에 사용
② 맞대기용접, 슬리브용접 이음쇠 : 압력배관, 고압배관, 합금강, 스테인레스 강관에 사용

(a) 45° 엘보   (b) 90° 엘보   (c) 90° 롱 엘보   (d) 180° 롱 엘보   (e) 180° 엘보

(f) 동심 리듀서   (g) 편심 리듀서   (h) 동경 티   (i) 이경 티   (j) 캡

용접식 이음쇠 종류

## 3. 플랜지 이음

고압 파이프라인 또는 밸브, 펌프, 열교환기 및 각종 기기를 접속시킬 때 관을 자주 해체하거나 교환할 필요가 있을 때 사용한다.

### (1) 플랜지 재질

강판, 주철, 주강, 청동, 황동 등으로 만든다.

### (2) 플랜지 종류

① **전면 시트형** : 호칭압력 16[kg/cm$^2$] 이하에 사용
② **대평면 시트형** : 호칭압력 63[kg/cm$^2$] 이하에 사용되며 패킹재는 연질을 사용하는 것이 좋다.
③ **소평면 시트형** : 호칭압력 16[kg/cm$^2$] 이상에서 사용되는 패킹재는 경질을 사용하는 것이 좋다.
④ **삽입 시트형** : 호칭압력 16[kg/cm$^2$] 이상, 기밀을 요하는 곳에 사용한다.
⑤ **홈 시트형** : 호칭압력 16[kg/cm$^2$] 이상이고, 위험성이 큰 유체의 배관, 큰 기물을 필요로 하는 배관에 사용한다.

### (3) 플랜지와 배관 이음방법

① 맞대기용접형　　② 나사이음형
③ 슬리브용접형　　④ 블라인드형
⑤ 랩조인트형　　　⑥ 소켓용접형

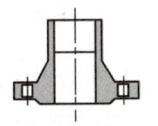
맞대기 용접 플랜지

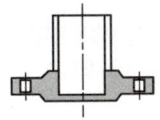
나사 이음 플랜지

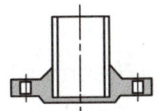
슬리브 용접 플랜지

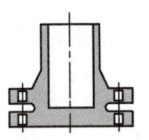
블라인드 플랜지

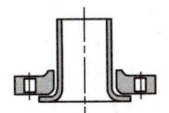
유합플랜지(랩조인트)

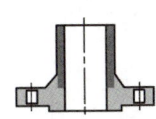
소켓용접 플랜지

> 강관에 대한 용접이음의 장점으로 거리가 먼 것은?
> ① 열에 의한 잔류응력이 거의 발생하지 않는다.
> ② 접합부의 강도가 강하다.
> ③ 접합부의 누수의 염려가 없다.
> ④ 유체의 압력손실이 적다.
>
> **용접이음의 특징**
> ① 열에 의한 잔류응력이 발생한다.
> ② 접합부의 강도가 강하다.
> ③ 접합부의 누수의 염려가 없다.
> ④ 유체의 압력손실이 적다.
>
> 답 ①

## 4. 배관의 지지 장치

관의 신축, 동요, 하중 등에 의하여 과도한 변형 및 응력이 생기지 않도록 하기 위해 사용하며 간단한 구조로서 충분한 강도를 유지해야 한다.

### 1. 행거(Hanger)

관을 천장에 걸어 지지하게 하는 장치로 리지드행거, 스프링행거, 콘스탄트 행거 등이 있다.

① **리지드 행거(rigid hanger)** : I(아이) 빔에 턴 버클을 연결하여 관을 매다는 형태로 상하방향의 변위가 없는 곳에 사용한다.
② **스프링 행거(spring hanger)** : 턴 버클 대신 스프링을 사용한 것으로 충격, 진동 등을 흡수할 수 있다.
③ **콘스탄트 행거(constant hanger)** : 배관의 상하 이동을 어느 정도 허용하는 구조로 만들어 관의 지지력을 일정하게 한 것으로 중추식과 스프링식이 있다.

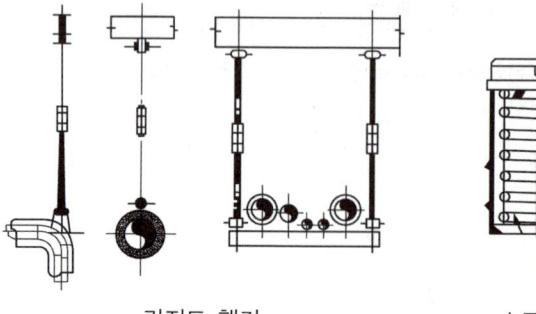
리지드 행거

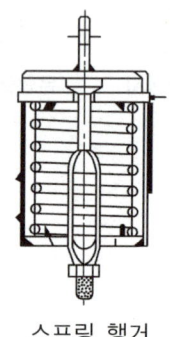
스프링 행거

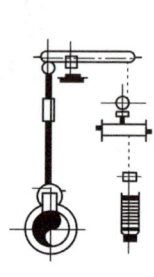
콘스탄트 행거

## 2. 서포트(Support)

관을 밑에서 떠받쳐 지지하는 장치

① **리지드 서포트**(rigid support) : 강도가 높은 재료로 만든 I빔, H빔으로 여러 개의 관을 동시에 지지할 수 있다.
② **파이프 슈**(pipe shoe) : 관에 직접 접속하여 지지하는 장치로 배관의 수평부와 곡관부를 지지하는 장치이다.
③ **롤러 서포트**(roller support) : 관의 축방향의 이동을 자유롭게 하기 위해 롤러를 이용해 지지하는 장치이다.
④ **스프링 서포트**(spring support) : 스프링에 의해 관의 하중에 따라 상하 이동을 허용하는 지지 장치이다.

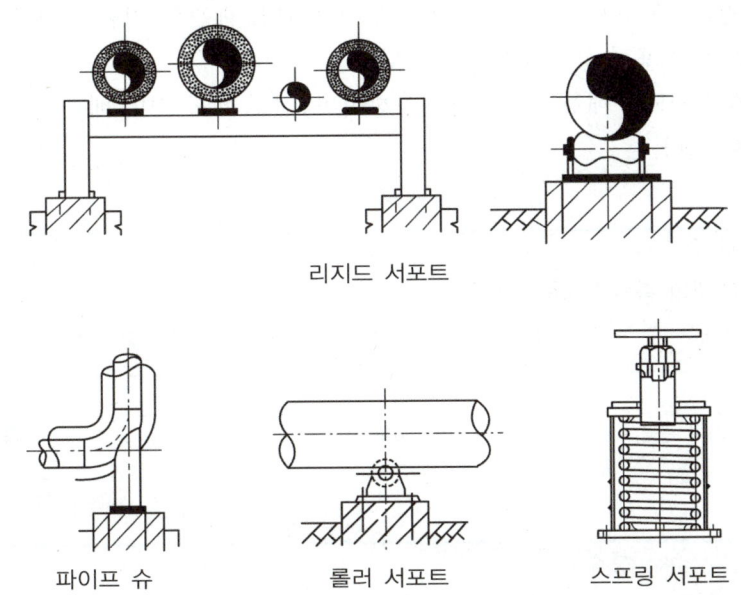

리지드 서포트

파이프 슈     롤러 서포트     스프링 서포트

## 3. 리스트레인트(Restraint)

관을 지지하며 열팽창에 의한 배관의 운동을 구속 또는 제한하는 관의 지지물

① **앵커**(anchor) : 볼트를 콘크리트에 매설하여 관의 이동 및 회전을 방지하기 위해 지지점에 완전히 고정하는 장치로 진동이 심한 곳에 사용하는 장치이다.
② **스톱/스토퍼**(stop/stopper) : 배관의 일정한 방향과 회전만 구속하고 다른 방향은 자유롭게 이동하게 하는 장치이다.
③ **가이드**(guide) : 배관의 축방향 이동을 안내하고 직각 방향 운동을 구속하는데 사용하며 파이프랙(pipe rack) 위 배관의 곡관 부분과 신축이음부에 설치한다.

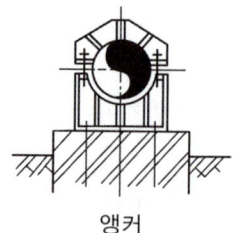 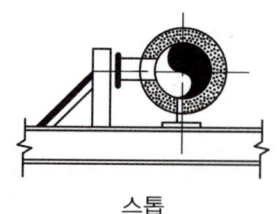 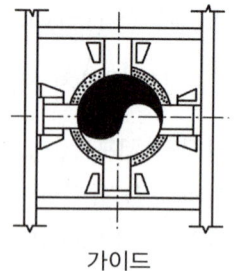

　　　　앵커　　　　　　　　스톱　　　　　　　　가이드

### 핵심Key

**배관 지지 시 유의사항**
1. 밸브류나 장치가 있는 경우 장치의 가까이에 지지한다.
2. 가능한 기존의 보를 이용하며 적정 간격을 유지하며 휘거나 쳐지지 않도록 한다.
3. 배관의 곡관부에는 곡관부 가까이 지지하며 분기관의 경우에는 신축흡수를 고려한다.

### 4. 브레이스(Brace)

펌프, 압축기 등에서 발생하는 진동, 서징, 수격작용, 지진 등에 의한 진동, 충격 등을 완화하는 완충기(방진기)가 있으며 종류로는 스프링식과 유압식이 있다.

① **스프링식** : 온도가 높지 않은 배관에 사용하며, 배관의 이동에 따른 하중이 변하므로 스프링 정수가 높아야 한다.

② **유압식** : 규모가 대형인 배관에 사용하며, 방진 효과도 크며, 배관 이동에 대한 저항이 적다.

**개념잡기**

배관 지지구의 종류가 아닌 것은?
① 파이프 슈　　② 콘스탄트 행거　　③ 리지드 서포트　　④ 소켓

**소켓**
동일 관경의 관을 직선이음할 때 사용하는 이음쇠
답 ④

**개념잡기**

압축기 진동과 서징, 관의 수격작용, 지진 등에서 발생하는 진동을 억제하기 위해 사용되는 지지 장치는?
① 벤드벤　　② 플랩 밸브　　③ 그랜드 패킹　　④ 브레이스

**브레이스**
압축기 진동과 서징, 관의 수격작용, 지진 등에서 발생하는 진동을 억제하는데 사용되는 지지장치
답 ④

## 5. 패킹 및 방청도료

### 1. 패킹(Packing) ●●●

회전부, 접합부로부터의 기밀을 유지하기 위하여 사용하는 것으로 일명 가스켓이라고도 한다. 패킹재의 선정은 관내 유체의 물리적 성질, 화학적 성질, 기계적 성질을 고려해야 한다. 용도별로 플랜지 패킹, 나사용 패킹, 글랜드 패킹이 있다.

#### (1) 플랜지 패킹

① 고무패킹
  ㉠ 탄성은 우수하나 흡수성이 없다.
  ㉡ 산이나 알칼리에는 강하나 기름에는 침식된다.
  ㉢ 100℃ 이상 고온 배관에는 사용할 수 없으며 주로 급·배수용으로 사용된다.
  ㉣ 네오플렌의 합성고무는 내열범위가 −46~121℃의 고온배관에도 사용된다.
② 석면 조인트 시트 : 석면은 천연섬유로 강인한 특징이 있다. 석면 조인트 시트의 내열도가 450℃로 높아 고온·고압 증기용으로 사용된다.
③ 합성수지 패킹 : 가장 우수한 것으로는 테프론이 있으며, 탄성이 부족하여 고무, 석면, 금속관 등으로 표면 처리하여 사용하며, 내열범위는 −260~260℃ 까지로 사용범위가 아주 넓게 사용된다.
④ 오일 실 패킹 : 한지나 질긴 성질의 종이를 일정한 두께로 겹쳐 내유가공한 것으로 열에 약하다. 펌프, 기어 박스 등에 사용된다.
⑤ 금속 패킹 : 금속류 가스켓으로 철, 구리, 납, 크롬강, 스테인레스강 등이 있으며, 고온·고압의 배관에는 철, 구리, 크롬강의 패킹을 사용하며, 탄성이 적어 누설의 위험이 있다.

#### (2) 나사용 패킹

① 페인트 : 페인트와 광명단을 혼합사용하는 것으로 오일 배관에는 사용하지 못한다.
② 일산화연 : 페인트에 소량의 일산화연을 혼합사용하여 냉매배관에 많이 사용된다.
③ 액상합성수지 : 내열범위가 −30~130℃ 정도로 약품에 강하고 내유성이 강해 증기, 기름, 약품배관에 사용된다.

> **참고**
>
> **유체의 물리적 성질**
> 온도, 압력, 밀도, 점도, 액체, 기체
>
> **유체의 화학적 성질**
> 부식성, 용해능력, 휘발성, 인화성, 폭발성
>
> **유체의 기계적 성질**
> 진동유무, 외압 및 내압, 교체의 난이성

### (3) 글랜드 패킹

밸브의 회전 부분에 기밀을 유지할 목적으로 사용된다.

① **석면각형 패킹** : 석면을 각형으로 짜서 만든 것으로 내열, 내산성이 좋아 대형 밸브 글랜드로 사용한다.
② **석면 얀** : 석면을 꼬아서 만든 것으로 소형 밸브, 수면계의 콕(cock) 주로 소형 밸브 글랜드로 사용한다.
③ **아마존 패킹** : 면포와 내열 고무 콤파운드를 가공 성형한 것으로 압축기의 글랜드용에 사용된다.
④ **몰드 패킹** : 석면, 흑연, 수지 등을 배합 성형한 것으로 밸브, 펌프 등의 글랜드용으로 사용된다.

### 2. 방청 도료 ★★★

① **광명단 도료** : 연단을 아마인유와 혼합한 것으로 밀착력 및 풍화에 강해 녹방지를 위해 페인트의 밑칠용으로 사용된다.
② **산화철 도료** : 산화제2철을 보일유나 아마인유와 혼합한 것으로 산화철의 양이 적을수록 빨갛고 많을수록 짙은 자색을 나타내며 값이 싸서 많이 사용한다.
③ **알루미늄 도료(은분)** : 산화 알루미늄($Al_2O_3$) 분말을 유성 니스에 혼합한 것으로 방청효과가 크며 밑바탕 도장 후 유성 페인트를 사용하면 방청효과가 더욱 커진다.
  ㉠ 사용처 : 방열기 표면이나, 탱크표면에 사용하며 400~500℃의 내열성을 가지며 방청효과가 매우 좋다.
④ **합성수지계 도료** : 내산성이 강한 비닐계 수지, 페놀계 수지, 프탈계 수지 등을 액체로 하고 가소제 용제 등을 배합한 도료로서 모든 약품에 저항이 강하다.
⑤ **기타 도료** : 니스, 라카, 에폭시 수지, 타르 및 아스팔트 도료 등이 있다.

### 3. 보온재(단열재) ★★★

보온재란 온도를 보존하기 위해 사용되는 재료로 일명 단열재라고도 한다. 사용온도에 따라 내화물, 단열재, 보온재, 보냉재 등을 구분한다.

### (1) 사용온도에 따른 내화물, 단열재, 보온재 구분

① 내화물 : 사용온도가 1,580℃ 이상의 것
② 내화단열재 : 1,200~1,500℃까지의 온도를 견디는 것
③ 단열재 : 800~1,200℃까지의 온도에 견디며 단열효과를 나타내는 것
④ 보온재 : 800℃ 이하의 온도에 견디는 것
⑤ 보냉재 : 100℃ 이하의 냉온을 유지하는 냉동, 냉장용으로 사용되는 것

---

**용어정의**
• 방청 도료 : 각종 금속(철 등)에 녹스는 것을 방지하기 위한 도료이다.

**참고**
무기질 보온재 사용온도
500~800℃

유기질 보온재 사용온도
100~500℃

## (2) 보온재 종류

① 유기질 보온재

  ㉠ 펠트(felt) : 양모, 우모가 있고 실내 혹은 천장 내 급수 및 배수관 표면에 결로 방지(방로)를 위해 사용한다.

  ㉡ 텍스류 : 톱밥, 목재 등을 압축 성형한 것으로, 건축 재료로서 실내 벽·천장 등의 보온 및 방음용으로 사용된다.

  ㉢ 코르크(cork) : 탄성이 풍부하고, 액체, 기체의 침투를 방지하는 효과가 좋아 보온·보냉재로 사용된다.

  ㉣ 기포성 수지(폼류) : 합성수지 또는 고무질 재료를 사용하여 다공질로 만든 것으로 열전도율이 낮고 가벼우며 부드럽고 불연성이기 때문에 보온·보냉재료 효과가 좋다[종류 : 염화비닐폼, 폴리우레탄폼, 폴리스틸렌폼(스티로폼)].

② 무기질 보온재

  ㉠ 석면 : 아스베스토스를 주원료로 하여 만든다.

| | |
|---|---|
| 장점 | 균열이 생기거나 부서지는 일이 없어 선박과 같은 진동이 심한 곳에서 사용할 수 있다. |
| 용도 | 400℃ 이하의 관, 탱크, 노벽 등의 보온재로 적당하다. |

  ㉡ 암면 : 안산암, 현무암에 석회를 섞어 용융시켜 압축 가공하여 섬유모양으로 만든다.

| | |
|---|---|
| 단점 | 석면에 비해 섬유가 거칠고 굳어서 부서지기 쉽다. |
| 용도 | 식물성, 동물성, 합성수지 등의 접착제를 써서 띠, 관, 원통형으로 가공하여 400℃ 이하의 관, 덕트, 탱크 등의 보온재로 사용된다. |

  ㉢ 규조토 : 광물질의 잔해 퇴적물로 좋은 것은 순백색이고 부드럽다. 불순물을 함유하고 있는 것은 황색, 회녹색을 띠고 있으며 보통 불순물이 많이 함유된 것이 사용되고 있다.

| | |
|---|---|
| 단점 | 다른 보온재에 비해 단열 효과가 나쁘므로 두껍게 시공해야 한다. |
| 용도 | 500℃ 이하의 관, 탱크, 노벽 등의 보온에 사용된다. |

  ㉣ 탄산마그네슘 : 염기성 탄산마그네슘 85%, 석면 15%를 배합하여 물에 개어서 사용하는 보온재이다.

| | |
|---|---|
| 장단점 | 가볍고 보온성이 우수하나 300~320℃에서 열분해한다. |
| 용도 | 방습 가공하여 옥외 배관, 습기가 많은 지하 덕트의 배관에 사용하며 250℃ 이하의 관, 탱크 등의 보온재로 사용된다. |

  ㉤ 글라스울(유리섬유) : 용융유리를 압축공기, 증기로 원심력을 이용해 섬유화한 것으로 물 등에 의한 화학작용을 일으키지 않으므로 단열, 내열, 내구성이 좋아 보온재, 보온통 등에 널리 사용 된다.

| | |
|---|---|
| 용도 | 300℃ 이하의 관, 천장, 바닥 벽 등 보온에 사용된다. |

> 참고
> 글라스울
> 근래에는 보건상의 문제로 사용 빈도가 감소되는 추세이다.

ⓗ 규산칼슘 : 석회석과 규조토를 원료로 하여 만든 것이다.
ⓢ 기타 무기질 보온재
  ⓐ 펄라이트(200~800℃)
  ⓑ 실리카화이버(1,100℃ 이상)
  ⓒ 세라믹화이버(1,300℃ 이상)

### (3) 보온재 구비조건(단열재, 보냉재) ★★★

① 열전도율이 작을 것
② 부피·비중이 작을 것
③ 다공성이며, 기공이 균일할 것
④ 기계적 강도가 크고, 시공성이 좋을 것
⑤ 흡수성, 흡습성이 없을 것
⑥ 사용온도에 있어서 내구성이 있고, 변질되지 않을 것

> 🌟 꼭집어 어드바이스
> 열전도율은 비중이 작을수록, 온도차가 작을수록, 기공이 많을수록, 두께가 두꺼울수록 작아진다.

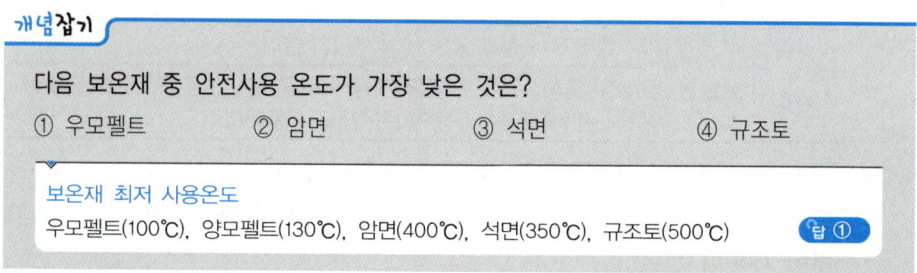

다음 보온재 중 안전사용 온도가 가장 낮은 것은?
① 우모펠트    ② 암면    ③ 석면    ④ 규조토

보온재 최저 사용온도
우모펠트(100℃), 양모펠트(130℃), 암면(400℃), 석면(350℃), 규조토(500℃)    답 ①

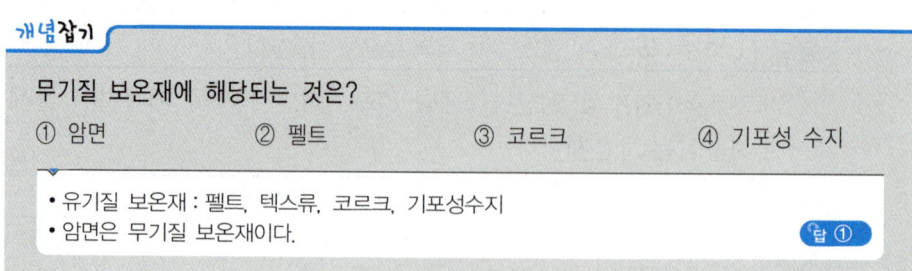

무기질 보온재에 해당되는 것은?
① 암면    ② 펠트    ③ 코르크    ④ 기포성 수지

• 유기질 보온재 : 펠트, 텍스류, 코르크, 기포성수지
• 암면은 무기질 보온재이다.    답 ①

### 개념잡기

**다음 중 보온재의 종류가 아닌 것은?**
① 코르크　　② 규조토　　③ 기포성수지　　④ 제게르 콘

- 유기질 보온재 : 펠트, 코르크, 기포성 수지, 텍스류 등
- 무기질 보온재 : 글라스 폼(울), 석면, 암면, 규조토 등
- 제게르 콘 온도계 : 내화벽돌의 내화도를 측정하는 온도계이다.

답 ④

## 6 내화물(로재)

고열 공업의 공재로서 내열성이 기준이 되는 비금속 무기재료(난용성)를 말한다.

> 참고
> 내화물의 사용온도는 1,580℃ ~2,000℃ 정도이다.

### 1. 내화물의 분류

#### (1) 원료 종류에 따른 분류
점토질, 규석질, 알루미나질, 폴스테라이트질, 석영, 탄소질, 돌마이트질, 크롬마그네시아질 등이 있다.

#### (2) 화학조성에 따른 분류

① 산성내화물
　㉠ 규석질 벽돌
　㉡ 반규석질 벽돌
　㉢ 납석질 벽돌
　㉣ 샤모트질 벽돌

② 중성내화물
　㉠ 고알루미나질 벽돌
　㉡ 탄소질 벽돌
　㉢ 탄화규소질 벽돌
　㉣ 크롬질 벽돌

③ 염기성내화물
　㉠ 마그네시아질 벽돌
　㉡ 크롬마그네시아질 벽돌
　㉢ 돌마이트질 벽돌
　㉣ 폴스테라이트질 벽돌

### (3) 내화도

내화물의 품질을 추정하는 방법 중 하나로 인화 변형상태를 나타내는 표준온도를 일반적으로 SK번호로 표시한다.

① 제게르콘 : 내화물의 내화도를 측정하는 온도계로 총 59종이 있으며 최고 2,000℃까지 측정이 가능하다.

### (4) 하중 연화점

내화물을 고온으로 가열하면 조직 내에서 부분적으로 용융하기 시작하여 점차 연화 현상이 될 때 어느 일정한 하중을 받으며 연화되는 온도도 낮아진다. 이 때 연화 현상을 일으키는 온도를 하중 연화점이라고 하며 압력은 일반적으로 $2[kg/cm^2]$를 가한다.

### (5) 스폴링(spalling) 현상

내화물이 열응력을 받아 균열 또는 쪼개지는 현상

① 원인
    ㉠ 열적 스폴링 : 불균일한 가열, 열응력, 갑작스런 온도변화 등
    ㉡ 기계적 스폴링 : 내화물 내외면의 온도차, 기계적 응력, 과잉 압축 등
    ㉢ 조직적 스폴링 : 슬래그 침식, 용재의 작용 등

# CHAPTER 02 배관공작 및 배관도시법

1. 강관접합에서 관 길이 산출방법에 대해 정확히 알고 넘어가도록 하자.
2. 나사이음과 용접이음을 비교하는 문제가 자주 출제되고 있다.
3. 그 외 배관종류에 따른 이음방법에 대해 정확히 알고 넘어가자.

**빅데이터 키워드**: 강관접합, 나사이음, 용접이음, 배관 종류에 따른 이음방법

## 1 배관 공구와 공작법

### 1. 관의 절단

#### (1) 수공구에 의한 절단
쇠톱, 파이프 커터에 의한 절단(주철관 : 링크형 파이프 커터)

#### (2) 동력용 기계에 의한 절단
기계톱, 고속숫돌 절단기, 띠톱기계, 자동 가스절단기 등

#### (3) 관 종류에 따른 절단방법
① **동관절단** : 20A 이하의 관은 커터를, 20A 이상의 관은 주로 쇠톱을 사용하여 절단하며 단면에 변형이 생겼을 때는 사이징 툴을 사용하여 교정한다.
② **납관의 절단(연관절단)** : 연관 톱을 이용하여 절단하며 재질이 연하여 톱날이 걸리거나 찢어지고 변형이 생길 수 있으므로 관지름에 맞는 나무봉을 끼워 절단한다.

③ 스테인레스 강관의 절단 : 쇠톱이나 소잉머신, 커팅 휠 절단기를 사용하여 절단하며 톱날은 1인치에 대해 32산의 것이 적당하다.
  ㉠ 절단 속도가 너무 빠르면 톱날이 과열되어 절단이 잘 안 된다.
  ㉡ 커팅 휠로 절단할 때는 스테인레스용을 사용해야 한다.
④ 주철관의 절단 : 지름이 작은 주철관은 쇠톱이나 소잉머신으로 절단하거나 정으로 깎아 절단하고 지름이 큰 관은 링크형 파이프 커터(체인식)를 사용하여 절단한다.

링크형 파이프 커터 ❋❋❋

⑤ 합성수지관의 절단 : 강관용 쇠톱이나 파이프 커터를 이용하여 절단하고 거스러미를 제거하여 배관시공 후 각종 기기의 고장 원인을 없애야 한다.

## 2. 관의 접합

### (1) 강관접합

① 관용나사 : 파이프의 나사는 관용 테이퍼 나사로 테이퍼가 1/16(각도 55°)의 것으로 절삭되어진다.
② 강관의 나사접합
  ㉠ 수동나사절삭
    ⓐ 오스터형 : 4개의 날이 1조로 되어있고 15~20A는 나사산이 14산, 25~250A는 나사산이 11산으로 되어 있다.
    ⓑ 리드형 : 2개의 날이 1조로 되어 있는데 날의 뒤쪽에는 4개의 조로 파이프의 중심을 맞출 수 있는 스크롤이 있다.
  ㉡ 동력 나사절삭기 : 동력을 이용한 나사절삭기로 오스터를 이용한 다이헤드(die head)식과 호브(hob)식이 있으며 파이프 절단, 나사절삭, 리머작업이 가능하다.
③ 관길이 산출 : 배관에서 모든 치수는 관의 중심에서 중심까지의 거리를 mm로 나타내며, 정확한 치수로 배관 시공을 하려면 이음쇠 및 부속의 중심에서 단면 중심까지의 길이와 관의 유효나사 길이 및 삽입 길이를 정확히 알아야 한다.

㉠ 관의 직선 길이 산출

$$l = L - 2(A-a)$$

- $A$ : 부속의 중심에서 단면 중심까지의 길이
- $a$ : 관의 삽입 길이
- $l$ : 관의 실제 길이
- $L$ : 관의 전체 길이
- $(A-a)$ : 여유 치수라고도 한다.

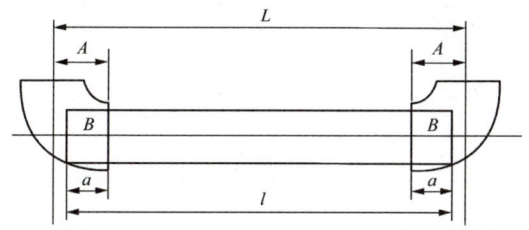

㉡ 관의 빗변 길이 산출 : 피타고라스의 정리에 의해

$$L = \sqrt{L_1^2 + L_2^2}$$
$$l = B \times \sqrt{2} - 2(A-a) = L - 2(A-a)$$

$B$ : 45° 배관의 길이

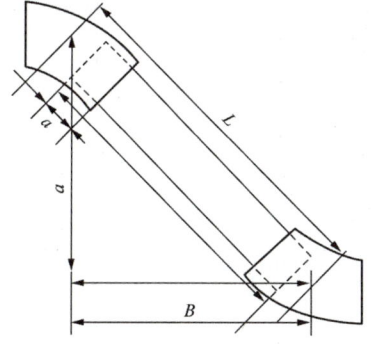

㉢ 곡관의 길이 산출

$$l = 2\pi r \times \frac{\vartheta}{360}$$

- $r$ : 곡률반지름
- $\vartheta$ : 각도

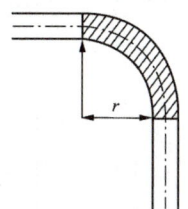

## 관 지름에 따른 나사가 물리는 최소 길이

| 관 지름(A) | 15 | 20 | 25 | 32 | 40 | 50 | 65 | 80 | 100 | 125 | 150 |
|---|---|---|---|---|---|---|---|---|---|---|---|
| 나사가 물리는 최소 길이(a) | 11 | 13 | 15 | 17 | 18 | 20 | 23 | 25 | 28 | 30 | 33 |

| 호칭 지름 | 중심에서 단면까지의 거리(mm) | | 90° 엘보 | 45° 엘보 |
|---|---|---|---|---|
| | A(90°) | A(45°) | A−a(mm) | A−a(mm) |
| 15 | 27 | 21 | 15 | 12 |
| 20 | 32 | 25 | 20 | 15 |
| 25 | 38 | 29 | 25 | 20 |
| 32 | 46 | 34 | 30 | 25 |
| 40 | 48 | 37 | 35 | 30 |
| 50 | 57 | 42 | 40 | 35 |

## 이경 엘보의 여유 치수

| 호칭 지름(mm) | 중심에서 단면까지의 거리(mm) | | 여유 치수(mm) | |
|---|---|---|---|---|
| | A | B | A−a | B−b |
| 20×15 | 29 | 30 | 16 | 19 |
| 25×15 | 32 | 33 | 17 | 22 |
| 25×20 | 34 | 35 | 19 | 22 |
| 32×20 | 38 | 40 | 21 | 27 |
| 23×25 | 41 | 45 | 23 | 30 |
| 40×25 | 41 | 45 | 23 | 30 |
| 40×32 | 45 | 48 | 27 | 31 |

## 소켓의 여유 치수

| 호칭 지름(mm) | L(mm) | 여유 치수(mm) L−2a |
|---|---|---|
| 15 | 35 | 13 |
| 20 | 40 | 14 |
| 25 | 45 | 15 |
| 32 | 50 | 16 |
| 40 | 55 | 19 |
| 50 | 60 | 20 |

| 호칭 지름(mm) | L(mm) | 여유 치수(mm) | | |
|---|---|---|---|---|
| | | A−a | B−b | L−(a+b) |
| 20×15 | 38 | 7 | 7 | 14 |
| 25×20 | 42 | 7 | 7 | 14 |
| 32×20 | 48 | 9 | 9 | 18 |
| 32×25 | 48 | 8 | 8 | 16 |
| 40×25 | 52 | 10 | 9 | 19 |
| 40×32 | 52 | 9 | 8 | 17 |
| 50×32 | 58 | 11 | 10 | 21 |
| 50×40 | 58 | 10 | 10 | 20 |

## ○ 티의 여유 치수

| 호칭 지름 | 중심에서 단면까지의 거리 A(mm) | 여유 치수 A-a(mm) |
|---|---|---|
| 15 | 27 | 16 |
| 20 | 32 | 19 |
| 25 | 38 | 23 |
| 32 | 46 | 29 |
| 40 | 48 | 30 |
| 50 | 57 | 37 |

## ○ 이경 티의 여유 치수

| 호칭지름(mm) | 호칭지름(mm) | | 중심에서 단면까지의 거리(mm) | |
|---|---|---|---|---|
| | A | B | A-a | B-b |
| 20×15 | 29 | 30 | 16 | 19 |
| 25×15 | 32 | 33 | 17 | 22 |
| 20×20 | 34 | 35 | 19 | 22 |
| 32×20 | 38 | 40 | 21 | 27 |
| 32×25 | 40 | 42 | 23 | 27 |
| 40×20 | 38 | 43 | 20 | 30 |
| 40×25 | 41 | 45 | 23 | 30 |
| 40×32 | 45 | 48 | 27 | 31 |
| 50×20 | 41 | 49 | 21 | 36 |
| 50×25 | 44 | 51 | 24 | 36 |
| 50×32 | 48 | 54 | 28 | 37 |
| 50×40 | 52 | 55 | 32 | 37 |

④ **강관굽힘** : 수동굽힘과 기계적 굽힘의 두 종류가 있으며 어느 방법이든 가능한 곡률 반지름을 크게 하여 유체의 마찰저항을 줄여야 한다.

㉠ 수동굽힘

ⓐ 냉간굽힘 : 수동 롤러를 이용하는 것과 냉간벤더에 의한 것이 있다.

ⓑ 열간굽힘 : 모래를 채운 후 토치램프 등을 이용하여 강관을 800~900℃까지 가열 후 단계적으로 구부린다.(모래는 완전건조 후 사용한다) (동관의 경우 가열온도 600~700℃)

㉡ 기계적 굽힘

ⓐ 램식(ram : 유압식) : 모래나 심봉없이 상온에서 굽힘한다.(L형 90°), 현장용으로 수동식은 50A, 동력식은 100A까지 상온에서 구부릴 수 있다.

ⓑ 로터리식(rotary)벤더에 의한 굽힘 : 모래충진 없이 관에 심봉을 넣어 구부리는 것으로 대량 생산용으로 상온에서 어느 관이라도 굽힘할 수 있다.(L형 90°, U형 180°)

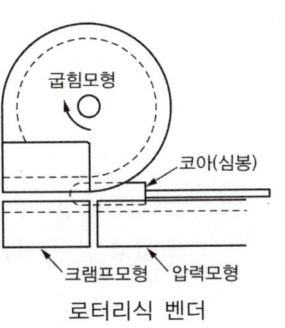
로터리식 벤더

> **꼭찝어 어드바이스** ★★★
>
> **관굽힘 작업 시 주의사항**
> - 관의 용접선이 위에 오도록 고정한 후 구부린다.
> - 냉간가공 시 스프링백 현상(탄성에 의해 돌아가는 현상)에 유의하여야 하며 조금 더 구부린다.

◎ **로터리식 유압 벤딩 머신에 의한 관 굽힘의 결함과 원인**

| 결함 | 원인 |
|---|---|
| 관이 미끄러진다. | • 관의 고정 불량<br>• 클램프 또는 관의 표면에 기름이 묻어 있다.<br>• 프레셔 다이가 지나치게 조정되어 있다. |
| 관이 파손된다. | • 프레셔 다이가 지나치게 조정되어 저항이 크다.<br>• 센터링 다이가 지나치게 나와 있다.<br>• 굽힘 반지름이 지나치게 작다.<br>• 재료에 결함이 있다. |
| 주름이 생긴다. | • 관이 미끄러진다.<br>• 센터링 다이가 너무 내려와 있다.<br>• 벤딩 다이의 홈이 관의 지름보다 작다.<br>• 벤딩 다이의 홈의 지름이 지나치게 크다.<br>• 바깥지름에 비하여 두께가 얇다.<br>• 굽힘 형이 주축에 대하여 편심되어 있다. |
| 관 단면이 타원형으로 된다. | • 센터링 다이가 너무 내려와 있다.<br>• 센터링 다이와 관 내측 사이의 틈이 크다.<br>• 센터링 다이의 모양이 적합하지 않다.<br>• 재질이 연하고 두께가 얇다. |

⑤ 용접접합

㉠ 맞대기 용접 : 보조물 없이 용접할 수 있는 방법으로 3~4개소의 가접 후 용접한다.

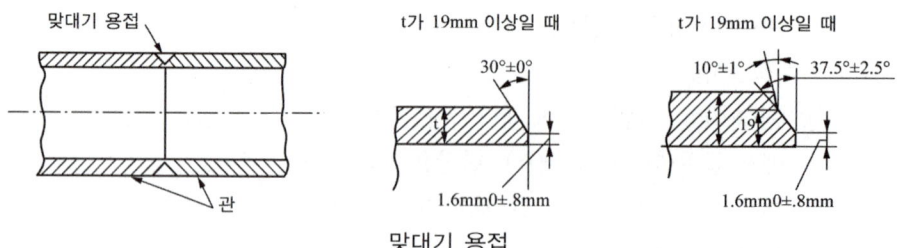

맞대기 용접

㉡ 슬리브 용접 : 슬리브를 관의 외부에 끼우고 용접하는 것으로 누수의 염려가 없고 관의 지름의 변화가 없다.(슬리브의 길이는 관지름의 1.2~1.7배)

---

**핵심Key**

**용접의 종류**
- **전기 용접**
  지름이 큰관의 용접으로 관의 변형이 적고 용접속도가 빠르다.
- **가스 용접**
  지름이 작은 관의 용접으로 관의 변형이 있고 용접속도가 느리다.

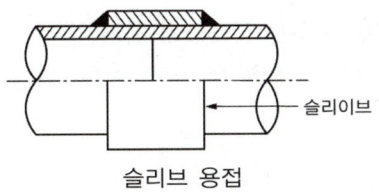

슬리브 용접

ⓒ 플랜지 접합 : 관의 해체 및 교환 시 편리하게 사용되며 나사이음과 용접 이음의 두 방법이 있으나 용접이음하는 경우가 많다.

### 꼭찝어 어드바이스

**용접이음의 장점(나사이음과 비교)**
- 접합부의 강도가 강하며, 누수의 염려가 적다.
- 가공이 용이하여 공정이 단축된다.
- 관내 돌출부가 없어 마찰손실이 적다.
- 보온 피복이 용이하다.
- 부속이 적게 들어 재료비가 절감된다.

### 개념잡기

배관의 나사이음과 비교한 용접이음에 관한 설명으로 틀린 것은?
① 나사 이음부와 같이 관의 두께에 불균일한 부분이 없다.
② 돌기부가 없어 배관상의 공간효율이 좋다.
③ 이음부의 강도가 적고, 누수의 우려가 크다.
④ 변형과 수축, 잔류응력이 발생할 수 있다.

용접이음은 이음부의 강도가 크고, 누수의 우려가 적다.  **답 ③**

### (2) 주철관 접합

① 소켓 접합(socket joint) : 허브(hub)에 관을 삽입하여 얀(yarn)을 넣어 막고 정으로 다진 후 납을 채워 다시 정으로 다져(코킹) 접합하는 방법이다.

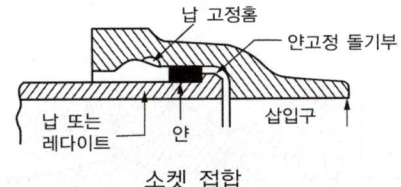

소켓 접합

② **기계적 접합**(mechanical joint) : 플랜지 접합과 소켓 접합의 장점을 취한 것으로 150mm 이하의 수도관에 사용된다. 다소의 굴곡에도 누수가 발생하지 않으며 스패너 하나로도 시공할 수 있고 수중작업에도 용이하게 사용된다.

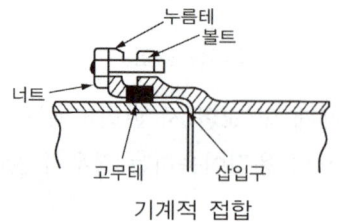

기계적 접합

③ **플랜지 접합** : 플랜지가 달린 주철관을 서로 맞추어 볼트로 죄어 접합하는 것으로 사용 유체에 따라 패킹제는 고무, 마, 석면, 납, 동 등을 사용하며 그리스를 발라두면 해체 시 편리하다.

플랜지 접합

④ **빅토리 접합** : 빅토리형 주철관을 고무링과 금속제 칼라를 이용해 접합한 것으로 관지름이 350mm 이하이면 2분, 400mm 이상이면 4분하여 조여 준다. 특히 관내의 압력이 증가함에 따라 고무링이 관벽에 밀착되어 더욱 기밀이 좋아진다.

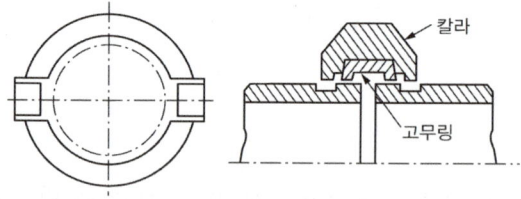

빅토리 접합

⑤ **타이톤 접합** : 원형의 고무링 하나만으로 접합하는 방법

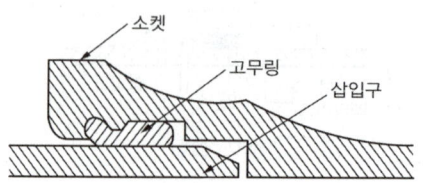

타이톤 접합

## (3) 동관의 접합

① **플레어 접합(flar joint)** : 동관 끝을 플레어링 툴셋으로 넓혀 압축이음쇠(플레어)로 접합하는 방식으로 일명 압축이음이라고도 한다. 관의 점검 및 보수를 위해 관의 분해가 필요한 곳에 사용한다.

② **납땜 접합**
  ㉠ 연납땜 : Pb+Sn(납+주석) 합금으로 비교적 용융점이 낮은 황동관, 동관, 연관의 접합에 쓰인다.
  ㉡ 경납땜 : 은납땜, 황동납땜이 있으며 주로 은납땜이 많이 쓰인다. 은납땜 순서는 다음과 같다.
    ⓐ 관의 표면을 깨끗이 닦아내고 두 관의 끝을 맞춘다.
    ⓑ 용제를 바른다.(용제 : 가열에 의한 접합면의 산화를 막고 녹은 은납이 잘 흘러 들어가게 돕는다. 용제는 염화리튬(lithium)이나 붕사를 사용한다)
    ⓒ 접합부를 700℃ 전후로 고르게 가열한다.
    ⓓ 은납땜을 한다.(은납은 용제가 가열에 의해 묽은 크림 상태로 되었을 때 붙인다)
    ⓔ 은납 땜 후 젖은 천으로 냉각하고 깨끗이 닦아낸다.

③ **플랜지 접합** : 끼워맞춤형, 홈형, 유압플랜지형으로 구분되며 상당한 고압배관 시 사용한다.

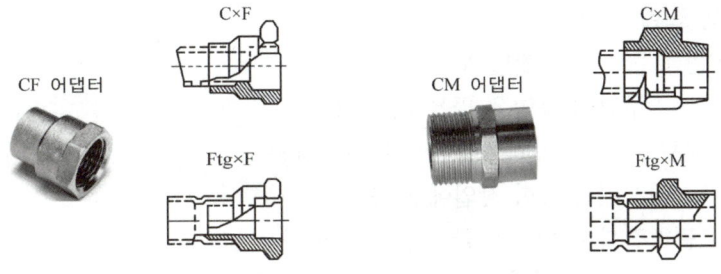

④ **동관 접합 공구**
  ㉠ 토치램프 : 납땜, 벤딩 등의 부분 가열에 이용되며 가솔린을 사용하는 것과 등유를 사용하는 것이 있다.
  ㉡ 플레어링 툴 : 플레어접합(압축이음)에 사용되는 툴셋
  ㉢ 익스팬더 : 동관의 끝을 확관(스웨징)에 사용되는 공구
  ㉣ 튜브벤더 : 동관 벤딩용 공구
  ㉤ 사이징 툴 : 동관의 끝을 원형으로 되돌리는 공구

### 핵심Key

**동관이음쇠**
① **CM어댑터**
  한쪽은 수나사로 되어 있고 강관 부속에 나사 이음 되고, 다른 한 쪽은 동관이 삽입되어 용접하도록 구성된 이음쇠
② **CF어댑터**
  한쪽은 암나사로 되어 있고, 강관의 수나사와 연결되고, 다른 한 쪽은 동관이 삽입되어 용접하도록 구성된 이음쇠
③ 그 외 동엘보, 동티, 동소켓 등 여러 가지 이음용 부속이 있다.

동관 이음에서 한쪽 동관의 끝을 나팔형으로 넓히고 압축 이음쇠를 이용하여 체결하는 이음 방법은?

① 플레어 이음  ② 플랜지 이음  ③ 플라스턴 이음  ④ 몰코 이음

> 플레어 이음
> 동관 끝을 나팔형으로 만들어 체결하며 압축 이음이라고도 부른다.   답 ①

### (4) 연관의 접합

① **플라스턴 접합** : 플라스턴(Sn 40%, Pb 60%)을 녹여 접합하는 것으로 다음과 같은 접합방법이 있다.(용융온도 238℃ 정도)
   ㉠ 맞대기 접합
   ㉡ 슬리브 접합
   ㉢ 가지관 접합(봄볼 사용)
   ㉣ 참블접합(관 끝을 오므려 폐쇄하는 작업)

② **살붙임납땜 접합** : 이음부분에 납을 둥글게 녹여 접합하는 방식으로 다음과 같은 접합방법이 있다.
   ㉠ 직접접합
   ㉡ 연관의 분기점 접합

③ **연관용 접합 공구**
   ㉠ 연관용 톱 : 연관 절단에 사용
   ㉡ 봄 볼 : 주관에 구멍을 뚫을 때 사용
   ㉢ 드레서 : 연관 표면의 산화막 제거에 사용
   ㉣ 벤드 벤 : 연관 굽힘 작업에 사용
   ㉤ 턴 핀 : 접합하려는 관 끝을 넓히는데 사용
   ㉥ 맬 릿 : 턴 핀을 때려 박든가 접합부 주위를 오므리는데 사용하는 나무해머

### (5) 합성수지관 접합

① **경질염화비닐관(P.V.C)의 접합**
   ㉠ 냉간 접합 : 이음관을 접착제를 이용하여 접합하는 방법
   ㉡ 열간 접합 : 경질염화 비닐관을 가열하면 75℃ 정도에서 연화하여 변형하기 시작하는 열가소성, 복원성, 난연성의 성질을 이용하여 접합하는 방법 (슬리브 이음, 용접이음)
   ㉢ 고무링 접합 : 고무링 삽입에 의한 접합법
   ㉣ 기계적 접합 : 플랜지 접합, 테이퍼 코어접합, 테이퍼 조인트, 나사접합 (나사부속이용)

ⓓ 나사 접합 : 나사가 편심가공 되는 것을 막기 위해 관내에 환봉을 끼워 나사 절삭 후 접합하는 방법, 최근 이음관이 생산되어 거의 사용하지 않는 방법이다.

② 폴리에틸렌관(PE)의 접합
　ⓐ 융착 슬리브 접합 : 관끝의 외면과 조인트 내면을 동시에 가열하여 용융시켜 접합하는 방법
　ⓑ 테이퍼 조인트 접합 : 유니온과 같은 형식의 포금제 테이퍼 조인트를 사용하여 접합하는 방법
　ⓒ 인서트 조인트 접합 : 50A 이하의 PE관 접합으로 클램프와 인서트 소켓을 사용하여 접합하는 방법
　ⓓ 고무링 접합 : 지름 75mm 이상되는 관을 접합할 때 사용한다. 변형을 방지하기 위해 폴리에틸란관의 외측 리브를 붙이든가 접합부의 관속에 코어를 넣는다.
　ⓔ 나사접합 : 경질염화비닐관과 동일하다.(현재에는 나사이음용 부속이 나오므로 절삭없이 채결한다)

> **꼭찝어 어드바이스**
>
> **폴리에틸렌관(PE) 융착법의 종류**
> - **대기융착(버트융착)** : PE관 열융착의 직선 연결방법
> - **소켓융착(전자식)** : PE관 직선 연결법으로 전자 소켓을 사용하는 방법
> - **새들융착** : 주관에 가지관 분기시 연결
> - **T/F이음(Trangition Fitting)** : 금속관과 PE관 이음법으로 특히 지상과 지하배관 연결 시 많이 사용된다.
>
>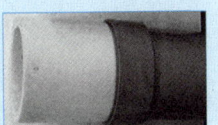
> 　대기융착　　소켓융착　　새들융착　　T/F이음
> 　(버트융착)　(전자식)

③ **PB관(polybutylene pipe) 접합** : PB관 이음 부속은 캡, 오링(O-ring), 와셔, 그립링의 순서로 구성되며, 용접이나 나사이음이 없이 푸시피트방식으로 시공된다. 부속에 관을 연결할 때는 절단된 관의 끝부분 속으로 서포트 슬리브를 밀어 넣어 연결한다.

　PB엘보　　PB정티　　O-ring

## 3. 배관도시법

### (1) 배관제도의 종류

① 평면도 : 위에서 아래로 보고 그린 그림
② 입면도 : 배관장치를 측면에서 보고 그린 그림(3각법)
③ 입체도 : 입체형상을 수평면에서 120°로 선을 그어 그린 그림
④ 부분조립도 : 조립도에 포함되어 있는 배관의 일부분을 작도한 그림

### (2) 치수기입

① 치수표시 : 치수는 mm단위를 기준으로 표시하되 치수선에는 단위를 생략하고 숫자만 기입한다.
② 높이표시
  ㉠ EL : 배관의 높이를 관의 중심을 기준으로 표시한 것
  ㉡ TOP : 지름이 서로 다른 관의 높이 표시방법으로 관 바깥지름의 윗면을 기준으로 표시한 것
  ㉢ BOP : 지름이 서로 다른 관의 높이 표시방법으로 관 바깥지름의 아랫면까지의 높이를 기준으로 표시한 것
  ㉣ GL : 포장된 지표면을 기준으로 하여 높이를 표시한 것
  ㉤ FL : 각층 바닥을 기준으로 하여 높이를 표시한 것

### (3) 배관도의 표시법

① 관의 도시법 : 도면상 배관은 하나의 실선으로 표시한다.
② 유체의 종류 상태 및 목적 표시
  ㉠ 유체의 종류 도시
    ⓐ 관에 흐르는 유체의 종류, 상태 및 목적을 나타낼 때는 주기 및 글자 기호로 아래의 것과 같이 나타내는 것을 원칙으로 한다.
    ⓑ 유체의 종류 중 공기, 가스, 유류, 수증기 및 물의 기호는 아래의 표를 이용한다.

○ 유체의 종류 표시 ★★★

| 유체의 종류 | 기호 | 유체의 종류 | 기호 |
|---|---|---|---|
| 공기 | A | 냉수 | C |
| 가스 | G | 오일 | O |
| 유류 | O | 냉매 | R |
| 수증기 | S | 온수 | H |
| 물 | W | 응결액 | W' |
| 진공 | V | | |

ⓛ 유체의 흐름 방향 : 화살표로 나타낸다.
ⓒ 관의 굵기와 재질 표시 : 관의 굵기를 숫자로 표시한 다음, 그 뒤에 종류와 재질을 문자기호로 표시한다.(도면이 복잡할 경우 지시선을 사용할 수 있다)

### 개념잡기

배관 내에 흐르는 유체의 종류를 표시하는 기호 중 증기를 나타내는 것은?
① A    ② G    ③ S    ④ O

**유체의 종류 표시기호**
A(Air) : 공기, G(GAS) : 가스, S(Steam) : 증기, O(Oil) : 오일, W(Water) : 물

답 ③

## (4) 배관 도시 기호(출처 : KS)

관 이음 방법에는 나사 이음, 플랜지 이음, 턱걸이 이음, 용접 이음, 납땜 이음 등이 있으며 표시 기호는 표와 같다.

### ● 파이프, 도색 상태

| 유체의 종류 | 도색 | 유체의 종류 | 도색 |
|---|---|---|---|
| 공기 | 백색 | 수증기 | 적색 |
| 가스 | 황색 | 물 | 청색 |
| 유류 | 암, 황적색 | 증기 | 암적색 |
| 산·알칼리 | 회자색 | 전기 | 미황적색 |

### ● 관의 접속상태 표시 ★★★

| 접속상태 | 실제모양 | 도시기호 |
|---|---|---|
| 접속하지 않을 때 | | ┼┼ |
| 접속하고 있을 때 | | ┼•┼ |
| 분기하고 있을 때 | | ┬ |

### ● 관의 입체적 표시 ★★★

| 접속상태 | 실제모양 | 도시기호 |
|---|---|---|
| 파이프 A가 앞쪽으로 수직하게 구부러질 때 | | A —⊙ |
| 파이프 B가 앞쪽으로 수직하게 구부러질 때 | | B —○ |
| 파이프 C가 앞쪽으로 수직하게 구부러질 때 | | C —○— D |

## 관 이음의 표시

| 이음 종류 | 연결방법 | 도시기호 | 예 | 이음 종류 | 연결방법 | 도시기호 |
|---|---|---|---|---|---|---|
| 관 이음 | 나사형 | | | 신축이음 | 루프형 | |
| | 용접형 | | | | 슬리브형 | |
| | 플랜지형 | | | | 펠로즈형 | |
| | 턱걸이형 | | | | 스위블형 | |
| | 납땜형 | | | | | |

## 밸브 및 계기의 도시 기호

| 종류 | 기호 | 종류 | 기호 |
|---|---|---|---|
| 옥형변(글로브 밸브) | | 일반조작 밸브 | |
| 사절변(슬루스 밸브) | | 전자 밸브 | |
| 앵글 밸브 역지변(체크 밸브) | | 전동 밸브 | |
| | | 도출 밸브 | |
| 안전 밸브(스프링식) | | 공기빼기 밸브 | |
| 안전 밸브(추식) | | 닫혀 있는 일반 밸브 | |
| 일반 콕 | | 닫혀 있는 일반 콕 | |
| 삼방 콕 | | 온도계·압력계 | |

## 배관의 말단표시 기호

| 막힘 플랜지 | | 캡 | | 플러그 | |
|---|---|---|---|---|---|

### 개념잡기

관의 결합방식 표시방법 중 플랜지식의 그림기호로 맞는 것은?

① ─┼─  ② ─●─  ③ ─╫─  ④ ─╫╫─

① 나사이음, ② 용접(납땜)이음, ③ 플랜지이음, ④ 유니언

답 ③

M·E·M·O

# PART 04 에너지이용 합리화관계 법규

CHAPTER 01　에너지이용합리화법
CHAPTER 02　에너지이용합리화 계획 및 조치
CHAPTER 03　에너지이용합리화 시책
CHAPTER 04　산업 및 건물관련 시책
CHAPTER 05　열사용기자재의 관리
CHAPTER 06　에너지관리공단
CHAPTER 07　시공업자 단체
CHAPTER 08　보칙
CHAPTER 09　벌칙 및 벌금

# CHAPTER 01 에너지이용합리화법

 단원 들어가기 전

1. 근래 들어 저탄소 녹색성장 기본법에 관련된 문제의 빈도수가 높아지고 있다.
2. 국가의 책무, 에너지기본계획, 직역에너지계획, 에너지기술개발, 정부와 에너지 사용자, 공급자 등의 책무에 관한 사항들은 눈여겨 볼 필요가 있다.

 빅데이터 키워드

에너지이용합리화법

## 1 목적 ★★

에너지의 수급을 안정시키고 에너지의 합리적이고 효율적인 이용을 증진하며 에너지소비로 인한 환경피해를 줄임으로써 국민경제의 건전한 발전 및 국민복지 향상과 지구온난화현상을 최소화함을 목적으로 한다.

## 2 용어정리

① 에너지 : 연료, 열, 전기
② 연료 : 석유, 가스, 석탄 대체에너지 및 기타 열을 발생하는 열원(단, 다른 제품의 원료로 사용되는 것은 제외한다)
③ 에너지사용시설 : 에너지를 사용하는 공장, 사업장 기타 시설과 에너지를 전환하여 사용하는 시설
④ 에너지사용자 : 에너지사용시설의 소유자 또는 관리자
⑤ 에너지사용기자재 : 열사용기자재 기타 에너지를 사용하는 기자재
⑥ 열사용기자재 : 연료 및 열을 사용하는 기기, 축열식 전기기기와 단열성자재로서 산업통상자원부령이 정하는 것

⑦ 에너지공급설비 : 에너지를 생산, 전환, 수송, 저장하기 위하여 설치하는 설비
⑧ 에너지공급자 : 에너지를 생산, 수입, 전환, 수송, 저장, 판매하는 사업자
⑨ 온실가스 : [저탄소녹색성장 기본법] 제2조제9호에 따른 온실가스, 즉 적외선 복사열을 흡수하거나 재방출하여 온실효과를 유발하는 대기 중의 가스상태의 물질로서 이산화탄소($CO_2$), 메탄($CH_4$), 아산화질소($N_2O$), 수소불화탄소(HFCs), 과불화탄소(PFCs) 또는 육불화황을 말함
⑩ 저탄소 녹색성장 기본법

제1조(목적)

경제와 환경의 조화로운 발전을 위하여 저탄소 녹색성장에 필요한 기반을 조성하고 녹색기술과 녹색산업을 새로운 성장 동력으로 활용함으로써 국민경제의 발전을 도모하며 저탄소 사회 구현을 통하여 국민의 삶의 질을 높이고 국제 사회에서 책임을 다하는 성숙한 선진 일류국가로 도약하는데 이바지함을 목적으로 한다.

제2조(용어정리)

1) 저탄소 : 화석연료에 대한 의존도를 낮추고 청정에너지의 사용 및 보급을 확대하며 녹색기술 연구개발, 탄소 흡수원 확충 등을 통하여 온실가스를 적정수준 이하로 줄이는 것
2) 녹색성장 : 에너지와 자원을 절약하고 효율적으로 사용하여 기후변화와 환경오염을 줄이고 청정에너지와 녹색기술의 연구개발을 통하여 새로운 성장동력을 확보하며 새로운 일자리를 창출해 나가는 등 경제와 환경이 조화를 이루는 성장을 말함
3) 지구온난화 : 사람의 활동에 수반하여 발생하는 온실가스가 대기 중에 축적되어 온실가스 농도를 증가시킴으로써, 지구 전체적으로 지표 및 대기의 온도가 추가적으로 상승하는 현상
4) 에너지 자립도 : 국내 총 소비 에너지량에 대하여 신·재생에너지 등 국내 생산 에너지량 및 우리나라가 국외에서 개발(지분취득포함)한 에너지량을 합한 양이 차지하는 비율
5) 신·재생에너지 : [신에너지 및 재생에너지 개발·이용·보급 촉진법] 제2조 제1호에 따른 신에너지 및 재생에너지를 말한다.

> 🌟 꼭집어 어드바이스
>
> 신재생에너지
> • 태양에너지, 바이오에너지, 풍력, 수력, 연료전지, 해양에너지, 폐기물에너지, 지열에너지, 수소에너지, 석탄을 액화·가스화한 에너지, 중질잔사유(重疾殘寺有)를 가스화한 에너지
> • 신·재생에너지 정책심의회의 구성 : 위원장 1명을 포함한 20명 이내의 위원으로 한다.

### 꼭찝어 어드바이스 ★★★

저탄소 녹색성장 기본법상 녹색성장위원회의 심의 사항
가. 저탄소 녹색성장 정책의 기본방향에 관한 사항
나. 녹색성장국가전략의 수립·변경·시행에 관한 사항
다. 기후변화대응 기본계획, 에너지기본계획 및 지속가능발전 기본계획에 관한 사항
라. 저탄소 녹색성장 추진의 목표 관리, 점검, 실태조사 및 평가에 관한 사항
마. 관계 중앙행정기관 및 지방자치단체의 저탄소 녹색성장과 관련된 정책 조정 및 지원에 관한 사항
바. 저탄소 녹색성장과 관련된 법제도에 관한 사항
사. 저탄소 녹색성장을 위한 재원의 배분방향 및 효율적 사용에 관한 사항
아. 저탄소 녹색성장과 관련된 국제협상·국제협력, 교육·홍보, 인력양성 및 기반구축 등에 관한 사항
자. 저탄소 녹색성장과 관련된 기업 등의 고충조사, 처리, 시정권고 또는 의견표명
차. 다른 법률에서 위원회의 심의를 거치도록 한 사항
카. 그 밖에 저탄소 녹색성장과 관련하여 위원장이 필요하다고 인정하는 사항

### 꼭찝어 어드바이스

저탄소 녹색성장 기본법령상 관리업체는 해당 연도 온실가스 배출량 및 에너지 소비량에 관한 명세서를 작성하고 이에 대한 검증기관이 검증결과를 부문별 관장기관에게 전자적 방식으로 다음 연도 3월 31일까지 제출하여야 한다.

### 꼭찝어 어드바이스

저탄소녹색성장기본법에 의한 2020년의 온실가스 감축 목표
2020년의 온실가스 배출전망치 대비 100분의 30

[2018.07.24.] 개정법안
제25조(온실가스 감축 국가목표 설정·관리) ① 법 제42조제1항제1호에 따른 온실가스 감축 목표는 2030년의 국가 온실가스 총배출량을 2030년의 온실가스 배출 전망치 대비 100분의 37까지 감축하는 것으로 한다.(현 개정판부터 추가된 내용임)

### 개념잡기

저탄소 녹색성장 기본법령상 관리업체는 해당 연도 온실가스 배출량 및 에너지 소비량에 관한 명세서를 작성하고 이에 대한 검증기관이 검증결과를 부문별 관장기관에게 전자적 방식으로 언제까지 제출해야 하는가?
① 해당 연도 12월 31일까지
② 다음 연도 1월 31일까지
③ 다음 연도 3월 31일까지
④ 다음 연도 6월 30일까지

답 ③

## 3  국가 등의 책무

① **국가** : 이 법의 목적을 실현하기 위한 종합적인 시책을 수립 및 시행한다.
② **지방자치단체** : 지역에너지시책을 수립 및 시행한다.(지역에너지시책의 수립 및 시행에 관하여 필요한 사항은 당해 지방자치단체의 조례로 정할 수 있음)
③ **에너지공급자 및 에너지사용자** : 국가 및 지방자치단체의 에너지시책에 적극 참여하고 협력, 에너지의 생산·전환·수송·저장·이용 등의 안전성·효율성 및 환경친화성을 극대화하도록 노력할 것
④ **국민** : 일상생활에서 국가와 지방자치단체의 에너지시책에 적극 참여하고 협력하여야 하며, 에너지를 합리적이고 환경친화적으로 사용하도록 노력할 것
⑤ 국가, 지방자치단체 및 에너지공급자는 빈곤층 등 모든 국민에게 에너지가 보편적으로 공급되도록 기여하여야 한다.

---

**개념잡기**

에너지이용 합리화법상 에너지사용자와 에너지공급자의 책무로 맞는 것은?
① 에너지의 생산·이용 등에서의 그 효율을 극소화
② 온실가스배출을 줄이기 위한 노력
③ 기자재의 에너지효율을 높이기 위한 기술개발
④ 지역경제발전을 위한 시책 강구

> **에너지사용자와 에너지공급자의 책무**
> 국가나 지방자치단체의 에너지시책에 적극 참여하고 협력하여야 하며, 에너지의 생산·전환·수송·저장·이용 등에서 그 효율을 극대화하고 온실가스의 배출을 줄이도록 노력하여야 한다.
> 답 ②

---

## 4  에너지기본계획의 수립

① 정부는 에너지정책의 기본원칙에 따라 20년을 계획기간으로 하는 에너지기본계획을 5년마다 수립·시행하여야 한다.
② 에너지기본계획을 수립하거나 변경하는 경우에는 [에너지법 제9조]에 따라 에너지위원회의 심의를 거친 다음 위원회와 국무회의의 심의를 거쳐야 한다. 다만 대통령령으로 정하는 경미한 사항을 변경하는 경우에는 그러하지 아니하다.

 꼭찝어 어드바이스 ★★★

**에너지위원회의 구성 및 운영[에너지법 제9조]**
1. 정부는 주요 에너지정책 및 에너지 관련 계획에 관한 사항을 심의하기 위하여 산업통상자원부장관 소속으로 에너지위원회를 둔다.
2. 위원회는 위원장 1명을 포함한 25명 이내의 위원으로 구성하고, 당연직위원과 위촉위원으로 구성한다.
3. 에너지위원회 위원장은 산업통상자원부장관으로 한다.
4. 당연직위원은 관계 중앙행정기관의 차관급 공무원 중 대통령령으로 정하는 사람으로 한다.
5. 위촉위원은 에너지 분야에 관한 학식과 경험이 풍부한 사람 중에서 산업통상자원부장관이 위촉하는 사람으로 한다. 이 경우 위촉위원에는 대통령령으로 정하는 바에 따라 에너지 관련 시민단체에서 추천한 사람이 5명 이상 포함되어야 한다.
6. 에너지위원회 위원의 임기는 2년(연임가능)으로 한다.
7. 위원회의 회의에 부칠 안건을 검토하거나 위원회가 위임한 안건을 조사·연구하기 위하여 분야별 전문위원회를 둘 수 있다.
8. 그밖에 위원회 및 전문위원회의 구성·운영 등에 관하여 필요한 사항은 대통령령으로 정한다.

③ 에너지기본계획 포함사항
 ㉠ 에너지 수요 목표, 에너지원 구성, 에너지 절약 및 에너지 이용효율 향상에 관한 사항
 ㉡ 에너지의 안정적 확보, 도입·공급 및 관리를 위한 대책에 관한 사항
 ㉢ 국내·외 에너지 수요와 공급의 추이 및 전망에 관한 사항
 ㉣ 신·재생에너지 등 환경친화적 에너지의 공급 및 사용을 위한 대책에 관한 사항
 ㉤ 에너지 안전관리를 위한 대책에 관한 사항
 ㉥ 에너지 관련 기술개발 및 보급, 전문인력 양성, 국제협력, 부존 에너지자원 개발 및 이용, 에너지 복지 등에 관한 사항

## 5 지역에너지계획의 수립

① 특별시장, 광역시장, 도지사 또는 특별자치도지사(시·도지사)는 관할 구역의 지역적 특성을 고려하여 에너지기본계획의 효율적인 달성과 지역경제의 발전을 위한 지역에너지계획(지역계획)을 5년마다 5년 이상을 계획기간으로 하여 수립·시행하여야 한다.

② **지역에너지계획에 포함될 사항**
　㉠ 에너지 수급의 추이와 전망에 관한 사항
　㉡ 에너지의 안정적 공급을 위한 대책에 관한 사항
　㉢ 신·재생에너지 등 환경친화적 에너지 사용을 위한 대책에 관한 사항
　㉣ 에너지 사용의 합리화와 이를 통한 온실가스의 배출감소를 위한 대책에 관한 사항
　㉤ [집단에너지사업법]에 따라 집단에너지공급대상지역으로 지정된 지역의 경우 그 지역의 집단에너지 공급을 위한 대책에 관한 사항
　㉥ 미활용 에너지자원의 개발 및 사용을 위한 대책에 관한 사항
　㉦ 그밖에 에너지시책 및 관련 사업을 위하여 시·도지사가 필요하다고 인정하는 사항
③ 시·도지사가 지역계획을 수립, 변경한 경우에는 이를 산업통상자원부 장관에게 제출하여야 한다.

> **개념잡기**
>
> 에너지법상 지역에너지계획은 몇 년마다 몇 년 이상을 계획기간으로 수립·시행하는가?
> ① 2년마다 2년 이상　　　② 5년마다 5년 이상
> ③ 7년마다 7년 이상　　　④ 10년마다 10년 이상
>
> 에너지법상 지역에너지 계획은 5년마다 5년 이상을 계획기간으로 수립·시행한다.

## 6  비상 시 에너지수급계획의 수립

① 산업통상자원부장관은 에너지수급에 중대한 차질이 발생할 경우에 대비하여 비상 시 에너지수급계획(비상계획)을 수립해야 한다.
② 비상계획수립, 변경 시 에너지위원회의 심의를 거쳐 확정해야 한다.
③ 산업통상자원부장관은 국내·외 에너지 사정의 변동에 따른 에너지의 수급 차질에 대비하기 위하여 에너지 사용을 제한하는 등 관계 법령에서 정하는 바에 따라 필요한 조치를 할 수 있다.
④ **비상계획에 포함될 사항**
　㉠ 국·내외 에너지수급의 추이와 전망
　㉡ 비상 시 에너지소비절감을 위한 대책

ⓒ 비상 시 비축에너지의 활용에 관한 대책
ⓔ 비상 시 에너지의 할당·배급 등 수급조정에 관한 대책
ⓜ 비상 시 에너지수급안정을 위한 국제협력에 관한 대책
ⓗ 비상계획의 효율적 시행을 위한 행정계획에 관한 사항

## 7 에너지 위원회의 기능

① 에너지기본계획의 수립·변경의 사전심의에 관한 사항
② 국·내외 에너지개발에 관한 사항
③ 비상계획에 관한 사항
④ 에너지와 관련된 교통 또는 물류에 관련된 계획에 관한 사항
⑤ 에너지와 관련된 사회적 갈등의 예방 및 해소 방안에 관한 사항
⑥ 에너지에 관련된 예산의 효율적 사용 등에 관한 사항
⑦ 주요 에너지정책 및 에너지사업의 조정에 관한 사항
⑧ 원자력발전정책에 관한 사항
⑨ [기후변화에 관한 국제연합 기본협약]에 대한 대책 중 에너지에 관한 사항

> **꼭집어 어드바이스**
>
> 위원회 심의사항
> 가. 중장기 에너지절약기본계획 및 연차별 추진계획
> 나. 부처별 에너지절약추진계획의 종합, 조정 및 추진상황점검
> 다. 에너지절약에 관한 법령 및 제도의 정비, 개선 등에 관한 사항
> 라. 기타 에너지절약과 관련되는 사항으로서 위원장이 부의하는 사항

## 8 에너지기술개발계획

① 에너지기술개발계획은 대통령령이 정하는 바에 따라 관계 중앙행정기관의 장의 협의와 국가과학기술위원회의 심의를 거쳐서 수립한다.
② 정부 : 에너지 관련 기술의 개발과 보급을 촉진하기 위하여 10년 이상을 계획기간으로 하는 에너지기술개발계획(에너지기술개발계획)을 5년마다 수립하고, 이에 따른 연차별 실행계획을 수립·시행한다.

③ 에너지기술개발계획 포함사항
  ㉠ 에너지의 효율적 사용을 위한 기술개발에 관한 사항
  ㉡ 신·재생에너지 등 환경친화적 에너지에 관련된 기술개발에 관한 사항
  ㉢ 에너지 사용에 따른 환경오염 저감을 위한 기술개발에 관한 사항
  ㉣ 온실가스 배출을 줄이기 위한 기술개발에 관한 사항
  ㉤ 개발된 에너지기술의 실용화의 촉진에 관한 사항
  ㉥ 국제에너지기술협력의 촉진에 관한 사항
  ㉦ 에너지기술에 관련된 인력·정보·시설 등 기술개발자원의 확대 및 효율적 활용에 관한 사항

## 9 에너지기술개발

관계 중앙행정기관의 장은 에너지기술개발을 효율적으로 추진하기 위하여 대통령령이 정하는 바에 따라 다음 각 호의 어느 하나에 해당하는 자로 하여금 에너지기술개발을 하게 할 수 있다.

① 공공기관
② 특정연구기관
③ 국·공립 연구기관
④ 전문생산기술연구소
⑤ 부품·소재기술개발전문기업
⑥ 정부출연 연구기관
⑦ 연구개발업을 전문으로 하는 기업
⑧ 대학·산업대학·전문대학
⑨ 산업기술연구조합
⑩ 기업부설연구소
⑪ 과학기술분야 정부출연 연구기관

> 🔖 **꼭찝어 어드바이스**
> 관계행정기관의 장은 기술 개발에 필요한 비용의 준부 또는 일부를 출연할 수 있다.

## 10 ▶ 한국 에너지기술 평가원의 설립

① 에너지기술개발사업의 기획·평가 및 관리 등을 효율적으로 지원하기 위하여 한국에너지기술평가원(평가원)을 설립한다.
② 평가원은 법인으로 한다.
③ 평가원은 그 주된 사무소의 소재지에서 설립등기를 함으로써 성립한다.
④ **평가원의 사업내용**
　㉠ 에너지기술개발사업의 기획, 평가 및 관리
　㉡ 에너지기술 분야 전문인력 양성사업의 지원
　㉢ 에너지기술 분야의 국제협력 및 국제 공동연구사업의 지원
　㉣ 그밖의 에너지기술 개발과 관련하여 대통령령으로 정하는 사업
⑤ 정부는 평가원의 설립·운영에 필요한 경비를 예산의 범위에서 출연할 수 있다.
⑥ 중앙행정기관의 장 및 지방자치단체의 장은 제4항 각 호의 사업을 평가원으로 하여금 수행하게 하고 필요한 비용의 전부 또는 일부를 대통령령으로 정하는 바에 따라 출연할 수 있다.
⑦ 평가원은 제1항에 따른 목적 달성에 필요한 경비를 조달하기 위하여 대통령령으로 정하는 바에 따라 수익사업을 할 수 있다.
⑧ 평가원의 운영 및 감독 등에 필요한 사항은 대통령령으로 정한다.
⑨ 평가원의 임직원은 [형법] 제129조부터 제132조까지의 규정을 적용할 때에는 공무원으로 본다.
⑩ 평가원에 관하여 이 법에 규정되지 아니한 사항은 [민법] 중 재단법인에 관한 규정을 준용한다.

## 11 ▶ 에너지기술개발사업비

① 관계중앙행정기관의 장은 에너지기술개발사업을 종합적이고 효율적으로 추진하기 위하여 연차별 실행계획의 시행에 필요한 에너지기술개발사업비를 조성할 수 있다.
② 에너지기술개발사업비는 정부 또는 에너지 관련 사업자 등의 출연금, 융자금, 그밖에 대통령령으로 정하는 재원으로 조성한다.
③ 관계 중앙행정기관의 장은 평가원으로 하여금 에너지기술개발사업비의 조성 및 관리에 관한 업무를 담당하게 할 수 있다.
④ **에너지기술개발사업비로 사용할 수 있는 사업**
　㉠ 에너지기술의 연구·개발에 관한 사항

ⓛ 에너지기술의 수요 조사에 관한 사항
ⓒ 에너지사용기자재와 에너지공급설비 및 그 부품에 관한 기술개발에 관한 사항
ⓔ 에너지기술 개발 성과의 보급 및 홍보에 관한 사항
ⓜ 에너지기술에 관한 국제협력에 관한 사항
ⓗ 에너지에 관한 연구인력 양성에 관한 사항
ⓢ 에너지 사용에 따른 대기오염을 줄이기 위한 기술개발에 관한 사항
ⓞ 온실가스 배출을 줄이기 위한 기술개발에 관한 사항
ⓩ 에너지기술에 관한 정보의 수집·분석 및 제공과 이와 관련된 학술활동에 관한 사항
ⓒ 평가원의 에너지기술개발사업 관리에 관한 사항

> **개념잡기**
>
> 에너지법에 따라 에너지기술개발 사업비의 사업에 대한 지원항목에 해당되지 않는 것은?
> ① 에너지기술의 연구·개발에 관한 사항
> ② 에너지기술에 관한 국내협력에 관한 사항
> ③ 에너지기술의 수요조사에 관한 사항
> ④ 에너지에 관한 연구인력 양성에 관한 사항
>
> 답 ②

## 12 에너지기술개발 투자 등의 권고

관계 중앙행정기관의 장은 에너지기술개발을 촉진하기 위하여 필요한 경우 에너지 관련 사업자에게 에너지기술개발을 위한 사업에 투자하거나 출연할 것을 권고할 수 있다.

## 13 에너지 및 에너지자원기술 분야의 전문인력 양성

① 산업통상자원부장관은 에너지 및 에너지자원기술 분야의 전문인력을 양성하기 위하여 필요한 사업을 할 수 있다.
② 산업통상자원부장관은 제1항에 따른 사업을 하기 위하여 자금지원 등 필요한 지원을 할 수 있다. 이 경우 지원의 대상 및 절차 등에 관하여 필요한 사항은 산업통상자원부령으로 정한다.

## 14 에너지 관련 통계의 관리·공표

① 산업통상자원부장관은 기본계획 및 에너지 관련 시책의 효과적인 수립·시행을 위하여 국내외 에너지 수급에 관한 통계를 작성·분석·관리하며, 관련 법령에 저촉되지 아니하는 범위에서 이를 공표할 수 있다.
② 산업통상자원부장관은 매년 에너지 사용 및 산업 공정에서 발생하는 온실가스 배출량 통계를 작성·분석하며, 그 결과를 공표할 수 있다.
③ 산업통상자원부장관은 필요하다고 인정하면 대통령령으로 정하는 바에 따라 에너지 총조사를 시행할 수 있다.

### 꼭찝어 어드바이스

**에너지 관련 통계 및 에너지 총조사**
가. 에너지수급에 관한 통계를 작성하는 경우에는 산업통상자원부령이 정하는 에너지열량환산기준을 적용하여야 한다.
나. 산업통상자원부장관은 온실가스 총배출량 통계를 산업통상자원부장관이 관계 중앙행정기관의 장과 협의하여 정한 세부절차에 따라 작성·관리하고, 필요한 경우 관계 중앙행정기관에 대하여 부문별 통계자료의 제출을 요구할 수 있다.
다. 에너지 총조사는 3년마다 실시하되, 산업통상자원부장관이 필요하다고 인정하는 때에는 간이조사를 실시할 수 있다.

### 꼭찝어 어드바이스 ★★★

**에너지열량환산기준**
에너지열량환산기준은 5년마다 작성하되, 산업통상자원부장관이 필요하다고 인정하는 때에는 수시로 작성할 수 있다.

### 개념잡기

다음 ( )에 알맞은 것은?

> 에너지법령상 에너지 총조사는 ( ㉠ )마다 실시하되, ( ㉡ )이 필요하다고 인정할 때에는 간이조사를 실시할 수 있다.

① ㉠ 2년, ㉡ 행정자치부장관
② ㉠ 2년, ㉡ 교육부장관
③ ㉠ 3년, ㉡ 산업통상자원부장관
④ ㉠ 3년, ㉡ 고용노동부장관

답 ③

## 15. 국회보고

① 정부는 매년 주요 에너지정책의 집행 경과 및 결과를 국회에 보고하며 보고에 필요한 사항은 대통령령으로 정한다.
② 국회 보고사항
   ㉠ 에너지·자원확보, 도입, 공급, 관리를 위한 대책의 추진 현황 및 계획에 관한 사항
   ㉡ 에너지 수요관리 추진 현황 및 계획에 관한 사항
   ㉢ 국내외 에너지 수급의 추이와 전망에 관한 사항
   ㉣ 환경친화적인 에너지의 공급·사용 대책의 추진 현황 및 계획에 관한 사항
   ㉤ 온실가스 배출 현황과 온실가스 감축을 위한 대책의 추진 현황 및 계획에 관한 사항
   ㉥ 에너지정책의 국제협력 등에 관한 사항의 추진 현황 및 계획에 관한 사항
   ㉦ 그밖에 주요 에너지정책의 추진에 관한 사항

## 16. 정부와 에너지사용자·공급자 등의 책무

### 1. 정부
에너지의 수급안정과 합리적이고 효율적인 이용을 도모하고 이를 통한 온실가스의 배출을 줄이기 위한 기본적이고 종합적인 시책을 강구하고 시행할 책무

### 2. 지방자치단체
관할 지역의 특성을 고려하여 국가에너지정책의 효과적인 수행과 지역경제의 발전을 도모하기 위한 지역에너지시책을 강구하고 시행할 책무

### 3. 에너지사용자와 에너지공급자
국가나 지방자치단체의 에너지시책에 적극 참여하고 협력하여야 하며, 에너지의 생산·전환·수송·저장·이용 등에서 그 효율을 극대화하고 온실가스의 배출을 줄이도록 노력할 책무

### 4. 에너지사용기자재와 에너지공급설비를 생산하는 제조업자

그 기자재와 설비의 에너지효율을 높이고 온실가스의 배출을 줄이기 위한 기술의 개발과 도입을 위해 노력할 책무

### 5. 국민

일상생활에서 에너지를 합리적으로 이용하여 온실가스의 배출을 줄이도록 노력할 책무

### 6. 책무 목적 ✪✪

① 에너지 수급의 안정
② 에너지의 효율적이고 합리적인 이용
③ 에너지 소비로 인한 환경피해 방지
④ 지구온난화의 최소화에 이바지함
⑤ 국민경제의 건전한 발전 및 국민복지의 증진에 이바지함

---

**개념잡기**

에너지이용 합리화법의 목적과 거리가 먼 것은?
① 에너지소비로 인한 환경피해 감소   ② 에너지의 수급 안정
③ 에너지의 소비 촉진   ④ 에너지의 효율적인 이용 증진

답 ③

# CHAPTER 02 에너지이용합리화 계획 및 조치

**단원 들어가기 전**
1. 에너지이용합리화 기본계획에 포함되어야 할 사항에 대해 잘 숙지하도록 하자.
2. 에너지이용합리화 실시계획, 국가에너지절약 추진위원회, 수급안정의 조치 등에 관한 내용을 잘 숙지하도록 하자.
3. 에너지사용계획의 협의에 관한 내용도 빈도는 낮지만 간혹 출제되고 있다.

**빅데이터 키워드**
에너지이용합리화 계획 및 조치

## 1 에너지이용 합리화 기본계획

산업통상자원부장관이 매 5년마다 수립한다.(산업통상자원부장관은 대통령령에 의한 에너지 총조사를 통계법에 따라 3년마다 실시하며, 필요하다고 인정할 때에는 수시로 간이조사를 실시할 수 있다)

### 1. 기본계획에 포함되어야 할 사항

① 에너지절약형 경제 구조로의 전환
② 에너지이용효율의 증대
③ 에너지이용합리화를 위한 기술개발
④ 에너지이용합리화를 위한 홍보 및 교육
⑤ 에너지원간 대체
⑥ 열사용기자재의 안전관리
⑦ 에너지이용합리화를 위한 가격 예시제의 시행에 관한사항
⑧ 에너지의 합리적인 이용을 통한 온실가스의 배출을 줄이기 위한 대책
⑨ 기타 에너지이용합리화의 추진에 필요한 사항

> **개념잡기**
>
> 에너지이용합리화법에 따라 에너지이용 합리화 기본계획에 포함될 사항으로 거리가 먼 것은?
> ① 에너지절약형 경제구조로의 전환
> ② 에너지이용 효율의 증대
> ③ 에너지이용 합리화를 위한 홍보 및 교육
> ④ 열사용기자재의 품질관리
>
> 답 ④

## 2 에너지이용합리화 실시계획

관계행정기관의 장과 시·도지사는 실시계획을 매년 수립하여야 하며, 그 계획을 해당 연도 1월 31일까지, 그 시행결과를 해당 연도 2월말까지 각각 산업통상자원부장관에게 제출하여야 한다.

## 3 국가에너지절약추진위원회

① 정부는 기본계획의 수립과 그 밖에 중요 사항을 심의하기 위하여 국가에너지절약추진 위원회를 둔다.
② 국가에너지절약추진위원회의 위원장은 산업통상자원부장관이 되며, 위원은 위원장을 포함하여 25명 이내로 한다.
  ㉠ 국가에너지절약추진위원회의 위원은 다음 각 호의 사람으로 한다. 이 경우 복수차관이 있는 기관은 해당 기관의 장이 지정하는 차관으로 한다.
    ⓐ 기획재정부차관
    ⓑ 교육부차관
    ⓒ 안전행정부차관
    ⓓ 농림축산부차관
    ⓔ 산업통상자원부차관
    ⓕ 환경부차관
    ⓖ 국토교통부차관
    ⓗ 국무총리실 국무차장
    ⓘ 에너지관리공단 이사장
    ⓙ 한국전력공사 사장
    ⓚ 한국가스공사 사장

ⓛ 한국지역난방공사 사장
ⓜ 그 밖에 에너지절약사업을 효율적으로 추진하기 위하여 위원장이 위촉하는 사람
ⓒ 위원장이 위촉하는 위원의 임기는 3년으로 한다.
ⓒ 위원회의 위원장은 위원회를 대표하고, 위원회의 사무를 총괄한다.
ⓔ 위원장이 부득이한 사유로 직무를 수행할 수 없을 때에는 위원장이 미리 지명하는 위원이 그 직무를 대행한다.
ⓜ 위원장은 위원회의 회의를 소집하고, 그 의장이 된다.
ⓗ 위원회의 회의는 재적위원 과반수의 출석으로 개의하고, 출석위원 과반수의 찬성으로 의결한다.

> **꼭집어 어드바이스** ★★
>
> **국가에너지절약추진위원회 심의사항**
> 가. 기본계획의 수립에 관한 사항
> 나. 실시계획의 종합·조정 및 추진상황 점검
> 다. 국가·지방자치단체 등의 에너지이용 효율화조치 등에 관한 사항
> 라. 에너지절약에 관한 법령 및 제도의 정비·개선 등에 관한 사항
> 마. 그 밖에 에너지절약과 관련되는 사항으로서 위원장이 회의에 부치는 사항

③ 국가에너지절약추진위원회의 구성과 운영 등에 관한 사항은 대통령령으로 정한다.
④ 실무위원회
  ㉠ 위원회의 심의에 앞서 위원회에 상정할 의안을 사전에 심의·조정하고, 위원회로부터 지시받은 사항을 처리하기 위하여 위원회에 국가에너지절약추진실무위원회를 둔다.
  ㉡ 실무위원회는 위원장 1명을 포함한 25명 이내의 위원으로 구성한다.
  ㉢ 실무위원회의 위원장은 산업통상자원부 제2차관이 되고, 위원은 다음 각 호의 사람으로 한다.
⑤ 간사
  ㉠ 위원회 및 실무위원회에 각각 1명의 간사를 둔다.
  ㉡ 위원회의 간사는 산업통상자원부 소속 공무원이 된다.
  ㉢ 실무위원회의 간사는 산업통상자원부의 고위공무원단에 속하는 공무원 중에서 산업통상자원부장관이 지명하는 사람이 된다.
  ㉣ 간사는 위원장 또는 실무위원장의 명을 받아 각각 그 위원회 또는 실무위원회의 사무를 처리한다.

## 4 ▸ 수급안정을 위한 조치

산업통상자원부장관은 국내외 에너지사정의 변동에 따른 에너지의 수급차질에 대비하기 위하여 대통령령이 정하는 주요 에너지사용자와 에너지공급자에게 에너지저장시설을 보유하고 에너지를 저장하도록 의무를 부과한다. (위반 시 2년 이하의 징역 또는 2천 만원 이하의 벌금)

### 1. 산업통상자원부장관이 에너지저장의무를 부과할 수 있는 대상자

① 도시가스사업법에 따른 도시가스사업자
② 전기사업법에 따른 전기사업자
③ 석탄산업법에 따른 석탄가공업자
④ 집단에너지사업법에 따른 집단에너지사업자
⑤ 연간 2만 석유환산톤(TOE) 이상의 에너지를 사용하는 자

### 2. 산업통상자원부장관은 에너지저장의무를 부과할 때에는 다음 각 호의 사항을 정하여 고시한다.

① 대상자
② 저장시설의 종류 및 규모
③ 저장하여야 할 에너지의 종류 및 저장 의무량
④ 그 밖에 필요한 사항

#### 꼭찝어 어드바이스 ★★

에너지 수급안정을 위한 조치·명령 – 산업통상자원부장관
(조치 시 그 사유·시간 및 대상자 등은 조치예정일 7일 이전에 예고하여야 한다)

가. 지역별, 주요 수급자별 에너지할당
나. 에너지공급설비의 가동 및 조업
다. 에너지의 비축과 저장
라. 에너지의 도입·수출입 및 위탁가공
마. 에너지공급자 상호간의 에너지의 교환 또는 분배사용
바. 에너지의 유통시설과 그 사용 및 유통경로
사. 에너지의 배급
아. 에너지의 양도·양수의 제한 또는 금지
자. 에너지사용의 제한 또는 금지
차. 기타 에너지수급의 안정을 위하여 대통령이 정하는 사항

> **꼭찝어 어드바이스**
> 산업통상자원부장관은 규정에 의한 조치의 시행을 위하여 관계행정기관의 장 또는 지방자치단체의 장에게 필요한 협조를 요청할 수 있으며, 요청 시 협조해야 한다.

> **꼭찝어 어드바이스**
> 산업통상자원부장관은 사유가 소멸되었다고 인정할 때에는 지체없이 이를 해제하여야 한다.

#### 개념잡기

에너지 수급안정을 위하여 산업통상자원부장관이 필요한 조치를 취할 수 있는 사항이 아닌 것은?
① 에너지의 배급
② 산업별·주요공급자별 에너지 할당
③ 에너지의 비축과 저장
④ 에너지의 양도·양수의 제한 또는 금지

답 ②

## 5 에너지공급자의 수요관리투자계획

① 에너지공급자 중 대통령령으로 정하는 에너지공급자는 해당 에너지의 생산·전환·수송·저장 및 이용상의 효율향상, 수요의 절감 및 온실가스배출의 감축 등을 도모하기 위한 연차별 수요관리투자계획을 수립·시행(연차별 수요관리투자계획을 변경하는 경우)하여야 하며, 그 계획과 시행 결과를 산업통상자원부장관에게 제출하여야 한다.
② 산업통상자원부장관은 에너지수급상황의 변화, 에너지가격의 변동, 그 밖에 대통령령으로 정하는 사유가 생긴 경우에는 수요관리투자계획을 수정·보완하여 시행하게 할 수 있다.
③ 에너지공급자는 연차별 수요관리투자사업비 중 일부를 대통령령으로 정하는 수요관리전문기관에 출연할 수 있다.
④ 산업통상자원부장관은 에너지공급자의 수요관리투자를 촉진하기 위하여 수요관리투자로 인하여 에너지공급자에게 발생되는 비용과 손실을 최소화하는 방안을 수립·시행할 수 있다.

### 꼭집어 어드바이스 ★★★

대통령령이 정하는 수요관리전문기관
가. 에너지관리공단
나. 그밖에 수요관리사업의 수행능력이 있다고 인정되는 기관으로서 산업통상자원부령으로 정하는 기관

## 6  에너지사용계획의 협의

1. 도시개발사업이나 산업단지개발사업 등 대통령령으로 정하는 일정규모 이상의 에너지를 사용하는 사업을 실시하거나 시설을 설치하려는 자(사업주관자)는 그 사업의 실시와 시설의 설치로 에너지수급에 미칠 영향과 에너지소비로 인한 온실가스(이산화탄소만을 말한다)의 배출에 미칠 영향을 분석하고, 소요에너지의 공급계획 및 에너지의 합리적 사용과 그 평가에 관한 계획(에너지사용계획)을 수립하여, 그 사업의 실시 또는 시설의 설치 전에 산업통상자원부장관에게 제출하여야 한다.

① **공공사업주관자** ★★ : 국가기관·지방자치단체·정부투자기관·정부출자기관 등
  ㉠ 연간 2,500[TOE] 이상의 연료 및 열을 사용하는 시설
  ㉡ 연간 1,000만[Kwh] 이상의 전력을 사용하는 시설
② **민간사업주관자** ★★ : 공공사업주관자 이외의 자로서 공장·사업장 등에서 에너지를 사용하는 사업을 실시하거나 시설을 설치하고자 하는 자
  ㉠ 연간 5,000[TOE] 이상의 연료 및 열을 사용하는 시설
  ㉡ 연간 2,000만[Kwh] 이상의 전력을 사용하는 시설의 협의 대상 사업

### 꼭집어 어드바이스 ★★

에너지사용계획을 수립하여 산업통상자원부장관에게 제출하여야 하는 사업주관자
가. 에너지개발사업
나. 산업단지 개발사업
다. 철도건설사업
라. 도시개발사업
마. 항만건설사업
바. 공항건설사업
사. 관광단지개발사업
아. 개발촉진지구개발사업 또는 지역종합개발사업

③ 산업통상자원부장관은 에너지사용계획을 제출받은 경우에는 그날로부터 30일 이내에 공공사업주관자에게는 그 협의 결과를, 민간사업주관자에게는 그 의견 청취 결과를 통보하여야만 한다. 다만, 산업통상자원부장관이 필요하다고 인정할 때에는 20일의 범위에서 통보를 연장할 수 있다.

> **꼭찝어 어드바이스** ★★★
> 대통령령으로 정하는 일정규모 이상의 에너지를 사용하는 자(에너지사용 기준)
> 연료 및 열 전력의 연간사용량의 합계가 2,000[TOE] 이상인 자

> **개념잡기**
> 에너지이용 합리화법에 따라 에너지사용계획을 수립하여 산업통상자원부장관에게 제출하여야 하는 민간사업주관자의 시설규모로 맞는 것은?
> ① 연간 2500 TOE 이상의 연료 및 열을 사용하는 시설
> ② 연간 5000 TOE 이상의 연료 및 열을 사용하는 시설
> ③ 연간 1천만 kWh 이상의 전력을 사용하는 시설
> ④ 연간 500만 kWh 이상의 전력을 사용하는 시설
> 답 ②

## 2. 에너지사용계획 내용

① 사업의 개요
② 에너지수요예측 및 공급계획
③ 에너지 수급에 미치게 될 영향 분석
④ 에너지 소비가 온실가스(이산화탄소만 해당)의 배출에 미치게 될 영향 분석
⑤ 에너지이용효율 향상 방안
⑥ 에너지이용의 합리화를 통한 온실가스(이산화탄소만 해당)의 배출감소 방안
⑦ 사후관리계획
⑧ 그 밖에 에너지이용 효율 향상을 위하여 필요하다고 산업통상자원부장관이 정하는 사항

## 3. 에너지사용계획, 수립 대행자의 지정 – 산업통상자원부장관

① 대학부설 에너지연구소
② 정부출연연구기관
③ 국공립연구기관
④ 엔지니어링 기술진흥법에 의한 엔지니어링 활동 주체 또는 기술사법에 의한 기술사 사무소를 개설 등록한 기술사

⑤ 에너지절약 전문가
⑥ 기타 산업통상자원부장관이 에너지사용계획의 수립을 할 수 있다고 인정하는 자

> 🔖 꼭집어 어드바이스
> 산업통상자원부장관은 대행자로 지정을 받은 자의 소속 기술요원에 대하여 에너지관리에 관한 교육을 받게 할 수 있다.

## 4. 에너지사용계획의 검토기준

검토기준의 구체적 내용은 산업통상자원부장관이 정한다.

① 에너지의 수급 및 이용합리화측면에서 당해 사업의 실시 또는 시설 설치의 타당성
② 부문별·용도별 에너지수요의 적정선
③ 연료·열 및 전기의 공급체계·공급원 선택과 관련시설 건설계획의 적정성
④ 에너지이용의 합리화를 통한 이산화탄소 배출감소방안의 적정성
⑤ 고효율 에너지이용 시스템 및 설비 설치의 적절성
⑥ 폐열회수·활용 및 폐기물 에너지이용계획의 적정성
⑦ 해당사업에 있어서 용지의 이용 및 시설의 배치에 관한 효율화 방안의 적정성
⑧ 대체 에너지이용계획의 적정성
⑨ 사후 에너지관리계획의 적정성

## 5. 이행계획에 포함될 사항

① 에너지사용계획의 조정 또는 보완의 조치내용
② 이행주체
③ 이행방법
④ 이행시기

## 6. 에너지사용계획의 사후관리

공공사업주관자는 에너지사용계획에 대한 협의 절차가 완료된 때에는 그 에너지사용계획 및 이행계획 중 당해 사업 또는 시설의 실시설계서에 반영된 내용을 그 실시설계서의 확정 후 14일 이내에 산업통상자원부장관에게 제출하여야 한다.

## 7. 금융, 세제상의 지원

정부는 에너지이용을 합리화하고 이를 통하여 온실가스의 배출을 줄이기 위하여 대통령령으로 정하는 에너지절약형 시설투자, 에너지절약형 기자재의 제조·설치·시공, 그 밖에 에너지이용 합리화와 이를 통한 온실가스배출의 감축에 관한 사항에 대하여 금융·세제상의 지원 또는 보조금의 지급, 그 밖에 필요한 지원을 할 수 있다.

### 1. 에너지절약형 시설투자

① 노후된 보일러 및 산업용 요로 등 에너지다소비 설비의 대체
② 집단에너지사업, 열병합발전사업, 폐열이용사업과 대체연료 사용을 위한 시설 및 기기류의 설치
③ 그 밖에 에너지절약 효과 및 보급 필요성이 있다고 산업통상자원부장관이 정하는 에너지절역형 시설투자, 에너지절약형 기자재의 제조·설치·시공

### 2. 에너지이용 합리화와 이를 통한 온실가스배출의 감축에 관한 사업 (산업통상자원부장관이 인정하는 사업)

① 에너지이용 합리화 및 이를 통하여 온실가스배출을 줄이기 위한 에너지절약 시설 설치 및 에너지기술개발사업
② 에너지원의 연구개발사업
③ 기술용역 및 기술지도사업
④ 에너지 분야에 관한 신기술·지식집약형 기업의 발굴·육성을 위한 지원사업 기타 에너지이용합리화에 관한 사업

# CHAPTER 03 에너지이용합리화 시책

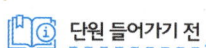  단원 들어가기 전

1. 효율관리기자재의 종류 및 시책에 관한 사항은 필수적으로 숙지하고 넘어가도록 하자.
2. 대기전력 저감대상제품에 관한 사항도 간혹 출제되므로 눈여겨 볼 필요성이 있다.
3. 고효율에너지기자재의 인증에 관한 사항도 잘 숙지하고 넘어가자.

 빅데이터 키워드

에너지이용합리화 시책, 효율관리 기자재

## 1 에너지사용기자재 관련 시책

### 1. 효율관리기자재 ★★★

① 전기냉장고
② 전기냉방기
③ 전기세탁기
④ 조명기기
⑤ 삼상유도전동기
⑥ 자동차
⑦ 그 밖에 산업통상자원부장관이 그 효율의 향상이 특히 필요하다고 인정하여 고시하는 기자재 및 설비

---

**개념잡기**

에너지이용합리화법상 평균에너지소비효율에 대하여 총량적인 에너지효율의 개선이 특히 필요하다고 인정되는 기자재는?
① 승용자동차
② 강철제보일러
③ 1종 압력용기
④ 축열식 전기보일러

답 ①

## 2. 효율관리기자재의 지정

산업통상자원부장관은 에너지이용 합리화를 위하여 필요하다고 인정하는 경우에는 일반적으로 널리 보급되어 있고 상당량의 에너지를 소비하는 에너지사용기자재로서 산업통상자원부령으로 정하는 기자재(효율관리기자재)에 대하여 다음 각 호의 사항을 정하여 고시한다.

① 에너지의 목표소비효율 또는 목표사용량의 기준
② 에너지의 최저소비효율 또는 최대사용량의 기준
③ 에너지의 소비효율 또는 사용량의 표시
④ 에너지의 소비효율 등급기준 및 등급표시
⑤ 에너지의 소비효율 또는 사용량의 측정방법
⑥ 그 밖에 효율관리기자재의 관리에 필요한 사항으로서 산업통상자원부령으로 정하는 사항

3. 효율관리기자재의 제조업자 또는 수입업자는 산업통상자원부장관이 지정하는 시험기관(효율관리시험기관)에서 해당 효율관리기자재의 에너지 사용량을 측정받아 에너지소비효율등급 또는 에너지소비효율을 해당 효율관리기자재에 표시하여야 한다. 다만, 산업통상자원부장관이 정하여 고시하는 시험설비 및 전문인력을 모두 갖춘 제조업자 또는 수입업자로서 산업통상자원부령으로 정하는 바에 따라 산업통상자원부장관의 승인을 받은 자는 자체측정으로 효율관리시험기관의 측정을 대체할 수 있다.

4. 효율관리기자재의 제조업자 또는 수입업자는 측정결과를 산업통상자원부장관에게 신고하여야 한다.

5. 효율관리기자재의 제조업자·수입업자 또는 판매업자가 산업통상자원부령으로 정하는 광고매체를 이용하여 효율관리기자재의 광고를 하는 경우에는 그 광고 내용에 에너지소비효율 등급 또는 에너지소비효율을 포함하여야 한다.

> 🔍 **꼭집어 어드바이스**
>
> 효율관리시험기관은 [국가표준기본법]에 따라 시험·검사기관으로 인증받은 기관
> 가. 국가가 설립한 시험·연구기관
> 나. [특정연구기관 육성법]에 따른 특정연구기관
> 다. 제1호 및 제2호의 연구기관과 동등 이상의 시험능력이 있다고 산업통상자원부장관이 인정하는 기관

## 6. 효율관리기자재의 사후관리

① 산업통상자원부장관은 효율관리기자재가 고시한 내용에 적합하지 아니하면 그 효율관리기자재의 제조업자·수입업자 또는 판매업자에게 일정한 기간을 정하여 그 시정을 명할 수 있다.
② 산업통상자원부장관은 효율관리기자재가 최저소비효율기준에 미달하거나 최대사용량기준을 초과하는 경우에는 해당 효율관리기자재의 제조업자·수입업자 또는 판매업자에게 그 생산이나 판매의 금지를 명할 수 있다.
③ 산업통상자원부장관은 사후관리조사를 위하여 필요하면 다른 제조업자·수입업자·판매업자나 [소비자기본법]에 따른 한국소비자원 또는 소비자단체에게 협조를 요청할 수 있다.

## 7. 효율관리기자재 자체측정 승인신청

효율관리기자재에 대한 자체측정의 승인을 받으려는 자는 효율관리기자재 자체측정 승인신청서에 다음 각 호의 서류를 첨부하여 산업통상자원부장관에게 제출 하여야 한다.

① 시험설비 현황(시험설비의 목록 및 사진 포함)
② 전문인력 현황(시험 담당자의 명단 및 재직증명서 포함)
③ [국가표준기본법]에 따른 시험·검사기관 인정서 사본(해당되는 경우에만 첨부)

## 8. 효율관리기자재 측정 결과의 신고

효율관리기자재의 제조업자 또는 수입업자는 효율관리시험기관으로부터 측정 결과를 통보받은 날 또는 자체측정을 완료한 날로부터 각각 60일 이내에 그 측정 결과를 에너지관리공단에 신고하여야 한다.

## 9. 효율관리기자재의 광고매체

① [잡지 등 정기간행물의 진흥에 관한 법률]에 따라 등록 또는 신고된 정기간행물 중 광고의 규격 등을 고려하여 산업통상자원부장관이 정하여 고시하는 것
② 해당 효율관리기자재의 제품안내서

## 2. 평균에너지소비효율제도

① 산업통상자원부장관은 각 효율관리기자재의 에너지소비효율 합계를 그 기자재의 총수로 나누어 산출한 평균에너지소비효율에 대하여 총량적인 에너지효율의 개선이 특히 필요하다고 인정되는 기자재로서 승용자동차 등 산업통상자원부령으로 정하는 기자재(평균효율관리기자재)를 제조하거나 수입하여 판매하는 자가 지켜야 할 평균에너지소비효율을 관계 행정기관의 장과 협의하여 고시하여야 한다.
② 산업통상자원부장관은 평균에너지소비효율(기준평균에너지소비효율)에 미달하는 평균효율관리기자재를 제조하거나 수입하여 판매하는 자에게 일정한 기간을 정하여 평균에너지소비효율의 개선을 명할 수 있다.
③ 평균에너지소비효율의 산정방법, 개선기간, 개선명령의 이행절차 및 공표방법 등 필요한 사항은 산업통상자원부령으로 정한다.

## 3. 대기전력저감대상제품의 지정

1. 대기전력저감대상제품이란 산업통상자원부장관은 외부의 전원과 연결만 되어 있고, 주 기능을 수행하지 아니하거나 외부로부터 켜짐 신호를 기다리는 상태에서 소비되는 전력(대기전력)의 저감이 필요하다고 인정되는 에너지사용기자재로서 산업통상자원부령으로 정하는 제품을 말한다.

> 🖐 꼭찝어 어드바이스 ★★★
>
> 대기전력저감대상제품 고시사항
> 가. 대기전력저감대상제품의 각 제품별 적용범위
> 나. 대기전력저감기준
> 다. 대기전력의 측정방법
> 라. 대기전력 저감성이 우수한 대기전력저감대상제품(대기전력저감우수제품)의 표시
> 마. 그 밖에 대기전력저감대상제품의 관리에 필요한 사항으로서 산업통상자원부령으로 정하는 사항

## 2. 대기전력경고표지대상제품의 지정

① 대기전력저감대상제품 중 대기전력 저감을 통한 에너지 이용의 효율을 높이기 위하여 대기전력저감기준에 적합할 것이 특히 요구되는 제품으로서 산업통상자원부령으로 정하는 제품(대기전력경고표지대상제품)에 대하여 다음 각 호의 사항을 정하여 고시한다.
  ㉠ 대기전력경고표지대상제품의 각 제품별 적용범위
  ㉡ 대기전력경고표지대상제품의 경고 표시
  ㉢ 그 밖에 대기전력경고표지대상제품의 관리에 필요한 사항으로서 산업통상자원부령으로 정하는 사항
② 대기전력경고표지대상제품의 제조업자 또는 수입업자는 대기전력경고표지대상제품에 대하여 산업통상자원부장관이 지정하는 시험기관(대기전력시험기관)의 측정을 받아야 한다. 다만, 산업통상자원부장관이 정하여 고시하는 시험설비 및 전문인력을 모두 갖춘 제조업자 또는 수입업자로서 산업통상자원부령으로 정하는 바에 따라 산업통상자원부장관의 승인을 받은 자는 자체측정으로 대기전력시험기관의 측정을 대체할 수 있다.
③ 대기전력경고표지대상제품의 제조업자 또는 수입업자는 측정 결과를 산업통상자원부령으로 정하는 바에 따라 산업통상자원부장관에게 신고하여야 한다.
④ 대기전력경고표지대상제품의 제조업자 또는 수입업자는 측정 결과, 해당 제품의 대기전력저감기준에 미달하는 경우에는 그 제품에 대기전력경고표지를 하여야 한다.

> 꼭찝어 어드바이스
>
> **대기전력시험기관으로 지정받으려는 자의 요건**
> 산업통상자원부령으로 정하는 바에 따라 산업통상자원부장관에게 지정 신청
> 가. 국가가 설립한 시험·연구기관
> 나. [특정연구기관 육성법] 제2조에 따른 특정연구기관
> 다. [국가표준기본법]에 따라 시험·검사기관으로 인정받은 기관
> 라. 국가가 설립한 시험·연구기관이나 특정연구기관과 동등 이상의 시험능력이 있다고 산업통상자원부장관이 인정하는 기관
> → 산업통상자원부장관이 대기전력저감대상제품별로 정하여 고시하는 시험설비 및 전문인력을 갖출 것

## 4 대기전력저감우수제품의 표시

① 대기전력저감대상제품의 제조업자 또는 수입업자가 해당 제품에 대기전력저감우수제품의 표시를 하려면 대기전력시험기관의 측정을 받아 해당 제품의 대기전력저감기준에 적합하다는 판정을 받아야 한다. 다만, 시험설비 및 전문인력을 모두 갖춘 제조업자 또는 수입업자로서 산업통상자원부장관의 승인을 받은 자는 자체측정으로 대기전력 시험기관의 측정을 대체할 수 있다.

② 대기전력저감우수제품의 적합 판정을 받아 표시를 하는 제조업자 또는 수입업자는 측정 결과를 산업통상자원부장관에게 신고하여야 한다.

③ 대기전력경고 표지 대상제품
- 컴퓨터
- 모니터
- 프린터
- 복합기
- 텔레비전(TV)
- 셋톱박스
- 전자레인지
- 팩시밀리
- 복사기
- 스캐너
- 모뎀
- 오디오
- 도어폰
- 비데
- DVD플레이어
- 라디오카세트
- 비디오테이프레코더
- 유무선전화기
- 홈 게이트웨이

> **핵심Key**
> 대기전력경고표지대상제품의 제조업자 또는 수입업자는 대기전력시험기관으로부터 측정결과를 통보받은 날 또는 자체측정을 완료한 날로부터 각각 60일 이내에 그 측정 결과를 공단에 신고하여야 한다.

## 5 고효율에너지기자재의 인증

① 산업통상자원부장관은 에너지이용의 효율성이 높아 보급을 촉진할 필요가 있는 에너지사용기자재로서 고효율에너지인증대상기자재에 대하여 다음 사항을 정하여 고시한다.
  ㉠ 고효율에너지인증대상기자재의 각 기자재별 적용범위
  ㉡ 고효율에너지인증대상기자재의 인증 기준·방법 및 절차
  ㉢ 고효율에너지인증대상기자재의 성능 측정방법
  ㉣ 에너지이용의 효율성이 우수한 고효율에너지기자재의 인증 표시
  ㉤ 그 밖에 고효율에너지인증대상기자재의 관리에 필요한 사항으로서 산업통상자원부령으로 정하는 사항

### 🔖 꼭찝어 어드바이스 ★★★

**고효율에너지인증대상기자재**
- 가. 펌프
- 나. 산업건물용 보일러
- 다. 무정전전원장치
- 라. 폐열회수형 환기장치
- 마. 발광다이오드(LED) 등 조명기기
- 바. 그 밖에 산업통상자원부장관이 특히 에너지이용의 효율성이 높아 보급을 촉진할 필요가 있다고 인정하여 고시하는 기자재 및 설비
  → 인증 제한 기간 : 1년

### 개념잡기

에너지 이용합리화법에 따라 고효율 에너지 인증대상기자재에 포함하지 않는 것은?
① 펌프　　　　　　　　　② 전력용 변압기
③ LED 조명기기　　　　　④ 산업건물용 보일러

답 ②

② 고효율에너지기자재의 인증을 받으려는 자는 산업통상자원부령으로 정하는 바에 따라 산업통상자원부장관에게 인증을 신청하여야 한다.

③ **고효율에너지기자재의 사후관리**
  ㉠ 산업통상자원부장관은 고효율에너지기자재가 거짓이나 그 밖의 부정한 방법으로 인증을 받은 경우는 인증을 취소하여야 하고, 고효율에너지기자재가 인증기준에 미달하는 경우에는 인증을 취소하거나 6개월 이내의 기간을 정하여 인증을 사용하지 못하도록 명할 수 있다.
  ㉡ 산업통상자원부장관은 인증이 취소된 고효율에너지기자재에 대하여 그 인증이 취소된 날로부터 1년의 범위에서 산업통상자원부령으로 정하는 기간 동안 인증을 하지 아니할 수 있다.

### 🔖 꼭찝어 어드바이스

**시험기관의 지정취소**
- 가. 산업통상자원부장관은 효율관리시험기관, 대기전력시험기관 및 고효율시험기관이 다음 각호의 어느 하나에 해당하는 경우에는 그 지정을 취소하거나 6개월 이내의 기간을 정하여 시험업무의 정지를 명할 수 있다.
  ① 거짓이나 그 밖의 부정한 방법으로 지정을 받은 경우
  ② 업무정지 기간 중에 시험업무를 행한 경우
  ③ 정당한 사유없이 시험을 거부하거나 지연하는 경우

④ 산업통상자원부장관이 정하여 고시하는 측정방법을 위반하여 시험한 경우
⑤ 시험기관의 지정기준에 적합하지 아니하게 된 경우
나. 산업통상자원부장관은 자체측정의 승인을 받은 자가, 다음 각호의 어느 하나에 해당하는 경우에는 그 지정을 취소하거나 6개월 이내의 기간을 정하여 시험업무의 정지를 명할 수 있다.
① 거짓이나 그 밖의 부정한 방법으로 승인을 받은 경우
② 업무정지 기간 중에 자체측정업무를 행한 경우
③ 산업통상자원부장관이 정하여 고시하는 측정방법을 위반하여 측정한 경우
④ 산업통상자원부장관이 정하여 고시하는 시험설비 및 전문인력 기준에 적합하지 아니하게 된 경우

# CHAPTER 04 산업 및 건물관련 시책

**단원 들어가기 전**

1. 에너지절약 전문기업, 온실가스 배출 감축실적 등을 눈여겨 볼 필요가 있다.
2. 에너지다소비사업자에 대한 사항은 상당히 많이 출제되므로 반드시 숙지하도록 하자.
3. 목표에너지 단위에 대해 정확히 알고 넘어갈 것

**빅데이터 키워드**

산업 및 건물관련 시책

## 1. 에너지절약전문기업의 지원

### 1. 에너지절약전문기업

정부는 제3자로부터 위탁을 받아 ① 에너지사용시설의 에너지절약을 위한 관리·용역사업 ② 에너지절약형 시설투자에 관한 사업 ③ 그 밖에 대통령령으로 정하는 에너지절약을 위한 사업에 해당하는 사업을 하는 자로서 산업통상자원부장관에게 등록을 한 자는 에너지절약사업과 이를 통한 온실가스의 배출을 줄이는 사업을 하는 데에 필요한 지원을 할 수 있다.

> **꼭집어 어드바이스**
>
> 대통령령으로 정하는 에너지절약을 위한 사업
> 가. 신에너지 및 재생에너지원의 개발 및 보급사업
> 나. 에너지절약형 시설 및 기자재의 연구개발사업

> **개념잡기**
>
> 제3자로부터 위탁을 받아 에너지사용시설의 에너지절약을 위한 관리·용역 사업을 하는 자로서 산업통상자원부장관에게 등록을 한 자를 지칭하는 기업은?
> ① 에너지진단사업      ② 수요관리투자기업
> ③ 에너지절약전문기업   ④ 에너지기술개발전담기업
>
> 답 ③

## 2. 에너지절약전문기업 등록신청 : 에너지관리공단

에너지절약전문기업의 등록신청서 및 등록 사항 변경등록신청서

① 사업계획서
② 보유장비명세서 및 기술인력명세서(자격증명서 사본 포함)
③ [부동산 가격공시 및 감정평가에 관한 법률]에 따른 감정평가업자가 평가한 자산에 대한 감정평가서(개인인 경우에만 해당한다)

## 3. 에너지절약전문기업 등록취소 사유

① 거짓이나 그 밖의 부정한 방법으로 등록을 한 경우
② 거짓이나 그 밖의 부정한 방법으로 금융, 세제상지원을 받거나 지원받은 자금을 다른 용도로 사용한 경우
③ 에너지절약전문기업으로 등록한 업체가 그 등록의 취소를 신청한 경우
④ 에너지절약형 시설투자에 관한 사업 등록기준에 미달하게 된 경우
⑤ 업무보고를 하지 아니하거나 거짓으로 보고한 경우 또는 검사거부·방해·기피한 경우
⑥ 정당한 사유 없이 등록한 후 3년 이내에 사업을 시작하지 아니하거나 3년 이상 계속하여 사업수행실적이 없는 경우
⑦ 타인에게 자기의 성명이나 상호를 사용하는 에너지사용시설의 에너지절약을 위한 관리·용역사 을 수행하게 하거나 산업통상자원부장관이 에너지절약전문기업에 내준 등록증을 대여한 경우

## 4. 에너지절약전문기업 등록제한

등록이 취소된 에너지절약전문기업은 등록 취소일부터 2년이 지나지 아니하면 에너지절약형 시설투자에 관한 사업등록을 할 수 없다.
→ 등록증을 발급받은 자는 그 등록증을 잃어버리거나 헐어 못 쓰게 된 경우에는 공단에 재발급신청할 수 있다. 이 경우 등록증이 헐어 못 쓰게 되어 재발급신청을 할 때에는 그 등록증을 첨부하여야 한다.

## 2 자발적 협업체결기업의 지원

① 정부는 에너지사용자 또는 에너지공급자로서 에너지의 절약 및 합리적인 이용을 통한 온실가스의 배출을 줄이기 위한 목표와 그 이행방법 등에 관한 계획을 자발적으로 수립하여 이를 이행하기로 정부 또는 지방자치단체와 약속(자발적 협약)한 자가 에너지절약형 시설 기타 대통령령이 정하는 시설 등에 투자하는 경우에는 그에 필요한 지원을 할 수 있다.
→ 자발적 협약의 목표, 이행방법의 기준 및 평가에 관하여 필요한 사항은 환경부장관과 협의하여 산업통상자원부령으로 정한다.

#### 꼭찝어 어드바이스 ★★

**대통령이 정하는 에너지절약형 시설**
가. 에너지절약형 공정개선을 위한 시설
나. 에너지이용합리화를 통한 온실가스의 배출을 줄이기 위한 시설
다. 그 밖에 에너지절약이나 온실가스의 배출을 줄이기 위하여 필요하다고 산업통상자원부장관이 인정하는 시설
라. 제1호부터 제3호까지의 시설과 관련된 기술개발

② **자발적 협약의 이행확인** : 에너지사용자 또는 에너지공급자가 수립하는 계획에 포함될 사항
㉠ 협약 체결 전년도의 에너지소비 현황
㉡ 에너지를 사용하여 만드는 제품, 부가가치 등의 단위당 에너지이용효율 향상 목표 또는 온실가스배출 감축목표(효율향상목표) 및 그 이행 방법
㉢ 에너지관리체제 및 에너지관리방법
㉣ 효율향상목표 등의 이행을 위한 투자계획
㉤ 그밖에 효율향상목표 등을 이행하기 위하여 필요한 사항

#### 꼭찝어 어드바이스 ★★

**자발적 협약의 평가기준**
가. 에너지절감량 또는 에너지의 합리적인 이용을 통한 온실가스배출 감축량
나. 계획 대비 달성률 및 투자실적
다. 자원 및 에너지의 재활용 노력
라. 그 밖에 에너지절감 또는 에너지의 합리적인 이용을 통한 온실가스배출 감축에 관한 사항

## 3. 온실가스배출 감축실적의 등록·관리

### 1. 온실가스 배출 감축실적의 등록·관리
① 정부는 에너지절약전문기업, 자발적 협약체결기업 등이 에너지이용 합리화를 통한 온실가스배출 감축실적의 등록을 신청하는 경우 그 감축실적을 등록·관리한다.
② 신청, 등록·관리 등에 관하여 필요한 사항은 대통령령으로 정한다.

### 2. 온실가스의 배출을 줄이기 위한 교육훈련 및 인력양성 등
① 정부는 온실가스의 배출을 줄이기 위하여 필요하다고 인정하면 산업계종사자 등 온실가스배출 감축 관련 업무담당자에 대하여 교육훈련을 실시할 수 있다.
② 정부는 온실가스 배출을 줄이는 데에 필요한 전문인력을 양성하기 위하여 [고등교육법]에 따른 대학원 및 대통령령으로 정하는 기준에 해당하는 대학원이나 대학원대학을 기후변화협약특성화대학원으로 지정할 수 있다.
③ 정부는 지정된 기후변화협약특성화대학원의 운영에 필요한 지원을 할 수 있다.
④ 교육훈련대상자와 교육훈련 내용, 기후변화협약특성화대학원 지정절차 및 지원내용 등에 필요한 사항은 대통령령으로 정한다.

> 🌟 꼭찝어 어드바이스
>
> 온실가스배출 감축 관련 교육훈련 대상
> 가. 산업계의 온실가스배출 감축 관련 업무담당자
> 나. 정부 등 공공기관의 온실가스배출 감축 관련 업무담당자

> 🌟 꼭찝어 어드바이스
>
> 교육훈련 내용
> 가. 기후변화협약과 대응 방안
> 나. 기후변화협약 관련 국내외 동향
> 다. 온실가스배출 감축 관련 정책 및 감축 방법에 관한 사항

### 3. 기후변화협약특성화대학원의 지정기준
① 대통령령으로 정하는 기준에 해당하는 대학원 또는 대학원대학이란 기후변화 관련교통정책, 환경정책, 온난화방지과학, 산업활동과 대기오염 등 산업통상자원부장관이 정하여 고시하는 과목의 강의가 3과목 이상 개설되어 있는 대학원 또는 대학원대학을 말한다.

② 기후변화협약특성화대학원으로 지정을 받으려는 대학원 또는 대학원대학은 산업통상자원부장관에게 지정신청을 하여야 한다.
③ 지정기준 및 지정신청 절차에 관한 세부적인 사항은 산업통상자원부장관이 국토교통부장관 및 환경부장관의 협의를 거쳐 정하여 고시한다.

### 4 에너지 다소비사업자(대통령이 정하는 기준량 이상인 자)

① 연료·열 및 전력의 연간사용량의 합계(연간 에너지사용량)가 2,000[TOE] 이상이 되는 경우 매년 1월 31일까지 시·도지사에게 신고하여야 한다.

> **꼭찝어 어드바이스**
>
> 에너지 다소비사업자가 시·도지사에게 신고할 사항
> 가. 전년도의 에너지사용량·제품생산량
> 나. 해당 연도의 에너지사용예정량·제품생산예정량
> 다. 에너지사용기자재의 현황
> 라. 전년도의 에너지이용 합리화 실적 및 해당 연도의 계획
> 마. 에너지관리자의 현황
>  → 시·도지사는 전년도의 에너지사용량·제품생산량에 따른 신고를 받으면 이를 매년 2월 말일까지 산업통상자원부장관에게 보고하여야 한다.

> **개념잡기**
>
> 에너지이용합리화법에 따라 에너지다소비사업자가 매년 1월 31일까지 신고해야 할 사항과 관계없는 것은?
> ① 전년도의 에너지 사용량
> ② 전년도의 제품 생산량
> ③ 에너지사용 기자재의 현황
> ④ 해당 연도의 에너지관리진단 현황
>
> 답 ④

② 에너지 진단
  ㉠ 산업통상자원부장관은 관계 행정기관의 장과 협의하여 에너지다소비사업자가 에너지를 효율적으로 관리하기 위하여 필요한 기준(에너지관리기준)을 부문별로 정하여 고시한다.
  ㉡ 에너지다소비사업자는 산업통상자원부장관이 지정하는 에너지진단전문기관(진단기관)으로부터 3년 이상의 범위에서 대통령령으로 정하는 기간마다 그 사업장의 에너지의 효율적 사용 여부에 대한 진단(에너지진단)을 받아야 한다.

ⓒ 산업통상자원부장관은 대통령령으로 정하는 바에 따라 에너지진단업무에 관한 자료 제출을 요구하는 등 진단기관을 관리·감독한다.
ⓔ 산업통상자원부장관은 자체에너지절감실적이 우수하다고 인정되는 에너지다소비사업자에 대하여 산업통상자원부령으로 정하는 바에 따라 에너지진단을 면제하거나 에너지진단주기를 연장할 수 있다.
ⓜ 산업통상자원부장관은 에너지진단 결과 에너지다소비사업자가 에너지관리기준을 지키고 있지 아니한 경우에는 에너지관리기준의 이행을 위한 지도(에너지관리지도)를 할 수 있다.

> **꼭찝어 어드바이스**
> 에너지이용 합리화법에 따라 에너지 진단을 면제 또는 에너지진단 주기를 연장받으려는 자가 제출해야 하는 첨부서류
> 가. 중소기업임을 확인할 수 있는 서류
> 나. 에너지절약 유공자 표창 사본
> 다. 친에너지형 설비 설치를 확인할 수 있는 서류
> 라. 자발적 협약 우수사업장임을 확인할 수 있는 서류
> 마. 에너지진단결과를 반영한 에너지절약 투자 및 개선실적을 확인할 수 있는 서류

## 5. 개선명령

① 산업통상자원부장관은 에너지관리지도 결과, 에너지가 손실되는 요인을 줄이기 위하여 필요하다고 인정하면 에너지다소비사업자에게 에너지손실요인의 개선을 명할 수 있다.
 → 개선명령의 요건 및 절차는 대통령령으로 정한다.
② 에너지다소비사업자에게 개선명령을 할 수 있는 경우
 에너지관리지도결과 10% 이상의 에너지효율개선이 기대되고 효율개선을 위한 투자의 경제성이 있다고 인정되는 경우

> **꼭찝어 어드바이스**
> 구체적인 개선사항·개선기간 등을 명시 → 산업통상자원부장관

③ 에너지 다소비사업자가 개선명령을 받은 때는 개선명령일부터 60일 이내 개선계획을 수립하여 산업통상자원부장관에게 제출, 그 결과를 개선기간만료일부터 15일 이내에 산업통상자원부장관에게 통보

## 6. 목표에너지원 단위 ★★★

산업통상자원부장관은 에너지의 이용효율을 높이기 위하여 필요하다고 인정하면 관계행정기관의 장과 협의하여 에너지를 사용하여 만드는 제품의 단위당 에너지사용목표량 또는 건축물의 단위면적당 에너지사용목표량(목표에너지원단위)을 정하여 고시하여야 한다.

> **개념잡기**
>
> 에너지이용 합리화법상 목표에너지원 단위란?
> ① 에너지를 사용하여 만드는 제품의 종류별 연간 에너지사용목표량
> ② 에너지를 사용하여 만드는 제품의 단위당 에너지사용목표량
> ③ 건축물의 총 면적당 에너지사용목표량
> ④ 자동차 등의 단위연료당 목표주행거리
>
> 답 ②

## 7. 냉난방온도 제한건물의 지정

① 산업통상자원부장관은 에너지의 절약 및 합리적인 이용을 위하여 필요하다고 인정하면 냉난방온도의 제한온도 및 제한기간을 정하여 다음 건물 중 냉난방온도를 제한하는 건물을 지정할 수 있다.
  ㉠ 자가 업무용으로 사용하는 건물
  ㉡ 에너지다소비사업자의 에너지사용시설 중 에너지사용량이 대통령령으로 정하는 기준량 이상인 건물
  ㉢ 냉난방온도를 제한하는 건물로 지정된 건물(냉난방온도제한건물)의 관리기관 또는 에너지다소비사업자는 해당 건물의 냉난방온도를 제한온도에 적합하도록 유지·관리하여야 한다.
  ㉣ 산업통상자원부장관은 냉난방온도제한건물의 관리기관 또는 에너지다소비사업자가 해당 건물의 냉난방온도를 제한온도에 적합하게 유지·관리하는지 여부를 점검하거나 실태를 파악할 수 있다.
  ㉤ 냉난방온도의 제한온도를 정하는 기준 및 냉난방온도제한건물의 지정기준, 점검방법 등에 필요한 사항은 산업통상자원부령으로 정한다.

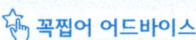 꼭찝어 어드바이스

냉·난방온도의 제한온도기준
가. 냉방 : 26℃ 이상
나. 난방 : 20℃ 이하 → 판매시설 및 공항의 경우에 냉방온도는 25℃ 이상으로 한다.

② 냉·난방온도 제한건물 중 다음 각 호의 어느 하나에 해당하는 구역에는 냉난방온도의 제한온도를 적용하지 않을 수 있다.
  ㉠ [의료법]에 따른 의료기관의 실내구역
  ㉡ 식품 등의 품질관리를 위해 냉난방온도의 제한온도 적용이 적절하지 않은 구역
  ㉢ 숙박시설 중 객실 내부구역
  ㉣ 그 밖에 관련 법령 또는 국제기준에서 특수성을 인정하거나 건물의 용도상 냉난방온도의 제한온도를 적용하는 것이 적절하지 않다고 산업통상자원부장관이 고시하는 구역

# CHAPTER 05 열사용기자재의 관리

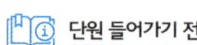

1. 열사용기자재의 종류와 그 적용범위에 대한 문제는 상당수 출제되고 있으므로 잘 숙지하고 넘어가도록 하자.
2. 특정열사용기자재와 검사대상기기의 검사 등에 관한 사항 역시 문제에서 자주 출제되고 있다.
3. 시공업 기술인력 및 검사대상기기 조종자에 대한 교육일정 및 교육기간을 주의 깊게 보도록 하자.

열사용기자재, 특정열사용기자재, 검사대상기기, 교육기간

## 1  열사용기자재

### [별표 1] 열사용기자재

| 구분 | 품목명 | 적용범위 |
|---|---|---|
| 보일러 ★★★ | 강철제 보일러 주철제 보일러 | 다음 각 호의 어느 하나에 해당하는 것을 말한다.<br>1. 1종관류 보일러 : 강철제 보일러 중 헤더의 안지름이 150mm 이하이고, 전열면적이 $5m^2$ 초과 $10m^2$ 이하이며, 최고사용압력이 1MPa 이하인 관류보일러(기수분리기를 장치한 경우에는 기수분리기의 안지름이 300mm 이하이고, 그 내용적이 $0.07m^2$ 이하인 것에 한한다)를 말한다.<br>2. 2종관류 보일러 : 강철제 보일러 중 헤더의 안지름이 150mm 이하이고, 전열면적이 $5m^2$ 이하이며, 최고사용압력이 1MPa 이하인 관류 보일러(기수분리기를 장치한 경우에는 기수분리기의 안지름이 200mm 이하이고, 그 내용적이 $0.02m^3$ 이하인 것에 한한다)를 말한다.<br>3. 위 1,2항 이외에 금속(주철을 포함한다)으로 만든 것 다만, 소형온수 보일러·구멍탄용온수 보일러 및 축열식 전기보일러를 제외한다. |
| | 소형 온수 보일러 | 전열면적이 $14m^2$ 이하이며, 최고사용압력이 0.35MPa 이하의 온수를 발생하는 것. 다만, 구멍탄용온수 보일러·축열식 전기보일러 및 가스사용량이 17kg/h(도시가스는 232.6kw) 이하인 가스용온수 보일러를 제외한다. |

| 구분 | 품목명 | 적용범위 |
|---|---|---|
| 보일러 | 구멍탄용 온수 보일러 | [석탄산업법 시행령] 제2조제2호의 규정에 의한 연탄을 연료로 사용하여 온수를 발생시키는 것으로 금속제에 한한다. |
| | 축열식 전기 보일러 | 심야전력을 사용하여 온수를 발생시켜 축열조에 저장한 후 난방에 이용하는 것으로서 정격소비전력이 30kw 이하이며, 최고사용압력이 0.35MPa 이하인 것 |
| 태양열집열기 | | 태양열집열기 |
| 압력용기 ★★★ | 1종압력용기 | 최고사용압력(MPa)과 내용적($m^3$)을 곱한 수치가 0.004를 초과하는 다음 각호의 하나에 해당하는 것<br>1. 증기 그밖의 열매체를 받아들이거나 증기를 발생시켜 고체 또는 액체를 가열하는 기기로서 용기안의 압력이 대기압을 넘는 것<br>2. 용기안의 화학반응에 의하여 증기를 발생하는 용기로서 용기안의 압력이 대기압을 넘는 것<br>3. 용기안의 액체의 성분을 분리하기 위하여 해당 액체를 가열하거나 증기를 발생시키는 용기로서 용기안의 압력이 대기압을 넘는 것<br>4. 용기안의 액체의 온도가 대기압에서의 비점을 넘는 것 |
| | 2종압력용기 | 최고사용압력이 0.2MPa를 초과하는 기체를 그 안에 보유하는 용기로서 다음 각호의 하나에 해당하는 것<br>1. 내용적이 $0.04m^3$ 이상인 것<br>2. 동체의 안지름이 200mm 이상(증기헤더의 경우에는 동체의 안지름이 300mm초과)이고, 그 길이가 1천mm 이상인 것 |

## 1. 열사용기자재에서 제외되는 사항

① [전기사업법]에 따른 전기사업자가 설치하는 발전소의 발전전용 보일러 및 압력용기
  다만, [집단에너지사업법]을 적용받는 발전전용 보일러 및 압력용기와 [신에너지 및 재생에너지 개발·이용·보급 촉진법]에 따른 신재생에너지를 발전에 이용하는 발전전용 보일러 및 압력용기는 열사용기자재에 포함된다.
② [철도사업법]에 따른 철도사업을 하기 위하여 설치하는 기관차 및 철도차량용 보일러
③ [고압가스 안전관리법] 및 [액화석유가스의 안전관리법 및 사업법]에 따라 검사를 받는 보일러 및 압력용기
④ [선박안전법]에 따라 검사를 받는 선박용 보일러 및 압력용기
⑤ [전기용품안전 관리법] 및 [약사법]의 적용을 받는 2종압력용기
⑥ 이 규칙에 따라 관리하는 것이 부적합하다고 산업통상자원부장관이 인정하는 수출용 열사용기자재

> **개념잡기**
>
> 에너지이용 합리화법에 따른 열사용기자재 중 소형온수 보일러의 적용 범위로 옳은 것은?
> ① 전열면적 24m² 이하이며, 최고사용압력이 0.5MPa 이하의 온수를 발생하는 보일러
> ② 전열면적 14m² 이하이며, 최고사용압력이 0.35MPa 이하의 온수를 발생하는 보일러
> ③ 전열면적 20m² 이하인 보일러
> ④ 최고 사용압력이 0.8MPa 이하의 온수를 발생하는 보일러
>
> 답 ②

## 2. 특정열사용기자재

열사용기자재 중 제조, 설치·시공 및 사용에서의 안전관리, 위해방지 또는 에너지 이용의 효율관리가 특히 필요하다고 인정되는 것으로서 산업통상자원부령으로 정하는 열사용기자재(특정열사용기자재)의 설치·시공이나 세관(세관 : 물이 흐르는 관 속에 낀 물때나 녹따위를 벗겨 냄)을 업(시공업)으로 하는 자는 [건설산업기본법]에 따라 시·도지사에게 등록하여야 한다.

○ [별표 5] 특정열사용기자재 및 설치·시공범위

| 구분 | 품목명 | 설치·시공범위 |
|---|---|---|
| 기 관 | 강철제 보일러<br>주철제 보일러<br>온수 보일러<br>구멍탄용온수 보일러<br>축열식전기 보일러<br>태양열집열기 | 당해기기의 설치·배관 및 세관 |
| 압력용기 | 1종압력용기<br>2종압력용기 | 당해기기의 설치·배관 및 세관 |
| 요업요로 | 연속식유리용융가마<br>불연속식유리용융가마<br>유리용융도가니가마<br>터널가마<br>도염식각가마<br>셔틀가마<br>회전가마<br>석회용선가마 | 당해기기의 설치를 위한 시공 |
| 속요로 | 용선로<br>비철금속용융로<br>금속소둔로<br>철금속가열로<br>금속균열로 | 당해기기의 설치를 위한 시공 |

### 개념잡기

에너지이용합리화법상 열사용기자재가 아닌 것은 무엇인가?
① 강철제 보일러        ② 구멍탄용 온수 보일러
③ 전기순간온수기      ④ 2종 압력용기

답 ③

## 2. 검사대상기기

### ○ [별표 7] 검사대상기기 ★★★

| 구분 | 검사대상기기명 | 적용범위 |
|---|---|---|
| 보일러 | 강철제보일러<br>주철제보일러 | 다음 각 호의 어느 하나에 해당하는 것을 제외한다.<br>1. 최고사용압력이 0.1MPa 이하이고, 동체의 안지름이 300mm 이하이며, 길이가 600mm 이하인 것<br>2. 최고사용압력이 0.1MPa 이하이고, 전열면적이 5m² 이하인 것<br>3. 2종 관류보일러<br>4. 온수를 발생시키는 보일러로서 대기개방형인 것 |
|  | 소형온수보일러 | 가스를 사용하는 것으로서 가스사용량이 17kg/h(도시가스는 232.6kw)를 초과하는 것 |
| 압력용기 | 1종압력용기<br>2종압력용기 | 별표 1의 규정과 동일 |
| 요로 | 철금속가열로 | 정격용량이 0.58MW를 초과하는 것 |

### 1. 검사대상기기의 검사

① 검사대상기기의 제조에 관하여 에너지관리공단의 검사를 받아야 한다.(시·도지사 위임사항)
② 검사대상기기 설치, 개조, 설치장소를 변경, 사용중지한 후 재사용하려는 자에 관하여 에너지관리공단의 검사를 받아야한다.(시·도지사 위임사항)
③ 검사증의 교부 및 검사의 연기(에너지관리공단)
④ 검사대상기기를 폐기, 사용을 중지한 경우, 설치자가 변경된 경우 에너지관리공단의 검사를 받아야 한다.(시·도지사 위임사항)
⑤ 검사대상기기에 대한 검사의 내용·기준, 그 밖에 필요한 사항은 산업통상자원부령으로 정한다.

## 2. 검사대상기기 조종자 선임

① 검사대상기기설치자는 검사대상기기의 안전관리, 위해방지 및 에너지이용의 효율을 관리하기 위하여 검사대상기기 조종자를 선임하여야 한다.(에너지관리공단)
② 검사대상기기조종자의 자격기준과 선임기준은 산업통상자원부령으로 정한다.
③ 검사대상기기설치자는 검사대상기기조종자를 선임 또는 해임하거나 검사대상기기 조종자가 퇴직한 경우에는 산업통상자원부령으로 정하는 바에 따라 에너지관리공단에 신고하여야 한다.(시·도지사위임사항)
④ 검사대상기기설치자는 검사대상기기조종자를 해임하거나 검사대상기기조종자가 퇴직하는 경우에는 해임이나 퇴직 이전에 다른 검사대상기기조종자를 선임한다. 다만, 산업통상자원부령으로 정하는 사유에 해당하는 경우에는 선임을 연기할 수 있다.

## 3. 검사대상기기 조정자 선임 기준

① **선임기준** : 산업통상자원부령으로 정하며 기준은 1구역마다 1인 이상으로 1구역은 조종자가 한 시야로 볼 수 있는 범위(난방용 압력용기의 조종자는 1인이 관리할 수 있는 범위)
② **선임신고** : 선임, 해임, 퇴직에 관한 신고는 신고사유가 발생한 날로부터 30일 이내 공단 이사장에게 신고한다.

> 🔖 **꼭찝어 어드바이스**
>
> **조종자 채용기한 연기사유**
> 가. 검사대상기기 조종자가 천재지변 등 불의의 사고로 업무를 수행할 수 없게 되어 해임 또는 퇴직한 경우
> 나. 검사대상기기의 설치자가 선임을 위하여 필요한 조치를 하였으나 선임하지 못한 경우

> 🔖 **꼭찝어 어드바이스**
>
> 검사대상기기의 사용 정지명령 : 시·도지사

> 🔖 **꼭찝어 어드바이스**
>
> **인정검사 대상기기 조종자의 조정범위**
> 가. 증기 보일러로서 최고사용압력이 1MPa 이하이고, 전열면적이 10$m^2$ 이하인 것
> 나. 온수 발생 또는 열매체를 가열하는 보일러로서 출력이 581.5kw 이하인 것
> 다. 압력용기

## [별표 11] 검사대상기기 조종자의 자격 및 적용범위

| 조종자의 자격 | 적용범위 |
| --- | --- |
| 에너지관리기능장 또는 에너지관리기사 | 용량 30t/h를 초과하는 보일러 |
| 에너지관리기능장, 에너지관리기사, 에너지관리산업기사 | 용량 10t/h 초과 30t/h 이하인 보일러 |
| 에너지관리기능장, 에너지관리기사, 에너지관리산업기사, 에너지관리기능사 | 용량 10t/h 이하인 보일러 |
| 에너지관리기능장, 에너지관리기사, 에너지관리산업기사, 에너지관리기능사 또는 인정검사대상기기 조종자의 교육을 이수한 자 | 1. 증기보일러로서 최고사용압력이 1MPa 이하이고, 전열면적이 10m$^2$ 이하인 것<br>2. 온수 발생 또는 열매체를 가열하는 보일러로서 출력이 581.5kw 이하인 것<br>3. 압력용기 |

[비고]
1. 온수발생 및 열매체를 가열하는 보일러의 용량은 697.8kw를 1t/h로 본다.
2. 제48조제2항에 따른 1구역에서 가스 연료를 사용하는 1종 관류보일러의 용량은 이를 구성하는 보일러의 개별 용량을 합산한 값으로 한다.
3. 계속사용검사 중 안전검사를 실시하지 않는 검사대상기기 또는 가스 외의 연료를 사용하는 1종 관류보일러의 경우에는 조종자의 자격에 제한을 두지 아니한다.
4. 가스를 연료로 사용하는 보일러의 검사대상기기 조종자의 자격은 위 표에 따른 자격을 가진 사람으로서 제47조제2항에 따라 산업통상자원부장관이 정하는 관련 교육을 이수한 사람 또는 [도시가스사업법 시행령] 별표 1에 따라 특정가스사용시설의 안전관리 책임자의 자격을 가진 사람으로 한다.

### 개념잡기

검사대상기기 조종범위 용량이 10t/h 이하인 보일러의 조종자 자격이 아닌 것은?
① 에너지관리기사　　　　　② 에너지관리기능장
③ 에너지관리기능사　　　　④ 인정검사대상기기조종자 교육이수자

답 ④

## 4. 검사에 필요한 조치

① 기계적 시험의 준비
② 비파괴검사의 준비
③ 검사대상기기의 정비
④ 수압시험의 준비
⑤ 안전밸브 및 수면측정장치의 분해·정비
⑥ 검사대상기기의 피복물 제거
⑦ 조립식인 검사대상기기의 조립 해제
⑧ 운전성능 측정의 준비

## 5. 검사 신청서

① 용접검사 신청서
　㉠ 용접부위도 1부
　㉡ 검사대상기기의 설계도면 2부
　㉢ 검사대상기기의 강도계산서 1부
② 계속 사용검사 신청서 및 재사용검사신청서는 유효기간 만료 10일 전까지 제출하고, 검사의 연기는 당해 연도 말까지 연기할 수 있지만 유효 기간 만료일이 9월1일 이후인 경우는 4개월의 범위 내에서 연기하며 공단 이사장에게 제출한다.
③ 검사에 합격한 검사대상기기의 검사증은 검사일 후 7일 이내에 교부한다. (공단이사장/검사기관의 장)
④ 검사에 불합격한 검사대상기기의 통지 : 7일 이내
⑤ 재검사에 합격하여야 할 기간은 불합격한 날로부터 6개월(철금속 가열로는 1년) 이내로 한다.

## 6. 검사의 종류 및 적용대상

**[별표 8] 검사의 종류 및 적용대상** ★★★

| 검사의 종류 | | 적용대상 |
|---|---|---|
| 제조검사 | 용접검사 | 동체·경판 및 이와 유사한 부분을 용접으로 제조하는 경우의 검사 |
| | 구조검사 | 강판·관 또는 주물류를 용접·확대·조립·주조 등에 의하여 제조하는 경우의 검사 |
| 설치검사 | | 신설한 경우의 검사(사용연료의 변경에 의하여 검사대상이 아닌 보일러가 검사대상으로 되는 경우의 검사를 포함한다) |
| 개조검사 | | 다음 각호의 하나에 해당하는 경우의 검사<br>1. 증기보일러를 온수보일러로 개조하는 경우<br>2. 보일러 섹션의 증감에 의하여 용량을 변경하는 경우<br>3. 동체·돔·노통·연소실·경판·천정판·관판·관모음 또는 스테이의 변경으로서 산업통상자원부장관이 정하여 고시하는 대수리의 경우<br>4. 연료 또는 연소방법을 변경하는 경우<br>5. 철금속가열로로서 산업통상자원부장관이 정하여 고시하는 경우의 수리 |
| 설치장소변경검사 | | 설치장소를 변경한 경우의 검사. 다만, 이동식 검사대상기기를 제외한다. |

| 검사의 종류 | | 적용대상 |
|---|---|---|
| 계속사용검사 | 안전검사 | 설치검사·개조검사·설치장소변경검사 또는 재사용검사후 안전부문에 대한 유효기간을 연장하고자 하는 경우의 검사 |
| | 운전성능검사 | 다음 각호의 하나에 해당하는 기기에 대한 검사로서 설치검사후 운전성능부문에 대한 유효기간을 연장하고자 하는 경우의 검사<br>1. 용량 1t/h(난방용의 경우에는 5t/h) 이상인 강철제보일러 및 주철제 보일러<br>2. 철금속가열로 |
| | 재사용검사 | 사용중지 후 재사용하고자 하는 경우의 검사 |

## 7. 검사의 유효기간

검사유효기간은 검사에 합격한 날의 다음 날부터 계산한다. 다만, 검사에 합격한 날이 검사유효기간 만료일 이전 30일 이내인 경우와 검사를 연기한 경우에는 유효기간 만료일의 다음날부터 계산한다.

### ○ [별표 9] 검사의 유효기간 ◎◎

| 검사의 종류 | | 검사유효기간 |
|---|---|---|
| 설치검사 | | 1. 보일러 : 1년 다만, 운전성능 부문의 경우에는 3년 1개월로 한다.<br>2. 압력용기 및 철금속가열로 : 2년 |
| 개조검사 | | 1. 보일러 : 1년<br>2. 압력용기 및 철금속가열로 : 2년 |
| 설치장소 변경검사 | | 1. 보일러 : 1년<br>2. 압력용기 및 철금속가열로 : 2년 |
| 계속사용 검사 | 안전검사 | 1. 보일러 : 1년<br>2. 압력용기 : 2년 |
| | 운전성능검사 | 1. 보일러 : 1년<br>2. 철금속가열로 : 2년 |
| | 재사용검사 | 1. 보일러 : 1년<br>2. 압력용기 및 철금속가열로 : 2년 |

[비고]
1. 보일러의 계속사용검사 중 운전성능검사에 대한 검사 유효기간은 해당 보일러가 산업통상자원부장관이 정하여 고시하는 기준에 적합한 경우에는 2년으로 한다.
2. 설치 후 3년이 지난 보일러로서 설치장소 변경검사 또는 재사용검사를 받은 보일러는 검사 후 1개월 이내에 운전성능검사를 받아야 한다.
3. 개조검사 중 연료 또는 연소방법의 변경에 따른 개조검사의 경우에는 검사 유효기간을 적용하지 않는다.
4. [고압가스 안전관리법] 제13조의2제1항에 따른 안전성향상계획과 [산업안전보건법] 제49조의2제1항에 따른 공정안전보고서를 작성하여야 하는 자의 검사대상기기에 대한 계속사용검사의 유효기간은 4년으로 한다. 다만, 압력용기의 안전검사 유효기간은 8년의 범위에서 산업통상자원부장관이 정하여 고시하는 바에 따라 연장할 수 있다.
5. 제46조의2제1항에 따라 설치신고를 하는 검사대상기기는 신고 후 2년이 지난 날에 계속사용검사를 하며, 계속사용검사의 유효기간은 2년으로 한다.
6. 법 제32조제2항에 따라 에너지진단을 받은 운전성능검사대상기기가 제34조에 따른 검사기준에 적합한 경우에는 에너지진단 이후 최초로 받는 운전성능검사를 에너지진단으로 갈음한다.(비고 4에 해당하는 경우에는 제외한다)

## 8. 검사기준

① 검사대상기기의 검사기준은 [산업표준화법]에 따른 한국산업표준에 따른다. 다만, 한국산업표준이 제정되지 아니한 경우에는 산업통상자원부장관이 정하는 기준에 따른다.
② 산업통상자원부장관은 검사기준이 제정되지 아니한 신제품에 대한 검사를 하려는 경우에는 열사용기자재기술위원회의 심의를 거친 기준을 검사기준으로 정할 수 있다.
③ 산업통상자원부장관은 신제품에 대한 검사기준을 정한 경우에는 특별시장·광역시장·도지사 또는 시·도지사 또는 해당 신청인에게 지체없이 알려야 한다. 이 경우 산업통상자원부장관은 그 검사기준을 관보에 고시하여야 한다.

> **꼭 찝어 어드바이스**
>
> **열사용기자재 기술위원회의 구성 및 운영**
> 가. 신제품에 대한 검사기준 등에 관한 사항을 심의하기 위하여 에너지관리공단에 열사용기자재 기술위원회를 둔다.
> 나. 열사용기자재기술위원회의 구성 및 운영, 그 밖에 필요한 사항은 공단이 정하는 바에 따른다.

**핵심Key**
고압가스 안전관리법에 의한 안전성 향상 계획서와 산업안전 보건법에 의한 공정안전보고서를 작성하여야 하는 자의 보일러, 압력용기 및 철금속가열로의 검사유효기간은 4년으로 한다.

## 9. 검사의 면제

① 별표 10에서 정한 검사

### ○ [별표 10] 검사의 면제대상범위 ○○

| 검사대상기기명 | 대상범위 | 면제되는 검사 |
| --- | --- | --- |
| 강철제 보일러<br>주철제 보일러 | 1. 강철제 보일러 중 전열면적이 5m² 이하이고, 최고사용압력이 0.35MPa 이하인 것<br>2. 주철제보일러<br>3. 1종 관류보일러<br>4. 온수보일러 중 전열면적이 18m² 이하이고, 최고사용압력이 0.35MPa 이하인 것 | 용접검사 |
| | 주철제보일러 | 구조검사 |
| | 1. 가스 외의 연료를 사용하는 1종 관류보일러<br>2. 전열면적 30m² 이하의 유류용 주철제 증기보일러 | 설치검사 |
| | 1. 전열면적 5m² 이하의 증기보일러로서 다음 각 항목의 어느 하나에 해당하는 것<br>　① 대기에 개방된 안지름 25mm 이상인 증기관이 부착된 것<br>　② 수두압이 5m 이하이며 안지름이 25mm 이상인 대기에 개방된 U자형 입관이 보일러의 증기부에 부착된 것<br>2. 온수보일러로서 다음 각 항목의 어느 하나에 해당하는 것<br>　① 유류·가스 외의 연료를 사용하는 것으로 전열면적 30m² 이하인 것<br>　② 가스 외의 연료를 사용하는 주철제 보일러 | 계속사용검사 |

| 검사대상기기명 | 대상범위 | 면제되는 검사 |
|---|---|---|
| 소형온수 보일러 | 가스사용량이 17kg/h(도시가스는 232.6kw)를 초과하는 가스용 소형 온수 보일러 | 제조검사 |
| 1종 압력용기<br>2종 압력용기 | 1. 용접이음(동체와 플랜지와의 용접이음을 제외한다)이 없는 강관을 동체로 한 헤더<br>2. 압력용기 중 동체의 두께가 6mm 미만인 것으로 최고사용압력(MPa)과 내용적($m^3$)을 곱한 수치가 0.02 이하 (난방용의 경우에는 0.05 이하)인 것<br>3. 전열교환식인 것으로 최고사용압력이 0.35MPa 이하이고, 동체의 안지름이 600mm 이하인 것 | 용접검사 |
| 1종 압력용기<br>2종 압력용기 | 1. 2종 압력용기 및 온수탱크<br>2. 압력용기 중 동체의 두께가 6mm 미만인 것으로 최고사용압력(MPa)과 내용적($m^3$)을 곱한 수치가 0.02 이하 (난방용의 경우에는 0.05 이하)인 것<br>3. 압력용기 중 동체의 최고사용압력이 0.5MPa 이하인 난방용 압력용기<br>4. 압력용기 중 동체의 최고사용압력이 0.1MPa 이하인 취사용 압력용기 | 설치검사 및 계속사용검사 |
| 철금속가열로 | 철금속가열로 | 제조검사, 계속사용검사 중 안전검사 및 재사용검사 |

> 📌 **꼭찝어 어드바이스**
>
> 고압가스 안전관리법에 의한 안정성 향상 계획서와 산업안전보건법에 의한 공정안전보고서를 작성하여야 하는 자의 보일러, 압력용기 및 철금속가열로의 검사유효기간은 4년으로 한다.

② 통계법에 따라 통계청장이 고시하는 한국표준산업분류에 따른 제조업의 사업장에 설치된 다음 각 항목의 요건에 해당하는 검사대상기기의 계속사용검사를 면제한다.
  ㉠ 검사신청일 현재 최근 3년간 사업장 안에서의 업무 재해로 인하여 [산업재해보상보험법] 에 따른 보험급여를 지급한 사실이 없는 업체에 설치된 검사대상기기
  ㉡ 최초 설치 후 5년 이내이고 연속하여 2회 이상 합격한 검사대상기기
③ 다음의 요건에 해당하는 보일러 및 압력용기의 제조업자에 대한 제조검사 및 설치검사를 면제한다.
  ㉠ 제조안전보험에 가입할 것
  ㉡ 검사시설 및 인력을 보유할 것

④ 다음 각 항목의 요건에 해당하는 보일러 및 압력용기의 사용자에 대한 계속사용검사, 설치장소 변경검사 및 개조검사를 면제한다.
　㉠ 사용안전보험으로서 약정보험금액이 400억원 이상인 사용안전보험에 가입할 것
　㉡ 보험가입일 현재 최근 2년간 사업장 안에서의 업무상 재해로 인하여 [산업재해보상보험법]에 따른 보험급여를 지급한 사실이 없을 것

> **꼭찝어 어드바이스**
> 검사면제 받은 자는 보험계약의 효력이 발생한 날로부터 15일 이내에 보험가입증명서 및 해당 요건의 증명서류를 첨부하여 시·도지사에게 통보하여야 한다.

> **꼭찝어 어드바이스**
> 보험계약을 체결한 보험사업자는 보험금을 지급한 경우, 보험기간 만료, 보험계약이 해지된 경우 기타 보험계약의 효력이 상실된 경우에도 15일 이내에 시·도지사에게 통보하여야 한다.

## 10. 보험조건

### (1) 제조안전보험
① 검사대상기기의 제조상 하자와 관련된 제3자의 법률상 손해배상책임을 담보할 것
② 검사대상기기의 설치와 관련된 위험을 담보할 것
③ 연 1회 이상 한국산업규격 규정에 의한 검사기준에 따른 위험관리서비스를 실시할 것

### (2) 사용안전보험
① 검사대상기기의 계속사용에 따른 재물종합위험 및 기계 위험을 담보할 것
② 검사대상기기의 계속사용에 따른 사고로 인한 제3자의 법률상 손해배상책임을 담보할 것
③ 연 1회 이상 한국산업규격 규정에 의한 검사기준에 따른 위험관리서비스를 실시할 것

## 3. 시공업의 시설과 기술능력기준

| 업종 | 기술능력 | 업무내용 | 시설 및 장비 |
|---|---|---|---|
| 제1종 난방시공업 | 국가기술자격법에 의한 관련종목의 기술자격취득자 또는 전문대학 이상에서 공학계열학과를 졸업한 자 중 2인 이상 | • 강철제 보일러<br>• 주철제 보일러<br>• 구멍탄용 온수 보일러<br>• 축열식 전기 보일러<br>• 태양열 집열기<br>• 1·2종 압력용기의 설치와 이에 부대되는 배관·세관 공사<br>• 공사예정금액 1천만원 이하의 온돌 설치공사 | 수압시험기 1대 이상 |
| 제2종 난방시공업 | 제1종 기술능력 자격자 중 1인 이상 | • 태양열 집열기<br>• 용량 5만[kcal/h] 이하의 온수보일러<br>• 구멍탄용 온수보일러의 설치 및 이에 부대되는 배관·세관공사<br>• 공사예정금액 1천만원 이하의 온돌 설치공사 | 수압시험기 1대 이상 |
| 제3종 난방시공업 | 국가기술자격법에 의한 세라믹기사·에너지관리기사·금속기사·기계분야기사·기계분야기능장 또는 금속분야기능장 이상의 기술자 중 1인 이상 | • 요업요로<br>• 금속요로의 설치공사 | 1. 가스분석기 1대 이상<br>2. 광고온도계 1대 이상<br>3. 열전식 또는 저항식으로서 온도 측정범위가 1,200℃ 이상인 온도측정기 1대 이상<br>4. 온도측정범위가 300℃ 이하인 표면온도측정기 1대 이상<br>5. 버니어캘리퍼스 마이크로 메터 1식 이상<br>6. 압축강도시험기 1대 이상<br>7. 한국산업규격에 규정된 내화도 시험에 적합한 내화도 측정기 1대 이상 |

## [별표 12] 시공업의 기술인력 및 검사대상기기 조종자에 대한 교육

| 구분 | 교육과정 | 교육기간 | 교육대상자 | 교육기관 |
|---|---|---|---|---|
| 시공업의 기술인력 | 1. 난방시공업 제1종 기술자과정 | 1일 | [건설산업기본법 시행령] 별표2에 따른 난방시공업 제1종의 기술자로 등록된 사람 | 법 제41조에 따라 설립된 한국열관리시공 협회 및 [민법] 제32조에 따라 국토교통부장관의 허가를 받아 설립된 전국보일러설비협회 |
|  | 2. 난방시공업 제2종·제3종 기술자과정 | 1일 | [건설산업기본법 시행령] 별표2에 따른 난방시공업 제2종 또는 난방시공업 제3종의 기술자로 등록된 사람 |  |
| 검사대상 기기조종자 | 1. 중·대형보일러 조종자과정 | 1일 | 법 제40조제1항에 따른 검사대상기기조종자로 선임된 사람으로서 용량이 1t/h(난방용의 경우에는 5t/h)를 초과하는 강철제보일러 및 주철제보일러의 조종자 | 법 제45조에 따라 설립된 에너지관리공단 및 [민법] 제32조에 따라 산업통상자원부장관이 허가를 받아 설립된 한국에너지기술인협회 |
|  | 2. 소형보일러·압력용기 조종자교육 | 1일 | 법 제40조제1항에 따른 검사대상기기 조종자로 선임된 사람으로서 제1호의 보일러조종자 과정의 대상이 되는 보일러 외의 보일러 및 압력용기 조종자 |  |

[비고]
1. 난방시공업 제1종기술자과정 등에 대한 교육과목, 교육수수료 및 교육 통지 등에 관한 세부사항은 산업통상자원부장관이 정하여 고시한다.
2. 시공업의 기술인력은 난방시공업 제1종·제2종 또는 제3종의 기술자로 등록된 날부터, 검사대상기기 조종자는 법 제40조제1항에 따른 검사대상기기조종자로 선임된 날부터 6개월 이내에, 그 후에는 교육을 받은 날부터 3년마다 교육을 받아야 한다.
3. 위 교육과정 중 난방시공업 제1종기술자과정을 이수한 경우에는 난방시공업 제2종·제3종기술자과정을 이수한 것으로 보며, 중·대형보일러 조종자과정을 이수한 경우에는 소형보일러·압력용기 조종자교육을 이수한 것으로 본다.
4. 산업통상자원부장관은 제도의 변경, 기술의 발달 등 안전관리 환경의 변화로 효율 향상을 위하여 추가로 교육하려는 경우에는 교육의 기관·기간·과정 등에 관한 사항을 미리 고시하여야 한다.

# CHAPTER 06 에너지관리공단

  단원 들어가기 전

1. 에너지관리공단의 설립목적에 대해 주의깊게 보도록 하자.
2. 임원 구성 및 공단사업에 관한 사항이 주된 출제항목이다.

빅데이터 키워드 — 에너지관리공단

## 1 ▸ 에너지관리공단의 설립

① 에너지이용합리화사업을 효율적으로 추진하기 위하여 설립되었다.
② 정부 또는 정부 외의 자는 공단의 설립·운영과 사업에 드는 자금에 충당하기 위하여 출연을 할 수 있다. → 출연시기, 출연방법, 그 밖에 필요한 사항은 대통령령으로 정한다.

## 2 ▸ 사무소

① 공단의 주된 사무소의 소재지는 정관으로 정한다.
② 공단은 산업통상자원부장관의 승인을 받아 필요한 곳에 지부, 연수원, 사업소 또는 부설기관을 둘 수 있다.
③ 공단은 법인으로 한다.

## 3 정관

공단의 정관에는 [공공기관의 운영에 관한 법률]에 따른 기재사항 외에 다음 각 호의 사항을 포함시켜야 한다.

① 지부, 연수원 및 사업소에 관한 사항
② 부설기관의 운영과 관리에 관한 사항
③ 재산에 관한 사항
④ 규약·규정의 제정, 개정 및 폐지에 관한 사항

## 4 설립등기

① 공단은 주된 사무소의 소재지에서 설립등기를 함으로써 성립한다.

> 🌟 꼭집어 어드바이스
>
> 설립등기 사항
> ① 목적
> ② 명칭
> ③ 주된 사업소, 지부, 연수원 및 사업소
> ④ 임원의 성명과 주소
> ⑤ 공고의 방법
> • 설립등기 외의 등기에 관하여 필요한 사항은 대통령령으로 정한다.

## 5 임원

① 이사장 1인
② 부이사장 1인
③ 이사 6인 이내(3인 이내의 비상임이사를 포함한다)
④ 감사 1인

## 6 임원 직무

① 이사장은 공단을 대표하고, 공단의 업무를 총괄한다.
② 부이사장은 이사장을 보좌한다.
③ 이사는 정관으로 정하는 바에 따라 공단의 업무를 분장한다.
④ 감사는 공단의 업무와 회계를 감사한다.

## 7 공단 사업 ★★

① 에너지이용합리화 및 이를 통한 이산화탄소의 배출 감소를 위한 사업
② 에너지기술의 개발, 도입, 지도 및 보급
③ 에너지절약전문기업의 지원 사업
④ 에너지 진단 및 에너지관리지도
⑤ 에너지이용 합리화, 신에너지 및 재생에너지의 개발과 보급, 집단에너지공급사업을 위한 자금의 융자 및 지원
⑥ 신에너지 및 재생에너지 개발사업의 촉진
⑦ 에너지관리에 관한 조사, 연구, 교육 및 홍보
⑧ 에너지이용합리화사업을 위한 토지, 건물 및 시설 등의 취득, 설치, 운영, 대여 및 양도
⑨ 집단 에너지사업의 촉진을 위한 지원 및 관리

## 8 회계 등

① 공단은 매 회계연도의 결산결과 이익금이 생긴 경우에는 이월손실금을 보전하는 데에 충당하고, 나머지 산업통상자원부장관이 정하는 바에 따라 적립한다.
② (생략)
③ 공단은 매 회계연도 시작 전에 예산총칙·추정손익계산서·추정대차대조표와 자금계획서로 구분하여 예산안을 편성하여 이사회의 의결을 거쳐 산업통상자원부장관의 승인을 받아야 한다. 이를 변경하는 경우 또한 같다.

# CHAPTER 07 시공업자 단체

A
1. 본 단원은 시공업자 단체의 설립목적과 정관의 내용, 지도감독에 관한 사항을 주의깊게 보도록 하자.

시공업자 단체

## 1 설립 목적

시공업자는 품위의 유지, 기술의 향상, 시공방법의 개선, 기타 시공업의 건전한 발전을 위하여 산업통상자원부장관의 인가를 받아 시공업자 단체를 설립한다.

① 시공업자단체는 법인으로 한다.
② 시공업자단체는 설립등기를 함으로써 성립한다.
③ 시공업자단체의 설립, 정관의 기재사항과 감독에 관하여 필요한 사항은 대통령령으로 정한다.

## 2 정관의 내용 ★★

① 목적
② 명칭
③ 주된 사무소·지부에 관한 사항
④ 업무 및 그 집행에 관한 사항
⑤ 회원의 등록 및 권리·의무에 관한사항

⑥ 회비에 관한 사항
⑦ 재산 및 회계에 관한 사항
⑧ 임원 및 직원에 관한 사항
⑨ 기구 및 조직에 관한 사항
⑩ 총회와 이사회에 관한 사항
⑪ 정관의 변경에 관한 사항
⑫ 해산에 관한 사항

## 3 건의와 자문

시공업자 단체는 시공업의 건전한 발전에 관한 사항을 정부에 건의하거나 정부의 자문에 응할 수 있다.

## 4 지도 감독

업무·회계·재산에 관한 사항을 보고하게 하거나, 소속 공무원으로 하여금 시공업자 단체의 장부·서류·기타 물건을 검사하게 할 수 있다.(명령권자 : 산업통상자원부장관)

# CHAPTER 08 보칙

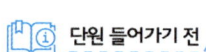

Ⓐ
1. 본 단원에서는 교육, 보고 및 검사, 권한의 위임·위탁사항 등을 눈여겨 볼 필요가 있다.

보칙

## 1 교육

① 산업통상자원부장관은 에너지관리의 효율적인 수행과 특정열사용기자재의 안전관리를 위하여 에너지관리자, 시공업의 기술인력 및 검사대상기기조종자에 대하여 교육을 실시하여야 한다.
② 교육담당기관, 교육기간 및 교육과정, 기타 교육에 관하여 필요한 사항은 산업통상자원부령으로 한다.
③ 시공업의 기술인력에 대한 교육은 시공업자 단체에서 행하며, 검사대상기기조종자에 대한 교육은 공단에서 행한다. (교육기간은 7일 이내)
④ 공단이사장은 다음 연도의 교육계획을 수립하여 매년 12월 31일까지 산업통상자원부장관의 승인을 받아야 한다.

## 2 보고 및 검사

① 산업통상자원부장관이나 시·도지사는 이 법의 시행을 위하여 필요하면 산업통상자원부령으로 정하는 바에 따라 효율관리기자재·대기전력저감대상제품·고효율에너지인증대상기자재의 제조업자·수입업자·판매업자 및 각 시험기관,

에너지절약전문기업, 에너지다소비사업자, 진단기관과 검사대상기기설치자에 대하여 그 업무에 관한 보고를 명하거나 소속 공무원 또는 공단으로 하여금 효율관리기자재 제조업자 등의 사무소·사업장·공장이나 창고에 출입하여 장부·서류·에너지사용기자재, 그 밖의 물건을 검사하게 할 수 있다.
② 검사를 하는 공무원이나 공단의 직원은 그 권한을 표시하는 증표를 지니고 이를 관계인에게 내보여야 한다.
③ 보고
  ㉠ 산업통상자원부장관이 보고를 명할 수 있는 사항
    ⓐ 효율관리기자재·대기전력저감대상제품·고효율에너지인증대상기자재의 제조업자·수입업자 또는 판매업자의 경우 : 연도별 생산·수입 또는 판매 실적
    ⓑ 에너지절약전문기업의 경우 : 영업실적(연도별 계약실적을 포함)
    ⓒ 에너지다소비사업자의 경우 : 개선명령 이행실적
    ⓓ 진단기관의 경우 : 진단 수행실적
  ㉡ 산업통상자원부장관, 특별시장·광역시장·도지사 또는 특별자치도지사가 소속 공무원 또는 공단으로 하여금 검사하게 할 수 있는 사항
    ⓐ 에너지소비효율등급 또는 에너지소비효율 표시의 적합 여부에 관한 사항
    ⓑ 효율관리시험기관의 지정 및 자체측정의 승인을 위한 시험능력 확보 여부에 관한 사항

## 3 수수료

산업통상자원부장관에게는 수입인지(국고수입이 되는 조세나 수수료 등을 징수하기 위해 정부가 발행하는 것), 도지사에게 수입증지(당행정 기관에서 발행하는 일정한 사항을 증명하기 위한 것), 공단이사장에게 위탁 사항은 현금 납부한다.

### 1. 검사수수료

① 강철제·주철제 온수 보일러의 검사신청(보일러 용량 60만[kcal/h]를 1[t/h]로 본다)
  ㉠ 0.5[t/h] 미만 : 39,400원
  ㉡ 0.5~1[t/h] 미만 : 57,200원
  ㉢ 100[t/h] 이상 : 183,300원

② 압력용기
  ㉠ 0.5[m³] 미만 : 32,000원
  ㉡ 0.5~1[m³] : 33,100원
  ㉢ 10[m³] 이상 : 49,600원(50[m³] 초과 시마다 6,800원 가산금액으로 하되, 20만원은 초과할 수 없다.)
③ 보일러의 안전검사와 운전성능검사를 함께 하는 경우는 1만원 감액

## 4. 권한의 위임·위탁사항

① 산업통상자원부장관의 권한은 대통령령으로 정하는 바에 따라 그 일부를 시·도지사에게 위임할 수 있다.
  ㉠ 에너지수급 안정을 위하여 에너지사용의 제한 또는 금지에 관한 조정·명령, 그 밖에 필요한 조치를 위반한 자의 과태료 부과 징수
② 산업통상자원부장관 또는 시·도지사는 대통령령으로 정하는 바에 따라 다음 각 호의 업무를 공단·시공업자단체 또는 대통령령으로 정하는 기관에 위탁할 수 있다.
  ㉠ 에너지사용계획의 검토
  ㉡ 에너지사용계획 이행 여부의 점검 및 실태파악
  ㉢ 효율관리기자재의 측정결과 신고의 접수
  ㉣ 대기전력경고표지대상제품, 대기전력저감대상제품의 측정결과 신고의 접수
  ㉤ 고효율에너지기자재 인증 신청의 접수 및 인증 또는 인증취소 또는 인증사용정지 명령
  ㉥ 에너지절약전문기업의 등록
  ㉦ 온실가스배출 감축실적의 등록 및 관리
  ㉧ 에너지다소비사업자 신고의 접수
  ㉨ 진단기관의 관리·감독
  ㉩ 에너지관리지도
  ㉪ 냉난방온도의 유지·관리 여부에 대한 점검 및 실태파악
  ㉫ 검사대상기기의 검사, 검사증의 교부 및 검사대상기기 폐기 등의 신고 접수
  ㉬ 검사대상기기조종자의 선임·해임 또는 퇴직신고의 접수 및 검사대상기기 조종자의 선임기한 연기에 관한 사항

# CHAPTER 09 벌칙 및 벌금

**단원 들어가기 전**

1. 본 단원의 경우 문제에서 아주 높은 출제빈도를 보이므로 벌칙 및 벌금과 더불어 과태료까지 정확히 숙지하는 것이 좋다.

**빅데이터 키워드**

벌칙, 벌금, 과태료

## 1. 2년 이하의 징역 또는 2천만원 이하의 벌금

① 에너지저장시설의 보유 또는 저장의무의 부과 시 정당한 이유없이 이를 거부하거나 이행하지 아니한 자
② 에너지 수급안정을 위한 조정·명령 등의 조치를 위반한 자
③ 에너지관리 공단의 임직원으로 근무하거나 근무하였던 사람이 그 직무상 알게 된 비밀을 누설하거나 도용한 자

## 2. 2천만원 이하의 벌금

최저소비효율기준에 미달하거나 최대사용량기준을 초과하는 경우에는 해당 효율관리 기자재의 제조업자·수입업자 또는 판매업자에게 생산 또는 판매 금지 명령을 내리는데 이를 위반한 자

## 3. 1년 이하의 징역 또는 1천만원 이하의 벌금 ★★★

① 검사대상기기의 제조, 설치, 개조, 설치장소 변경, 사용중지 후 재사용하려는 자가 검사를 받지 아니한 때
② 검사에 합격되지 아니한 검사대상기기 사용 정지 명령을 위반한 자

## 4. 1천만원 이하의 벌금 ★★★

① 검사대상기기 조종자를 선임하지 아니한 자

## 5. 500만원 이하의 벌금 ★★★

① 효율관리기자재에 대한 에너지사용량의 측정결과를 신고하지 아니한 자
② 대기전력경고표지대상제품에 대한 측정결과를 신고하지 아니한 자
③ 대기전력공고표지를 하지 아니한 자
④ 대기전력저감우수제품임을 표시하거나 거짓 표시를 한 자
⑤ 대기전력저감대상제품의 제조업자 또는 수입업자가 시정명령을 정당한 사유 없이 이행하지 아니한 자
⑥ 고효율에너지기자재를 위반하여 인증 표시를 한 자

## 6. 양벌규정

법인의 대표자 또는 법인이나 개인의 대리인, 사용인, 가타 종업원이 그 법인 또는 개인의 업무에 관하여 행위자를 벌하는 외에 그 법인 또는 개인에 대하여도 각 해당 벌금형에 과한다.

## 7. 과태료

### 1. 2,000만원 이하의 과태료 ★★★
에너지진단을 받지 아니한 에너지다소비사업자

### 2. 1,000만원 이하의 과태료 ★★★
① 에너지사용 계획협의 제출, 협의 또는 변경협의를 요청하지 아니한 자(국가, 지방자치단체인, 사업주관자는 제외)
② 에너지다소비사업자가 에너지손실요인의 개선 명령을 정당한 사유없이 이행하지 아니할 때
③ 효율관리기자재·대기전력저감대상제품·고효율에너지인증대상기자재의 제조업자·수입업자·판매업자 및 각 시험기관, 에너지절약전문기업, 에너지다소비사업자, 진단기관과 검사대상기기설치자에 대하여 검사를 거부·방해 또는 기피한 자

### 3. 300만원 이하의 과태료
① 에너지사용의 제한 또는 금지에 관한 조정·명령 기타 필요한 조치를 위반한 자
② 에너지공급자는 해당 에너지의 생산·전환·수송·저장 및 이용상의 효율향상, 수요의 절감 및 온실가스배출의 감축 등을 도모하기 위한 연차별 수요관리 투자계획을 수립·시행하여야 한다, 그 계획과 시행 결과를 제출하지 아니한 자
③ 수요관리투자계획을 수정·보완하여 시행하지 아니한 자
④ 에너지사용계획의 조정·보완에 필요한 조치의 요청을 정당한 이유없이 거부하거나 이행하지 아니한 공공사업주관자
⑤ 대기전력저감우수제품 또는 고효율에너지기자재를 우선적으로 구매하지 아니한 자
⑥ 냉난방온도의 유지·관리 여부에 대한 점검 및 실태파악을 정당한 사유없이 거부·방해 또는 기피한 자
⑦ 에너지관리공단 또는 이와 유사한 명칭을 사용한 자
⑧ 에너지관리자, 시공업의기술인력, 검사대상기기조정자 교육을 받지 아니한 자

### 개념잡기

에너지이용 합리화법에 따라 검사에 합격되지 아니한 검사대상기기를 사용한 자에 대한 벌칙은?

① 6개월 이하의 징역 또는 5백만원 이하의 벌금
② 1년 이하의 징역 또는 1천만원 이하의 벌금
③ 2년 이하의 징역 또는 2천만원 이하의 벌금
④ 3년 이하의 징역 또는 3천만원 이하의 벌금

답 ②

### 개념잡기

에너지이용 합리화법상 법을 위반하여 검사대상기기조종자를 선임하지 아니한 자에 대한 벌칙기준으로 옳은 것은?

① 2년 이하의 징역 또는 2천만원 이하의 벌금
② 2천만원 이하의 벌금
③ 1천만원 이하의 벌금
④ 500만원 이하의 벌금

답 ③

### 개념잡기

관리업체(대통령령으로 정하는 기준량 이상의 온실가스 배출업체 및 에너지소비업체)가 사업장별 명세서를 거짓으로 작성하여 정부에 보고하였을 경우 부과하는 과태료로 맞는 것은?

① 300만원의 과태료 부과
② 500만원의 과태료 부과
③ 700만원의 과태료 부과
④ 1천만원의 과태료 부과

답 ④

M·E·M·O

# PART 05 공업경영

- CHAPTER 01　품질관리
- CHAPTER 02　생산관리
- CHAPTER 03　작업관리
- CHAPTER 04　기타 공업경영

# CHAPTER 01 품질관리

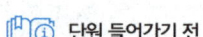

**A**
1. 통계적 방법에 의한 데이터의 사용목적과 시료에 대한 개념을 잡고 넘어가자
2. 샘플링검사에 대한 용어들을 잘 정리할 것
3. 관리도의 개념과 적용방법을 이해하고 넘어가자

통계, 품질관리, 확률분포, 샘플링검사, 관리도

## 1 ▶ 통계적 품질관리

### 1. 통계적 방법의 기초

#### (1) 데이터의 개요
특정 모집단에 대한 정보(특성)를 얻기 위해 모집단으로부터 추출한 시료(sample)를 데이터라 칭하며, 이 데이터를 정리·분석함으로써 통계적 품질관리가 이루어진다.

#### (2) 사용목적에 의한 분류
① 통계해석을 목적으로 하는 데이터
② 검사를 목적으로 하는 데이터
③ 현상 파악을 목적으로 하는 데이터
④ 관리를 목적으로 하는 데이터
⑤ 기록을 목적으로 하는 데이터

### (3) 계량치

데이터를 연속으로 셀수 없는 형태로 측정되는 품질특성치로 사용되는 대표적인 확률분포는 정규분포가 있다.
- 예 길이, 무게, 강도, 온도, 시간 등

### (4) 계수치

데이터가 비연속량으로 수량으로 세어지는 품질특성치로 사용되는 대표적인 확률분포는 푸아송분포, 초기하분포, 이항분포 등이 있다.
- 예 부적합품수(불량품수), 부적합수(결점수, 사고건수, 흠의 수 등)

## 2. 모집단

### (1) 모집단의 개요

모집단(N)이란 데이터를 분석하기 위한 원집단을 의미하며 이러한 모집단의 특성을 수량화할 수가 있으며 이를 모수(population parameter)라고 한다.

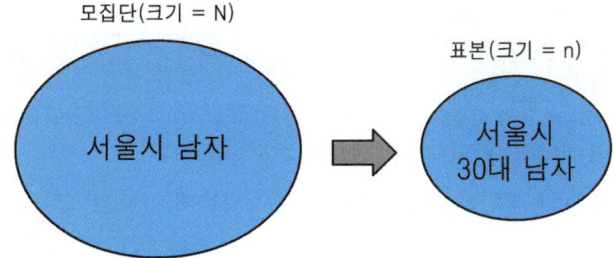

① **모평균** : 모집단 분포의 중심위치을 표시한 값 $[\mu = E(X)]$
② **모분산** : 모집단의 산포(흩어짐)을 표시한 값 $[\sigma^2 = V(X)]$
③ **모표준편차** : 모집단의 산포(흩어짐)을 표시한 값 $[\sigma = D(X)]$
   (분산에 Root한 값을 의미한다.)

## 3. 시료(sample)

### (1) 시료의 개요

모집단(lot)에서 데이터를 샘플링하기 위해 만들어진 집단을 의미하며 표본 또는 샘플링이라고 부르기도 한다. 이러한 시료의 특성은 수량화할 수 있으며, 이를 통계량(statistic)이라고 부른다.

## (2) 통계량의 수리해석

① 중심적 경향

 ㉠ 평균(산술평균 : Mean, $\bar{x}$) : 데이터의 총합($\sum x_i$)을 총개수 n개로 나눈 데이터의 값을 의미한다(데이터의 수 : n).

$$\bar{x} = \frac{x_1 + x_2 + \cdots + x_{n-1} + x_n}{n} = \frac{\sum x_i}{n} = [\bar{x}]$$

 ㉡ 중앙값(중위수, Median, $\tilde{x}$, $Me$) : 데이터를 크기순으로 나열했을 때 중앙에 위치한 데이터의 값을 의미한다.

- n이 홀수인 경우 : $\tilde{x} = \dfrac{n+1}{2}$

- n이 짝수인 경우 : $\tilde{x} = \dfrac{n}{2}$번째 값과 $\dfrac{n}{2}+1$번째 값의 평균값

 ㉢ 최빈값(Mode, $M_o$) : 데이터 중에서 가장 많이 나타나는 값으로 도수분포표에서 도수가 최대인 곳의 값을 최빈수라 한다.

 ㉣ 범위중앙값(Mid-Range, M) : 데이터의 최대값과 최소값의 평균값을 의미한다.

$$M = \frac{x_{\min} + x_{\max}}{2}$$

② 산포의 경향(데이터가 퍼져있는 형태)

 ㉠ 편차 : 각각의 데이터($x_i$)에서 중심값($\bar{x}$)를 뺀 값으로, 즉 $(x_i - \bar{x})$로 표시한다.

 ㉡ 제곱합(sum of square, 변동 : S) : 편차$(x_i - \bar{x})$를 제곱하여 모두 합한 값을 의미한다.

$$S = \sum (x_i - \bar{x})^2 = \sum x_i^2 - \frac{(\sum x_i)^2}{n} = (n-1) \times [s_x]^2$$

 ㉢ 시료의 분산(분산 : $s^2$, $V$) : 제곱합(S)에서 (n-1)로 나눈 값을 의미하며 모분산($\sigma^2$)의 추정모수로 사용된다.

$$s^2 = V = \frac{\sum (x_i - \bar{x})^2}{n-1} = \frac{S}{n-1} = [s_x]^2$$

 ㉣ 시료의 표준편차(시료편차 : $s$, $\sqrt{V}$) : 모표준편차($\sigma$)의 추정모수로 사용된다.

$$s = \sqrt{V} = \sqrt{\frac{\sum (x_i - \bar{x})^2}{n-1}} = \sqrt{\frac{S}{n-1}} = [s_x]$$

㉤ 범위(range : R) : 데이터 중의 최대값과 최소값의 차이를 의미한다.

$$R = x_{\max} - x_{\min}$$

㉥ 변동계수(변이계수 : $CV$, $V_c$) : 표준편차($s$)를 산술평균($\bar{x}$)로 나눈값을 의미한다.

$$CV = \frac{s}{\bar{x}} \times 100[\%] = \frac{[s_x]}{[\bar{x}]} \times 100[\%]$$

## 모수와 통계량의 비교

| 명칭 | 모수 | 통계량 |
|---|---|---|
| 평균 | $\mu$ | $\bar{x}$ |
| 분산 | $\sigma^2$ | $s^2$ |
| 표준편차 | $\sigma$ | $s$ |
| 범위 | – | R |
| 비율 | P | p(소문자) |

### 개념잡기

다음 데이터를 이용하여 각각의 물음에 답하시오.

| 21.5 | 23.7 | 24.3 | 27.2 | 29.1 |

(1) 위 데이터를 이용해 평균($\bar{x}$)을 구하시오.
(2) 위 데이터를 이용해 중앙값($\tilde{x}$)을 구하시오.
(3) 위 데이터를 이용해 범위($R$)을 구하시오.
(4) 위 데이터를 이용해 제곱합($S$)을 구하시오.
(5) 위 데이터를 이용해 분산($s^2$)을 구하시오.
(6) 위 데이터를 이용해 표준편차($s$)를 구하시오.
(7) 위 데이터를 이용해 변동계수($CV$)를 구하시오.

(1) $\bar{x} = \frac{\sum x_i}{n} = \frac{21.5 + 23.7 + 24.3 + 27.2 + 29.1}{5} = 25.16 = [\bar{x}]$

(2) 데이터를 크기 순서대로 나열하면 21.5  23.7  24.3  27.2  29.1이 되며 이때 중앙값은 $\frac{n+1}{2} = \frac{5+1}{2} = 3$번째 값으로 24.3이 된다.

(3) $R = x_{\max} - x_{\min} = 29.1 - 21.5 = 7.6$

(4) $S = \sum(x_i - \bar{x})^2 = (21.5 - 25.16)^2 + \cdots + (29.1 - 25.16)^2 = 35.952$

$S = \left[\sum x_i^2 - \frac{(\sum x_i)^2}{n}\right] = \left[3,201.08 - \frac{125.8^2}{5}\right] = 35.952$

$S = (n-1) \times [s_x]^2 = 4 \times [s_x]^2 = 35.952$

(5) $s^2 = V = \dfrac{S}{n-1} = \dfrac{35.952}{4} = 8.988$

$s^2 = [s_x]^2 = 8.988$

(6) $s = \sqrt{\dfrac{s}{n-1}} = \sqrt{\dfrac{35.952}{4}} = 2.998$

$s = [s_x] = 2.998$

(7) $CV = \dfrac{s}{\bar{x}} = \dfrac{[s_x]}{[\bar{x}]} = \dfrac{2.998}{25.16} = 0.119$

### 개념잡기

다음 데이터를 활용해 최빈수를 구하시오.

| 3.8 | 6.6 | 4.8 | 4.8 | 6.6 | 6.6 | 5.7 |

동일한 값 중 6.6이 총3회로 가장 많이 나왔으므로 최빈수 $M_o$ =6.6이 된다.

## 2. 확률분포

### 1. 이항분포(Binomial Distribution)

#### (1) 정의

부적합품수, 부적합품률 등의 계수치에 사용되며 모집단 부적합품률 P의 로트로부터 n개의 샘플을 뽑을 때, 샘플 중의 발견되는 부적합품수 $x$의 확률을 의미한다.

#### (2) 계산공식

$$P_r(x) = \binom{n}{x} P^x (1-P)^{n-x} = nCx P^x (1-P)^{n-x}$$

#### (3) 기댓값과 산포값

① 기댓값 $E(x) = n \cdot P$
② 분산 $V(x) = nP(1-P)$
③ 표준편차 $D(x) = \sqrt{nP(1-P)}$

### (4) 특징
① $P = 0.5$일 때 분포의 형태는 기대치 $nP$에 대해 좌우 대칭이 된다.
② $nP \geq 5$, $n(1-P) \geq 5$일 때 정규분포에 가까워진다.
③ $P \leq 0.1$이고, $nP = 0.1 \sim 10$일 때는 푸아송분포에 가까워진다.

## 2. 초기하분포(Hypergeometric Distribution)

### (1) 정의
이항분포에서 $N$이 시료의 크기 $n$에 비해 상대적으로 적은 경우 $\left(\dfrac{N}{n} \leq 10\right)$ 또는 크기가 유한한 모집단으로부터 비복원추출 시 사용되는 확률분포이다($N \leq 50$).

### (2) 계산공식

$$P_r(x) = \dfrac{\binom{NP}{x}\binom{N(1-P)}{n-x}}{\binom{N}{n}}$$

#### 개념잡기

로트의 크기 30, 부적합품률이 10%인 로트에서 시료의 크기를 5로 하여 랜덤샘플링할 때, 시료 중 부적합품수가 1개 이상일 확률은 약 얼마인가? (단, 초기하분포를 이용하여 계산한다)

초기하분포($N=30$, $P=0.1$, $n=5$, $x \geq 1$)
$P_r(x \geq 1) = 1 - P_r(x=0)$

$$P_r = 1 - \dfrac{\binom{NP}{x}\binom{N(1-P)}{n-x}}{\binom{N}{n}} = 1 - \dfrac{\binom{30 \times 0.1}{1}\binom{30(1-0.1)}{5-1}}{\binom{30}{5}} = 1 - \dfrac{\binom{3}{0}\binom{27}{5}}{\binom{30}{5}} = 0.4335$$

$$P_r(x) = 1 - \dfrac{{}_{27}C_5 \times {}_3C_0}{{}_{30}C_5} = 0.4335$$

## 3. 푸아송분포(Poisson Distribution)

### (1) 정의
단위시간, 단위공간, 단위면적에서 그 사건의 발생횟수를 측정하는 확률변수의 분포 즉, 부적합수, 부적합률, 사고건수 등의 계수치에 사용한다.

### (2) 계산식

$$P_r(x) = \frac{e^{-m} \times m^x}{x!} \quad (단, \ m > 0)$$

### 4. 정규분포(Normal Distribution)

#### (1) 정의

대표적인 연속확률분포이며, 매우 널리 사용된다. 가우스분포라고도 하는데 좌우대칭과 종형의 산포를 갖는 계량품질 특성값 $x$에 관심이 있는 경우에 사용한다. 평균 $\mu$에 대해 좌우대칭(Symmetric)이며, 그 퍼진 정도가 표준편차($\sigma$)값에 의해 특징이 나타나며, $x \sim N(\mu, \ \sigma^2)$으로 표기한다.

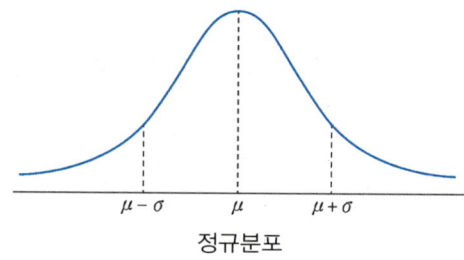

정규분포

#### (2) 정규분포의 특징

① 평균을 중심으로 좌우대칭인 종모양이다.
② 정규분포의 확률밀도함수곡선과 수평축 사이의 전체 면적은 1이다.
③ 평균치($\bar{x}$), 중앙치($\tilde{x}$), 최빈수($M_o$)가 같다.
④ 평균치가 0이고 표준편차가 1인 정규분포 즉, $u_i \sim N(0, \ 1^2)$을 표준정규분포라 한다.

## 3 샘플링 검사

### 1. 샘플링 검사(sampling inspection)

#### (1) 샘플링 검사의 정의

로트로부터 시료를 채취하여 검사한 후 그 결과를 판정 기준과 비교하여 로트의 합격·불합격을 판정하는 것을 말한다.

### (2) 샘플링 검사의 목적
① 좋은 로트와 나쁜 로트를 구분하기 위한 목적
② 적합품과 부적합품을 구별하기 위한 목적
③ 다음 공정이나 고객에게 부적합품이 전달되지 않게 하기 위한 목적
④ 생산자의 생산의욕 및 고객에게 신뢰감을 주기 위한 목적

### (3) 샘플링 검사의 분류
① 검사가 행해지는 공정(목적)에 의한 분류
   ㉠ 수입(구입)검사
   ㉡ 공정(중간)검사
   ㉢ 최종(완성)검사
   ㉣ 출하검사
② 검사가 행해지는 장소에 의한 분류
   ㉠ 정위치검사
   ㉡ 순회검사
   ㉢ 출장(외주)검사
③ 검사의 성질에 의한 분류
   ㉠ 파괴검사
   ㉡ 비파괴검사
   ㉢ 관능검사
④ 검사방법에 의한 분류
   ㉠ 전수검사
   ㉡ 무검사
   ㉢ 로트별 샘플링검사
   ㉣ 관리 샘플링검사(체크검사)
   ㉤ 자주검사
⑤ 검사항목에 의한 분류
   ㉠ 수량검사
   ㉡ 중량검사
   ㉢ 성능검사
   ㉣ 치수검사
   ㉤ 외관검사

## 2. 샘플링 검사의 분류

### (1) 전수 검사와 샘플링 검사의 비교

| 전수 검사 | 샘플링 검사 |
|---|---|
| ① 귀금속과 같은 고가품인 경우<br>② 검사비용에 비해 얻는 효과가 큰 경우<br>③ 안전에 중대한 영향을 미치는 경우<br>④ 부적합품이 1개라도 혼입되면 큰 경제적 손실이 있는 경우 | ① 파괴검사인 경우<br>② 검사항목이 많은 경우<br>③ 생산자에게 품질 향상의 자극을 주고 싶은 경우<br>④ 다수·다량의 생산품으로 어느정도 부적합품의 혼입이 허용되는 경우 |

### (2) 샘플링 검사의 분류

| 구분 | 계수값 샘플링 검사 | 계량값 샘플링 검사 |
|---|---|---|
| 검사방법 | ① 검사에 숙련이 필요 없다.<br>② 검사 소요시간이 짧다.<br>③ 검사설비가 간단하다.<br>④ 검사기록이 간단하다. | ① 검사에 숙련이 필요하다.<br>② 검사 소요시간이 길다.<br>③ 검사설비가 복잡하다.<br>④ 검사기록이 복잡하다. |
| 검사기록의 이용 | 검사기록이 다른 목적에 이용되는 정도가 낮다. | 검사기록이 다른 목적에 이용되는 정도가 높다. |
| 적용이 유리한 경우 | ① 검사비용이 적은 경우<br>② 검사의 시간, 설비, 인원이 많이 필요 없는 경우 | ① 검사비용이 많은 경우<br>② 검사의 시간, 설비, 인원이 많이 필요한 경우<br>③ 파괴검사의 경우 |

### (3) 샘플링 검사의 용어

① **오차(Error)** : 모집단의 참값($\mu$)과 시료의 측정치($x_i$)와의 차, 즉 $(x_i - \mu)$로 정의된다.
② **신뢰도(Reliability)** : 측정하고자 하는 것을 얼마나 오차 없이 정확하게 측정하고 있는지의 정도로 이 데이터를 얼마나 신뢰할 수 있는가를 표현한 값이다.
③ **정밀도/정도(Precision)** : 동일한 시료를 무한히 측정하면 그 측정에 대한 산포를 갖게 되는데 이 산포의 크기를 의미한다.
④ **치우침/정확성(Accuracy)** : 동일 시료를 무한히 측정할 때 얻는 데이터 분포의 평균치와 모집단 참값과의 차를 의미하며, 정확도라고도 한다($\overline{x} - \mu$).

## 3. 샘플링의 종류

### (1) 랜덤샘플링 검사

① **단순랜덤샘플링 검사** : 유한모집단(N)에서 표본($n$)을 골고루 뽑는 방법이다.

② **계통샘플링 검사** : 유한모집단의 데이터를 일련의 배열로 한 다음 공간적, 시간적으로 같은 간격으로 일정하게 하여 뽑는 샘플링 방법으로 뽑힌 데이터에 주기성이 들어갈 위험성이 있다.
③ **지그재그샘플링 검사** : 계통샘플링에서 주기성에 의한 치우침의 위험성을 방지하기 위한 샘플링 방법이다.

### (2) 층별샘플링 검사(Stratified Sampling) – 층화표집

모집단을 여러 개의 층(M=m)으로 분류하고, 각 층 내에서 랜덤하게 시료(n)를 뽑는 방법이다.

- 예) 부품이 50개씩 든 상자, 30(M=m)상자가 로트로 구성되어 있다. 이 로트의 각 상자에서 랜덤하게 20개(n)씩 뽑는 경우 층별샘플링이 된다.

### (3) 집락(취락)샘플링(Cluster Sampling) – 군집표집

모집단을 몇 개의 층(M≠m)으로 나누어 그 층 중에서 몇 개의 층(m)을 랜덤샘플링 하여 그 취한 층안을 모두 조사하는 방법이다.

- 예) 부품 50개씩 든 상자, 30(M≠m)상자가 로트로 구성되어 있다. 이 30개(M)의 상자 중 3개(m)의 상자를 랜덤하게 뽑고, 각 상자의 부품을 전부 검사하게 되면 집락샘플링이 된다.

### (4) 2단계샘플링(Two Stage Sampling)

모집단을 몇 개의 층(M>m)으로 나누어 그 층 중에서 몇 개의 층(m)을 랜덤샘플링 하고, 그 층(m)에서 $n$개를 뽑아 조사하는 방법이다.

- 예) 부품이 50개씩 든 상자, 30(M>m)상자가 로트로 구성되어 있다. 30개(M)의 각 상자로부터 우선 10개(m)의 상자를 랜덤하게 뽑고, 뽑힌 각 상자로부터 랜덤하게 20개(n)씩 뽑는 경우 2단계샘플링이 된다.

## 4. OC(Operating Characteristic)곡선 – 검사특성곡선

### (1) 정의

가로축에 로트의 부적합품률 P(%)을, 세로축에 로트가 합격할 확률 $L_{(p)}$을 기준으로 그린 선도로, 어떤 부적합품률을 갖는 로트가 어느 정도의 비율로 합격할 수 있는가를 나타내는 곡선으로 "검사특성곡선"이라고도 한다.
OC곡선은 샘플링 방식이 결정되면 그 방식에 따라 샘플링 검사의 특성이 결정되는 것으로 OC곡선을 관찰하면 어느 정도의 품질을 갖는 로트가 검사를 받으면 어느 정도의 확률로 합격하고 불합격되는가를 알 수 있다.

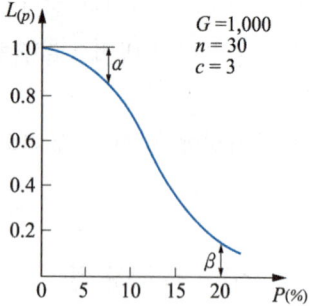

$P$ : 로트의 부적합품률(%)
$L_{(p)}$ : 로트가 합격할 확률
$\alpha$ : 좋은 로트가 불합격될 확률
$\beta$ : 나쁜 로트가 합격될 확률
$N$ : 로트의 크기
$n$ : 시료의 크기
$c$ : 합격판정계수

### (2) OC곡선의 성질

① $N$이 변하는 경우($c$, $n$ 일정)
  ㉠ OC곡선에 큰 영향을 미치지 않는다.
  ㉡ $N$이 클 때는 $N$의 크기가 작을 때보다 다소 시료의 크기를 크게 해서 좋은 로트가 불합격되는 위험을 적게 하는 편이 경제적인 경우가 많다.

② %샘플링 검사 $\left(\dfrac{c/n}{N} = 일정\right)$
  ㉠ 부적절한 샘플링 검사방법이다.
  ㉡ 좋은 로트 또는 나쁜 로트의 합격률에 영향을 많이 준다.
  ㉢ 품질보증의 정도가 달라지므로 일정한 품질을 보증하기가 어렵다.

③ $n$이 증가하는 경우($N$, $c$ 일정)
  ㉠ OC곡선의 기울기가 급해진다.
  ㉡ 생산자 위험($\alpha$)은 커지고 소비자 위험($\beta$)은 감소한다.

④ $c$가 증가하는 경우($N$, $n$ 일정)
  ㉠ OC곡선의 기울기가 완만해진다.
  ㉡ $\alpha$는 감소하고 $\beta$는 증가한다.

## 5. 샘플링 검사의 형태

### (1) 계수·계량 규준형 샘플링 검사(KS Q 0001)

원칙적으로 목전의 로트 그 자체의 합격·불합격을 결정하는 것으로, 공급자에 대한 보호와 구매자에 대한 보호의 두 가지를 규정해서, 공급자의 요구와 구매자의 요구를 모두 만족하도록 하는 검사방식이다.

① 계수규준형 샘플링 검사(KS A 3102) : 로트에서 샘플링한 시료를 분석한 후 부적합품의 수가 합격판정개수($c$) 이하이면 로트를 합격, 초과하면 불합격으로 처리한다.

- 특징
  - ㉠ 1회만의 거래 시에 좋다.
  - ㉡ 로트에 관한 사전정보를 필요로 하지 않는다.
  - ㉢ 파괴검사와 같은 전수검사가 불가능할 때 사용한다.
  - ㉣ 생산자와 구매자 양쪽이 만족하도록 설계되어 있다.
② 계량규준형 샘플링 검사(KS A 3103/3104) : 로트에서 샘플링한 시료특성치의 평균치 $\overline{x}$를 기지의 표준편차로써 계산한 합격판정치 $\overline{x_u}$ 또는 $\overline{x_L}$과 비교하여 로트의 합격·불합격을 판정하는 것이다.

### (2) 계수값 합부판정 샘플링 검사(KS Q ISO 28590)

① AQL지표형 샘플링 검사(KS Q ISO 2859-1)

구매자 쪽에서 샘플링 검사를 쉽게 하거나 까다롭게 하거나를 조정하는 것으로 최소한의 합격 로트의 품질기준(AQL)을 정하고 이 기준보다 높은 품질의 로트를 제출하면 모두 합격시킬 것을 공급자에게 보증하는 검사방식으로 이 샘플링 검사의 엄격도에 따라 까다로운 검사, 보통검사, 수월한 검사가 존재한다. (AQL : acceptable quality level) : 합격품질수준

② LQ지표형 샘플링 검사(KS Q ISO 2859-2)

한계품질(LQ : limiting quality)을 지표로 하며 AQL지표형 샘플링 검사방식과 병용이 가능하고 전환규칙을 적용할 수 없는 경우에 고립상태에 있는 로트를 검사하기 위한 방식이다.

③ 스킵로트(Skip-Lot) 샘플링 검사(KS Q ISO 2859-3)

공급자가 모든 면에서 그 품질을 효과적으로 관리하는 능력이 있는 것을 실증하고, 요구조건에 합치하는 로트를 계속적으로 생산하는 연속로트에 적용할 수 있다.

## 4 관리도

### 1. 관리도의 개요

#### (1) 관리도의 정의

품질의 산포가 우연원인에 의한 것인지 또는 이상원인에 의한 것인지를 판단하고, 공정이 안정상태(관리상태)에 있는지의 여부를 판별하고 공정을 안정상태로 유지함으로써 제품의 품질을 균일화하기 위한 것이다.

### (2) 품질의 변동원인

① 우연원인(Chance Causes)
  ㉠ 생산조건이 엄격하게 관리된 상태에서도 발생되는 어느 정도의 불가피한 변동을 주는 원인이다(확률적으로 나타난다).
  ㉡ 작업자의 숙련도 차이, 작업환경의 차이, 식별되지 않을 정도의 원자재 및 생산설비 등 제반특성의 차이 등을 말한다.
  ㉢ 불가피 원인 또는 만성적 원인이라고도 한다.

② 이상원인(Assignable Causes)
  ㉠ 작업자의 부주의, 부적합품(불량품) 자재의 사용, 생산설비의 이상 등으로 산발적으로 발생하여 품질변동을 일으키는 것을 말한다(비확률적으로 나타난다).
  ㉡ 이상원인에 의한 변동은 산발적이며 그 변동 폭이 크고 그 요인이 무엇인지 밝혀낼 수 있다.
  ㉢ 가피원인, 우발적 원인, 보아 넘기기 어려운 원인이라고도 한다.

### (3) 관리도의 $3\sigma$법

① 관리한계선 : 공정의 안정상태(관리상태)인지 이상상태인지를 판정하는 도구로 사용하는 것으로 중심선, 관리상한선, 관리하한선으로 구분한다.
  ㉠ 중심선(Center Line : $C_L$) : 품질특성의 평균치에 해당하는 선
  ㉡ 관리상한선(Upper Control Limit : $U_{CL}$) : 중심선에서 $3\sigma$ 위에 긋는 선
  ㉢ 관리하한선(Lower Control Limit : $L_{CL}$) : 중심선에서 $3\sigma$ 아래에 긋는 선
② 관리도에서 $C_L \pm 2\sigma$를 경고선(Warning Limit), $C_L \pm 3\sigma$를 조치선(Action Limit)이라 한다.
③ 관리도에서는 시료에서 얻어진 데이터가 평균치를 중심으로 $\pm 3\sigma$ 안에 포함될 확률은 정규분포에서 평균을 중심으로 해서 표준편차의 3배까지의 거리와 같은 99.73%가 되므로, 만약 공정의 산포가 우연원인으로만 존재한다면 관리도의 $3\sigma$법을 벗어날 확률은 0.27% 밖에 되지 않는다.

### (4) 관리도 작성순서

① 관리하려는 제품이나 종류를 선정한다.
② 관리하여야 할 항목의 선정한다.
③ 관리도의 선정한다.
④ 시료를 채취하고 측정하여 관리도를 작성한다.

### (5) 관리도의 종류

① 계량값 관리도
  ㉠ $\bar{x} - R$(평균치−범위)관리도
  ㉡ $\bar{x} - s$(평균치−표준편차)관리도
  ㉢ $\tilde{x} - R$(중앙치−범위)관리도
  ㉣ $x - R_m$(개개의 측정치−이동범위)관리도

② 계수값 관리도
  ㉠ $np$(부적합품수)관리도
  ㉡ $p$(부적합품률)관리도
  ㉢ $c$(부적합수)관리도
  ㉣ $u$(단위당 부적합수)관리도

## 2. 계량값 관리도

### (1) $\bar{x} - R$ 관리도

공정에서의 품질특성이 길이, 무게, 시간, 강도, 성분 등과 같이 데이터가 연속적인 계량치의 경우에 사용되는 대표적 관리도이다.

① 데이터의 수집은 군의 수($k$) 20~25, 시료의 크기($n$)는 4~5개를 사용하고, 군내에는 이질적인 데이터가 포함되지 않아야 한다.

○ 관리한계선

| 통계량 | 중심선 | $U_{CL}$ | $L_{CL}$ |
|---|---|---|---|
| $\bar{x}$ | $\bar{\bar{x}} = \dfrac{\sum \bar{x}}{k}$ | $\bar{\bar{x}} + A_2 \bar{R}$ | $\bar{\bar{x}} - A_2 \bar{R}$ |
| $R$ | $\bar{R} = \dfrac{\sum R}{k}$ | $D_4 \bar{R}$ | $D_3 \bar{R}$ |

[참고] $n \leq 6$일 때 $D_3$의 값은 음(−)의 값이므로 "$L_{CL}$은 고려하지 않는다."는 의미로 '−'로 한다.

> $\bar{x}$ 관리도에서 관리 상한이 22.15, 관리 하한이 6.85, $\bar{R}=7.5$일 때 시료군의 크기$(n)$는 얼마인가? (단, $n=2$일 때 $A_2=1.88$, $n=3$일 때 $A_2=1.02$, $n=4$일 때 $A_2=0.73$, $n=5$일 때 $A_2=0.58$이다)
> 
> ① 2  ② 3  ③ 4  ④ 5
> 
> $$U_{CL} = 22.15 = \bar{\bar{x}} + A_2 \times 7.5$$
> $$-\,)\ L_{CL} = 6.85 = \bar{\bar{x}} - A_2 \times 7.5$$
> $$\overline{\phantom{XXXXXXXX}15.3 = 2A_2 \times 7.5}$$
> $$A_2 = \frac{15.3}{2 \times 7.5} = 1.02$$
> $$\therefore\ A_2 = 1.02 \rightarrow n = 3$$
> 
> 답 ②

## (2) $\bar{x}-s$ 관리도

표준값이 주어져 있을 경우와 주어지지 않았을 경우 사용한다.

### ○ 관리한계선

| 통계량 | 중심선 | $U_{CL}$ | $L_{CL}$ |
|---|---|---|---|
| $\bar{x}$ | $\bar{\bar{x}} = \dfrac{\sum \bar{x}}{k}$ | $\bar{\bar{x}} + A_3 \bar{s}$ | $\bar{\bar{x}} - A_3 \bar{s}$ |
| $s$ | $\bar{s} = \dfrac{\sum s}{k}$ | $B_4 \bar{s}$ | $B_3 \bar{s}$ |

## (3) $\tilde{x} - R$ 관리도

평균치 $\bar{x}$ 대신 $Me$(median : 중앙치 $\tilde{x}$)를 사용하여 평균치 $\bar{x}$를 계산하는 시간과 노력을 줄이기 위하여 사용한다.

### ○ 관리한계선

| 통계량 | 중심선 | $U_{CL}$ | $L_{CL}$ |
|---|---|---|---|
| $\tilde{x}$ | $\bar{\bar{x}} = \dfrac{\sum \tilde{x}}{k}$ | $\bar{\bar{x}} + m_3 A_2 \bar{R} = \bar{\bar{x}} + A_4 \bar{R}$ | $\bar{\bar{x}} - m_3 A_2 \bar{R} = \bar{\bar{x}} - A_4 \bar{R}$ |
| $R$ | $\bar{R} = \dfrac{\sum R}{k}$ | $D_4 \bar{R}$ | $D_3 \bar{R}$ |

## (4) $x - R_m$ 관리도

데이터를 군으로 나누지 않고 개개의 측정치를 그대로 사용하여 공정을 관리할 경우 즉, 1로트 또는 배치로부터 1개의 측정치밖에 얻을 수 없는 경우에 사용한다.

○ **관리한계선**

| 통계량 | 중심선 | $U_{CL}$ | $L_{CL}$ |
|---|---|---|---|
| $\overline{x}$ | $\overline{x} = \dfrac{\sum x}{k}$ | $\overline{x} + 2.66\overline{R_m}$ | $\overline{x} - 2.66\overline{R_m}$ |
| $R$ | $\overline{R_m}$ | $3.267\overline{R_m}$ | - |

[참고] $\overline{R_m} = \dfrac{\sum R_{mi}}{(k-1)}$  $R_{mi} = |\,i$번째 측정치 $-(i+1)$번째 측정치$\,|$

예) $n = 2$일 때 $E_2 = 2.66$, $D_4 = 3.267$, $D_3 =$ "–"

## 3. 계수값 관리도

### (1) $np$관리도

이항분포를 근거하여, 공정을 부적합품수 $np$에 의해 관리할 경우 사용하며 군의 크기 $n$은 반드시 일정해야 한다.

예) 전구의 부적합품수, 나사치수의 부적합품수 등의 관리에 이용된다.

○ **관리한계선**

| 통계량 | 중심선 | $U_{CL}$ | $L_{CL}$ |
|---|---|---|---|
| $np$ | $n\overline{p}$ | $n\overline{p} + 3\sqrt{n\overline{p}(1-\overline{p})}$ | $n\overline{p} - 3\sqrt{n\overline{p}(1-\overline{p})}$ |

[참고] $n\overline{p} = \dfrac{\sum np}{k}$, $\overline{p} = \dfrac{\sum np}{\sum n} = \dfrac{\sum np}{k \times n}$. $L_{CL}$이 음(–)인 경우, 고려하지 않는다.

### (2) $p$관리도

이항분포를 근거하여, 공정을 부적합품률 $p$에 의거 관리할 때 사용하며 $n$이 일정하지 않은 경우 관리한계선이 계단식으로 형성된다.

예) 전구의 부적합품률, 나사치수의 부적합품률 등의 관리에 이용된다.

○ **관리한계선**

| 통계량 | 중심선 | $U_{CL}$ | $L_{CL}$ |
|---|---|---|---|
| $p$ | $\overline{p}$ | $\overline{p} + 3\sqrt{\dfrac{\overline{p}(1-\overline{p})}{n}}$ | $\overline{p} - 3\sqrt{\dfrac{\overline{p}(1-\overline{p})}{n}}$ |

[참고] $\overline{p} = \dfrac{\sum np}{\sum n}$. $L_{CL}$이 음(–)인 경우, 고려하지 않는다.

### (3) $c$관리도

푸아송분포를 근거로 하며, 미리 정해진 일정 단위 중에 포함된 부적합(결점)수에 의거 공정을 관리한다.

◎ 흠의 수, TV 또는 라디오의 납땜 부적합수 등을 관리하는데 이용된다.

○ **관리한계선**

| 통계량 | 중심선 | $U_{CL}$ | $L_{CL}$ |
|---|---|---|---|
| $c$ | $\bar{c}$ | $\bar{c}+3\sqrt{\bar{c}}$ | $\bar{c}-3\sqrt{\bar{c}}$ |

[참고] $L_{CL}$이 음(-)인 경우, 고려하지 않는다.

### (4) $u$관리도

푸아송분포를 근거로 하며, 검사하는 시료의 면적이나 길이 등이 일정하지 않을 경우 또는 부적합수를 취급할 때 사용한다.

◎ 단위당 직물의 얼룩, 에나멜동선의 핀홀 등과 같은 부적합수 등을 관리하는데 이용된다.

○ **관리한계선**

| 통계량 | 중심선 | $U_{CL}$ | $L_{CL}$ |
|---|---|---|---|
| $u$ | $\bar{u}$ | $\bar{u}+3\sqrt{\dfrac{\bar{u}}{n}}$ | $\bar{u}-3\sqrt{\dfrac{\bar{u}}{n}}$ |

[참고] $\bar{u}=\dfrac{\Sigma c}{\Sigma n}$, $L_{CL}$이 음(-)인 경우, 고려하지 않는다.

## 4. 관리도의 판정

### (1) 연(Run)

관리도에서 점이 관리한계 내에 있고 중심선의 한쪽에 연속해서 나타나는 점이며, 한 쪽에 연이은 점의 수를 연의 길이라고 한다(길이 9 이상이 나타나면 비관리 상태로 판정한다).

### (2) 경향(trend)

관측값을 순서대로 타점했을 때 점이 점점 상승하거나 하강하는 상태를 말하며, 길이 6 이상이 나타나면 비관리 상태로 판정한다.

### (3) 주기성(cycle)

점이 주기적으로 상하로 변동하며 파형을 나타내는 경우를 말하며, 연속 14점 이상이 교대로 증감한다면 비관리 상태로 판정한다.

# 생산관리

1. 생산관리의 3요소(3M)에 대해서 꼭 알고 넘어가자
2. 수요예측 방법의 정의와 그 분류에 대해 이해할 것
3. 손익분기점의 개념과 재고관리, 생산계획, 생산통제에 대해 잘 이해할 것

생산관리, 수요예측, 제품조합, 재고관리, 생산계획, 생산통제

## 1 생산관리의 유형

### 1. 생산관리 개요

#### (1) 생산관리(production management)의 정의
생산시스템을 설계하고 적절한 품질의 제품을 적기에 적가로 생산 및 공급할 수 있도록 이에 관련된 생산과정이나 생산활동 전체를 관리하는 것이다.

#### (2) 생산의 3요소(3M)
① 원자재(material) : 생산대상
② 기계설비(machine) : 생산수단
③ 작업자(man) : 생산주체

#### (3) 생산관리의 목표(Q,C,D)
① Q(Quality) : 품질
② C(Cost) : 원가
③ D(Delivery) : 납기

### (4) 생산관리의 일반원칙(3S)

① 단순화(Simplification)
　㉠ 작업방법의 단순화(작업자 숙련도에 따른 품질 향상)
　㉡ 재료 종류의 감소(창고 및 자재 관리가 쉽고 자재의 절약 효과)
② 표준화(Standardization)
　과학적 연구결과, 정당하다고 인정되는 표준을 설정하고 그것을 유지한다는 원칙으로 물적 표준화, 관리 표준화, 작업 표준화로 구분한다.
③ 전문화(Specialization)
　㉠ 품질향상과 생산능력이 증대된다.
　㉡ 종업원의 숙련도를 높이고 높은 기술을 기할 수 있다.

## 2. 생산형태의 분류

### (1) 판매형태에 따른 분류

① 주문생산
　㉠ 고객으로부터 주문을 받아 제품을 생산한다.
　㉡ 범용기계를 사용한다.
② 계획(예측)생산
　㉠ 시장수요를 예측하여 생산하기 때문에 정확한 수요예측이 필요하다.
　㉡ 생산설비는 전용설비를 사용한다.

### (2) 품종과 생산에 의한 분류

① **개별생산(다품종 소량생산)** : 여러 가지 다양한 제품을 소량으로 생산하는 형태로 대부분 고객의 주문에 의하여 생산되는 단속생산의 형태를 갖는다.
　㉠ 생산설비는 범용기계를 사용한다.
　㉡ 제품생산의 변동에 탄력성이 높다.
② **연속생산(소품종 대량생산)** : 몇 가지 동일제품을 생산하기 위하여 일정한 생산공정을 설계하고 반복해서 생산하는 연속생산의 형태이다.
　㉠ 생산설비는 전용설비를 사용한다.
　㉡ 제품단위당 생산비가 비교적 낮다.

### (3) 작업 연속성에 의한 분류

| 특징 | 단속생산 | 연속생산 |
|---|---|---|
| 생산시기 | 주문생산 | 예측생산 |
| 품종과 생산량 | 다품종 소량생산 | 소품종 대량생산 |
| 단위당 생산원가 | 높다 | 낮다 |
| 기계설비 | 범용설비(일반 목적용) | 전용설비(특수 목적용) |

### (4) 생산량과 기간에 의한 분류

① **프로젝트 생산시스템** : 교량, 댐, 도로 등과 같이 생산규모가 큰 반면 생산수량이 적고 장기간에 걸쳐 이루어진다.
  ㉠ 제품의 생산량이 매우 적고 다양성이 높다.
  ㉡ 단속생산의 일종
② **개별생산** : 생산량이 소량이며 생산기간이 단기적인 부분은 프로젝트 생산과 구별되지만 생산흐름이 단속적인 부분은 같다.
  ㉠ 프로젝트 생산에 비해 생산기간이 단기적이며 소량생산이다.
  ㉡ 생산설비는 범용기계를 사용한다.
③ **Lot(Batch)생산** : 개별생산과 연속생산의 중간형태, 일정량을 반복적으로 생산하는 방법이다.
  ㉠ 개별생산과 대량생산의 중간 형태이다.
  ㉡ 로트의 크기에 따라 설비배치도 범용설비에서 전용설비화로 되는 경향이 있다.
④ **대량(연속)생산** : 제품 단위당 생산시간이 매우 짧고 1회 생산량이 대량인 생산시스템으로 연속생산형태에 속한다.
  ㉠ 전용설비를 이용한다.
  ㉡ 다양한 수요에 대한 제품생산의 유연성이 작다.

## 3. 생산형태와 설비배치

### (1) 설비배치의 개요

생산공정의 공간적 배열을 말하며, 서비스 내지 생산의 흐름에 맞춰 건물, 시설, 기계설비, 통로, 창고, 사무실 등의 위치를 공간적으로 적절히 배치하는 것을 말한다.

### (2) 설비배치의 목적

① 생산공정의 단순화
② 재가공품의 감소

③ 물자취급의 최소화
④ 이동거리 감소
⑤ 작업자 부하의 평준화
⑥ 설비투자의 최소화
⑦ 근로자의 편리와 만족
⑧ 작업공간의 효율적 이용

### (3) 설비배치의 유형
① **제품(라인)별 배치** : 대량생산 내지 연속생산형에서 흔히 볼 수 있는 배치형태이다.
② **공정(기능)별 배치** : 다품종 소량생산시스템에 알맞도록 범용설비를 기능별로 배치하는 형태이다.
③ **위치고정(프로젝트)형 배치** : 제품이 매우 크고 구조 또한 복잡한 경우, 제품을 움직이는 대신 제품생산에 필요한 원자재, 기계, 설비, 작업자 등이 제품의 생산장소에 접근하는 배치형태이다.
④ **혼합형 배치** : 제품별, 공정별, 위치고정형 배치를 혼합한 배치형태이다.

## 2  수요예측과 제품조합

### 1. 수요예측 방법

#### (1) 수요예측의 정의
기업의 생산제품이나 서비스에 대하여 미래의 시장수요를 추정하는 방법으로 판매, 조달, 재무 계획을 수립하는 근원이 되는 과정이다.

#### (2) 수요예측 방법의 분류
① **정성적(주관적) 예측법** : 과거의 관련 자료나 장래의 사태변화에 대한 자료가 불충분할 때 전문가의 주관적 의견이나 추정을 토대로 하는 방법이다.
  ㉠ 종류 : Delphi법, 판매원의견 종합법, 경영자 판단, 소비자(시장)조사법 등이 있다.
  ㉡ 장점 : 예측이 간단하고 고도의 기술을 요하지 않는다.
  ㉢ 단점 : 전문가나 구성원의 능력, 경험에 따른 예측결과의 차이가 크고 예측의 정확도가 낮다.

② 정량적(객관적) 예측법
  ㉠ 시계열 예측법 : 월·주·일 등의 시간간격에 따라 제시한 과거자료로부터 그 추세나 경향을 알아서 장래의 수요를 예측하는 것으로 시계열 자료의 주요 구성요소에는 추세변동(T), 순환변동(C), 계절변동(S), 불규칙변동(I)이 있다.
  ㉡ 인과형 예측법 : 수요변화에 영향을 주는 기업 내부 및 환경요인 등을 수요와 관련시켜 인과적 예측모델을 만들어 수요예측을 하는 것이다.

## 2. 시계열분석에 의한 수요예측

### (1) 이동평균법(Moving Average Method)

전기수요법을 좀 더 발전시킨 것으로 과거, 일정 기간의 실적을 평균해서 예측하는 방법이다.

$$\text{예측치 } F_t = \frac{\text{기간의 실적치}}{\text{기간의 수}}$$

**개념잡기**

다음 [표]는 A자동차 영업소의 월별 판매 실적을 나타낸 것이다. 5개월 단순 이동평균법으로 6월의 수요를 예측하면 몇 대인가?

(단위 : 대)

| 월 | 1 | 2 | 3 | 4 | 5 |
|---|---|---|---|---|---|
| 판매량 | 100 | 110 | 120 | 130 | 140 |

① 120    ② 130    ③ 140    ④ 150

$$F_6 = \frac{100+110+120+130+140}{5} = 120$$

답 ①

### (2) 단순지수 평활법

현시점에 가까운 실측치에 큰 비중을 주며 과거로 거슬러 올라갈수록 그 비중을 지수적으로 적게 주는 지수가중이동평균법으로 장점은 이동평균법에는 장기간의 과거실적을 필요로 하지만, 지수평활법은 최근 데이터만으로 예측이 가능하다.

$$\text{금월예측치} = \text{전월예측치} + \alpha(\text{전월실적치} - \text{전월예측치})$$

$$F_t = F_{t-1} + \alpha(A_{t-1} - F_{t-1})$$
$$= \alpha A_{t-1} + (1-\alpha)F_{t-1}$$

- $F_{t-1}$ : 전월예측치
- $A_{t-1}$ : 전월실적치
- $\alpha$ : 지수평활계수 $(0<\alpha<1)$

> **개념잡기**
>
> 철근을 생산, 판매하고 있는 K철강의 2021년 10월 판매예측치는 150,000톤이고, 실적치는 135,000톤이었다. 지수평활법에 의하여 11월의 판매예측치를 구하면? (단, $\alpha = 0.5$이다)
> ① 82,500톤  ② 142,500톤  ③ 218,250톤  ④ 225,000톤
>
> $F_t = \alpha A_{t-1} + (1-\alpha)F_{t-1} = 0.5 \times 135,000 + (1-0.5)150,000 = 142,500$
>
> 답 ②

## 3. 제품조합

### (1) 제품조합의 개요

원재료의 공급능력, 가용노동력, 기계설비의 능력 등을 고려하여 이익을 최대화하기 위한 제품별 생산비율을 결정하는 것이다.

### (2) 손익분기점(BEP : break even point)

일정기간 매출액(생산액)과 총비용이 균형하는 점으로 이익과 손실이 발생하지 않는 지점이다.

① 손익분기점 매출액

$$BEP = \frac{\text{고정비}(F)}{\text{한계이익률}} = \frac{\text{고정비}(F)}{1 - \dfrac{\text{변동비}(V)}{\text{매출액}(S)}} = \frac{\text{고정비}(F)}{1 - \text{변동비율}}$$

② 손익분기점 판매량

$$BEP = \frac{\text{고정비}(F)}{\text{한계이익}} = \frac{F}{S-V}$$

> **개념잡기**
>
> 어떤 회사의 매출액이 80,000원, 고정비가 15,000원, 변동비가 40,000원일 때 손익 분기점 매출액은 얼마인가?
> ① 25,000원  ② 30,000원  ③ 40,000원  ④ 55,000원
>
> $BEP = \dfrac{\text{고정비}(F)}{1 - \dfrac{\text{변동비}(V)}{\text{매출액}(S)}} = \dfrac{15,000}{1 - \dfrac{40,000}{80,000}} = 30,000$
>
> 답 ②

## 3. 재고관리

### 1. 재고관리(inventory management) 개요
적정재고수준의 유지를 효율적으로 수행하기 위한 관리기법을 말하며 재고보유의 목적은 아래와 같다.

① 불확실한 변화에 대처하기 위한 안전재고
② 장래에 대비한 비축재고(예상재고)
③ 로트 사이즈 재고(주기재고)
④ 수송기간 중 생기는 수송 중 재고
⑤ 공정의 독립을 위한 예비일감 재고

### 2. 경제적 발주량(EOQ : Economic Order Quantity)

#### (1) 경제적 발주량에 사용되는 용어

| | | | |
|---|---|---|---|
| $Q_O$ | 경제적 발주량($EOQ$) | $D$ | 연간 소비량 |
| $C_P$ | 1회 발주비용 | $C_H$ | 단위당 연간 재고유지비 $P_i = C_H$ |
| $P$ | 구입단가 또는 제조단가 | $i$ | 단위당 연간 재고유지비율 |

#### (2) 경제적 발주량($EOQ$) 모형

$$EOQ = Q_o = \sqrt{\frac{2DC_P}{P_i}}$$

## 4. 생산계획

### 1. 생산계획의 정의 및 의의

#### (1) 절차계획(순서관리, Routing)
작업순서, 표준시간, 각 작업이 행해질 장소를 결정하고 할당하는 것으로 주요 내용은 아래와 같다.

① 각 작업의 실시순서, 실시장소 및 경로
② 각 작업에 사용할 기계와 공구

③ 각 작업의 소요시간/표준시간
④ 필요한 자재의 종류와 수량
⑤ 필요한 작업의 내용 및 방법

### (2) 공수계획

생산계획량을 완성하는 데 필요한 인원이나 기계의 부하를 결정하여 이를 현재 인원 및 기계의 능력과 비교하여 조정하는 계획으로 부하결정이라고도 한다.

① 부하 : 생산능력에 있어서 개별 제조공수의 합으로 정의된다.
② 능력
　㉠ 작업능력 = (작업자수) × (능력환산계수) × (월 실가동시간) × (가동률)
　㉡ 기계능력 = (월가동일수) × (1일 실가동시간) × (가동률) × (기계대수)
③ 여력

$$여력 = \frac{(능력 - 부하)}{능력} \times 100[\%]$$

## 5  생산통제

### 1. PERT/CPM

네트워크 계획기법으로 프로젝트를 효과적으로 수행할 수 있도록 네트워크를 이용하여 프로젝트일정, 노력, 비용, 자금 등과 관련시켜 합리적으로 계획하고 관리하는 기법이다.

### (1) 네트워크의 구성요소

① 단계(Event or Node) : (○)
　㉠ 작업이나 활동의 시작 또는 완료되는 시점을 나타낸다.
　㉡ 시간이나 자원을 소비하지 않는 순간적인 시점이다.
② 활동(Activity or Job) : (→)
　활동은 과업수행 시간 및 자원(인원, 물자, 설비 등)이 소요되는 작업이나 활동을 말한다.
　㉠ 전체 프로젝트를 구성하는 하나의 요소작업(개별작업)을 표시한다.
　㉡ 하나 또는 여러 활동이 한 단계에서 착수되기도 하고 완료되기도 한다.

③ 명목상 활동(Dummy Activity) : (-->)

명목상 활동은 한쪽 방향의 화살표를 점선으로 표시하는데 이 활동은 시간이나 자원의 요소를 포함하지 않으므로 가상활동이라고도 한다.

### (2) 작업(활동)시간의 추정(3점 견적법 : 낙관치, 정상치, 비관치)

① 낙관시간치(Optimistic Time) : $t_0$ or $a$

작업활동을 수행하는데 필요한 최소시간을 말하며 예정대로 잘 진행될 때의 소요시간을 의미한다.

② 정상시간치(Most Likely Time) : $t_m$ or $m$

작업활동을 수행하는데 필요한 정상시간을 말하며 최선의 시간치를 의미한다.

③ 비관시간치(Pessimistic Time) : $t_p$ or $b$

작업활동을 수행하는데 필요한 최대시간을 말한다.

④ 기대시간치(Expected Time) : $t_e$

㉠ $t_e = \dfrac{a + 4m + b}{6}$

㉡ $t_e$의 분산 $\sigma^2 = \left(\dfrac{b-a}{6}\right)^2$

---

**개념잡기**

어떤 작업을 수행하는데 작업소요시간이 빠른 경우 5시간, 보통이면 8시간, 늦으면 12시간 걸린다고 예측되었다면 3점 견적법에 의한 기대 시간치와 분산을 계산하면 약 얼마인가?

① $t_e = 8.0$, $\sigma^2 = 1.17$   ② $t_e = 8.2$, $\sigma^2 = 1.36$
③ $t_e = 8.3$, $\sigma^2 = 1.17$   ④ $t_e = 8.3$, $\sigma^2 = 1.36$

$t_e = \dfrac{a + 4m + b}{6} = \dfrac{5 + 4 \times 8 + 12}{6} = 8.166 = 8.2$

$t_e$의 분산 $\sigma^2 = \left(\dfrac{b-a}{6}\right)^2 = \left(\dfrac{12-5}{6}\right)^2 = 1.36$

답 ②

---

### (3) 일정계산

① 단계시간에 의한 일정
  ㉠ 가장 이른 예정일($TE$) : 전진계산
  ㉡ 가장 늦은 완료일($TL$) : 후진계산

② 단계여유($S$)
  ㉠ 단계여유($S$ : Slack) $S = TL - TE$

ⓒ 단계여유에는 정여유($TL-TE>0$), 영여유($TL-TE=0$),
부여유($TL-TE<0$)가 있다.
③ 주공정의 발견(애로공정) : $CP$
주공정이란 여러 공정 중 시간이 가장 오래 걸리는 공정을 의미한다.

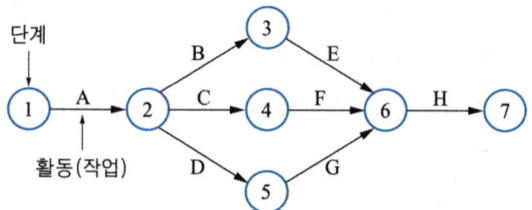

주) 1. ②단계를 분기단계, ⑥단계를 합병단계라고 한다.
    2. 활동 B, C, D는 병행활동이며 활동 A의 후속활동으로 활동 A가 완료되어야 착수가능하다.

## 2. 최소비용 계획법(MCX : Minimum Cost Expedition)

이 기법은 주공정상의 요소작업 중 비용구배(Cost Slope)가 가장 낮은 요소의 작업부터 1단위 시간씩 단축해 나가는 방법이다.

### (1) 비용구배(Cost Slope)

작업일정을 단축시키는데 소요되는 단위시간당 소요비용을 의미한다.

$$비용구배 = \frac{특급비용 - 정상비용}{정상시간 - 특급시간}$$

#### 개념잡기

정상소요시간이 5일이고, 이때의 비용이 20,000원이며 특급소요기간이 3일이고, 이때의 비용이 30,000원이라면 비용구배는 얼마인가?
① 4,000원/일    ② 5,000원/일    ③ 7,000원/일    ④ 10,000원/일

$$비용구배 = \frac{특급비용 - 정상비용}{정상시간 - 특급시간} = \frac{30,000 - 20,000}{5 - 3} = 5,000원/일$$

답 ②

# CHAPTER 03 작업관리

**단원 들어가기 전**
1. 작업관리의 개요에 대해 이해할 것
2. ECRS의 종류와 개선의 목표 4가지를 숙지할 것
3. 공정분석기호에 대해 숙지할 것
4. 표준시간과 정미시간에 대해 이해할 것
5. 작업시간 측정방법의 종류에 대해 잘 알아둘 것

**빅데이터 키워드**
작업관리, 공정분석 기호, 작업시간, 설비보전

## 1 ▶ 작업방법의 연구

### 1. 작업관리의 개요

#### (1) 작업관리(work study)
실제 작업을 전반적으로 검토하고, 작업의 경제성과 효율성에 영향을 미치는 모든 요인을 체계적으로 조사·연구하여 작업의 표준화에 의한 표준시간을 설정, 생산성 향상을 꾀하고자 하는 지속적인 개선활동을 말한다.

① 작업개선(문제점 해결)의 진행절차
   문제점 발견 → 현장분석 → 개선안 수립 → 실시 → 평가

② 개선의 대상
   ㉠ P(Production : 생산량)
   ㉡ Q(Quality : 품질)
   ㉢ C(Cost : 원가)
   ㉣ D(Delivery : 납기)
   ㉤ S(Safety : 안전)
   ㉥ M(Morale : 환경)

③ 작업개선의 원칙(ECRS)
   ㉠ 불필요한 작업의 배제(Eliminate)
   ㉡ 작업 및 작업요소의 결합(Combine)
   ㉢ 작업순서의 변경(Rearrange)
   ㉣ 필요한 작업의 단순화(Simplify)
④ 개선의 목표 4가지
   ㉠ 시간의 단축
   ㉡ 품질의 향상
   ㉢ 경비의 절감
   ㉣ 피로의 경감

### (2) 작업관리 구분

| | | | |
|---|---|---|---|
| 방법연구 | 공정분석 | 제품공정분석 | 단순공정분석(OPC), 세밀공정분석(FPC) |
| | | 사무공정분석 | |
| | | 작업자 공정분석 | |
| | | 부대분석 | 기능분석, 제품분석, 부품분석, 수율분석, 경로분석 등 |
| | 작업분석 | 작업분석표 | 기본형, 시간란 부가, 시간눈금 부가, 작업자공정시간 분석표 |
| | | 다중활동 분석표 | Man–Machine Chart, Gang Process Chart, Man–Multi–Machine Chart, Multi–man Machine Chart |
| | 동작분석 | | 목시동작분석(서블릭 기호, 동작경제의 원칙), 미세동작분석 |
| 작업측정 | 표준시간결정 | | 스톱워치법, 표준자료법, 워크샘플링, PTS(MTM, WF) |

## 2. 작업관리 방법연구

### (1) 공정분석(Process analysis)

원재료가 출고되고 제품으로 출하되기까지의 공정계열을 체계적으로 공정도시 기호를 이용하여 조사, 분석하여 합리화시키기 위한 개선 방안을 모색하려는 방법연구로 제품공정분석, 사무공정분석, 작업자 공정분석, 부대분석으로 분류된다.

① 공정분석의 목적
   ㉠ 생산공정의 개선 및 설계
   ㉡ 공장 Layout의 개선 및 설계
   ㉢ 공정관리시스템의 개선 및 설계
   ㉣ 생산공정의 표준화
   ㉤ 생산기간의 단축
   ㉥ 재공품의 절감

② **공정분석의 종류** : 제품공정분석, 사무공정분석, 작업자공정분석, 기타 부대분석

③ **공정도의 종류**

  ㉠ 제품(부품)공정도(Product Process Chart) : 원재료가 제품화 되어가는 과정 즉, 가공, 검사, 운반, 지연 저장에 관한 정보를 수집하여 분석하고, 검토하기 위해 사용되는 것으로 설비계획, 일정계획, 운반계획, 인원계획, 재고계획 등의 기초자료로 활용되는 분석기법이다.

  ㉡ 작업공정도(Operation Process Chart) : 공정계열의 개요를 파악하기 위해서 또는 가공, 검사공정만의 순서나 시간을 알기 위해서 활용되는 공정도이다.

  ㉢ 조립공정도(Assembly Process Chart) : Gozinto Chart라고도 하며, 작업, 검사 두 개의 기호를 사용하는 공정도로서 많은 부품 혹은 원재료를 조립, 분해 또는 화학적인 변화를 일으키는 사항을 나타낸다.

  ㉣ 흐름공정도/유통공정도(Flow Process Chart) : 보통 단일부품에 사용되며 공정 중에 발생하는 모든 작업, 검사, 운반, 저장, 정체 등이 도식화된 것으로 분석이 필요하다고 생각되는 소요시간, 운반거리 등의 정보가 기재된 공정도이다.

④ **가공시간 및 운반거리 기입 방법**

  ㉠ 가공시간 $= \dfrac{1개\ 가공시간 \times 로트크기}{1로트의\ 총\ 가공시간}$

  ㉡ 운반거리 $= \dfrac{1회\ 운반거리 \times 운반횟수}{1로트의\ 총\ 운반거리}$

⑤ **공정분석 기호**

| 공정분류 | 기호 명칭 | 기호 | 의미 |
|---|---|---|---|
| 가공 | 가공 | ○ | 원료, 재료, 부품 또는 제품의 형상 및 품질에 변화를 주는 과정 |
| 운반 | 운반 | ○ or ⇨ | 원료, 재료, 부품 또는 제품의 위치에 변화를 주는 과정 |
| 검사 | 수량검사 | □ | 원료, 재료, 부품 또는 제품의 양 또는 개수를 측정하여 결과를 기준과 비교하는 과정 |
| | 품질검사 | ◇ | 원료, 재료, 부품 또는 제품의 품질특성을 시험하고 결과를 기준과 비교하는 과정 |
| 정체 | 저장 | ▽ | 원료, 재료, 부품 또는 제품을 계획에 따라 저장하는 과정 |
| | 지체 | D | 원료, 재료, 부품 또는 제품이 계획과는 달리 정체되어 있는 상태 |

| 공정분류 | 기호 명칭 | 기호 | 의미 |
|---|---|---|---|
| 보조기호 | 관리구분 | ∿∿∿ | 관리구분 또는 책임구분으로 나타냄 |
| | 담당구분 | ┼ | 담당자 또는 작업자의 책임구분을 나타냄 |
| | 생략 | ╪ | 공정계열의 일부 생략을 나타냄 |
| | 폐기 | ✗ | 원재료, 부품 또는 제품의 일부를 폐기하는 경우 |

| 품질검사 주로 하며 수량검사 | 수량검사 주로 하며 품질검사 | 가공을 주로 하며 수량검사 | 가공을 주로 하며 운반작업 | 작업 중의 정체 | 공정 간에서 정체 | 정보기록 | 기록완성 |
|---|---|---|---|---|---|---|---|

### (2) 작업분석(Operation Analysis)

작업자에 의해 수행되는 개개의 작업내용에 대하여 분석하고 작업내용 개선과 작업 표준화의 기초자료로 이용하는 것을 말한다.

① 작업분석의 목표
  ㉠ 작업방법의 개선
  ㉡ 작업절차와 운반·관리 단순화
  ㉢ 작업 여건의 개선과 작업자의 피로 감소
  ㉣ 품질보증
  ㉤ 능률향상
  ㉥ 생산량의 증가와 단위비용의 감소

### (3) 동작분석(Motion Analysis)

작업의 동작을 분해 가능한 최소한의 단위로 분석하여 비능률적인 동작을 줄이거나 배제시켜 최선의 작업방법을 추구하는 방법으로 동작연구(motion study)라고도 한다.

① 동작분석의 목표
  ㉠ 작업동작의 각 요소의 분석과 능률향상
  ㉡ 작업동작과 인간공학의 관계 분석에 의한 동작 개선
  ㉢ 작업동작의 표준화
  ㉣ 최저동작의 구성

② **동작분석의 종류**
  ㉠ 목시적 동작분석 : 서블릭분석, 동작경제의 원칙
  ㉡ 미세동작분석 : Film 분석, VTR분석 등
③ **동작경제의 원칙** : 길브레스가 처음 만들어 사용하고, 반스(Barnes)가 개량·보완하였다.
  ㉠ 신체의 사용에 관한 원칙
    • 양손이 동시에 시작하고 동시에 끝나도록 한다.
    • 휴식시간을 제외하고 양손이 동시에 쉬어서는 안 된다.
    • 양팔은 반대방향, 대칭적인 방향으로 동시에 행한다.
  ㉡ 작업장의 배치에 관한 원칙
    • 공구와 재료는 지정된 위치에 놓여 있어야 한다.
    • 가능하다면 낙하식 운반방법을 사용하여야 한다.
    • 시각에 가장 적당한 조명을 만들어 주어야 한다.
  ㉢ 공구류 및 설비의 설계에 관한 원칙
    • 손 이외의 신체부분을 이용하여 손의 노력을 경감시켜야 한다.
    • 가능하면 두 개 이상의 기능이 있는 공구를 사용한다.
    • 도구와 재료는 가능한 한 다음에 사용하기 쉽게 놓아야 한다.

## 2 작업시간의 연구

### 1. 작업시간연구의 개요

작업 및 관리의 과학화에 필요한 제 정보를 얻기 위하여 작업자가 행하는 활동과 시간을 기초로 하여 작업시간을 측정하는 것이다. 작업시간연구(작업측정)의 기법은 최종적으로는 표준시간을 사용하는데 그 목적이 있으며 종류로는 다음과 같다.

| 시간연구법 | Stop Watch법, 촬영법 |
|---|---|
| PTS법 | MTM법, WF법 |
| WS법 | work sampling법이라고도 하며 관측비율로 각 항목의 표준시간을 산정한다. |
| 표준자료법 | 유사작업을 파악하여 작업조건의 변경에 따른 작업시간 변화를 분석하고 표준시간을 산정한다. |

## (1) 표준시간(Standard Time)

소정의 표준작업 조건에서 일정한 작업방법에 따라 숙련된 작업자가 정상적인 속도로 작업을 수행하는데 필요한 시간을 말한다.

① **정미시간(Normal Time : NT)** : 작업수행에 직접 필요한 시간으로 정상시간 이라고도 한다.
② **여유시간(Allowance Time : AT)** : 작업을 진행시키는데 불규칙적이고 우발적으로 발생(작업자의 생리 및 피로, 기계고장, 재료부족 등)하는 소요시간으로 정미시간에 가산하여 보상하게 되는 시간이다.
③ 표준시간(ST) = 정미시간(NT) + 여유시간(AT)
(정미시간을 정상시간이라고도 한다.)

## (2) 표준시간의 계산

① **외경법** : 여유율(A)을 정미시간 기준으로 산정하여 사용하는 방식

　㉠ 여유율 = $\dfrac{여유시간}{정미시간}$ → 여유시간 = 정미시간 × 여유율

　㉡ 정미시간 = 관측시간 × (정상화계수)

　㉢ 표준시간 = 정미시간 × (1 + 여유율)

$$단위당\ 가공시간 = \dfrac{준비작업시간}{로트수} + [정미시간 \times (1 + 여유율)]$$

② **내경법** : 여유율은 근무시간(실동시간)을 기준을 산정하는 방법으로 정미시간이 명확하지 않을 경우 사용된다.

　㉠ 여유율 = $\dfrac{여유시간}{정미시간 + 여유시간}$ → 여유시간 = 정미시간 × $\dfrac{여유율}{1 - 여유율}$

　㉡ 정미시간 = 관측시간 × (정상화계수)

　㉢ 표준시간 = 정미시간 × $\dfrac{1}{1 - 여유율}$

## (3) 정상화 작업(Normalizing, Rating, Leveling)

시간관측자가 관측 중에 작업자의 작업속도와 표준속도를 비교하여 작업자의 작업속도를 정상 속도화하는 것을 의미한다.

## 2. 작업시간 측정방법

### (1) Stop Watch 법

테일러(F.W.Taylor)에 의해 처음 도입된 방법으로 잘 훈련된 자격을 갖춘 작업자가 정상적인 속도로 완료하는 특정한 작업을 직접 측정하여 이로부터 표준시간을 설정하는 방법으로 반복적이고 짧은 주기의 작업에 적합하나 작업자에 대한 심리적 영향을 많이 주는 측정방법이다.

- 관측방법의 분류 : 반복법, 계속법, 누적법, 순환법

### (2) 워크샘플링(Work Sampling)법

통계적인 샘플링방법을 이용하여 작업자의 활동, 기계의 활동, 물건의 시간적 추이 등의 관측대상을 순간적으로 관측(Snap Reading)하는 통계적·계수적인 작업측정의 한 기법으로 영국의 통계학자 L.H.C. Tippet에 의해 최초로 고안되었다.

① 특징
  ㉠ 노력이 적게 든다.
  ㉡ 사이클 타임이 긴 작업에도 적용이 가능하다.
  ㉢ 한 사람이 다수의 작업자를 관측할 수 있다.
  ㉣ 대상자가 의식적으로 행동하는 일이 적으므로 결과의 신뢰도가 높다.

### (3) 표준자료법

작업요소별로 관측된 표준자료(Standard Data)가 존재하는 경우, 이들 작업요소별 표준자료들을 합성한 후 다중회귀분석을 활용하여 정미시간을 구하고 여유시간을 반영하여 표준시간을 설정하는 방법이다(다품종 소량생산이나 소로트 생산에 주로 이용된다).

① 특징
  ㉠ 작업의 표준화가 유지·촉진된다.
  ㉡ 레이팅이 필요 없다.
  ㉢ 누구라도 일관성 있게 표준시간을 산정하기 쉽고, 적용이 간편하다.
  ㉣ 제조원가의 사전견적이 가능하며, 현장에서 데이터를 직접 측정하지 않아도 된다.

### (4) PTS(Predetermined Time Standards)법 : 기정시간표준법

사람이 행하는 작업 또는 작업방법을 기본적으로 분석하고 각 기본동작에 대하여 그 성질과 조건에 따라 이미 정해진(Predetermined) 기초동작치(Time Standards)를 사용하여 알고자 하는 작업동작 또는 운동의 시간치를 구하고 이를 집계하여 작업의 정미시간을 구하는 방법이다.

① **MTM(Method Time Measurement)법** : 동작시간측정법
 인간이 행하는 작업을 기본동작으로 분석하고, 각 기본동작은 그 성질과 조건에 따라 미리 정해진 시간치를 적용, 정미시간을 구하는 방법이다.
 ㉠ MTM법의 시간치
  • 1TMU=0.00001시간=0.0006분=0.036초,
  • 1초=27.8TMU, 1분=1,666.7TMU, 1시간=100,000TMU
   [TMU : Time Measurement Unit]

② **워크팩터(WF)법** : 미리 작업동작을 기본적으로 분석하여 표준시간을 정하고, 이로부터 모든 작업동작의 시간치를 도출하여 내는 것으로 신체 각 부위의 동작시간은 다른 조건이 같다면 움직이는 거리의 함수라는 개념을 근거로 팔·다리 등의 신체부위와 거리에 따라 기본시간이 주어진다. 그리고 여기에 동작시간의 지연요인이라고 생각되는 워크팩터 동작시간표(중량 또는 저항, 정지, 방향조절, 주의, 방향변경)를 감안하여 각 동작의 시간치를 구한다.
 ㉠ 특징
  • WF 시간치는 정미시간이다(시간단위로 1WFU=1/10,000분을 사용한다).
  • 정확성과 일관성이 증가한다.
  • 동작 개선에 기여한다.
 ㉡ WF법의 주요 변수
  • 사용되는 신체부위
  • 동작거리
  • 중량 또는 저항
  • 동작의 곤란성

③ **워크팩터에 주로 사용되는 기호**
 ㉠ 일시정지(Definite Stop) : D
 ㉡ 방향조절(Steering) : S
 ㉢ 주의(Precaution) : P
 ㉣ 방향변경(Change of Direction) : U

# 3. 설비보전

## 1. 설비보전업무

### (1) 설비보전의 개념
설비의 성능유지 및 이용에 관한 활동으로 검사제도를 확립하여 설비의 열화현상을 조사하고 설비의 수리부분을 예측하며, 이에 필요한 자재와 인원을 확보하여 계획적인 보수를 행하는 것이다.

### (2) 생산보전(PM : Productive Maintenance)
설비의 설계, 건설로부터 운전 및 보전에 이르기까지 설비의 일생을 통하여 설비 자체의 비용과 보전 등 운전과 유지에 드는 일체의 비용과 설비의 열화에 의한 손실과 합계를 최소화하여 기업의 생산성을 높이려는 활동을 말한다.

### (3) 설비보전 방식
① 예방보전(PM : Preventive Maintenance) : 설비의 건강상태를 유지하기 위해 계획적으로 일정한 사용기간마다 실시하는 것으로 고장이 발생하여 야기될 수 있는 손실을 최소화하기 위한 예방활동으로 예방보전을 하는 쪽이 비용이 절감되는 설비에 적용하는 보전방법이다.
② 사후보전(BM : Breakdown Maintenance) : 고장, 정지 또는 유해한 성능저하를 초래한 뒤 수리를 하는 보전방법이다.
③ 개량보전(CM : Corrective Maintenance) : 고장이 발생한 후 또는 설계 및 재료 변경 등으로 설비자체의 품질을 개선하여 수명을 연장시키거나 수리, 검사가 용이하도록 하는 보전방법이다.
④ 보전예방(MP : Maintenance Prevention) : 새로운 설비를 계획할 때에 PM생산 보존을 고려하여 고장나지 않고(신뢰성이 좋은) 보전하기 쉬운(보전성이 좋은) 설비를 설계하거나 선택하는 것을 말한다.

### (4) 보전조직의 형태
① 집중보전 : 보전요원이 특정관리자 밑에 상주하면서 보전활동을 실시하는 방법 (보전요원에게 집중된 방식)
  ㉠ 장점 : 인원배치의 유연성, 노동력의 유효이용, 보전 설비공구의 유효이용
  ㉡ 단점 : 운전부문과의 일체감 부족, 현장감독의 곤란성, 현장왕복시간 증대

② **지역보전** : 특정지역에 분산 배치되어 보전활동을 실시하는 방법
  ㉠ 장점 : 운전부문과의 일체감이 있음, 현장감독의 용이성, 현장왕복시간 단축
  ㉡ 단점 : 노동력의 유효이용 곤란, 인원배치의 유연성 제약, 보전용 설비공구의 중복
③ **부문보전** : 각 부서별·부문별로 보전요원을 배치하여 보전활동을 실시하는 방법 (각 제조부문의 감독자 밑에 보전요원을 배치하게 됨)
  ㉠ 장점 : 운전부문과의 일체감이 있음, 현장감독의 용이성, 현장왕복시간 단축 (지역보전과 유사함)
  ㉡ 단점 : 생산우선에 의한 보전경시, 보전기술 향상의 곤란성, 보전책임의 분할
④ **절충보전** : 위 3가지 집중보전, 지역보전, 부문보전의 장점을 살려 만든 보전방식

## 2. 설비보전업무

### (1) TPM(total productive maintenance)활동

전원참가 생산보전활동(종합적 생산설비 보전)으로 생산시스템의 종합적인 효율화를 추구하여 라이프 사이클 전체를 대상으로 하여 로스제로(loss zero)화를 달성하려는 생산보전(PM)활동이다.

### (2) TPM의 기본방침

① 전원참가의 활동으로 고장, 불량, 재해 Zero를 지향한다.
② 자주보전을 통한 자주보전능력의 향상과 활기찬 현장을 구축한다.
③ 보전기술을 습득하고 설비에 강한 인재를 육성한다.
④ 생산성 높은 설비 상태를 유지하고, 설비의 효율화를 꾀한다.

### (3) TPM의 5가지 기둥(기본활동)

① 프로젝트팀에 의한 설비효율화, 개별개선활동
② 설비운전·사용부문의 자주보전활동
③ 설비보전부문의 계획보전활동
④ 운전자·보전자의 기능·기술향상 교육훈련활동
⑤ 설비계획부문의 설비 초기관리체제 확립활동

## (4) TPM활동(3정 5행(5S)활동)

① 3정
  ㉠ 정량 : 정해진 양만큼 용할 것
  ㉡ 정품 : 규격에 맞는 재료나 부품을 사용할 것
  ㉢ 정위치 : 물품이나 공구를 사용한 후에 항상 제자리에 놓을 것

② 5행(5S)
  ㉠ 정리(Seiri) : 필요한 것과 불필요한 것을 구분하여, 불필요한 것은 없애는 것
  ㉡ 정돈(Seiton) : 필요한 것을 언제든지 필요할 때 꺼내 쓸 수 있는 상태로 하는 것
  ㉢ 청소(Seisou) : 먼지를 닦아내고 그 밑에 숨어 있는 부분을 보기 쉽게 하는 것
  ㉣ 청결(Seiketsu) : 정리, 정돈, 청소의 상태를 유지하는 것
  ㉤ 습관화(Shitsuke) : 정해진 일을 올바르게 지키는 습관을 생활화하는 것

# CHAPTER 04 기타 공업경영

**단원 들어가기 전**
1. 품질관리 용어에 대해 알아둘 것
2. 품질관리사이클과 4대 기능에 대해 숙지할 것
3. 품질코스트에 대해 알아둘 것
4. 표준화의 3S에 대해 꼭 숙지할 것
5. 품질관리의 기본도구에 대해 이해할 것

**빅데이터 키워드**
품질관리, 관리사이클, 품질관리 4대 기능, 품질코스트, 표준화

## 1 품질관리의 기초

### 1. 품질관리 용어정리

#### (1) 품질(Quality)
대상의 고유특성의 집합이 요구사항을 충족시키는 정도를 말한다.

#### (2) 품질관리(Quality control)
품질요구사항을 충족하는데 중점을 둔 품질경영의 일부이다.

#### (3) 품질경영(Quality Management)
품질에 관하여 조직을 지휘하고 관리하는 조정활동을 말한다.

#### (4) 품질보증(Quality Assurance)
품질요구사항이 충족될 것이라는 신뢰를 제공하는 데 중점을 둔 품질경영의 일부이다.

### (5) 품질방침(Quality Policy)
최고경영자에 의해 공식적으로 표명된 품질 관련 조직의 전반적인 의도 및 방향을 말한다.

### (6) 종합적 품질관리(TQC : Total Quality Control)
고객에게 충분한 만족을 주며 제품을 가장 경제적으로 생산하고 서비스할 수 있도록 사내 각 부문이 품질개발, 품질유지 및 품질개선 노력을 하기 위한 효과적인 시스템을 의미하며, 전사적 품질관리 또는 종합적 품질관리라고도 한다.

### (7) 제조품질(적합품질, 합치품질)
실제로 제조된 품질특성으로 실현되는 품질을 의미하며 일반적 제조품질은 아래 4요소로 결정한다.

> 참고
> 제조품질 요소(4M)
> - man(작업자)
> - machine(설비)
> - material(자재/원재료)
> - method(작업방법)

### (8) 관리사이클(PDCA cycle)
① Plan(계획) : 목표를 달성하기 위한 계획 또는 표준을 설정한다.
② Do(실시) : 충분한 교육과 훈련을 실시하고 설정된 계획에 따라 실행한다.
③ Check(검토) : 실시한 결과를 측정하여 계획 및 비교 검토한다.
④ Action(조치) : 검토한 결과 계획과 실시된 것 사이에 차이가 있으면 적절히 수정 및 시정조치 한다.

### (9) 품질관리 4대 기능
① Plan : 품질설계
② Do : 공정관리
③ Check : 품질보증
④ Action : 품질의 조사 및 개선

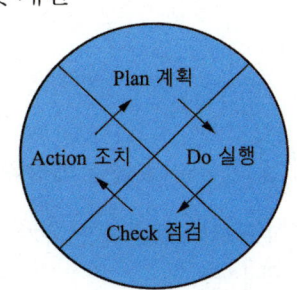

## 2. 품질의 분류

### (1) 요구(시장)품질(Requirement of Quality)

시장조사, 클레임 등을 통해 파악한 소비자의 요구조건 등을 말하며, 사용품질, 실용품질, 또는 고객의 필요(Needs)와 직결된 품질로서 시장품질이라고도 한다.

### (2) 설계품질(Quality of Design)

기업의 입장에서 소비자가 원하는 품질, 즉 시장조사 및 기타 방법으로 얻어진 모든 정보의 요구품질을 실현하기 위해 제품을 기획하고 그 결과를 정리하여 설계도면을 만든 품질이다.

### (3) 제조품질 또는 적합품질(Quality of Manufacture or Quality of Conformance)

실제로 공장에서 생산 또는 제작 시에 이루어지는 품질로 설계품질이 완성되면 이것을 제조공정을 통해 실물로 실현한다.

# 2 품질코스트

## 1. 품질코스트(Quality Cost) 정의

요구된 품질(설계품질)을 실현하기 위한 원가로서 제품 자체의 원가인 재료비나 직접노무비는 포함하지 않고 주로 제조원가의 부분원가를 의미하는 것으로 제품 또는 서비스의 품질을 형성·관리하기 위해 소요되는 제반비용과 사양 및 소비자의 요구사항을 충족시키지 못함으로써 발생되는 손실비용을 객관적으로 평가할 수 있는 척도이다.

## 2. 품질코스트의 종류

### (1) 예방코스트(P-cost)

일정수준의 품질수준의 유지 및 불량품 발생을 예방하는데 소요되는 비용

① QC 계획코스트 : TQC 계획 및 시스템을 입안하기 위한 조사, 교섭, 입안, 심의 등에 소요되는 비용이다.
② QC 기술코스트 : QC 스태프가 하는 평가, 입증, 권고, 기술지원, 회의 등의 비용과 다른 부문이 하는 QC비용도 여기에 포함한다.

③ QC 교육코스트 : TQC 보급선전, 종업원교육 및 스태프 교육에 사용한 비용(외부강습회, 기타 참가비도 포함)이다.
④ QC 사무코스트 : 문구, 사무용 기기, 통계용 기구 등의 구입비, 통신비 등 모든 잡비를 포함한 비용이다.

### (2) 평가코스트(A-cost)

시험, 검사 등의 품질수준을 유지하기 위해 소요되는 비용이다.

① 수입검사 코스트 : 구입제품, 부품 및 가공 외주품, 조립품의 수입검사에 소요되는 비용(단, 시험적인 비용은 포함하지 않음)이다.
② 공정검사 코스트 : 부품가공공정 또는 조립공정 검사에 소요되는 비용(단, 시험비는 포함되지 않음)이다.
③ 완성품검사 코스트 : 완성품의 최종검사 및 입회검사에 소요되는 비용(현장에서 장비한 후의 인도검사나 시험 등의 비용을 포함)이다.
④ 시험/실험 코스트 : 검사 이외 또는 검사부문이 특정의 프로젝트로서 실시한 시험에 소요되는 비용이다.
⑤ 예방보전(PM) 코스트 : 정기검사, 조정·수리 또는 기준기의 검정시험에 들어간 비용이다.

### (3) 실패코스트(F-cost)

규격에서 벗어난 불량품, 원재료, 제품에 의해 발생되는 여러 가지 손실비용이다.

① 납품 전 불량 코스트(내부실패 코스트)
  ㉠ 폐기 코스트
  ㉡ 재가공 코스트
  ㉢ 외주불량 코스트
  ㉣ 설계변경 코스트
② 무상서비스 코스트(외부실패 코스트)
  ㉠ 현지서비스 코스트
  ㉡ 대품 서비스 코스트
  ㉢ 부적합품 대책 코스트
  ㉣ 제품책임 코스트

### (4) 품질코스트 관계곡선

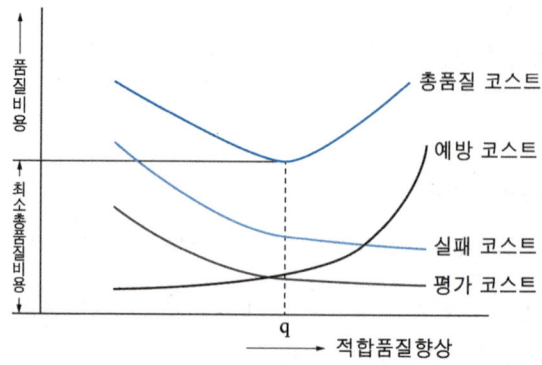

### (5) 품질코스트의 구성 비율

|  | 예방코스트(P-cost) | 평가코스트(A-cost) | 실패코스트(F-cost) |
|---|---|---|---|
| 파이겐바움<br>(Feigenbaum) | 5% | 25% | 70% |
| 커크페트릭<br>(Kirkpatrick) | 10% | 25% | 50~75% |

## 3 표준화

### 1. 표준화의 정의

표준을 합리적으로 설정하여 활용하는 조직적인 행위나 어떤 표준을 정하고 이에 따르는 것으로 광공업분야에 적용되는 표준화를 산업표준화라 한다.

### (1) 표준화의 3S

① 표준화(standardization) : 어떤 표준을 정하고 이에 따르는 것 또는 표준을 합리적으로 설정하여 활용하는 조직적 행위
② 단순화(simplification) : 재료, 부품, 제품의 형상, 치수 등 불필요하다고 생각되는 종류를 줄이는 것
③ 전문화(specialization) : 제조하는 물품의 종류를 한정시키고 경제적이고 능률적인 생산 및 공급체계를 갖추는 것

### (2) 표준(규격) 기능에 따른 분류

① **전달규격** : 계량단위, 제품의 용어, 기호 및 단위 등과 같이 물질과 행위에 관한 기초적인 사항을 규정하는 규격으로 기본규격이라고도 한다.
② **방법규격** : 성분분석, 시험방법, 제품검사방법, 사용방법에 대한 규격을 말한다.
③ **제품규격** : 제품의 형태, 치수, 재질 등 완전제품에 사용되는 규격을 말한다.

## 2. 사내표준화

### (1) 사내표준화의 개요

특정기업 내에서 재료, 부품, 제품 및 조직과 구매, 제조, 검사, 관리 등의 일에 적용하는 것을 목적으로 하여 정한 표준으로 기업 또는 그 기업과 관련된 외주업체나 하도급 업체 등에 적용한다.

### (2) 사내표준화의 요건

① 실행 가능성이 있는 내용일 것
② 당사자에게 의견을 말할 기회를 주는 방식으로 정할 것
③ 기록내용이 구체적이며 객관적일 것
④ 기여도가 큰 것부터 중심적으로 취급할 것
⑤ 직감적으로 보기 쉬운 표현으로 할 것
⑥ 적시에 개정, 향상시킬 것
⑦ 장기적 방침 및 체계화로 추진할 것
⑧ 작업표준에는 수단 및 행동을 직접 제시할 것

## 3. 국제표준화

### (1) 국제표준화의 개요

국가적 표준을 기초로 성립하고, 국가적 표준은 국내의 단체표준 및 사내표준을 기초로 한다. 따라서 국제표준을 정점으로 하여 그 아래에 국가표준, 단체표준 및 사내표준의 차례로 표준화가 형성된다.

### (2) 국제표준화의 의의

① 각국 규격의 국제성 증대 및 상호이익 도모
② 국제간의 산업기술 교류 및 경제거래의 활성화(무역장벽 제거)
③ 각국의 기술이 국제수준에 이르도록 조장
④ 국제 분업의 확립, 개발도상국에 대한 기술개발의 촉진

## 4 기타 품질관리

### 1. 품질관리의 기본도구

#### (1) 파레토도(Pareto Diagram)

가로축에는 부적합 항목, 세로축에는 부적합수 또는 손실금액을 표시하는 그래프로서, 항상 가장 많은 항목을 왼쪽부터 크기순으로 그리게 되며, 기타항목은 크기에 상관없이 제일 오른쪽에 배치하도록 한다.

① 파레토도의 특징
  ㉠ 현재의 중요 문제점을 객관적으로 발견할 수 있다.
  ㉡ 제일 많은 1~2개 부적합품 항목만 없애면 부적합품은 크게 감소한다.
  ㉢ 도수분포의 응용수법으로 중요한 문제점을 찾아내는 것으로서 현장에 널리 사용된다.

#### (2) 특성요인도(Characteristic Diagram)

Ishikawa 박사가 어떤 결과에 요인이 어떻게 관련되어 있는가를 잘 알 수 있도록 작성한 그림으로, 어떤 결과물(특성)이 나온 원인(요인)들의 구성형태를 브레인스토밍법을 사용하여 원인과 특성을 찾을 수 있도록 표현한 것이다. 일반적 요인으로 4M(Man, Machine, Material, Method)을 사용한다(그림의 형태가 생선뼈 모양을 한다고 해서 어골도(魚骨圖)라고도 한다).

#### (3) 히스토그램(Histogram)

길이, 질량, 강도, 압력 등과 같은 계량치의 데이터가 어떤 분포를 하고 있는지를 알아보기 위하여 도수분포표를 작성하고 이를 토대로 일종의 막대그래프 개념으로 보다 구체적인 형태로 나타낸 것이다.

① 히스토그램 작성 목적
  ㉠ 데이터의 분포 모양을 알고 싶을 때
  ㉡ 원 데이터를 규격과 대조하고 싶을 때
  ㉢ 데이터의 집단으로부터 정보수집을 하기 위하여
  ㉣ 데이터의 평균과 표준편차를 파악하기 위하여
  ㉤ 주어진 데이터와 규격을 비교하여 공정의 현황을 파악하기 위하여
  ㉥ 공정능력을 파악하기 위하여

② 히스토그램 사용용어
  ㉠ 최빈수($M_0$) : 도수분포표에서 도수가 최대인 곳의 대표치를 말하는 것으로 모드(Mode), 최빈값이라고도 한다.
  ㉡ 비대칭도($\gamma_1$) : 비대칭의 방향 및 정도를 나타내며, 왜도(歪度)라고도 한다.
  ㉢ 첨도($\beta_2$) : 분포곡선에서 정점이 뾰족한 정도를 나타내는 측도를 말한다.

## 2. 품질혁신활동

### (1) 6시그마

① 6시그마 경영이란 조직으로 하여금 자원의 낭비를 최소화하는 동시에 고객만족을 최대화하는 방법이다.
② 6시그마 수준이란 공정의 중심에서 규격한계까지의 거리가 표준편차의 6배라는 뜻이다.
③ 6시그마의 추진은 최고경영자의 강력한 의지를 바탕으로 경영자가 주도적으로 추진하여야 하며, 명확한 방침과 고객만족을 위한 목표를 설정하고, 올바른 6시그마 기법의 적용과 이해를 바탕으로 실행단계에서 구체적인 CTQ(Critical To Quality)를 도출하게 된다.

### (2) 브레인스토밍법(Brainstorming)

Alex Osborn이 고안한 이 방법은 회합인원 6~12명으로 된 회합멤버들이 자유분방하게 사고할 수 있는 분위기 속에서 그룹토의방식으로 주어진 문제에 대한 해결책으로 스스로 아이디어를 만들거나 다른 구성원이 내놓은 아이디어로부터 새로운 아이디어를 만들어 내게 하며, 아이디어 창출과 아이디어 평가를 분리함으로써, 문제에 대한 가능한 한 많은 해결책을 표출해 내는 기법이다.

① 브레인스토밍법의 4가지 법칙
  ㉠ '좋다', '나쁘다'라는 비판을 하지 않는다.
  ㉡ 자유분방한 분위기 및 의견을 환영한다.
  ㉢ 다량의 아이디어를 구한다.
  ㉣ 다른 사람의 아이디어와 결합하여 개선, 편승, 비약을 추구한다.

### (3) Z.D(Zero Defect)운동

무결점운동으로 1961년 미국의 항공회사인 Martin사에서 로켓 생산의 무결점을 목표로 시작되어 1963년 G.E사가 전 부문을 대상으로 모든 업무를 무결점으로 하자는 운동이 확대되었다. Z.D운동은 종업원 각자의 노력과 연구에 의해서 작업의 결함을 제로(Zero)로 하여 고도의 제품 품질성, 보다 낮은 코스트, 납기엄수에 의해서 고객의 만족을 높이기 위해 종업원에게 지속적으로 동기를 부여하는 운동이다.

### (4) 품질관리 분임조

회사 전체의 품질관리활동의 일환으로 전원 참여를 통하여 자기계발 및 상호개발을 행하고, QC수법을 활용하여 직장의 관리, 개선을 지속적으로 행하는 것이다.

① 분임조의 기본이념
  ㉠ 인간성을 존중하고 활력 있고 명랑한 직장을 만든다.
  ㉡ 인간의 능력을 발휘하여 무한한 가능성을 창출한다.
  ㉢ 기업의 체질개선과 발전에 기여한다.

M·E·M·O

## 공식정리

**1. 섭씨온도와 화씨온도의 상호 관계식 및 절대온도와의 관계식**

① $℃ = \dfrac{5}{9} \times (℉ - 32)$

② $℉ = \dfrac{9}{5} \times ℃ + 32$

③ $K = ℃ + 273$

④ $R = ℉ + 460$

⑤ $R = K \times 1.8$, $R = K \times \dfrac{9}{5}$, $K = R \times \dfrac{5}{9}$

**2. 현열과 잠열**

① 현열

$Q = G \cdot C \cdot \triangle T$

여기서, $Q$ : 열량(현열)[kcal]
$G$ : 물질의 중량[kg]
$C$ : 비열[kcal/kg·℃]
 (얼음 0.5, 물의 비열 1, 공기 0.24, 수증기 0.46)
$\triangle T$ : 온도차[℃]

② 잠열

$Q = G \cdot r$

여기서, $Q$ : 열량(잠열)[kcal]
$G$ : 물질의 중량[kg]
$r$ : 잠열량[kcal/kg]
 (물의 증발잠열 539[kcal/kg], 얼음의 융해(응고)잠열 79.68[kcal/kg])

**3. 일의 열당량(A)과 열의 일당량(J)**

① A : 일의 열당량 $\dfrac{1}{427}$[kcal/kg·m]

② J : 열의 일당량 427[kg·m/kcal]

**4. 동력과 열량의 관계**

① 1[kw]=102[kg·m/s]=860[kcal/h]

② 1[PS]=75[kg·m/s]=632[kcal/h]

③ 1[HP]=76[kg·m/s]=641[kcal/h]

## 5. 열통과율(열관류율 : K)

① $K = \dfrac{1}{\dfrac{1}{\alpha_1} + \dfrac{l_1}{\lambda_1} + \dfrac{l_2}{\lambda_2} + \dfrac{l_3}{\lambda_3} + \cdots + \dfrac{1}{\alpha_2}}$ [kcal/m²h℃]

여기서, $K$ : 열통과율[kcal/m²h℃]
$\alpha_1$ : 외벽열전달율[kcal/m²h℃]
$\alpha_2$ : 내벽열전달율[kcal/m²h℃]
$\lambda$ : 벽체 각각의 열전도율[kcal/mh℃]
$l$ : 벽체 각각의 두께[m]

② $Q = K \cdot F \cdot \triangle T$

여기서, $Q$ : 한 시간 동안 벽체를 통과한 열량[kcal/h]
$K$ : 열통과율[kcal/m²h℃]
$F$ : 전열면적[m²]
$\triangle T$ : 온도차[℃]

## 6. 수압시험 압력

| 보일러 종류 | 최고사용압력 | 수압시험 |
|---|---|---|
| 강철제 보일러 | 0.43MPa(4.3kg/cm²) 이하 | 2배 |
| | 0.43MPa 초과 1.5MPa 이하 | 1.3배 + 0.3MPa |
| | 1.5MPa(15kg/cm²) 초과 | 1.5배 |
| 주철제 보일러 | 0.43MPa(4.3kg/cm²) 이하 | 2배 |
| | 0.43MPa(4.3kg/cm²) 초과 | 1.3배 + 0.3MPa |
| 소용량 강철제 보일러 | 0.35MPa(3.5kg/cm²) 이하 | 2배 |
| 가스용 소형온수 보일러 | 0.43MPa(4.3kg/cm²) 이하 | 2배 |

## 7. 연료의 현열

$C \times (t_1 - t_2) = C \cdot \triangle T$ [kcal/kg]

여기서, $C$ : 연료의 비열[kcal/kg·℃], [kcal/Nm³·℃]
$t_1$ : 공급연료의 온도[℃]
$t_2$ : 외기온도[℃]

## 8. 연소용 공기의 현열

$A \cdot C \cdot \triangle T = m \cdot A_o \cdot C \cdot (t_1 - t_2)$ [kcal/kg]

여기서, $A$ : 실제공기량[Nm³/kg]($A = m \times A_o$)
$m$ : 공기비
$A_o$ : 이론공기량[Nm³/kg]
$t_1$ : 실내온도[℃]
$t_2$ : 외기온도[℃]

## 공식정리

### 9. 보일러의 열효율

① 열효율$(\eta) = \dfrac{\text{유효열}}{\text{입열}}$

$$\eta = \dfrac{G(h'' - h')}{Gf \times H}$$

여기서, $G$ : 실제증발량[kg/h]
$h''$ : 발생증기 엔탈피[kcal/kg]
$h'$ : 급수 엔탈피[kcal/kg]
$Gf$ : 연료사용량[kg/h]
$H$ : 연료의 발열량[kcal/kg]

② 열효율$(\eta) = \dfrac{\text{입열} - \text{손실열}}{\text{입열}} \times 100[\%]$

③ 열효율$(\eta) = $ 연소효율 $\times$ 전열효율 $= \dfrac{\text{유효열}}{\text{공급열(입열)}} \times 100[\%]$

④ 연소효율$(\eta) = \dfrac{\text{연소열}}{\text{공급열(입열)}} \times 100[\%]$

⑤ 전열효율$(\eta) = \dfrac{\text{유효열}}{\text{연소열}} \times 100[\%]$

### 10. 보일러의 열출력

① 증기보일러인 경우의 열출력

$$Q = G \times (h'' - h') = G_e \times 539 [\text{kcal/h}]$$

여기서, $Q$ : 열출력[kcal/h]
$G$ : 실제증발량[kg/h]
$h''$ : 발생증기 엔탈피[kcal/kg]
$h'$ : 급수 엔탈피[kcal/kg]
$G_e$ : 상당증발량[kg/h]

② 온수보일러인 경우의 열출력

$$Q = G \cdot C \cdot \triangle T$$

여기서, $Q$ : 열출력[kcal/h]
$G$ : 발생온수량[kg/h]
$C$ : 온수의 비열[kcal/kg·℃]
$\triangle T$ : 온수의 입출구 온도차[℃]

③ 상당증발량

$$G_e = \dfrac{G(h'' - h')}{539} [\text{kg/h}]$$

여기서, $G_e$ : 상당증발량[kg/h]
$h''$ : 발생증기 엔탈피[kcal/kg]
$h'$ : 급수 엔탈피[kcal/kg]
(표준상태 100[℃] 물의 증발잠열 : 539[kcal/kg])

## 11. 전열면 증발율

① 전열면(실제)증발율 $= \dfrac{G}{H_A}$ [kg/m²h]

② 전열면(상당)증발율 $= \dfrac{G_e}{H_A}$ [kg/m²h]

여기서, $G$ : 실제 증발양[kg/h], $G_e$ : 상당 증발양[kg/h]
$H_A$ : 전열면적[m²]

## 12. 증발배수

① 증발배수 $= \dfrac{\text{실제증발량}}{\text{사용연료량}} = \dfrac{G}{Gf}$ [kg/kg]

② 환산증발배수 $= \dfrac{\text{환산증발량}}{\text{사용연료량}} = \dfrac{G_e}{Gf}$ [kg/kg]

## 13. 전열면 열부하(열발생율)

전열면 열부하 $= \dfrac{\text{유효열}}{\text{전열면적}} = \dfrac{G(h'' - h')}{H_A}$ [kcal/m²h]

## 14. 공기비(m : 공기과잉계수)

공기비$(m) = \dfrac{\text{실제공기량}(A)}{\text{이론공기량}(A_o)}$

$m = \dfrac{A}{A_o} \rightarrow A = m \cdot A_o$

## 15. 이론통풍력

① $Z = H(r_a - r_g)$

여기서, $Z$ : 통풍력[mmH₂O]  $H$ : 연돌높이[m]
$r_a$ : 외기공기비중량[kg/m³]  $r_g$ : 배기가스비중량[kg/m³]

② $Z = 273H\left(\dfrac{r_a}{T_a} - \dfrac{r_g}{T_g}\right)$

여기서, $T_a$ : 외기공기의 절대온도[K]
$T_g$ : 배기가스의 절대온도[K]

③ $Z = 355H\left(\dfrac{1}{T_a} - \dfrac{1}{T_g}\right)$

$Z = H\left(\dfrac{353}{T_a} - \dfrac{367}{T_g}\right)$ (고체연료일 경우)

여기서, 1atm상태에서 비중량[kg/m³]
① 공기 : 1.294
② 배기가스(고체연료 : 1.345, 기체연료 : 1.25, 액체연료 : 1.31)

## 공식정리

### 16. 송풍기 동력 계산

① $kw = \dfrac{Q \cdot H}{102 \cdot 60 \cdot \eta}$

② $PS = \dfrac{Q \cdot H}{75 \cdot 60 \cdot \eta}$

③ $HP = \dfrac{Q \cdot H}{76 \cdot 60 \cdot \eta}$

여기서, $Q$ : 풍량[m³/min]
$H$ : 풍압[mmH₂O], [mmAq]
$\eta$ : 효율

### 17. 난방부하

$Q[\text{kcal/h}] = q[\text{kcal/m}^2\text{h}] \times EDR[\text{m}^2]$

※ 상당방열면적 : $EDR[\text{m}^2] = \dfrac{Q[\text{kcal/h}]}{q[\text{kcal/m}^2\text{h}]}$

여기서, $Q$ : 난방부하[kcal/h]
$q$ : 표준방열량[kcal/m²h]
 (온수난방 450[kcal/m²h], 증기난방 650[kcal/m²h])
$EDR$ : 상당방열면적[m²]

### 18. 소요방열량

소요방열량 = 방열계수 × 온도차
$Q = K \cdot \triangle T$

여기서, $Q$ : 방열기의 방열량[kcal/m²h]
$K$ : 방열계수[kcal/m²h℃]
$\triangle T$ : 온도차[℃]

### 19. 방열기의 방열면적

방열면적 = $\dfrac{\text{난방부하}}{\text{방열기 방열량}}$

$Q = q \times A \rightarrow A = \dfrac{Q}{q}$

여기서, $Q$ : 난방부하[kcal/h]
$q$ : 방열기의 방열량[kcal/m²h]
$A$ : 방열면적[m²]

### 20. 방열기의 쪽수(섹션수)

$Q = q \times A \times n \rightarrow n = \dfrac{Q}{q \times A}$

여기서, $Q$ : 난방부하[kcal/h]
$q$ : 표준방열량(온수 450[kcal/m²h], 증기 650[kcal/m²h])
$A$ : 쪽당방열면적[m²/쪽]
$n$ : 쪽수(섹션수)[쪽]

## 21. 보일러 용량계산(정격출력[kcal/h])

① 정격출력 = 난방부하 + 급탕부하 + 배관부하 + 예열부하(시동부하)

$$Q_t = H_1 + H_2 + H_3 + H_4$$

여기서, $Q_t$ : 보일러용량(정격출력)[kcal/h]
 $H_1$ : 난방부하[kcal/h]
 $H_2$ : 급탕부하[kcal/h]
 $H_3$ : 배관부하[kcal/h]
 $H_4$ : 예열부하(시동부하)[kcal/h]

② $Q_t = \dfrac{(Q_1 + Q_2)(1+\alpha)\beta}{K}$

여기서, $Q_t$ : 보일러용량(정격출력)[kcal/h]
 $Q_1$ : 난방부하[kcal/h]
 $Q_2$ : 급탕부하[kcal/h]
 $\alpha$ : 배관손실계수
 $\beta$ : 예열부하계수
 $K$ : 출력저하계수

## 22. 온수팽창량

$$\triangle V = V \times \left(\dfrac{1}{\rho_1} - \dfrac{1}{\rho_2}\right)[l]$$

여기서, $\triangle V$ : 온수 팽창량[$l$]
 $V$ : 장치내 전수량[$l$]
 $\rho_1$ : 가열후 온수밀도[kg/$l$]
 $\rho_2$ : 가열전 급수밀도[kg/$l$]

※ 방열기 전내용적의 2배로 전수량을 계산한다.

## Part 1 ▶ 보일러설비 및 구조

### Chapter 01 기초열역학

- 게이지 압력의 단위 : $kg/cm^2$, $kg/cm^2(g)$, $lb/in^2(g)$
- 진공도의 단위 : $cmHg(v)$, $inHg(v)$

#### 절대압력 구하는 식

- 절대압력 = 대기압 + 게이지압력
- 절대압력 = 대기압 − 진공압력

#### 섭씨온도와 화씨온도의 상호 관계식(℃→℉, ℉→℃)

$$℃ = \frac{5}{9} \times (℉ - 32) \qquad ℉ = \frac{9}{5} \times ℃ + 32$$

$$℃ \rightarrow °K, \quad ℉ \rightarrow °R$$

- 섭씨 절대 온도(kelvin 온도)
  $°K = 273+℃$, $0[℃] = 273[°K]$, $0[°K] = -273[℃]$
- 화씨 절대 온도(rankine 온도)
  $°R = 460+℉$, $℉ = °R-460$

#### kcal, BTU, CHU의 관계

- $1[kcal] = 3.968[BTU]$
- $1[BTU] = 1/3.968 = 0.252[kcal] = 252[cal]$
- $1[CHU] = 0.4536[kcal]$

- 물의 증발잠열 : $539[kcal/kg]$
- 얼음의 융해잠열 : $79.68[kcal/kg]$ → 응고잠열과 융해잠열은 같다.

#### 건조도

어떤 증기 $1[kg]$ 안에 건조 증기가 $x[kg]$ 있다고 할 때 나머지는 액이므로 액은 $(1-x)[kg]$이다. 이때의 $x$를 건도 또는 건조도라 한다.

### 일=힘×거리
[kgf·m] = [kgf×m]

### 동력의 열량 환산
→ 1[KW] = 102[kg·m/s] = 860[kcal/h]
→ 1[PS] = 75[kg·m/s] = 632[kcal/h]
→ 1[HP = 76[kg·m/s] = 641[kcal/h]

### 기체 1[g] 분자가 차지하는 부피(아보가드로 법칙)
몰(mol)이란 분자, 원자, 전자 이온 $6.02 \times 10^{23}$개의 모임을 말하며, 원자 전자(이온)란 명시가 없을 때 분자 몰만을 표시한다.

| 구분 | $O_2$ | $H_2$ | $CO_2$ |
|---|---|---|---|
| 분자량[g] | 32[g] | 2[g] | 44[g] |
| 몰[mol] | 1[mol] | 1[mol] | 1[mol] |
| 체적[$l$] | 22.4[$l$] | 22.4[$l$] | 22.4[$l$] |
| 분자수 | $6.02 \times 10^{23}$ | $6.02 \times 10^{23}$ | $6.02 \times 10^{23}$ |

- 질량[kg] : 그 물질이 갖는 고유의 무게로 장소에 따라 변하지 않는다.
- 중량[kgf] : 그 물질이 갖는 고유의 무게에 중력가속도($9.8[m/s^2]$)가 더해진 값 무게 상태와 장소에 따라 값이 변할 수 있다.

### 이상기체의 특징
- 이상기체는 질량이 있으나, 이상기체 분자 자신의 부피가 없다.
- 이상기체 분자 사이에 인력이 존재하지 않는다.
- 이상기체는 응축 액화가 불가능하다.

### 단위에 따른 기체상수 R의 값
- $l$atm/K·mol = 0.082
- erg/K·mol = $8.31 \times 10^7$
- cal/K·mol = 1.978cal

### 압축일량 크기별 순서
등온압축 < 폴리트로픽 압축 < 단열압축
1 < n < K

## Chapter 02 보일러설비 및 구조

- 보일러의 3대 구성요소 = 본체, 연소장치, 부속설비

### 용어 풀이

- 전열면적 : 연소가스가 접하는 면
- 연관 : 연소가스가 지나가는 관
- 수관 : 물이 지나가는 관
- 안전저수위 : 사용 중 유지해야 될 최저 수위
- 상용수위 : 사용 중 항상 유지해야 할 수위(수면계 1/2지점)
- 수격작용(water hammer) : 응축수가 고속으로 진입되는 증기 압력에 의해 관 및 부속품을 때리는 현상

| 원통보일러의 특징 | 노통보일러의 특징 |
|---|---|
| [장점]<br>• 구조가 간단하며 취급이 용이하다.<br>• 청소 및 검사가 용이하다.<br>• 보유수량이 많아 부하변동에 응하기 쉽다.<br>• 급수처리가 수관보일러에 비해 쉽다.<br>[단점]<br>• 고압, 대용량에 부적당하다.<br>• 전열면적이 작아 효율이 낮다.<br>• 보유수량이 많아 파열 시 피해가 크다.<br>• 예열시간이 길다.<br>  (물이 증발하기까지 시간이 오래 걸린다) | [장점]<br>• 구조가 간단하고 취급이 용이하다.<br>• 청소, 검사, 수리가 용이하다.<br>• 보유수량이 많아 부하변동에 응하기 좋다.<br>• 급수처리가 간단하다.<br>• 수면이 넓어 기수공발 발생이 적다.<br>[단점]<br>• 전열면적이 형체에 비해 작아 효율이 낮다.<br>• 예열 부하가 커서 부하에 응하기 어렵다.<br>• 내분식이여서 연료의 질이나 연소 공간의 확보가 어렵다.<br>• 보유수량이 많아 폭발 시 피해가 크다. |
| 내분식 연소 장치의 특징 | 완전 연소의 구비 조건 |
| • 열손실이 적다.<br>• 노가 본체에 둘러싸여 형상이나 크기가 제한된다.<br>• 완전 연소가 어려워 노벽에 탄화분(검뎅이)이 쌓인다.<br>• 연료의 질이 양호해야 한다.<br>• 주위 온도가 냉각되어 노 내 온도 상승이 어렵다. | • 연소실 온도가 높을 것<br>• 연료와 공기의 혼합이 양호할 것<br>• 연소실 용적이 클 것<br>• 연소시간이 충분할 것 |

### 동(drum)

경판(end plate)과 동판(drum plate)이 결합된 상태

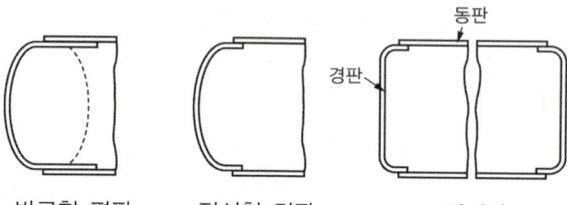

반구형 평판    접시형 경판    평경판

일반적으로 동의 수위는 2/3~4/5 정도이며 고수위나 저수위가 되지 않도록 주의해야 한다.

### 고수위 시 문제점
- 동 내부 수면이 정상 수위보다 높게 되면 증기부가 작아지므로 건조증기를 얻기 힘들다.
- 보유 수량이 많아 시동부하가 크고 파열 시 피해가 크다.
- 비수현상이 발생한다.

### 저수위 시(이상감수) 문제점
- 보일러수가 없을 경우 빈 동이 과열되어 파열사고로 이어질 수 있다.
- 관의 농축으로 과열부식이나 스케일 생성이 빨라진다.

### 외분식 연소장치의 특징
- 연소실 크기의 제한을 받지 않는다.
- 연소효율이 좋아 노내 온도 상승이 쉽다.
- 완전연소가 가능하다.
- 노벽방사손실이 있다.
- 연료의 질이 나빠도 된다.(저질연료라도 연소가 양호하다)

| 노통연관 보일러의 특징 | 수관식 보일러의 특징 |
|---|---|
| [장점]<br>• 내분식이여서 열손실이 적다.<br>• 콤팩트한 구조로 전열면적이 크고 증발능력이 우수하다(노통보일러, 연관보일러에 비해).<br>[단점]<br>• 구조가 복잡하므로 청소 및 수리 점검이 까다롭다.<br>• 급수처리가 까다롭다.<br>• 증발속도가 빨라 과열로 인한 스케일부착이 쉽다. | [장점]<br>• 고온, 고압에 적당하다.<br>• 보유수량이 적어 파열 시 피해가 적다.<br>• 설치면적이 작고 발생열량이 크다.<br>• 외분식이여서 연료의 질에 관계없이 연소가 양호하다.<br>• 보일러 전체가 전열면이라고 볼 수 있으므로 효율이 대단히 높다.<br>[단점]<br>• 구조가 복잡하여 청소, 검사, 수리가 불편하다.<br>• 급수처리가 까다롭다.<br>• 제작이 까다로우며 제작비가 많이 든다.<br>• 외분식이므로 노벽 방산손실이 많다.<br>• 보유수량이 적어 부하 변동에 응하기 어렵다.<br>• 증발속도가 너무 빨라 습증기로 인한 관내 장애가 발생된다. |

| 관류 보일러의 특징 | 관수의 순환을 좋게 하는 방법 |
|---|---|
| [장점]<br>• 순환비가 1이므로 드럼이 필요없다.<br>　(순환비 = $\frac{급수량}{증발량}$)<br>• 전열면적이 크고 효율이 높다.<br>• 고압이므로 증기의 열량이 크다.<br>• 기동부하가 짧아 부하측 대응하기 쉽다.<br>[단점]<br>• 콤팩트한 구조로 청소 및 검사 수리가 어렵다.<br>• 완벽한 급수처리를 해야 한다.<br>• 자동연소, 온도 제어장치를 설치하여 부하의 변동에 대응해야 한다.<br>• 급수의 유속을 일정하게 유지해야 한다. | • 관지름을 크게 할 것<br>• 수관의 경사도를 크게 할 것<br>• 강수관의 가열을 피할 것<br>• 포화수와 포화증기의 비중차를 크게 할 것 |

### Chapter 03 보일러 부속장치

#### 급수펌프의 구비조건
- 고온, 고압에 잘 견딜 것
- 병렬운전이 가능할 것
- 저부하 시에도 효율이 좋을 것
- 구조가 간단하고 부하변동에 대응성이 좋을 것
- 회전식일 경우 고속회전에 적합할 것
- 작동이 확실하고 내구성이 좋을 것

#### 급수펌프 설치 시 기준
- 설치 시 2세트를 설치하는데 이때 1세트의 경우 동력펌프 또는 인젝터로 할 수 있다.
- 다음의 경우 보조펌프 생략이 가능하다.
  - 전열면적 $12m^2$ 이하의 증기보일러 및 소용량 보일러
  - 전열면적 $14m^2$ 이하의 가스용 온수보일러
  - 전열면적 $100m^2$ 이하의 관류보일러
- 주펌프, 보조펌프의 용량은 보일러 상용압력에서 정상작동 상태에 필요한 물의 양을 단독으로 공급할 수 있는 것으로 한다.
- 주펌프 세트가 2개 이상의 펌프를 조합한 것일 때 보조펌프 용량은 보일러 최대증발량의 25% 이상이며, 주펌프 세트 중 최대펌프 이상일 것

| 캐비테이션(cavitaion : 공동현상) | 서징(surging : 맥동현상) |
|---|---|
| 유체 속에서 압력이 낮은 곳이 생기면 물 속에 포함되어 있는 기체(공기)가 물에서 빠져나와 압력이 낮은 곳에 모이는데, 이로 인해 물이 없는 빈공간이 생긴 것을 가리킨다. 이러한 공동부가 발생되면 이 공기층에 의해 배관에 심한 소음과 진동충격이 발생된다. | 펌프나 송풍기에 어떤 관로를 연결하여 운전하면, 어떤 운전상태에서 압력·유량·회전수·소요동력 등이 주기적으로 바뀌면서 일종의 자려진동이 발생한다. 이때 압력계의 지침이 흔들리거나 송출유량이 변하게 되는데 이를 서징이라 한다. |
| 캐비테이션 방지대책 | 서징 방지대책 |
| • 펌프의 회전수를 낮게 하여 유속을 적게 한다.<br>• 설치 위치를 수원과 가까이하여 흡입수 양정을 작게 한다.<br>• 가급적 만곡부를 줄인다.<br>• 2단 이상의 펌프를 사용한다.<br>• 흡입관의 손실 수두를 줄인다. | • 유량·회전수를 조정하여 서징점을 피한다.<br>• 관로의 도중에 있는 공기실의 용량·관로저항 등을 조정한다. |

## 펌프의 동력계산

$$Kw = \frac{r \cdot Q \cdot H}{102 \cdot \eta}$$

$$PS = \frac{r \cdot Q \cdot H}{75 \cdot \eta}$$

- $r$ : 유체의비중량[kg/m³]
- $Q$ : 유량[m³/s]
- $H$ : 양정[m]
- $\eta$ : 효율

## 무동력 급수장치

- 인젝터
- 워싱톤 펌프
- 웨어 펌프
- 환원기

| 프라이밍(비수)의 원인 | 프라이밍(비수) 발생 시 피해 | ※ 프라이밍(비수) 현상의 조치 |
|---|---|---|
| • 주증기밸브 급개시<br>• 고수위<br>• 관수농축<br>• 급격한 과열<br>• 고압에서 저압으로 변할 때<br>• 용존고형물, 유지분의 과다 | • 수위의 오판<br>• 증기의 과열도 저하<br>• 수격작용<br>• 저수위사고<br>• 계기류의 통수공들의 차단 | • 연소량을 가볍게 한 뒤 증기밸브를 닫아 수위안정을 도모한다.<br>• 보일러 관수를 일부 교환한다.(분출반복)<br>• 계기류의 통수공들의 막힘을 시험한다.<br>• 원인을 알아내(수질검사, 기계류점검) 제거한다. |

### 트랩의 구비조건

- 동작이 확실할 것
- 내식·내마모성이 있을 것
- 마찰저항이 작고 단순한 구조일 것
- 응축수를 연속적으로 배출할 수 있을 것
- 공기의 배제나 정지 후 응축수 빼기가 가능할 것

### 트랩의 고장발견

- 작동음을 들어본다.
- 입·출구의 온도를 측정한다.

### 트랩고장의 분류

| 트랩이 뜨거울 때 | 트랩이 차가울 때 |
|---|---|
| • 트랩 용량 부족<br>• 밸브의 마모<br>• 이물질 혼입<br>• 벨로즈 손상<br>• 바이메탈 변형<br>• 배압이 높을 때 | • 밸브의 고장<br>• 스트레이너 막힘 |

### 트랩용량

증기 트랩의 용량은 응축수의 시간당 배출량 [kg/h]로 표시한다.

### 트랩의 설치 시 주의사항

- 드레인 배출구에서 트랩 입구의 배관은 굵고 짧게 한다.
- 트랩 입구의 배관은 트랩 입구를 향해 내림구배가 좋다.
- 트랩 입구의 배관은 입상관으로 하지 않는다.
- 트랩 입구의 배관은 보온하지 않는다.(냉각레그)

### 방열기의 배치

방열기와 벽과의 거리 50~60[mm]

- 절탄기에서 급수 온도를 10[℃] 높일 때마다 보일러 효율은 1.5[%] 증가된다. 절탄기 출구온도는 170[℃] 이상 되어야 저온부식이 방지된다.

## 통 보일러의 안전저수위
- 수평연관 보일러 : 연관의 최고부위 75[mm]
- 노통연관 보일러
  - 연관의 최고부위 75[mm]
  - 노통 윗면이 높은 것은 노통 최고부위 100[mm]
  - 수직형 보일러 : 연소실 천장관 최고부위 75[mm]
  - 수직형 연관 보일러 : 연소실 천장관 최고부위, 연관길이의 1/3

## 분출밸브 설치 조건
- 분출밸브 : 25A 이상(전열면적 10m² 이하는 20A 이상)
- 급수밸브 : 20A 이상(전열면적 10m² 이하는 15A 이상)

## Chapter 04 보일러 효율 및 열정산

### 열정산의 목적
- 열손실 파악
- 열설비 성능(능력) 파악
- 조업방법 개선
- 열설비 구축자료로 활용

- 보일러 1마력의 열량은 약 8435[kcal/h], 상당증발량은 15.65[kg/h]이다.

### 보일러의 열효율 공식

$$열효율(\eta) = \frac{유효열}{입열} \times 100[\%] \risingdotseq \eta = \frac{G(h'' - h')}{Gf \times H}$$

(※ 유효열 = 유효출열)

- $G$ : 실제증발량[kg/h]
- $h''$ : 발생증기엔탈피[kcal/kg]
- $h'$ : 급수엔탈피[kcal/kg]
- $Gf$ : 연료사용량[kg/h]
- $H$ : 발열량[kcal/kg]

### 보일러의 열출력 공식

$$G \times (h'' - h') = G_e \times 539 [\text{kcal/h}]$$

### 상당증발량(환산증발량) 공식

$$G_e = \frac{G(h'' - h')}{539} \, [\text{kg/h}]$$

### 보일러의 마력 공식

$$\text{보일러 마력}[\text{B-HP}] = \frac{G_e}{15.65}$$

보일러 1마력의 열량은 약 8435[kcal/h], 상당증발량은 15.65[kg/h]이다.

## Chapter 05 연료 및 연소장치

### 탄소, 수소, 황의 완전연소 반응식과 발열량

$$C + O_2 \rightarrow CO_2 + 8100[\text{kcal/kg}]$$
$$H_2 + \frac{1}{2}O_2 \rightarrow H_2O + 34000[\text{kcal/kg}]$$
$$S + O_2 \rightarrow SO_2 + 2500[\text{kcal/kg}]$$

### 고위발열량 공식

$$Hh = Hl + 600(9H + W)$$
$$Hh = 8100C + 34000\left(H - \frac{O}{8}\right) + 2500S$$

- Hl : 저위발열량(kcal/kg),
- Hh : 고위발열량(kcal/kg)
- O, H, W : 연료 1kg중의 산소, 수소, 수분의 양

### 저위발열량 공식

$$Hl = Hh - 600(9H + W)$$
$$Hl = \left[8100C + 34000\left(H - \frac{O}{8}\right) + 2500S\right] - 600(9H + W)$$
$$= 8100C + 28600\left(H - \frac{O}{8}\right) + 2500S - 600(W)$$

## 연료의 구비조건
- 공기 중 쉽게 연소할 것
- 발열량이 클 것
- 구입이 쉽고 경제적일 것
- 취급, 운반, 저장이 용이할 것
- 공해의 요인이 적을 것

## 수분·불순물 방지대책
- 기름탱크의 드레인빼기를 할 것(수분제거)
- 관로에 유수분리기를 설치할 것(수분제거)
- 여과기를 자주 청소할 것(불순물제거)
- 불순물의 혼입량이 많은 경우 침강분리제와 원심분리기로 분리할 것(불순물제거)

## 용어정리
- **착화점** : 불씨의 접촉 없이 스스로 불이 붙는 최저온도, 발화점이라고도 한다.
- **인화점** : 불씨가 접촉하여 불이 붙는 최저온도
- **연소점** : 인화 후 연소가 지속될 수 있는 온도, 인화점보다 일반적으로 7~10[℃]정도 높다.
- **유동점** : 유동할 수 있는 최저온도, 응고점 +2.5[℃]
- 유럽에서는 보오메도(Baume) 사용

## LPG 취급 시 주의사항
- 직사광선을 피하고 용기 표면온도는 40[℃] 이하를 유지할 것
- 용기의 전략 충격 금지(전략 : 굴러 떨어짐)
- 서늘하고 환기가 잘 되는 곳에 보관할 것
- 2m 이내에 인화성, 발화성 물질을 금지할 것
- 화기로부터 8m 이상 우회거리를 둘 것
- 용기밸브에 서리 얼음 등이 끼었을 때 40[℃] 이하의 온수 혹은 60[℃] 이하의 열습포를 사용하여 녹일 것

## 용어정의
- **발열반응** : 산화반응 시 외부로 열을 방출하면서 반응하는 현상(C, H, S)
- **흡열반응** : 산화반응 시 외부로부터 열을 흡수하여 반응하는 현상($N_2$)
- **산화염** : 공기비를 너무 많이 취하였을 때 화염 중에 과잉산소를 함유하는 화염
- **환원염** : 산소가 부족하여 일산화탄소(CO) 등의 미연분을 함유하며 피열물을 환원하는 성질을 가지는 화염

### 유량조절방법
버너팁교환, 버너수 가감, 환류식 버너사용 등

### 강제혼합식과 유도혼합식 버너의 종류

| 강제혼합식(내부,외부,부분혼합식) | 고압버너, 표면연소버너, 리본버너, 휘염버너, 혼소버너 등 |
|---|---|
| 유도혼합식(적화식,분젠식) | 파이프버너, 어미식버너, 층염버너, 링버너, 슬리트버너, 적외선버너, 중압분젠식 버너 |

### 공기비 계산

$$공기비 = \frac{실제공기량}{이론공기량}, \quad m = \frac{A}{Ao}, \quad A = m \cdot A$$

실제공기 = 이론공기 + 과잉공기

### 강제통풍 시 통풍력 조절방법
- 송풍기 회전수 조절
- 댐퍼에 의한 조절
- 흡입 베인에 의한 조절

### 송풍기의 동력계산

$$Kw = \frac{Q \cdot H}{102 \cdot 60 \cdot \eta}$$

$$PS = \frac{Q \cdot H}{75 \cdot 60 \cdot \eta}$$

- $Q$ : 풍량[m³/min]
- $H$ : 풍압[mmH₂O], [mmAq]
- $\eta$ : 효율

### 댐퍼 설치 목적
- 통풍력 조절
- 배기가스 흐름 차단
- 주연도 부연도 전환

### 사이클론의 집진율이 크려면,
- 입구의 속도를 크게 한다.
- 본체의 길이를 크게 한다.
- 입자의 지름, 밀도가 클수록
- 동반 분진량이 많을수록
- 내벽이 미끄러울수록
- 직경비가 클수록

## Chapter 06 보일러 자동제어

### 자동제어의 목적
- 보일러의 안전운전
- 효율적 운전으로 인건비 및 유지비 절감
- 경제적이고, 효율적인 증기 생산
- 일정한 온도·압력의 증기 생산

### 자동제어계의 동작순서
검출 → 비교 → 판단(조절) → 조작

### 자동제어의 신호전달 방식
- 공기압식
- 유압식
- 전기식
- 인터록 제어

### 인터록제어의 종류
- 압력초과 인터록
- 저수위 인터록
- 프리퍼지 인터록
- 저연소 인터록
- 불착화 인터록

# Part 2 보일러취급·시공 및 안전관리

## Chapter 01 난방부하 및 난방설비

### 방열기 표준방열량
- 증기 : $8[kcal/m^2h℃] \times (102-21)[℃] = 648 ≒ 650[kcal/m^2h]$
- 온수 : $7.2[kcal/m^2h℃] \times (80-18)[℃] = 446.4 ≒ 450[kcal/m^2h]$

### 난방부하

$$Q[kcal/h] = q[kcal/m^2h] \times EDR[m^2]$$

$$* \text{상당방열면적} : EDR[m^2] = \frac{Q[kcal/h]}{q[kcal/m^2h]}$$

- $Q$ : 난방부하[kcal/h]
- $q$ : 표준방열량[kcal/m²h]
- $EDR$ : 상당방열면적[m²]

### 난방부하 구하는 공식 정리

난방부하[kcal/h] = 표준방열량[kcal/m²h] × EDR[m²]
난방부하[kcal/h] = 방열기 방열량[kcal/m²h] × 방열기 소요방열 면적[m²]
난방부하[kcal/h] = 열손실합계[kcal/h] − 취득열량[kcal/h]

### 소요방열량계산

소요방열량 = 방열계수 × 온도차
→ $Q = K \cdot \triangle T$

- $Q$ : 방열기 방열량[kcal/h]
- $K$ : 방열계수[kcal/m²h℃]
- $\triangle T$ : 온도차[℃]

### 방열면적계산

$$\text{방열면적} = \frac{\text{난방부하}}{\text{방열기 방열량}}$$

$$Q = q \times A \rightarrow A = \frac{Q}{q}$$

- $Q$ : 난방부하[kcal/h]
- $q$ : 방열기 방열량[kcal/h]
- $A$ : 방열면적[m²]

### 방열기 호칭법
- 주형 : (종별−높이×쪽수)
- 벽걸이 : (종별−형×쪽수)

## 보일러 용량계산(정격출력[kcal/h])

정격출력=난방부하+급탕부하+배관부하+예열부하(시동부하)

$$\rightarrow Q_t = H_1 + H_2 + H_3 + H_4$$

- $Q_t$ : 보일러용량(정격출력)[kcal/h]
- $H_1$ : 난방부하[kcal/h]
- $H_2$ : 급탕부하[kcal/h]
- $H_3$ : 관부하[kcal/h]
- $H_4$ : 예열부하(시동부하)[kcal/h]

$$Q_t = \frac{(Q_1 + Q_2)(1+\alpha)\beta}{K} [kcal/h]$$

- $Q_t$ : 보일러용량(정격출력)[kcal/h]
- $Q_1$ : 난방부하[kcal/h]
- $Q_2$ : 급탕부하[kcal/h]
- $\alpha$ : 배관손실계수
- $\beta$ : 예열부하계수
- $K$ : 출력저하계수

## 증기난방설비 및 배관

| 난방방법에 따른 분류 | 배관방식에 따른 분류 | 증기공급방식에 따른 분류 | 증기압력에 따른 분류 |
|---|---|---|---|
| • 개별난방<br>• 중앙난방<br>  – 직접난방<br>  – 간접난방<br>  – 방사난방 | • 단관식<br>• 복관식 | • 상향순환식<br>• 하향순환식 | • 고압식<br>• 저압식<br>• 진공압식 |

## 온수난방설비 및 배관

| 온수온도에 따른 분류 | 고온수식 온수난방의 특징 |
|---|---|
| • 고온수식 온수난방<br>• 보통온수식 온수난방 | • 난방수 순환수량을 적게 할 수 있다.(온도차가 크므로)<br>• 보유열량이 크므로 보일러의 용량을 축소시킬 수 있다.<br>• 관지름을 작게 할 수 있어 경제적이다.(내부 압력이 높다) |

| 순환방식에 따른 분류 | 배관방식에 따른 분류 |
|---|---|
| • 자연환수식<br>• 강제순환식 | • 단관식<br>• 복관식<br>• 역귀환방식 |

## 온수팽창량 계산

$$\Delta V = V \times \left(\frac{1}{\rho_1} - \frac{1}{\rho_2}\right)[l]$$

- $\Delta V$ : 온수 팽창량[$l$]
- $V$ : 장치내 전수량[$l$]
- $\rho_1$ : 가열후 온수밀도[kg/$l$]
- $\rho_2$ : 가열전 급수밀도[kg/$l$]

| 복사난방의 특징 | 지역난방의 특징 |
|---|---|
| [장점]<br>• 높이에 따른 온도분포가 균일하다.<br>• 동일 방열량에 대한 열손실이 적다.<br>• 공기 등 미진을 태우지 않아 쾌감도가 좋다.<br>• 방열기 등의 설치공간이 불필요하여 실내 공간의 이용율이 높다.<br>[단점]<br>• 초기 설비비가 많이 든다.<br>• 매입배관이므로 고장수리 및 점검이 어렵다.<br>• 예열시간이 길어 부하변동에 대응하기 어렵다.<br>• 표면부(시멘트, 모르타르층) 균열이 발생할 수 있다. | (장점)<br>• 대규모 설비로 인한 우수한 장치의 확보로 열설비의 고효율화, 대기오염의 방지 효과를 얻을 수 있다.<br>• 한곳에 집중적으로 설비하므로 건물 공간을 유효하게 사용할 수 있다.<br>• 폐열 회수 및 쓰레기 소각 등으로 연료비를 절감할 수 있다.<br>• 작업인원의 절감으로 인건비를 절약할 수 있다.<br>• 고압의 증기 및 고온수이므로 관지름을 적게 할 수 있다.<br>[단점]<br>• 시설비가 많이 든다.<br>• 설비가 길어지므로 배관의 열손실이 크다.<br>• 고압의 증기, 고온의 온수를 사용하므로 취급에 어려움이 따른다. |

## Chapter 02 보일러설치 · 시공기준

### 옥내설치 기준
- 보일러 상부와 천장까지 거리는 1.2m 이상
  (단, 소형보일러 및 주철제보일러의 경우에는 0.6m 이상)
- 보일러 동체에서 벽, 배관, 기타 보일러 측부에 있는 구조물과의 거리는 0.45m 이상
  (단, 소형보일러는 0.3m 이상)
- 연료를 저장할 때에는 보일러 외측으로부터 2m 이상 거리를 두거나 방화격벽을 설치
  (단, 소형보일러의 경우 1m 이상 거리를 두거나 반격벽으로 할 수 있다)

### 가스배관의 설치기준
외부노출, 황색 표시, 배관표면에 사용가스명, 최고사용압력, 가스흐름방향 표시

### 가스배관과 전기 장치들과의 이격거리
- 절연전선과 10cm 이상의 이격거리
- 절연조치하지 않은 전선과 30cm 이상의 이격거리
- 굴뚝, 전기점멸기, 전기접촉기와 30cm 이상의 이격거리
- 전기계량기 및 전기개폐기와 60cm 이상의 이격거리
- 전기 콘센트와 30cm 이상의 이격거리
- 전기 계량기 및 전기안전기와 60cm 이상의 이격거리

## 안전밸브 설치기준

- 증기 보일러 : 2개 이상의 안전밸브를 설치하여야 한다.
  (단, 전열면적 $50m^2$ 이하는 1개 이상으로 할 수 있다)
- 관류 보일러 : 보일러와 압력방출장치 사이에 체크밸브를 설치할 경우 압력방출장치는 2개 이상 설치하여야 한다.

## 온수발생보일러

- 전열면적에 따른 방출관의 크기

| 전열면적[$m^2$] | 방출관 안지름[mm] |
|---|---|
| 10 미만 | 25 이상 |
| 10~15 미만 | 30 이상 |
| 15~20 미만 | 40 이상 |
| 20 이상 | 50 이상 |

## 급수장치

주펌프 세트(인젝터포함) + 보조펌프 세트로 2세트 이상으로 설치

## 급수밸브, 체크밸브의 크기

- 전열면적 $10m^2$ 이하 : 15A 이상
- 전열면적 $10m^2$ 초과 : 20A 이상

## Chapter 03 보일러 취급

### 노내환기의 목적

프리퍼지와 포스트퍼지는 점화전 존재하는 미연소가스 및 실화, 운전 정지 후 남아 있을 미연소가스에 의한 가스폭발(역화, 노내폭발)을 방지

### 보일러 점화 순서

노내환기(프리퍼지) → 버너동작 → 노내압조정 → 점화용버너(파일로트버너) → 화염검출 → 전자밸브열림 → 주버너착화 → 연소율 증가(저연소→고연소)

### 보일러 점화불량 원인
- 점화 버너의 가스압 이상
- 공기비 조정불량
- 보염기의 위치 불량
- 주전원 전압의 이상
- 점화용 트랜스의 전기 스파크 불량

### 급격한(무리한) 연소 시 재해
- 보일러 본체의 부동팽창 발생으로 내화벽돌이 파손될 수 있다.
- 동내 구식(그루빙), 크랙, 이음부의 누설이 발생한다.
- 열응력으로 인한 부식 및 파열사고를 초래할 수 있다.

### 보일러 정지 시 취급
- 일반정지순서 : 연료차단 → 공기차단 → 급수차단 → 증기밸브 차단 → 드레인밸브를 연다. → 댐퍼를 닫는다.
- 비상정지순서 : 연료차단 → 공기차단(1차공기) → 버너정지

### 보일러의 청소 중
- 산 세척 처리 순서
  전처리 → 수세 → 산액처리 → 수세 → 중화·방청처리

### 용어정리
- **급수** : 보일러 본체 내에 공급되기 전의 상태이며, 보일러수(관수)는 보일러 본체내부에 있는 물을 뜻한다.
- **가스분** : 산소, 탄산가스, 암모니아 등
- **현탁질 고형물** : 물에 녹지 않고 탁하게 나타나는 불순물
- **용존 고형물** : 물속에 녹은 상태로 존재하는 불순물

| 스케일에 의한 장애 (과열사고 및 파열사고로 이어질 수 있다) | 스케일 생성 방지법 |
|---|---|
| • 통수공 차단으로 순환불량<br>• 열효율 저하<br>• 전열면 과열<br>• 관 및 연락관 막힘<br>• 전열량 감소로 배기가스 온도 상승 | • 급수처리를 철저히 할 것<br>• 슬러지 상태에서 철저히 분출할 것<br>• 적절한 청관제를 사용하여 스케일 생성 방지 |

## Chapter 04 보일러 안전관리

### 사고의 원인

- 직접적 원인
  - 불안전한 상태(인적 원인) : 안전조치 불이행, 불안전한 상태의 방치 등
  - 불안전한 상태(물적 원인) : 작업환경의 결함, 보호구, 복장, 장비 등의 결함 등

- 간접적 원인
  - 기술적 원인 : 기계, 기구, 장비 등의 방호설비, 경계설비 등의 기술적 결함
  - 교육적 원인 : 무지, 경시, 몰이해, 훈련미숙, 나쁜 습관 등
  - 신체적 원인 : 각종 질병, 피로, 수면부족 등
  - 정신적 원인 : 태만, 반항, 불만, 초조, 긴장, 공포 등
  - 관리적 원인 : 책임감부족, 작업기준의 불명확, 근로의욕침체 등

### 부식

| 내부부식 | 외부부식 |
| --- | --- |
| ① 점식(pitting)<br>　※ 점식방지법<br>　　• 용존산소제거(탈기)<br>　　• 방청도장(보호피막)<br>　　• 약한전류의 통전<br>　　• 아연판 매달기(희생양극법)<br>② 국부부식<br>③ 전면부식<br>④ 구식(그루빙 : grooving)<br>　※ 구식 발생 방지방법<br>　　• 플랜지 만곡부의 반지름을 가능한 크게 한다.<br>　　• 반복적인 열응력을 적게 한다.<br>　　• 브리딩스페이스(노통호흡장소)를 설치한다.<br>⑤ 알칼리 부식<br>　※ 내부부식 방지방법<br>　　• 아연판을 매단다.(희생양극법)<br>　　• 급수처리를 철저히 한다.[가스분 제거(탈기), 관수연화]<br>　　• 급수의 pH값을 적정선에서 유지한다.<br>　　• 내면에 내식성 도료를 도포한다.<br>　　• 약한 전류를 통전시킨다.(국부적인 전위차로 인한 부식 방지)<br>　　• 급열, 급냉에 의한 전열면 열응력 방지(그루빙 방지) | ① 저온부식<br>　※ 저온부식 방지법<br>　　• 연료 중 황분 제거<br>　　• 연료첨가제를 이용, 황산가스의 노점을 낮춘다.<br>　　• 과잉공기를 줄인다.<br>　　　(= 과잉산소를 줄인다. 공기비를 줄인다)<br>　　• 장치표면을 내식재로 피복한다.<br>　　• 배기가스 온도를 높인다.(열효율이 낮아질 수 있음)<br>② 고온부식<br>　※ 고온부식 방지법<br>　　• 연료 내의 바나듐 성분 제거<br>　　• 연료첨가제를 이용, 바나듐(또는 회분)의 융점을 높인다.<br>　　• 배기가스 온도를 적절하게 유지<br>　　• 전열면을 내식재로 피복한다. |

# Part 3 배관일반

## Chapter 01 배관재료

### 관의 재질별 분류

- 철(steel)금속관 : 강관, 주철관
- 비철금속관 : 동관, 연관(Pb), 알루미늄관, 스테인레스관
- 비금속관 : 석면시멘트관(에터닛관), 원심력 철근 콘크리트관(흄관), P.V.C관, 도관 등

| 강관의 특징 | P.V.C 관의 특징 |
|---|---|
| • 관의 접합작업이 용이하다.<br>• 주철관에 비해 내압성이 양호하다.<br>• 연관, 주철관에 비해 가볍고 인장강도가 크다.<br>• 내충격성, 굴요성이 크다.<br>• 연관, 주철관에 비해 가격이 저렴하다. | [장점]<br>• 내식성이 크고, 산, 알칼리, 염류 등의 부식에도 강하다.<br>• 가볍고 운반 및 취급이 편리하고 기계적 강도도 높다.<br>• 전기절연 및 열의 부도체이다.<br>• 가격이 싸고 가공 및 접합작업이 용이하다.<br>[단점]<br>• 열가소성수지이므로 180℃ 정도에서 연화된다.<br>• 열팽창이 커서 신축이 심하다.<br>• 저온에 특히 약하다.(저온 취성)<br>• 용제 및 아세톤 등에 침식된다. |

| 제조방법에 따른 분류 | 재질상 분류 |
|---|---|
| • 이음매 없는 강관(seamless pipe)<br>• 단접관<br>• 전기저항용접관<br>• 아크용접관 | • 탄소강 강관<br>• 합금강 강관<br>• 스테인레스강 강관 |

### 관 이음 재료

- 나사이음
  - 배관의 방향을 바꿀 때 : 엘보, 벤드, 리턴벤드
  - 관을 도중에 분기할 때 : 티, 와이(Y), 크로스(+)
  - 같은 지름의 관(동경관)을 직선연결할 때 : 소켓, 유니언, 플랜지, 니플
  - 서로 다른 지름의 관(이경관)을 연결할 때 : 이경 소켓(레듀샤), 이경 엘보, 이경 티, 부싱
  - 관 끝을 막을 때 : 플러그(플러그-숫나사, 배관-암나사), 캡(캡-암나사, 배관-숫나사)
- 용접이음
  - 일반용 맞대기 이음쇠 : 배관용 탄소강관에 사용
  - 맞대기용접, 슬리브용접 이음쇠 : 압력배관, 고압배관, 합금강, 스테인레스강관에 사용

- 플랜지이음(플랜지의 종류)
  - 전면 시트형 : 호칭압력 16kg/cm² 이하에 사용
  - 대평면 시트형 : 호칭압력 63kg/cm² 이하에 사용되며 패킹재는 연질을 사용하는 것이 좋다.
  - 소평면 시트형 : 호칭압력 16kg/cm² 이상에서 사용되는 패킹재는 경질을 사용하는 것이 좋다.
  - 삽입 시트형 : 호칭압력 16kg/cm² 이상, 기밀을 요하는 곳에 사용한다.
  - 홈 시트형 : 호칭압력 16kg/cm² 이상이고, 위험성이 큰 유체의 배관, 큰 기물을 필요로 하는 배관에 사용한다.

## 배관의 지지장치의 분류

| 행거 | 서포트 | 리스트레인트 | 브레이스 |
|---|---|---|---|
| 리지드 행거<br>스프링 행거<br>콘스탄트 행거 | 리지드 서포트<br>라이프 슈<br>롤러 서포트<br>스프링 서포트 | 앵커<br>스톱<br>가이드 | 스프링식<br>유압식 |

## 배관지지 시 유의사항
- 밸브류나 장치가 있는 경우 장치의 가까이에 지지한다.
- 가능한 기존의 보를 이용하며 적정 간격을 유지하며 휘거나 쳐지지 않도록 한다.
- 배관의 곡관부에는 곡관부 가까이 지지하며 분기관의 경우에는 신축흡수를 고려한다.

## Chapter 02 배관공작 및 배관도시법

### 관굽힘작업 시 주의사항
- 관의 용접선이 위에 오도록 고정한 후 구부린다.
- 냉간가공 시 스프링백 현상(탄성에 의해 돌아가는 현상)에 유의하여야 하며 조금 더 구부린다.

### 용접접합의 종류
- 전기 용접 : 지름이 큰 관의 용접으로 관의 변형이 적고 용접속도가 빠르다.
- 가스 용접 : 지름이 작은 관의 용접으로 관의 변형이 있고 용접속도가 느리다.

### 용접이음의 장점
- 접합부의 강도가 강하며, 누수의 염려가 적다.
- 가공이 용이하여 공정이 단축된다.
- 관내 돌출부가 없어 마찰손실이 적다.
- 보온 피복이 용이하다.
- 부속이 적게 들어 재료비가 절감된다.

| 주철관의 접합 | 동관의 접합 |
|---|---|
| • 소켓 접합<br>• 기계적 접합<br>• 플랜지 접합<br>• 빅토리 접합<br>• 타이톤 접합 | • 플레어 접합<br>• 납땜 접합<br>• 플랜지 접합 |

### 동관이음쇠

- **CM어댑터** : 한쪽은 수나사로 되어 있고 강관 부속에 나사 이음되고, 다른 한쪽은 동관이 삽입되어 용접하도록 구성된 이음쇠
- **CF어댑터** : 한쪽은 암나사로 되어 있고, 강관의 수나사와 연결되고, 다른 한쪽은 동관이 삽입되어 용접하도록 구성된 이음쇠
- 그 외 동엘보, 동티, 동소켓 등 여러 가지 이음용 부속이 있다.

| 연관 접합 | 합성수지관 접합 |
|---|---|
| • 플라스턴 접합<br>  – 맞대기 접합<br>  – 슬리브 접합<br>  – 가지관 접합(봄볼 사용)<br>  – 참블 접합(관끝을 오므려 폐쇄하는 작업)<br>• 살붙임납땜 접합<br>  – 직접 접합<br>  – 연관의 분기점 접합 | • 경질염화비닐관(P.V.C)의 접합<br>  – 냉간 접합<br>  – 열간 접합<br>  – 고무링 접합<br>  – 기계적 접합<br>  – 나사 접합<br>• 폴리에틸렌관(PE)의 접합<br>  – 융착 슬리브 접합<br>  – 테이퍼 조인트 접합<br>  – 인서트 조인트 접합<br>  – 고무링 접합<br>  – 나사 접합 |

### 폴리에틸렌관(PE) 융착법의 종류

- **맞대기융착(버트융착)** : PE관 열융착의 직선 연결방법
- **소켓융착(전자식)** : PE관 직선 연결법으로 전자 소켓을 사용하는 방법
- **새들융착** : 주관에 가지관 분기 시 연결
- **T/F이음(Trangition Fitting)** : 금속관과 PE관 이음법으로 특히 지상과 지하배관연결 시 많이 사용된다.

## 유체의 종류 표시

| 유체의 종류 | 기호 | 유체의 종류 | 기호 |
|---|---|---|---|
| 공기 | A | 냉수 | C |
| 가스 | G | 오일 | O |
| 유류 | O | 냉매 | R |
| 수증기 | S | 온수 | H |
| 물 | W | 응결액 | W' |
| 진공 | V | | |

## Part 4 ▶ 에너지 합리화관계법규

### 목적
에너지의 수급을 안정시키고 에너지의 합리적이고 효율적인 이용을 증진하며 에너지소비로 인한 환경피해를 줄임으로써 국민경제의 건전한 발전 및 국민복지 향상과 지구온난화현상을 최소화함을 목적으로 한다.

### 에너지
연료, 열, 전기

### 저탄소 녹색성장 기본법
- **저탄소** : 화석연료에 대한 의존도를 낮추고 청정에너지의 사용 및 보급을 확대하며 녹색기술 연구개발, 탄소 흡수원 확충 등을 통하여 온실가스를 적정수준 이하로 줄이는 것
- **녹색성장** : 에너지와 자원을 절약하고 효율적으로 사용하여 기후변화와 환경오염을 줄이고 청정에너지와 녹색기술의 연구개발을 통하여 새로운 성장동력을 확보하며 새로운 일자리를 창출해 나가는 등 경제와 환경이 조화를 이루는 성장을 말함
- **지구온난화** : 사람의 활동에 수반하여 발생하는 온실가스가 대기 중에 축적되어 온실가스 농도를 증가시킴으로써, 지구 전체적으로 지표 및 대기의 온도가 추가적으로 상승하는 현상
- **에너지 자립도** : 국내 총 소비 에너지량에 대하여 신·재생에너지 등 국내 생산 에너지량 및 우리나라가 국외에서 개발(지분취득포함)한 에너지량을 합한 양이 차지하는 비율
- **신·재생에너지** : [신에너지 및 재생에너지 개발·이용·보급 촉진법] 제2조 제1호에 따른 신에너지 및 재생에너지를 말한다.

> 저탄소 녹색성장 기본법령상 관리업체는 해당 연도 온실가스 배출량 및 에너지 소비량에 관한 명세서를 작성하고 이에 대한 검증기관이 검증결과를 부문별 관장기관에게 전자적 방식으로 다음 연도 3월 31일까지 제출하여야 한다.

### 국가 등의 책무
- **국가** : 이 법의 목적을 실현하기 위한 종합적인 시책을 수립 및 시행한다.
- **지방자치단체** : 지역에너지시책을 수립 및 시행한다(지역에너지시책의 수립 및 시행에 관하여 필요한 사항은 당해 지방자치단체의 조례로 정할 수 있음).
- **에너지공급자 및 에너지사용자** : 국가 및 지방자치단체의 에너지시책에 적극 참여하고 협력, 에너지의 생산·전환·수송·저장·이용 등의 안전성·효율성 및 환경친화성을 극대화하도록 노력할 것

- 국민 : 일상생활에서 국가와 지방자치단체의 에너지시책에 적극 참여하고 협력하여야 하며, 에너지를 합리적이고 환경친화적으로 사용하도록 노력할 것
- 국가, 지방자치단체 및 에너지공급자는 빈곤층 등 모든 국민에게 에너지가 보편적으로 공급되도록 기여하여야 한다.

### 에너지기술개발계획 포함사항
- 에너지의 효율적 사용을 위한 기술개발에 관한 사항
- 신·재생에너지 등 환경친화적 에너지에 관련된 기술개발에 관한 사항
- 에너지 사용에 따른 환경오염 저감을 위한 기술개발에 관한 사항
- 온실가스 배출을 줄이기 위한 기술개발에 관한 사항
- 개발된 에너지기술의 실용화의 촉진에 관한 사항
- 국제에너지기술협력의 촉진에 관한 사항
- 에너지기술에 관련된 인력·정보·시설 등 기술개발자원의 확대 및 효율적 활용에 관한 사항

### 에너지이용 합리화 기본계획
산업통상자원부장관이 매 5년마다 수립한다(산업통상자원부장관은 대통령령에 의한 에너지 총조사를 통계법에 따라 3년마다 실시하며, 필요하다고 인정할 때에는 수시로 간이조사를 실시할 수 있다).

### 에너지이용합리화 실시계획
관계행정기관의 장과 시·도지사는 실시계획을 매년 수립하여야 하며, 그 계획을 해당 연도 1월 31일까지, 그 시행결과를 해당 연도 2월말까지 각각 산업통상자원부 장관에게 제출하여야 한다.

### 산업통상자원부장관이 에너지저장의무를 부과할 수 있는 대상자
- 도시가스사업법에 따른 도시가스사업자
- 전기사업법에 따른 전기사업자
- 석탄산업법에 따른 석탄가공업자
- 집단에너지사업법에 따른 집단에너지사업자
- 연간 2만 석유환산톤(TOE) 이상의 에너지를 사용하는 자

### 에너지사용계획의 협의
- 공공사업주관자 : 국가기관·지방자치단체·정부투자기관·정부출자기관 등
  - 연간 2,500[TOE] 이상의 연료 및 열을 사용하는 시설
  - 연간 1,000만[Kwh] 이상의 전력을 사용하는 시설

- **민간사업주관자** : 공공사업주관자 이외의 자로서 공장·사업장 등에서 에너지를 사용하는 사업을 실시하거나 시설을 설치하고자 하는 자
  - 연간 5,000[TOE] 이상의 연료 및 열을 사용하는 시설
  - 연간 2,000만[Kwh] 이상의 전력을 사용하는 시설의 협의 대상 사업

> **대통령령으로 정하는 일정규모 이상의 에너지를 사용하는 자(에너지사용 기준)**
> 연료 및 열 전력의 연간사용량의 합계가 2,000[TOE] 이상인 자

### 효율관리기재자
- 전기냉장고
- 전기냉방기
- 전기세탁기
- 조명기기
- 삼상유도전동기
- 자동차
- 그 밖에 산업통상자원부장관이 그 효율의 향상이 특히 필요하다고 인정하여 고시하는 기자재 및 설비

### 고효율에너지인증대상기자재
- 펌프
- 산업건물용 보일러
- 무정전전원장치
- 폐열회수형 환기장치
- 발광다이오드(LED) 등 조명기기
- 그 밖에 산업통상자원부장관이 특히 에너지이용의 효율성이 높아 보급을 촉진할 필요가 있다고 인정하여 고시하는 기자재 및 설비
  → 인증 제한 기간 : 1년

### 대통령령으로 정하는 에너지절약을 위한 사업
- 신에너지 및 재생에너지원의 개발 및 보급사업
- 에너지절약형 시설 및 기자재의 연구개발사업

### 에너지다소비사업자
연료·열 및 전력의 연간사용량의 합계(연간 에너지사용량)가 2,000[TOE] 이상이 되는 경우 매년 1월 31일까지 시·도지사에게 신고하여야 한다.

> **에너지 다소비사업자가 시·도지사에게 신고할 사항**
> 가. 전년도의 에너지사용량·제품생산량
> 나. 해당 연도의 에너지사용예정량·제품생산예정량
> 다. 에너지사용기자재의 현황
> 라. 전년도의 에너지이용 합리화 실적 및 해당 연도의 계획
> 마. 에너지관리자의 현황
> → 시·도지사는 전년도의 에너지사용량·제품생산량에 따른 신고를 받으면 이를 매년 2월 말일까지 산업통상자원부장관에게 보고하여야 한다.

## 목표에너지원 단위

산업통상자원부장관은 에너지의 이용효율을 높이기 위하여 필요하다고 인정하면 관계행정기관의 장과 협의하여 에너지를 사용하여 만드는 제품의 단위당 에너지 사용목표량 또는 건축물의 단위면적당 에너지사용목표량(목표에너지원단위)을 정하여 고시하여야 한다.

## 특정열사용기자재

| 구분 | 품목명 |
|---|---|
| 열기관 | 강철제 보일러, 주철제 보일러, 온수 보일러, 구멍탄용온수 보일러, 축열식전기 보일러, 태양열집열기 |
| 압력용기 | 1종압력용기, 2종압력용기 |
| 요업요로 | 연속식유리용융가마, 불연속식유리용융가마, 유리용융도가니가마, 터널가마, 도염식가마, 셔틀가마, 회전가마, 석회용선가마 |
| 금속요로 | 용선로, 비철금속용융로, 금속소둔로, 철금속가열로, 금속균열로 |

## 검사대상기기의 조정자 선임기준

- 선임기준 : 산업통상자원부령으로 정하며 기준은 1구역마다 1인 이상으로 1구역은 조종자가 한 시야로 볼 수 있는 범위(난방용 압력용기의 조종자는 1인이 관리할 수 있는 범위)
- 선임신고 : 선임, 해임, 퇴직에 관한 신고는 신고사유가 발생한 날로부터 30일 이내 공단 이사장에게 신고한다.

## 검사대상기기의 사용 정지명령

시·도지사

## 검사대상기기 용량별 자격 선임기준

- 용량 10t/h 이하 : 에너지관리기능사, 에너지관리기능장, 에너지관리산업기사, 에너지관리기사
- 용량 10~30t/h : 에너지관리기능장, 에너지관리산업기사, 에너지관리기사
- 용량 30t/h 초과 : 에너지관리기능장, 에너지관리기사

## 2년 이하의 징역 또는 2천만원 이하의 벌금

- 에너지저장시설의 보유 또는 저장의무의 부과 시 정당한 이유없이 이를 거부하거나 이행하지 아니한 자
- 에너지 수급안정을 위한 조정·명령 등의 조치를 위반한 자
- 에너지관리 공단의 임직원으로 근무하거나 근무하였던 사람이 그 직무상 알게된 비밀을 누설하거나 도용한 자

## 2천만원 이하의 벌금

최저소비효율기준에 미달하거나 최대사용량기준을 초과하는 경우에는 해당 효율 관리 기자재의 제조업자·수입업자 또는 판매업자에게 생산 또는 판매 금지 명령을 내리는데 이를 위반한 자

## 1년 이하의 징역 또는 1천만원 이하의 벌금

- 검사대상기기의 제조, 설치, 개조, 설치장소 변경, 사용중지 후 재사용하려는 자가 검사를 받지 아니한 때
- 검사에 합격되지 아니한 검사대상기기 사용 정지 명령을 위반한 자

## 1천만원 이하의 벌금

검사대상기기 조종자를 선임하지 아니한 자

## 500만원 이하의 벌금

- 효율관리기자재에 대한 에너지사용량의 측정결과를 신고하지 아니한 자
- 대기전력경고표지대상제품에 대한 측정결과를 신고하지 아니한 자
- 대기전력공고표지를 하지 아니한 자
- 대기전력저감우수제품임을 표시하거나 거짓 표시를 한 자
- 대기전력저감대상제품의 제조업자 또는 수입업자가 시정명령을 정당한 사유없이 이행하지 아니한 자
- 고효율에너지기자재를 위반하여 인증 표시를 한 자

# Part 5 공업경영

## Chapter 01 품질관리

### 시료의 개요
모집단(lot)에서 데이터를 샘플링하기 위해 만들어진 집단을 의미하며 표본 또는 샘플링이라고 부르기도 한다. 이러한 시료의 특성은 수량화할 수 있으며, 이를 통계량(statistic)이라고 부른다.

### 통계량의 수리해석
- 중심적 경향
  - 평균(산술평균 : Mean, $\bar{x}$) : 데이터의 총합($\sum x_i$)을 총개수 n개로 나눈 데이터의 값을 의미한다. (데이터의 수 : n)
  - 중앙값(중위수, Median, $\tilde{x}$, $Me$) : 데이터를 크기순으로 나열했을 때 중앙에 위치한 데이터의 값을 의미한다.
  - 최빈값(Mode, $M_o$) : 데이터 중에서 가장 많이 나타나는 값으로 도수분포표에서 도수가 최대인 곳의 값을 최빈수라 한다.
  - 범위중앙값(Mid-Range, M) : 데이터의 최대값과 최소값의 평균값을 의미한다.
- 산포의 경향(데이터가 퍼져있는 형태)
  - 편차 : 각각의 데이터($x_i$)에서 중심값($\bar{x}$)를 뺀 값으로, 즉 ($x_i - \bar{x}$)로 표시한다.
  - 제곱합(sum of square, 변동 : S) : 편차($x_i - \bar{x}$)를 제곱하여 모두 합한 값을 의미한다.
  - 시료의 분산(분산 : $s^2$, $V$) : 제곱합(S)에서 (n-1)로 나눈 값을 의미하며 모분산($\sigma^2$)의 추정모수로 사용된다.
  - 시료의 표준편차(시료편차 : $s$, $\sqrt{V}$) : 모표준편차($\sigma$)의 추정모수로 사용된다.
  - 범위(range : R) : 데이터 중의 최대값과 최소값의 차이를 의미한다.
  - 변동계수(변이계수 : $CV$, $V_c$) : 표준편차($s$)를 산술평균($\bar{x}$)로 나눈값을 의미한다.
- 모수와 통계량의 비교

| 명칭 | 모수 | 통계량 |
|---|---|---|
| 평균 | $\mu$ | $\bar{x}$ |
| 분산 | $\sigma^2$ | $s^2$ |
| 표준편차 | $\sigma$ | $s$ |
| 범위 | — | R |
| 비율 | P | $p$(소문자) |

## 샘플링 검사의 분류

• 전수 검사와 샘플링 검사의 비교

| 전수 검사 | 샘플링 검사 |
|---|---|
| ① 귀금속과 같은 고가품인 경우<br>② 검사비용에 비해 얻는 효과가 큰 경우<br>③ 안전에 중대한 영향을 미치는 경우<br>④ 부적합품이 1개라도 혼입되면 큰 경제적 손실이 있는 경우 | ① 파괴검사인 경우<br>② 검사항목이 많은 경우<br>③ 생산자에게 품질 향상의 자극을 주고 싶은 경우<br>④ 다수·량의 생산품으로 어느정도 부적합품의 혼입이 허용되는 경우 |

• 샘플링 검사의 분류

| 구분 | 계수값 샘플링 검사 | 계량값 샘플링 검사 |
|---|---|---|
| 검사방법 | ① 검사에 숙련이 필요 없다.<br>② 검사 소요시간이 짧다.<br>③ 검사설비가 간단하다.<br>④ 검사기록이 간단하다. | ① 검사에 숙련이 필요하다.<br>② 검사 소요시간이 길다.<br>③ 검사설비가 복잡하다.<br>④ 검사기록이 복잡하다. |
| 검사기록의 이용 | 검사기록이 다른 목적에 이용되는 정도가 낮다. | 검사기록이 다른 목적에 이용되는 정도가 높다. |
| 적용이 유리한 경우 | ① 검사비용이 적은 경우<br>② 검사의 시간, 설비, 인원이 많이 필요없는 경우 | ① 검사비용이 많은 경우<br>② 검사의 시간, 설비, 인원이 많이 필요한 경우<br>③ 파괴검사의 경우 |

## OC곡선의 성질

- $N$이 변하는 경우($c, n$ 일정)
  - OC곡선에 큰 영향을 미치지 않는다.
  - $N$이 클 때는 $N$의 크기가 작을 때보다 다소 시료의 크기를 크게 해서 좋은 로트가 불합격되는 위험을 적게 하는 편이 경제적인 경우가 많다.
- %샘플링 검사 $\left(\dfrac{c/n}{N}=일정\right)$
  - 부적절한 샘플링 검사방법이다.
  - 좋은 로트 또는 나쁜 로트의 합격률에 영향을 많이 준다.
  - 품질보증의 정도가 달라지므로 일정한 품질을 보증하기가 어렵다.
- $n$이 증가하는 경우($N, c$ 일정)
  - OC곡선의 기울기가 급해진다.
  - 생산자 위험($\alpha$)은 커지고 소비자 위험($\beta$)은 감소한다.
- $c$가 증가하는 경우($N, n$ 일정)
  - OC곡선의 기울기가 완만해진다.
  - $\alpha$는 감소하고 $\beta$는 증가한다.

## 관리도의 $3\sigma$법

- 관리한계선 : 공정의 안정상태(관리상태)인지 이상상태인지를 판정하는 도구로 사용하는 것으로 중심선, 관리상한선, 관리하한선으로 구분한다.
  - 중심선(Center Line : $C_L$) : 품질특성의 평균치에 해당하는 선
  - 관리상한선(Upper Control Limit : $U_{CL}$) : 중심선에서 $3\sigma$위에 긋는 선
  - 관리하한선(Lower Control Limit : $L_{CL}$) : 중심선에서 $3\sigma$아래에 긋는 선
- 관리도에서 $C_L \pm 2\sigma$를 경고선(Warning Limit), $C_L \pm 3\sigma$를 조치선(Action Limit)이라 한다.
- 관리도에서는 시료에서 얻어진 데이터가 평균치를 중심으로 $\pm 3\sigma$ 안에 포함될 확률은 정규분포에서 평균을 중심으로 해서 표준편차의 3배까지의 거리와 같은 99.73%가 되므로, 만약 공정의 산포가 우연원인으로만 존재한다면 관리도의 $3\sigma$법을 벗어날 확률은 0.27% 밖에 되지 않는다.

## Chapter 02 생산관리

### 생산관리의 3요소(3M)

- 원자재(material) : 생산대상
- 기계설비(machine) : 생산수단
- 작업자(man) : 생산주체

### 생산관리의 일반원칙(3S)

- 단순화(Simplification)
  - 작업방법의 단순화(작업자 숙련도에 따른 품질 향상)
  - 재료 종류의 감소(창고 및 자재 관리가 쉽고 자재의 절약 효과)
- 표준화(Standardization)
  - 과학적 연구결과, 정당하다고 인정되는 표준을 설정하고 그것을 유지한다는 원칙으로 물적 표준화, 관리 표준화, 작업 표준화로 구분한다.
- 전문화(Specialization)
  - 품질향상과 생산능력이 증대된다.
  - 종업원의 숙련도를 높이고 높은 기술을 기할 수 있다.

## 시계열분석에 의한 수요예측

- 이동평균법(Moving Average Method) : 전기수요법을 좀 더 발전시킨 것으로 과거, 일정 기간의 실적을 평균해서 예측하는 방법이다.

$$\text{예측치 } F_t = \frac{\text{기간의 실적치}}{\text{기간의 수}}$$

## 재고관리

적정재고수준의 유지를 효율적으로 수행하기 위한 관리기법을 말하며 재고보유의 목적은 아래와 같다.
- 불확실한 변화에 대처하기 위한 안전재고
- 장래에 대비한 비축재고(예상재고)
- 로트 사이즈 재고(주기재고)
- 수송기간 중 생기는 수송 중 재고
- 공정의 독립을 위한 예비일감 재고

## 작업(활동)시간의 추정(3점 견적법 : 낙관치, 정상치, 비관치)

- 낙관시간치(Optimistic Time) : $t_0$ or $a$
  작업활동을 수행하는데 필요한 최소시간을 말하며 예정대로 잘 진행될 때의 소요시간을 의미한다.
- 정상시간치(Most Likely Time) : $t_m$ or $m$
  작업활동을 수행하는데 필요한 정상시간을 말하며 최선의 시간치를 의미한다.
- 비관시간치(Pessimistic Time) : $t_p$ or $b$
  작업활동을 수행하는데 필요한 최대시간을 말한다.
- 기대시간치(Expected Time) : $t_e$
  - $t_e = \dfrac{a + 4m + b}{6}$
  - $t_e$의 분산 $\sigma^2 = \left(\dfrac{b-a}{6}\right)^2$

## 비용구배(Cost Slope)

작업일정을 단축시키는데 소요되는 단위시간당 소요비용을 의미한다.

$$\text{비용구배} = \frac{\text{특급비용} - \text{정상비용}}{\text{정상시간} - \text{특급시간}}$$

## Chapter 03 작업관리

### 작업개선(문제점 해결)의 진행절차
문제점 발견 → 현장분석 → 개선안 수립 → 실시 → 평가

### 작업개선의 원칙(ECRS)
- 불필요한 작업의 배제(Eliminate)
- 작업 및 작업요소의 결합(Combine)
- 작업순서의 변경(Rearrange)
- 필요한 작업의 단순화(Simplify)

### 개선의 목표 4가지
- 시간의 단축
- 품질의 향상
- 경비의 절감
- 피로의 경감

### 작업시간연구 방법

| 시간연구법 | Stop Watch법, 촬영법 |
|---|---|
| PTS법 | MTM법, WF법 |
| WS법 | work sampling법이라고도 하며 관측비율로 각 항목의 표준시간을 산정한다. |
| 표준자료법 | 유사작업을 파악하여 작업조건의 변경에 따른 작업시간 변화를 분석하고 표준시간을 산정한다. |

### 표준시간(Standard Time)
소정의 표준작업 조건에서 일정한 작업방법에 따라 숙련된 작업자가 정상적인 속도로 작업을 수행하는데 필요한 시간을 말한다.
- 정미시간(Normal Time : NT) : 작업수행에 직접 필요한 시간으로 정상시간이라고도 한다.
- 여유시간(Allowance Time : AT) : 작업을 진행시키는데 불규칙적이고 우발적으로 발생(작업자의 생리 및 피로, 기계고장, 재료부족 등)하는 소요시간으로 정미시간에 가산하여 보상하게 되는 시간이다.
- 표준시간(ST) = 정미시간(NT) + 여유시간(AT)
  (정미시간을 정상시간이라고도 한다.)

### 설비보전 방식
- **예방보전(PM : Preventive Maintenance)** : 설비의 건강상태를 유지하기 위해 계획적으로 일정한 사용기간마다 실시하는 것으로 고장이 발생하여 야기될 수 있는 손실을 최소화하기 위한 예방활동으로 예방보전을 하는 쪽이 비용이 절감되는 설비에 적용하는 보전방법이다.
- **사후보전(BM : Breakdown Maintenance)** : 고장, 정지 또는 유해한 성능저하를 초래한 뒤 수리를 하는 보전방법이다.
- **개량보전(CM : Corrective Maintenance)** : 고장이 발생한 후 또는 설계 및 재료변경 등으로 설비 자체의 품질을 개선하여 수명을 연장시키거나 수리, 검사가 용이하도록 하는 보전방법이다.
- **보전예방(MP : Maintenance Prevention)** : 새로운 설비를 계획할 때에 PM생산보존을 고려하여 고장 나지 않고(신뢰성이 좋은) 보전하기 쉬운(보전성이 좋은) 설비를 설계하거나 선택하는 것을 말한다.

### TPM활동(3정 5행(5S)활동)
- 3정
  - 정량 : 정해진 양만큼 용할 것
  - 정품 : 규격에 맞는 재료나 부품을 사용할 것
  - 정위치 : 물품이나 공구를 사용한 후에 항상 제자리에 놓을 것
- 5행(5S)
  - 정리(Seiri) : 필요한 것과 불필요한 것을 구분하여, 불필요한 것은 없애는 것
  - 정돈(Seiton) : 필요한 것을 언제든지 필요할 때 꺼내 쓸 수 있는 상태로 하는 것
  - 청소(Seisou) : 먼지를 닦아내고 그 밑에 숨어 있는 부분을 보기 쉽게 하는 것
  - 청결(Seiketsu) : 정리, 정돈, 청소의 상태를 유지하는 것
  - 습관화(Shitsuke) : 정해진 일을 올바르게 지키는 습관을 생활화하는 것

## Chapter 04 기타공업경영

### 관리사이클(PDCA cycle)
- **Plan(계획)** : 목표를 달성하기 위한 계획 또는 표준을 설정한다.
- **Do(실시)** : 충분한 교육과 훈련을 실시하고 설정된 계획에 따라 실행한다.
- **Check(검토)** : 실시한 결과를 측정하여 계획 및 비교 검토한다.
- **Action(조치)** : 검토한 결과 계획과 실시된 것 사이에 차이가 있으면 적절히 수정 및 시정조치 한다.

### 품질관리 4대 기능
- Plan : 품질설계
- Do : 공정관리
- Check : 품질보증
- Action : 품질의 조사 및 개선

### 품질코스트의 구성 비율

|  | 예방코스트(P-cost) | 평가코스트(A-cost) | 실패코스트(F-cost) |
| --- | --- | --- | --- |
| 파이겐바움 (Feigenbaum) | 5% | 25% | 70% |
| 커크페트릭 (Kirkpatrick) | 10% | 25% | 50~75% |

### 표준화의 3S
- 표준화(standardization) : 어떤 표준을 정하고 이에 따르는 것 또는 표준을 합리적으로 설정하여 활용하는 조직적 행위
- 단순화(simplification) : 재료, 부품, 제품의 형상, 치수 등 불필요하다고 생각되는 종류를 줄이는 것
- 전문화(specialization) : 제조하는 물품의 종류를 한정시키고 경제적이고 능률적인 생산 및 공급 체계를 갖추는 것

### 품질혁신활동
- 6시그마
- 브레인스토밍법
- Z.D(Zero Defect)운동
- 품질관리 분임조

# PART 06 에너지관리기능장 필기 실전모의고사 기출문제

2018년부터 CBT시험으로 변경되어 기출문제가 공개되지 않습니다.
본서에서는 실제 기출문제 빅데이터로 출제경향을 파악하여 실전에 대비할 수 있도록 모의고사 21회를 수록하였습니다.
실전 모의고사로 학습하면 충분히 합격할 수 있습니다. 수험생 분들의 합격을 기원합니다.

※ 해당 기출문제 풀이 영상은 QR코드를 스캔하시면 시청하실 수 있습니다.
[유튜브 멤버십 가입 필수]

# 1회 에너지관리기능장 실전모의고사 기출문제

**01** 다음은 보일러의 급수장치 중 급수 펌프의 구비조건을 열거한 것이다. 틀린 것은?

① 고온, 고압에 견딜 것
② 직렬운전에 지장이 없을 것
③ 작동이 간단하고 취급이 용이할 것
④ 저부하에서도 효율이 좋을 것

> **급수펌프의 구비조건**
> ① 고온, 고압에 잘 견딜 것
> ② 병렬운전에 지장이 없을 것
> ③ 작동이 간단하고 취급이 용이할 것
> ④ 저부하에서도 효율이 좋을 것
> ⑤ 회전식은 고속회전에 안전할 것
> ⑥ 구조가 간단하고 부하변동에 대응성이 좋을 것

**02** 보일러 연소실에서 발생한 연소가스가 굴뚝까지 이르는 통로는?

① 연돌　　② 연도
③ 화관　　④ 개자리

> • 연돌 : 연소가스가 외부로 배출되는 굴뚝
> • 연도 : 보일러 연소실에서 발생한 연소가스가 굴뚝까지 이르는 통로
> • 개자리 : 자연통풍방식에서 배기가스의 순간적인 역류를 방지하기 위해 굴뚝 하부에 설치하는 것으로 높이는 굴뚝(연돌)지름의 2배 이상으로 한다.

**03** 보일러에서 공기예열기의 기능에 관한 설명 중 잘못된 것은?

① 연소가스의 일부를 활용하므로 열효율은 낮아진다.
② 공기를 예열시켜 공급하므로 불완전연소가 감소한다.
③ 노내의 연소속도를 빠르게 할 수 있다.
④ 저질 연료의 연소에 더욱 효과적이다.

> **공기예열기 설치 시 장점**
> ① 보일러의 열효율을 향상시킨다.
> ② 연소 및 전열 효율을 향상시킬 수 있다.
> ③ 수분이 많은 저질탄 연료도 연소가 가능하다.
> ④ 연료의 완전연소를 가능하게 한다(저질 연료 연소에 효과적이다).
>
> **공기예열기 설치 시 단점**
> ① 통풍저항이 증가한다.
> ② 연돌의 통풍력이 저하할 수 있다.
> ③ 연도의 청소, 검사, 점검이 곤란하다.
> ④ 저온부식의 위험이 있으므로 배기가스 온도를 150~170[℃] 이하가 되지 않도록 한다.

**정답** 01 ②　02 ②　03 ①

**04** 가열 전 물의 온도가 10℃인 온수보일러에서 가열 후 온도가 80℃라면 이 보일러의 온수 팽창량은 몇 $\ell$인가? (단, 이 온수보일러의 전체 보유수량은 400$\ell$, 물의 팽창계수는 $0.5 \times 10^{-3}$/℃이다)

① 10  ② 12
③ 14  ④ 16

**온수 팽창량**
$\Delta V = V \times \left(\dfrac{1}{\rho_1} - \dfrac{1}{\rho_2}\right) = V \cdot \alpha \cdot \Delta t$

$\Delta V = V \cdot \alpha \cdot \Delta t$
$\quad = 400 \times 0.5 \times 10^{-3} \times (80-10)$
$\quad = 14[\ell]$

여기서, $\Delta V$ : 온수 팽창량[$\ell$]
$\quad V$ : 전수량[$\ell$]
$\quad \rho_1$ : 가열 후 물의 밀도[kgf/m$^3$]
$\quad \rho_2$ : 가열 전 물의 밀도[kgf/mm$^3$]
$\quad \Delta t$ : 가열 전후의 온도차[℃]
$\quad \alpha$ : 물의 팽창계수($0.5 \times 10^{-3}$/℃)

**05** 보일러의 보염장치 설치 목적을 설명한 것으로 틀린 것은?

① 연소용 공기의 흐름을 조절하여 준다.
② 확실한 착화가 되도록 한다.
③ 연료의 분무를 확실하게 방지한다.
④ 화염의 형상을 조절한다.

**보염장치 설치목적**
① 안정된 착화를 도모한다.
② 연료의 분무를 돕고 공기와의 혼합을 양호하게 한다(공기의 흐름 조절).
③ 화염의 형상을 조절한다.
④ 연소실의 온도분포를 고르게 하고 국부과열을 방지한다.
⑤ 연소가스의 체류시간을 지연시켜 화염의 안정을 도모한다.

**06** 열정산에서 출열 항목에 속하는 것은?

① 발생증기의 보유열  ② 공기의 현열
③ 연료의 현열      ④ 연료의 연소열

**열정산 출열 항목**
① 불완전연소에 의한 손실
② 발생증기 보유열(유효출열)
③ 노벽 방사 손실
④ 배기가스에 의한 손실(손실량이 가장 크다)
⑤ 미연소분에 의한 손실열

암기법 불, 발, 방, 배, 미

**열정산 입열 항목**
① 연료의 저위발열량
② 연료의 현열
③ 연소용 공기의 현열
④ 급수의 현열(절탄기 사용 시)
⑤ 노내 분입증기에 의한 입열

암기법 연료, 공기, 물 증기(노내 분입)

정답 04③ 05③ 06①

**07** 난방부하 계산과 관련한 설명 중 틀린 것은?

① 난방부하는 난방면적에 열손실계수를 곱하여 산출한다.
② 방열기의 방열계수는 온수난방의 경우가 증기난방의 경우보다 크다.
③ 온수난방은 방열기의 평균온도를 80℃로 기준하고, 표준방열량은 450kcal/m$^2$·h·℃이다.
④ 증기난방은 방열기의 평균온도를 102℃로 기준하고, 표준방열량은 650kcal/m$^2$·h·℃이다.

② 방열기의 방열계수는 증기난방의 경우가 온수난방의 경우보다 크다.

**표준상태의 열매에 따른 방열계수 및 온도 기준표**

| 열매 | 방열계수 [kcal/m$^2$h℃] | 표준상태의 온도 | | 표준 방열량 [kcal/m$^2$h] |
|---|---|---|---|---|
| | | 열매 온도 | 실내의 공기 온도 | |
| 증기 | 8 | 102 | 21 | 650 |
| 온수 | 7.2 | 80 | 18 | 450 |

**08** 터보형 송풍기가 장착된 보일러에서 풍량 조절방법이 아닌 것은?

① 댐퍼의 조절에 의한 방법
② 회전수 변화에 의한 방법
③ 송풍기 깃(vane)의 수량조절의 의한 방법
④ 흡입 베인의 개도에 의한 방법

**터보형(원심식) 송풍기의 풍량 조절법**
① 송풍기의 회전수 조절
② 댐퍼에 의한 조절
③ 흡입 베인의 각도 조절
④ 바이패스에 의한 방법

**09** 방열기는 창문 아래에 설치하는데 벽면으로부터 몇 mm 정도의 간격을 두어야 가장 적합한가?

① 10~20   ② 30~40
③ 50~60   ④ 70~90

**방열기의 배치**
① 외기와 접한 창문 아래쪽에 설치(부하가 가장 큰 곳)
② 기둥형(주형) 방열기 : 벽에서 50~60mm 거리에 설치
③ 벽걸이형 방열기 : 바닥에서 150mm 거리에 설치
④ 대류방열기 : 바닥으로부터 하부 케이싱까지 최저 90mm 이상 높게 설치

**10** 보일러 급수내관을 설치하였을 때의 이점과 관계가 없는 것은?

① 급수가 일부 예열된다.
② 관수의 순환이 교란되지 않는다.
③ 전열면의 부동팽창을 촉진한다.
④ 관수의 온도 분포가 고르게 된다.

**급수내관 설치 시 장점**
① 급수가 이루어지면서 예열하게 되어 열응력 발생이 방지된다.
② 보일러수의 순환을 양호하게 할 수 있다.
③ 집중급수를 피하므로 동내 부동팽창을 방지한다.
④ 보일러수의 온도 분포가 고르게 된다.
⑤ 안전저수위 이하에서 급수가 행하여지기 때문에 수격작용을 방지할 수 있다.

정답 07 ② 08 ③ 09 ③ 10 ③

**11** 증기보일러의 용량을 표시하는 방법이 아닌 것은?

① 보일러의 마력　② 상당증발량
③ 정격출력　　　④ 연소효율

**보일러의 용량표시 방법**
① 정격출력
② 보일러마력
③ 전열면적
④ 상당방열면적(EDR)
⑤ 상당증발량
⑥ 최대 연속 증발량

**12** 천장이나 벽, 바닥 등에 코일을 매설하여 온수 등 열매체를 이용하여 복사열에 의한 실내를 난방하는 것은?

① 대류난방　② 패널난방
③ 간접난방　④ 전도난방

**복사난방**
패널난방이라고도 하며 건축물의 천장, 바닥, 벽 등에 가열코일을 매설하여 코일내 증기 및 온수 등의 열매체로 순환시켜 그 복사열에 의해 난방하는 방식이다.

**13** 다음 중 리프트 피팅에 대한 설명으로 잘못된 것은?

① 저압증기 환수관이 진공펌프와 흡입구 보다 낮은 위치에 있을 때 설치한다.
② 급수펌프 가까이에서는 1개소만 설치한다.
③ 1단의 흡상높이는 1.5m 이내로 한다.
④ 환수주관보다 지름이 1~2mm 정도 큰 치수를 사용한다.

**리프트 피팅**
저압증기 환수관이 진공펌프의 흡입구 보다 낮은 위치에 있을 때 응축수를 원활히 끌어올리기 위하여 설치하는 것으로 높이가 1.5m 이내는 1단, 그 이상은 2단으로 시공하며 환수주관보다 1~2mm 정도 작은 치수로 급수펌프 근처에서 1개소만 설치한다.

**14** 공기 과잉계수를 나타낸 것으로 옳은 것은?

① 실제 사용공기량과 이론공기량과의 비
② 배기가스량과 사용공기량과의 비
③ 이론공기량과 배기가스량과의 비
④ 연소가스량과 이론공기량과의 비

**공기비($m$ : 공기 과잉계수)**
실제공기량과 이론공기량과의 비

$$공기비(m) = \frac{실제공기량(A)}{이론공기량(A_o)}$$

**정답** 11 ④　12 ②　13 ④　14 ①

**15** 보일러 자동제어 요소의 동작 중 연속동작이 아닌 것은?

① 비례동작   ② 2위치동작
③ 적분동작   ④ 미분동작

**제어동작**
① 연속동작 : 비례동작(P동작), 적분동작(I동작), 미분동작(D동작)
② 불연속동작 : 2위치동작, 다위치동작, 불연속 속도동작

**16** 증기보일러의 안전밸브는 2개 이상 설치하여야 하나, 전열면적이 몇 m² 이하인 경우에는 1개 이상으로 부착할 수 있는가?

① 50   ② 70
③ 90   ④ 100

증기보일러인 경우 안전밸브는 2개 이상 설치해야 하나 전열면적 50m² 이하의 경우에는 1개 이상을 부착하여도 된다.

**17** 수관식 보일러에서 그을음을 불어내는 장치인 슈트 블로워의 분무 매체로 사용되지 않는 것은?

① 기름   ② 증기
③ 물     ④ 공기

**슈트 블로워(Soot Blower)**
전열면에 부착된 그을음을 제거하는 장치로 증기분사, 공기분사, 물분사 형식이 있으며 주로 수관식 보일러에 사용한다.

**18** 매연의 발생 원인이 아닌 것은?

① 연소실 온도가 높을 경우
② 통풍력이 부족할 경우
③ 연소실 용적이 적을 경우
④ 연소 장치가 불량일 경우

**매연 발생 원인**
① 연소장치의 결함
② 불완전연소
③ 공기비 부족
④ 취급자의 연소기술 미숙
⑤ 저질연료 사용 시(저질연료 : 수분, 회분, 휘발분 등이 많이 함유된 연료)
⑥ 연소실 온도가 너무 낮을 때

정답  15 ②  16 ①  17 ①  18 ①

**19** 지역난방의 특징에 대한 설명 중 틀린 것은?

① 열효율이 좋고 연료비가 절감된다.
② 건물 내의 유효면적이 증대된다.
③ 온수는 저온수를 사용한다.
④ 대기 오염을 감소시킬 수 있다.

**20** 연료의 연소 시 연소온도를 높일 수 있는 조건이 아닌 것은?

① 발열량의 높은 연료를 사용할 경우
② 방사 열손실을 줄일 경우
③ 연료나 공기를 가급적 예열시킬 경우
④ 공기비를 높일 경우

**21** 전량식 안전밸브를 사용하는 증기보일러에서 분출압력이 15kgf/cm², 밸브시트 구멍의 지름이 50mm일 때 분출용량은 약 몇 kgf/h인가?

① 12,985   ② 12,920
③ 12,013   ④ 11,525

---

**지역난방의 특징**
① 열효율이 좋고 연료비가 절감된다.
② 건물 내의 유효면적이 증대된다.
③ 고압의 증기 및 고온수를 사용하므로 관 지름을 적게 할 수 있다.
④ 대규모 설비로 인한 우수한 장치의 확보로 열설비의 고효율화, 대기오염의 방지 효과를 얻을 수 있다.
⑤ 작업인원의 절감으로 인건비를 절약할 수 있다.

④ 공기비를 높일 경우 배기가스 손실이 증가하여 연소실 내부온도가 감소하게 되고 이로 인해 연소온도 역시 낮아진다.

**전량식 분출용량**

$$E = \frac{1.03P+1}{2.5}AC$$

$$= \frac{1.03 \times 15 + 1}{2.5} \times \frac{\pi \times 50^2}{4} \times 1$$

$$= 12,919.799$$

**안전밸브 분출용량 계산식**

① 저양정식 $E = \dfrac{1.03P+1}{22}AC$

② 고양정식 $E = \dfrac{1.03P+1}{10}AC$

③ 전양정식 $E = \dfrac{1.03P+1}{5}AC$

④ 전량식 $E = \dfrac{1.03P+1}{2.5}AC$

여기서, $E$ : 안전밸브 분출용량[kgf/h]
$P$ : 분출압력[kgf/cm²]
$A$ : 안전밸브 단면적[mm²]
$\left(A = \dfrac{\pi D^2}{4}\right)$
$C$ : 상수(증기압력 120[kgf/cm²] 이하, 증기온도 280[℃] 이하일 경우 1로 하며, 그 밖의 경우에는 문제의 조건에 의해 결정한다)

**정답** 19 ③  20 ④  21 ②

**22** 다음 중 노통이 2개인 보일러는?

① 코르니시 보일러　② 랭커셔 보일러
③ 케와니 보일러　④ 섹셔널 보일러

**횡형노통 보일러**
코르니시 보일러(노통 1개), 랭커셔 보일러(노통 2개)

**23** 배기가스분석 방법에서 수동식 가스분석계 중 화학적 가스 분석 방법에 해당되지 않는 것은?

① 오르자트 법　② 헴펠 법
③ 검지관 법　④ 세라믹 법

**각 분석법의 특징 및 분류**
① 오르자트 법 : 주로 연도가스 내의 이산화탄소($CO_2$), 산소($O_2$), 일산화탄소(CO)의 함유 비율을 측정하는 휴대용 가스 분석기로, 각각의 가스 흡수병(흡수 피펫)을 가지며 흡인법으로 연도 가스를 흡수시켜 흡수제에 흡수된 가스량에 의해 측정하는 화학적 가스 분석계이다.
② 헴펠 법 : 석탄 가스, 연도 가스, 갱내 가스, 암거(暗渠) 가스 혹은 자동차 배기 가스 등 비교적 복잡한 성분을 갖고 있는 유해가스를 신속하게 분석하는 화학적 가스분석계이다.
③ 검지관 법 : 검지관을 이용하여 행해지는 미량 가스의 정성 정량 분석법으로 야외, 공장, 현장 등에서 공기 중의 미량 유해 가스의 측정에 이용되는 화학적 가스분석계이다.
④ 세라믹 법 : 세라믹식 $O_2$ 분석기를 주원료로 한 특수세라믹은 850[℃] 이상에서 산소이온만 통과시키는 특수한 성질을 이용한 것으로 산소이온이 통과할 때 발생되는 기전력을 측정하여 산소농도를 측정하는 물리적 가스분석계이다.

**24** 다음 중 보일러 동 내부에 점식을 일으키는 주요인은?

① 급수 중의 탄산칼슘
② 급수 중의 인산칼슘
③ 급수 중에 포함된 용존산소
④ 급수 중의 황산칼슘

**점식(pitting)**
동내부의 물은 전해액이 되고 동의 강재는 양극화가 되어 국부전지가 일시적으로 일어남으로서 보일러수 중의 용존산소가 양극에 집중적으로 발생되어 발생되는 부식으로 외형상 좁쌀알 크기의 반점으로 나타나는 부식을 말한다.

정답　22 ②　23 ④　24 ③

**25** 보일러 매연 발생의 원인이 아닌 것은?

① 불순물 혼입  ② 연소실 과열
③ 통풍력 부족  ④ 점화조작 불량

**매연 발생 원인**
① 연소장치의 결함
② 불완전연소
③ 공기비 부족(통풍력 부족)
④ 취급자의 연소기술 미숙(점화조작 불량)
⑤ 저질연료 사용 시(저질연료 : 수분, 회분, 휘발분 등이 많이 함유된 연료)
⑥ 연소실 온도가 너무 낮을 때

**26** 보일러에서 팽출이 발생하기 쉬운 곳은?

① 노통  ② 연소실
③ 관판  ④ 수관

**보일러의 압궤와 팽출의 발생 원인**
① 압궤 : 외압에 의해 내부로 짓눌려 들어가는 현상으로 노통, 연소실, 연관, 관판 등에서 주로 발생한다.
② 팽출 : 내압에 의해 외부로 부풀어 오르는 현상으로 횡연관, 보일러 동저부, 수관 등에서 주로 발생한다.

**27** 청관제의 사용 목적이 아닌 것은?

① 보일러의 pH 조정
② 보일러수의 탈산소
③ 관수의 연화
④ 보일러 수위를 일정하게 유지

**청관제의 사용 목적**
① 보일러수의 pH 조정
② 보일러수의 탈산소
③ 보일러수의 연화
④ 가성취화 방지
⑤ 포밍(forming) 방지
⑥ 슬러지의 조정

**28** 원통보일러의 보일러수 25°C에서 pH값으로 가장 적합한 것은?

① 6.2~6.9  ② 7.3~7.8
③ 9.4~9.7  ④ 11.0~11.8

**보일러의 수(水)처리**
① 급수 : pH7~9 정도로 유지해준다.
② 보일러수 : pH11.0~11.8 정도로 유지해준다.

정답  25 ②  26 ④  27 ④  28 ④

**29** 열관류율의 단위로 옳은 것은?

① kcal/kg·h
② kcal/kg·℃
③ kcal/m·℃·h
④ kcal/m²·℃·h

**열관류율(K)**
1시간 동안 온도차 1[℃]당 면적 1[m²]를 통과하는 열량으로 열통과율이라고도 하며 단위는 [kcal/m²h℃]로 나타낸다.

**30** 오르자트 가스분석기로 직접 분석할 수 없는 성분은?

① $O_2$
② CO
③ $CO_2$
④ $N_2$

**오르자트 가스분석계**
화학적 가스분석기로 배기가스 중 함유되어 있는 $CO_2$, $O_2$, CO 3가지 성분을 순서대로 측정한다.

**31** 유체속에 잠겨진 경사면에 작용하는 힘은?

① 경사진 각도에만 관계된다.
② 유체의 비중량과 단면적의 곱과 같다.
③ 잠겨진 깊이와는 무관하다.
④ 면의 중심점에서의 압력과 면적과의 곱과 같다.

유체속에 잠겨진 경사면에 작용하는 힘(F)은 면의 중심점에서의 압력($\gamma \cdot h_c = \gamma \cdot \sin\theta$)과 면적(A)과의 곱과 같다.

**경사면에 작용하는 힘**
① 힘의 크기: $F = \gamma \cdot h_c \cdot A$
$= \gamma \cdot \sin\theta \cdot A$
② 힘의 방향: 면에 수직한 방향
여기서, $F$ : 힘(kgf)
$\gamma$ : 액체 비중량[kgf/m³]
$h_c$ : 경사면 높이[m]
$A$ : 면적[m²]

**32** 직경 20cm인 원관 속을 속도 7.3m/s로 유체가 흐를 때 유량은 약 m³/s인가?

① 0.23
② 13.76
③ 229
④ 760

$Q = A \cdot V = \dfrac{\pi D^2}{4} \cdot V$

$= \dfrac{\pi \times 0.2^2}{4} \times 7.3 = 0.229 [\text{m}^3/\text{s}]$

여기서, $Q$ : 유량[m³/s]
$A$ : 면적[m²]
$V$ : 속도[m/s]
$\dfrac{\pi D^2}{4}$ : 원면적[m²]

**정답** 29 ④  30 ④  31 ④  32 ①

**33** 보일러 강판의 가성취화에 대한 설명으로 잘못된 것은?

① 관체의 평면부에서 가장 많이 발생한다.
② 반드시 수면 이하에서 발생한다.
③ 관공 등의 응력이 집중하는 곳에 발생한다.
④ 리벳과 리벳 사이에 발생되기 쉽다.

**가성취화**
고온·고압 리벳 보일러에서 일어나는 부식으로 보일러 수중에 분해되어 생긴 가성소다(NaOH)가 과도하게 농축되면 수산화이온($OH^-$)이 많아져 보일러수가 강알칼리성을 띠게 되며 이것이 강재와 작용하여 생기는 나트륨(Na)이 강재의 결정입계를 침해하여 재질을 열화, 취화시키는 것으로 주로 수면과 접촉한 수면하단부나 리벳이음부에서 발생되는 부식으로 용접 보일러에서는 발생하지 않는다.

**34** 보일러 산세정 후 중화 방청처리하는 경우 사용하는 약품이 아닌 것은?

① 히드라진   ② 인산소다
③ 탄산소다   ④ 인산칼슘

**중화 방청제(부식억제제)**
탄산소다(탄산나트륨), 가성소다(수산화나트륨), 인산소다(인산나트륨), 히드라진, 암모니아, 아황산소다(아황산나트륨), 아질산염

**35** 보일러의 분출사고 시 긴급조치사항으로 잘못 설명된 것은?

① 보일러 부근에 있는 사람들을 우선 안전한 곳으로 긴급히 대피시킨다.
② 연도 댐퍼를 전개한다.
③ 압입통풍기를 정지시킨다.
④ 다른 보일러와 증기관이 연결되어 있을 경우 증기밸브를 연다.

**보일러 분출사고 시 긴급조치사항**
① 보일러 부근에 있는 사람들을 우선 안전한 곳으로 긴급히 대피시킨다.
② 연도 댐퍼를 전개한다.
③ 압입통풍기를 정지시킨다.
④ 다른 보일러와 증기관이 연결되어 있을 경우 증기밸브를 닫고 증기관의 연결을 끊는다.
⑤ 급수를 계속하여 수위의 저하를 막고 보일러의 수위를 유지한다.
⑥ 연소를 정지시킨다.
⑦ 노내나 보일러의 자연냉각을 기다려 원인을 조사 후 대책을 강구한다.
⑧ 찢어진 부위가 커서 분출하는 기수로 인하여 인명의 위험이 염려되는 경우에는 급수를 정지하는 동시에 동체 하부의 분출밸브를 열어 보일러수를 배출시킨다.

**정답** 33 ① 34 ④ 35 ④

**36** 다음 중 표준 대기압에 해당되지 않는 것은?

① 760mmHg
② 101,325N/m²
③ 10.3323mAq
④ 12.7psi

**표준 대기압**
1atm = 1.0332[kgf/cm²] = 760[mmHg]
 = 10.33[mH₂O] = 1.01325[bar]
 = 1,013.25[mbar] = 101,325[N/m²]
 = 101,325[Pa] = 14.7[lb/in²]
 = 101.325[kPa]
※ [mH₂O]와 [mAq]는 같은 단위로 쓰인다.

**37** 레이놀즈수(Reynolds number)의 물리적 의미를 나타내는 식으로 옳은 것은?

① 유속/음속
② 관성력/점성력
③ 관성력/중력
④ 관성력/표면장력

- 레이놀즈수 : $R_e = \dfrac{\rho VL}{\mu} = \dfrac{관성력}{점성력}$
- 마하수 : $M_a = \dfrac{V}{\alpha} = \dfrac{관성력}{탄성력} = \dfrac{유속}{음속}$
- 웨버수 : $W_e = \dfrac{\rho V^2 L}{\sigma} = \dfrac{관성력}{표면장력}$
- 프루드수 : $F_r = \dfrac{V}{\sqrt{Lg}} = \dfrac{관성력}{중력}$
- 오일러수 : $E_u = \dfrac{P}{\dfrac{\rho V^2}{2}} = \dfrac{압축력}{관성력}$

**38** 20℃의 물 5kg을 1기압, 100℃의 건조포화증기로 만들 때 필요한 열량은 몇 kcal인가? (단, 1기압에서 물의 증발잠열은 539kcal/kg이다)

① 2,695
② 3,095
③ 4,120
④ 5,390

20℃(물) → 100℃(물) → 100℃(증기)
① (현열)
 $Q = G \cdot C \cdot \triangle T$
 $= 5 \times 1 \times (100 - 20) = 400[kcal]$
② (잠열)
 $Q = G \cdot r = 5 \times 539 = 2,695[kcal]$
여기서, $G$ : 수량[kg]
 $C$ : 비열[kcal/kg·℃]
 $\triangle T$ : 온도차[℃]
 $r$ : 잠열[kcal/kg]
∴ ①+② = 400 + 2,695 = 3,095[kcal]

정답 36 ④ 37 ② 38 ②

**39** 다음 랭킨사이클 T-S선도에서 단열팽창의 과정은?

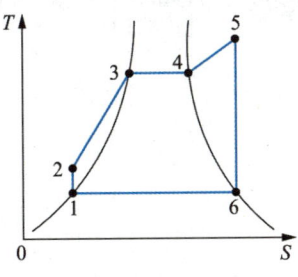

① 1-2
② 2-3-4
③ 5-6
④ 6-4

**랭킨사이클 T-S선도**
① 1-2 : 단열압축과정
② 2-3-4-5 : 정압가열과정
③ 5-6 : 단열팽창과정
④ 6-1 : 정압냉각과정(방열)

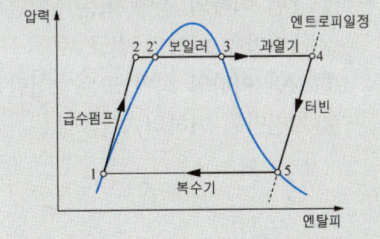

**40** 증기 선도에서 임계점이란?

① 고체, 액체, 기체가 불평형을 유지하는 점이다.
② 증발열이 어느 압력에 달하면 0이 되는 점이다.
③ 증기와 액체가 평형으로 존재할 수 없는 상태의 점이다.
④ 건포화증기를 계속 가열하면 압력 변동 없이 온도만 상승하는 점이다.

**임계점**
증발잠열은 압력이 클수록 적어지므로 어느 압력에 도달하면 잠열이 0[kcal/kg]이 되어 액체, 기체의 구분이 없어진다. 이 상태를 임계상태라 하며 이때의 온도를 임계온도, 이에 대응하는 압력을 임계압력이라 한다.

• 특징
① 증기와 포화수간의 비중량이 같다.
② 증발현상이 없다.
③ 증발잠열이 0이 된다.

**41** 에너지이용합리화법상의 특정열사용기자재가 아닌 것은?

① 강철제 보일러
② 난방기기
③ 2종압력용기
④ 온수보일러

| 구분 | 품목명 |
|---|---|
| 열기관 | 강철제 보일러, 주철제 보일러, 온수보일러, 구멍탄용 온수 보일러, 축열식 전기 보일러, 태양열집열기 |
| 압력용기 | 1종압력용기, 2종압력용기 |
| 요업요로 | 연속식유리용융가마, 불연속식유리용융가마, 유리용융도가니가마, 터널가마, 도염식가마, 셔틀가마, 회전가마, 석회용선가마 |
| 금속요로 | 용선로, 비철금속용융로, 금속소둔로, 철금속가열로, 금속균열로 |

정답 39③ 40② 41②

**42** 에너지이용합리화법상 에너지의 최저소비효율기준에 미달하는 효율관리기자재의 생산 또는 판매금지 명령을 위반한 자에 대한 벌칙은?

① 1년 이하의 징역 또는 1천만원 이하의 벌금
② 1천만원 이하의 벌금
③ 2년 이하의 징역 또는 2천만원 이하의 벌금
④ 2천만원 이하의 벌금

에너지의 최저소비효율기준에 미달하는 효율관리기자재의 생산 또는 판매금지 명령을 위반한 자에 대한 벌칙 – 2천만원 이하의 벌금

**43** 동력용 나사절삭기의 종류에 들지 않는 것은?

① 오스타식　　② 호브식
③ 다이헤드식　④ 로터리식

동력 나사절삭기의 종류로는 오스타형, 호브형, 다이헤드형이 있으며 다이헤드형은 관 거스러미 제거, 관 절단, 나사 절삭 등을 연속적으로 행할 수 있다.

**44** 증기난방 배관의 설명이다. 옳지 않은 것은?

① 단관 중력 환수식은 방열기 밸브를 반드시 방열기의 아래쪽 태핑에 단다.
② 진공 환수식은 응축수를 방열기보다 위쪽의 환수관으로 배출할 수 있다.
③ 기계 환수식은 각 방열기 마다 공기빼기 밸브를 설치할 필요가 없다.
④ 습식 환수식은 주관은 보일러 수면보다 높은 곳에 배관한다.

환수관의 배관방식에 의한 분류
① 습식 환수방식 : 환수주관을 보일러의 표준수위보다 낮게하여 수부에 배관하는 방식 (응축수가 관내를 만수상태로 흐른다)
② 건식 환수방식 : 환수주관을 보일러의 표준수위보다 높게하여 증기부에 배관하는 방식

정답　42 ④　43 ④　44 ④

**45** 압력배관용 탄소강관의 KS 기호는?

① SPPS ② STPW
③ SPW ④ SPP

**압력 배관용 탄소강관 KS규격기호**
① SPP : 일반배관용 탄소강관
② SPPS : 압력배관용 탄소강관
③ SPPH : 고압배관용 탄소강관
④ SPHT : 고온배관용 탄소강관
⑤ SPW : 배관용 아크용접 탄소강관
⑥ SPA : 배관용 합금강관
⑦ STS×T : 배관용 스테인리스강관
⑧ STBH : 보일러 열교환기용 탄소강관
⑨ STHA : 보일러 열교환기용 합금강관
⑩ STS×TB : 보일러 열교환기용 스테인리스강관
⑪ STLT : 저온 열교환기용 강관

**46** 피복금속 아크용접에서 교류용접과 비교한 직류 용접기의 장점이 아닌 것은?

① 극성의 변화가 쉽다.  ② 전격 위험이 적다.
③ 역률이 양호하다.  ④ 자기 쏠림이 적다.

**직류 아크용접기와 교류 아크용접기의 비교**

| 항목 | 직류용접기 | 교류용접기 |
|---|---|---|
| 아크의 안정성 | 우수 | 약간 불안 |
| 극성의 이용 | 가능 | 불가능 |
| 무부하 전압 | 약간 낮음 (최대 60V) | 높음 (80~100V) |
| 전격의 위험 | 적다 | 크다(무부하 전압이 높다) |
| 구조 및 고장률 | 복잡하다 | 간단하다 |
| 역률 | 양호 | 불량 |
| 가격 | 비싸다 | 싸다 |
| 아크 쏠림 방지 | 불가능 | 가능 (아크 쏠림이 거의 없다) |

**47** 다음 배관 중 스위블형 신축이음이라고 볼 수 없는 것은?

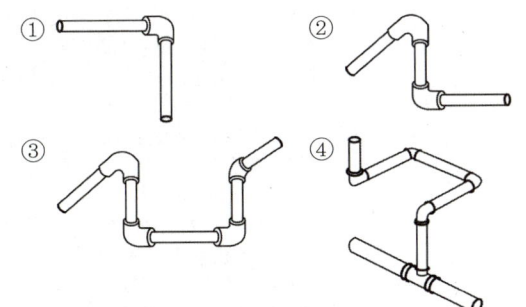

**스위블형 신축이음**
회전이음, 지블이음이라고도 불리며, 2개 이상의 엘보를 조립하여 설치한 신축이음으로 신축이 큰 배관에서는 누설의 우려가 있다. 주로 증기 및 온수난방용 배관에 사용된다.

정답 45 ① 46 ④ 47 ①

**48** 아래에 주어진 평면도를 등각투상도로 나타낼 때 맞는 것은?

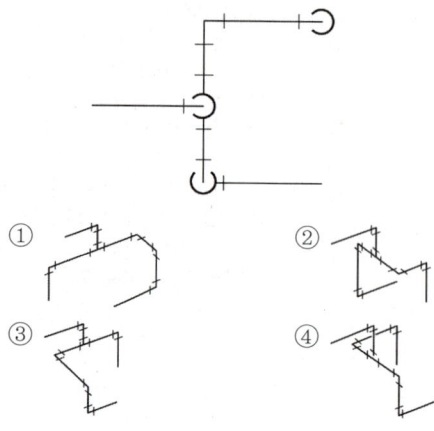

**49** 다음 중 증기트랩의 구비조건 설명으로 틀린 것은?

① 유체의 마찰저항이 클 것
② 내식성과 내구성이 있을 것
③ 공기빼기가 양호할 것
④ 봉수가 확실할 것

**트랩의 구비조건**
① 동작이 확실할 것
② 내식·내마모성이 있을 것
③ 마찰저항이 작고 단순한 구조일 것
④ 응축수를 연속적으로 배출할 수 있을 것
⑤ 공기의 배제나 정지 후 응축수 빼기가 가능할 것

**50** 관지지 장치 중 배관의 열팽창에 의한 배관의 이동을 구속 또는 제한하는 장치는?

① 행거  ② 서포트
③ 레스트레인트  ④ 브레이스

**레스트레인트**
관을 지지하며 열팽창에 의한 배관의 운동을 구속 또는 제한하는 관의 지지물
① 앵커(anchor) : 볼트를 콘크리트에 매설하여 관의 이동 및 회전을 방지하기 위해 지지점에 완전히 고정하는 장치로 진동이 심한 곳에 사용하는 장치이다.
② 스톱/스토퍼(stop/stopper) : 배관의 일정한 방향과 회전만 구속하고 다른 방향은 자유롭게 이동하게 하는 장치이다.
③ 가이드(guide) : 배관의 축방향 이동을 안내하고 직각 방향 운동을 구속하는데 사용하며 파이프랙(pipe rack) 위 배관의 곡관부분과 신축이음부에 설치한다.

정답 48 ④ 49 ① 50 ③

**51** 에너지이용합리화법상 "목표에너지원단위"란 무엇을 뜻하는가?

① 건축물의 단위면적당 에너지사용 목표량
② 제품 생산목표량
③ 연료단위당 제품 생산목표량
④ 목표량에 맞는 에너지 사용량

**목표에너지원단위**
산업통상자원부장관은 에너지의 이용효율을 높이기 위하여 필요하다고 인정하면 관계행정기관의 장과 협의하여 에너지를 사용하여 만드는 제품의 단위당 에너지 사용목표량 또는 건축물의 단위면적당 에너지사용목표량(목표에너지원단위)을 정하여 고시하여야 한다.

**52** 탄산마그네슘 보온재에 관한 설명 중 잘못된 것은?

① 200~250℃에서 열분해를 일으킨다.
② 열전도율이 작다.
③ 습기가 많은 옥외 배관에 알맞다.
④ 탄산마그네슘 85%에 석면 10~15%를 첨가한 것이다.

**탄산마그네슘 보온재의 특성**
① 안전 사용온도 250℃ 이하에 사용되며 300~320℃ 정도에서 열분해한다.
② 염기성 탄산마그네슘 85%, 석면 15%를 배합하여 물에 개어서 사용하는 무기질 보온재이다.
③ 석면의 혼합비율에 따라 열전도율이 달라진다.
④ 열전도율 : 0.05~0.07[kcal/m·h·℃]
⑤ 방습 가공하여 옥외 배관, 습기가 많은 지하 덕트의 배관에 사용하며 250℃ 이하의 관, 탱크 등의 보온재로 사용된다.

**53** 알루미늄 도료에 관한 설명이다. 잘못된 것은?

① 400~500℃의 내열성을 지니고 있어 난방용 방열기 등의 외면에 도장한다.
② 알루미늄 도막은 금속 광택이 있고 열을 잘 반사한다.
③ 은분이라고도 하며 방청효과가 크고 습기가 통하기 어렵기 때문에 내구성이 풍부한 도막이 형성된다.
④ 알루미늄 분말에 아마인유와 혼합하여 만든다.

**알루미늄 도료(은분)**
산화 알루미늄($Al_2O_3$) 분말을 유성 니스에 혼합한 것으로 방청효과가 크며 밑바탕 도장 후 유성 페인트를 사용하면 방청효과가 더욱 커진다.

정답 51 ① 52 ① 53 ④

**54** 다음 중 18[%] Cr-8[%] Ni의 스테인리스강에 해당하는 것은?

① 페라이트계 스테인리스강
② 오스테나이트계 스테인리스강
③ 마텐자이트계 스테인리스강
④ 석출경화형 스테인리스강

**스테인리스강의 종류**
① 마텐자이트계(STS410) : 13크롬 스테인리스강
② 페라이트계(STS430) : 18크롬 스테인리스강
③ 오스테나이트계(STS304) : 18-8 스테인리스강으로 크롬 17~20[%], 니켈 7~10[%] 정도의 함유율을 갖는다.

**55** 로트로부터 시료를 샘플링해서 조사하고, 그 결과를 로트의 판정기준과 대조하여 그 로트의 합격, 불합격을 판정하는 검사를 무엇이라 하는가?

① 샘플링 검사  ② 전수 검사
③ 공정 검사   ④ 품질 검사

**샘플링 검사**
로트로부터 시료를 채취하여 검사한 후 그 결과를 판정 기준과 비교하여 로트의 합격·불합격을 판정하는 것을 말한다.

**56** 모든 작업을 기본동작으로 분해하고, 각 기본 동작에 대하여 성질과 조건에 따라 미리 정해 놓은 시간치를 적용하여 정미시간을 산정하는 방법은?

① PTS법    ② WS법
③ 스톱워치법  ④ 실적자료법

**PTS법(Predetermined Time Standards : 기정시간표준법)**
사람이 행하는 작업 또는 작업방법을 기본적으로 분석하고 각 기본동작에 대하여 그 성질과 조건에 따라 미리 정해진 기초동작치를 사용하여 알고자 하는 작업동작 또는 운동의 시간치를 구하고 이를 집계하여 작업의 정미시간을 구하는 방법이다.

정답 54 ② 55 ① 56 ①

**57** 다음 중 데이터를 그 내용이나 원인 등 분류 항목별로 나누어 크기의 순서대로 나열하여 나타낸 그림을 무엇이라 하는가?

① 히스토그램(histogram)
② 파레토도(pareto diagram)
③ 특성요인도(causes and effects diagram)
④ 체크시트(check sheet)

① 히스토그램 : 계량치가 어떤 분포를 나타내는지 알아보기 위하여 도수 분포표를 만든 후 막대그래프 개념으로 보다 구체적인 형태로 나타낸 그림이다.
② 파레토도 : 불량등의 발생 건수를 항목별로 분류하고 항상 가장 많은 항목을 왼쪽부터 크기순으로 그려넣으며 기타항목은 제일 오른쪽에 배치하여 나타낸 그림이다.
③ 특성요인도 : 문제가 되는 결과와 이에 대응하는 원인과의 관계를 알 수 있도록 생선뼈 형태로 그린 그림이다.
④ 체크시트 : 계수치의 데이터가 분류항목 중에서 어느 곳에 집중되어 있는지 쉽게 알아볼 수 있게 나타낸 그림이다.

**58** 일정 통제를 할 때 1일당 그 작업을 단축하는데 소요되는 비용의 증가를 의미하는 것은?

① 비용구배(Cost slope)
② 정상소요시간(Normal duration time)
③ 비용견적(Cost estimation)
④ 총비용(Total cost)

비용구배(Cost Slope)
작업일정을 단축시키는데 소요되는 단위시간당 소요비용을 의미한다.

**59** c관리도에서 $k=20$인 군의 총부적합(결점)수 합계는 58이었다. 이 관리도의 $U_{CL}$, $L_{CL}$을 구하면 약 얼마인가?

① $U_{CL}=6.92$, $L_{CL}=0$
② $U_{CL}=4.90$, $L_{CL}=$ 고려하지 않음
③ $U_{CL}=6.92$, $L_{CL}=$ 고려하지 않음
④ $U_{CL}=8.01$, $L_{CL}=$ 고려하지 않음

c관리도의 관리한계선

| 통계량 | 중심선 | $U_{CL}$ | $L_{CL}$ |
|---|---|---|---|
| $c$ | $\bar{c}$ | $\bar{c}+3\sqrt{\bar{c}}$ | $\bar{c}-3\sqrt{\bar{c}}$ |

[참고] $L_{CL}$이 음(-)인 경우, 고려하지 않는다.
① 중심선($\bar{c}$)
$\bar{c} = \dfrac{\sum c}{k} = \dfrac{58}{20} = 2.9$
② 관리 상한선($U_{CL}$)
$U_{CL} = \bar{c} + 3\sqrt{\bar{c}} = 2.9 + 3\sqrt{2.9} = 8.0088$
③ 관리 하한선($L_{CL}$)
$L_{CL} = \bar{c} - 3\sqrt{\bar{c}} = 2.9 - 3\sqrt{2.9} = -2.2$
※ $L_{CL}$이 음(-)인 경우, 고려하지 않는다.

정답 57 ② 58 ① 59 ④

**60** 일반적으로 품질코스트 가운데 가장 큰 비율을 차지하는 코스트는?

① 평가코스트　　② 실패코스트
③ 예방코스트　　④ 검사코스트

**품질코스트의 구성비율**

| | 예방코스트 (P-cost) | 평가코스트 (A-cost) | 실패코스트 (F-cost) |
|---|---|---|---|
| 파이겐바움 (Feigenbaum) | 5% | 25% | 70% |
| 커크페트릭 (Kirkpatrick) | 10% | 25% | 50~75% |

정답 60 ②

# 2회 에너지관리기능장 실전모의고사 기출문제

**01** 노통 보일러와 비교한 연관 보일러의 특징을 설명한 것으로 잘못된 것은?

① 전열면적이 커서 증발량이 많고 효율이 좋다.
② 비교적 빨리 증기를 얻을 수 있다.
③ 질이 좋은 보일러수(水)가 필요하다.
④ 구조가 간단하여 설비비가 적게 든다.

> **노통 보일러와 비교한 연관 보일러의 특징**
> ① 전열면적이 크고, 노통 보일러에 비해 효율이 좋다.
> ② 전열면적당 보유수량이 적어 증기 발생 시간이 짧다.
> ③ 급수의 질이 좋아야 한다.
> ④ 외분식일 경우 연소실 설계가 자유롭고, 연료 선택범위가 넓다.
> ⑤ 내부구조가 노통 보일러에 비해 복잡하고 설치비가 비싸며 청소, 검사, 수리가 어렵다.

**02** 보일러 절탄기 설치 시의 장점을 잘못 설명한 것은?

① 보일러의 수처리를 할 필요가 없다.
② 배기가스로 배출되는 배열을 회수할 수 있다.
③ 급수와 관수의 온도차로 인한 열응력을 감소시킬 수 있다.
④ 보일러 열효율이 향상되어 연료가 절약된다.

> **절탄기 사용 시 장점**
> ① 보일러 효율이 증가한다.
> ② 급수와 보일러의 온도차를 작게 하여 열응력을 방지한다.
> ③ 급수에 포함된 일부 불순물을 제거할 수 있다.
> ④ 연료소비량이 감소된다.
>
> **절탄기 사용 시 단점**
> ① 청소 및 점검이 곤란하다.
> ② 연소가스 통풍력의 마찰손실이 많다(통풍력 감소).
> ③ 저온부식이 발생할 우려가 있다.

**03** 급수펌프로 보일러에 2kgf/cm² 압력으로 매분 0.18m³의 물을 공급할 때 펌프 축마력은? (단, 펌프 효율은 80%이다)

① 1PS
② 1.25PS
③ 60PS
④ 75PS

> **펌프의 축마력**
> $$PS = \frac{\gamma QH}{75 \times \eta} = \frac{QP}{75 \times \eta}$$
> $$= \frac{2 \times 10,000 \times 0.18}{75 \times 0.8 \times 60} = 1[PS]$$
> 여기서, $\gamma$ : 비중량[kg/m³]
> = 물 : 1,000[kg/m³]
> $Q$ : 유량[m³/s]
> $H$ : 전양정[m]
> $\eta$ : 효율
> $P$ : 압력[kg/m²]

**정답** 01 ④ 02 ① 03 ①

**04** 보일러용 중유에 대한 설명 중 옳은 것은?

① 점도가 높을수록 예열이 필요 없다.
② 점도가 높을수록 인화점이 낮다.
③ 점도가 높을수록 무화가 잘 된다.
④ 점도가 너무 낮으면 역화현상이 발생될 수 있다.

**중유 점도와 영향**
① 점도가 높을 경우
  • 무화불량으로 불완전연소가 발생한다.
  • 오일 공급(송유)이 불량하다.
  • 연소상태가 불량해진다.
  • 버너 선단에 카본(검뎅이)이 부착될 수 있다.
  • 화염에 스파크가 생긴다.
② 점도가 낮을 경우
  • 불완전 연소가 발생한다.
  • 연료소비량이 증가한다.
  • 역화의 원인이 될 수 있다.

**05** 굴뚝의 통풍력을 구하는 식으로 옳은 것은? (단, $Z=$ 통풍력[mmAq], $H=$ 굴뚝의 높이[m], $V_a=$ 외기의 비중량[kgf/m³], $V_g=$ 배기가스의 비중량[kgf/m³])

① $Z=(V_g-V_a)H$
② $Z=(V_a-V_g)H$
③ $Z=(V_g-V_a)/H$
④ $Z=(V_a-V_g)/H$

**통풍력 계산공식**
① $Z=H(r_a-r_g)$
② $Z=273H\left(\dfrac{r_a}{T_a}-\dfrac{r_g}{T_g}\right)$
③ $Z=355H\left(\dfrac{1}{T_a}-\dfrac{1}{T_g}\right)$
④ (고체연료의 경우) $Z=H\left(\dfrac{353}{T_a}-\dfrac{367}{T_g}\right)$

**06** 고압기류식 버너의 공기 또는 증기의 압력은 약 몇 kgf/cm²인가?

① 1~8
② 8~12
③ 15~18
④ 20~25

**고압기류식 버너**
① 2~7kgf/cm² 정도의 가압 분무 유체(공기, 증기)를 이용하여 연료(0.05~0.2kgf/cm²)를 분무하는 형식의 버너로 2유체버너라고도 한다.
② 분무각도는 30° 정도이다.
③ 유량조절범위는 1 : 10 정도이다.
④ 고점도 연료도 무화가 가능하다.
⑤ 연소 시 소음발생이 심하다.
⑥ 부하변동이 큰 곳에 적당하다.

정답 04 ④ 05 ② 06 ①

**07** 어떤 연료 3kg으로 2,070kg의 물을 가열시켰더니 온도가 10℃에서 20℃로 되었다. 이 연료의 발열량(kcal/kg)은? (단, 물의 비열은 1.0kcal/kg·℃이고 가열장치의 열효율은 80%이다)

① 6,900  ② 8,625
③ 2,587  ④ 9,834

**보일러 효율**

$\eta = \dfrac{G(h'' - h')}{Gf \times H} \rightarrow \eta = \dfrac{Q}{Gf \times H}$

$\rightarrow \eta = \dfrac{G \cdot C \cdot \Delta T}{Gf \times H}$

$\rightarrow H = \dfrac{G \cdot C \cdot \Delta T}{Gf \times H}$

$= \dfrac{2,070 \times 1 \times (20 - 10)}{3 \times 0.8}$

$= 8,625 [kcal/kg]$

여기서, $G$ : 증기발생량(급수량)[kg/h]
$h''$ : 발생증기엔탈피[kcal/kg]
$h'$ : 급수엔탈피[kcal/kg]
$Gf$ : 연료사용량[kg/h]
$H$ : 발열량[kcal/kg]
$C$ : 비열[kcal/kg·℃]
$\Delta T$ : 온도차[℃]

**08** 연소실 용적 $V[m^3]$, 연료의 시간당 연소량 $G_f[kg/h]$, 연료의 저위발열량 $H_l[kcal/kg]$이라면, 연소실 열발생율 $\rho[kcal/m^3 \cdot h]$는?

① $\rho = \dfrac{H_l \cdot V}{G_f}$  ② $\rho = \dfrac{G_f \cdot H_l}{V}$

③ $\rho = \dfrac{V}{G_f \cdot H_l}$  ④ $\rho = \dfrac{H_l}{G_f \cdot V}$

**연소실 열부하**

연소실 열부하 $= \dfrac{입열}{연소실 용적}$

$\rho = \dfrac{Gf \cdot H_l}{V} = \dfrac{Q}{V \cdot \eta}$

여기서, $Gf$ : 사용연료량[kg/h]
$H_l$ : 저위발열량[kcal/kg]
$V$ : 연소 실용적[m³]
$Q$ : 유효열[kcal/h]
$\eta$ : 효율

**09** 차압식 유량계가 아닌 것은?

① 오벌기어 유량계  ② 벤츄리관 유량계
③ 플로우노즐 유량계  ④ 오리피스 유량계

• 차압식 유량계 : 오리피스 미터, 플로노즐, 벤투리 미터
• 오벌기어 유량계는 용적식 유량계에 속한다.

정답 07 ② 08 ② 09 ①

**10** 피드백 제어(feedback control)에서 기본 3대 구성요소에 해당되지 않는 것은?

① 조작부　　　② 조절부
③ 외관부　　　④ 검출부

**피드백 제어회로의 3대 구성요소**
① 검출부 : 제어대상으로부터 압력이나 온도, 유량 등의 제어량을 검출하여 신호로 만드는 역할을 하는 부분
② 조절부 : 동작신호를 받아 규정된 동작을 하기 위한 조작신호를 만들어 조작부로 보내는 부분
③ 조작부 : 조절부에서 보낸 조작신호를 받아 조작량으로 변환하여 제어대상으로 보내는 부분

**11** 강철제 증기보일러의 급수장치 설명으로 틀린 것은?

① 최고 사용압력이 0.2MPa 미만의 보일러에는 체크밸브를 생략할 수 있다.
② 전열면적 $10m^2$ 이하의 보일러에서는 급수밸브의 크기가 20A 이상이어야 한다.
③ 전열면적 $12m^2$ 이하의 보일러에는 급수장치에서 보조펌프를 생략할 수 있다.
④ 2개 이상의 보일러에 공동으로 사용하는 자동급수조절기는 설치할 수 없다.

**급수장치 설치기준**
① 주펌프 세트(인젝터 포함)+보조펌프 세트로 2세트 이상으로 설치하여야 한다. 다만, 아래와 같은 경우 보조펌프 세트는 생략할 수 있다.
 • 전열면적 $12m^2$ 이하인 증기보일러
 • 전열면적이 $14m^2$ 이하인 가스용 온수보일러
 • 전열면적 $100m^2$ 이하인 관류보일러
② 주펌프 세트는 동력으로 운전하는 급수펌프 또는 인젝터이어야 한다.
③ 보일러 급수가 멈춘 경우 즉시연료(열)의 공급이 차단되지 않거나 과열될 염려가 있는 보일러에는 인젝터, 상용압력 이상의 수압에 급수할 수 있는 급수탱크, 내연기관 또는 예비전원에 의해 운전할 수 있는 급수장치를 설치해야 한다.
④ 주펌프 세트 및 보조펌프 세트는 보일러의 사용압력에서 정상가동 상태에서 필요량을 단독으로 공급할 수 있어야 한다.
⑤ 주펌프 세트 2개 이상의 펌프를 조합한 경우 보조펌프 세트의 용량은 보일러 급수 필요량의 25% 이상이면서 주펌프 세트 중 최대 펌프의 용량 이상으로 할 수 있다.
⑥ 급수밸브와 체크밸브의 경우 최고사용압력이 0.1MPa[$1kgf/cm^2$] 미만일 경우 체크밸브를 생략할 수 있다.
⑦ 자동급수조절기를 설치할 때에는 필요에 따라 즉시 수동으로 변경할 수 있는 구조이어야 하며, 2개 이상의 보일러에 공통으로 사용하는 자동급수조절기를 설치하여서는 안 된다.

**정답** 10 ③　11 ①

**12** 보일러 분출장치의 설치 목적으로 가장 거리가 먼 것은?

① 슬러지분을 배출, 스케일 부착을 방지한다.
② 관수의 신진대사를 원활하게 하여 대류열을 향상시킨다.
③ 수면계 파손을 방지한다.
④ 관수의 불순물 농도를 한계치 이하로 유지한다.

**분출장치 설치 목적**
① 관수 농축방지
② 프라이밍, 포밍 방지
③ 관수순환 촉진
④ 관수 pH조절
⑤ 스케일 생성 방지

**13** 집진장치 중 집진효율이 가장 높은 것은?

① 세정식 집진장치   ② 전기 집진장치
③ 여과식 집진장치   ④ 원심력식 집진장치

**집진효율이 가장 좋은 집진기**
전기식 집진장치(코트렐 : cottrell)

**14** 난방부하가 3,000kcal/h이고, 증기난방으로 5주형 650mm의 방열기를 사용할 때, 필요한 방열기의 매수는? (단, 증기의 표준 방열량은 650kcal/m²·h이고, 방열기의 1매당 방열면적은 0.26m²이다)

① 18매   ② 22매
③ 24매   ④ 26매

$Q = q \times A \times n$
여기서, $Q$ : 열량[kcal/h]
$q$ : 표준방열량(온수 450[kcal/m²h], 증기 650[kcal/m²h])
$A$ : 쪽당방열면적[m²/쪽]
$n$ : 쪽수[쪽]
$n = \dfrac{Q}{q \times A} = \dfrac{3,000}{650 \times 0.26} = 17.17$
∴ 18[매]

**15** 보일러의 증발계수에 대하여 옳게 설명한 것은?

① 실제증발량을 상당증발량으로 나눈 값이다.
② 상당증발량을 539로 나눈 값이다.
③ 상당증발량을 실제증발량으로 나눈 값이다.
④ 실제증발량을 539로 나눈 값이다.

**증발계수**
상당증발량($G_e$)과 실제증발량($G$)의 비
$\dfrac{G_e}{G} = \dfrac{h'' - h'}{539}$
여기서, $G_e$ : 상당증발량[kg/h]
$G$ : 실제증발량[kg/h]
$h''$ : 발생증기 엔탈피[kcal/kg]
$h'$ : 급수 엔탈피[kcal/kg]

정답  12 ③  13 ②  14 ①  15 ③

**16** 주형 방열기에 온수를 흐르게 할 경우, 방열량은 방열계수(K)와 방열기 내부 온도의 차(△t)로 계산한다. 표준방열량을 설정하기 위한 K와 △t의 값은?

① K=8.0kcal/m²·h·℃, △t=81℃
② K=8.0kcal/m²·h·℃, △t=62℃
③ K=7.2kcal/m²·h·℃, △t=62℃
④ K=7.2kcal/m²·h·℃, △t=81℃

**표준상태의 열매에 따른 방열계수 및 온도 기준표**

| 열매 | 방열계수 [kcal/m²h℃] | 표준상태의 온도 | | 표준 방열량 [kcal/m²h] |
|---|---|---|---|---|
| | | 열매 온도 | 실내의 공기 온도 | |
| 증기 | 8 | 102 | 21 | 650 |
| 온수 | 7.2 | 80 | 18 | 450 |

**17** 중력 환수식 응축수 환수 방법과 대비하여 진공환수식 응축수 환수방법에 대한 설명으로 틀린 것은?

① 순환이 빠르다.
② 배관 기울기(구배)에 큰 지장이 없다.
③ 방열량을 광범위하게 조절할 수 있다.
④ 환수관의 지름을 크게 해야 한다.

**진공환수식 증기난방 특징**
① 중력, 기계 환수보다 순환속도가 빠르다.
② 기울기(구배)에 구애를 받지 않는다.
③ 방열량을 광범위하게 조절할 수 있다.
④ 환수관의 관지름을 작게 할 수 있다.
⑤ 버큠브레이커를 사용하여 진공을 일정하게 유지해야 한다(진공도 : 100~250mmHg·v).
⑥ 방열기 설치장소에 제한을 받지 않는다.

**18** 증발량이 일정한 조건하에서 보일러 안전밸브의 시트 단면적은 고압일수록 저압일 때보다는 어떻게 되어야 하는가?

① 넓어야 한다.   ② 동일하게 한다.
③ 좁아야 한다.   ④ 무관하다.

안전밸브 시트 단면적은 분출압력에 반비례하고, 증발량에 비례한다. 그러므로 고압일수록 시트의 단면적은 좁아야 한다.

정답  16 ③  17 ④  18 ③

**19** 난방방식에 관한 설명이다. 빈칸에 들어갈 것으로 맞는 것은?

> 고압증기난방은 압력이 ( ㉠ ) 이상의 증기를 사용하여 난방하는 것을 의미하며, 고온수난방은 온도가 ( ㉡ ) 이상의 온수를 이용하는 것을 의미한다.

① ㉠ $1kgf/cm^2$, ㉡ 100℃
② ㉠ $2kgf/cm^2$, ㉡ 100℃
③ ㉠ $1kgf/cm^2$, ㉡ 70℃
④ ㉠ $2kgf/cm^2$, ㉡ 70℃

**증기압력에 따른 분류(고압식, 저압식, 진공압식)**
① 고압식 : 1~3[$kgf/cm^2 \cdot g$] 이상(고압), 0.35~1[$kgf/cm^2 \cdot g$](중압)
② 저압식 : 0.1~0.35[$kgf/cm^2 \cdot g$], 주철제 보일러 0.3[$kgf/cm^2 \cdot g$]로 사용
③ 진공압식 : 대기압 이하

**온수온도에 따른 분류**
① 고온수식 온수난방 : 장치 내 온수온도가 100[℃] 이상이며 밀폐식 팽창탱크를 사용한다.
② 보통온수식 온수난방 : 장치 내 온수온도가 85~90[℃] 정도로 장치 최상부에 개방식 팽창탱크를 설치한다.

**20** 노통연관 보일러의 한 종류로 동체 외부에 연소실을 만들어 수관을 한 줄로 배치한 보일러로서 하나의 연소실로 각 노통에 공동으로 사용하여 구조가 간단한 보일러는?

① 패키지형 보일러  ② 스코치 보일러
③ 하우덴-존슨 보일러  ④ 코르니시 보일러

**하우덴-존슨 보일러**
노통연관 보일러로써 연소실 주위가 건조한 형식으로 스코치 보일러의 후부 연소실에 복잡함을 개조한 형태로 동체 외부에서 연소실을 만들어 수관을 한줄로 배치하여 하나의 연소실로 각 노통에 공동으로 사용하는 보일러로 사용압력은 20[$kg/cm^2$]정도이며 300~400[℃] 가량의 과열증기를 발생시킬 수 있다.

**21** 복사난방에 대한 설명으로 틀린 것은?

① 실내온도 분포가 균등하고 쾌적도가 좋다.
② 공기온도가 비교적 낮으므로 같은 방열량에 대해서도 손실열량이 비교적 적다.
③ 공기대류가 적으므로 바닥면 먼지 상승이 없다.
④ 외기온도 급변에 따른 방열량 조절이 용이하다.

**복사난방 특징**
① 장점
 • 높이에 따른 온도분포가 균일하다.
 • 동일 방열량에 대한 열손실이 적다.
 • 공기 등 미진을 태우지 않아 쾌감도가 좋다.
 • 방열기 등의 설치공간이 불필요하여 실내 공간의 이용율이 높다.
② 단점
 • 초기 설비비가 많이 든다.
 • 매입배관이므로 고장수리 및 점검이 어렵다.
 • 예열시간이 길어 부하변동에 대응하기 어렵다.
 • 표면부(시멘트, 모르타르층) 균열이 발생할 수 있다.

정답 19 ① 20 ③ 21 ④

**22** 온수난방에서 각 방열기에 유량분배를 균등히 하여, 방열기의 온도차를 최소화시키는 방식으로 환수관의 길이가 길어지는 단점을 가지는 온수귀환방식은?

① 직접귀환방식  ② 간접귀환방식
③ 중력귀환방식  ④ 역귀환방식

**역귀환방식(리버스리턴 방식)**
냉·온수 배관법의 일종이다. 하나의 배관계에 다수의 방열기를 설치할 때 배관의 길이가 다르기 때문에 환수관을 가장 먼 기기까지 가지고 간 다음 반복하여 환수관을 원래 방향으로 되돌리면서 각 기기의 배관저항의 균형을 맞추어 기기로의 수량 평균성을 보존하는 방식으로 환수관의 길이가 길어진다는 단점이 있다.
• 사용목적 : 방열기에 공급되는 유량분배를 균등하게 하기 위해 사용한다.

**23** 다음 중 탄성식 압력계에 속하지 않는 것은?

① 피스톤식  ② 벨로우즈식
③ 부르동관식 ④ 다이어프램식

**1차 압력계(직접식)**
액주식, 분동식, 침종식, 링밸런스 식

**2차 압력계(간접식)**
탄성식, 전기식
① 탄성식 : 벨로우즈식, 다이어프램식, 부르동관식
② 전기식 : 전기저항식, 전기압식(피에조), 자기변형식(스트레인게이지)

**24** 보일러 이상증발의 원인과 가장 거리가 먼 것은?

① 보일러 용량에 비하여 연소장치가 작은 경우
② 증기 압력을 급격히 강하시킨 경우
③ 보일러수가 농축된 경우
④ 증기의 소비량이 급격히 증가한 경우

**보일러 이상증발의 원인**
① 증기 압력을 급격히 강하시킨 경우
② 보일러수가 농축된 경우
③ 증기의 소비량이 급격히 증가한 경우
④ 주증기 밸브를 급개한 경우
⑤ 고수위로 운전될 때
⑥ 보일러수에 불순물이 다량 함유되어 있는 경우

**25** 세관할 때 규산염 등의 경질 스케일의 경우 사용되는 용해촉진제로 알맞은 것은?

① $NH_3$  ② $Na_2CO_3$
③ 히드라진  ④ 불화수소(HF)

경질스케일(규산염, 황산염)은 염산에 잘 녹지 않으므로 용해촉진제 HF(불화수소)를 사용한다.

정답 22 ④  23 ①  24 ①  25 ④

**26** 보일러 급수에 있어 pH 농도에 따라 산성, 알칼리성으로 구분된다. 다음 중 산성, 알칼리성이 아닌 중성을 나타내는 농도를 표시한 값은?

① pH9
② pH11
③ pH5
④ pH7

**pH**
수소 이온화지수는 0~14까지이며, 7이 중성을 나타낸다.
- pH7 이하 : 산성
- pH7 : 중성
- pH7 이상 : 알칼리성

**27** 선택적 캐리오버(selective carry over)는 무엇이 증기에 포함되어 분출되는 현상을 의미하는가?

① 액적
② 거품
③ 탄산칼슘
④ 실리카

**캐리오버(carry over) 현상의 구분**
① 선택적 캐리오버 : 증기 속에 용해되어 있던 실리카(무수규산) 성분이 증기와 함께 송출되어지는 현상
② 기계적 캐리오버 : 작은 물방울(액적) 또는 거품이 증기와 함께 송출되는 현상

**28** 보일러 가스폭발을 방지하는 방법이 아닌 것은?

① 프리퍼지를 충분히 한다.
② 포스트퍼지를 충분히 한다.
③ 연료속의 수분이나 슬러지 등은 충분히 배출한다.
④ 보일러 수위를 낮게 유지한다.

**가스폭발 예방을 위한 유의사항**
① 프리퍼지 및 포스트퍼지를 충분히 시행한다.
② 연료속의 수분이나 슬러지 등은 충분히 배출한다.
③ 점화는 1회에 이루어 질 수 있도록 화력이 높은 것을 사용한다.
④ 특히 노내환기에 주의하여야 하고 실화 시에도 충분한 환기가 이루어진 뒤 점화한다.
⑤ 연료배관계통의 누설유무를 정기적으로 확인할 수 있도록 한다(비눗물 사용).
⑥ 전자밸브의 작동유무는 파열사고와 직결되므로 수시로 점검한다.

**29** 보일러 저온부식의 주요 원인이 되는 것은?

① 과잉공기 중의 질소 성분
② 연료 중의 바나듐 성분
③ 연료 중의 유황 성분
④ 연료의 불완전 연소

**고온부식과 저온부식의 비교**
① 고온부식 : 과열기, 재열기에서 발생하며 주원인 성분은 바나듐(V)이다(그 외 일부 나트륨(Na)과 유황(S)성분이 섞일 수 있으나 보통 무시한다).
② 저온부식 : 절탄기, 공기예열기에서 발생하며 주원인 성분은 유황(S)이다.

정답 26 ④ 27 ④ 28 ④ 29 ③

**30** 보일러의 과열기 온도가 일반적으로 약 몇 도 이상이 되면 바나듐에 의한 고온부식이 발생하는가?

① 200℃ 이상  ② 300℃ 이상
③ 400℃ 이상  ④ 500℃ 이상

**고온부식**
① 과열기, 재열기, 수관 보일러의 천장 등 고온 전열면에서 발생한다.
② 주 발생원인은 바나듐(V) 성분이며 온도는 약 550~600[℃]정도에서 일어나는 부식현상이다.

**저온부식**
① 공기예열기, 절탄기의 부대설비 및 수관이나 노통관 등에서 발생한다.
② 주 발생원인은 황산화물(S)이며 온도는 약 150~170[℃]정도에서 일어나는 부식현상이다.

**31** 보일러 안전밸브의 증기 누설 원인으로 가장 적합한 것은?

① 배관이 지나치게 길 때
② 압력이 지나치게 낮을 때
③ 밸브 디스크와 시트 사이에 이물질이 있을 때
④ 급수 펌프의 압력이 높을 때

**안전밸브 증기 누설 원인**
① 밸브와 시트의 가공이 불량한 경우
② 시트와 밸브 측이 이완된 경우
③ 스프링 장력 감소
④ 조정압력이 너무 낮은 경우
⑤ 밸브 디스크와 시트 사이에 이물질이 낀 경우

**32** 가스를 연료로 사용하는 보일러에서 배기가스 중의 일산화탄소는 이산화탄소에 대한 비율이 얼마 이하이어야 하는가?

① 0.2  ② 0.02
③ 0.002  ④ 0.0002

**보일러 계속사용 검사 중 운전성능 검사기준**
가스용 보일러 배기가스 중 일산화탄소(CO)의 이산화탄소($CO_2$)에 대한 비는 0.002 이하이어야 한다($CO/CO_2$ = 0.002 이하).

정답  30 ④  31 ③  32 ③

**33** 유체에 대한 베르누이 정리에서 유체가 가지는 에너지와 관계가 먼 것은?

① 압력에너지
② 속도에너지
③ 위치에너지
④ 질량에너지

> **베르누이 방정식**
> 모든 단면에 작용하는 위치 수두, 압력 수두, 속도 수두의 합은 항상 일정하다.
> $$H = \frac{P}{\gamma} + \frac{V^2}{2g} + Z$$
> 여기서, $H$ : 전 수두
> $\frac{P}{\gamma}$ : 압력 수두
> $\frac{V^2}{2g}$ : 속도 수두
> $Z$ : 위치 수두

**34** 밀폐된 용기 안에 비중이 0.8인 기름이 있고, 그 위에 압력이 0.5kgf/cm²인 공기가 있을 때 기름 표면으로부터 1m 깊이에 있는 한 점의 압력은 몇 kgf/cm²인가?

① 0.40
② 0.58
③ 0.60
④ 0.78

> $P = P_1 + P_2$
> $= 0.5 + (0.8 \times 1,000 \times 1 \times 10^{-4})$
> $= 0.58 [\text{kgf/cm}^2]$
> ※ 1,000[kg/m³]은 물의 밀도를 나타낸다.

**35** 배관 설비에 있어서 관경을 구할 때 사용하는 공식은?
(단, $V$ : 유속, $Q$ : 유량, $d$ : 관경)

① $d = \sqrt{\frac{\pi V}{4Q}}$
② $d = \sqrt{\frac{Q}{\pi V}}$
③ $d = \sqrt{\frac{4Q}{\pi V}}$
④ $d = \sqrt{\frac{VQ}{4\pi}}$

> $Q = A \cdot V = \frac{\pi D^2}{4} \cdot V$
> $\therefore D = \sqrt{\frac{4Q}{\pi V}}$
> 여기서, $Q$ : 유량[m³/s]
> $A$ : 면적[m²]
> $V$ : 속도[m/s]
> $\frac{\pi D^2}{4}$ : 원면적[m²]

**36** 스테판-볼츠만의 법칙에 따른 열복사(熱輻射)에너지는 절대온도의 몇 승에 비례하는가?

① 2
② 3
③ 4
④ 5

> **스테판-볼츠만 법칙**
> 완전 흑체에서의 복사열의 전달열은 절대온도 4승에 비례한다.

정답 33 ④ 34 ② 35 ③ 36 ③

**37** 열량(熱量) 1[kcal]를 일로 환산하면 약 몇 J인가?

① 427
② 4,187
③ 419
④ 41

1[kcal]= 4.18[kJ]이므로 대략 1[kcal]= 4,187[J]과 같다.

**단위 환산 유도공식**
① 1[kcal]의 공학단위 일량
$$W = J \cdot Q$$
$$= 427[kgf \cdot m/kcal] \times 1[kcal]$$
$$= 427[kgf \cdot m]$$
② 공학단위 일량을 절대단위로 변환
$$W = 427[kgf \cdot m] \times 9.806[m/s^2]$$
$$= 4,187.162[kg \cdot m \cdot m/s^2]$$
$$= 4,187.162[N \cdot m] = 4,187.162[J]$$

**38** 열전도율의 단위는 어느 것인가? (단, kcal : 열량, m : 길이, h : 시간, ℃ : 온도)

① $\dfrac{kcal}{m^2 \cdot h \cdot ℃}$
② $\dfrac{m^2 \cdot h \cdot ℃}{kcal}$
③ $\dfrac{kcal}{m \cdot h \cdot ℃}$
④ $\dfrac{m \cdot h \cdot ℃}{kcal}$

**열전도율**
두께 1[m]인 고체의 양쪽면 온도차가 1[℃]일 때, 고온에서 저온으로 1시간동안 이동한 열량의 비율로 단위는 [kcal/m·h·℃]이다.

**39** 외부와 열의 출입이 없는 열역학적 변화는?

① 정압변화
② 정적변화
③ 단열변화
④ 등온변화

**열역학적 변화**
① 정압(등압)변화 : 압력이 일정한 상태의 변화
② 정적(등적)변화 : 체적이 일정한 상태의 변화
③ 정온(등온)변화 : 온도가 일정한 상태의 변화
④ 단열(등엔트로피)변화 : 열의 출입이 없는 상태에서의 변화
⑤ 폴리트로픽 변화 : 변화 중의 압력과 비체적이 $PV^n = C$(일정)한 상태의 변화

정답 37 ② 38 ③ 39 ③

**40** 2MPa의 고압증기를 0.12MPa로 감압하여 사용하고자 한다. 감압밸브 입구에서의 건도가 0.9라고 할 때 감압 후의 건도는 약 얼마인가? (단, 감압과정을 교축과정으로 본다. 압력에 따른 비엔탈피는 다음과 같다)

| 압력 (MPa) | 포화수의 비엔탈피 (kJ/kg) | 포화증기의 비엔탈피 (kJ/kg) |
|---|---|---|
| 0.12 | 439.362 | 2,683.4 |
| 2 | 908.588 | 2,787.2 |

① 0.85  ② 0.89
③ 0.93  ④ 0.97

① 감압 전 습포화 증기의 엔탈피
$h_a = x(h'' - h') + h'$
$= 0.9(2,787.2 - 908.588) + 908.588$
$= 2,608.34[kcal/kg]$
② 감압 후 건도계산 : 감압밸브 전후의 과정이 교축과정이므로 엔탈피는 일정하다.
$x = \dfrac{h_a - h'}{h'' - h'}$
$= \dfrac{2,608.34 - 439.362}{2,683.4 - 439.362} = 0.97$

**41** 강관의 호칭법에서 스케줄 번호와 가장 관계가 가까운 것은?

① 관의 바깥지름  ② 관의 길이
③ 관의 안지름    ④ 관의 두께

**스케줄 번호(Schedule No)**
관의 두께를 표시하는 번호
$(Sch. No) = 10 \times \dfrac{P}{S}$
여기서, $P$ : 사용압력[kg/cm²]
$S$ : 허용응력[kg/mm²]

**42** 2개 이상의 엘보를 사용하여 신출을 흡수하는 이음은?

① 슬리브형 신축이음  ② 벨로스형 신축이음
③ 스위블형 신축이음  ④ 루프형 신축이음

**스위블 이음**
2개 이상의 엘보우를 조합하여 만든 형태의 신축이음으로 지웰이음이라고도 하며 신축량이 너무 큰 배관에서는 나사이음부가 헐거워져 누설의 우려가 있는 이음쇠이다.

**43** 다이헤드식 동력나사 절삭기로 할 수 없는 작업은?

① 관의 절단   ② 관의 접합
③ 나사 절삭   ④ 거스러미 제거

다이헤드형 동력나사 절삭기의 경우 거스러미 제거, 관의절단, 나사절삭 등의 작업을 연속적으로 행할 수 있다.

정답 40 ④ 41 ④ 42 ③ 43 ②

**44** 동관의 이음 방법으로 적합하지 않은 것은?

① 용접 이음  ② 납땜 이음
③ 플라스턴 이음  ④ 압축 이음

- 동관 이음방법 : 납땜 이음, 플레어 이음, 플랜지 이음
- 플라스턴 이음은 연관의 이음 방법에 속한다.

**45** 배관 지지구인 레스트레인트(restraint)의 종류가 아닌 것은?

① 브레이스  ② 앵커
③ 스토퍼  ④ 가이드

**레스트레인트**
관을 지지하며 열팽창에 의한 배관의 운동을 구속 또는 제한하는 관의 지지물
① 앵커(anchor) : 볼트를 콘크리트에 매설하여 관의 이동 및 회전을 방지하기 위해 지지점에 완전히 고정하는 장치로 진동이 심한 곳에 사용하는 장치이다.
② 스톱/스토퍼(stop/stopper) : 배관의 일정한 방향과 회전만 구속하고 다른 방향은 자유롭게 이동하게 하는 장치이다.
③ 가이드(guide) : 배관의 축방향 이동을 안내하고 직각 방향 운동을 구속하는데 사용하며 파이프랙(pipe rack) 위 배관의 곡관부분과 신축이음부에 설치한다.

**46** 급수배관 시공 중 수격작용 방지를 위한 시공으로 가장 적절한 것은?

① 공기실을 설치한다.
② 중력탱크를 사용한다.
③ 슬리브형 신축이음을 한다.
④ 배관구배를 1/200로 낮춘다.

**수격작용**
유속의 급격한 변화로 인하여 압력의 상승과 소음이 발생하는 현상으로 급수배관에서의 수격작용 방지를 위해 급히 열리고 닫히는 밸브 근처에 공기실을 설치하게 되고 이때 공기실의 공기가 압축되면서 스프링 작용을 하여 소음이나 충격을 방지할 수 있다.

**급수관의 수격작용 예방법**
① 관지름을 크게 하고, 배관구배는 1/250의 올림구배로 한다. 단, 옥상탱크식의 경우 내림구배로 한다.
② 굴곡배관을 적게 하고 굴곡배관부의 높은 곳에 공기빼기 밸브를 설치한다.
③ 급히 열리고 닫히는 밸브의 근처에 공기실을 설치하며, 공기실의 공기가 압축되면서 스프링 작용을 하여 소음이나 충격을 방지한다.

정답 44 ③ 45 ① 46 ①

**47** 연강용 피복 아크 용접봉의 종류와 기호가 맞게 짝지워진 것은?

① 일미나이트계 : E4302
② 고셀룰로오스계 : E4310
③ 고산화티탄계 : E4311
④ 저수소계 : E4316

**피복아크 용접봉의 종류**
① 일미나이트계 : E4301
② 라임티탄계 : E4303
③ 고셀룰로오스계 : E4311
④ 고산화티탄계 : E4313
⑤ 저수소계 : E4316
⑥ 철분 산화티탄계 : E4324
⑦ 철분 저수소계 : E4326
⑧ 철분 산화철계 : E4327
⑨ 특수계 : E4340

**48** 배관도에서 "EL-300TOP"로 표시된 것의 설명으로 옳은 것은?

① 파이프 윗면이 기준면보다 300mm 높게 있다.
② 파이프 윗면이 기준면보다 300mm 낮게 있다.
③ 파이프 밑면이 기준면보다 300mm 높게 있다.
④ 파이프 밑면이 기준면보다 300mm 낮게 있다.

**EL-300TOP**
파이프 윗면(TOP)이 기준면(EL)보다 300[mm] 낮다.

**49** $\sigma_u$를 극한강도, $\sigma_a$를 허용응력, $S$를 안전계수라고 할 때 이들 사이의 옳은 관계식은?

① $\sigma_a = S \cdot \sigma_u$
② $\sigma_a \cdot \sigma_u = 1/S$
③ $\sigma_u = S \cdot \sigma_a$
④ $\sigma_a \cdot \sigma_u = S$

• 안전율(안전계수) = $\dfrac{\text{인장강도(극한강도)}}{\text{허용응력}}$
• 인장강도(극한강도) = 안전율(안전계수) × 허용응력

**50** 주원료에 따른 내화벽돌의 종류가 아닌 것은?

① 납석질
② 마그네시아질
③ 반규석질
④ 벤토나이트질

• 산성 내화물 : 납석질, 점토질, 규석질, 반규석질, 지르콘질, 탄화규소질 등
• 염기성 내화물 : 마그네시아질, 돌로마이트질, 크롬-마그네시아질, 고점감람석질 등
• 중성내화물 : 고산화알루미늄질, 크롬질, 스피넬질, 탄소질 등
• 부정형 내화물 : 캐스터블, 플라스틱, 래밍믹스, 내화 피복제, 내화 몰타르 등

정답 47 ④ 48 ② 49 ③ 50 ④

**51** 다음 중 합성고무로 만든 패킹제는?

① 테프론  ② 네오프렌
③ 펠트   ④ 아스베스토스(asbestos)

**네오프렌**
천연고무와 비슷한 성질을 가진 합성고무로서 내유성, 내후성, 내산화성, 내열성 등이 우수하며, 석유용매에 대한 저항이 크고, 내열도는 −46[℃]~121[℃] 범위에서 안정한 패킹재이다.

**52** 에너지이용합리화법에서 목표에너지원단위를 설명한 것으로 가장 적합한 것은?

① 에너지를 사용하여 만드는 제품의 단위당 에너지사용 목표량
② 년간 사용하는 에너지와 제품 생산량의 비율
③ 년간 사용하는 에너지의 효율
④ 에너지 절약을 위하여 제품의 생산조절과 비용을 계산하는 것

**목표에너지원단위**
산업통상자원부장관은 에너지의 이용효율을 높이기 위하여 필요하다고 인정하면 관계 행정기관의 장과 협의하여 에너지를 사용하여 만드는 제품의 단위당 에너지사용목표량 또는 건축물의 단위면적당 에너지사용목표량(목표에너지원단위)을 정하여 고시하여야 한다.

**53** 에너지이용합리화법상 소형 온수보일러란 전열면적과 최고사용압력이 각각 얼마 이하인 보일러인가?

① $10m^2$, 0.35MPa   ② $14m^2$, 0.55MPa
③ $15m^2$, 0.45MPa   ④ $14m^2$, 0.35MPa

**소형 온수보일러**
전열면적 14[$m^2$] 이하이며, 최고사용압력 0.35[MPa] 이하의 온수를 발생하는 보일러

**54** 에너지이용합리화법에 의해 검사대상기기 검사를 받지 아니한 자에 대한 벌칙은?

① 2년 이하의 징역 또는 2천만원 이하의 벌금
② 1년 이하의 징역 또는 1천만원 이하의 벌금
③ 2천만원 이하의 벌금
④ 6개월 이하의 징역

**1년 이하의 징역 또는 1천만원 이하의 벌금**
① 검사대상기기의 제조, 설치, 개조, 설치장소 변경, 사용중지 후 재사용하려는 자가 검사를 받지 아니한 때
② 검사에 합격되지 아니한 검사대상기기 사용정지 명령을 위반한 자

정답  51 ②  52 ①  53 ④  54 ②

**55** 공정에서 만성적으로 존재하는 것은 아니고 산발적으로 발생하며, 품질의 변동에 크게 영향을 끼치는 요주의 원인으로 우발적 원인인 것을 무엇이라 하는가?

① 우연원인
② 이상원인
③ 불가피 원인
④ 억제할 수 없는 원인

**이상원인(Assignable Causes)**
작업자의 부주의 부적합품(불량품) 자재의 사용, 생산설비의 이상 등으로 산발적으로 발생하여 품질변동을 일으키는 것을 말한다(비확률적으로 나타난다).

**56** 계수 표준형 1회 샘플링 검사(KS A 3102)에 관한 설명 중 가장 거리가 먼 것은?

① 검사에 제출된 로트의 제조공정에 관한 사전 정보가 없어도 샘플링 검사를 적용할 수 있다.
② 생산자측과 구매자측이 요구하는 품질보호를 동시에 만족시키도록 샘플링 검사방식을 선정한다.
③ 파괴검사의 경우와 같이 전수검사가 불가능한 때에는 사용할 수 없다.
④ 1회만의 거래 시에도 사용할 수 있다.

**계수규준형 샘플링 검사(KS A 3102)**
로트에서 샘플링한 시료를 분석한 후 부적합품의 수가 합격판정개수($c$) 이하이면 로트를 합격, 초과하면 불합격으로 처리한다.
• 특징
① 1회만의 거래 시에 좋다.
② 로트에 관한 사전정보를 필요로 하지 않는다.
③ 파괴검사와 같은 전수검사가 불가능할 때 사용된다.
④ 생산자와 구매자 양쪽이 만족하도록 설계되어 있다.

**57** 어떤 공장에서 작업을 하는데 있어서 소요되는 기간과 비용이 다음 표와 같을 때 비용구배는 얼마인가? (단, 활동시간의 단위는 일(日)로 계산한다)

| 정상작업 | | 특급작업 | |
|---|---|---|---|
| 기간 | 비용 | 기간 | 비용 |
| 15일 | 150만원 | 10일 | 200만원 |

① 50,000원
② 100,000원
③ 200,000원
④ 300,000원

$$비용구배 = \frac{특급비용 - 정상비용}{정상시간 - 특급시간}$$
$$= \frac{2,000,000 - 1,500,000}{15 - 10}$$
$$= 100,000원$$

정답 55 ② 56 ③ 57 ②

**58** 방법시간측정법(MTM : Method Time Measurment)에서 사용되는 1TMU(Time Measurement Unit)는 몇 시간인가?

① 1/100,000시간  ② 1/10,000시간
③ 6/10,000시간  ④ 36/1,000시간

**MTM법의 시간치**
$1TMU = \dfrac{1}{100,000}$ 시간
$= 0.00001$ 시간
$= 0.0006$ 분
$= 0.036$ 초

**59** 품질특성을 나타내는 데이터 중 계수치 데이터에 속하는 것은?

① 무게  ② 길이
③ 인장강도  ④ 부적합품의 수

**데이터의 척도에 의한 분류**
① 계량치 : 데이터를 연속으로 셀 수 없는 형태로 측정되는 품질특성치(길이, 무게, 강도, 온도, 시간 등)
② 계수치 : 데이터를 비연속량으로 수량으로 세어지는 품질특성치(부적합품수, 부적합수)

**60** 다음 중 품질관리시스템에 있어서 4M에 해당하지 않는 것은?

① Man  ② Machine
③ Material  ④ Money

**제조품질 요소(4M)**
• Man : 작업자
• Machine : 설비
• Material : 자재/원재료
• Method : 작업방법

정답 58 ① 59 ④ 60 ④

# 3회 에너지관리기능장 실전모의고사 기출문제

**01** 보일러 급수펌프의 종류가 아닌 것은?

① 마찰펌프　　② 제트펌프
③ 원심펌프　　④ 실리코펌프

**보일러 급수펌프의 종류**
① 왕복동식 : 피스톤펌프, 플런저펌프, 다이어프램펌프, 웨어펌프, 워싱턴펌프
② 회전식 : 기어펌프, 나사펌프, 베인펌프
③ 원심식 : 터빈펌프, 볼류트펌프
④ 특수펌프 : 제트펌프, 와류(마찰)펌프, 에어리프트펌프

**02** 연료 및 연소 장치에 공기비($m$)가 적을 때의 특징 설명으로 틀린 것은?

① 불완전 연소가 되기 쉽다.
② 미연소 가스에 의한 가스 폭발과 매연이 발생한다.
③ 연소실 온도가 저하된다.
④ 미연소 가스에 의한 열 손실이 증가한다.

**공기비($m$ : 과잉공기계수)**
① 공기비($m$)가 적을 때의 특징
・불완전연소가 되기 쉽다.
・미연소 가스에 의한 가스 폭발과 매연 발생
・미연소 가스에 의한 열손실 증가
② 공기비($m$)가 클 때의 특징
・연소실 온도 저하
・배기가스량 증가로 열손실 증가
・배기가스 중 NO(일산화질소) 및 $NO_2$(이산화질소)가 많이 발생되어 부식촉진과 대기오염을 초래

**03** 보일러에 설치하는 압력계의 검사 시기가 맞지 않은 것은?

① 신설 보일러의 경우 압력이 오른 후에 검사한다.
② 점화 전이나 교체 후에 검사한다.
③ 프라이밍이나 포밍이 일어날 때나 의심이 날 때 검사한다.
④ 부르동관이 높은 열에 접촉했을 때 검사한다.

**압력계 검사 시기**
① 두 개가 설치된 경우 지시도가 다를 때
② 비수현상, 포밍 등으로 압력계에 영향이 있다고 판단될 때
③ 부르동관이 높은 열을 받았을 때
④ 신설 보일러의 경우 압력이 오르기 전
⑤ 계속사용 검사를 할 때
⑥ 장기간 휴지 후 사용하고자 할 때
⑦ 안전밸브의 실제분출압력과 설정압력이 맞지 않을 때
⑧ 점화 전이나 교체 후

**정답** 01 ④　02 ③　03 ①

**04** 어떤 보일러 통풍기의 풍량이 3,600m³/min, 통풍 압력이 35mmAq, 효율이 0.62이면 이 통풍기의 소요 동력은 약 얼마인가?

① 33.2kW
② 53.5kW
③ 63.4kW
④ 87.6kW

**펌프 및 송풍기의 동력**

$$kW = \frac{\gamma QH}{102 \times \eta} = \frac{QP}{102 \times \eta}$$

$$= \frac{3,600 \times 35}{102 \times 0.62 \times 60} = 33.2[kW]$$

여기서, $Q$ : 풍량[m³/s]
$\eta$ : 효율
$P$ : 압력[mmAq]
$\gamma$ : 비중량[kg/m³]
    = 물 : 1,000[kg/m³]
    (펌프의 양정을 준 경우 사용)
$H$ : 전양정[m](펌프인 경우 사용)
※ 단위환산 팁 : 1mmAq = 1kg/m²

**05** 피드백 자동 제어의 중심 부분으로 동작 신호를 받아서 제어계가 정해진 동작을 하는 데 필요한 신호를 만들어 내보내는 부분은?

① 조절부
② 조작부
③ 비교부
④ 검출부

**피드백 제어회로의 구성**
① 검출부 : 제어대상으로부터 압력이나 온도, 유량 등의 제어량을 검출하여 신호로 만드는 역할을 하는 부분
② 조절부 : 동작신호를 받아 규정된 동작을 하기 위한 조작신호를 만들어 조작부로 보내는 부분
③ 조작부 : 조절부에서 보낸 조작신호를 받아 조작량으로 변환하여 제어대상으로 보내는 부분
④ 비교부 : 기준입력신호와 주피드백량과의 차를 구하는 부분으로 제어량의 현재값이 목표치와 얼마만큼 차이가 나는가를 판단하는 부분

**06** 증기 과열기에 설치된 안전밸브의 취출압력은 어떻게 조정되어야 하는가?

① 보일러 본체의 안전밸브와 동시에 취출되도록 한다.
② 최고 사용압력 이상에서 취출되도록 한다.
③ 보일러 본체의 안전밸브보다 늦게 취출되도록 한다.
④ 보일러 본체의 안전밸브보다 먼저 취출되도록 한다.

증기과열기에 설치된 안전밸브의 취출압력은 보일러 본체의 안전밸브보다 먼저 취출되도록 조정해야 한다.

**정답** 04 ① 05 ① 06 ④

**07** 가압수식 세정 장치 중에서 목(throat)부의 처리 가스 속도가 60~90m/s 정도이고 집진 효율이 가장 높아서 그 사용 범위가 넓은 것은?

① 사이클론 스크러버
② 제트 스크러버
③ 전류형 스크러버
④ 벤튜리 스크러버

> **벤튜리 스크러버**
> 습식집진장치 중 가압수식 집진장치로 함진 가스를 벤튜리관의 목부분에서 유속을 60~90[m/s] 정도로 빠르게 하여 주변의 노즐을 통해 물을 흡입, 분사하여 액적과 입를 충돌시켜 집진 효과를 달성한다.

**08** 방이나 거실 바닥에 난방용 코일을 매설하여 열매를 통과시켜 난방하는 방식은?

① 직접난방  ② 간접난방
③ 개별난방  ④ 복사난방

> **복사난방**
> 패널난방이라고도 하며 건축물의 천장, 바닥, 벽 등에 가열코일을 매설하여 코일내 증기 및 온수 등의 열매체로 순환시켜 그 복사열에 의해 난방하는 방식이다.

**09** 중유의 연소 성상을 개선하기 위한 첨가제의 종류가 아닌 것은?

① 연소 촉진제    ② 착화 지연제
③ 슬러지 분산제  ④ 회분 개질제

> **중유 첨가제**
> ① 연소 촉진제 : 분무를 양호하게 한다.
> ② 안정제(슬러지 분산제) : 슬러지의 생성을 방지한다.
> ③ 탈수제 : 중유 속의 수분을 분리한다.
> ④ 회분 개질제 : 회분의 융점을 높여 고온부식을 방지한다.
> ⑤ 유동점 강하제 : 중유의 유동점을 낮추어 송유를 양호하게 한다.

**10** 연소 가스의 여열(餘熱)을 이용하여 보일러에 급수되는 물을 예열하는 장치는?

① 과열기   ② 재열기
③ 응축기   ④ 절탄기

> **절탄기(Economizer)**
> 배기(연소)가스의 여열을 이용하여 급수를 예열하는 장치

정답  07 ④  08 ④  09 ②  10 ④

**11** 보일러 설치, 시공 기준에 따라 보일러를 옥내에 설치하는 경우의 설명으로 잘못된 것은? (단, 소형 보일러가 아닌 경우임)

① 보일러는 불연성 물질의 격벽으로 구분된 장소에 설치해야 한다.
② 도시가스를 사용하는 경우는 환기구를 가능한 한 높이 설치한다.
③ 보일러에 설치된 계기들을 육안으로 관찰하는 데 지장이 없도록 충분한 조명 시설이 있어야 한다.
④ 연료를 보일러실에 저장할 때는 보일러와 1m 이상의 거리를 두어야 한다.

> 보일러를 옥내에 설치할 경우 연료를 저장할 때에는 보일러 외측으로부터 2m 이상 거리를 두거나 방화격벽을 설치하여야 한다. 단, 소형보일러의 경우 1m 이상 거리를 두거나 반격벽으로 할 수 있다.

**12** 특수 보일러인 열매체 보일러의 특징 중 틀린 것은?

① 관 내부의 열매체를 물 대신 다우삼, 수은 등을 사용한 보일러이다.
② 열매체 보일러는 동파의 우려가 없다.
③ 높은 압력 하에서 고온을 얻는 것이 특징이다.
④ 다른 보일러에 비해 부식의 정도가 적다.

> **특수열매체 보일러**
> 열매체를 물 대신 수은, 다우섬, 모빌섬, 카네크롤, 세큐리티53 등 특수열매체를 사용하여 증기를 발생시키는 보일러
> • 특징
> ① 저압에서 고온의 증기를 얻을 수 있다.
> ② 동결의 위험이 적다.
> ③ 안전밸브를 밀폐식으로 사용한다(인화성, 유독성, 증기를 발생시킬 수 있으므로).
> ④ 급수처리장치가 불필요하다.

**13** 보일러 연소 시 화염의 유무를 검출하는 연소 안전장치인 플레임 아이에 사용되는 검출 소자가 아닌 것은?

① CuS 셀　　② 광전관
③ CdS 셀　　④ PbS 셀

> **플레임 아이 종류**
> ① 황화카드뮴 셀(Cds cell)
> ② 황화납 셀(Pbs cell)
> ③ 광전관
> ④ 자외선 광전관

정답 11 ④　12 ③　13 ①

**14** 난방 부하 계산에 반드시 고려하여야 하는 것은?

① 인체로부터 발생하는 현열량
② 인체로부터 발생하는 잠열량
③ 형광등으로부터 발생하는 열량
④ 건축물의 벽체, 천장 등을 통해 외부로 방출되는 열량

**난방 부하 계산 시 고려사항**
① 건물의 위치
  • 건물의 방위 : 햇빛, 바람의 영향
  • 인근 건물, 지형 · 지물의 차폐 또는 반사에 의한 영향
② 천장 높이 : 실내바닥에서 천장까지의 높이
③ 건축구조 : 벽, 지붕, 바닥, 칸막이벽 등의 두께 및 보온상태, 이들 상호간의 배치관계
④ 주위 환경조건 : 벽, 지붕 등의 색상, 주위의 열발생원인 존재 여부

**15** 실내의 온도 분포가 균등하고 쾌감도가 높은 난방은?

① 온수난방　　② 증기난방
③ 온풍난방　　④ 복사난방

**복사난방**
패널난방이라고도 하며 건축물의 천장, 바닥, 벽 등에 가열코일을 매설하여 코일내 증기 및 온수 등의 열매체로 순환시켜 그 복사열에 의해 난방하는 방식이다.

**복사난방 특징**
① 장점
  • 높이에 따른 온도분포가 균일하다.
  • 동일 방열량에 대한 열손실이 적다.
  • 공기 등 미진을 태우지 않아 쾌감도가 좋다.
  • 방열기 등의 설치공간이 불필요하여 실내 공간의 이용율이 높다.
② 단점
  • 초기 설비비가 많이 든다.
  • 매입배관이므로 고장수리 및 점검이 어렵다.
  • 예열시간이 길어 부하변동에 대응하기 어렵다.
  • 표면부(시멘트, 모르타르층) 균열이 발생할 수 있다.

**16** 개방식 팽창탱크의 높이는 온수난방의 최고 높은 부분보다 최소 몇 m 이상 높은 곳에 설치하여야 하는가?

① 0.5　　② 1
③ 1.2　　④ 1.5

**개방식 팽창탱크**
보통온수 85~90[℃](100[℃] 이하)에 일반 주택 등에 사용되며, 최고층 방열기로부터 팽창탱크 수면까지 1[m] 이상 높이로 설치한다. 용량은 온수팽창량의 2~2.5배로 한다.
• 구성 : 급수관, 안전관(방출관), 배기관, 오버플로우관, 팽창관, 배수관

**정답** 14 ④　15 ④　16 ②

**17** 저압 증기난방 장치와 거리가 먼 것은?

① 공기 밸브　② 스팀 트랩
③ 응축수 펌프　④ 팽창탱크

**팽창탱크**
온수난방에서 온수의 팽창을 흡수하고 보충수를 공급하는 역할을 한다.

**18** 보일러 열정산 방법에서 출열 항목에 해당되는 것은?

① 공기의 현열　② 연료의 연소열
③ 연료의 현열　④ 발생 증기 보유열

**열정산 출열항목**
① 불완전연소에 의한 손실
② 발생 증기 보유열(유효출열)
③ 노벽 방사 손실
④ 배기가스에 의한 손실열(손실량이 가장 크다)
⑤ 미연소분에 의한 손실열

**암기법** 불, 발, 방, 배, 미

**열정산 입열항목**
① 연료의 저위발열량
② 연료의 현열
③ 연소용 공기의 현열
④ 급수의 현열(절탄기 사용 시)
⑤ 노내 분입증기에 의한 입열

**암기법** 연료, 공기, 물 증기(노내 분입)

**19** 굴뚝 높이 100m, 배기가스의 평균 온도 200℃, 외기 온도 27℃, 굴뚝 내 가스의 외기에 대한 비중을 1.05라 할 때 통풍력은?

① 26.3mmAq　② 29.3mmAq
③ 36.3mmAq　④ 39.3mmAq

**(약식)이론통풍력 계산공식**
배기가스 비중량을 대기에 대한 비중량으로 주어진 경우

$Z = 353H\left(\dfrac{1}{T_a} - \dfrac{r_g}{T_g}\right)$

$= 353 \times 100 \times \left(\dfrac{1}{273+27} - \dfrac{1.05}{273+200}\right)$

$= 39.305 \text{mmAq}$

**정답** 17 ④　18 ④　19 ④

**20** 수관실 보일러에서 전열면의 증발률($Be_1$)을 구하는 식은?

① $Be_1 = \dfrac{총\ 증기\ 발생량}{전열\ 면적}$

② $Be_1 = \dfrac{매시\ 실제\ 증기\ 발생량}{전열\ 면적}$

③ $Be_1 = \dfrac{전열\ 면적}{총\ 증기\ 발생량}$

④ $Be_1 = \dfrac{전열\ 면적}{매시\ 실제\ 증기\ 발생량}$

전열면 증발률($Be_1$) = $\dfrac{실제\ 증발량[kg/h]}{전열면적[m^2]}$
= $\dfrac{G}{H_A}[kg/m^2 \cdot h]$

**21** 보일러 난방 기구인 방열기에 대한 설명 중 틀린 것은?

① 주형방열기에는 2세주, 3세주, 4세주형의 3종류가 있다.
② EDR이란 상당 방열 면적으로 방열기의 크기를 나타낸다.
③ 벽걸이형 방열기는 벽면과 50~65mm 정도 간격을 두어 설치하는 것이 좋다.
④ 증기 방열기의 표준 상태에서 발생하는 표준 방열량은 650kcal/h·m²이다.

주형방열기의 종류
2주형, 3주형, 3세주형, 5세주형

**22** 증기 드럼 없이 초임계 압력 이상의 증기를 발생시키는 보일러는?

① 연관 보일러  ② 관류 보일러
③ 특수 열매체 보일러  ④ 이중 증발 보일러

관류 보일러
하나의 관계통에서 급수 펌프로 공급된 관수가 가열, 증발, 과열이 동시에 일어나는 형식의 초임계압력 보일러이다.

정답  20 ②  21 ①  22 ②

**23** 기체의 정압 비열과 정적 비열의 관계를 옳게 설명한 것은?

① 정압 비열이 정적 비열보다 항상 적다.
② 정압 비열이 정적 비열보다 항상 크다.
③ 정적 비열과 정압 비열은 항상 같다.
④ 정압 비열이 정적 비열은 거의 같다.

정압 비열($C_p$)이 정적 비열($C_v$) 보다 항상 크기 때문에 비열비 $k = \dfrac{C_p}{C_v}$ 는 항상 1보다 크다.

**24** 저온수난방 배관에 주로 사용되는 개방식 팽창탱크에 부착되지 않는 것은?

① 배기관  ② 팽창관
③ 안전밸브  ④ 급수관

**개방식 팽창탱크**

보통온수 85~90[℃](100[℃] 이하)에 일반 주택 등에 사용되며, 최고층 방열기로부터 팽창탱크 수면까지 1[m] 이상 높이로 설치한다. 용량은 온수팽창량의 2~2.5배로 한다(개방식 팽창탱크의 구성 : 급수관, 안전관(방출관), 배기관, 오버플로우관, 팽창관, 배수관).

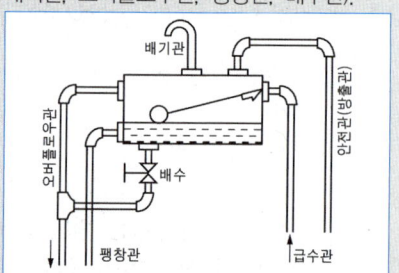

**25** 완전 기체(perfect gas)가 일정한 압력 하에서의 부피가 2배가 되려면 초기 온도가 27℃인 기체는 몇 ℃가 되어야 하는가?

① 54℃  ② 108℃
③ 300℃  ④ 327℃

**이상기체 상태방정식**

$\dfrac{P_1 V_1}{T_1} = \dfrac{P_2 V_2}{T_2}$ 에서 $P_1 = P_2$ 이므로,

$\dfrac{V_1}{T_1} = \dfrac{V_2}{T_2}$ 이다.

$\rightarrow V_1 = \dfrac{T_1 V_2}{T_2} = \dfrac{(273 + 27) \times 2V}{V_1} = 600[K]$

∴ 600 − 273 = 327[℃]

정답 23 ② 24 ③ 25 ④

**26** 펌프에서 물이 압송하고 있을 때 정전 등으로 급히 펌프를 멈추거나 조절 밸브를 급격히 개폐 시 유속이 급속히 변화하여 물에 의한 압력 변화가 생기는 현상은?

① 맥동 현상
② 캐비테이션
③ 양정 현상
④ 수격작용

**수격작용 발생원인(펌프)**
① 밸브의 급격한 개폐
② 펌프의 급격한 정지
③ 유속의 급변

**수격작용 방지방법(펌프)**
① 배관 내부의 유속을 낮춘다(배관의 지름을 크게 한다).
② 배관의 조압수조(surge tank)를 설치한다.
③ 펌프에 플라이휠(flywheel)을 설치한다.
④ 밸브를 송출구 가까이 설치하고 서서히 제어한다.
⑤ 급수관의 경우 공기실을 설치한다.

**27** 보일러 내부 부식의 발생 원인과 관계가 없는 것은?

① 급수 중에 불순물이 많을 때
② 보일러의 금속 재료에서 전위차가 발생될 때
③ 라미네이션에 의한 팽출이 있을 때
④ 청관제 사용법이 옳지 못할 때

**내부 부식 발생원인**
① 급수 중 유지류, 산류, 염류, 탄산가스 등 불순물이 함유된 경우
② 강재의 수측 표면에 녹이 생기면 국부적으로 전위차가 발생하며 이때 전류가 흘러 부식 될 수 있다(점식의 원인).
③ 청관제의 사용법이 옳지 못한 경우 급수의 질이 떨어지고 내부부식의 원인이 될 수 있다.
④ 강재 속에 함유된 유황(S)성분이나 인(P) 성분이 온도상승과 함께 산화되거나 녹이 생긴 경우
• 라미네이션 : 보일러 강판이나 관의 제작 시 속에 공기층이 들어가 두장의 층을 형성 하고 있는 상태로 외부부식에 속한다.

**28** 연소에 의해 일어나는 장해 중 고온 부식 방지 대책이 아닌 것은?

① 연료를 전처리하여 바나듐을 제거한다.
② 연료에 첨가제를 사용하여 바나듐의 융점을 높인다.
③ 전열면의 표면에 보호 피막 형성 또는 내식성 재료를 사용한다.
④ 공기비를 항상 많게 하여 운전한다.

**고온 부식 방지 대책**
① 연료 내의 바나듐 성분을 제거한다.
② 연료첨가제를 이용 바나듐(또는 회분)의 융점을 높인다.
③ 배기가스 온도를 적절하게 유지하거나 줄인다.
④ 전열면을 내식재로 피복한다.
⑤ 전열면의 표면 온도가 적정범위보다 높아지지 않도록 설계한다.

정답 26 ④ 27 ③ 28 ④

**29** 보일러 보존법에 대한 설명으로 틀린 것은?

① 만수 보존법은 단기간(2개월)의 휴지 시에 주로 사용하는 보존법이다.
② 보일러수를 전부 배출하여 내·외면을 청소한 후 장작을 가볍게 때서 건조시켜 보관한다.
③ 보일러의 휴지 기간이 장기간인 경우에는 건조 보존법이 적합하다.
④ 건조 보전법을 사용할 경우 흡습제로 페인트 또는 콜타르 등을 사용한다.

④ 건조 보전법의 흡습제 종류 : 생석회, 실리카겔, 염화칼슘, 활성알루미나, 오산화인

**30** 단위 질량당의 엔트로피를 표시하는 비엔트로피의 단위로 맞는 것은?

① kcal/kgf·K
② kgf·m/kgf
③ kcal/K
④ kcal/kgf

• 엔트로피($\Delta S$) = $\dfrac{\Delta Q}{T}$ [kcal/kgf·K]

**31** 보일러수 중에 포함된 실리카($SiO_2$)에 대한 설명으로 잘못된 것은?

① 알루미늄 등과 결합하여 여러 가지 형의 스케일을 형성한다.
② 저압 보일러에서는 알칼리도를 높여 스케일화를 방지할 수 있다.
③ 실리카 함유량이 많은 스케일은 연질이므로 제거가 쉽다.
④ 보일러수에 실리카가 많으면 캐리 오버 등으로 터빈 날개 등에 부착하여 성능을 저하시킬 수 있다.

**실리카**
스케일의 종류 중 보일러 급수 중의 칼슘 성분과 결합하여 규산칼슘을 생성하기도 하며, 실리카 성분이 많은 스케일은 대단히 경질이기 때문에 기계적 화학적으로 제거하기가 힘들다.
• 경질스케일 성분 : 규산염(실리카), 황산염
• 연질스케일 성분 : 탄산염(황토 흙이 퇴전된 형태)

정답 29 ④ 30 ① 31 ③

**32** 원형 직관에서 유체가 완전 난류로 흐르고 있을 때 손실수두는?

① 속도의 3제곱에 비례한다.
② 관 지름에 비례한다.
③ 관 길이에 반비례한다.
④ 관의 마찰 계수에 비례한다.

**원형관의 마찰손실**
달시-바이스바하(Darcy-Weisbach) 방정식
$$hl = f \times \frac{l}{d} \times \frac{V^2}{2g}$$
여기서, $hl$ : 손실수두[mH₂O]
$f$ : 관마찰계수
$l$ : 관길이[m]
$d$ : 관지름[m]
$g$ : 중력가속도[9.8m/s²]
위 공식에 의해 마찰손실은 관지름($d$), 중력가속도($g$)에 반비례하고, 마찰계수($f$), 속도수두($\frac{V^2}{2g}$), 관길이($l$)에 비례, 유속($V$) 2승에 비례함을 알 수 있다.

**33** 포화 증기의 온도가 485K일 때 과열도가 30℃라면, 이 과열 증기의 실제 온도는 몇 ℃인가?

① 182℃     ② 212℃
③ 242℃     ④ 272℃

과열도 = 과열증기온도 − 포화증기온도
과열증기온도 = 과열도 + 포화증기온도
= 30 + (485 − 273)
= 242[℃]

**34** 오르자트(Orsat) 가스 분석기로 직접 분석할 수 없는 성분은?

① N₂        ② CO
③ CO₂       ④ O₂

**오르자트 가스 분석계**
화학적 가스분석기로 배기가스 중 함유되어 있는 CO₂, O₂, CO 3가지 성분을 순서대로 측정한다.

**35** 카르노 사이클의 열효율 $\eta$, 공급 열량 $Q_1$, 배출 열량 $Q_2$라고 할 때 맞는 관계식은?

① $\eta = 1 + \frac{Q_2}{Q_1}$     ② $\eta = 1 - \frac{Q_2}{Q_1}$
③ $\eta = 1 - \frac{Q_1}{Q_2}$     ④ $\eta = \frac{Q_1 + Q_2}{Q_2}$

**카르노 사이클의 열효율**
$$\eta = \frac{Aw}{Q_1} = \frac{Q_1 - Q_2}{Q_1} = 1 - \frac{Q_2}{Q_1}$$
$$= \frac{T_1 - T_2}{T_1} = 1 - \frac{T_2}{T_1}$$

정답 32 ④  33 ③  34 ①  35 ②

**36** 수중에서 받는 압력은 그 깊이에 무엇을 곱한 값인가?

① 체적　　② 면적
③ 부피　　④ 비중량

> **압궤**
> 수중(물속)에서 받은 압력은 그 깊이($h$)[m]에 물의 비중량($\gamma$)[kgf/m³]을 곱한 값과 같다.
> $P[\text{kgf/m}^2] = \gamma[\text{kgf/m}^3] \times h[\text{m}]$

**37** 노통 연관식 보일러에서 노통의 상부가 압궤되는 주된 요인은?

① 수처리 불량　　② 저수위 차단 불량
③ 연소실 폭발　　④ 과부하 운전

> **압궤**
> 보일러 본체의 화염에 접하는 부분이 과열된 결과 외부의 압력에 의해 짓눌리는 현상(발생 위치 : 노통, 연소실, 연관, 관판)
> ∴ 저수위시 과열로 인한 압궤를 방지하기 위해 빠르게 차단해야 한다.

**38** 가성 취화 현상을 가장 적절하게 설명한 것은?

① 물과 접촉하고 있는 강재의 표면에서 철 이온이 용출하여 부식되는 현상이다.
② 보일러판의 리벳 구멍 등에 농후한 알칼리 작용에 의해 강 조직을 침범하여 균열이 생기는 현상이다.
③ 청관제인 탄산나트륨을 과다하게 공급하여 보일러수가 알칼리화되어 부식되는 현상이다.
④ 보일러 강판과 관이 화염의 접촉으로 화학 작용을 일으켜 부식되는 현상이다.

> **가성취화**
> 고온·고압 리벳 보일러에서 일어나는 부식으로 보일러 수중에 분해되어 생긴 가성소다(NaOH)가 과도하게 농축되면 수산화이온(OH⁻)이 많아져 보일러수가 강알칼리성을 띄게 되며 이것이 강재와 작용하여 생기는 나트륨(Na)이 강재의 결정입계를 침해하여 재질을 열화, 취화시키는 것으로 주로 수면과 접촉한 수면하단부나 리벳이음부에서 발생되는 부식으로 용접 보일러에서는 발생하지 않는다.

**39** 보일러에서 슬러지 조정 목적의 청관제로 사용되는 약품이 아닌 것은?

① 탄닌　　② 리그린
③ 히드라진　　④ 전분

> • 슬러지 조정제 : 스케일 생성을 예방하며 분출이 용이하도록 사용하는 처리제로 탄닌, 리그린, 녹말(전분) 등을 사용한다.
> • 히드라진은 탈산소제로 사용된다.

**정답** 36 ④ 37 ② 38 ② 39 ③

**40** 보일러에서 열의 전달 방법 중 대류에 의한 열전달 설명으로 틀린 것은?

① 온도가 다른 고체와 유체가 서로 접촉하고 있을 때 유체의 유동이 생기면서 열이 이동하는 현상을 말한다.
② 대류 열전달을 나타내는 기본 법칙은 뉴턴의 냉각 법칙(Newton's Law of cooling)이다.
③ 전자파의 형태로 한 물체에서 다른 물체로 열이 전달되는 현상을 말한다.
④ 대류 열전달 계수의 단위는 $kcal/m^2 \cdot h \cdot ℃$이다.

③은 복사 열전달에 대한 설명이다.

**41** 피복 아크 용접에서 자기 쏠림 현상을 방지하는 방법으로 옳은 것은?

① 직류 용접을 사용할 것
② 접지점을 될 수 있는 대로 용접부에서 멀리할 것
③ 용접봉 끝을 아크 쏠림과 동일 방향으로 기울일 것
④ 긴 아크를 사용할 것

**자기 쏠림 현상**
용접 중 아크가 전류의 자기작용에 의해 한쪽으로 쏠리는 현상

**자기 쏠림 현상 방지방법**
① 직류을 하지 말고 교류용접을 할 것
② 접지점을 될 수 있는 한 용접부에서 멀리할 것
③ 긴용접 시 후퇴법을 이용하여 용접할 것
④ 가능한 짧은 아크를 이용할 것

**42** 과열 증기관과 같이 사용 온도가 350℃를 넘는 고온 배관에 사용되는 관은?

① SPPH
② SPPS
③ SPHT
④ SPLT

① SPPH : 고압배관용 탄소강관 – 압력 10MPa ($100kg/cm^2$) 이상에 사용되는 배관
② SPPS : 압력배관용 탄소강관 – 압력 1~10MPa(10~$100kg/cm^2$)정도에 사용되는 배관
③ SPHT : 고온배관용 탄소강관 – 온도 350℃ 이상 고온에 사용되는 배관
④ SPLT : 저온배관용 탄소강관 – 빙점 이하의 저온용으로 사용되는 배관

정답 40 ③ 41 ② 42 ③

**43** 다음 중 스폴링성의 종류가 아닌 것은?

① 열적 스폴링  ② 조직적 스폴링
③ 화학적 스폴링  ④ 기계적 스폴링

**스폴링 현상(spalling)**
내화물(내화벽돌 등)사용 중 조우하는 여러 가지 조건에 의해 내화물 내부에 생기는 변형 때문에 균열을 일으켜 표면에서 소편이나 소괴가 벗겨져 떨어져나가고 그에 의해 내화물 내부가 노출되는 것을 말한다.
• 종류
 ① 열적 스폴링 : 내화물이 가열 또는 냉각될 때의 온도 급변으로 인해 변형이 생기고 표면에 균열이 일어나는 현상
 ② 기계적 스폴링 : 온도의 상승에 따른 팽창에 의해 내화물간 압력이 작용하고 이 압력 등이 고르지 않아 내화물이 파쇄되는 현상
 ③ 조직적 스폴링 : 내화물에 화학적 슬래그 등의 침투에 의해 조직의 변화가 일어나고 이로 인해 균열이 일어나는 현상

**44** 에너지 진단 결과 에너지 다소비사업자가 에너지관리기준을 지키지 아니하여 개선 명령을 받는 경우에는 개선 명령일로부터 몇 일 이내에 개선 계획을 수립·제출하여야 하는가?

① 60일  ② 45일
③ 30일  ④ 15일

에너지 다소비사업자가 개선명령을 받은 때는 개선 명령일부터 60일 이내 개선계획을 수립하여 산업통상자원부장관에게 제출하고 그 결과를 개선기간 만료일부터 15일 이내에 산업통상자원부장관에게 통보하여야 한다.

정답 43 ③ 44 ①

**45** 열사용기자재 관리규칙에서 정한 열사용 기자재인 것은?

① 「전기용품안전관리법」 및 「약사법」의 적용을 받는 2종 압력 용기
② 「철도사업법」에 따른 철도 사업을 하기 위하여 설치하는 기관차 및 철도 차량용 보일러
③ 「석탄사업법 시행령」 제2조 제2호에 따른 연탄을 연료로 사용하여 온수를 발생시키는 금속제 구멍탄용 온수 보일러
④ 「선박안전법」에 따라 검사를 받는 선박용 보일러 및 압력 용기

③의 온수를 발생시키는 금속제 구멍탄용 온수 보일러는 열사용 기자재에 속한다.

**열사용기자재에서 제외되는 사항**
① [전기사업법]에 따른 전기사업자가 설치하는 발전소의 발전전용 보일러 및 압력용기 다만, [집단에너지사업법]을 적용받는 발전전용 보일러 및 압력용기와 [신에너지 및 재생에너지 개발·이용·보급 촉진법]에 따른 신재생에너지를 발전에 이용하는 발전전용 보일러 및 압력용기는 열사용기자재에 포함한다.
② [철도사업법]에 따른 철도사업을 하기 위하여 설치하는 기관차 및 철도차량용 보일러
③ [고압가스 안전관리법] 및 [액화석유가스의 안전관리법 및 사업법]에 따라 검사를 받는 보일러 및 압력용기
④ [선박안전법]에 따라 검사를 받는 선박용 보일러 및 압력용기
⑤ [전기용품안전 관리법] 및 [약사법]의 적용을 받는 2종압력용기
⑥ 이 규칙에 따라 관리하는 것이 부적합하다고 산업통상자원부장관이 인정하는 수출용 열사용 기자재

**46** 내열 범위가 −30~130℃로서 증기, 기름, 약품 배관에 사용되는 나사용 패킹은?

① 페인트    ② 일산화연
③ 액상 합성수지    ④ 고무

**액상 합성수지**
내열범위가 −30~130[℃] 정도로 약품에 강하고 내유성이 강해 증기, 기름, 약품 배관에 사용된다.

**47** 탄소강에서 청열 취성이 발생하는 온도 범위로 가장 적절한 것은?

① 100~200℃    ② 200~300℃
③ 400~500℃    ④ 800~1,000℃

**청열 취성**
탄소강의 경우 300[℃] 부근에서 인장강도 및 경도가 최대치를 나타내고 연신율 및 단면 수축률은 최소치를 보인다. 이 온도부근에서는 상온보다 취약한 성질을 가지게 되는데 이로 인해 발생하는 취성을 청열 취성이라 한다.

정답 45 ③ 46 ③ 47 ②

**48** 관 지지 장치 중 빔에 턴버클을 연결한 장치로 수직 방향에 변위가 없는 곳에 사용하는 것은?

① 스프링 행거  ② 리지드 행거
③ 콘스탄트 행거  ④ 플랜지 행거

**행거(Hanger)**
① 리지드 행거(rigid hanger) : I(아이) 빔에 턴버클을 연결하여 관을 매다는 형태로 상하방향의 변위가 없는 곳에 사용한다.
② 스프링 행거(spring hanger) : 턴버클 대신 스프링을 사용한 것으로 충격, 진동 등을 흡수할 수 있다.
③ 콘스탄트 행거(constant hanger) : 배관의 상하 이동을 어느 정도 허용하는 구조로 만들어 관의 지지력을 일정하게 한 것으로 중추식과 스프링식이 있다.

**49** 파이프 렌치의 크기가 250mm라고 할 때 250mm의 의미를 가장 적절하게 설명한 것은?

① 최소 사용할 수 있는 관의 호칭 규격이 250mm이다.
② 물림부를 제외한 자루의 길이가 250mm이다.
③ 조(jaw)가 닫혀 있는 상태에서 전 길이가 250mm이다.
④ 조(jaw)를 최대로 벌린 전 길이가 250mm이다.

파이프 렌치의 크기 표시는 조(jaw)를 최대한 벌려놓은 상태의 전체 길이로 표시한다.

**50** 용접식 관 이음쇠인 롱 엘보(long elbow)의 곡률 반지름은 강관 호칭 지름의 몇 배인가?

① 1배  ② 1.5배
③ 2배  ④ 2.5배

**맞대기 용접용 엘보의 곡률 반지름**
① 롱 엘보(long elbow) : 강관 호칭지름의 1.5배
② 숏 엘보(short elbow) : 강관의 호칭지름

정답 48 ② 49 ④ 50 ②

**51** 온수난방 설비에서 배관 방식에 따라 분류한 단관식과 복관식에 대한 특징 설명으로 틀린 것은?

① 단관식에서 연료 탱크는 버너보다 위에 설치해 주어야 한다.
② 복관식은 인접 방열기에 영향을 주지 않으며 방열량의 조절이 쉽다.
③ 단관식은 인접 방열기의 개폐 시 온도차가 발생할 수 있다.
④ 복관식은 온수의 공급과 귀환을 동일관을 이용하여 행하는 방법이다.

- 단관식 : 증기와 응축수를 동일 관 속에 흐르게 하는 방식
- 복관식 : 증기와 응축수관을 별도로 설치하는 방식

**52** 가스 절단에서 표준 드래그(drag) 길이는 보통 판 두께의 어느 정도인가?

① 1/3　　② 1/4
③ 1/5　　④ 1/6

드래그(drag : 절단거리의 차이)
가스절단면에서 절단기류의 입구점에서 출구점 사이의 수평거리로 판 두께의 1/5(20%)정도가 된다(절단면의 일정간격 곡선이 진행방향으로 나타남).

**53** 에너지이용 합리화법상 검사 대상기기 설치자가 검사 대상기기 조종자를 선임하지 않았을 때의 벌칙에 해당되는 것은?

① 5백만 원 이하의 벌금
② 1천만 원 이하의 벌금
③ 1년 이하의 징역 또는 1천만 원 이하의 벌금
④ 2천만 원 이하의 벌금

에너지이용합리화법상 검사대상기기 조종자를 선임하지 아니한 자에 대한 벌칙은 1천만원 이하의 벌금에 처한다.

**54** 온수난방 방열기에 부착되는 부속은?

① 유니언 캡　　② 냉각 러그
③ 리프트 피팅　　④ 공기빼기 밸브

온수난방용 방열기 입구측 반대 상부에 공기 빼기 밸브를 부착하여 방열기에 체류할 수 있는 공기를 배제하고 온수의 순환을 양호하게 한다.

**정답** 51 ④　52 ③　53 ②　54 ④

**55** 다음 검사의 종류 중 검사 공정에 의한 분류에 해당되지 않는 것은?

① 수입검사   ② 출하검사
③ 출장검사   ④ 공정검사

**샘플링 검사분류**
① 검사가 행해지는 공정에 의한 분류 : 수입(구입)검사, 공정(중간)검사, 최종(완성)검사, 출하검사
② 검사가 행해지는 장소에 의한 분류 : 정위치검사, 순회검사, 출장(외주)검사
③ 검사의 성질에 의한 분류 : 파괴검사, 비파괴검사, 관능검사
④ 검사방법에 의한 분류 : 전수검사, 무검사, 로트별 샘플링검사, 관리 샘플링검사, 자주검사
⑤ 검사항목에 의한 분류 : 수량검사, 중량검사, 성능검사, 치수검사, 외관검사

**56** 품질 관리 기능의 사이클을 표현한 것으로 옳은 것은?

① 품질 개선 – 품질 설계 – 품질 보증 – 공정 관리
② 품질 설계 – 공정 관리 – 품질 보증 – 품질 개선
③ 품질 개선 – 품질 보증 – 품질 설계 – 공정 관리
④ 품질 설계 – 품질 개선 – 공정 관리 – 품질 보증

**품질 관리 4대 기능(PDCA cycle)**
품질 설계(Plan) → 공정 관리(Do) → 품질 보증(Check) → 품질 개선(Action)

**57** 다음 중 계수값 관리도가 아닌 것은?

① $c$ 관리도   ② $p$ 관리도
③ $u$ 관리도   ④ $x$ 관리도

**계수값 관리도**
① $np$(부적합품수) 관리도
② $p$(부적합품률) 관리도
③ $c$(부적합수) 관리도
④ $u$(단위당 부적합수) 관리도

정답 55 ③ 56 ② 57 ④

**58** 다음 [표]는 A 자동차 영업소의 월별 판매 실적을 나타낸 것이다. 5개월 단순 이동평균법으로 6월의 수요를 예측하면 몇 대인가?

(단위 : 대)

| 월 | 1 | 2 | 3 | 4 | 5 |
|---|---|---|---|---|---|
| 판매량 | 100 | 110 | 120 | 130 | 140 |

① 120  ② 130
③ 140  ④ 150

**이동평균법**

예측치 $F_t = \dfrac{\text{기간의 실적치}}{\text{기간의 수}}$

$= \dfrac{100 + 110 + 120 + 130 + 140}{5}$

$= 120$

**59** 부적합품률이 1%인 모집단에서 5개의 시료를 랜덤하게 샘플링할 때, 부적합품수가 1개일 확률은 약 얼마인가? (단, 이항 분포를 이용하여 계산한다)

① 0.048  ② 0.058
③ 0.48   ④ 0.58

**이항분포**

$P = 0.01$, 5개($n$)의 시료를 뽑았을 때 부적합품수가 1개($x$)가 나올 확률

$P_r(x) = \binom{n}{x} P^x (1-P)^{n-x}$

$= {}_nC_x P^x (1-P)^{n-x}$

$\therefore {}_5C_1 (0.01)^1 (1-0.01)^{5-1} = 0.048$

**60** 다음 중 반즈(Ralph M. Barnes)가 제시한 동작 경제의 원칙에 해당되지 않는 것은?

① 표준 작업의 원칙
② 신체의 사용에 관한 원칙
③ 작업장의 배치에 관한 원칙
④ 공구 및 설비의 디자인에 관한 원칙

**동작경제의 원칙**
① 신체의 사용에 관한 원칙
② 작업장의 배치에 관한 원칙
③ 공구류 및 설비의 설계에 관한 원칙

정답 58 ① 59 ① 60 ①

# 4회 에너지관리기능장 실전모의고사 기출문제

**01** 강제 순환 보일러의 특징 설명으로 가장 거리가 먼 것은?

① 순환 속도를 빠르게 설계할 수 없어 열 전달율이 낮다.
② 기수 혼합물의 순환 경로 저항을 감소시킬 필요가 없으므로 자유로운 구조의 선택이 가능하다.
③ 고압 보일러에 대하여서도 효율이 좋으며 증기 발생이 양호하다.
④ 수관의 과열 방지를 위해서 각 수관에 물이 균일하게 흘러야 한다.

**강제 순환식 보일러**
순환펌프를 이용하므로 중력환수식 배관방식에 비해 순환이 빠르고 균일하게 난방 및 급탕을 할 수 있다.

**02** 전열 면적 50m², 증기 발생량 3,000kg/h, 사용 압력 0.7MPa인 보일러의 전열면 증발률은 몇 kg/m²h 인가?

① 7  ② 10
③ 30  ④ 60

전열면 증발률$(Be_1) = \dfrac{\text{실제증발량[kg/h]}}{\text{전열면적[m}^2\text{]}}$

$= \dfrac{G}{H_A} [\text{kg/m}^2 \cdot \text{h}]$

$\therefore Be_1 = \dfrac{3,000}{50} = 60 [\text{kg/m}^2\text{h}]$

**03** 일반적으로 보일러의 열 손실 중 최대인 것은?

① 배기가스에 의한 열 손실
② 불완전 연소에 의한 열 손실
③ 방열(放熱)에 의한 열 손실
④ 미연분에 의한 열 손실

**열정산 출열항목**
① 불완전 연소에 의한 손실
② 발생증기 보유열(유효출열)
③ 노벽 방사 손실
④ 배기가스에 의한 손실열(손실량이 가장 크다)
⑤ 미연소분에 의한 손실열

암기법 불, 발, 방, 배, 미

정답 01 ① 02 ④ 03 ①

04 열적 검출 방식으로 화염의 발열 현상을 이용한 것으로 연소 온도에 의해 화염의 유무를 검출하고 감온부는 바이메탈을 사용한 검출기는?

① 플레임 아이  ② 스택 스위치
③ 플레임 로드  ④ 광전관

**화염검출기의 종류**
① 플레임 아이 : 화염의 발광(광학적 성질)현상 이용
② 플레임 로드 : 화염의 이온화(전기전도성) 현상 이용
③ 스택 스위치 : 연도에 바이메탈을 설치한 방식으로 화염의 발열(열적변화)체 이용한 방식

05 증기 보일러에서 증기 압력 초과를 방지하기 위해 설치하는 밸브는?

① 개폐 밸브  ② 역지 밸브
③ 정지 밸브  ④ 안전 밸브

**안전 밸브**
보일러의 증기압이 이상 상승 시 증기압을 외부로 분출하여 보일러 파열사고를 미연에 방지하기 위한 장치

06 보일러의 자동 제어에서 증기 압력 제어는 어떤 양을 조작하는가?

① 노 내 압력량과 기압량
② 급수량과 연료 공급량
③ 수위량과 전열량
④ 연료 공급량과 연소용 공기량

**보일러 자동 제어의 제어량과 조작량과의 관계**

| 종류 | 제어량 | 조작량 |
|---|---|---|
| 증기온도제어 (S.T.C) | 증기온도 | 전열량 |
| 급수제어 (F.W.C) | 보일러수위 | 급수량 |
| 자동연소제어 (A.C.C) | 증기압력 | 연료량, 공기량 |
| | 노내 압력 | 연소가스량 |

정답 04 ② 05 ④ 06 ④

**07** 온수난방용 순환펌프 설치 시 시공 요령으로 틀린 것은?

① 순환펌프의 모터 부분은 수평으로 설치해야 한다.
② 순환펌프 양측은 보수 정비를 위해 밸브를 설치한다.
③ 순환펌프는 보일러 동체, 연도 등에 의한 방열에 의해 영향을 받을 우려가 없을 곳에 설치해야 한다.
④ 순환펌프는 방출관 및 팽창관의 작용을 차단할 수 있어야 한다.

**순환펌프 설치 방법**
① 순환펌프의 모터 부분은 수평으로 설치한다.
② 순환펌프의 흡입측에는 여과기를 설치하고, 펌프의 양측에 정비를 위한 밸브를 설치하여야 한다.
③ 순환펌프는 보일러 동체, 연도 등에 의한 발열량에 의해 영향을 받을 우려가 없는 곳에 설치해야 한다.
④ 순환펌프는 방출관 및 팽창관의 작용을 폐쇄하거나 차단해서는 안 되며 환수주관에 설치함을 원칙으로 한다.
⑤ 순환펌프의 흡입측에 펌프 자체의 공기빼기 장치가 없을 때는 공기빼기 밸브를 만들어 공기를 제거할 수 있도록 한다.
⑥ 순환펌프는 바이패스 회로를 설치하여야 한다. 단, 자연순환이 가능한 구조에서는 바이패스를 설치하지 않을 수 있다.

**08** 방열기 호칭에서 벽걸이 수직형을 나타내는 표시는?

① W-H     ② W-V
③ W-Ⅲ     ④ Ⅲ-H

**방열기 호칭 기호**

| 종별 | 기호 |
|---|---|
| 2주형 | Ⅱ |
| 3주형 | Ⅲ |
| 3세주형 | 3 |
| 5세주형 | 5 |
| 벽걸이형(수직) | W-V |
| 벽걸이형(수평) | W-H |

**09** 일반적인 연소에 있어서 이론 공기량 $A_o$, 실제 공기량 $A$, 공기비 $m$이라 할 때 공기비를 구하는 식은?

① $m = \dfrac{A_o}{A} - 1$     ② $m = \dfrac{A_o}{A} + 1$
③ $m = \dfrac{A_o}{A}$         ④ $m = \dfrac{A}{A_o}$

**공기비($m$ : 공기 과잉계수)**
실제 공기량과 이론 공기량과의 비
공기비($m$) = $\dfrac{\text{실제 공기량}(A)}{\text{이론 공기량}(A_o)}$

**정답** 07 ④  08 ②  09 ④

**10** 보일러 설치 시 만족시켜야 하는 조건으로 틀린 것은?

① 보일러의 사용 압력은 특별한 경우에는 최고 사용 압력을 초과할 수 있도록 설치해도 된다.
② 기초가 약하여 내려앉거나 갈라지지 않아야 한다.
③ 수관식 보일러의 경우 전열면을 청소할 수 있는 구멍이 있어야 한다. 다만, 전열면의 청소가 용이한 구조인 경우에는 예외로 한다.
④ 강 구조물은 접지되어야 하고 빗물이나 증기에 의하여 부식이 되지 않도록 적절한 보호 조치를 하여야 한다.

① 보일러의 사용 압력은 특별한 경우에도 그 최고사용압력을 초과하지 않도록 설치하여야 한다.

**11** 증기난방과 비교한 온수난방의 특징 설명으로 틀린 것은?

① 난방 부하의 변동에 따른 온도 조절이 용이하다.
② 방열기의 표면 온도가 낮아 화상의 위험이 적다.
③ 예열 시간 및 냉각 시간이 짧다.
④ 방열 면적이 다소 많이 필요하다.

**증기난방과 비교한 온수난방의 특징**
① 예열시간이 길다.
② 방열량 조절이 용이하다(온도조절이 용이).
③ 동결의 위험이 적다.
④ 방열면적이 많이 필요하고 취급이 쉽다.
⑤ 건축물의 높이에 제한을 받는다.
⑥ 방열기 표면온도가 낮아 화상의 위험이 적다.

**12** 보일러용 연료로 사용되는 도시가스 중 LNG의 주성분은?

① $C_3H_8$  ② $CH_4$
③ $C_4H_{10}$  ④ $C_2H_2$

• 액화천연가스(LNG)의 주성분 : 메탄($CH_4$)
• 액화석유가스(LPG)의 주성분 : 프로판($C_3H_8$), 부탄($C_4H_{10}$)

**13** 수관식 보일러 중 기수 드럼 2~3개와 수드럼 1~2개를 갖고 있으며, 곡관이므로 열팽창에 대한 신축이 자유롭고 기수 드럼과 수드럼이 거의 수직으로 설치되는 보일러는?

① 야로우 보일러(Yarrow boiler)
② 가르베 보일러(Garbe boiler)
③ 다쿠마 보일러(Dakuma boiler)
④ 스터링 보일러(Stirling boiler)

**스터링 보일러**
급경사 곡관식 보일러로 상부에 기수 드럼 2~3개와 하부에 수드럼 1~2개를 설치하여 관의 양단을 구부려 각 드럼에 수직으로 결합시킨 보일러로 곡관의 열팽창에 대한 신축이 자유롭고 순환이 양호하다.

정답  10 ① 11 ③ 12 ② 13 ④

**14** 수면계 중 1개를 다른 종류의 수면 측정 장치로 할 수 있는 경우는?

① 최고 사용 압력 5MPa 이하의 보일러로 동체의 안지름이 1,000mm 미만인 경우
② 최고 사용 압력 1MPa 이하의 보일러로 동체의 안지름이 1,000mm 미만인 경우
③ 최고 사용 압력 5MPa 이하의 보일러로 동체의 안지름이 750mm 미만인 경우
④ 최고 사용 압력 1MPa 이하의 보일러로 동체의 안지름이 750mm 미만인 경우

**수면계 설치 개수**
① 증기보일러는 2개(소용량 및 소형관류 보일러는 1개) 이상의 유리수면계를 부착하여야 한다. 다만, 단관식 관류보일러는 제외한다.
② 증기 보일러에는 2개(소용량 및 1종 관류 보일러는 1개) 이상의 유리 수면계를 보일러 내의 수위를 육안으로 확인할 수 있도록 동일한 높이에 나란히 부착하여야 한다.
③ 최고사용압력 1[MPa](10[kg/cm$^2$]) 이하로서 동체 안지름 750[mm] 미만인 경우에 있어서 수면계 중 1개는 다른 종류의 수면 측정장치로 할 수 있다.
④ 2개 이상의 원격지시 수면계를 부착한 경우 유리수면계를 1개 이상으로 할 수 있다.

**15** 보일러 집진기 중 함진 가스에 선회 운동을 주어 분진 입자에 작용하는 원심력에 의하여 입자를 분리하는 집진 방법은?

① 중력 하강법  ② 관성법
③ 사이클론법  ④ 원통 여과법

**집진장치의 종류**
① 중력 침강식 : 함진 공기를 장치 내의 넓은 공간으로 인도하여 유속을 감소시켜 대형 입자를 자연 침강시키는 방식의 집진장치
② 관성력식 : 분진가스를 방해판 등에 충돌시키거나 급격한 방향전환 등에 의해 매연을 분리 포집하는 집진 방법
③ 사이클론식(원심력식) : 함진가스에 선회력을 부여하여 분진입자에 작용하는 원심력에 의해 입자를 분리하는 집진장치

**16** 보일러에 매연을 털어 내는 매연 분출 장치가 아닌 것은?

① 롱 리트랙터블형  ② 숏 리트랙터블형
③ 정치 회전형  ④ 튜브형

**수트 블로워(Soot Blower)**
전열면에 부착된 그을음을 제거하는 장치로 증기분사·공기분사·물분사 형식이 있으며 주로 수관식 보일러에 사용된다.
• 종류
① 롱 리트랙터블형(장발형)
② 숏 리트랙터블형(단발형)
③ 건타입형
④ 로터리형(정치회전형)
⑤ 에어히터클리너형

**정답** 14 ④  15 ③  16 ④

**17** 증기 트랩에서 냉각 레그(leg)의 길이는 몇 m 이상으로 설치하는 것이 가장 적절한가?

① 1.0
② 1.2
③ 1.5
④ 0.5

**18** 원심 펌프 날개에 공동 현상(cavitation)이 발생하는 경우로 가장 적합한 것은?

① 압력 수두가 높은 경우
② 회전 속도가 극히 낮은 경우
③ 날개 면에서 작용하는 압력이 포화 압력보다 낮은 경우
④ 날개 면에 압력이 과대하게 작용하는 경우

**19** 복사 난방의 분류 중 열매에 의한 분류에 속하지 않는 것은?

① 온수식
② 증기식
③ 전기식
④ 지열식

**냉각 레그(cooling leg)**
① 건식환수방식의 관말에 설치
② 관내 응축수에서 생긴 플래시 증기로 인한 보일러의 수격작용 방지(주 역할 : 플래시 증기 응축 후 증기트랩으로 유입)
③ 주관과 수직으로 100[mm] 이상 내리고 하부로 150[mm] 이상 연장하여 관내 슬러지 등 협착물을 제거할 목적으로 드레인 포켓(drain pocket)을 만들어 준다.
④ 주관에서 1.5[m] 이상 보온하지 않은 나관을 설치하며 냉각 레그 끝에는 트랩을 설치하여 응축수를 제거한다.

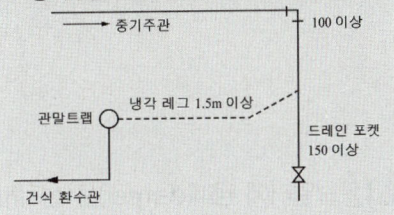

**캐비테이션(cavitation : 공동현상)**
흡입측이 저압이 되어 포화증기압보다 낮아지는 부분이 생기면 물이 증발을 일으키고 기포를 다수 발생하는 현상으로 다수의 기포가 공동부를 형성시켜 해당 공기층(공동부)에 의해 배관에 심한 소음과 진동 충격을 발생시킬 수 있다.
① 발생원인
 • 흡입양정이 지나치게 클 때
 • 흡입관의 저항이 클 때
 • 유량의 속도가 빠른 경우
 • 관로 내의 온도가 상승되었을 때
② 방지대책
 • 펌프의 위치를 낮춘다.
 • 펌프의 회전수를 낮게 하여 유속을 적게 한다.
 • 가급적 만곡부를 줄인다.
 • 양흡입 펌프를 사용한다.
 • 흡입관의 손실 수두를 줄인다.

**복사난방**
패널난방이라고도 하며 건축물의 천장, 바닥, 벽 등에 가열코일을 매설하여 코일내 증기 및 온수 등의 열매체로 순환시켜 그 복사열에 의해 난방하는 방식이다.
• 복사난방의 열매체 : 증기식, 온수식, 전기식(전열식), 온풍식

정답 17 ③ 18 ③ 19 ④

**20** 통풍압 50mmAq, 풍량 500m³/min이고 통풍기의 효율은 0.5라고 하면 소요동력은 약 몇 kW인가?

① 7.5　　② 7.0
③ 8.2　　④ 9.4

**펌프 및 송풍기의 동력**

$$kW = \frac{\gamma QH}{102 \times \eta} = \frac{QP}{102 \times \eta}$$

$$= \frac{500 \times 50}{102 \times 0.5 \times 60} = 8.16 ≒ 8.2[kW]$$

여기서, $Q$ : 풍량[m³/s]
　　　　$\eta$ : 효율
　　　　$P$ : 압력[mmAq]
　　　　$\gamma$ : 비중량[kg/m³]
　　　　　 = 물 : 1,000[kg/m³]
　　　　　 (펌프의 양정을 준 경우 사용)
　　　　$H$ : 전양정[m](펌프인 경우 사용)

**21** 보일러에 댐퍼(damper)를 설치하는 목적과 가장 거리가 먼 것은?

① 통풍력을 조절하여 연소 효율을 상승시킨다.
② 가스의 흐름을 차단한다.
③ 주연도와 부연도가 있을 경우 가스 흐름을 전환한다.
④ 매연을 멀리 집중시켜 대기 오염을 줄인다.

**댐퍼(damper)의 설치목적**
① 통풍력을 조절하여 연소 효율을 상승시킨다.
② 배기가스의 흐름을 조절 및 차단한다.
③ 주연도와 부연도가 있을 경우 가스흐름 방향을 전환한다.

**22** 난방 부하에서 증기난방의 표준 방열량(kcal/ m²·h)으로 맞는 것은?

① 750　　② 650
③ 550　　④ 450

**방열기 표준 방열량**
① 증기난방 : 650[kcal/m²h]
② 온수난방 : 450[kcal/m²h]

**23** 보일러 건조 보존 시 흡습제로 사용할 수 있는 물질은?

① 히드라진　　② 아황산소다
③ 생석회　　　④ 탄산소다

**건식보존법 흡습제 종류**
생석회, 실리카겔, 염화칼슘, 활성알루미나 등

정답　20 ③　21 ④　22 ②　23 ③

**24** 과열기의 특징 설명으로 틀린 것은?

① 증기 기관의 열효율을 증대시킨다.
② 증기관의 마찰 저항을 감소시킨다.
③ 보유 열량이 많아 적은 증기량으로 많은 일을 할 수 있다.
④ 연소 가스의 저항으로 압력 손실이 적다.

**과열기 설치 시 장점**
① 보일러의 열효율을 높여준다.
② 관내부식 및 워터해머를 방지할 수 있다.
③ 적은 양의 증기로 많은 열을 얻을 수 있다.
④ 관내 유속에 따른 마찰저항이 감소된다.

**과열기 설치 시 단점**
① 가열면의 온도를 일정하게 유지하기가 어렵다.
② 가열장치에 열응력이 발생한다.
③ 연도내 통풍력이 감소한다.
④ 과열기 표면에 고온부식이 발생할 수 있다.

**25** 급수 중에 용존하고 있는 $O_2$ 등의 용존 기체를 분리 제거하는 진공 탈기기의 감압 장치로 이용되는 것은?

① 증류 펌프  ② 급수 펌프
③ 진공 펌프  ④ 노즐 펌프

**진공 탈기기의 감압 장치**
진공 펌프, 공기 이젝터

**26** 보일러 스케일의 부착을 방지하기 위한 조치와 가장 관계가 없는 것은?

① 보일러 내에 도료를 칠한다.
② 보일러 수에 청관제를 가한다.
③ 급수하기에 앞서 연화 장치로 처리한다.
④ 보일러수 중의 용존 가스를 남겨 둔다.

**스케일 생성 방지법**
① 보일러 내에 도료를 칠한다.
② 적절한 청관제를 사용하여 스케일 생성을 방지할 것
③ 급수전 연화장치로 처리할 것(급수처리를 철저히 할 것)
④ 슬러지 상태에서 철저히 분출할 것

**27** 보일러 설비 중 감압 밸브를 이용하여 고압의 증기를 저압의 증기로 감압하여 이용할 경우 이점으로 볼 수 없는 것은?

① 생산성 향상  ② 에너지 절약
③ 증기의 건도 감소  ④ 배관 설비의 절감

**감압밸브 사용 시 이점**
① 생산성 향상
② 에너지 절약
③ 증기의 건도 향상
④ 배관 설비의 절감
⑤ 특정 온도를 일정하게 유지

정답  24 ④  25 ③  26 ④  27 ③

**28** 보일러 내부 부식이 발생하기 쉬운 부분과 거리가 먼 것은?

① 침전물이 퇴적하기 쉬운 부분
② 고온의 열 가스가 접촉되는 부분
③ 수면 부근의 산소 접촉 부분
④ 금속면의 산화 피막이 형성된 부분

**내부 부식이 발생하기 쉬운 곳**
① 침전물이 퇴적되기 쉬운 곳(스케일이 쌓여 있는 곳)
② 과열이 발생하기 쉬운 곳(고온의 열가스가 접촉되는 부분)
③ 수면 부근 산소와 접촉하는 부분 또는 수면 아래쪽
④ 산화철의 보호피막이 파괴된 곳

**29** 아래와 같은 베르누이 방정식에서 $\dfrac{P}{\gamma}$ 항은 무엇을 뜻하는가? (단, $H$ : 전 수두, $P$ : 압력, $\gamma$ : 비중량, $V$ : 유속, $g$ : 중력 가속도, $Z$ : 위치 수두)

$$H = \dfrac{P}{\gamma} + \dfrac{V^2}{2g} + Z$$

① 압력 수두　　② 속도 수두
③ 공압 수두　　④ 유속 수두

**베르누이 방정식**
모든 단면에 작용하는 위치 수두, 압력 수두, 속도 수두의 합은 항상 일정하다.
$H = \dfrac{P}{\gamma} + \dfrac{V^2}{2g} + Z$
여기서, $H$ : 전 수두
$\dfrac{P}{\gamma}$ : 압력 수두
$\dfrac{V^2}{2g}$ : 속도 수두
$Z$ : 위치 수두

**30** 보일러 전열면에 부착해서 스케일로 되는 작용을 억제시키기 위해 첨가하는 약제를 슬러지 조정제라고 한다. 슬러지 조정제의 성분이 아닌 것은?

① 탄닌　　② 인산
③ 리그린　　④ 전분

**슬러지 조정제**
스케일 생성을 예방하며 분출이 용이하도록 사용하는 처리제로 탄닌, 리그린, 녹말(전분) 등을 사용한다.

**31** 중유 연소에서 안전 점화를 할 때 제일 먼저 해야 할 사항은?

① 증기 밸브를 연다.　　② 불씨를 넣는다.
③ 연도 댐퍼를 연다.　　④ 기름을 넣는다.

연소 점화 시 안전을 위해 제일 먼저 연도의 댐퍼를 열어 프리퍼지를 행한다.

**정답** 28 ④　29 ①　30 ②　31 ③

**32** 1시간 동안에 온도차 1℃당 면적 1m²를 통과하는 열량으로 단위가 kcal/m²·h·℃로 표시되는 것은?

① 열복사율　　② 열관류율
③ 열전도율　　④ 열전열률

**열관류율(K)**
1시간 동안 온도차 1[℃]당 면적 1[m²]를 통과하는 열량으로 열통과율이라고도 하며 단위는 [kcal/m²h℃]로 나타낸다.

**33** 송기 시 배관에서 워터 해머 작용이 일어나는 원인 중 틀린 것은?

① 프라이밍, 포밍이 발생하였을 때
② 증기관 내에 응축수가 고여 있을 때
③ 증기관의 보온이 원활하지 못하였을 때
④ 주증기 밸브를 천천히 열었을 때

**송기 시 수격작용(water hammer) 발생원인**
① 프라이밍, 포밍, 기수공발(carry over) 발생 시
② 증기관 내에 응축수가 고여 있을 때
③ 증기관의 보온이 원활하지 못한 경우
④ 주증기 밸브 급개 시
⑤ 부하변동이 심한 경우

**34** 보일러 사고의 원인 중 제작상의 원인이 아닌 것은?

① 재료 불량　　② 구조 및 설계 불량
③ 압력 초과　　④ 용접 불량

**보일러 사고 원인**
① 제작상 원인 : 강도 부족, 용접 불량, 재료 불량, 구조 불량, 설계 불량 등
② 취급상 원인 : 이상감수, 압력 초과, 역화(미연소가스 폭발), 급수처리 불량, 부식, 과열, 부속품정비 불량 등

**35** 다음에 있는 내용을 인젝터의 기동 순서로 올바르게 나열한 것은?

㉠ 인젝터 핸들을 연다.
㉡ 증기 밸브를 연다.
㉢ 물의 흡입 밸브를 연다.
㉣ 인젝터 출구측 밸브를 연다.

① ㉠ → ㉡ → ㉢ → ㉣
② ㉣ → ㉢ → ㉡ → ㉠
③ ㉢ → ㉠ → ㉡ → ㉣
④ ㉢ → ㉣ → ㉠ → ㉡

**인젝터 작동 순서**
① (인젝터)출구 밸브를 연다.
② 급수 밸브를 연다.
③ 증기 밸브를 연다.
④ (인젝터)조절 핸들을 연다.

정답　32 ②　33 ④　34 ③　35 ②

**36** 액체 연료의 일반적인 특징 설명으로 틀린 것은?

① 석탄에 비하여 연소 효율이 낮다.
② 석탄에 비하여 연소 조절이 용이하다.
③ 석탄에 비하여 재와 그을음이 적다.
④ 석탄에 비하여 고온을 얻기가 쉽다.

**액체 연료의 특징**
① 품질이 균일하여 발열량이 높다.
② 운반 및 저장, 취급이 용이하다.
③ 회분이 적고 연소 조절이 쉽다.
④ 연소온도가 높아 국부과열의 위험성이 높다.
⑤ 고체연료보다 연소 효율 및 열효율이 높다.
⑥ 화재 및 역화의 위험이 있다.

**37** 보일러의 고온 부식 방지 대책 설명으로 틀린 것은?

① 연료 중의 바나듐 성분을 제거할 것
② 전열면의 표면 온도가 높아지지 않도록 설계할 것
③ 공기비를 많게 하여 바나듐의 산화를 촉진할 것
④ 고온의 전열면에 내식 재료를 사용할 것

**고온부식 방지대책**
① 연료 내의 바나듐 성분을 제거한다.
② 연료첨가제를 이용 바나듐(또는 회분)의 융점을 높인다.
③ 배기가스 온도를 적절하게 유지하거나 줄인다.
④ 전열면을 내식재로 피복한다.
⑤ 전열면의 표면 온도가 적정범위보다 높아지지 않도록 설계한다.

**38** 보일(Boyle)의 법칙을 옳게 나타낸 것은? (단, $T$ : 온도, $P$ : 압력, $V$ : 비체적, $C$ : 비례 상수)

① $P$ = 일정일 때, $\dfrac{T}{V} = C$(일정)
② $V$ = 일정일 때, $\dfrac{T}{P} = C$(일정)
③ $T$ = 일정일 때, $P \cdot V = C$(일정)
④ $T$ = 일정일 때, $\dfrac{P}{V} = C$(일정)

**보일(Boyle)의 법칙**
온도가 일정할 때, 일정량의 기체가 차지하는 체적(부피)은 압력에 반비례한다.
∴ $T = C$ 할 때 $P \cdot V = C$
$P_1 V_1 = P_2 V_2 \rightarrow V_1 = \dfrac{P_2 V_2}{P_1}$

정답 36 ① 37 ③ 38 ③

**39** 보일러 사고의 원인을 크게 2가지로 분류할 때 가장 적합한 것은?

① 연료 부족과 가스 폭발
② 압력 초과와 오일 누설
③ 취급 부주의와 급수 처리 철저
④ 파열 또는 이것에 준한 사고와 가스 폭발

**보일러 사고 원인**
① 발생증기 압력의 이상상승으로 인한 파열 사고
② 연소실 미연소가스로 인한 가스폭발사고

**40** 에너지 사용량이 대통령령으로 정하는 기준량 이상이 되는 에너지 다소비 업자는 산업통상자원부령이 정하는 바에 따라 신고를 하여야 한다. 이때 신고 사항이 아닌 것은?

① 전년도의 에너지 사용량, 제품 생산량
② 해당 연도의 에너지 사용 예정량, 제품 생산 예정량
③ 에너지 사용 기자재의 현황
④ 내년도의 에너지 이용 합리화 실적 및 다음 연도의 계획

**에너지 다소비사업자가 시·도지사에게 신고할 사항**
① 전년도의 에너지 사용량·제품 생산량
② 해당 연도의 에너지 사용 예정량·제품 생산예정량
③ 에너지 사용 기자재의 현황
④ 전년도의 에너지 이용 합리화 실적 및 해당 연도의 계획
⑤ 에너지관리자의 현황

**41** 대기압이 750mmHg일 때 어느 탱크의 압력계가 0.95MPa를 가리키고 있다면, 이 탱크의 절대 압력은 약 몇 kPa인가?

① 850
② 1,050
③ 1,250
④ 1,550

절대압력 = 대기압 + 게이지압력
$= \left(\dfrac{750}{760} \times 101.325\right) + (0.95 \times 10^3)$
$= 1,049.99 [kPa]$

※ 1[atm] = 760[mmHg]
$= 101.325 [kPa]$
$= 0.101325 [MPa]$

정답 39 ④ 40 ④ 41 ②

**42** 열사용기자재 관리규칙에서 정한 특정 열사용기자재 및 설치, 시공 범위에서 기관에 해당되지 않는 품목은?

① 용선로
② 강철제 보일러
③ 태양열 집열기
④ 축열식 전기 보일러

| 구분 | 품목명 |
|---|---|
| 열기관 | 강철제 보일러, 주철제 보일러, 온수 보일러, 구멍탄용온수 보일러, 축열식 전기 보일러, 태양열집열기 |
| 압력용기 | 1종압력용기, 2종압력용기 |
| 요업요로 | 연속식유리용융가마, 불연속식유리용융가마, 유리용융도가니가마, 터널가마, 도염식가마, 셔틀가마, 회전가마, 석회용선가마 |
| 금속요로 | 용선로, 비철금속용융로, 금속소둔로, 철금속가열로, 금속균열로 |

**43** 한지를 여러 겹 붙여서 일정한 두께로 하여 내유 가공한 오일 시크 패킹이 주로 쓰이며 내유성이 있으나 내열도가 작은 플랜지 패킹은?

① 식물성 섬유제
② 동물성 섬유제
③ 고무 패킹
④ 광물성 섬유제

**식물성 섬유제**
한지를 여러 겹 붙여서 일정한 두께로 하여 내유 가공한 오일시트 패킹이 주로 쓰이며 내유성이 있으나 내열도가 작아 펌프, 기어박스, 유류배관 등 용도가 제한적이다.

**44** 동력 파이프 나사 절삭기의 종류 중 관의 절단, 나사 절삭, 거스러미 제거 등의 일을 연속적으로 할 수 있는 것은?

① 다이헤드식
② 호브식
③ 오스터식
④ 리드식

동력 나사 절삭기의 종류로는 오스터형, 호브형, 다이헤드형이 있으며 다이헤드형은 관 거스러미 제거, 관 절단, 나사 절삭 등을 연속적으로 행할 수 있다.

**45** 증기와 응축수의 열역학적 특성으로 작동하는 트랩은?

① 디스크 트랩
② 하향 버킷 트랩
③ 벨로즈 트랩
④ 플로트 트랩

• 기계적 트랩 : 포화수와 포화증기의 비중차를 이용한 방식
(종류 : 플로트 트랩(다량트랩), 버킷 트랩)
• 온도조절식 트랩 : 포화수와 포화증기의 온도차를 이용한 방식
(종류 : 바이메탈 트랩, 벨로즈 트랩, 다이어프램)
• 열역학적 트랩 : 포화수 또는 포화증기의 열역학적 특성차를 이용한 방식
(종류 : 디스크 트랩, 오리피스 트랩)

정답  42 ①  43 ①  44 ①  45 ①

**46** 보온재를 안전 사용(최고) 온도가 가장 높은 것부터 차례로 나열된 것은?

① 글라스 울 블랭킷 > 규산칼슘 보온판 > 우모 펠트 > 석면판
② 규산칼슘 보온판 > 석면판 > 글라스 울 블랭킷 > 우모 펠트
③ 우모 펠트 > 석면판 > 규산칼슘 보온판 > 글라스 울 블랭킷
④ 석면판 > 글라스 울 블랭킷 > 우모 펠트 > 규산칼슘 보온판

**보온재 안전 사용온도**
① 규산칼슘 : 650[℃] 이하
② 석면 : 350~550[℃] 이하
③ 글라스 울 : 300[℃] 이하
④ 우모 펠트 : 100[℃] 이하

**47** 구리의 기계적 성질에 관한 설명으로 틀린 것은?

① 구리는 연하고 가공성이 좋다.
② 냉간 가공에 의하여 적당한 강도로 만들 수 있다.
③ 인장 강도는 가공도에 따라 감소한다.
④ 풀림 온도에 따라 인장 강도, 연신율이 변한다.

③ 가공도에 따라 인장강도는 증가하나 연신율은 감소한다.

**48** 보일러 및 열교환기용 탄소강관의 KS 기호는?

① STS
② STBH
③ NCF
④ SCM

**압력배관용 탄소강관 KS규격기호**
① SPP : 일반배관용 탄소강관
② SPPS : 압력배관용 탄소강관
③ SPPH : 고압배관용 탄소강관
④ SPHT : 고온배관용 탄소강관
⑤ SPW : 배관용 아크용접 탄소강관
⑥ SPA : 배관용 합금강관
⑦ STS×T : 배관용 스테인리스강관
⑧ STBH : 보일러 열교환기용 탄소강관
⑨ STHA : 보일러 열교환기용 합금강관
⑩ STS×TB : 보일러 열교환기용 스테인리스강관
⑪ STLT : 저온 열교환기용 강관

정답 46 ② 47 ③ 48 ②

**49** 온수 귀환 방식에서 각 방열기에 공급되는 유량 분배를 균등히 하여 전후방 방열기의 온도차를 최소화시키는 방식으로 환수 배관의 길이가 길어지는 단점이 있는 방식은?

① 역귀환 방식　　② 강제 귀환 방식
③ 중력 귀환 방식　④ 팽창 귀환 방식

**역귀환 방식(리버스리턴 방식)**
냉·온수 배관법의 일종이다. 하나의 배관계에 다수의 방열기를 설치할 때 배관의 길이가 다르기 때문에 환수관을 가장 먼 기기까지 가지고 간 다음 반복하여 환수관을 원래 방향으로 되돌리면서 각 기기의 배관저항의 균형을 맞추어 기기로의 수량 평균성을 보존하는 방식으로 환수관의 길이가 길어진다는 단점이 있다.
• 사용목적 : 방열기에 공급되는 유량분배를 균등하게 하기 위해 사용한다.

**50** 배관에 설치하는 신축 이음쇠의 종류가 아닌 것은?

① 루프형　　② 벨로우즈형
③ 스위블형　④ 게이트형

**신축이음**
열팽창에 의한 관의 파열을 막기 위하여 설치한다.
① 슬리브형 : 미끄럼 이음이라고도 하며 슬리브 양쪽에 배관을 삽입해 신축을 흡수 한다.
② 벨로우즈형 : 주름통을 이용하여 신축을 흡수하는 장치, 펙레스 이음이라고도 한다.
③ 스위블형 : 2개 이상의 엘보를 이용한 저압 난방용 신축이음쇠이다.
④ 루프형 : 만곡관이라고도 부르며 옥외 고압 배관용으로 사용된다.

**51** 배관을 고정하는 받침쇠인 행거(hanger)의 종류가 아닌 것은?

① 스프링 행거　　② 롤러 행거
③ 콘스탄트 행거　④ 리지드 행거

**행거(Hanger)**
① 리지드 행거(rigid hanger) : I(아이) 빔에 턴버클을 연결하여 관을 매다는 형태로 상하방향의 변위가 없는 곳에 사용한다.
② 스프링 행거(spring hanger) : 턴버클 대신 스프링을 사용한 것으로 충격, 진동 등을 흡수할 수 있다.
③ 콘스탄트 행거(constant hanger) : 배관의 상하 이동을 어느 정도 허용하는 구조로 만들어 관의 지지력을 일정하게 한 것으로 중추식과 스프링식이 있다.

정답  49 ①  50 ④  51 ②

**52** 보일러 용접부를 외관 검사 방법으로 검사할 수 없는 것은?

① 강도  ② 표면 균열
③ 언더 컷  ④ 오버랩

① 용접부의 강도는 외관검사가 아닌 별도의 시험편을 만들어 인장시험으로 측정할 수 있다.

**53** 관 장치의 설계, 제작, 시공, 운전, 조작, 공정 수정 등에 도움을 주기 위해 주계통의 라인, 계기, 제어기 및 장치기기 등에서 필요한 자료를 도시한 도면은?

① 계통도(flow diagram)
② 관장치도
③ PID(piping instrument diagram)
④ 입면도

**PID(piping instrument diagram)**
관 장치의 설계, 자작, 시공, 운전, 조작, 공정 수정 등에 도움을 주기 위해 주계통의 라인, 계기, 제어기 및 장치기기 등에서 필요한 자료를 도시한 것

**54** 에너지 관리의 효율적인 수행과 특정 열사용 기자재의 안전 관리를 위하여 에너지관리자, 시공업의 기술 인력 및 검사 대상기기 조종자에 대하여 교육을 실시하는 자는?

① 산업통상자원부장관  ② 고용노동부장관
③ 국토교통부장관  ④ 교육부장관

산업통상자원부장관은 에너지관리의 효율적인 수행과 특정열사용기자재의 안전관리를 위하여 에너지관리자, 시공업의 기술인력 및 검사대상기기조종자에 대하여 교육을 실시하여야 한다.

정답 52 ① 53 ③ 54 ①

**55** $\bar{x}$ 관리도에서 관리 상한이 22.15, 관리 하한이 6.85, $\bar{R}=7.5$일 때 시료군의 크기($n$)는 얼마인가? (단, $n=2$일 때 $A_2=1.88$, $n=3$일 때 $A_2=1.02$, $n=4$일 때 $A_2=0.73$, $n=5$일 때 $A_2=0.58$이다.)

① 2  ② 3
③ 4  ④ 5

$$U_{CL} = 22.15 = \bar{\bar{x}} + A_2 \times 7.5$$
$$-) \ L_{CL} = 6.85 = \bar{\bar{x}} - A_2 \times 7.5$$
$$\overline{\phantom{xxxxxxxxxxxxxxxxx}}$$
$$15.3 = 2A_2 \times 7.5$$
$$A_2 = \frac{15.3}{2 \times 7.5} = 1.02$$
$$\therefore A_2 = 1.02 \rightarrow n = 3$$

**$\bar{x} - R$ 관리도 관리한계선**

| 통계량 | 중심선 | $U_{CL}$ | $L_{CL}$ |
|---|---|---|---|
| $\bar{x}$ | $\bar{\bar{x}} = \dfrac{\sum \bar{x}}{k}$ | $\bar{\bar{x}} + A_2\bar{R}$ | $\bar{\bar{x}} - A_2\bar{R}$ |
| $R$ | $\bar{R} = \dfrac{\sum R}{k}$ | $D_4\bar{R}$ | $D_3\bar{R}$ |

[참고] $n \leq 6$일 때 $D_3$의 값은 음(−)의 값이므로 "$L_{CL}$은 고려하지 않는다."는 의미로 '−'로 한다.

**56** 200개들이 상자가 15개 있다. 각 상자로부터 제품을 랜덤하게 10개씩 샘플링할 경우, 이러한 샘플링 방법을 무엇이라 하는가?

① 계통 샘플링  ② 취락 샘플링
③ 층별 샘플링  ④ 2단계 샘플링

- 랜덤 샘플링 : 모집단의 어느 부분이라도 목적하는 특성에 관하여 같은 확률로 시료 중에 뽑혀지도록 샘플링하는 방법으로 시료수가 증가할수록 샘플링 정도가 높아진다. 종류로는 단순샘플링 검사, 계통샘플링검사, 지그재그샘플링 검사가 있다.
- 층별 샘플링 : 모집단을 여러 개의 층(M=m)으로 분류하고, 각 층 내에서 랜덤하게 시료(n)를 뽑는 방법이다.
- 집락(취락) 샘플링 : 모집단을 몇 개의 층(M ≠ m)으로 나누어 그 층 중에서 몇 개의 층(m)을 랜덤 샘플링하여 그 취한 층안을 모두 조사하는 방법이다.
- 2단계 샘플링 : 모집단을 몇 개의 층(M > m)으로 나누어 그 층 중에서 몇 개의 층(m)을 랜덤 샘플링하고 그 층(m)에서 n개를 뽑아 조사하는 방법이다.

**57** 어떤 측정법으로 동일 시료를 무한 횟수 측정하였을 때 데이터 분포의 평균값과 모집단 참값과의 차를 무엇이라 하는가?

① 편차  ② 신뢰성
③ 정확성  ④ 정밀도

**샘플링검사의 용어**
① 오차(Error) : 모집단의 참값($\mu$)과 시료의 측정치($x_i$)와의 차, 즉 ($x_i - \mu$)로 정의된다.
② 신뢰도(Reliability) : 측정하고자 하는 것을 얼마나 오차 없이 정확하게 측정하고 있는지의 정도로 이 데이터를 얼마나 신뢰할 수 있는가를 표현한 값이다.
③ 정밀도/정도(Precision) : 동일한 시료를 무한히 측정하면 그 측정에 대한 산포를 갖게 되는데 이 산포의 크기를 의미한다.
④ 치우침/정확성(Accuracy) : 동일 시료를 무한히 측정할 때 얻는 데이터 분포의 평균치와 모집단 참값과의 차를 의미하며, 정확도라고도 한다($\bar{x} - \mu$).

정답 55 ② 56 ③ 57 ③

**58** 다음 중 신제품에 대한 수요 예측 방법으로 가장 적절한 것은?

① 시장 조사법  ② 이동 평균법
③ 지수 평활법  ④ 최소 제곱법

**시장 조사법**
소비자 의견조사와 신제품에 대한 단기예측을 하는 방법으로 전화 면담에 의한 조사, 설문지 조사, 소비자 모임에서의 의견 수렴, 시험판매 등으로 수요 예측에 대한 결과는 좋으나 비용과 시간이 많이 소요된다.

**59** ASME(American Society of Machine Engineers)에서 정의하고 있는 제품 공정 분석표에 사용되는 기호 중 "저장(Storage)"을 표현한 것은?

① ○  ② D
③ □  ④ ▽

**ASME(공정분석기호)**
① ○ : 가공(작업)
② D : 정체(지체)
③ □ : 검사
④ ▽ : 저장
⑤ ⇨ : 운반

**60** 다음 중 사내 표준을 작성할 때 갖추어야 할 요건으로 옳지 않은 것은?

① 내용이 구체적이고 주관적일 것
② 장기적 방침 및 체계 하에서 추진할 것
③ 작업 표준에는 수단 및 행동을 직접 제시할 것
④ 당사자에게 의견을 말하는 기회를 부여하는 절차로 정할 것

**사내 표준화의 요건**
① 실행 가능성이 있는 내용일 것
② 당사자에게 의견을 말할 기회를 주는 방식으로 정할 것
③ 기록내용이 구체적이며 객관적일 것
④ 기여도가 큰 것부터 중심적으로 취급할 것
⑤ 직감적으로 보기 쉬운 표현으로 할 것
⑥ 적시에 개정, 향상시킬 것
⑦ 장기적 방침 및 체계화로 추진할 것
⑧ 작업표준에는 수단 및 행동을 직접 제시할 것

정답 58 ① 59 ④ 60 ①

# 5회 에너지관리기능장 실전모의고사 기출문제

**01** 증기난방과 비교한 온수난방의 특징을 설명한 것으로 가장 거리가 먼 것은?

① 난방 부하의 변동에 따라 온도 조절이 용이하다.
② 가열 시간은 길지만 냉각 시간이 짧다.
③ 방열기의 표면 온도가 낮아서 화상의 염려가 없다.
④ 보일러 취급이 용이하고 실내의 쾌감도가 높다.

### 증기난방과 비교한 온수난방의 특징
① 예열시간과 운전 정지 후 냉각시간이 길다.
② 방열량 조절이 용이하다(온도조절이 용이).
③ 동결의 위험이 적다.
④ 방열면적이 많이 필요하고 취급이 쉽다.
⑤ 건축물의 높이에 제한을 받는다.
⑥ 방열기 표면온도가 낮아 화상의 위험이 적다.
⑦ 증기 보일러에 비해 실내의 쾌감도가 높다.

**02** 증기 트랩 선정 시에 있어 에너지 절약을 위하여 응축수의 현열까지도 이용하고자 할 때 적절한 트랩은?

① 열역학적 트랩
② 기계식 트랩
③ 바이메탈식 트랩
④ 볼 플로트 트랩

### 바이메탈 트랩
응축수와 증기의 온도차를 이용한 온도조절식 트랩으로 과열증기나 수격작용이 발생하는 곳에 사용할 수 있으며 응축수 배출온도를 조절할 수 있어 현열을 이용할 수 있다. 온도 변화에 반응시간이 필요하다.

**03** 자동식 가스 분석계 중 화학적 가스 분석계에 속하는 것은?

① 연소열법
② 밀도법
③ 열전도도법
④ 자화율법

### 가스 분석계의 종류
① 화학적 가스 분석계
 • 연소열 이용법
 • 용액흡수제 이용법
 • 고체흡수제 이용법
② 물리적 가스 분석계
 • 가스 열전도율을 이용법
 • 가스의 밀도, 점도차를 이용법
 • 전기전도도를 이용법
 • 가스의 자기적 성질을 이용법
 • 가스의 반응성을 이용법
 • 적외선 흡수를 이용법
 • 빛의 간섭을 이용법

**정답** 01 ② 02 ③ 03 ①

**04** 기체 연료의 연소 시 공기비의 일반적인 값은?

① 0.8~1.0   ② 1.1~1.3
③ 1.3~1.6   ④ 1.8~2.0

> **공기비**
> ① 기체연료 : 1.1~1.3
> ② 액체연료 : 1.2~1.4
> ③ 미분탄 : 1.2~1.3
> ④ 고체연료 : 1.4~2.0

**05** 보일러 1마력이란 1시간에 몇 kg의 상당 증발량을 나타낼 수 있는 능력을 말하는가?

① 10.65   ② 12.65
③ 15.65   ④ 17.65

> 1보일러 마력(1B-HP)의 열량 8,435[kcal/h], 상당 증발량 15.65[kg/h]이다.

**06** 복사난방에 사용되는 패널의 한 조당 길이로 가장 적당한 것은?

① 20~30m   ② 40~60m
③ 70~80m   ④ 90~100m

> 복사난방의 패널 한 조당 길이는 40~60[m] 정도가 적당하다.

**07** 온수난방 방열기의 방열량 3,600kcal/h, 입구 온수 70℃, 출구 온수 온도 60℃로 했을 경우, 1분당 유입 온수 유량은 몇 kg인가?

① 6    ② 10
③ 12   ④ 40

> $Q = G \cdot C \cdot \Delta T \rightarrow G = \dfrac{Q}{C \cdot \Delta T}$
> 여기서, $G$ : 수량[kg/h]
> $C$ : 비열[kcal/kg·℃]
> $\Delta T$ : 온도차[℃]
>
> $\therefore G = \dfrac{3,600 \dfrac{\text{kcal}}{\text{h}}}{1 \dfrac{\text{kcal}}{\text{kg} \cdot ℃} \times (70-60)℃ \times 60 \dfrac{\text{min}}{\text{h}}}$
> $= 6 [\text{kg/min}]$

**정답** 04 ② 05 ③ 06 ② 07 ①

**08** 어떤 보일러에서 측정한 배기가스 온도가 240℃, 배기가스량이 100Nm³/h이고, 외기 온도가 20℃, 실내 온도가 25℃인 경우 배출되는 배기가스의 손실 열량은? (단, 배기가스 및 공기의 비열은 각각 0.33, 0.31kcal/Nm³·℃이다)

① 6,045kcal/h  ② 6,820kcal/h
③ 7,095kcal/h  ④ 7,260kcal/h

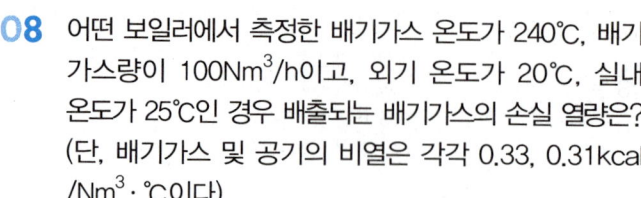

$Q = G \cdot C \cdot \Delta T$
여기서, $G$ : 배기가스량[Nm³/h]
$C$ : 비열[kcal/Nm³·℃]
$\Delta T$ : 온도차[℃]
$\therefore Q = 100 \dfrac{Nm^3}{h} \times 0.33 \dfrac{kcal}{Nm^3 \cdot ℃}$
$\times (240-20)℃ = 7,260[kcal/h]$

**09** 보일러의 자동 제어 장치인 인터록 제어에 대한 설명으로 맞는 것은?

① 증기의 압력, 연료량, 공기량을 조절하는 것
② 제어량과 목표값을 비교하여 동작시키는 것
③ 정해진 순서에 따라 차례로 진행하는 것
④ 구비 조건에 맞지 않을 때 다음 동작이 정지되는 것

**인터록 제어**
어느 한쪽의 조건이 충족되지 않으면 다음 단계의 동작을 정지시키는 제어방식

**10** 안전밸브의 구비 조건에 대한 일반 사항으로 틀린 것은?

① 설정 압력이 3MPa를 초과하는 증기에 사용하는 안전밸브에는 스프링이 분출하는 유체에 직접 노출되지 않도록 하여야 한다.
② 안전밸브는 그 일부가 파손하여도 충분한 분출량을 얻을 수 있는 구조로 하여야 한다.
③ 안전밸브는 누구나 조정할 수 있는 구조로 하여야 한다.
④ 안전밸브의 부착부는 배기에 의한 반동력에 대하여 충분한 강도가 있어야 한다.

③ 안전밸브는 아무나 함부로 조정할 수 없도록 봉인되어 있는 구조이어야 한다.

정답 08 ④ 09 ④ 10 ③

**11** 과열 증기의 온도 조절 방법에 대한 설명으로 틀린 것은?

① 과열 증기를 통하는 열 가스량을 댐퍼로 조절한다.
② 저온의 가스를 연소실 내로 재순환시킨다.
③ 과열 증기에 찬 공기를 혼합한다.
④ 연소실 내에서 화염의 위치를 바꾼다.

**과열 증기 온도 조절 방법**
① 열가스량 조절
② 과열저감기 사용법
③ 과열 전용 회로에 의한 방법
④ 배기가스의 재순환 방법(저온배기가스)
⑤ 화염위치 조절방법
⑥ 과열 증기에 습증기나 급수를 분무하는 방법

**12** 압입 통풍 방식의 설명으로 옳은 것은?

① 배기가스와 외기의 비중량 차를 이용한 통풍 방식이다.
② 연도나 연돌측에만 송풍기가 있는 방식이다.
③ 연소실 입구측과 연돌 쪽에 각각 송풍기가 설치된 방식이다.
④ 연소실 입구측에만 송풍기가 있는 방식이다.

**강제통풍 방식**
① 압입통풍 : 연소실 앞(입구)에 압입송풍기를 장착하여 통풍하는 방식으로 연소실내 압력이 대기압보다 높은 정압(+)상태를 유지한다.
② 유인통풍 : 흡입통풍이라고도 하며 연도에 배풍기를 장착하여 통풍하는 방식으로 연소실 내 압력이 대기압보다 낮은 부압(−)상태를 유지한다.
③ 평형통풍 : 압입통풍과 유인통풍을 조합한 형식으로 연소실 앞에 송풍기와 연도내 배풍기를 장착하여 정·부압을 임의로 조정하여 사용할 수 있으며 강제통풍 방식 중 통풍력이 가장 우수하다.

**자연통풍**
연돌에 의한 통풍방식으로 배기가스와 외부 공기의 비중차에 의해 통풍이 이루어진다.

**13** 수관 보일러 중 자연 순환식 보일러에 속하는 것은?

① 슬저 보일러   ② 베록스 보일러
③ 벤슨 보일러   ④ 다쿠마 보일러

**수관보일러의 분류**
① 자연순환식 수관 보일러 : 다쿠마, 쓰네기찌, 바브콕, 2동D형, 3동A형, 가르베
② 강제순환식 수관 보일러 : 베록스, 라몬트
③ 관류 보일러 : 벤슨, 슬저, 엣모스, 람진, 소형관류 보일러

정답 11 ③  12 ④  13 ④

**14** 건물의 난방 부하를 계산할 때 검토할 사항으로 가장 거리가 먼 것은?

① 건물의 위치와 주위 환경 조건
② 건축물의 구조
③ 마루 등의 공간
④ 전열, 조명에 의한 열량 취득

④ 난방 부하는 실내 손실열량으로 실내 전열기구, 조명의 경우 열을 발생하는 인자로 냉방 부하로 볼 수 있다.

**15** 강제 순환식 수관 보일러인 라몬트 보일러의 특징 설명으로 틀린 것은?

① 압력의 고저, 관 배치, 경사 등에 제한이 없다.
② 보일러 높이를 낮게 설치할 수 있다.
③ 용량에 비해 소형으로 제작할 수 있다.
④ 수관 내 유속이 느리고 관석 부착이 많다.

**라몬트 보일러**
강제순환식 수관보일러에 속하며 순환펌프로 여러개의 강수관에 강제적으로 물을 보내는 방식으로 순환비는 4~10 정도로 관 배열의 경사, 순서에 제한을 받지 않도록 한 보일러로 라몬트 노즐을 설치하여 송수량을 조절한다. 수관내 유속이 빠르고 관석의 부착이 적다.

**16** 일정한 조건 아래에서 휘발성 물질의 증기가 다른 작은 불꽃에 의하여 불이 붙는 가장 낮은 온도를 무엇이라고 하는가?

① 인화점   ② 착화점
③ 연소점   ④ 유동점

- 착화점 : 불씨가 접촉 없이 스스로 불이 붙는 최저온도, 발화점이라고도 한다.
- 인화점 : 불씨가 접촉하여 불이 붙는 최저온도
- 연소점 : 인화 후 연소가 지속될 수 있는 온도, 인화점보다 일반적으로 7~10[℃] 정도 높다.
- 유동점 : 유동할 수 있는 최저온도, 응고점 +2.5[℃]

정답  14 ④  15 ④  16 ①

**17** 온수 보일러의 온수 순환펌프는 원칙적으로 어디에 설치되는가?

① 환수 주관 ② 급탕 주관
③ 팽창관 ④ 송수 주관

**순환펌프 설치 방법**
① 순환펌프의 모터부분은 수평으로 설치한다.
② 순환펌프의 흡입측에는 여과기를 설치하고, 펌프의 양측에 정비를 위한 밸브를 설치하여야 한다.
③ 순환펌프는 보일러 동체, 연도 등에 의한 발열량에 의해 영향을 받을 우려가 없는 곳에 설치해야 한다.
④ 순환펌프는 방출관 및 팽창관의 작용을 폐쇄하거나 차단해서는 안 되며 환수주관에 설치함을 원칙으로 한다.
⑤ 순환펌프의 흡입측에 펌프 자체의 공기빼기 장치가 없을 때는 공기빼기 밸브를 만들어 공기를 제거할 수 있도록 한다.
⑥ 순환펌프는 바이패스 회로를 설치하여야 한다. 단, 자연순환이 가능한 구조에서는 바이패스를 설치하지 않을 수 있다.

**18** 보일러 연소 시 화염 유무를 검출하는 플레임 아이에 사용되는 화염 검출 소자가 아닌 것은?

① PbS 셀 ② PuS 셀
③ CdS 셀 ④ 광전관

**플레임 아이 종류**
① 황화카드뮴 셀(Cds cell)
② 황화납 셀(Pbs cell)
③ 광전관
④ 자외선 광전관

**19** 증기 트랩의 선정 시 최고 사용 압력을 고려하는 것은 중요하다. 기계식 트랩은 조기 마모 및 손상을 방지하기 위하여 보통 최고 사용 압력의 몇 % 정도까지 적용하는 것이 좋은가?

① 100% ② 90%
③ 80% ④ 70%

플로트 트랩, 버킷 트랩과 같은 기계식 트랩은 최고사용압력의 70[%] 정도까지 작용하는 것이 트랩의 조기마모 및 손상을 방지할 수 있다.

정답 17 ① 18 ② 19 ④

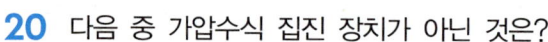

**20** 다음 중 가압수식 집진 장치가 아닌 것은?

① 벤투리 스크러버  ② 사이클론 스크러버
③ 제트 스크러버   ④ 로터리 스크러버

**가압수식 집진 장치 종류**
① 벤투리 스크러버
② 사이클론 스크러버
③ 제트 스크러버
④ 충전탑
⑤ 분무탑

**21** 보일러 설치 시 보일러의 압력계에 연결되는 증기관으로 황동관을 사용할 수 없는 증기 온도는 몇 ℃ 이상일 때인가?

① 100℃  ② 150℃
③ 210℃  ④ 180℃

**압력계 연결 시 주의사항**
① 사이폰관의 안지름은 6.5mm 이상으로 한다.
② 압력계의 연결관은 동관 안지름 6.5mm, 강관 안지름 12.7mm 이상으로 할 것
③ 증기온도 483K(210℃)를 넘을 때에는 황동관 또는 동관을 사용하여서는 안 된다.
④ 압력계와 연결되는 증기관은 최고사용 압력에 견디는 것으로 한다.

**22** 방열기의 상당 방열 면적이 300m²인 증기난방에 적합한 응축수 펌프의 양수량은 약 몇 L/min인가? (단, 사용 증기의 증발 잠열은 533.2kcal/kg이고, 배관에서 생기는 응축 수량은 방열기에서의 응축 수량은 방열기에서의 응축 수량의 30% 정도로 본다)

① 24L/min  ② 28L/min
③ 30L/min  ④ 34L/min

① 응축수 발생량
$$Q = G \cdot r \rightarrow G = \frac{Q}{r}$$
여기서, $Q$ : 열량(난방부하)[kcal/h]
$G$ : 수량[kg]
$r$ : 잠열[kcal/kg]
$$\therefore G = \frac{650\frac{kcal}{m^2 h} \times 300m^2}{533.2\frac{kcal}{kg}}$$
$= 366.4$[kg/h]

② 응축수 펌프의 양수량
$$\therefore G_p = \frac{366.4\frac{kcal}{h} \times 1.3}{60\frac{min}{h}} \times 3$$
$= 23.8$[L/min]
※ 일반적으로 펌프용량 계산 시 토출유량의 3배에 해당되는 유량을 기준으로 압력 손실을 계산한다.

**정답** 20 ④  21 ③  22 ①

**23** 보일러 급수 장치의 하나인 인젝터에 대한 설명이다. 이 중 틀린 것은?

① 인젝터는 벤투리의 원리를 응용해서 증기를 분출하고, 그 부근의 압력 강하로 생기는 진공을 이용하여 물을 빨아 올린다.
② 응축 작용에 의해 보유하는 열에너지를 물에 주어 고속의 수류를 만들고 이를 압력 에너지로 바꾸어 보일러에 급수한다.
③ 인젝터는 일반적으로 급수 압력 1MPa 미만이면 작동 불량을 초래하기 때문에 주의해야 한다.
④ 증기 속의 드레인이 많을 때는 인젝터의 성능이 저하가 되기 때문에 이러한 일이 없도록 한다.

③ 인젝터는 증기압이 너무 낮거나 (0.2MPa 이하), 높으면(1.0MPa 이상) 작동불능의 원인이 될 수 있다.

**24** 열전도율의 단위로 맞는 것은?

① $kcal/m \cdot h \cdot ℃$
② $kcal/m^2 \cdot h \cdot ℃$
③ $kcal \cdot ℃/m \cdot h$
④ $m^2 \cdot h \cdot ℃/kcal$

**열전도율**
두께 1[m]인 고체의 양쪽면 온도차가 1[℃]일 때, 고온에서 저온으로 1시간 동안 이동한 열량의 비율로 단위는 [$kcal/m \cdot h \cdot ℃$]이다.

**25** 과열 증기 온도와 포화 증기 온도와의 차를 무엇이라고 하는가?

① 과열도
② 건도
③ 임계 온도
④ 습도

과열도 = 과열 증기 온도 − 포화 증기 온도

정답 23 ③ 24 ① 25 ①

**26** 관로(管路)의 유체 마찰 저항은 유체속도의 몇 제곱에 비례하는가?

① 4제곱　　② 3제곱
③ 2제곱　　④ 1제곱

**원형관의 마찰손실**
달시-바이스바하(Darcy-Weisbach) 방정식
$$hl = f \times \frac{l}{d} \times \frac{V^2}{2g}$$
여기서, $hl$ : 손실수두[mH₂O]
　　　　$f$ : 관마찰계수
　　　　$l$ : 관길이[m]
　　　　$d$ : 관지름[m]
　　　　$g$ : 중력가속도[9.8m/s²]
위 공식에 의해 마찰손실은 관지름($d$), 중력가속도($g$)에 반비례하고, 마찰계수($f$), 속도수두($\frac{V^2}{2g}$), 관길이($l$)에 비례, 유속($V$) 2승에 비례함을 알 수 있다.

**27** 물 중의 불순물 농도를 표시하는 단위인 ppb의 설명으로 옳은 것은?

① 만분의 1당량의 중량
② 백만분의 1량
③ 중량 10억분의 1량
④ 용액 1L 중 1g 해당량

**불순물 농도 표시**
① ppm : 용액 1kg 중의 용질 1mg으로 mg/kg, g/ton의 중량 100만분율을 말한다.
② ppb : 용액 1ton 중의 용질 1mg으로 mg/ton의 중량 10억분율을 말한다.
③ epm : 용액 1kg 중의 용질 1mg당량으로 상온 수용액일 경우 ppm과 같이 1ℓ 중에 mg당으로 표시한다.

**28** 보일러 산 세관 시 첨가하는 부식 억제제의 구비 조건에 대한 설명으로 틀린 것은?

① 점식이 발생되지 않을 것
② 부식 억제 능력이 클 것
③ 물에 대한 용해도가 적을 것
④ 세관액의 온도, 농도에 대한 영향이 적을 것

**부식 억제제의 구비조건**
① 스케일의 생성이 없을 것
② 부식억제 효과가 클 것
③ 방식 피막이 두꺼우며, 열전도에 지장이 없을 것
④ 이종금속과 접촉부식 및 이종금속에 대한 부식촉진 작용이 없을 것
⑤ 점식이 발생되지 않을 것
⑥ 세관액이 온도, 농도에 대한 영향이 적을 것
⑦ 물에 대한 용해도가 클 것

정답　26 ③　27 ③　28 ③

**29** 보일러 외부 부식 발생 원인으로 틀린 것은?

① 빗물, 지하수 등에 의한 습기나 수분에 의한 작용
② 증기나 보일러수 등의 누출로 인한 습기가 수분에 의한 작용
③ 재나 회분 속에 함유된 부식성 물질에 의한 작용
④ 급수 중에 유지류, 산류, 염류 등의 불순물에 의한 함유 작용

- 내부 부식 : 보일러수에 의한 본체 내부의 부식(급수 처리 미흡시 급수 중 유지류, 산류, 탄산가스, 산소, 염류 등의 불순물 함유에 의한 부식작용을 말한다)
- 외부 부식 : 습기에 의한 보일러 외면, 연소가스에 의한 연도 부식

**30** 중량 유량이 230kgf/s인 물이 지름 30cm인 관속을 통과하고 있다. 속도는 약 몇 m/s인가? (단, 물의 비중량은 1,000kgf/m³이다)

① 4.3m/s  ② 7.6m/s
③ 3.3m/s  ④ 2.5m/s

$Q = A \cdot V = \dfrac{\pi D^2}{4} \cdot V$

여기서, $Q$ : 유량[m³/s]
$A$ : 면적[m²]
$V$ : 속도[m/s]
$\dfrac{\pi D^2}{4}$ : 원면적[m²]

$\therefore V = \dfrac{Q}{\dfrac{\pi D^2}{4}} = \dfrac{230\dfrac{kg}{s}}{\dfrac{\pi \times 0.3^2}{4}m^2 \times 1,000\dfrac{kg}{m^3}}$

$= 3.25[m/s]$

**31** 보일러 청관제로서 슬러지 조정제로 사용되는 것은?

① 전분  ② 수산화나트륨
③ 탄산나트륨  ④ 히드라진

**슬러지 조정제**
스케일 생성을 예방하며 분출이 용이하도록 사용하는 처리제로 탄닌, 리그린, 녹말(전분) 등을 사용한다.

정답 29 ④ 30 ③ 31 ①

**32** 보일러 가스 폭발을 방지하는 방법이 아닌 것은?

① 점화할 때는 미리 충분한 프리퍼지를 한다.
② 포스트퍼지를 충분히 하고, 그 후에 댐퍼를 닫는다.
③ 연료 속의 수분이나 슬러지 등은 충분히 배출한다.
④ 보일러 수위를 낮게 유지한다.

보일러의 수위가 낮아지면 저수위로 인한 과열로 보일러 본체 파열사고의 원인이 될 수 있다.

**가스폭발 예방을 위한 유의사항**
① 프리퍼지 및 포스트퍼지를 충분히 시행한다.
② 연료속의 수분이나 슬러지 등은 충분히 배출한다.
③ 점화는 1회에 이루어 질 수 있도록 화력이 높은 것을 사용한다.
④ 특히 노내환기에 주의하여야 하고 실화 시에도 충분한 환기가 이루어진 뒤 점화한다.
⑤ 연료배관계통의 누설유무를 정기적으로 확인할 수 있도록 한다(비눗물 사용).
⑥ 전자밸브의 작동유무는 파열사고와 직결되므로 수시로 점검한다.

**33** 보일러 본체 사고를 예방하기 위한 과열 방지 대책으로 적당하지 않은 것은?

① 보일러의 수위가 안전 저수면 이하가 되지 않도록 한다.
② 보일러수의 순환을 교란시키지 말아야 한다.
③ 보일러수에 유지류를 혼합시킨다.
④ 연소 가스의 화염이 세차게 전열면에 닿지 않도록 하여야 한다.

**보일러 과열 방지대책**
① 보일러 수위가 안전저수면 이하가 되지 않도록 한다.
② 보일러수의 순환을 교란시키지 말아야 한다.
③ 연소가스의 화염이 세차게 전열면에 닿지 않도록 해야 한다.
④ 적정 보일러수위를 유지한다.
⑤ 동 내면의 스케일 생성을 방지하고 고착되지 않도록 한다.
⑥ 보일러수가 농축되지 않도록 한다.
⑦ 전열면의 국부과열을 피한다.
⑧ 연소실 열부하가 너무 높지 않도록 한다.

정답 32 ④ 33 ③

**34** 증기 트랩의 일반 사항에 대한 설명으로 틀린 것은?

① 증기 트랩은 증기와 응축수를 공학적 원리 및 내부 구조에 의해 구별하여 자동적으로 밸브를 개폐 또는 조절함으로써 응축수만을 배출하는 일종의 자동 밸브이다.
② 응축수가 배출되는 구멍인 오리피스, 조절기의 지시에 따라 오리피스를 개폐하여 응축수나 공기를 제거하고 증기의 누출을 방지하는 밸브, 증기와 응축수를 구분하여 밸브를 개폐시키는 조절기, 다른 부품을 내장하고 있는 몸체로 구성되어 있다.
③ 증기 트랩 바로 직전에 응축수가 있으면 밸브가 닫히고 증기가 존재하면 밸브가 열리는 기능만을 갖고 있다.
④ 응축수가 원활하게 배출되지 못하면 증기 공간 내에 응축수가 차오르게 되며 결국 유효한 가열 면적이 감소된다.

③ 증기트랩은 증기와 응축수를 분리하여 응축수만을 배출하는 것으로 응축수가 있으면 밸브가 열리고 증기가 존재하면 밸브가 닫히는 구조로 이루어져있다.

**35** 보일러 강판의 가성 취하에 대한 설명으로 가장 거리가 먼 것은?

① 관체의 평면부에서 가장 많이 발생한다.
② 반드시 수면 이하에서 발생한다.
③ 관공 등의 응력이 집중하는 곳의 수면 아랫부분에 발생한다.
④ 리벳과 리벳 사이에 발생되기 쉽다.

**가성취화**
고온·고압 리벳 보일러에서 일어나는 부식으로 보일러 수중에 분해되어 생긴 가성소다(NaOH)가 과도하게 농축되면 수산화이온(OH⁻)이 많아져 보일러수가 강알칼리성을 띠게 되며 이것이 강재와 작용하여 생기는 나트륨(Na)이 강재의 결정입계를 침해하여 재질을 열화, 취화시키는 것으로 주로 수면과 접촉한 수면하단부나 리벳이음부에서 발생되는 부식으로 용접 보일러에서는 발생하지 않는다.

정답 34 ③ 35 ①

**36** 보일러 소음 측정에 대한 설명 중 맞는 것은?

① 보일러 정면, 측면의 1.5m 떨어진 곳에서 2.0 높이에서 측정하며 95dB 이하이어야 한다.
② 보일러 정면, 측면의 1.5m 떨어진 곳에서 1.0m 높이에서 측정하며 90dB 이하이어야 한다.
③ 보일러 측면, 후면의 1.5m 떨어진 곳에서 1.2m 높이에서 측정하며 95dB 이하이어야 한다.
④ 보일러 측면, 후면의 1.5m 떨어진 곳에서 2.2m 높이에서 측정하며 90dB 이하이어야 한다.

**소음기준**
① 보일러 소음 : 보일러 측면, 후면의 1.5[m] 떨어진 곳의 1.2[m] 높이에서 측정하며 95[dB] 이하이어야 한다.
② 송풍기 소음 : 송풍기 정면에서 1.5[m] 떨어진 곳에서 측정하며 95[dB] 이하이어야 한다.

**37** 열역학의 기본 법칙으로 일종의 에너지 보존 법칙인 것은?

① 열역학 제2법칙
② 열역학 제1법칙
③ 열역학 제3법칙
④ 열역학 제0법칙

**열역학 법칙**
① 열역학 제0법칙 : 열평형 법칙
② 열역학 제1법칙 : 에너지보존의 법칙
③ 열역학 제2법칙 : 열이동 법칙(방향성의 법칙)
④ 열역학 제3법칙 : 어떤 계 내에서 물체의 상태변화 없이 절대온도 0도에 이르게 할 수는 없다.

**38** 비중이 0.9인 액체가 나타내는 압력이 4기압(atm)일 때 이것을 압력 수두로 환산하면 약 몇 m인가?

① 33.3
② 45.9
③ 35.6
④ 39.9

압력 $P = \gamma \cdot h \rightarrow h = \dfrac{P}{\gamma}$
여기서, $P$ : 압력
$\gamma$ : 비중
$h$ : 높이
$\therefore h = \dfrac{4 \times 10,332 [kg/m^2]}{0.9 \times 1,000 [kg/m^3]} = 45.92 [mH_2O]$
※ 수두압의 경우 m를 $mH_2O$로 나타낼 수 있다.

정답 36 ③ 37 ② 38 ②

**39** 몰리에르(Moliere) 선도는 $x$축과 $y$축을 각각 어떤 양으로 하는가?

① $x$축 : 비체적, $y$축 : 온도
② $x$축 : 엔트로피, $y$축 : 엔탈피
③ $x$축 : 온도, $y$축 : 엔탈피
④ $x$축 : 엔트로피, $y$축 : 온도

> 증기(몰리에르)선도의 종류는 아래와 같으며 이중 h-S선도의 경우 종축($y$)는 엔탈피(h), 횡축($x$)는 엔트로피(S)로 나타낸다. 이중 가장 많이 사용되는 선도는 P-h선도이다.
>
> **증기(몰리에르)선도의 종류**
> ① P-V선도 : 종축 절대압력(P), 횡축 체적(V)
> ② h-S선도 : 종축 엔탈피(h), 횡축 엔트로피(S)
> ③ P-T선도 : 종축 절대압력(P), 횡축 절대온도(T)
> ④ T-S선도 : 종축 절대온도(T), 횡축 엔트로피(S)
> ⑤ P-h선도 : 종축 절대압력(P), 횡축 엔탈피(h)

**40** 부력(浮力)은 그 물체가 배제한 유체의 중량과 같은 힘을 수직 상방으로 받는 것을 말하는데 이는 어떤 원리인가?

① 아르키메데스
② 파스칼
③ 뉴턴
④ 오일러

> **부력(浮力)**
> 정지유체 속에 물체가 일부 또는 완전히 잠겨 있을 때 유체에 접촉하는 모든 부분에 수직 방향으로 작용하는 힘으로 아르키메데스의 원리라고 한다.

**41** 증기난방에서 응축수 환수법의 종류에 해당되지 않는 것은?

① 중력 환수식
② 습식 환수식
③ 기계 환수식
④ 진공 환수식

> **증기난방 응축수 환수방식에 따른 분류**
> ① 중력 환수식
> ② 기계 환수식
> ③ 진공 환수식

정답 39 ② 40 ① 41 ②

**42** 보온재가 갖추어야 할 조건으로 틀린 것은?

① 흡수성이 적을 것
② 부피, 비중이 작을 것
③ 열전도율이 클 것
④ 물리적, 화학적 강도가 클 것

**보온재의 구비조건(단열재, 보냉재)**
① 열전도율이 작을 것
② 부피·비중이 작을 것
③ 다공성이며, 기공이 균일할 것
④ 기계적 강도가 크고, 시공성이 좋을 것
⑤ 흡수성, 흡습성이 없을 것
⑥ 사용온도에 있어서 내구성이 있고, 변질되지 않을 것

**43** 관 공작용 공구 중 접하려는 연관의 끝부분을 소정의 관 지름으로 넓히려는 데 사용되는 공구는?

① 플레어링 틀  ② 턴 핀
③ 토치램프  ④ 벤드 벤

**연관용 공구**
① 연관용 톱 : 연관 절단에 사용
② 봄 볼(bom boll) : 주관에 구멍을 뚫을 때 사용
③ 드레서(dresser) : 연관 표면의 산화막 제거에 사용
④ 벤드 벤(bend ben) : 연관 굽힘 작업에 사용
⑤ 턴 핀(turn pin) : 접합하려는 관 끝을 넓히는 데 사용
⑥ 맬 릿(mallet) : 턴 핀을 때려 박거나 접합부 주위를 오므리는데 사용하는 나무 해머

**44** 피복제 중에 석회석이나 형석이 주성분으로 되어 있는 피복 아크 용접봉은?

① 저수소계  ② 일미나이트계
③ 고셀롤로오스계  ④ 고산화티탄계

**저수소계(E4316)**
피복제 중 석회석($CaCO_3$)이나 형석을 주성분으로 사용하는 것으로 수소함유량이 적어 균열에 대한 강도 좋고 구조물의 용접 등에 사용된다. 특징으로는 아크가 불안정하고 비드가 거칠며 비드 시작부분 및 비드 이음 부분에 기공이 생기기 쉬운 결점이 있다.

**45** 동관의 이음 방법으로 적합하지 않은 것은?

① 용접 이음  ② 납땜 이음
③ 플라스턴 이음  ④ 압축 이음

• 동관 이음 방법 : 납땜 이음, 플레어 이음, 플랜지 이음
• 플라스턴 이음은 연관의 이음법 중 하나이다.

정답 42 ③ 43 ② 44 ① 45 ③

**46** 벽면에 매설(埋設)하는 배수 수직관에 접속할 때 사용하는 관 트랩은?

① S 트랩  ② P 트랩
③ U 트랩  ④ X 트랩

**배수 트랩(trap)의 종류**
① S 트랩: 위생기구를 바닥에 설치된 배수 수평관에 접속할 때 사용
② P 트랩: 벽면에 매설하는 배수 수직관에 접속할 때 사용
③ U 트랩: 건물 안의 배수 수평주관 끝에 설치하여 하수구에서 해로운 가스가 건물 안으로 침입하는 것을 방지할 때 사용
④ 박스트랩: 드럼 트랩, 벨 트랩, 가솔린 트랩, 그리스 트랩 등

**47** 열팽창에 의한 배관의 이동을 구속하거나 제한하는 장치로 배관의 일정 방향의 이동과 회전만 구속하고 다른 방향은 자유롭게 이동하게 하는 것은?

① 파이프 슈(pipe shoe)
② 앵커(anchor)
③ 스토퍼(stop/stopper)
④ 브레이스(brace)

**리스트레인트**
관을 지지하며 열팽창에 의한 배관의 운동을 구속 또는 제한하는 관의 지지물
① 앵커(anchor): 볼트를 콘크리트에 매설하여 관의 이동 및 회전을 방지하기 위해 지지점에 완전히 고정하는 장치로 진동이 심한 곳에 사용하는 장치이다.
② 스톱/스토퍼(stop/stopper): 배관의 일정한 방향과 회전만 구속하고 다른 방향은 자유롭게 이동하게 하는 장치이다.
③ 가이드(guide): 배관의 축방향 이동을 안내하고 직각 방향 운동을 구속하는데 사용하며 파이프랙(pipe rack) 위 배관의 곡관부분과 신축이음부에 설치한다.

**48** 검사 대상기기 조종자를 해임하거나 조종자가 퇴직하는 경우 언제까지 다른 검사 대상기기 조종자를 선임해야 하는가?

① 해임 또는 퇴직 후 10일 이내
② 해임 또는 퇴직 후 10일 이내
③ 해임 또는 퇴직 이전
④ 해임 또는 퇴직 후 1개월 이내

검사대상기기설치자는 검사대상기기조종자를 선임 또는 해임하거나 검사대상기기 조종자가 퇴직한 경우에는 해임이나 퇴직 이전에 다른 검사대상기기조종자를 선임해야 한다. 다만, 산업통상자원부령으로 정하는 사유에 해당하는 경우에는 선임을 연기할 수 있다.

정답  46 ②  47 ③  48 ③

**49** 전기 전도도가 높고 고온에서의 수소취화 현상도 없으며 가공성도 우수하여 주로 전자기기 제작이 사용되는 동(銅)은?

① 인탈산 동   ② 무산소 동
③ 타프피치 동  ④ 황산동

**동관의 소재 및 제조**
① 무산소 동관 : 전기전도성이 우수하며 가공성도 우수한 재질로 고온에서도 수소취화 현상이 발생하지 않는다. 전기용 재료, 화학공업용에 사용된다.
② 인성 동관 : 전기 및 열의 전도성이 우수하며, 고온의 환원성 분위기에서는 수소취화 현상이 발생할 수 있다. 전기부품, 열교환기의 관 등에 사용된다.
③ 인탈산 동관 : 동을 인(P)으로 탈산처리한 것으로 전기전도성은 인성동관보다 낮으며, 고온에서도 수소취화 현상이 발생하지 않는다. 일반배관, 열교환기용, 건축설비 재료로 사용된다.

**50** 에너지이용 합리화법상 소형 온수 보일러란 전열 면적과 최고 사용 압력이 각각 얼마 이하인 보일러인가?

① 10m², 0.35MPa   ② 14m², 0.55MPa
③ 15m², 0.45MPa   ④ 14m², 0.35MPa

**소형온수 보일러**
전열면적 14[m²] 이하이며, 최고사용압력 0.35[MPa] 이하의 온수를 발생하는 보일러

**51** 에너지 관리 지도 결과, 에너지의 이용 효율을 높이기 위하여 필요하다고 인정하면 에너지 다소비 업자에게 에너지 손실 요인의 개선을 명할 수 있는 자(者)로 맞는 것은?

① 환경부장관       ② 산업통상자원부장관
③ 에너지관리공단이사장  ④ 시·도지사

산업통상자원부장관은 에너지관리지도 결과, 에너지가 손실되는 요인을 줄이기 위하여 필요하다고 인정하면 에너지다소비사업자에게 에너지손실요인의 개선을 명할 수 있다.

**52** 보통 비스페놀 A와 에피크롤히드린을 결합해서 얻어지며 내열성, 내수성이 크고, 전기 절연도 우수하여 도료 접착제, 방식용으로 쓰이는 것은?

① 에폭시 수지    ② 고농도 아연 도료
③ 알루미늄 도료   ④ 산화철 도료

**에폭시 수지**
분자 내에 에폭시를 갖는 열경화성 수지의 총칭으로 내열성, 내수성, 전기 절연성, 접착성, 내약품성이 뛰어나고 경화제와 충진제, 보강제 등과 조합하여 사용된다

정답 49 ② 50 ④ 51 ② 52 ①

**53** 계수 규준형 샘플링 검사의 OC 곡선에서 좋은 로트를 합격시키는 확률을 뜻하는 것은? (단, $\alpha$는 제1종 과오, $\beta$는 제2종 과오이다)

① $\alpha$
② $\beta$
③ $1-\alpha$
④ $1-\beta$

- $1-\alpha$ : 좋은 로트를 합격시킬 확률
- $1-\beta$ : 나쁜 로트를 불합격시킬 확률

**OC 곡선**

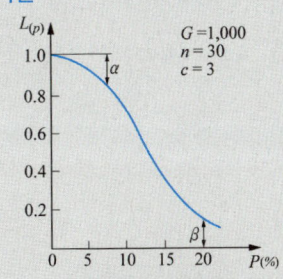

여기서, $P$ : 로트의 부적합품률(%)
$L(p)$ : 로트가 합격할 확률
$\alpha$ : 좋은 로트가 불합격될 확률 (생산자 위험)
$\beta$ : 나쁜 로트가 합격될 확률 (소비자 위험)
$N$ : 로트의 크기
$n$ : 시료의 크기
$c$ : 합격판정계수

**54** 가스 절단에서 드래그 라인을 가장 잘 설명한 것은?

① 예열 온도가 낮아서 일정한 간격의 직선이 진행 방향으로 나타나 있는 것
② 절단 토치가 이동한 경로에 따라 직선이 나타나는 것
③ 산소의 압력이 높아 나타나는 선
④ 절단 시 절단면에 일정한 간격의 곡선이 진행 방향으로 나타나 있는 것

**드래그(drag : 절단거리의 차이)**
가스절단면에서 절단기류의 입구점에서 출구점 사이의 수평거리로 판 두께의 1/5(20%) 정도가 된다(절단면의 일정간격 곡선이 진행방향으로 나타남).

**55** 고압 배관용 탄소 강관의 KS 기호는?

① SPPH
② SPHT
③ SPPS
④ SPPW

① SPPH : 고압배관용 탄소강관 – 압력 10MPa (100kg/cm²) 이상에 사용되는 배관
② SPPS : 압력배관용 탄소강관 – 압력 1~10 MPa(10~100kg/cm²)정도에 사용되는 배관
③ SPHT : 고온배관용 탄소강관 – 온도 350℃ 이상 고온에 사용되는 배관
④ SPPW : 배관용 아크용접 탄소강관

정답 53 ③ 54 ④ 55 ①

**56** $u$ 관리도의 관리 한계선을 구하는 식으로 옳은 것은?

① $\bar{u} \pm \sqrt{\bar{u}}$
② $\bar{u} \pm 3\sqrt{\bar{u}}$
③ $\bar{u} \pm 3\sqrt{n\bar{u}}$
④ $\bar{u} \pm 3\sqrt{\dfrac{\bar{u}}{n}}$

| 통계량 | 중심선 | $U_{\alpha}$ | $L_{\alpha}$ |
|---|---|---|---|
| $u$ | $\bar{u}$ | $\bar{u}+3\sqrt{\dfrac{\bar{u}}{n}}$ | $\bar{u}-3\sqrt{\dfrac{\bar{u}}{n}}$ |

[참고] $\bar{u} = \dfrac{\sum c}{\sum n}$, $L_{\alpha}$이 음(-)인 경우, 고려하지 않는다.

**57** 다음 중 인위적 조절이 필요한 상황에 사용될 수 있는 워크 팩터(work factor)의 기호가 아닌 것은?

① D
② K
③ P
④ S

**워크 팩터(Work Factor)**
동작신호 분석
- 워크 팩터에 주로 사용되는 기호
  ① 일시정지(Definite Stop) : D
  ② 방향조절(Steering) : S
  ③ 주의(Precaution) : P
  ④ 방향변경(Change of Direction) : U

**58** 다음 중 통계량의 기호에 속하지 않는 것은?

① $\sigma$
② $R$
③ s
④ $\bar{x}$

| 명 칭 | 모 수 | 통계량 |
|---|---|---|
| 평균 | $\mu$ | $\bar{x}$ |
| 분산 | $\sigma^2$ | $s^2$ |
| 표준편차 | $\sigma$ | $s$ |
| 범위 | — | $R$ |
| 비율 | $P$ | $p$(소문자) |

**59** 예방 보전(preventive maintenance)의 효과로 보기에 가장 거리가 먼 것은?

① 기계의 수리 비용이 감소한다.
② 생산 시스템의 신뢰도가 향상된다.
③ 고장으로 인한 중단 시간이 감소한다.
④ 예비 기계를 보유해야 할 필요성이 증가한다.

**예방보전**
설비의 건강상태를 유지하기 위해 계획적으로 일정한 사용기간마다 실시하는 것으로 고장이 발생하여 야기될 수 있는 손실을 최소화하기 위한 예방활동으로 예방보전을 하는 쪽이 비용이 절감되는 설비에 적용하는 보전방법이다.

정답 56 ④ 57 ② 58 ① 59 ④

**60** 어떤 회사의 매출액이 80,000원, 고정비가 15,000원, 변동비가 40,000원일 때 손익 분기점 매출액은 얼마인가?

① 25,000원  ② 30,000원
③ 40,000원  ④ 55,000원

**손익분기점 매출액**

$$BEP = \frac{고정비(F)}{한계이익률} = \frac{고정비(F)}{1 - \frac{변동비(V)}{매출액(S)}}$$

$$= \frac{고정비(F)}{1 - 변동비율}$$

$$\therefore BEP = \frac{15,000}{1 - \frac{40,000}{80,000}} = 30,000$$

정답 60 ②

# 6회 에너지관리기능장 실전모의고사 기출문제

**01** 증발 배수(evaporation ratio)에 대한 설명으로 옳은 것은?

① 보일러로부터 1시간당 발생되는 증기량
② 보일러 전열면 1m²당 1시간의 증발량
③ 보일러의 증발량과 그 증기를 발생시키기 위해 사용된 연료량과의 비
④ 연료의 발열량을 표시하는 방법의 하나로서 고위 발열량에서 수증기의 잠열을 뺀 것

> **증발 배수**
> 연료 1kg이 발생시킨 증발 능력[kg/kg 연료]
> 
> • 증발배수 = $\dfrac{\text{실제 증발량}}{\text{사용 연료량}} = \dfrac{G}{Gf}$ [kg/kg]
> 
> • 환산증발배수 = $\dfrac{\text{환산(상당)증발량}}{\text{사용 연료량}}$
>  $= \dfrac{G_e}{Gf}$ [kg/kg]

**02** 보일러 연소 조절의 주의 사항으로 틀린 것은?

① 보일러를 무리하게 가동하지 않아야 한다.
② 연소량을 증가시킬 경우에는 먼저 연료량을 증가시켜야 하며, 연소량을 감소시킬 경우에는 먼저 통풍량을 감소시켜야 한다.
③ 불필요한 공기의 연소실 내 침입을 방지하고 연소실 내를 고온으로 유지한다.
④ 항상 연소용 공기의 과부족에 주의하여 효율높은 연소를 하지 않으면 안 된다.

> ② 연소량을 증가시킬 경우에는 먼저 공급 공기량(통풍량)을 증가시켜야 하며, 연소량을 감소시킬 경우에는 먼저 연료량을 감소시켜야 한다.

**03** 유량계 중 면적식 유량계에 속하는 것은?

① 벤투리 미터   ② 오리피스
③ 플로 노즐   ④ 로터 미터

> • 면적식 유량계 : 플로트식, 로터 미터
> • 차압식 유량계 : 오리피스 미터, 플로 노즐, 벤투리 미터

**정답** 01 ③  02 ②  03 ④

**04** 보일러에 사용되는 자동제어계의 동작순서로 알맞은 것은?

① 검출 → 비교 → 판단 → 조작
② 조작 → 비교 → 판단 → 검출
③ 판단 → 비교 → 검출 → 조작
④ 검출 → 판단 → 비교 → 조작

**자동제어계의 동작순서**
검출 → 비교 → 판단(조절) → 조작

**05** A중유와 C중유의 일반적인 특성을 비교한 것 중 옳은 것은?

① A중유와 C중유는 비중 및 발열량이 같다.
② A중유는 C중유에 비하여 비중 및 발열량이 크다.
③ A중유는 C중유와 비중은 같으나 발열량이 작다.
④ A중유는 C중유에 비하여 비중이 적고 발열량이 크다.

| 구분 | A중유 | B중유 | C중유 |
|---|---|---|---|
| 점도 | 저 | 중 | 고 |
| 비중 | 0.8803 | 0.8968 | 0.9295 |
| 발열량 [kcal/kg] | 10,700 | 10,500 | 10,300 |
| 예열여부 | 불필요 | 필요 | 필요 |

**06** 온도 조절식 증기 트랩의 종류가 아닌 것은?

① 벨로즈식  ② 바이메탈식
③ 다이어프램식  ④ 버킷식

- 기계적트랩 : 포화수와 포화증기의 비중차를 이용한 방식
  (종류 : 플로트트랩(다랑트랩), 버킷트랩)
- 온도조절식트랩 : 포화수와 포화증기의 온도차를 이용한 방식
  (종류 : 바이메탈트랩, 벨로즈트랩, 다이어프램)
- 열역학적트랩 : 포화수 또는 포화증기의 열역학적 특성차를 이용한 방식
  (종류 : 디스크트랩, 오리피스트랩)

정답 04 ① 05 ④ 06 ④

**07** 보일러의 통풍 장치 방식에서 흡입 통풍방식에 관한 설명으로 맞는 것은?

① 연도의 끝이나 연돌 하부에 송풍기를 설치하여 연소가스를 빨아내는 방식이다.
② 연도에서 연소 가스와 외부 공기와의 밀도차에 의해서 생기는 압력차를 이용한 방식이다.
③ 노앞과 연돌 하부에 송풍기를 설치하여 노내압을 대기압보다 약간 낮은 압력으로 유지시키는 방식이다.
④ 노 입구에 압입 송풍기를 설치하여 연소용 공기를 밀어 넣는 방식이다.

**강제통풍 방식**
① 압입통풍 : 연소실 앞(입구)에 압입송풍기를 장착하여 통풍하는 방식으로 연소실내 압력이 대기압보다 높은 정압(+)상태를 유지한다.
② 유인통풍 : 흡입통풍이라고도 하며 연도에 배풍기를 장착하여 통풍하는 방식으로 연소실 내 압력이 대기압보다 낮은 부압(-)상태를 유지한다.
③ 평형통풍 : 압입통풍과 유인통풍을 조합한 형식으로 연소실 앞에 송풍기와 연도내 배풍기를 장착하여 정·부압을 임의로 조정하여 사용할 수 있으며 강제통풍 방식 중 통풍력이 가장 우수하다.

**자연통풍**
연돌에 의한 통풍방식으로 배기가스와 외부 공기의 비중차에 의해 통풍이 이루어진다.

**08** 노통보일러와 비교한 연관보일러의 특징을 설명한 것으로 틀린 것은?

① 전열 면적이 커서 증발량이 많고 효율이 좋다.
② 비교적 빨리 증기를 얻을 수 있다.
③ 질이 좋은 보일러수(水)가 필요하다.
④ 구조가 간단하여 설비비가 적게 든다.

**노통보일러와 비교한 연관보일러의 특징**
① 전열면적이 크고, 노통보일러보다 효율이 좋다.
② 노통보일러에 비해 보유수량이 적어 증기 발생시간이 짧다.
③ 노통보일러에 비해 내부구조가 복잡하여 청소, 검사 수리가 어렵다.
④ 질이 좋은 보일러수(水)가 필요하다.
⑤ 외분식으로 연소실 설계가 자유롭고, 연료 선택범위가 넓다.

**09** 온수난방에서 시동 전에 물의 평균 밀도가 0.9957ton(톤)/m³이고, 난방 중 온수의 평균 밀도가 0.9828ton(톤)/m³인 경우 시동 전에 비해 온수의 팽창량은 약 몇 L인가? (단, 온수 시스템 내의 가동 전 보유 수량은 2.28m³이다)

① 20  ② 30
③ 40  ④ 50

**온수팽창량 계산**
$\Delta V = V \times \left(\dfrac{1}{\rho_1} - \dfrac{1}{\rho_2}\right)$ [L]

여기서, $\Delta V$ : 온수 팽창량[L]
  $V$ : 장치내 전수량[L]
  $\rho_1$ : 가열 후 온수밀도[kg/L]
  $\rho_2$ : 가열 전 급수밀도[kg/L]

$\Delta V = 2.28[m^3] \times \left(\dfrac{1}{0.9828} - \dfrac{1}{0.9975}\right)$ [m³/톤]
  $= 0.03005[m^3]$
∴ $0.03005 \times 1,000 = 30$ [L]
※ 단위 환산 힌트
  $1[ton] = 1[m^3]$
  $1[m^3] = 1,000[L]$

**정답** 07 ① 08 ④ 09 ②

10. 탄성식 압력계의 종류가 아닌 것은?

   ① 링 밸런스식 압력계
   ② 벨로우즈식 압력계
   ③ 다이어프램식 압력계
   ④ 부르동관식 압력계

**1차 압력계(직접식)**
액주식, 분동식, 침종식, 링밸런스 식
**2차 압력계(간접식)**
탄성식, 전기식
① 탄성식 : 벨로우즈식, 다이어프램식, 부르동관식
② 전기식 : 전기저항식, 전기압식(피에조), 자기변형식(스트레인게이지)

11. 난방 부하에 관한 설명 중 틀린 것은?

   ① 온수난방 시 EDR이 $50m^2$일 때의 난방부하는 22,500 kcal/h이다.
   ② 증기난방 시 EDR이 $50m^2$일 때의 난방부하는 32,500 kcal/h이다.
   ③ 난방 부하를 설계하기 위해서는 방열관 입구 온도와 보일러 출구 온도와의 차이를 필요로 한다.
   ④ 난방 부하를 설계하는 데는 건축물의 방위와 높이, 면적 조건 등을 필요로 한다.

난방 부하를 설계하기 위해서는 방열기 입구 온도와 방열기 출구온도와의 차이를 필요로 한다.
**방열기 표준방열량**
① 증기난방 : 650[$kcal/m^2h$]
② 온수난방 : 450[$kcal/m^2h$]

12. 과열기가 장착된 보일러에서 50분간의 증발량은 37,500kg이었고, LNG는 시간당 3,075kg 소비되었다. 이때 보일러의 열효율은 약 몇 %인가? (단, 급수 온도는 120℃, 과열 증기 온도 290℃, 증기 엔탈피 720kcal/kg, 연료의 저위 발열량 9,540kcal/kg이다)

   ① 76.7    ② 81.8
   ③ 86.9    ④ 92.0

**보일러 효율**
$$\eta = \frac{G(h''-h')}{Gf \times Hl}$$
여기서, $G$ : 증기발생량(급수량)[kg/h]
$h''$ : 발생증기엔탈피[kcal/kg]
$h'$ : 급수엔탈피[kcal/kg]
$Gf$ : 연료사용량[kg/h]
$Hl$ : 저위발열량[kcal/kg]
$$\therefore \eta = \frac{37,500 \times (720-120)}{3,075 \times 9,540 \times \frac{50}{60}} \times 100[\%]$$
$$= 92.04[\%]$$

정답  10 ①  11 ③  12 ④

**13** 집진 장치의 종류 중 함진 가스를 목면, 양모, 테프론, 비닐 등의 필터(filter)에 통과시켜 분진 입자를 분리, 포집시키는 집진 방법은?

① 중력식　　② 여과식
③ 사이클론식　④ 관성력식

**여과식 집진장치**
백필터방식이라고도 하며 필터(filter)에 의해 분진을 포집하는 방식이다.

**14** 환수관 내 유속이 다른 방식에 비해 빠르고 방열기 내의 공기도 배출이 가능하고 방열량을 광범위하게 조절이 가능하여 방열기의 설치 위치에 제한이 없는 방식은?

① 중력 환수 방식　② 기계 환수 방식
③ 진공 환수 방식　④ 건식 환수 방식

**진공 환수식 증기난방 특징**
① 중력, 기계 환수보다 순환속도가 빠르다.
② 기울기(구배)에 구애를 받지 않는다.
③ 방열량을 광범위하게 조절할 수 있다.
④ 환수관의 관지름을 작게 할 수 있다.
⑤ 버큠브레이커를 사용하여 진공을 일정하게 유지해야 한다(진공도 : 100~250mmHg·v).
⑥ 방열기 설치장소에 제한을 받지 않는다.

**15** 안전밸브가 2개 이상 있는 경우, 1개의 안전밸브를 최고 사용 압력 이하로 작동하게 조정한다면 다른 안전밸브를 최고 사용 압력의 몇 배 이하로 작동할 수 있도록 조정하는가?

① 1.03　　② 1.05
③ 1.07　　④ 1.09

**안전밸브 분출압력 조정**
① 1개일 경우 : 최고사용압력 이하에서 분출할 것
② 2개일 경우 : 1개는 최고사용압력 이하에서, 나머지 1개는 최고사용압력의 1.03배 이하에서 분출할 것(설정압력 초과 시 자동연료 차단)

정답　13 ②　14 ③　15 ①

**16** 화염 검출기의 종류 중 화염의 이온화에 의한 전기 전도성을 이용한 것으로 가스 점화 버너에 주로 사용되는 것은?

① 플레임 로드
② 플레임 아이
③ 스택 스위치
④ 황화카드뮴 셀

**화염 검출기의 종류**
① 플레임 아이 : 화염의 발광(광학적 성질)현상 이용
② 플레임 로드 : 화염의 이온화(전기전도성) 현상 이용
③ 스택스위치 : 연도에 바이메탈을 설치한 방식으로 화염의 발열(열적변화)체 이용한 방식

**17** 과잉 공기와 노 내 연소 온도 및 연소 가스 중의 ($CO_2$)% 관계를 옳게 설명한 것은?

① 과잉 공기가 증가하면 연소 온도는 내려가고, 연소 가스 중의 ($CO_2$)%는 증가한다.
② 과잉 공기가 증가하면 연소 온도는 높아지고, 연소 가스 중의 ($CO_2$)%는 증가한다.
③ 과잉 공기가 증가하면 연소 온도는 내려가고, 연소 가스 중의 ($CO_2$)%는 감소한다.
④ 과잉 공기가 증가하면 연소 온도는 높아지고, 연소 가스 중의 ($CO_2$)%는 감소한다.

과잉공기량을 증가시키면 연소 온도는 내려가고, 연소 가스 중의 ($CO_2$)% 함량이 낮아진다.

**과잉공기량 증가 시 연소가스 중 성분함량의 변화**
① $CO_2$ 함량이 낮아진다.
② $SO_2$ 함량이 낮아진다.
③ $O_2$ 함량이 높아진다.
④ CO 함량이 낮아진다.

**18** 분출 장치의 취급상의 주의 사항으로 틀린 것은?

① 분출 밸브, 콕을 조작하는 담당자가 수면계의 수위를 직접 볼 수 없는 경우에는 수면계의 감시자와 공동으로 신호하면서 분출을 한다.
② 분출을 하고 있는 사이에는 다른 작업을 해서는 안 된다.
③ 분출 작업을 마친 후에는 밸브 또는 콕이 확실히 열린 후에 분출관의 닫힌 끝을 점검하여 누설 여부를 확인한다.
④ 분출관이 굽은 부분이 많으면 분출 시 물의 반동을 받을 염려가 있으므로, 요소요소에 적당히 고정한다.

③ 분출 작업을 마친 후 밸브 또는 콕이 확실히 닫힌 후에 분출관의 닫힌 끝을 점검하여 누설여부를 확인한다.

정답 16 ① 17 ③ 18 ③

**19** 복사난방의 특징으로 적당하지 않은 것은?

① 실내의 온도 분포가 균일하고 쾌감도가 높다.
② 시공 및 고장 수리가 쉽다.
③ 충분한 보온, 단열 시공이 필요하다.
④ 방열기의 설치가 불필요하므로 바닥면의 이용도가 높다.

**복사난방**
패널난방이라고도 하며 건축물의 천장, 바닥, 벽 등에 가열코일을 매설하여 코일내 증기 및 온수 등의 열매체로 순환시켜 그 복사열에 의해 난방하는 방식이다.

**복사난방 특징**
① 장점
 • 높이에 따른 온도분포가 균일하다.
 • 동일 방열량에 대한 열손실이 적다.
 • 공기 등 미진을 태우지 않아 쾌감도가 좋다.
 • 방열기 등의 설치공간이 불필요하여 실내 공간의 이용율이 높다.
② 단점
 • 초기 설비비가 많이 든다.
 • 매입배관이므로 고장수리 및 점검이 어렵다.
 • 예열시간이 길어 부하변동에 대응하기 어렵다.
 • 표면부(시멘트, 모르타르층) 균열이 발생할 수 있다.

**20** 소형 및 주철제 보일러를 옥내에 설치하는 경우 보일러 동체 최상부로부터 천정, 배관 등 보일러 상부에 있는 구조물까지의 거리는 몇 m 이상으로 할 수 있는가?

① 0.3m  ② 0.6m
③ 0.5m  ④ 0.4m

보일러 상부와 천장까지 거리는 1.2m 이상으로 한다. 단, 소형 보일러 및 주철제 보일러의 경우에는 0.6m 이상으로 할 수 있다.

**21** 복관 중력식 증기난방에서 건식 환수관의 위치는 보일러 표준 수위보다 몇 mm 높은 위치에 시공되어야 하는가?

① 350  ② 650
③ 450  ④ 200

**건식환수**
환수관이 보일러 수면보다 높게 설치되어 환수되는 방식
① 환수관은 보일러 표준수위보다 650mm 정도 높은 위치에 배관한다.
② 관말에 냉각관(냉각레그)과 관말트랩(열동식 트랩)을 사용하여 증기의 환수로 인한 수격작용을 방지한다.

정답 19 ② 20 ② 21 ②

**22** 급수 펌프로 보일러에 2kgf/cm² 압력으로 매분 0.18m³의 물을 공급할 때 펌프 축마력은? (단, 펌프의 효율은 80%이다)

① 1PS  
② 1.25PS  
③ 60PS  
④ 75PS

**펌프 및 송풍기의 동력**

$$PS = \frac{\gamma QH}{75 \times \eta} = \frac{QP}{75 \times \eta}$$

$$= \frac{2 \times 10,000 \times 0.18}{75 \times 0.8 \times 60} = 1[PS]$$

여기서, $\gamma$ : 비중량[kg/m³]
   = 물 : 1,000[kg/m³]
   (펌프의 양정을 준 경우 사용)
$Q$ : 유량[m³/s]
$H$ : 전양정[m]
$\eta$ : 효율
$P$ : 압력[kg/m²]

**23** 대류(對流) 열전달 방식을 2가지로 올바르게 구분한 것은?

① 자유 대류와 복사 대류  
② 강제 대류와 자연 대류  
③ 열판 대류와 전도 대류  
④ 교환 대류와 강제 대류

**대류(convection)**
유체의 비중차(밀도차)에 의한 열이동현상
① 자연대류 : 유체의 밀도변화에 의하여 일어나는 대류
② 강제대류 : 송풍기 또는 펌프 등 기계를 이용한 강제 대류

**24** 대류 방열기인 콘벡터의 설치에 대한 설명으로 틀린 것은?

① 외벽에 접하고 있는 창 아래에 설치하면 창으로부터 냉기 하강을 방지할 수 있다.
② 벽으로부터 50~65mm 정도 떨어진 상태로 설치하는 것이 좋다.
③ 커버 하부를 바닥에서 최소한 90~100mm 정도 이격시켜 공기가 원활하게 유입되도록 한다.
④ 방열기의 높이가 높고, 길이가 짧고, 폭이 넓은 것일수록 난방에 효과적이다.

④ 대류방열기(콘벡터)는 대류와 복사열에 의해 난방을 하는 장치로 높이는 낮고, 길이가 긴 것이 효과적이다.

**정답** 22 ① 23 ② 24 ④

**25** 관 마찰 계수가 일정할 때 배관 속을 흐르는 유체의 손실 수두에 관한 설명으로 옳은 것은?

① 유속에 비례한다.
② 유속의 제곱에 비례한다.
③ 관 길이에 반비례한다.
④ 유속의 3제곱에 비례한다.

**원형관의 마찰손실**
달시-바이스바하(Darcy-Weisbach) 방정식
$hl = f \times \dfrac{l}{d} \times \dfrac{V^2}{2g}$
여기서, $hl$ : 손실수두[mH₂O]
$f$ : 관마찰계수
$l$ : 관길이[m]
$d$ : 관지름[m]
$g$ : 중력가속도[9.8m/s²]
위 공식에 의해 마찰손실은 관지름($d$), 중력가속도($g$)에 반비례하고, 마찰계수($f$), 속도수두($\dfrac{V^2}{2g}$), 관길이($l$)에 비례, 유속($V$) 2승에 비례함을 알 수 있다.

**26** 벤튜리(venturi)계로는 유체의 무엇을 측정하는가?

① 습도    ② 유량
③ 온도    ④ 마찰

벤튜리(venturi)계로는 베르누이 방정식을 이용한 차압식 유량계이다.

**27** 외부와 열의 출입이 없는 열역학적 변화는?

① 정압 변화    ② 정적 변화
③ 단열 변화    ④ 등온 변화

**열역학적 변화**
① 정압(등압)변화 : 압력이 일정한 상태의 변화
② 정적(등적)변화 : 체적이 일정한 상태의 변화
③ 정온(등온)변화 : 온도가 일정한 상태의 변화
④ 단열(등엔트로피)변화 : 열의 출입이 없는 상태에서의 변화
⑤ 폴리트로픽 변화 : 변화 중의 압력과 비체적이 $PV^n = C$(일정)한 상태의 변화

**28** "일정량의 기체의 부피는 압력에 반비례하고, 절대온도에 비례한다."는 법칙은?

① 아보가드로의 법칙    ② 보일-샤를의 법칙
③ 뉴턴의 법칙    ④ 보일의 법칙

• 보일의 법칙 : 온도가 일정할 때, 기체의 체적(부피)은 압력에 비례한다.
• 샤를의 법칙 : 압력이 일정할 때, 기체의 체적(부피)은 온도에 비례한다.
• 보일-샤를의 법칙 : 일정량의 기체가 가진 체적은 압력에 반비례하고, 절대온도에 비례한다.

**정답** 25 ② 26 ② 27 ③ 28 ②

**29** 지름이 각각 10cm와 20cm로 된 관이 서로 연결되어 있다. 20cm 관에서의 속도가 2m/s일 때 10cm 관에서의 속도는?

① 1m/s  ② 2m/s
③ 6m/s  ④ 8m/s

$Q = A \cdot V = \dfrac{\pi D^2}{4} \cdot V$

여기서, $Q$ : 유량[m³/s]
　　　　$A$ : 면적[m²]
　　　　$V$ : 속도[m/s]
　　　　$\dfrac{\pi D^2}{4}$ : 원면적[m²]

위 공식을 이용하여 풀이를 하며 두 개의 관이 연결되어 있으므로 유량은 같다고 보고 나머지 한 개가 관에 흐르는 유속을 구한다.
$Q_1 = Q_2 \rightarrow A_1 V_1 = A_1 V_2$

$\therefore V_2 = \dfrac{A_1 V_1}{A_2} = \dfrac{\frac{\pi \times 0.2^2}{4} \times 2}{\frac{\pi \times 0.1^2}{4}} = 8[m/s]$

**30** 보일러가 과열이 되면 그 부분의 강도가 저하되는데, 이것이 심한 경우에는 보일러의 압력에 못 견디어 안쪽으로 오므라드는 것을 압궤라고 한다. 압궤를 일으킬 수 있는 부분이 아닌 것은?

① 수관  ② 연소실
③ 노통  ④ 연관

**보일러의 압궤와 팽출의 발생 원인**
① 압궤 : 외압에 의해 내부로 짓눌려 들어가는 현상으로 노통, 연소실, 연관, 관판 등에서 주로 발생한다.
② 팽출 : 내압에 의해 외부로 부풀어 오르는 현상으로 횡연관, 보일러 동저부, 수관 등에서 주로 발생한다.

**31** 보일러 청관제의 역할에 해당되지 않는 것은?

① 관수의 pH 조정
② 관수의 취출
③ 관수의 탈산소 작용
④ 관수의 경도 성분 연화

**청관제의 역할**
① 보일러수의 pH 조정
② 보일러수의 연화
③ 보일러수의 탈산소 작용
④ 가성취화 방지
⑤ 포밍(forming) 방지
⑥ 슬러지 조정

정답 29 ④ 30 ① 31 ②

**32** 표준 대기압에 상당하는 수은주 및 수주(水柱)는?

① 750mmHg, 9.52mAq
② 760mmHg, 10.332mAq
③ 750mmHg, 10.332mAq
④ 760mmHg, 15.53mAq

**표준 대기압**
1atm = 1.0332[kgf/cm$^2$] = 760[mmHg]
    = 10.33[mH$_2$O] = 1.01325[bar]
    = 1,013.25[mbar] = 101,325[N/m$^2$]
    = 101,325[Pa] = 14.7[lb/in$^2$]
    = 101.325[kPa]
※ [mH$_2$O]와 [mAq]는 같은 단위로 쓰인다.

**33** 보일러에서 2차 연소의 발생 원인으로 틀린 것은?

① 연도 등에 가스가 쌓이거나 와류의 가스 포켓이나 모가 난 경우
② 불완전 연소의 비율이 크거나 무리한 연소를 한 경우
③ 연도나 연소실 벽 등의 틈이나 균열이 생긴 곳에서 찬 공기가 스며드는 경우
④ 연도의 단면적이 급격히 변하는 경우나 곡부의 각도가 완만한 경우 또는 곡부의 수가 적은 경우

**2차 연소(맥동연소)**
연도 등에 가스가 체류하는 에어포켓이 있을 경우 주로 발생하며, 연소 시 미연소된 가스가 불규칙적인 연소를 하여 소음 진동을 유발하는 현상
④ 연도의 단면적이 급격히 변하는 경우나 곡부의 각도가 급격한 경우 또는 곡부의 수가 많은 경우 발생하게 된다.

**34** 보일러 캐리 오버(carry over)에 대한 설명으로 가장 옳은 것은?

① 보일러수(水) 속의 유지류, 용해 고형물, 부유물 등의 농도가 높아지면서 드럼 수면에 안정한 거품이 발생하는 현상이다.
② 수분과 증기가 비등하는 프라이밍(priming) 현상이다.
③ 보일러수(水) 중에 용해되어 있는 고형분이나 수분이 증기의 흐름에 따라 발생 증기에 포함되어 분출되는 현상이다.
④ 보일러수(水)에 용해된 유지분 등이 동내면에 고착하는 현상이다.

**캐리 오버(기수공발)**
본체 내에서 보일러수 농축, 포밍, 프라이밍 등으로 인하여 발생된 습증기가 주증기밸브 급개시 또는 고수위 상태에서 증기관으로 유입되는 것을 말한다

정답 32 ② 33 ④ 34 ③

**35** 보일러의 내부 부식 주요 원인으로 볼 수 없는 것은?

① 급수 중에 유지류, 산류, 탄산가스, 염류 등의 불순물을 함유하는 경우
② 일반 전기 배선에서의 누전으로 인하여 전류가 장시간 흐르는 경우
③ 연소 가스 속의 부식성 가스에 의한 경우
④ 강재의 수축 표면에 녹이 생겨서 국부적으로 전위차가 발생하여 전류가 흐르는 경우

③은 외부부식에 대한 설명이다.

**내부부식 발생원인**
① 급수중 유지류, 산류, 염류, 탄산가스 등 불순물이 함유된 경우
② 강재의 수측 표면에 녹이 생기면 국부적으로 전위차가 발생하며 이때 전류가 흘러 부식될 수 있다(점식의 원인).
③ 청관제의 사용법이 옳지 못한 경우 급수의 질이 떨어지고 내부부식의 원인이 될 수 있다.
④ 강재속에 함유된 유황(S)성분이나 인(P)성분이 온도상승과 함께 산화되거나 녹이 생긴 경우

**36** 습증기($h$), 포화 증기($h''$) 및 포화수($h'$)의 엔탈피를 서로 비교한 값이 옳게 표시된 것은?

① $h'' > h > h'$
② $h > h'' > h'$
③ $h' > h > h''$
④ $h > h' > h''$

**엔탈피의 비교(엔탈피 크기별 순서)**
포화증기($h''$) > 습증기($h$) > 포화수($h'$)

**37** 압력 10kgf/cm², 건도가 0.95인 수증기 1kg의 엔탈피는 약 몇 kcal/kg인가? (단, 10kgf/cm²에서 포화수의 엔탈피는 181.2kcal/kg, 포화 증기의 엔탈피는 662.9 kcal/kg이다)

① 457.6
② 638.8
③ 910.9
④ 1,120.5

$x$(건조도) $= \dfrac{h_x - h_1}{h_2 - h_1}$

→ $h_x = x(h_2 - h_1) = h_1$
  $= 0.95(662.9 - 181.2) + 181.2$
  $= 638.815$[kcal/kg]

여기서, $h_x$ : 습포화증기 엔탈피[kcal/kg]
  $h_1$ : 포화수 엔탈피[kcal/kg]
  $h_2$ : 포화증기 엔탈피[kcal/kg]
  $x$ : 건조도

**38** 보일러수의 용존 산소를 화학적으로 제거하여 부식을 방지하는 데 사용하는 약제가 아닌 것은?

① 탄닌
② 아황산나트륨
③ 히드라진
④ 고급 지방산 폴리아민

**탈산소제**
탄닌, 히드라진, 아황산나트륨(아황산소다)

**정답** 35 ③ 36 ① 37 ② 38 ④

**39** 보일러 급수의 외처리 종류에 해당되지 않는 것은?

① 여과법
② 약품 처리법
③ 기폭법
④ 페인트 도장법

**보일러 용수의 외처리**
① 용존가스의 제거
 • 탈기법 : 용존산소 및 탄산가스를 제거
 • 기폭법 : 탄산가스, 철, 망간 등을 제거
② 현탁 고형물(불순물) 제거
 • 자연침강법
 • 여과법
 • 응집법
③ 용해 고형물 제거
 • 이온교환법
 • 증류법
 • 약품 첨가법(소석회, 가성소다, 탄산소다 등 첨가)

**40** 보일러에서 그을음 불어내기(soot blow)를 할 때 주의사항으로 틀린 것은?

① 그을음을 제거하는 시기는 부하가 가벼운 시기를 선택한다.
② 그을음 제거는 흡출 통풍을 감소시킨 후 실시한다.
③ 한 장소에서 장시간 불어내지 않도록 한다.
④ 증기 분사식 수트 블로워는 증기를 분사하기 전에 배관을 충분히 예열하면서 응축수를 배출한다.

**수트 블로워**
전열면 외측의 그을음 등을 제거하는 장치

**수트 블로워(soot blower) 사용 시 주의 사항**
① 한 곳으로 집중적으로 사용함으로 전열면에 무리를 가하지 말 것
② 분출기 내의 응축수는 배출시킨 후 사용할 것
③ 분출하기 전 연도 내 배풍기를 사용하여 유인통풍을 증가시킬 것
④ 부하가 적거나(50[%] 이하) 소화 후 사용하지 말 것
⑤ 연료의 종류, 분출 위치, 증기의 온도 등에 따라 분출시기를 결정할 것

**41** 에너지이용 합리화법상 에너지의 최저소비 효율 기준에 미달하는 효율 관리 기자재의 생산 또는 판매 금지 명령을 위반한 자에 대한 벌칙은?

① 1년 이하의 징역 또는 1천만원 이하의 벌금
② 1천만원 이하의 벌금
③ 2년 이하의 징역 또는 2천만원 이하의 벌금
④ 2천만원 이하의 벌금

최저소비효율기준에 미달하거나 최대사용량 기준을 초과하는 경우에는 해당 효율 관리 기자재의 제조업자·수입업자 또는 판매업자에게 생산 또는 판매 금지 명령을 내리는데 이를 위반한자는 2천만원 이하의 벌금에 처한다.

정답 39 ④ 40 ② 41 ④

**42** 다음 중 길이를 측정할 수 없는 것은?

① 버니어 캘리퍼스　② 깊이 마이크로미터
③ 다이얼 게이지　　④ 사인바

**사인바(sine bar)**
삼각함수인 사인(sine)을 이용하여 임의의 각도를 측정하거나 설정하는데 사용하는 계기이다.

**43** 온수 귀환 방식 중 역귀환 방식에 관한 설명으로 옳은 것은?

① 배관 길이를 짧게 하여 온수 공급 거리에 따라 보일러에서 가까운 곳과 먼 곳의 방열기 온도차를 늘리는 방식이다.
② 방열기를 통과한 귀환 온수가 순차적으로 보일러에 귀환하여 가까운 곳과 먼 곳의 방열기 온도차를 늘리는 방식이다.
③ 각 방열기에 공급되는 유량 분배에 차등을 두어 가까운 곳과 먼 곳의 방열기 온도차를 줄이는 방식이다.
④ 각 방열기에 공급되는 유량 분배를 균등하게 하여 가까운 곳과 먼 곳의 방열기 온도차를 줄이는 방식이다.

**역귀환 방식(리버스리턴 방식)**
냉·온수 배관법의 일종이다. 하나의 배관계에 다수의 방열기를 설치할 때 배관의 길이가 다르기 때문에 환수관을 가장 먼 기기까지 가지고 간 다음 반복하여 환수관을 원래 방향으로 되돌리면서 각 기기의 배관저항의 균형을 맞추어 기기로의 수량 평균성을 보존하는 방식으로 환수관의 길이가 길어진다는 단점이 있다.
• 사용목적 : 방열기에 공급되는 유량분배를 균등하게 하기 위해 사용한다.

**44** 다음 중 배관의 신축 이음쇠의 종류가 아닌 것은?

① 벨로우즈형 신축 이음쇠
② 스프링형 신축 이음쇠
③ 루프형 신축 이음쇠
④ 슬리브형 신축 이음쇠

**신축이음**
열팽창에 의한 관의 파열을 막기 위하여 설치한다.
① 슬리브 : 미끄럼 이음이라고도 하며 슬리브 양쪽에 배관을 삽입해 신축을 흡수한다.
② 벨로우즈형 : 주름통을 이용하여 신축을 흡수하는 장치, 펙레스 이음이라고도 한다.
③ 스위블형 : 2개 이상의 엘보를 이용한 저압 난방용 신축이음쇠이다.
④ 루프형 : 만곡관이라고도 부르며 옥외 고압 배관용으로 사용된다.

정답　42 ④　43 ④　44 ②

**45** 관의 분해, 수리, 교체가 필요할 때 사용되는 배관 이음쇠는?

① 소켓  ② 티
③ 유니언  ④ 엘보

> **분해, 조립 시 사용되는 이음쇠**
> 유니언, 플랜지

**46** 에너지 사용량이 대통령령으로 정하는 기준량 이상이 되는 에너지 다소비 사업자가 신고해야 하는 사항으로 틀린 것은?

① 전년도의 에너지 사용량, 제품 생산량
② 해당 연도의 에너지 사용 예정량, 제품 생산 예정량
③ 해당 연도의 에너지 이용 합리화 실적 및 전년도의 계획
④ 에너지 사용 기자재의 현황

> **에너지 다소비사업자가 시·도지사에게 신고할 사항**
> ① 전년도의 에너지사용량·제품생산량
> ② 해당 연도의 에너지사용예정량·제품생산예정량
> ③ 에너지사용기자재의 현황
> ④ 전년도의 에너지이용 합리화 실적 및 해당 연도의 계획
> ⑤ 에너지관리자의 현황

**47** 유리 섬유 보온재의 특성 설명으로 틀린 것은?

① 물 등에 의하여 화학 작용을 일으키지 않으므로 단열, 내열, 내구성이 좋다.
② 섬유가 가늘고 섬세하게 밀집되어 다량의 공기를 포함하고 있으므로 보온 효과가 좋다.
③ 순수한 유기질의 섬유 제품으로서 불에 타지 않는다.
④ 가볍고 유연하여 작업성이 좋으며, 칼이나 가위 등으로 쉽게 절단되므로 작업이 용이하다.

> ③ 무기질 섬유 제품으로 불에 잘 타지 않는 난연성 성질을 갖는다.
> • 글라스울(유리섬유): 용융유리를 압축공기, 증기로 원심력을 이용해 섬유화한 것으로 물 등에 의한 화학작용을 일으키지 않으므로 단열, 내열, 내구성이 좋아 보온재, 보온통 등에 널리 사용된다(근래에는 보건상 문제로 사용빈도가 감소되는 추세이다).

**48** 방청 안료 중 색깔이 적동색이고 내산성이 양호하며, 내알칼리성, 내열성이 우수한 것은?

① 염산칼슘  ② 연단
③ 이산화연  ④ 아연 분말

> **연단(광명단 도료)**
> 연단을 아마인유와 혼합한 것으로 밀착력 및 풍화에 강해 녹방지를 위해 페인트의 밑칠용으로 사용된다.

**정답** 45 ③ 46 ③ 47 ③ 48 ②

**49** 스테인리스 강관의 특성 설명으로 틀린 것은?

① 내식성이 우수하여 계속 사용 시 안지름의 축소, 저항 증대 현상이 없다.
② 위생적이어서 적수, 백수, 청수의 염려가 없다.
③ 강관에 비해 기계적 성질이 우수하다.
④ 고온 충격성이 크고 한랭지 배관이 불가능하다.

**스테인리스 강관의 특징**
① 내열성 및 내식성이 우수하다.
② 기계적 성질이 우수하며 위생적이어서 적수, 백수, 청수의 염려가 없다.
③ 강관에 비해 기계적 성질이 우수하고, 두께가 얇고 가벼워 운반 및 시공이 쉽다.
④ 저온 충격성이 크고, 한랭지 배관이 가능하며 동결에 대한 저항이 크다.

**50** 검사 기관의 장은 검사 대상기기인 보일러의 검사를 받는 자에게 그 검사의 종류에 따라 필요한 사항에 대한 조치를 하게 할 수 있다. 그 조치에 해당되지 않는 것은?

① 기계적 시험의 준비
② 비파괴 검사의 준비
③ 조립식인 검사 대상기기의 조립 해체
④ 단열재의 열전도 시험의 준비

**검사에 필요한 조치**
① 기계적 시험의 준비
② 비파괴검사의 준비
③ 검사대상기기의 정비
④ 수압시험의 준비
⑤ 안전밸브 및 수면측정장치의 분해·정비
⑥ 검사대상기기의 피복물 제거
⑦ 조립식인 검사대상기기의 조립 해제
⑧ 운전성능 측정의 준비

**51** 연납용으로 사용되는 용제가 아닌 것은?

① 염산          ② 염화아연
③ 인산          ④ 붕산

**연납땜 용제 종류**
① 부식성 용제 : 염화아연, 염화암모니아, 염산, 인산 등
② 비부식성 용제 : 송진, 송진+알코올, 수지, 올리브유 등
③ 부식성이 적은 용제 : 구연산+물

**경납땜 용제 종류**
붕사, 붕산, 산화제1동, 염화리튬 등

정답 49 ④ 50 ④ 51 ④

**52** 배관의 상부에서 관을 지지하는 것으로 관의 상하 방향 이동을 허용하면서 일정한 힘으로 관을 지지하는 것은?

① 콘스탄트 행거　② 리지드 행거
③ 리스트레인트　④ 롤러 서포트

**행거(Hanger)**
① 리지드 행거(rigid hanger) : I(아이) 빔에 턴버클을 연결하여 관을 매다는 형태로 상하방향의 변위가 없는 곳에 사용한다.
② 스프링 행거(spring hanger) : 턴버클 대신 스프링을 사용한 것으로 충격, 진동 등을 흡수할 수 있다.
③ 콘스탄트 행거(constant hanger) : 배관의 상하 이동을 어느 정도 허용하는 구조로 만들어 관의 지지력을 일정하게 한 것으로 중추식과 스프링식이 있다.

**53** 보기와 같은 배관 라인의 정투영도(평면도)를 입체적인 등각도로 표시한 것으로 다음 중 가장 적합한 것은?

유체의 진행방향이 A에서 B로 흐른다고 가정했을 때 A에서 와서 B쪽으로 45도 위로 진행되는 배관을 표기한 것이다.

**54** 저온 배관용 탄소 강관의 KS 기호는?

① SPLT　② STLT
③ STLA　④ SPHA

**압력배관용 탄소강관 KS규격기호**
① SPP : 일반배관용 탄소강관
② SPPS : 압력배관용 탄소강관
③ SPPH : 고압배관용 탄소강관
④ SPHT : 고온배관용 탄소강관
⑤ SPW : 배관용 아크용접 탄소강관
⑥ SPA : 배관용 합금강관
⑦ STS×T : 배관용 스테인리스강관
⑧ STBH : 보일러 열교환기용 탄소강관
⑨ STHA : 보일러 열교환기용 합금강관
⑩ STS×TB : 보일러 열교환기용 스테인리스강관
⑪ STLT : 저온 열교환기용 강관

**정답** 52 ① 53 ① 54 ①

**55** 관리도에서 점이 관리 한계 내에 있으나 중심선 한쪽에 연속해서 나타나는 점의 배열 현상을 무엇이라 하는가?

① 연  ② 경향
③ 산포  ④ 주기

**관리도의 판정**
① 연(run) : 관리도에서 점이 관리한계 내에 있고 중심선의 한쪽에 연속해서 나타나는 점의 배열현상(길이 9 이상 나타나면 비관리 상태로 판정한다.)
② 경향(trend) : 관측값을 순서대로 타점했을 때 점이 점점 상승하거나 하강하는 상태를 말하며, 길이 6 이상이 나타나면 비관리 상태로 판정한다.
③ 주기성(cycle) : 점이 주기적으로 상하로 변동하며 파형을 나타내는 경우를 말하며, 연속 14점 이상이 교대로 증감한다면 비관리 상태로 판정한다.

**56** 로트의 크기 30, 부적합품률이 10%인 로트에서 시료의 크기를 5로 하여 랜덤 샘플링할 때 시료 중 부적합품수가 1개 이상일 확률은 약 얼마인가? (단, 초기하분포를 이용하여 계산한다)

① 0.3695  ② 0.4335
③ 0.5665  ④ 0.6305

초기하분포($N=30$, $P=0.1$, $n=5$, $x \geq 1$)
$P_r(x \geq 1) = 1 - P_r(x = 0)$

$P_r = 1 - \dfrac{\binom{NP}{x}\binom{N(1-P)}{n-x}}{\binom{N}{n}}$

$= 1 - \dfrac{\binom{30 \times 0.1}{1}\binom{30(1-0.1)}{5-1}}{\binom{30}{5}}$

$= 1 - \dfrac{\binom{3}{0}\binom{27}{5}}{\binom{30}{5}} = 0.4335$

$P_r(x) = 1 - \dfrac{{}_{27}C_5 \times {}_3C_0}{{}_{30}C_5} = 0.4335$

**57** 로트의 크기가 시료의 크기에 비해 10배 이상 클 때, 시료의 크기와 합격 판정 개수를 일정하게 하고 로트의 크기를 증가시키면 검사 특성 곡선의 모양 변화에 대한 설명으로 가장 적절한 것은?

① 무한대로 커진다.
② 거의 변화하지 않는다.
③ 검사 특성 곡선의 기울기가 완만해진다.
④ 검사 특성 곡선의 기울기가 급해진다.

**OC곡선의 성질 중 $N$이 변하는 경우 ($c$, $n$ 일정)**
① OC곡선에 큰 영향을 미치지 않는다.
② $N$이 클 때는 $N$의 크기가 작을 때보다 다소 시료의 크기를 크게 해서 좋은 로트가 불합격되는 위험을 적게 하는 편이 경제적인 경우가 많다.

**정답** 55 ① 56 ② 57 ②

**58** 작업 개선을 위한 공정 분석에 포함되지 않는 것은?

① 제품 공정 분석
② 사무 공정 분석
③ 직장 공정 분석
④ 작업자 공정 분석

> **공정 분석의 종류**
> 제품 공정 분석, 사무 공정 분석, 작업자 공정 분석, 기타 부대분석

**59** 다음 중 브레인스토밍(brainstorming)과 가장 관계가 깊은 것은?

① 파레토도  ② 히스토그램
③ 회귀 분석  ④ 특성 요인도

> **특성요인도(Characteristic Diagram)**
> Ishikawa 박사가 어떤 결과에 요인이 어떻게 관련되어 있는가를 잘 알 수 있도록 작성한 그림으로, 어떤 결과물(특성)이 나온 원인(요인)들의 구성형태를 브레인스토밍법을 사용하여 원인과 특성을 찾을 수 있도록 표현한 것이다. 일반적 요인으로 4M(Man, Machine, Material, Method)을 사용한다.

**60** 과거의 자료를 수리적으로 분석하여 일정한 경향을 도출한 후 가까운 장래의 매출액, 생산량 등을 예측하는 방법을 무엇이라 하는가?

① 델파이법  ② 전문가 패널법
③ 시장 조사법  ④ 시계열 분석법

> **시계열 예측법**
> 월·주·일 등의 시간간격에 따라 제시한 과거 자료로부터 그 추세나 경향을 알아서 장래의 수요를 예측하는 것으로 시계열 자료의 주요 구성요소에는 추세변동(T), 순환변동(C), 계절변동(S), 불규칙변동(I)이 있다.

**정답** 58 ③ 59 ④ 60 ④

# 7회 에너지관리기능장 실전모의고사 기출문제

**01** 연돌의 높이가 20m이고, 0℃, 1atm에서 배기가스의 비중량이 1.2kgf/Nm³이고, 배기가스 온도가 220℃, 외기 비중량이 1.1kgf/Nm³인 경우에 이론 통풍력은 약 몇 mmAq인가?

① 0.7  ② 4.4
③ 8.7  ④ 12.6

**이론 통풍력 계산공식**
외기와 배기가스의 비중량과 온도를 함께 준 경우

$$Z = 273H\left(\frac{r_a}{T_a} - \frac{r_g}{T_g}\right)$$

$$= 273 \times 20 \times \left(\frac{1.1}{273+0} - \frac{1.2}{273+220}\right)$$

$$= 8.709 \text{mmAq}$$

**02** 스프링식 안전밸브 중 동일 분출 면적에서 분출량이 큰 순서로 된 것은?

① 전량식 > 전양정식 > 고양정식 > 저양정식
② 전양정식 > 전량식 > 고양정식 > 저양정식
③ 고양정식 > 저양정식 > 전양정식 > 전량식
④ 고양정식 > 전양정식 > 전량식 > 저양정식

- 안전밸브 분출용량 : 동일분출 면적(A)에서 분출량(E)은 분모의 수가 작은 것이 크고, 분모의 수가 큰 것이 작다.
- 분출량 순서 : 전량식 > 전양정식 > 고양정식 > 저양정식

**안전밸브 분출용량 계산식**

① 저양정식 $E = \dfrac{1.03P+1}{22}AC$

② 고양정식 $E = \dfrac{1.03P+1}{10}AC$

③ 전양정식 $E = \dfrac{1.03P+1}{5}AC$

④ 전량식 $E = \dfrac{1.03P+1}{2.5}AC$

여기서, $E$ : 안전밸브 분출용량[kgf/h]
$P$ : 분출압력[kgf/cm²]
$A$ : 안전밸브 단면적[mm²]
$\left(A = \dfrac{\pi D^2}{4}\right)$
$C$ : 상수(증기압력 120[kgf/cm²] 이하, 증기온도 280[℃] 이하일 경우 1로 하며, 그 밖의 경우에는 문제의 조건에 의해 결정한다)

**정답** 01 ③  02 ①

**03** 1보일러 마력을 설명한 것으로 옳은 것은?

① 1시간에 0℃의 물 15.65kg을 같은 온도의 증기로 변화시킬 수 있는 능력
② 1시간에 100℃의 물 15.65kg을 같은 온도의 증기로 변화시킬 수 있는 능력
③ 1시간에 100℃의 수증기 15.65kg을 포화 증기로 변화시킬 수 있는 능력
④ 1시간에 0℃의 물 15.65kg을 건포화 증기로 변화시킬 수 있는 능력

**1보일러 마력(1B-HP)**
표준대기압 하에서 100[℃]의 포화수 15.65[kg]을 1시간에 100[℃]의 포화증기로 바꿀 수 있는 능력(열량 8,435[kcal/h], 상당증발량 15.65[kg/h])

**04** 보일러 자동 제어에서 연소 제어의 조작량과 제어량에 해당되지 않는 것은?

① 증기 압력
② 노내 압력
③ 연소 가스량
④ 증기 온도

**보일러 자동제어의 제어량과 조작량과의 관계**

| 종류 | 제어량 | 조작량 |
|---|---|---|
| 증기온도제어 (S.T.C) | 증기온도 | 전열량 |
| 급수제어 (F.W.C) | 보일러수위 | 급수량 |
| 자동연소제어 (A.C.C) | 증기압력 | 연료량, 공기량 |
| | 노내압력 | 연소가스량 |

**05** 전열면적이 12m²인 온수 발생 보일러의 방출관의 안지름 크기는?

① 15mm 이상
② 20mm 이상
③ 25mm 이상
④ 30mm 이상

**온수발생 보일러**
전열면적에 따른 방출관의 크기

| 전열면적[m²] | 방출관 안지름[mm] |
|---|---|
| 10 미만 | 25 이상 |
| 10~15 미만 | 30 이상 |
| 15~20 미만 | 40 이상 |
| 20 이상 | 50 이상 |

정답 03 ② 04 ④ 05 ④

## 06
KS에서 규정한 열정산의 조건에 대한 설명 중 틀린 것은?

① 전기 에너지는 1kW당 539kcal/h로 환산한다.
② 보일러의 효율 산정 방식은 입출열법과 열손실법으로 실시한다.
③ 증기의 건도는 98% 이상인 경우에 시험함을 원칙으로 한다.
④ 열정산의 기준 온도는 시험 시의 외기 온도를 기준으로 한다.

① 전기 에너지는 1kW당 860kcal/h로 환산한다.

## 07
증유가 석탄에 비해서 우수한 점을 설명한 것으로 틀린 것은?

① 중유의 발열량은 석탄에 비해서 높다.
② 중유는 석탄보다 운반과 저장이 어렵다.
③ 중유는 석탄보다 완전 연소하기 쉬워서 열효율이 높다.
④ 중유는 석탄보다 연소의 조절이 쉽다.

② 중유는 석탄보다 운반과 저장이 쉽다.

## 08
집진 장치의 종류 중 습식 집진 장치에 속하는 것은?

① 관성력식　② 중력식
③ 원심력식　④ 회전식

- 습식집진 장치 : 유수식, 회전식, 가압수식
- 건식집진 장치 : 중력식, 원심식, 여과식, 관성력식

정답  06 ①  07 ②  08 ④

**09** 과열기에 대한 다음 설명 중 틀린 것은?

① 과열 증기의 단점은 부하 변화에 대한 온도 조절이 곤란하고 열량 손실이 많다.
② 과열 증기 사용 시 관내 부식 방지 및 마찰 저항을 감소시킬 수 있다.
③ 과열 증기는 발생 포화 증기의 압력 변화 없이 온도만 높인 증기이다.
④ 과열기의 종류는 전열 방식에 따라 병류형, 향류형, 혼류형이 있다.

**전열방식에 따른 분류**
과열기는 전열방식에 따라 복사형, 대류형, 양자병용(혼류형)으로 구분된다.
① 복사형 : 과열관을 연소실내 또는 노벽에 설치하여 복사열을 이용하는 방식
② 대류형 : 연도속에 설치하여 연도 가스의 대류(접촉)에 의해 증기를 과열하는 방식
③ 혼류형 : 복사형과 대류형의 혼합형

**연소방식에 따른 분류**
과열기는 연소방식에 따라 직접연소식과 간접연소식으로 구분되며 일반적으로 간접연소식이 많이 사용된다.

**10** 보일러 분출 장치의 설치 목적으로 가장 거리가 먼 것은?

① 전열면에 스케일 생성을 방지한다.
② 관수의 신진대사를 원활하게 하여 대류열을 향상시킨다.
③ 수면계 파손을 방지한다.
④ 관수의 불순물 농도를 한계값 이하로 유지한다.

**분출장치 설치목적**
① 관수 농축방지
② 프라이밍, 포밍 방지
③ 관수순환 촉진
④ 관수 pH조절
⑤ 스케일 생성 방지

**11** 방열관의 입구, 출구의 높이 차가 500mm이고 입구의 온도 60℃, 출구의 온도 50℃일 때 방열관에서 순환 수두는 약 얼마인가? (단, 50℃의 비중이 0.97840|고, 60℃의 비중은 0.96840|다)

① 3mmH$_2$O
② 4mmH$_2$O
③ 5mmH$_2$O
④ 6mmH$_2$O

**순환수두(H)**
$H = (\gamma_2 - \gamma_1) \times 1{,}000 \times h$
$= (0.9784 - 0.9684) \times 1{,}000 \times 0.5$
$= 5[\text{mmH}_2\text{O}]$

※ 위 공식에서 1,000을 곱한 이유는 비중의 단위를 밀도의 단위 kg/L로 가정하여 단위를 kg/m³으로 변환하기 위함이다. 변환 후 높이 0.5m를 곱하게 되면 최종 단위는 kg/m²으로 바뀐다.
※ 단위 환산 1kg/m² = 1mmH$_2$O

정답 09 ④ 10 ③ 11 ③

**12** 보일러에 설치하는 압력계의 검사 시기가 맞지 않은 것은?

① 신설 보일러의 경우 압력이 오른 후에 검사한다.
② 점화 전이나 교체 후에 검사한다.
③ 프라이밍이나 포밍이 일어날 때나 의심이 날 때 검사한다.
④ 부르동관이 높은 열에 접촉했을 때 검사한다.

**압력계 검사시기**
① 두 개가 설치된 경우 지시도가 다를 때
② 비수현상, 포밍 등으로 압력계에 영향이 있다고 판단될 때
③ 부르동관이 높은 열을 받았을 때
④ 신설 보일러의 경우 압력이 오르기 전
⑤ 계속사용 검사를 할 때
⑥ 장기간 휴지 후 사용하고자 할 때
⑦ 안전밸브의 실제분출압력과 설정압력이 맞지 않을 때

**13** 난방 부하를 감소시키기 위한 방법으로 옳지 않은 것은?

① 창문을 복층 유리로 시공한다.
② 열공급 보일러의 효율을 높이는 노력을 한다.
③ 난방 장소의 공기 누출, 유입을 최소화 시킨다.
④ 공급 열원과 사용처의 특성을 고려한 난방 방식을 채택한다.

② 열공급 보일러의 효율을 높이면 연료소비량이 감소한다. 이는 난방 부하의 경감과는 관계가 없다.

**14** 고압 기류식 분무 버너의 특성 설명으로 가장 옳은 것은?

① 연료유의 점도가 크면 비교적 무화가 곤란하다.
② 연소 시 소음의 발생이 적다.
③ 유량 조절 범위가 1 : 3 정도로 좁다.
④ 공기 또는 증기를 분사시켜 기름을 무화하는 방식이다.

**고압기류식 버너**
① $2~7kgf/cm^2$ 정도의 가압 분무 유체(공기, 증기)를 이용하여 연료($0.05~0.2kgf/cm^2$)를 분무하는 형식으로 버너로 2유체버너라고도 한다.
② 분무각도는 30° 정도이다.
③ 유량조절범위는 1 : 10 정도이다.
④ 고점도 연료도 무화가 가능하다.
⑤ 연소 시 소음발생이 심하다.
⑥ 부하변동이 큰 곳에 적당하다.

**정답** 12 ① 13 ② 14 ④

**15** 보일러 제조기술규격에서 노통 연관 보일러 및 수평 노통 보일러의 상용 수위는 동체 중심선에서부터 동체 반지름의 몇 % 이하로 정하고 있는가?

① 70　　　　　② 80
③ 75　　　　　④ 65

**보일러 상용수위(보일러제조기술규격)**
① 노통연관 보일러 및 수평 노통보일러의 상용 수위는 동체 중심선에서부터 동체 반지름 65[%] 이하이어야 한다. 이때 상용수위는 수면계의 중심선을 말한다.
② 상용수위는 수면계에 표시하거나 또는 수면계에 근접한 위치에 표시되어 항상 보일러 수위를 확인할 수 있도록 되어 있어야 한다.

**16** 터보형 송풍기가 장착된 보일러에서 풍량 조절 방법이 아닌 것은?

① 댐퍼의 조절에 의한 방법
② 회전수 변화에 의한 방법
③ 송풍기 깃(vane)의 수량 조절에 의한 방법
④ 흡입 베인의 개도에 의한 방법

**터보형(원심식) 송풍기의 풍량 조절법**
① 송풍기의 회전수 조절
② 댐퍼에 의한 조절
③ 흡입 베인의 각도 조절
④ 바이패스에 의한 방법

**17** 다음 매연 농도율을 구하는 공식에서 ( ) 안에 적합한 값은?

$$\text{매연 농도율}(\%) = \frac{\text{총 매연 농도값} \times (\quad)}{\text{총 측정 시간(분)}}$$

① 5　　　　　② 10
③ 15　　　　　④ 20

**매연 농도율 계산**
$$\text{매연 농도율}(\%) = \frac{\text{총 매연값} \times 20}{\text{총 측정 시간(분)}}$$

**정답** 15 ④　16 ③　17 ④

**18** 고체 및 액체 연료 1kg에 대한 이론 공기량($Nm^3$)의 체적을 구하는 식은? (단, C : 탄소, H : 수소, O : 산소, S : 황)

① $\dfrac{1}{0.21}(1.867C + 5.6H - 0.7O + 0.7S)$

② $\dfrac{1}{0.21}(1.687C + 5.6H - 0.7O + 0.7S)$

③ $\dfrac{1}{0.21}(1.867C + 6.5H - 5.6O + 0.7S)$

④ $\dfrac{1}{0.21}(1.767C + 8.5H - 0.7O + 0.7S)$

**이론산소량 계산공식[산소$Nm^3$/연료kg]**

$O_o = 1.867C + 5.6\left(H - \dfrac{O}{8}\right) + 0.7S$

**이론공기량 계산공식[공기$Nm^3$/연료kg]**

$A_o = \dfrac{O_o}{0.21}$

$= \dfrac{1}{0.21}\left(1.867C + 5.6\left(H - \dfrac{O}{8}\right) + 0.7S\right)$

$= \dfrac{1}{0.21}(1.867C + 5.6H - 0.7O + 0.7S)$

**19** 강판이나 알루미늄 판에 강관이나 동관 등을 용접 또는 철물을 이용하여 부착하고 배면에는 단열재를 붙여 열 손실을 방지하도록 하며 일정한 규격의 제품을 조합하여 복사면을 구성하도록 한 방식은?

① 파이프 매설식  ② 유닛 패널식
③ 덕트식  ④ 벽 패널식

**유닛 패널식**
강판이나 알루미늄 판에 강관이나 동관 등을 용접 또는 철물을 이용하여 부착하고 배면에는 단열재를 붙여 열 손실을 방지하도록 하며 일정한 규격의 제품을 조합하여 복사면을 구성한 방식

**20** 증기난방에서 사용되는 장치 및 기기가 아닌 것은?

① 증기 보일러  ② 응축수 탱크
③ 트랩  ④ 팽창 탱크

팽창탱크는 온수 보일러에 설치되어 물의 온도 상승에 따른 체적팽창에 의한 보일러의 파손을 방지한다(증기 보일러에는 설치되지 않는다).

**정답** 18 ① 19 ② 20 ④

**21** 보일러 난방 기구인 방열기에 대한 설명 중 틀린 것은?

① 방열기의 호칭은 종별−형×절수(쪽수, 섹션수)로 표시한다.
② 주형 방열기에는 2세주, 3세주, 4세주형의 3종류가 있다.
③ 벽걸이형 방열기는 벽면과 50~60mm정도 간격을 두어 설치하는 것이 좋다.
④ 증기 방열기의 표준 상태에서 발생하는 표준 방열량은 650kcal/m$^2$·h이다.

**주형 방열기의 종류**
2주형, 3주형, 3세주형, 5세주형

**22** 다음 중 지역 난방의 특징 설명으로 틀린 것은?

① 에너지를 효율적으로 이용할 수 있다.
② 연료비와 인건비를 줄일 수 있다.
③ 열효율이 낮아 비경제적이다.
④ 각 건물의 난방 운전이 합리적으로 된다.

**지역난방**
열공급 시설에 고압의 증기 및 고온수를 생산하여 일정지역을 대상으로 집단 공급하는 난방방식이다.
① 장점
 • 대규모 설비로 인한 우수한 장치의 확보로 열설비의 고효율화, 대기오염의 방지 효과를 얻을 수 있다.
 • 한곳에 집중적으로 설비하므로 건물 공간을 유효하게 사용할 수 있다.
 • 폐열 회수 및 쓰레기 소각 등으로 연료비를 절감할 수 있다.
 • 작업인원의 절감으로 인건비를 절약할 수 있다.
 • 고압의 증기 및 고온수이므로 관지름을 적게 할 수 있다.
② 단점
 • 시설비가 많이 든다.
 • 설비가 길어지므로 배관의 열손실이 크다.
 • 고압의 증기, 고온의 온수를 사용하므로 취급에 어려움이 따른다.

**23** 방출 밸브를 밀폐식 구조로 하든가 보일러 밖의 안전한 장소에 방출시킬 수 있는 구조를 갖추어야 하는 보일러는?

① 라몬트 보일러
② 열매체 보일러
③ 노통 연관 보일러
④ 벤슨 보일러

인화성 액체를 방출하는 열매체 보일러의 경우 방출밸브 또는 방출관은 밀폐식 구조로 하든가 보일러 밖의 안전한 장소에 방출시킬 수 있는 구조이어야 한다.

**정답** 21 ② 22 ③ 23 ②

**24** 보일러수 중의 용존 가스를 제거하는 장치는?

① 저면 분출 장치  ② 표면 분출 장치
③ 탈기기  ④ pH 조정 장치

- 용존가스 제거법 : 탈기법, 기폭법
- pH조정제(급수처리) : 탄산나트륨(가성소다), 암모니아, 제1·3인산소다, 인산나트륨
- 분출장치(불순물 배출) : 수저 분출 장치, 수면 분출 장치

**25** 보일러의 전열면의 고온 부식을 일으키는 연료의 주성분은?

① $O_2$(산소)  ② $H_2$(수소)
③ S(유황)  ④ V(바나듐)

**고온 부식**
① 과열기, 재열기, 수관 보일러의 천장 등 고온 전열면에서 발생
② 주 발생원인은 바나듐(V) 성분이며 온도는 약 550~600[℃] 정도에서 일어나는 부식 현상이다.

**저온 부식**
① 공기예열기, 절탄기의 부대설비 및 수관이나 노통관 등에서 발생
② 주 발생원인은 황산화물(S)이며 온도는 약 150~170[℃] 정도에서 일어나는 부식 현상이다.

**26** 일의 열당량(熱當量)의 값으로 옳은 것은?

① $\frac{1}{427}$ kcal/kg·m  ② $\frac{1}{427}$ kg·m/kcal
③ 427 dyn/kg  ④ 427 kcal/kg

- 열의 일당량 = 427[kg·m/kcal]
- 일의 열당량 = $\frac{1}{427}$[kcal/kg·m]

**27** 보일러 안전밸브의 증기 누설 원인으로 가장 적합한 것은?

① 배관이 지나치게 길 때
② 압력이 지나치게 낮을 때
③ 밸브 디스크와 시트 사이에 이물질이 있을 때
④ 급수 펌프의 압력이 높을 때

**안전밸브 증기누설 원인**
① 밸브와 시트의 가공이 불량한 경우
② 시트와 밸브 측이 이완된 경우
③ 스프링 장력 감소
④ 조정압력이 너무 낮은 경우
⑤ 밸브 디스크와 시트 사이에 이물질이 낀 경우

**정답** 24 ③ 25 ④ 26 ① 27 ③

**28** 증기의 건도가 0인 상태는?

① 포화수
② 포화 증기
③ 습증기
④ 건증기

**건조도**
습증기 전체 질량 중 증기가 차지하는 질량의 비를 말한다.
① 포화수 : $x = 0$
② 습증기 : $0 < x < 1$
③ 건포화증기 : $x = 1$

**29** 뉴턴(Newton)의 점성 법칙과 관계가 있는 사항으로만 구성된 것은?

① 점성 계수, 온도
② 동점성 계수, 시간
③ 속도 기울기, 점성 계수
④ 압력, 점성 계수

**뉴턴의 점성 법칙**
$\tau = \mu \dfrac{du}{dy}$
여기서, $\tau$ : 전단응력[kgf/m²], [N/m²]
$\mu$ : 점성계수[kgf·s/m], [N·s/m²], [kgm/m·s]
$\dfrac{du}{dy}$ : 속도구배

**30** 다음 중 온실 가스가 아닌 것은?

① 이산화탄소($CO_2$)
② 메탄($CH_4$)
③ 수소불화탄소(HFCs)
④ 에탄($C_2H_6$)

**온실가스**
[저탄소녹색성장 기본법] 제2조제9호에 따른 온실가스, 즉 적외선 복사열을 흡수하거나 재방출하여 온실효과를 유발하는 대기 중의 가스상태의 물질로서 이산화탄소($CO_2$), 메탄($CH_4$), 아산화질소($N_2O$), 수소불화탄소(HFCs), 과불화탄소(PFCs) 또는 육불화황($SF_6$)을 말한다.

**31** 지름 20cm인 원관 속을 속도 7.3m/s로 유체가 흐를 때 유량은 약 m³/s인가?

① 0.23m³/s
② 13.76m³/s
③ 51.1m³/s
④ 3.67m³/s

$Q = A \cdot V = \dfrac{\pi D^2}{4} \cdot V$
여기서, $Q$ : 유량[m³/s]
$A$ : 면적[m²]
$V$ : 속도[m/s]
$\dfrac{\pi D^2}{4}$ : 원면적[m²]
$\therefore Q = \dfrac{\pi \times 0.2^2}{4} \times 7.3 = 0.229$ [m³/s]

정답 28 ① 29 ③ 30 ④ 31 ①

**32** 절대 온도(K)는 섭씨온도(℃)에 얼마를 더하는가?

① 32  ② 273
③ 212  ④ 460

$K = ℃ + 273$

**33** 스테판 볼츠만의 법칙을 올바르게 설명한 것은?

① 완전 흑체 표면에서의 복사열 전달열은 절대 온도의 4제곱에 비례한다.
② 완전 흑체 표면에서의 복사열 전달열은 절대 온도의 4제곱에 반비례한다.
③ 완전 흑체 표면에서의 복사열 전달열은 절대 온도의 2제곱에 비례한다.
④ 완전 흑체 표면에서의 복사열 전달열은 절대 온도에 반비례한다.

**스테판 볼츠만 법칙**
완전 흑체에서의 복사열의 전달열은 절대온도 4승에 비례한다.

**34** 연소실에서 가마 울림 현상(연소 진동)이 발생하는 경우 그 방지 대책으로 틀린 것은?

① 2차 공기의 가열 통풍의 조절 방식을 개선한다.
② 연소실 내에서 완전 연소시킨다.
③ 연소실과 연도의 구조를 개선한다.
④ 수분이 많은 연료를 사용한다.

**가마울림**
연소 중 연소실이나 연도 내에서 연속적인 울림이 발생하는 것으로 그 원인은 다음과 같다.
① 공기연료비(공연비)가 맞지 않을 때
② 연도의 굴곡부가 많거나, 연도의 구조상 미연소가스가 체류하는 가스 포켓이 있는 경우
③ 연료내 수분이 많이 함유된 경우

**가마울림 방지대책**
① 2차 공기의 가열 통풍의 조절 방식을 개선한다.
② 연소실 내에서 완전 연소시킨다.
③ 연소실과 연도의 구조를 개선한다.
④ 연료 속 함유된 공기나 수분을 제거한 후 사용한다.

정답  32 ②  33 ①  34 ④

**35** 열역학 제2법칙을 옳게 설명한 것은?

① 열은 그 자신만으로는 저온의 물체로부터 고온의 물체로 이동될 수 없다.
② 어떤 계 내에서 물체의 상태 변화 없이 절대 온도 0도에 이르게 할 수 없다.
③ 열을 전부 일로 바꿀 수 있고, 일은 열로 전부 변화시킬 수 없다.
④ 에너지는 소멸하지 않고 형태만 바뀐다.

열역학 제2법칙인 열이동 법칙을 가장 올바르게 표현한 것은 ①번 항목이다.

**열역학 법칙**
① 열역학 제0법칙 : 열평형 법칙
② 열역학 제1법칙 : 에너지보존의 법칙
③ 열역학 제2법칙 : 열이동 법칙(방향성의 법칙)
④ 열역학 제3법칙 : 어떤 계 내에서 물체의 상태변화 없이 절대온도 0도에 이르게 할 수는 없다.

**36** 신설 보일러의 청정화를 도모할 목적으로 행하는 소다 끓이기에서 사용하는 약품이 아닌 것은?

① 수산화나트륨
② 아황산나트륨
③ 탄산나트륨
④ 탄산칼슘

- 소다보링 : 신설보일러 설치 중 부착된 페인트, 유지, 녹 등을 제거하기 위해 동 내부에 소다 계통의 약액을 넣고 2~3일간 끓여 반복 분출한다.
- 사용약액 : 탄산소다(탄산나트륨), 가성소다(수산화나트륨), 제3인산소다(제3인산나트륨), 아황산소다(아황산나트륨) 등

**37** 보일러에 나타나는 부식 중 연료 내의 황분이나 회분 등에 의해 발생하는 것은?

① 내부 부식
② 외부 부식
③ 전면 부식
④ 점식

**외부 부식(건식 부식 – 수부와 닿지 않음)**
① 저온 부식 : 황(S)성분에 의한 부식
② 고온 부식 : 바나듐(V)에 의한 부식
※ 해당 문제의 경우 저온 부식에 대한 설명으로 보기 중 저온 부식이 없기 때문에 저온 부식과 고온 부식 모두 외부 부식에 해당하므로 외부 부식을 답으로 본다.

**38** 보일러수의 관내 처리를 위하여 투입하는 청관제의 사용목적과 무관한 것은?

① pH 조정
② 탈산소
③ 가성 취화 방지
④ 기포 발생 촉진

**청관제의 사용목적**
① 보일러수의 pH 조정
② 보일러수의 탈산소
③ 보일러수의 연화
④ 가성 취화 방지
⑤ 포밍(forming) 방지
⑥ 슬러지의 조정

정답 35 ① 36 ④ 37 ② 38 ④

**39** 액체 속에 잠겨 있는 곡면에 작용하는 수평 분력의 크기는?

① 곡면의 수직 상방에 실려 있는 액체의 무게와 같다.
② 곡면에 의해 배제된 액체의 무게와 같다.
③ 곡면의 중심에서의 압력과 면적과의 곱과 같다.
④ 곡면의 수평 투영 면적에 작용하는 전압력과 같다.

**곡면에 작용하는 힘**
① 수평분력($F_x$) : 곡면의 수평 투영 면적에 작용하는 힘
  ($F$(힘) = $P$(압력) × $A$(면적))
② 수직분력($F_y$) : 곡면의 수직방향에 실려 있는 액체의 무게와 같다.

**40** 수격 작용(water hammer)을 방지하기 위한 조치 사항으로 틀린 것은?

① 비수 방지관을 설치한다.
② 약품 주입 내관을 설치한다.
③ 증기 트랩을 설치한다.
④ 증기 배관의 보온 처리를 철저히 한다.

**수격 작용 방지법**
① 캐리오버(기수공발) 현상 발생을 방지한다 (비수방지관 설치, 기수분리기 설치 등).
② 주증기 밸브를 서서히 개방한다.
③ 응축수가 체류하는 곳에 증기트랩을 설치한다.
④ 드레인 빼기를 철저히 한다.
⑤ 증기배관의 보온을 철저히 한다.
⑥ 송기 전 소량의 증기로 배관을 예열한 후 송기한다.

**41** 에너지이용합리화법 시행령에서 정하는 진단 기관이 보유하여야 하는 장비와 기술 인력의 지정 기준에 대한 설명이 틀린 것은?

① 적외선 열화상 카메라는 1종은 1대 이상 보유하며 2종은 해당되지 않는다.
② 초음파 유량계는 1종은 2대 이상 보유하며 2종은 1대 이상 보유한다.
③ 기술 인력은 해당 진단 기관의 상근 임원이나 직원이어야 한다.
④ 1인이 2종류 이상의 자격증을 취득한 경우에는 2종류 모두 기술 능력을 갖춘 것으로 본다.

④ 1인이 2종류 이상의 자격증을 취득한 경우에는 1종류만 기술능력을 갖춘 것으로 본다(에너지이용합리화법 시행령 별표4).

정답 39 ④ 40 ② 41 ④

**42** 담금질한 강에 강인성을 부여하기 위해 A1 변태점 이하의 일정 온도에서 가열하는 열처리 방법은?

① 표면 경화법  ② 풀림
③ 불림  ④ 뜨임

**열처리 방법**
① 표면 경화법 : 표면을 경화시켜 내마모성, 강도, 경도를 높이거나 내식성을 높이는 것을 말하며 침탄법, 질화법, 금속침투법 등이 있다.
② 담금질 : 강을 $A_3$ 변태점보다 30~50[℃] 정도 높은 온도로 가열한 다음 물이나 기름속에 급속히 냉각시켜 경도와 강도를 증가시키는 방법이다.
③ 뜨임 : 담금질한 강을 $A_1$ 변태점 이하의 일정 온도에서 재가열하여 냉각시켜 내부응력을 제거하고 인성을 증가시키는 방법이다.
④ 불림 : 단조, 압연 등으로 인해 거칠어진 조직을 미세화하고 잔류응력을 제거하기 위해 $A_3$ 변태점보다 30~50[℃]정도 높게 가열하여 공기 중에 서냉시키는 방법이다.
⑤ 풀림 : 거칠어진 조직이나 가공경화 및 내부응력을 제거하기 위해 변태점 이상의 적당한 온도로 가열하고 서냉시키는 방법이다.

**43** 배관의 지지 장치에 대한 설명으로 맞는 것은?

① 배관의 중량을 지지하기 위하여 달아매는 것을 서포트(support)라고 한다.
② 배관의 중량을 아래에서 위로 떠받치는 것을 가이드(guide)라고 한다.
③ 관의 회전을 구속하기 위하여 사용하는 것을 브레이스(brace)라고 한다.
④ 배관 지지점에서의 이동 및 회전을 방지하기 위해 지지점 위치에 완전히 고정할 때 사용하는 것을 앵커(anchor)라고 한다.

① 배관의 중량을 지지하기 위하여 달아매는 것을 행거(hanger)라고 한다.
② 배관의 중량을 아래에서 위로 떠받치는 것을 서포트(support)라고 한다.
③ 관의 회전만 구속하고 다른 방향은 자유롭게 이동하는 장치를 스톱(stop/stopper)라고 한다.

[참고]
• 가이드(guide) : 배관의 축방향 이동을 안내하고 직각 방향 운동을 구속하는데 사용하며 파이프랜 위 배관의 곡관 부분과 신축이음부에 설치한다.
• 브레이스(brace) : 펌프, 압축기 등에서 발생하는 진동, 서징, 수격작용, 지진 등에 의한 진동, 충격등을 완화하는 장치이다.

정답 42 ④  43 ④

**44** 관 공작용 공구 중 동관용 공구가 아닌 것은?

① 사이징 툴　　② 턴 핀
③ 익스팬더　　④ 튜브 커터

**동관용 공구**
① 사이징 툴 : 동관의 끝을 정확하게 원형으로 가공하는 공구
② 익스팬더 : 동관 확관용 공구
③ 플레어링 툴 : 동관을 나팔모양으로 가공 후 압축 접합하는 공구
④ 튜브 커터 : 동관 커팅용 공구
⑤ 튜브 벤더 : 동관 굽힘(벤딩)용 공구
⑥ 토치램프 : 납땜(용접), 벤딩 등의 가열에 이용되는 공구 또는 장비
⑦ 티뽑기 : 주관에서 분기관 성형 시 구멍을 때 사용되는 공구
• 턴 핀은 연관용 공구로 접합하려는 관 끝을 넓히는데 사용된다.

**45** 온수 귀환 방식에서 각 방열기에 공급되는 유량 분배를 균등히 하여 전후방 방열기의 온도차를 최소화시키는 방식으로 환수 배관의 길이가 길어지는 단점이 있는 방식은?

① 역귀환 방식　　② 강제 귀환 방식
③ 중력 귀환 방식　　④ 팽창 귀환 방식

**역귀환 방식(리버스리턴 방식)**
냉·온수 배관법의 일종이다. 하나의 배관계에 다수의 방열기를 설치할 때 배관의 길이가 다르기 때문에 환수관을 가장 먼 기기까지 가지고 간 다음 반복하여 환수관을 원래 방향으로 되돌리면서 각 기기의 배관저항의 균형을 맞추어 기기로의 수량 평균성을 보존하는 방식으로 환수관의 길이가 길어진다는 단점이 있다.
• 사용목적 : 방열기에 공급되는 유량분배를 균등하게 하기 위해 사용한다.

**46** 다음 중 증기 트랩에 속하지 않는 것은?

① 기계식 트랩　　② 박스 트랩
③ 온도 조절식 트랩　　④ 열역학적 트랩

**증기 트랩 작동원리에 의한 분류**
① 기계적 트랩 : 포화수와 포화증기의 비중차를 이용한 방식
(종류 : 플로트트랩(다량트랩), 버킷트랩)
② 온도조절식 트랩 : 포화수와 포화증기의 온도차를 이용한 방식
(종류 : 바이메탈 트랩, 벨로즈 트랩, 다이어프램)
③ 열역학적 트랩 : 포화수 또는 포화증기의 열역학적 특성차를 이용한 방식
(종류 : 디스크트랩, 오리피스트랩)

정답 44 ② 45 ① 46 ②

**47** 부정형 내화물에 해당되는 것은?

① 플라스틱 내화물  ② 마그네시아 내화물
③ 규석질 내화물  ④ 탄소 규소질 내화물

- 산성 내화물 : 납석질, 점토질, 규석질, 반규석질, 지르콘질, 탄화규소질 등
- 염기성 내화물 : 마그네시아질, 돌로마이트질, 크롬-마그네시아질, 고점감람석질 등
- 중성 내화물 : 고산화알루미늄질, 크롬질, 스피넬질, 탄소질 등
- 부정형 내화물 : 캐스터블, 플라스틱, 래밍믹스, 내화 피복제, 내화 몰타르 등

**48** 증기용으로 사용하는 파일럿식 감압밸브의 최대 감압비는 어느 정도인가?

① 2 : 1  ② 5 : 1
③ 10 : 1  ④ 15 : 1

파일럿식 감압밸브는 파일럿실에서 2차측의 압력을 감지하여 메인밸브를 조절하는 형식으로 최대 감압비는 10 : 1 정도이다.

**49** 저항 용접 시 주의 사항으로 틀리는 것은?

① 모재 접합부에 불순물이 없을 것
② 냉각수의 순환이 충분할 것
③ 모재의 형상 두께에 맞는 전극을 채택할 것
④ 전극부의 접촉 저항이 클 것

**저항 용접 시 주의사항**
① 모재 접합부에 불순물이 없을 것
② 냉각수 순환이 충분할 것
③ 모재의 형상과 두께에 맞는 전극을 채택할 것
④ 전극부의 접촉 저항을 작게 할 것

**50** 한지를 여러 겹 붙여서 일정한 두께로 하여 내유 가공한 오일 시트 패킹이 주로 쓰이며 내유성이 있으나 내열도가 작은 플랜지 패킹은?

① 식물성 섬유제  ② 동물성 섬유제
③ 고무 패킹  ④ 광물성 섬유제

**식물성 섬유제**
한지를 여러 겹 붙여서 일정한 두께로 하여 내유 가공한 오일시트 패킹이 주로 쓰이며 내유성이 있으나 내열도가 작아 펌프, 기어 박스, 유류배관 등 용도가 제한적이다.

정답 47 ① 48 ③ 49 ④ 50 ①

**51** 보일러에서 발생한 증기는 주증기 헤더를 통해서 각 사용처에 공급된다. 증기 헤더의 설치 목적으로 가장 적당한 것은?

① 각 사용처에 양질의 증기를 안정적으로 공급하기 위하여
② 보일러실 근무자가 스팀 사용량을 통제하여 보일러를 보호하기 위하여
③ 발생 증기의 1차 저장 기능을 가지기 위하여
④ 증기의 압력을 자동으로 조정하여 일정하게 저장하기 위하여

**증기 헤더**
보일러에서 발생한 증기를 한 곳에 모아 일시 저장한 후 사용처에 알맞게 보내주는 장치로 일종의 분배기라고 볼 수 있다(헤더크기 : 헤더에 부착되는 가장 큰 증기관 지름의 2배).
• 설치 시 장점
 ① 각 사용처에 양질의 증기를 안정적으로 공급 및 차단할 수 있다.
 ② 증기 수요에 대응하기가 좋다.
 ③ 불필요한 배관에 증기가 공급되지 않기 때문에 열손실을 방지할 수 있다.

**52** Ralph M. Barnes 교수가 제시한 동작경제의 원칙 중 작업장배치에 관한 원칙(Arrangement of the work place)에 해당되지 않는 것은?

① 가급적이면 낙하식 운반 방법을 이용한다.
② 모든 공구나 재료는 지정된 위치에 있도록 한다.
③ 충분한 조명을 하여 작업자가 잘 볼 수 있도록 한다.
④ 가급적 용이하고 자연스러운 리듬을 타고 일할 수 있도록 작업을 구성하여야 한다.

**동작경제의 원칙**
① 신체의 사용에 관한 원칙
 • 양손이 동시에 시작하고 동시에 끝나도록 한다.
 • 휴식시간을 제외하고 양손이 동시에 쉬어서는 안 된다.
 • 양팔은 반대방향, 대칭적인 방향으로 동시에 행한다.
② 작업장의 배치에 관한 원칙
 • 공구와 재료는 지정된 위치에 놓여 있어야 한다.
 • 가능하다면 낙하식 운반방법을 사용하여야 한다.
 • 시각에 가장 적당한 조명을 만들어 주어야 한다.
③ 공구류 및 설비의 설계에 관한 원칙
 • 손 이외의 신체부분을 이용하여 손의 노력을 경감시켜야 한다.
 • 가능하면 두 개 이상의 기능이 있는 공구를 사용한다.
 • 도구와 재료는 가능한 한 다음에 사용하기 쉽게 놓아야 한다.

정답 51 ① 52 ④

**53** 검사 대상 기기의 검사의 종류에 따른 검사 유효 기간이 잘못된 것은?

① 계속사용 안전검사 : 압력 용기 유효기간은 2년
② 계속사용 운전성능검사 : 보일러 유효기간은 1년
③ 설치장소 변경검사 : 보일러 유효 기간은 2년
④ 개조검사 : 압력 용기 및 철금속 가열로 유효 기간은 2년

**검사의 유효기간**

| 검사의 종류 | | 검사 유효기간 |
|---|---|---|
| 설치검사 | | • 보일러 : 1년, 다만, 운전성능 부문의 경우에는 3년 1개월로 한다.<br>• 압력용기 및 철금속가열로 : 2년 |
| 개조검사 | | • 보일러 : 1년<br>• 압력용기 및 철금속가열로 : 2년 |
| 설치장소 변경검사 | | • 보일러 : 1년<br>• 압력용기 및 철금속가열로 : 2년 |
| 계속<br>사용검사 | 안전검사 | • 보일러 : 1년<br>• 압력용기 : 2년 |
| | 운전<br>성능검사 | • 보일러 : 1년<br>• 철금속가열로 : 2년 |
| | 재사용<br>검사 | • 보일러 : 1년<br>• 압력용기 및 철금속가열로 : 2년 |

**54** 강관의 종류에 따른 KS 규격 기호가 잘못된 것은?

① 압력 배관용 탄소강관 : SPPS
② 고온 배관용 탄소강관 : SPHT
③ 보일러 및 열교환기용 탄소강관 : STBH
④ 고압 배관용 탄소강관 : SPTP

**압력배관용 탄소강관 KS규격기호**
① SPP : 일반배관용 탄소강관
② SPPS : 압력배관용 탄소강관
③ SPPH : 고압배관용 탄소강관
④ SPHT : 고온배관용 탄소강관
⑤ SPW : 배관용 아크용접 탄소강관
⑥ SPA : 배관용 합금강관
⑦ STS×T : 배관용 스테인리스강관
⑧ STBH : 보일러 열교환기용 탄소강관
⑨ STHA : 보일러 열교환기용 합금강관
⑩ STS×TB : 보일러 열교환기용 스테인리스강관
⑪ STLT : 저온 열교환기용 강관

**55** 연료, 열 및 전력의 연간 사용량 합계가 몇 티오이 이상이면 에너지 다소비 사업자라고 하는가?

① 500    ② 1,000
③ 1,500  ④ 2,000

에너지 다소비 사업자라 함은 연료, 열 및 전력의 연간 사용량이 2,000 TOE 이상인 자를 말한다.

**정답** 53 ③  54 ④  55 ④

**56** 로트 크기 1,000, 부적합품률이 15%인 로트에서 5개의 랜덤 시료 중에서 발견된 부적합품수가 1개일 확률을 이항 분포로 계산하면 약 얼마인가?

① 0.1648
② 0.3915
③ 0.6085
④ 0.8352

**이항분포**
$P = 0.15$, 5개($n$)의 시료를 뽑았을 때 부적합품수가 1개($x$) 나올 확률
$$P_r(x) = \binom{n}{x} P^x (1-P)^{n-x}$$
$$= {}_nC_x P^x (1-P)^{n-x}$$
∴ $5C_1 (0.15)^1 (1-0.15)^{5-1} = 0.3915$

**57** 다음 검사의 종류 중 검사 공정에 의한 분류에 해당되지 않는 것은?

① 수입검사
② 출하검사
③ 출장검사
④ 공정검사

**샘플링 검사분류**
① 검사가 행해지는 공정에 의한 분류 : 수입(구입)검사, 공정(중간)검사, 최종(완성)검사, 출하검사
② 검사가 행해지는 장소에 의한 분류 : 정위치검사, 순회검사, 출장(외주)검사
③ 검사의 성질에 의한 분류 : 파괴검사, 비파괴검사, 관능검사
④ 검사방법에 의한 분류 : 전수검사, 무검사, 로트별 샘플링검사, 관리 샘플링검사, 자주검사
⑤ 검사항목에 의한 분류 : 수량검사, 중량검사, 성능검사, 치수검사, 외관검사

**58** 다음 중 계량값 관리도에 해당되는 것은?

① $c$ 관리도
② $nP$ 관리도
③ $R$ 관리도
④ $u$ 관리도

**관리도의 종류**
① 계량값 관리도
 • $\bar{x} - R$(평균치-범위)관리도
 • $\bar{x} - s$(평균치-표준편차)관리도
 • $\tilde{x} - R$(중앙치-범위)관리도
 • $x - R_m$(개개의 측정치-이동범위)관리도
② 계수값 관리도
 • $np$(부적합품수)관리도
 • $p$(부적합품률)관리도
 • $c$(부적합수)관리도
 • $u$(단위당 부적합수)관리도

정답 56 ② 57 ③ 58 ③

**59** 품질 코스트(quality cost)를 예방 코스트, 실패 코스트, 평가 코스트로 분류할 때, 다음 중 실패 코스트(failure cost)에 속하는 것이 아닌 것은?

① 시험 코스트
② 불량 대책 코스트
③ 재가공 코스트
④ 설계 변경 코스트

**실패 코스트**
① 납품 전 불량 코스트(내부 실패 코스트)
  • 폐기 코스트
  • 재가공 코스트
  • 외주불량 코스트
  • 설계변경 코스트
② 무상서비스 코스트(외부 실패 코스트)
  • 현지서비스 코스트
  • 대품 서비스 코스트
  • 부적합품 대책 코스트
  • 제품책임 코스트

**60** 그림과 같은 계획 공정도(network)에서 주공정은? (단, 화살표 아래의 숫자는 활동 시간을 나타낸 것이다)

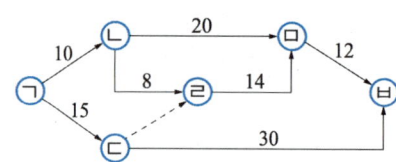

① ㉠ – ㉢ – ㉤
② ㉠ – ㉡ – ㉣ – ㉥
③ ㉠ – ㉡ – ㉣ – ㉤ – ㉥
④ ㉠ – ㉢ – ㉣ – ㉤ – ㉥

**각 공정의 작업시간**
• ①번 : ㉠ → ㉢ → ㉥
    (15 + 30 = 45시간)
• ②번 : ㉠ → ㉡ → ㉤ → ㉥
    (10 + 20 + 12 = 42시간)
• ③번 : ㉠ → ㉡ → ㉣ → ㉤ → ㉥
    (10 + 8 + 14 + 12 = 44시간)
• ④번 : ㉠ → ㉢ → ㉣ → ㉤ → ㉥
    (15 + 14 + 12 = 41시간)
※ 주공정이란 가장 긴 작업시간이 예상되는 공정을 말한다.

정답 59 ① 60 ①

# 8회 에너지관리기능장 실전모의고사 기출문제

**01** 상당증발량 2,500kg/h, 매시 연료소비량 150kg인 보일러가 있다. 급수온도 28℃, 증기압력 10kgf/cm² 일 때, 이 보일러의 효율은 약 몇 % 인가? (단, 연료의 저위발열량은 9,800kcal/kg이다)

① 65%  ② 77%
③ 92%  ④ 98%

**보일러 효율**

$$\eta = \frac{G(h''-h')}{Gf \times H_l} \rightarrow \eta = \frac{Q}{Gf \times H_l}$$

$$\rightarrow \eta = \frac{G_e \times 539}{Gf \times H_l}$$

$$\rightarrow \eta = \frac{2,500 \times 539}{150 \times 9,800} \times 100 = 91.66[\%]$$

여기서, $G$ : 증기발생량(급수량)[kg/h]
$h''$ : 발생증기엔탈피[kcal/kg]
$h'$ : 급수엔탈피[kcal/kg]
$Gf$ : 연료사용량[kg/h]
$H_l$ : 저위발열량[kcal/kg]
$G_e$ : 상당증발량[kg/h]

**02** 다음 중 가스연료 연소 시에 발생하는 현상이 아닌 것은?

① 역화(back fire)  ② 리프팅(lifting)
③ 옐로 팁(yellow tip)  ④ 증발(vaporizing)

**가스연료 연소 시 발생하는 이상 현상**
① 역화(back fire) : 가스의 연소속도가 염공에서의 가스 유출속도보다 크게 되어 불꽃이 버너 내부에 침입하여 노즐선단에서 연소하는 현상
② 선화(리프팅 : lifting) : 염공에서의 가스 유출속도가 연소속도보다 크게 되어 염공에 접하여 연소하지 않고 염공에서부터 떠서 연소되는 현상
③ 블로 오프(blow off) : 연소장치의 혼합기에서 기화염을 만들 때, 염공으로부터의 분출 속도가 빠르면, 화염의 전파 속도가 혼합기의 유속보다 늦어져 염공으로부터 화염이 이탈되어 꺼져버리는 현상
④ 옐로 팁(yellow tip) : 불꽃의 끝이 적황색으로 되어 연소하는 현상으로 연소반응이 충분한 속도로 진행되지 않을 때, 1차 공기량이 부족하여 불완전 연소될 때 발생한다.

**정답** 01 ③ 02 ④

**03** 부하변동에 따른 적응성이 좋으며, 응축수를 연속적으로 배출하고 자동공기배출이 이루어지나 수격작용에 약하고, 고압증기배관에는 사용할 수 없는 증기트랩은?

① 디스크 트랩  ② 바이메탈 트랩
③ 버킷 트랩    ④ 플로트 트랩

**플로트 트랩**
다량트랩이라고도 하며 포화수와 포화증기의 비중차에 의해 동작하는 트랩으로 부하변동에 따른 적응성이 좋으며, 응축수를 연속적으로 배출하고 자동공기배출이 이루어지나 수격작용에 약하고, 고압증기배관에는 사용할 수 없다는 단점이 있다.

**04** 다음 중 보일러 스테이의 종류가 아닌 것은?

① 도그 스테이   ② 관 스테이
③ 거싯 스테이   ④ 더블 스테이

**보일러 스테이의 종류**
① 관 스테이 : 연관과 경판선단 부위에 관을 확관 마찰이나 마모에 견디게 한다.
② 바 스테이 : 경판, 화실, 천장판의 강도 보강용
③ 볼트 스테이 : 평행판의 강도보강(횡연관 보일러)
④ 가셋트(거싯) 스테이 : 경판과 동판의 강도 보강(노통 보일러)
⑤ 도리 스테이 : 화실 천장판의 강도보강 (기관차 보일러)
⑥ 도그 스테이 : 맨홀 청소의 밀봉용

**05** 고온가스의 처리가 가능하므로 굴뚝 또는 배관 내에 장착하고 지름이 100μm인 입자의 집진에 이용되며 집진효율이 50~70%인 장치로 구조가 간단한 집진장치는?

① 중력식 집진장치    ② 원심력식 집진장치
③ 관성력식 집진장치  ④ 여과식 집진장치

**관성력식 집진장치 특징**
① 구조가 간단하고 취급이 용이하다.
② 유지비가 적게 든다.
③ 집진효율이 낮다(100μm 정도의 입자 집진용).
(비교 : 전기식의 경우 0.5μm 정도의 미세한 입자 집진용으로 사용된다)
④ 다른 집진장치의 전처리용으로 사용된다.
⑤ 미세한 입자의 포집율이 낮다.
(집진 효율 : 50~70[%])

**06** 분출장치의 설치목적이 아닌 것은?

① 관수의 농축 방지   ② 관수의 pH 조절
③ 스케일 생성 방치   ④ 저수위 방지

**분출장치 설치목적**
① 관수 농축방지
② 프라이밍, 포밍 방지
③ 관수순환 촉진
④ 관수 pH 조절
⑤ 스케일 생성 방지

**정답** 03 ④  04 ④  05 ③  06 ④

**07** 창문 및 문을 포함한 벽체 면적이 48m²인 주택에 온수 보일러를 설치하려고 한다. 외기온도가 −12℃, 실내온도가 20℃일 때 난방부하를 계산하면 약 얼마인가? (단, 이 주택의 벽체 열관류율은 6kcal/h·m²·℃, 방위계수는 1.05로 한다)

① 2,419kcal/h  ② 9,216kcal/h
③ 8,420kcal/h  ④ 9,677kcal/h

$Q = K \cdot F \cdot \triangle T \cdot k$
여기서, $K$ : 열관류율[kcal/m²h℃]
$F$ : 면적[m²]
$T$ : 온도차[℃]
$Q$ : 열량[kcal/h]
$k$ : 방위계수
∴ $Q = 6 \times 48 \times (20 - (-12)) \times 1.05$
  $= 9,676.8$[kcal/h]
※ 외벽의 경우 방위계수까지 가산하며 문제에 주어질 시 이에 따른다.

**08** 온수난방 분류에서 각층, 각실 간에 온수의 순환율이 동일하고 온도차를 최소화시키는 방식으로, 배관길이가 다소 길고 마찰저항이 커지는 단점이 있는 배관방법은?

① 직접귀환방식  ② 역귀환방식
③ 중력순환식    ④ 강제순환식

**역귀환 방식(리버스리턴 방식)**
냉·온수 배관법의 일종이다. 하나의 배관계에 다수의 방열기를 설치할 때 배관의 길이가 다르기 때문에 환수관을 가장 먼 기기까지 가지고 간 다음 반복하여 환수관을 원래 방향으로 되돌리면서 각 기기의 배관저항의 균형을 맞추어 기기로의 수량 평균성을 보존하는 방식으로 환수관의 길이가 길어진다는 단점이 있다.
• 사용목적 : 방열기에 공급되는 유량분배를 균등하게 하기 위해 사용한다.

**09** 다음 중 안전장치의 종류가 아닌 것은?

① 방출밸브    ② 가용마개
③ 드레인 콕   ④ 수면고저경보기

**안전장치의 종류**
안전밸브 및 방출밸브, 가용전(가용마개), 방폭문, 화염검출기, 압력제한기 및 압력조절기, 고저수위 경보장치

정답 07 ④  08 ②  09 ③

**10** 증기보일러에서 안전밸브 및 압력방출장치의 크기를 20A로 할 수 있는 경우는?

① 최고사용압력 1MPa 이하의 보일러
② 최고사용압력 0.5MPa 이하의 보일러로 전열면적 $2m^2$ 이하의 보일러
③ 최고사용압력 0.7MPa 이하의 보일러로 동체의 안지름이 500mm 이하이며 동체의 길이가 1,000mm 이하의 보일러
④ 최대증발량 7t/h 이하의 보일러

안전밸브 및 압력방출장치의 지름은 25A 이상으로 한다. 단, 다음의 경우는 20A 이상으로 할 수 있다.
① 최고사용압력 0.1MPa(1kgf/cm²) 이하의 보일러
② 최고사용압력 0.5MPa(5kgf/cm²) 이하의 보일러로 동체의 안지름이 500mm 이하이며 동체의 길이가 1,000mm 이하인 보일러
③ 최고사용압력 0.5MPa(5kgf/cm²) 이하의 보일러로 전열면적 2m² 이하인 보일러
④ 최대증발량 5t/h 이하의 관류 보일러
⑤ 소용량강철제 보일러, 소용량주철제보일러

**11** 보일러 연소실에서 발생한 연소가스가 굴뚝까지 이르는 통로는?

① 연돌   ② 연도
③ 화관   ④ 댐퍼

• 연돌 : 연소가스가 외부로 배출되는 굴뚝
• 연도 : 보일러 연소실에서 발생한 연소가스가 굴뚝까지 이르는 통로
• 개자리 : 자연통풍방식에서 배기가스의 순간적인 역류를 방지하기 위해 굴뚝 하부에 설치하는 것으로 높이는 굴뚝(연돌)지름의 2배 이상으로 한다.

**12** 중유의 연소성상을 개선하기 위한 첨가제의 종류가 아닌 것은?

① 연소 촉진제   ② 착화 지연제
③ 슬러지 분산제   ④ 회분 개질제

**중유 첨가제**
① 연소촉진제 : 분무를 양호하게 한다.
② 안정제(슬러지 분산제) : 슬러지의 생성을 방지한다.
③ 탈수제 : 중유 속의 수분을 분리한다.
④ 회분개질제 : 회분의 융점을 높여 고온 부식을 방지한다.
⑤ 유동점 강하제 : 중유의 유동점을 낮추어 송유를 양호하게 한다.

**정답** 10② 11② 12②

13 진공환수식 증기난방의 설명 중 틀린 것은?

① 진공 펌프에 버큠 브레이커를 설치하여 진공도가 높아지면 밸브를 열어서 진공도를 낮춘다.
② 배관 및 방열기 내의 공기도 뽑아내므로 증기의 순환이 빠르다.
③ 환수파이프와 보일러 사이에 진공펌프를 설치하여 진공도를 유지시킨다.
④ 방열기 설치장소에 제한을 받고 방열량 조절이 좁다.

**진공환수식 증기난방 특징**
① 중력, 기계 환수보다 순환속도가 빠르다.
② 기울기(구배)에 구애를 받지 않는다.
③ 방열량을 광범위하게 조절할 수 있다.
④ 환수관의 관지름을 작게 할 수 있다.
⑤ 버큠브레이커를 사용하여 진공을 일정하게 유지해야 한다.(진공도 : 100~250mmHg·v)
⑥ 방열기 설치장소에 제한을 받지 않는다.

14 복사난방의 특징에 대한 설명으로 틀린 것은?

① 방열기가 불필요하므로 바닥면의 이용도가 높다.
② 외기온도의 변화에 따라 실내의 온도, 습도조절이 쉽다.
③ 복사열에 의한 난방이므로 쾌감도가 좋다.
④ 실내의 온도 분포가 균등하다.

**복사난방**
패널난방이라고도 하며 건축물의 천장, 바닥, 벽 등에 가열코일을 매설하여 코일내 증기 및 온수 등의 열매체로 순환시켜 그 복사열에 의해 난방하는 방식이다.

**복사난방 특징**
① 장점
  • 높이에 따른 온도분포가 균일하다.
  • 동일 방열량에 대한 열손실이 적다.
  • 공기 등 미진을 태우지 않아 쾌감도가 좋다.
  • 방열기 등의 설치공간이 불필요하여 실내 공간의 이용율이 높다.
② 단점
  • 초기 설비비가 많이 든다.
  • 매입배관이므로 고장수리 및 점검이 어렵다.
  • 예열시간이 길어 부하변동에 대응하기 어렵다.
  • 표면부(시멘트, 모르타르층) 균열이 발생할 수 있다.

15 증기보일러의 용량을 표시하는 방법이 아닌 것은?

① 보일러의 마력   ② 상당증발량
③ 정격출력       ④ 연소효율

**보일러의 용량표시 방법**
① 정격출력
② 보일러마력
③ 전열면적
④ 상당방열면적(EDR)
⑤ 상당증발량
⑥ 최대 연속 증발량

정답  13 ④  14 ②  15 ④

**16** 회전식 버너의 특징을 설명한 것으로 틀린 것은?

① 기름은 보통 0.3kgf/cm² 정도 가입하여 공급한다.
② 분무각도는 유속 또는 안내 깃에 따라 40~80°의 범위로 할 수 있다.
③ 화염의 형상이 비교적 넓고 안정한 연소를 시킬 수 있다.
④ 유량의 조절범위는 1 : 5 정도로 좁고, 유량이 적을수록 무화가 잘 된다.

**회전식 버너**
무화통의 고속 회전에 의한 원심력으로 오일 연료를 비산시켜 무화하는 형식의 오일버너
① 장점
 • 소음이 적고 자동화에 용이하다.
 • 분무각이 넓다(40~80°).
 • 유량조절범위가 비교적 넓다(1 : 5).
② 단점
 • 유량이 적어지면 무화가 곤란하다.
 • 점도가 커지면 무화가 곤란하다.

**17** 다음 중 절탄기에 대하여 설명한 것으로 옳은 것은?

① 증기를 이용하여 급수를 예열하는 장치
② 보일러의 여열을 이용하여 급수를 예열하는 장치
③ 보일러의 여열을 이용하여 공기를 예열하는 장치
④ 연도 내에서 고온의 증기를 만드는 장치

**절탄기(Economizer)**
배기(연소)가스의 여열을 이용하여 급수를 예열하는 장치

**18** 증기보일러의 압력계 부착에 대한 설명 중 틀린 것은?

① 증기가 직접 압력계에 들어가지 않도록 안지름 6.5mm 이상의 사이펀관을 설치한다.
② 압력계와 연결된 증기관이 강관일 때 그 안지름은 12.7mm 이상이어야 한다.
③ 증기온도가 483K(210℃)를 초과할 때 압력계와 연결되는 증기관은 황동관 또는 동관으로 하여야 한다.
④ 압력계와 연결되는 증기관은 최고사용 압력에 견디는 것으로 한다.

**압력계 연결 시 주의사항**
① 사이폰관의 안지름은 6.5mm 이상으로 한다.
② 압력계의 연결관은 동관 안지름 6.5mm, 강관 안지름 12.7mm 이상으로 한다.
③ 증기온도 483K(210℃)를 넘을 때에는 황동관 또는 동관을 사용하여서는 안 된다.
④ 압력계와 연결되는 증기관은 최고사용압력에 견디는 것으로 한다.

정답 16 ④ 17 ② 18 ③

19  지역난방에 대한 설명 중 틀린 것은?

① 고압의 증기 및 고온수를 사용하므로 관지름을 크게 하여야 한다.
② 각 건물마다 보일러 시설이 필요 없다.
③ 열 발생설비의 고 효율화, 대기오염의 방지를 효과적으로 할 수 있다.
④ 연료비와 인건비를 줄일 수 있다.

**지역난방**
열공급 시설에 고압의 증기 및 고온수를 생산하여 일정지역을 대상으로 집단 공급하는 난방방식이다.
① 장점
  • 대규모 설비로 인한 우수한 장치의 확보로 열설비의 고효율화, 대기오염의 방지 효과를 얻을 수 있다.
  • 한곳에 집중적으로 설비하므로 건물 공간을 유효하게 사용할 수 있다.
  • 폐열 회수 및 쓰레기 소각 등으로 연료비를 절감할 수 있다.
  • 작업인원의 절감으로 인건비를 절약할 수 있다.
  • 고압의 증기 및 고온수이므로 관지름을 적게 할 수 있다.
② 단점
  • 시설비가 많이 든다.
  • 설비가 길어지므로 배관의 열손실이 크다.
  • 고압의 증기, 고온의 온수를 사용하므로 취급에 어려움이 따른다.

20  다음 그림은 몇 요소 수위제어 방식을 나타낸 것인가?

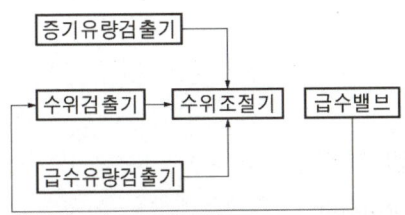

① 1요소 수위제어   ② 2요소 수위제어
③ 3요소 수위제어   ④ 4요소 수위제어

**급수제어(F.W.C)**
급수의 양을 자동으로 보충하여 조절하는 제어 장치
① 1요소식(단요소식) : 수위만 검출
② 2요소식 : 수위, 증기 검출
③ 3요소식 : 수위, 증기, 급수량 검출

정답  19 ①  20 ③

**21** 탄소(C) 1kg을 완전 연소시키는데 필요한 이론 공기량은 약 얼마인가?

① $8.89Nm^3$
② $3.33Nm^3$
③ $1.87Nm^3$
④ $22.4Nm^3$

**이산화탄소 완전연소식**
$C + O_2 \rightarrow CO_2$
완전연소식에서 탄소 12kg이 연소할 때 산소는 $1 \times 22.4 = 22.4[Nm^3]$ 연소하므로 비례식을 세우면
$12[kg] : 22.4[Nm^3] = 1[kg] : x[Nm^3]$
• 이론산소량
$$x = \frac{22.4 \times 1}{12} = 1.866[Nm^3]$$
• 이론공기량
$$A_o = \frac{O_o}{0.21} = \frac{1.866}{0.21} = 8.89[Nm^3]$$

**22** 보일러의 급수장치 중 급수펌프의 구비조건에 대한 설명으로 틀린 것은?

① 조작이 간단하고 보수가 용이할 것
② 저 부하에서도 효율이 좋을 것
③ 고온, 고압에 견딜 것
④ 병렬운전에 지장이 있을 것

**급수펌프의 구비조건**
① 고온, 고압에 잘 견딜 것
② 병렬운전에 지장이 없을 것
③ 작동이 간단하고 취급이 용이할 것
④ 저부하에서도 효율이 좋을 것
⑤ 회전식은 고속회전에 안전할 것
⑥ 구조가 간단하고 부하변동에 대응성이 좋을 것

**23** 증기배관 내 공기를 제거하는 방법으로 틀린 것은?

① 탈기기 설치로 용존산소 등 불응축 가스를 제거한다.
② 응축수 회수율을 감소시킨다.
③ 수 처리제를 사용해 가스발생을 억제한다.
④ 에어벤트를 설치한다.

② 응축수 회수율을 증가시킨다.

정답 21 ① 22 ④ 23 ②

**24** 유체의 흐름 층이 교란하지 않고 흐르는 흐름을 무엇이라고 하는가?

① 정상류　　　② 난류
③ 보통류　　　④ 층류

**유체의 유동 상태**
① 층류 : 유체의 입자가 각 층 내에서 질서 정연하게 흐르는 상태로 레이놀즈수가 2,100 이하이다.
② 난류 : 유체의 입자가 각 층 내에서 불규칙적으로 흐르는 상태로 레이놀즈수가 4,000 이상이다.
③ 천이구역 : 어느 안정 상태에서 다른 안정 상태로 이행하는 도중에 자유 에너지가 극대값을 취하는 상태이다.
($2,100 < R_e < 4,000$)

**25** "어떤 2개의 물체가 또 다른 제3의 물체와 서로 열평형을 이루고 있으면 그 2개의 물체도 서로 열평형 상태이다."라고 정의하는 열역학 법칙은?

① 열역학 제0법칙　　　② 열역학 제1법칙
③ 열역학 제2법칙　　　④ 열역학 제3법칙

**열역학 법칙**
① 열역학 제0법칙 : 열평형 법칙
② 열역학 제1법칙 : 에너지보존의 법칙
③ 열역학 제2법칙 : 열이동 법칙(방향성의 법칙)
④ 열역학 제3법칙 : 어떤 계 내에서 물체의 상태변화 없이 절대온도 0도에 이르게 할 수는 없다.

**26** 평판을 사이에 두고 고온유체와 저온유체가 접하고 있는 경우 열관류율에 영향을 미치지 않는 것은?

① 평판의 열전도율
② 평판의 면적
③ 평판의 두께
④ 고온 및 저온유체 열전달율

**열관류율 계산 공식**
$$K = \frac{1}{\frac{1}{\alpha_1} + \frac{l}{\lambda} + \frac{1}{\alpha_2}}$$
여기서, $K$ : 열관류율[kcal/m²h℃]
　　　　$\lambda$ : 열전도율[kcal/mh℃]
　　　　$l$ : 두께[m]
　　　　$\alpha_1$ : 저온면 열전달율[kcal/m²h℃]
　　　　$\alpha_2$ : 고온면 열전달율[kcal/m²h℃]

**정답** 24 ④　25 ①　26 ②

**27** 보일러 내 처리에 사용되는 약제의 종류 및 작용에서 탈산소제로 쓰이는 약품이 아닌 것은?

① 수산화나트륨  ② 탄닌
③ 히드라진  ④ 아황산나트륨

**탈산소제**
탄닌, 히드라진, 아황산나트륨(아황산소다)

**28** 자동측정기에 의한 아황산가스의 연속 측정방법에 속하지 않는 것은?

① 적외선 흡수법  ② 자외선 흡수법
③ 오르자트 가스분석법  ④ 불꽃광도법

**자동측정기에 의한 아황산가스 연속 측정 방법**
적외선 흡수법, 자외선 흡수법, 불꽃광도법

**오르자트 가스분석계**
화학적 가스분석기로 배기가스 중 함유되어 있는 $CO_2$, $O_2$, $CO$ 3가지 성분을 순서대로 측정한다.

**29** 이온교환처리장치의 운전공정에서 재생탑에 원수를 통수시켜 수중의 일부 또는 전부의 이온을 이온교환 또는 제거시키는 공정을 의미하는 것은?

① 통약  ② 압출
③ 부하  ④ 수세

**이온교환처리장치 운전공정**
① 역세 : 수지탑의 아래에서 위로 물을 흐르게 하여 압축된 수지를 느슨하게 해주고 수지층에 괴여 있는 현탁물을 제거해주는 공정
② 통약 : 부하공정에서 흡착된 흡착이온을 용출시키고 부하목적에 맞는 이온을 흡착시키기 위하여 재생액을 수지탑의 위에서 아래로 흘러내리는 공정으로 좁은 의미의 재생이라 함
③ 압출(치환) : 통약 후 수지층에 남아 있는 재생액을 통약공정과 같은 방향으로 천천히 압출시키는 공정
④ 수세(세정) : 수지층에 남아 있는 재생제를 완전히 씻어 내리는 공정
⑤ 부하 : 재생탑에 원수를 통과시켜 수중의 일부 또는 전부의 이온교환 또는 제거시키는 공정

**정답** 27 ① 28 ③ 29 ③

**30** 유체 속에 잠겨진 물체에 작용하는 부력에 대한 설명으로 옳은 것은?

① 그 물체에 의해서 배제된 유체의 무게와 같다.
② 물체의 중력보다 크다.
③ 유체의 밀도와는 관계가 없다.
④ 물체의 중력과 같다.

**부력(浮力)**
정지유체 속에 물체가 일부 또는 완전히 잠겨 있을 때 유체에 접촉하는 모든 부분에 수직 방향으로 작용하는 힘으로 아르키메데스의 원리라고도 하며 그 물체에 의해서 배제된 액체의 무게와 같다.

**31** 보일러 내면에 발생하는 점식(pitting)의 방지법이 아닌 것은?

① 용존산소를 제거한다.
② 아연판을 매단다.
③ 내면에 도료를 칠한다.
④ 브리딩 스페이스를 크게 한다.

- 점식 방지법 : 용존산소제거(탈기), 방청도장(보호피막), 약한 전류의 통전, 아연판 매달기(희생양극법)
- 브리딩 스페이스 : 가셋트스테이와 노통사이의 거리로 열팽창을 흡수하고 그루빙(구식)을 방지하기 위하여 확보한 공간을 말한다.

**32** 원형 직관 속을 흐르는 유체의 마찰손실수두에 대한 설명으로 틀린 것은?

① 관의 길이에 비례한다.
② 속도수두에 반비례한다.
③ 관의 안지름에 반비례한다.
④ 관 마찰계수에 비례한다.

**원형관의 마찰손실**
달시-바이스바하(Darcy-Weisbach) 방정식
$$hl = f \times \frac{l}{d} \times \frac{V^2}{2g}$$
여기서, $hl$ : 손실수두[mH$_2$O]
$f$ : 관마찰계수
$l$ : 관길이[m]
$d$ : 관지름[m]
$g$ : 중력가속도[9.8m/s$^2$]
위 공식에 의해 마찰손실은 관지름($d$), 중력가속도($g$)에 반비례하고, 마찰계수($f$), 속도수두($\frac{V^2}{2g}$), 관길이($l$)에 비례, 유속($V$) 2승에 비례함을 알 수 있다.

정답 30 ① 31 ④ 32 ②

**33** 순수한 물 1lb(파운드)를 표준대기압하에서 1°F 높이는데 필요한 열량을 나타낼 때 쓰이는 단위는?

① Chu
② MPa
③ Btu
④ kcal

- 1[kcal] : 물 1[kg]을 1[℃] 올리는데 필요한 열량
- 1[Btu] : 물 1[lb]를 1[°F] 올리는데 필요한 열량
- 1[Chu] : 물 1[lb]를 1[℃] 올리는데 필요한 열량

**34** 액체연료의 일반적인 특징 설명으로 틀린 것은?

① 석탄에 비하여 연소효율이 낮다.
② 석탄에 비하여 연소조절이 용이하다.
③ 석탄에 비하여 재와 그을음이 적다.
④ 석탄에 비하여 고온을 얻기가 쉽다.

**액체연료의 특징**
① 품질이 균일하여 발열량이 높다.
② 운반 및 저장, 취급이 용이하다.
③ 회분이 적고 연소조절이 쉽다.
④ 연소온도가 높아 국부과열의 위험성이 높다.
⑤ 고체연료보다 연소효율 및 열효율이 높다.
⑥ 화재 및 역화의 위험이 있다.

**35** 세관할 때 규산염, 황산염 등 경질 스케일의 경우 사용되는 용해촉진제로 맞는 것은?

① $NH_3$
② $Na_2CO_3$
③ 히드라진
④ 불화수소산(HF)

경질스케일(규산염, 황산염)은 염산에 잘 녹지 않으므로 용해촉진제 HF(불화수소산)를 사용한다.

**36** 보일러 수 분출에 대한 설명 중 틀린 것은?

① 분출장치는 스케일, 슬러지 등으로 막히는 일이 있으므로 1일 1회 이상 분출한다.
② 분출하고 있는 사이에는 다른 작업을 해서는 안 된다.
③ 분출작업을 마친 후에는 밸브 또는 콕크가 확실하게 열려 있는지 확인한다.
④ 연속 사용하는 보일러는 부하가 가장 약할 때 분출한다.

③ 분출 작업을 마친 후 밸브 또는 콕크가 확실히 닫힌 후에 분출관의 닫힌 끝을 점검하여 누설여부를 확인한다.

정답 33 ③ 34 ① 35 ④ 36 ③

37. 분자량이 18인 수증기를 완전가스로 가정할 때, 표준상태 하에서의 비체적은 약 몇 m³/kg인가?

① 0.5   ② 1.24
③ 2.0   ④ 1.75

**비체적**

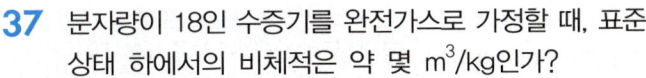

38. 보일러의 용수처리 중 현탁질 고형물의 처리 시 사용하는 방법이 아닌 것은?

① 침강법   ② 여과법
③ 이온교환법   ④ 응집법

**보일러 용수의 외처리**
① 용존가스의 제거
  - 탈기법 : 용존산소 및 탄산가스를 제거
  - 기폭법 : 탄산가스, 철, 망간 등을 제거
② 현탁 고형물(불순물) 제거
  - 자연침강법
  - 여과법
  - 응집법
③ 용해 고형물 제거
  - 이온교환법
  - 증류법
  - 약품 첨가법(소석회, 가성소다, 탄산소다 등 첨가)

39. 보일러 수중의 용존산소에 의한 국부전지가 구성되어 생기는 전기화학적 부식은?

① 고온부식   ② 점식
③ 구식   ④ 가성취화

**점식(pitting)**
동 내부의 물은 전해액이 되고 동의 강재는 양극화가 되어 국부전지가 일시적으로 일어남으로서 보일러수 중의 용존산소가 양극에 집중적으로 발생되어 발생되는 부식으로 외형상 좁쌀알 크기의 반점으로 나타나는 부식을 말한다.

40. 냉동 사이클의 이상적인 사이클은 어느 것인가?

① 오토 사이클   ② 디젤 사이클
③ 스털링 사이클   ④ 역카르노 사이클

- 역카르노 사이클 : 이상적인 냉동사이클
- 카르노 사이클 : 이상적인 열기관사이클

정답  37 ②  38 ③  39 ②  40 ④

**41** 에너지저장시설의 보유 또는 저장의무의 부과 시 정당한 이유 없이 이를 거부하거나 이행하지 아니한 자에 대한 벌칙 기준은?

① 2년 이하의 징역 또는 2천만원 이하의 벌금
② 2천만원 이하의 벌금
③ 1년 이하의 징역 또는 1천만원 이하의 벌금
④ 1천만원 이하의 벌금

**2년 이하의 징역 또는 2천만원 이하의 벌금**
① 에너지저장시설의 보유 또는 저장의무의 부과 시 정당한 이유없이 이를 거부하거나 이행하지 아니한 자
② 에너지 수급안정을 위한 조정·명령 등의 조치를 위반한 자
③ 에너지관리 공단의 임직원으로 근무하거나 근무하였던 사람이 그 직무상 알게 된 비밀을 누설하거나 도용한 자

**42** 플랜지 종류 중 극히 기밀이 요구되는 경우와 16kgf/cm² 이상의 위험성이 있는 유체배관에 사용하는 것으로 채널형 시트라고도 하는 것은?

① 홈골형 시트   ② 전면 시트
③ 소평면 시트   ④ 대평면 시트

**플랜지 시트별 호칭압력**
① 전면 시트 : 16[kgf/cm²] 이하
② 대평면 시트 : 63[kgf/cm²] 이하
③ 소평면 시트 : 16[kgf/cm²] 이상
④ 삽입 시트 : 16[kgf/cm²] 이상
⑤ 홈 시트(채널형) : 16[kgf/cm²] 이상

**43** 주로 350℃를 초과하는 온도에서 증기관 등 고온유체 수송관에 사용되는 고온 배관용 탄소강관의 기호는?

① SPPH   ② SPA
③ SPHT   ④ SPLT

① SPPH : 고압배관용 탄소강관 – 압력 10MPa(100kg/cm²) 이상에 사용되는 배관
② SPPS : 압력배관용 탄소강관 – 압력 1~10MPa(10~100kg/cm²) 정도에 사용되는 배관
③ SPHT : 고온배관용 탄소강관 – 온도 350℃ 이상 고온에 사용되는 배관
④ SPLT : 저온배관용 탄소강관 – 빙점 이하의 저온용으로 사용되는 배관

**정답** 41 ① 42 ① 43 ③

**44** 에너지법에서 정한 "에너지기술개발계획"에 포함되지 않는 사항은?

① 에너지기술에 관련된 인력, 정보, 시설 등 기술개발자원의 축소에 관한 사항
② 개발된 에너지기술의 실용화의 촉진에 관한 사항
③ 국제에너지 기술협력의 촉진에 관한 사항
④ 온실가스 배출을 줄이기 위한 기술개발에 관한 사항

**에너지기술개발계획 포함사항**
① 에너지의 효율적 사용을 위한 기술개발에 관한 사항
② 신·재생에너지 등 환경친화적 에너지의 관련된 기술개발에 관한 사항
③ 에너지 사용에 따른 환경오염 저감을 위한 기술개발에 관한 사항
④ 온실가스 배출을 줄이기 위한 기술개발에 관한 사항
⑤ 개발된 에너지기술의 실용화의 촉진에 관한 사항
⑥ 국제에너지기술협력의 촉진에 관한 사항
⑦ 에너지기술에 관련된 인력·정보·시설 등 기술개발자원의 확대 및 효율적 활용에 관한 사항

**45** 다음 중 증기난방 배관에 대한 설명으로 틀린 것은?

① 단관 중력 환수식은 방열기 밸브를 반드시 방열기의 아래쪽 태핑에 단다.
② 진공 환수식은 응축수를 방열기보다 위쪽의 환수관으로 배출할 수 있다.
③ 기계 환수식은 각 방열기마다 공기빼기 밸브를 설치할 필요가 없다.
④ 습식 환수관의 주관은 보일러 수면보다 높은 곳에 배관한다.

**배관방식에 따른 분류**
① 단관식 : 증기와 응축수를 동일관 속에 흐르게 하는 방식
② 복관식 : 증기관과 응축수관을 별도로 설치하는 방식

**응축수 환수방식에 따른 분류**
① 중력환수식 : 응축수를 중력에 의해 환수하는 방식
② 기계 환수식 : 펌프를 이용한 강제순환방식
③ 진공 환수식 : 방열기의 설치장소에 제한을 받지 않는 환수방식으로 증기와 응축수를 진공펌프로 흡입 순환시키는 방식

**환수관의 배관방식에 의한 분류**
① 습식 환수방식 : 환수주관을 보일러의 표준 수위보다 낮게하여 수부에 배관하는 방식 (응축수가 관내를 만수상태로 흐른다)
② 건식 환수방식 : 환수주관을 보일러의 표준 수위보다 높게하여 증기부에 배관하는 방식

**46** 다음 중 배관의 지지장치에 대한 설명으로 옳은 것은?

① 행거(hanger)는 아래에서 배관을 지지하는 장치이다.
② 서포트(supporter)는 위에서 걸어 당김으로써 지지하는 장치이다.
③ 리스트레인트(restraint)는 열팽창에 의한 자유로운 움직임을 구속 또는 제한하는 장치이다.
④ 브레이스(brace)는 열팽창이나 부력에 의한 처짐을 제한하는 장치이다.

① 행거(hanger)는 배관을 위쪽에 걸어 지지하는 장치이다.
② 서포트(support)는 배관의 중량을 아래에서 위로 떠받쳐 지지하는 장치이다.
④ 브레이스(brace)는 펌프, 압축기 등에서 발생하는 진동, 서징, 수격작용, 지진 등에 의한 진동, 충격 등을 완화하는 완충기(방진기)가 있다.

**정답** 44 ① 45 ④ 46 ③

**47** 피복 아크 용접에서 자기쏠림 현상을 방지하는 방법으로 옳은 것은?

① 직류용접을 사용할 것
② 접지점을 될 수 있는 대로 용접부에서 멀리할 것
③ 용접봉 끝을 아크 쏠림과 동일 방향으로 기울일 것
④ 긴 아크를 사용할 것

**자기쏠림 현상**
용접 중 아크가 전류의 자기작용에 의해 한쪽으로 쏠리는 현상
• 자기쏠림 현상 방지방법
 ① 직류를 하지 말고 교류용접을 할 것
 ② 접지점을 될 수 있는 한 용접부에서 멀리 할 것
 ③ 긴용접시 후퇴법을 이용하여 용접할 것
 ④ 가능한 짧은 아크를 이용할 것

**48** 스테인리스(stainless) 강의 내식성(耐蝕性)과 가장 관계가 깊은 것은?

① 철(Fe)  ② 크롬(Cr)
③ 알루미늄(Al)  ④ 구리(Cu)

스테인리스 강의 크롬(Cr)성분은 내식성, 내열성, 자경성을 증가시키며, 탄화물의 생성을 양호하게 하여 내마멸성을 증가시킨다.

**49** 다음 보온재의 종류 중 최고사용온도(℃)가 가장 낮은 것은?

① 석면  ② 글라스 울
③ 우모 펠트  ④ 암면

**보온재 안전 사용온도**
① 석면 : 350~550[℃] 이하
② 글라스 울 : 300[℃] 이하
③ 우모펠트 : 100[℃] 이하
④ 암면 : 600[℃] 이하
⑤ 유리섬유(글라스 울) : 300~350[℃] 이하
⑥ 탄산마그네슘 : 250[℃]
⑦ 세라믹화이버 : 1,300[℃]

**50** 배관도에서 "EL-300TOP"로 표시된 것의 설명으로 옳은 것은?

① 파이프 윗면이 기준면보다 300mm 높게 있다.
② 파이프 윗면이 기준면보다 300mm 낮게 있다.
③ 파이프 밑면이 기준면보다 300mm 높게 있다.
④ 파이프 밑면이 기준면보다 300mm 낮게 있다.

**EL-300TOP**
파이프 윗면(TOP)이 기준면(EL)보다 300[mm] 낮다.

정답 47 ② 48 ② 49 ③ 50 ②

**51** 감압밸브를 작동방법에 따라 분류할 때 해당되지 않는 것은?

① 벨로즈형(bellows type)
② 파일럿형(pilot type)
③ 피스톤형(piston type)
④ 다이어프램형(diaphragm type)

**감압밸브**
① 작동방법에 의한 분류
 • 벨로즈형
 • 다이어프램형
 • 피스톤형
② 구조에 의한 분류
 • 스프링식
 • 추식

**52** 관 공작 시 강관용 또는 측정용 공구로 사용되는 것이 아닌 것은?

① 로프로스트
② 수준기
③ 파이프 커터
④ 파이프 리머

**로프로스트**
위생설비 및 난방설비의 배관을 유지보수, 수리, 확장 작업을 할 때 관내부를 동결시키는 장치로 측정용 공구와는 거리가 멀다.

**53** 열사용기자재관리규칙에 따른 특정열 사용 기자재 및 설치·시공범위에서 품목명에 해당되지 않는 것은?

① 태양열집열기
② 1종 압력용기
③ 회전가마
④ 축열식 증기보일러

| 구분 | 품목명 |
|---|---|
| 열기관 | 강철제 보일러, 주철제 보일러, 온수보일러, 구멍탄용온수 보일러, 축열식 전기 보일러, 태양열집열기 |
| 압력용기 | 1종압력용기, 2종압력용기 |
| 요업요로 | 연속식유리용융가마, 불연속식유리용융가마, 유리용융도가니가마, 터널가마, 도염식가마, 셔틀가마, 회전가마, 석회용선가마 |
| 금속요로 | 용선로, 비철금속용융로, 금속소둔로, 철금속가열로, 금속균열로 |

**정답** 51 ② 52 ① 53 ④

**54** 어떤 측정법으로 동일 시료를 무한회 측정하였을 때 데이터 분포의 평균치와 참값과의 차를 무엇이라 하는가?

① 재현성  ② 안전성
③ 반복성  ④ 정확성

**샘플링 검사의 용어**
① 오차(Error) : 모집단의 참값($\mu$)과 시료의 측정치($x_i$)와의 차, 즉 ($x_i - \mu$)로 정의된다.
② 신뢰도(Reliability) : 측정하고자 하는 것을 얼마나 오차 없이 정확하게 측정하고 있는 거의 정도로 이 데이터를 얼마나 신뢰할 수 있는가를 표현한 값이다.
③ 정밀도/정도(Precision) : 동일한 시료를 무한히 측정하면 그 측정에 대한 산포를 갖게 되는데 이 산포의 크기를 의미한다.
④ 치우침/정확성(Accuracy) : 동일 시료를 무한히 측정할 때 얻는 데이터 분포의 평균치와 모집단 참값과의 차를 의미하며, 정확도라고도 한다($\bar{x} - \mu$).

**55** 다음 중 동관의 이음 방법이 아닌 것은?

① 몰코 이음  ② 플랜지 이음
③ 납땜 이음  ④ 압축 이음

- 동관 이음방법 : 납땜 이음, 플레어 이음, 플랜지 이음
- 몰코 이음은 스테인리스강관의 압착공구를 이용한 이음방법이다.

**56** 관리도에서 측정한 값을 차례로 타점했을 때 점이 순차적으로 상승하거나 하강하는 것을 무엇이라 하는가?

① 연(run)  ② 주기(cycle)
③ 경향(trend)  ④ 산포(dispersion)

**관리도의 판정**
① 연(run) : 관리도에서 점이 관리한계 내에 있고 중심선의 한쪽에 연속해서 나타나는 점의 배열현상(길이 9 이상 나타나면 비관리 상태로 판정한다)
② 경향(trend) : 관측값을 순서대로 타점했을 때 점이 점점 상승하거나 하강하는 상태를 말하며, 길이 6 이상이 나타나면 비관리 상태로 판정한다.
③ 주기성(cycle) : 점이 주기적으로 상하로 변동하며 파형을 나타내는 경우를 말하며, 연속 14점 이상이 교대로 증감한다면 비관리 상태로 판정한다.

정답 54 ④  55 ①  56 ③

**57** 도수분포표를 작성하는 목적으로 볼 수 없는 것은?

① 로트의 분포를 알고 싶을 때
② 로트의 평균치와 표준편차를 알고 싶을 때
③ 규격과 비교하여 부적합품을 알고 싶을 때
④ 주요 품질항목 중 개선의 우선순위를 알고 싶을 때

**히스토그램(Histogram)**
길이, 질량, 강도, 압력 등과 같은 계량치의 데이터가 어떤 분포를 하고 있는지를 알아보기 위하여 도수분포표를 작성하고 이를 토대로 일종의 막대그래프 개념으로 보다 구체적인 형태로 나타낸 것이다.
- 히스토그램(도수분포표) 작성 목적
  ① 데이터의 분포 모양을 알고 싶을 때
  ② 원 데이터를 규격과 대조하고 싶을 때 (부적합품 파악)
  ③ 데이터의 집단으로부터 정보수집을 하기 위하여
  ④ 데이터의 평균과 표준편차를 파악하기 위하여
  ⑤ 주어진 데이터와 규격을 비교하여 공정의 현황을 파악하기 위하여
  ⑥ 공정 능력을 파악하기 위하여

**58** 정상소요시간이 5일이고, 이때의 비용이 20,000원이며 특급소요기간이 3일이고, 이때의 비용이 30,000원이라면 비용구배는 얼마인가?

① 4,000원/일    ② 5,000원/일
③ 7,000원/일    ④ 10,000원/일

$$\text{비용구배} = \frac{\text{특급비용} - \text{정상비용}}{\text{정상시간} - \text{특급시간}}$$
$$= \frac{30,000 - 20,000}{5 - 3}$$
$$= 5,000원/일$$

**59** "무결점 운동"으로 불리는 것으로 미국의 항공사인 마틴 사에서 시작된 품질개선을 위한 동기부여 프로그램은 무엇인가?

① ZD          ② 6 시그마
③ TPM        ④ ISO 9001

**Z.D(Zero Defect)운동**
무결점운동으로 인간의 오류에 의한 일체의 결함이나 결점을 없애기 위한 경영관리기법이다.

정답 57 ④  58 ②  59 ①

**60** 컨베이어 작업과 같이 단조로운 작업은 작업자에게 무력감과 구속감을 주고 생산량에 대한 책임감을 저하시키는 등 폐단이 있다. 다음 중 이러한 단조로운 작업의 결함을 제거하기 위해 채택되는 직무설계방법으로서 가장 거리가 먼 것은?

① 자율경영팀 활동을 권장한다.
② 하나의 연속작업시간을 길게 한다.
③ 작업자 스스로가 직무를 설계하도록 한다.
④ 직무확대, 직무충실화 등의 방법을 활용한다.

② 하나의 연속작업시간이 길어질수록 무력감과 구속감은 더욱 커지므로 연속작업시간을 가능한 짧게 조절할 필요가 있다.

정답 60 ②

# 9회 에너지관리기능장 실전모의고사 기출문제

**01** 고압증기 난방의 장점이 아닌 것은?

① 배관 경을 작게 할 수 있다.
② 난방 이외의 시설에도 증기공급이 가능하다.
③ 배관의 기울기가 필요 없다.
④ 공급열량에 유연성이 있다.

| 고압증기 및 고온수를 사용할 경우의 특징 | |
|---|---|
| 장점 | • 배관의 직경을 작게 할 수 있다.<br>• 난방 이외의 시설에도 증기를 사용할 수 있다.<br>• 압력이나 속도를 높일 수 있다.<br>• 공급열량에 유연성이 있다. |
| 단점 | • 응축수관의 부식이 많다.<br>• 응축수 재증발 및 방사손실에 의한 열손실이 많다.<br>• 외기온도 변화에 대한 실온제어가 어렵다. (부하변동에 응하기가 어렵다)<br>• 배관의 구배에 신경써야 한다. |

**02** 증기 보일러에서 전열면적이 몇 m² 이하일 경우 안전밸브를 1개 이상으로 설치할 수 있는가?

① 50m²  ② 60m²
③ 80m²  ④ 100m²

증기보일러인 경우 안전밸브는 2개 이상 설치해야 하나 전열면적 50m² 이하의 경우에는 1개 이상을 부착하여도 된다.

**03** 온수 평균온도 80℃, 실내공기 온도 18℃, 온수의 방열계수를 7.2kcal/m²·h·℃라 할 때 방열량은?

① 446.4kcal/m²·h   ② 480kcal/m²·h
③ 580.3kcal/m²·h   ④ 650kcal/m²·h

소요방열량 = 방열계수 × 온도차
$Q = K \cdot \Delta T$
여기서, $Q$ : 방열기의 방열량[kcal/m²h]
$K$ : 방열계수[kcal/m²h℃]
$\Delta T$ : 온도차[℃]
∴ $Q = 7.2 \times (80 - 18) = 446.4$ [kcal/m²h]

**정답** 01 ③  02 ①  03 ①

**04** 보일러의 자동제어 장치인 인터록 제어에 대한 설명으로 가장 적합한 것은?

① 조건이 충족되지 않을 때 다음 동작이 정지되는 것
② 제어량과 설정목표치를 비교하여 수정 동작시키는 것
③ 점화나 소화가 정해진 순서에 따라 차례로 진행하는 것
④ 증기의 압력, 연료량, 공기량을 조절하는 것

**인터록 제어**
어느 한쪽의 조건이 충족되지 않으면 다음 단계의 동작을 정지시키는 제어방식

**05** 원심력식(cyclone)집진장치에 대한 설명으로 틀린 것은?

① 처리 가스량이 많을 때는 소구경의 사이클론을 다수 병렬로 설치된 멀티론(multilone)을 채택한다.
② 가스속도를 증가하면 압력 손실이 증가하므로 집진율이 떨어진다.
③ 접선 유입식보다 축류식이 동일압력에 대해 대량 집진이 가능하다.
④ 공기누입, 안내날개 마모 현상은 집진율을 저하시킨다.

**원심력식(사이클론식)**
함진가스에 선회운동을 주어 입자에 작용하는 원심력에 의하여 입자를 분리하는 방식으로 내통경은 작게, 처리가스 속도는 크게하면 집진효율이 좋아진다.
- 원심력식(사이클론식)의 집진효율을 크게 하려면
  ① 입구의 속도를 크게 한다
  ② 본체의 길이를 크게 한다.
  ③ 입자의 지름, 밀도가 클수록
  ④ 동반 분진량이 많을수록
  ⑤ 내벽이 미끄러울수록
  ⑥ 직경비가 클수록

**06** 온수 보일러에서 순환펌프 설치 시 유의사항으로 잘못된 것은?

① 순환펌프의 모터부분은 수평으로 설치함을 원칙으로 한다.
② 순환펌프의 흡입측에는 여과기를 설치해야 한다.
③ 순환펌프와 전원 콘센트간의 거리는 최소로 한다.
④ 하향식 구조인 경우 반드시 바이패스 회로를 설치해야 한다.

**순환펌프 설치 방법**
① 순환펌프의 모터부분은 수평으로 설치한다.
② 순환펌프의 흡입측에는 여과기를 설치하고, 펌프의 양측에 정비를 위한 밸브를 설치하여야 한다.
③ 순환펌프는 보일러 동체, 연도 등에 의한 발열량에 의해 영향을 받을 우려가 없는 곳에 설치해야 한다.
④ 순환펌프는 방출관 및 팽창관의 작용을 폐쇄하거나 차단해서는 안 되며 환수주관에 설치함을 원칙으로 한다.
⑤ 순환펌프의 흡입측에 펌프 자체의 공기빼기 장치가 없을 때는 공기빼기 밸브를 만들어 공기를 제거할 수 있도록 한다.
⑥ 순환펌프는 바이패스 회로를 설치하여야 한다. 단, 자연순환이 가능한 구조에서는 바이패스를 설치하지 않을 수 있다.

**정답** 04 ① 05 ② 06 ④

**07** 증기난방의 특징에 대한 설명으로 틀린 것은?

① 이용하는 열량은 증발 잠열로써 매우 크다.
② 예열시간이 길고 응답속도가 느리다.
③ 증기공급방식에는 상향·하향공급식이 있다.
④ 증기를 공급하는 힘은 발생증기압으로 별도의 동력을 필요로 하지 않는다.

**증기난방의 특징**
① 장점
- 예열시간이 온수난방에 비해 짧고, 증기 순환이 빠르다.
- 방열면적을 온수난방에 비해 작게 할 수 있고 배관의 직경을 작게 할 수 있다.
- 열의 운반능력이 크고, 유지 및 시설비가 저렴하다.
- 대규모 건물에 적합하다.

② 단점
- 초기통기 시 주관 내 응축수를 배수할 때 열손실이 발생한다.
- 소음이 발생하고, 실내의 방열량조절이 어렵다.
- 보일러 취급이 어렵고, 환수관에 부식의 우려가 있다.
- 방열기 표면온도가 높아 화상의 우려가 있고, 실내 쾌감도가 낮다.

**08** 유량측정 장치가 아닌 것은?

① 벤투리관　　② 피토관
③ 오리피스　　④ 마노메타

④ 마노메타 : 압력측정 장치(액주식 압력계)
- 면적식 유량계 : 플로트식, 로터미터
- 차압식 유량계 : 오리피스미터, 플로어노즐, 벤투리미터
- 유속식 유량계 : 피토관

**09** 체적과 시간으로부터 직접 유량을 구하는 유량계는?

① 피토관　　② 벤투리관
③ 로터미터　　④ 노즐

**로터미터(면적식)**
로터미터는 면적유량계의 일종으로서, 하부가 뾰족하고 상부가 넓은 유리관 속에 부표가 장치되어 액체의 유량의 대소에 따라 액체통 속에서 부표가 정지하는 위치가 달라지는 성질을 이용하여 유량을 측정하는 유량계

정답　07 ②　08 ④　09 ③

**10** 일정압력으로 과잉수압에 의한 배관설비의 손상이 방지되는 급수방식은?

① 수도직결식  ② 양수펌프식
③ 압력탱크식  ④ 옥상탱크식

**옥상탱크(고가탱크) 특징**
① 항상 일정한 수압으로 급수를 할 수 있어 대규모 건물에 사용된다.
② 일정량 저수량을 확보할 수 있어 단수 대비가 가능하다.
③ 과잉 수압으로 인한 밸브 등 배관설비의 손상을 방지할 수 있다.
④ 탱크 용량은 1일 최대 급수량의 1~3시간 양으로 한다.

**11** 보일러 과압 방지 안전장치의 설치에 대한 설명이다. 틀린 것은?

① 증기보일러에는 2개 이상의 안전밸브를 설치하여야 한다.
② 안전밸브는 쉽게 검사할 수 있는 위치에 설치해야 한다.
③ 안전밸브 축은 수평으로 설치하고 가능한 보일러의 동체에서 멀리 설치해야 한다.
④ 안전밸브는 보일러 최대증발량을 분출하도록 그 크기와 수를 결정하여야 한다.

**안전밸브의 부착**
① 안전밸브는 쉽게 검사할 수 있는 장소에 밸브 축을 수직으로 하여 가능한 보일러의 동체 등 장치에 직접 부착시켜야 하며, 안전밸브와 안전밸브가 부착된 보일러 동체 사이에는 어떠한 차단밸브도 있어서는 안 된다.
② 안전밸브의 방출관은 단독으로 설치하되, 2개 이상의 방출관을 공동으로 설치하는 경우에 방출관의 크기는 각각의 방출관 분출용량의 합계 이상이어야 한다.

**12** 복사난방의 특징을 올바르게 설명한 것은?

① 방열기의 설치가 필요 없고 바닥면의 이용도가 낮다.
② 실내의 온도 분포가 균일하고 쾌감도가 낮다.
③ 실내공기의 대류가 크고 바닥 먼지의 상승이 적다.
④ 예열시간이 많이 걸리므로 일시적 난방에는 부적당하다.

**복사난방**
패널난방이라고도 하며 건축물의 천장, 바닥, 벽 등에 가열코일을 매설하여 코일내 증기 및 온수 등의 열매체로 순환시켜 그 복사열에 의해 난방하는 방식이다.

**복사난방 특징**
① 장점
 • 높이에 따른 온도분포가 균일하다.
 • 동일 방열량에 대한 열손실이 적다.
 • 공기 등 미진을 태우지 않아 쾌감도가 좋다.
 • 방열기 등의 설치공간이 불필요하여 실내 공간의 이용율이 높다.
② 단점
 • 초기 설비비가 많이 든다.
 • 매입배관이므로 고장수리 및 점검이 어렵다.
 • 예열시간이 길어 부하변동에 대응하기 어렵다.
 • 표면부(시멘트, 모르타르층) 균열이 발생할 수 있다.

정답 10 ④  11 ③  12 ④

13. 급수의 온도 25℃, 보일러 압력이 15kgf/cm², 상당증발량이 2,500kg/h 일 때, 매시간당 증발량은 약 얼마인가? (단, 발생증기 엔탈피는 639kcal/kg이다)

    ① 2,195kg/h     ② 2,295kg/h
    ③ 3,115kg/h     ④ 3,220kg/h

**상당증발량**

$$G_e = \frac{G(h'' - h')}{539} \rightarrow G = \frac{G_e \times 539}{h'' - h'}$$

여기서, $G$ : 증기발생량(급수량)[kg/h]
$h''$ : 발생증기엔탈피[kcal/kg]
$h'$ : 급수엔탈피[kcal/kg]
$G_e$ : 상당증발량[kg/h]

$$\therefore G_e = \frac{2,500 \times 539}{639 - 25} = 2,194.6 [kg/h]$$

14. 연도에 바이메탈 온도스위치를 부착시켜 화염의 유무 또는 보일러의 과열 여부를 검출하는 것은?

    ① 프레임 아이     ② 스택 스위치
    ③ 전자 개폐기     ④ 프레임 로드

**화염검출기의 종류**
① 프레임 아이 : 화염의 발광(광학적 성질)현상 이용
② 프레임 로드 : 화염의 이온화(전기전도성) 현상 이용
③ 스택 스위치 : 연도에 바이메탈을 설치한 방식으로 화염의 발열(열적변화)체 이용한 방식

15. 보일러 연료의 연소형태 중 버너연소가 아닌 것은?

    ① 기름 연소     ② 수분식 연소
    ③ 가스 연소     ④ 미분탄 연소

**버너를 이용한 연소가 가능한 연료**
액체연료, 기체연료, 미분탄 등
• 수분식 연소 : 석탄을 사람이 직접 연소실에 투입하여 연소하는 방법

16. 기수공발(캐리오버)을 방지하기 위해서 보일러 내부에 설치되어 있는 장치는?

    ① 기수분리기     ② 증기축열기
    ③ 체크밸브     ④ 수저분출장치

• 기수분리기(수관식 보일러) : 동 내부 또는 수관 보일러의 상승관 내에 설치하여 건조증기를 취출시킨다(관 내 부식이나 수격작용을 방지).
• 비수방지관(원통 보일러) : 주증기밸브 급개 시 압력저하, 고수위, 관수농축, 과열 등으로 인한 비수현상으로 인한 수위의 오판, 수격작용 등의 피해를 방지하기 위해 주증기관에 연결 설치한다.

정답 13 ① 14 ② 15 ② 16 ①

**17** 굴뚝 높이 140m, 배기가스의 평균온도 200℃, 외기온도 27℃, 굴뚝 내 가스의 외기에 대한 비중을 1.05라 할 때 통풍력은 약 얼마인가?

① 36.3mmAq
② 49.8mmAq
③ 51.3mmAq
④ 55.0mmAq

**(약식)이론통풍력 계산공식**
배기가스 비중량을 대기에 대한 비중량으로 주어진 경우

$$Z = 353H\left(\frac{1}{T_a} - \frac{r_g}{T_g}\right)$$
$$= 353 \times 140 \times \left(\frac{1}{273+27} - \frac{1.05}{273+200}\right)$$
$$= 55.027 \text{mmAq}$$

**18** 탄소 1kg이 완전 연소했을 때의 열량은 몇 kcal인가? (단, $C + O_2 \rightarrow 97{,}200$kcal/kmol이다)

① 6,075kcal
② 8,100kcal
③ 16,200kcal
④ 18,400kcal

탄소(C) 1[kmol]의 질량은 12[kg]이므로 1[kg]당 발열량은 아래와 같다.
$12 : 97{,}200 = 1 : x$

$$\therefore x = \frac{97{,}200}{12} = 8{,}100[\text{kcal}]$$

**19** 난방부하를 계산할 때 반드시 포함시켜야 하는 것은?

① 형광등으로부터의 발열부하
② 재실자로부터 발생하는 인체부하
③ 틈새바람을 통한 열부하
④ 커피포트 등에 의한 기기부하

**난방부하 계산 시 고려사항**
① 벽체를 통과하는 열량
② 유리창을 통과하는 열량
③ 창문틈, 문틈 등으로 손실되는 열량(틈새부하)

**20** 보일러 연소 시 공기비가 적을 경우의 장해에 해당되지 않는 것은?

① 불완전연소가 되기 쉽다.
② 미연소에 의한 열손실이 증가한다.
③ 미연가스에 의한 역화 위험성이 있다.
④ 연소실내의 온도가 내려간다.

**공기비(m : 과잉공기계수)**
① 공기비(m)가 적을 때의 특징
 • 불완전연소가 되기 쉽다.
 • 미연소가스에 의한 가스폭발과 매연발생
 • 미연소가스에 의한 열손실 증가
② 공기비(m)가 클 때의 특징
 • 연소실 온도 저하
 • 배기가스량 증가로 열손실 증가
 • 배기가스 중 NO(일산화질소) 및 $NO_2$(이산화질소)가 많이 발생되어 부식촉진과 대기오염을 초래한다.

**정답** 17 ④  18 ②  19 ③  20 ④

**21** 재생식 공기예열기의 설명으로 적당한 것은?

① 강판형과 관형의 2가지 형식이 있다.
② 일정시간 동안 공기와 열 가스가 교대로 금속판에 접촉 전열되어 열 교환하는 형식이다.
③ 운동부가 없으며 누설의 우려가 없고 통풍손실이 적으며 구조가 간단하다.
④ 증기로 연소용 공기를 예열하는 방식으로 저온부식이 방지된다.

> **축열식(재새식) 공기예열기**
> 재생식은 금속판을 일정시간 배기가스에 접촉시켜 열을 흡수시키고 다음에 또 일정시간 공기에 접촉시켜 열을 방출하는 방식이며 종류로는 회전식, 고정식, 이동식이 있다.

**22** 보일러의 성능을 표시하는 방법이 아닌 것은?

① 상당증발량(kgf/h)   ② 보일러마력
③ 보일러전열면적($m^2$)   ④ 보일러지름(mm)

> **보일러의 용량표시 방법**
> ① 정격출력
> ② 보일러마력
> ③ 전열면적
> ④ 상당방열면적(EDR)
> ⑤ 상당증발량
> ⑥ 최대 연속 증발량

**23** 외부와 열의 출입이 없는 열역학적 변화는?

① 정압변화   ② 정적변화
③ 단열변화   ④ 등온변화

> **열역학적 변화**
> ① 정압(등압)변화 : 압력이 일정한 상태의 변화
> ② 정적(등적)변화 : 체적이 일정한 상태의 변화
> ③ 정온(등온)변화 : 온도가 일정한 상태의 변화
> ④ 단열(등엔트로피)변화 : 열의 출입이 없는 상태에서의 변화
> ⑤ 폴리트로픽 변화 : 변화 중의 압력과 비체적이 $PV^n = C$(일정)한 상태의 변화

**정답** 21② 22④ 23③

**24** 보일러의 부속장치에 대한 설명 중 틀린 것은?

① 방폭문 : 보일러 내 가스폭발이나 역화 시 폭발한 가스를 외부로 배기시키는 장치
② 압력계 : 보일러 내의 압력을 측정하기 위한 장치
③ 수위경보기 : 보일러 내의 수위가 안전저수위에 이르면 경보를 울리는 장치
④ 압력제한기 : ON/OFF 신호를 급수밸브에 보내 급수를 공급, 차단하는 장치

- 증기압력 제한기 : 수은 스위치의 변위에 의해 전기의 온(ON), 오프(OFF)신호를 버너와 전자밸브로 보내 연료의 공급 및 차단을 하는 역할을 한다.
- 증기압력 조절기 : 증기압력에 따른 벨로즈의 신축장용으로 전기저항을 변화시켜 연료량과 함께 공기량을 조절하여 항상 일정한 증기압력이 되도록 유지하는 장치이다.

**25** 완전기체(perfect gas)가 일정한 압력 하에서의 부피가 2배가 되려면 초기온도가 27°C인 기체는 몇 °C가 되어야 하는가?

① 54°C  ② 108°C
③ 300°C  ④ 327°C

**이상기체 상태방정식**

$\dfrac{P_1 V_1}{T_1} = \dfrac{P_2 V_2}{T_2}$ 에서 $P_1 = P_2$ 이므로,

$\dfrac{V_1}{T_1} = \dfrac{V_2}{T_2}$ 이다.

→ $V_1 = \dfrac{T_1 V_2}{T_2} = \dfrac{(273+27) \times 2V}{V_1} = 600[K]$

∴ $600 - 273 = 327[°C]$

**26** 보일러의 부속장치에서 슈트 블로어(soot blower)는?

① 연도를 청소하는 것이다.
② 연돌을 청소하는 것이다.
③ 송풍기와 버너 사이에 있는 덕트(duct)를 청소하는 것이다.
④ 보일러의 전열면에 부착된 불순물 등을 청소하는 것이다.

**슈트 블로어(Soot Blower)**
전열면에 부착된 그을음을 제거하는 장치로 증기분사·공기분사·물분사 형식이 있으며 주로 수관식 보일러에 사용한다.

정답 24 ④ 25 ④ 26 ④

**27** 당량농도라고도 하며, 용액 1kg 중의 용질 1mg 당량으로 표시되는 단위는?

① ppm   ② ppb
③ epm   ④ 탁도

위 문제에서는 100만분율이라는 말이 없으므로 단순 1kg당 1mg으로 보아 epm으로 간주한다.

**불순물농도 표시**
① ppm : 용액 1kg 중의 용질 1mg으로 mg/kg, g/ton의 중량 100만분율을 말한다.
② ppb : 용액 1ton 중의 용질 1mg으로 mg/ton의 중량 10억분율을 말한다.
③ epm : 용액 1kg 중의 용질 1mg당량으로 상온 수용액일 경우 ppm과 같이 1ℓ 중에 mg당으로 표시한다.

**28** 보일러수에 함유되어 있는 물질 중 스케일 생성 성분이 아닌 것은?

① 황산칼슘   ② 규산칼슘
③ 탄산마그네슘   ④ 탄산소다

탄산소다는 나트륨 성분으로 스케일 생성의 직접적인 원인으로 볼 수 없다.

**스케일 생성 성분**
칼슘(Ca), 마그네슘(Mg) 등
① 황산칼슘($CaSO_4$)
② 규산칼슘($CaSiO_2$)
③ 탄산칼슘($CaCO_3$)
④ 중탄산칼슘($Ca(HCO_3)_2$)
⑤ 중탄산마그네슘($Mg(HCO_3)_2$)
⑥ 염화마그네슘($MgCl_2$)
⑦ 황산마그네슘($MgSO_4$)
⑧ 실리카($SiO_2$)

**29** 다음 중 에너지의 단위가 아닌 것은?

① kWh   ② kJ
③ kgf·m/s   ④ kcal

**동력**
시간당 행하는 일의 단위
① SI단위 : [J/s]
② 공학단위 : [kgf·m/s]

정답 27 ③  28 ④  29 ③

**30** 엑서지(Exergy)에 대한 설명으로 틀린 것은?

① 열에너지를 전부 기계적 에너지로 변환시킬 수 없다.
② 열에너지로부터 얼마만큼의 기계적 일을 내게 할 수 있는가를 나타낸다.
③ 열에너지는 엑서지와 에너지의 합이다.
④ 환경온도(열기관의 저열원)가 높을수록 엑서지는 크다.

**엑서지(Exergy)**
종합적 에너지 유효이용도로 주어진 환경조건에서 어떤 계(系)로부터 외부로 꺼낼 수 있는 최대의 기계적 작업 또는 에너지를 말한다. 열역학 제1법칙에 의하면 열에너지는 모두 기계적 에너지로 바꿀수 있다고 하지만 실제 열역학 제2법칙에 의하면 제1의 열원에서 얻은 열에너지를 전부 기계적 작업으로 변환할 수 없고 반드시 일정량의 열에너지를 제2의 열원에 버리지 않으면 안 된다. 이때 이론적으로 얻을 수 있는 최대일을 엑서지라 한다.

**31** 관속의 유체 흐름에서 일반적으로 레이놀즈수가 얼마 이상이면 난류 흐름이 되는가?

① 2,000  ② 2,500
③ 3,000  ④ 4,000

**유체의 유동 상태**
① 층류 : 유체의 입자가 각 층 내에서 질서 정연하게 흐르는 상태로 레이놀즈수가 2,100 이하이다.
② 난류 : 유체의 입자가 각 층 내에서 불규칙적으로 흐르는 상태로 레이놀즈수가 4,000 이상이다.
③ 천이구역 : 어느 안정 상태에서 다른 안정 상태로 이행하는 도중에 자유 에너지가 극대값을 취하는 상태이다.
(2,100 < $R_e$ < 4,000)

**32** 보일러 안전관리 수칙과 관련이 적은 것은?

① 안전밸브 및 저수위 연료차단장치는 정기적으로 작동상태를 확인한다.
② 연소실내 잔류가스 배출을 위해 댐퍼의 개방상태를 확인한다.
③ 보일러 연소상태를 수시 확인하고 적정 공기비를 유지한다.
④ 급수온도를 수시로 점검하여 온도를 80℃ 이상을 유지한다.

④ 보일러 급수펌프의 특성상 급수온도는 80[℃] 이하로 유지해야 한다. 급수온도가 너무 높은 경우 급수펌프에 캐비테이션이 발생하고 급수불능이 발생할 수 있다.

정답 30 ④ 31 ④ 32 ④

**33** 과열증기 사용 시의 장점으로 틀린 것은?

① 증기 소비량이 감소한다.
② 가열면의 온도가 균일하다.
③ 습증기로 인한 부식을 방지한다.
④ 증기의 마찰손실이 적다.

**과열증기 사용 시 특징**
① 증기 소비량이 감소한다.
② 증기의 마찰손실이 적다.
③ 습증기로 인한 부식을 방지할 수 있다.
④ 같은 압력하의 포화증기에 비해 보유열량이 많다.
⑤ 가열장치에 큰 열응력이 발생한다.
⑥ 과열증기로 피가열물 가열 시 가열표면의 온도가 불균일해진다(과열증기와 포화증기의 열전달에 의해).

**34** 보일러의 내부부식 주요 원인으로 볼 수 없는 것은?

① 급수 중에 유지류, 산류, 탄산가스, 염류 등의 불순물을 함유하는 경우
② 일반 전기배선에서의 누전으로 인하여 전류가 장시간 흐르는 경우
③ 연소가스 속의 부식성 가스에 의한 경우
④ 강재의 수축 표면에 녹이 생겨서 국부적으로 전위차가 발생하여 전류가 흐르는 경우

③은 외부부식에 대한 설명이다.

**내부부식 발생원인**
① 급수 중 유지류, 산류, 염류, 탄산가스 등 불순물이 함유된 경우
② 강재의 수측 표면에 녹이 생기면 국부적으로 전위차가 발생하며 이때 전류가 흘러 부식될 수 있다(점식의 원인).
③ 청관제의 사용법이 옳지 못한 경우 급수의 질이 떨어지고 내부부식의 원인이 될 수 있다.
④ 강재속에 함유된 유황(S)성분이나 인(P) 성분이 온도상승과 함께 산화되거나 녹이 생긴 경우

**35** 가스버너 사용 시 옐로우 팁(Yellow Tip) 현상이 발생하는 것은 어떤 이유 때문인가?

① 1차 공기가 부족한 경우
② 염공이 막혀 염공의 유효 면적이 적은 경우
③ 가스압이 너무 높은 경우
④ 연소실 배기불량으로 2차 공기가 과소한 경우

**가스연료 연소 시 발생하는 이상 현상**
① 역화(back fire) : 가스의 연소속도가 염공에서의 가스 유출속도보다 크게 되어 불꽃이 버너 내부에 침입하여 노즐선단에서 연소하는 현상
② 선화(lifting) : 염공에서의 가스 유출속도가 연소속도보다 크게 되어 염공에 접하여 연소하지 않고 염공에서부터 떠서 연소되는 현상
③ 블로 오프(blow off) : 연소장치의 혼합기에서 기화염을 만들 때, 염공으로부터의 분출 속도가 빠르면, 화염의 전파 속도가 혼합기의 유속보다 늦어져 염공으로부터 화염이 이탈되어 꺼져버리는 현상
④ 옐로우 팁(Yellow Tip) : 불꽃의 끝이 적황색으로 되어 연소하는 현상으로 연소반응이 충분한 속도로 진행되지 않을 때 1차 공기량이 부족하여 불완전 연소될 때 발생한다.

**정답** 33 ② 34 ③ 35 ①

**36** 열관류율의 단위로 옳은 것은?

① kcal/kg·h
② kcal/kg·℃
③ kcal/m·℃·h
④ kcal/m²·℃·h

**열관류율(K)**
1시간 동안 온도차 1[℃]당 면적 1[m²]를 통과하는 열량으로 열통과율이라고도 하며 단위는 [kcal/m²h℃]로 나타낸다.

**37** 다음 설명에 해당되는 보일러 손상 종류는?

> 고온 고압의 보일러에서 발생하나 저압 보일러에서도 열부하가 클 경우 발생되며, 발생하는 장소로는 용접부의 틈이 있는 경우나 관공 등 응력이 집중하는 틈이 많은 곳이다. 외관상으로는 부식성이 없고 극히 미세한 불규칙적인 방사형을 하고 있다.

① 가성취화
② 내부부식
③ 블리스터
④ 라미네이션

**가성취화**
고온·고압 리벳 보일러에서 일어나는 부식으로 보일러 수중에 분해되어 생긴 가성소다(NaOH)가 과도하게 농축되면 수산화이온(OH⁻)이 많아져 보일러수가 강알칼리성을 띠게 되며 이것이 강재와 작용하여 생기는 나트륨(Na)이 강재의 결정입계를 침해하여 재질을 열화, 취화시키는 것으로 주로 수면과 접촉한 수면하단부나 리벳이음부에서 발생되는 부식으로 용접 보일러에서는 발생하지 않는다.

**38** 10m의 높이에 배관되어 있는 파이프에 압력 5kgf/cm²인 물이 속도 3m/s로 흐르고 있다면, 이 물이 가지고 있는 전 수두는 약 얼마인가?

① 30.13mAq
② 40.24mAq
③ 50.35mAq
④ 60.46mAq

**베르누이 방정식**
모든 단면에 작용하는 위치 수두, 압력 수두, 속도 수두의 합은 항상 일정하다.
$H = \dfrac{P}{\gamma} + \dfrac{V^2}{2g} + Z$
여기서, $H$ : 전 수두
$\dfrac{P}{\gamma}$ : 압력 수두
$\dfrac{V^2}{2g}$ : 속도 수두
$Z$ : 위치 수두
$\therefore H = \dfrac{5 \times 10^4}{1,000} + \dfrac{3^2}{2 \times 9.8} + 10$
$= 60.459 [mAq]$

정답 36 ④ 37 ① 38 ④

**39** 표준상태에서 프로판 가스 1kmol의 체적은?

① $22.41m^3$
② $24.21m^3$
③ $20.41m^3$
④ $25.05m^3$

> 표준상태 0[℃], 1atm에서 프로판 1[mol]이 차지하는 체적은 22.4[L]와 같다. 그러므로 프로판 1[kmol]일 때 차지하는 체적은 22.4[$m^3$]이 된다.
> ※ 1[$m^3$] = 1,000[L]

**40** 보일러 화학적 세정법에 관하여 옳게 설명한 것은?

① 산세관법에 사용하는 약품은 수산화나트륨, 인산소다, 암모니아가 사용된다.
② 화학세정의 목적은 보일러 내면의 스케일을 제거하고 보일러의 효율과 성능을 유지하기 위해서이다.
③ 세정액 배출 후 물의 pH3 이하가 될 때까지 충분히 물로 씻은 후 중화나 방청처리를 실시한다.
④ 산세정 후 중화, 방청제로 염산을 사용한다.

> • 산세관의 목적 : 보일러 내면의 스케일을 제거하고 보일러의 효율과 성능을 유지하기 위함이다.
> • 산세관법에 사용하는 산의 종류 : 염산, 황산, 인산, 설파민산
> • 산세관법에 사용하는 중화방청제의 종류(부식억제제) : 탄산소다, 가성소다, 인산소다, 히드라진
> • 세정액 배출 후 물의 pH5 이상이 될 때까지 충분히 물로 씻은 후 중화나 방청처리를 실시한다.

**41** 저탄소 녹색성장 기본법에서 정한 녹색성장위원회의 구성 및 운영에 관한 설명으로 틀린 것은?

① 위원회는 위원장 2명을 포함한 50명 이내의 위원으로 구성한다.
② 위원회의 사무를 처리하게 하기 위하여 위원회에 간사위원 1명을 두며, 간사위원의 지명에 관한 사항은 산업통상자원부령으로 정한다.
③ 대통령이 위촉하는 위원의 임기는 1년으로 하되, 연임할 수 있다.
④ 위원장이 부득이한 사유로 직무를 수행할 수 없을 때에는 국무총리인 위원장이 미리 정한 위원이 위원장의 직무를 대행한다.

> ② 저탄소 녹색성장 위원회의 구성 및 운영 : 위원회의 사무를 처리하게 하기 위하여 위원회에 간사위원 1명을 두며, 간사위원의 지명에 관한 사항은 대통령령으로 정한다.

정답 39 ① 40 ② 41 ②

**42** 에너지법에서 정한 에너지 위원회의 구성 및 운영에 관한 설명으로 옳은 것은?

① 위촉위원의 임기는 2년으로 하고, 연임할 수 있다.
② 위촉위원의 임기는 1년으로 하고, 연임할 수 있다.
③ 위촉위원의 임기는 2년으로 하고, 연임할 수 없다.
④ 위촉위원의 임기는 3년으로 하고, 연임할 수 있다.

에너지위원회 위원의 임기는 2년(연임가능)으로 할 수 있다.

**43** 연강용 피복 아크 용접봉 심선의 6가지 화학성분 원소로 맞는 것은?

① C, Si, Mn, P, S, Cu
② C, Si, Fe, N, H, Mn
③ C, Si, Ca, N, H, Al
④ C, Si, Pb, N, H, Cu

**아크용접봉 심선의 6가지 화학성분 원소**
탄소(C), 규소(Si), 망간(Mn), 인(P), 황(S), 구리(Cu)

**44** 증기트랩에 대한 설명으로 옳은 것은?

① 증기를 열원으로 하는 열교환기 등 증기사용기기로부터 외부에 생긴 드레인과 증기의 누설을 막아주는 밸브를 말한다.
② 증기를 열원으로 하는 열교환기 등 증기사용기기로부터 내부에 생긴 드레인만을 배제하고 증기의 누설을 막아주는 밸브를 말한다.
③ 증기를 열원으로 하는 열교환기 등 증기사용기기로부터 내부에 생긴 드레인만을 배제하고 증기의 누설을 통과시키는 밸브를 말한다.
④ 증기를 열원으로 하는 열교환기 등 증기사용기기로부터 외부에 생긴 드레인만을 배제하고 증기의 누설을 막아주는 밸브를 말한다.

**증기트랩**
증기를 열원으로 하는 열교환기 및 증기사용설비 등 증기가 사용기기로부터 내부에 생긴 드레인만을 배제하고 증기의 누설을 막아 주는 장치로 불응축가스 배제와 수격작용을 방지의 역할도 수행할 수 있다.

정답 42 ① 43 ① 44 ②

**45** 파이프의 이음 방식의 하나인 파이프 홈 조인트로 파이프와 파이프를 홈 조인트로 체결하기 위한 파이프 끝을 가공하는 기계는?

① 베벨 조인트 머신   ② 로터리식 조인트 머신
③ 그루빙 조인트 머신   ④ 스웨징 조인트 머신

**파이프 홈 조인트**
파이프에 홈을 가공한 후 고무링을 삽입하고 조인트 커버로 이음하는 방식으로 파이프 끝에 홈을 가공하는 장치로 그루빙 조인트 머신을 사용한다.

**46** 알루미늄 도료에 대한 설명 중 틀린 것은?

① 400~500℃의 내열성을 지니고 있어 난방용 방열기 등의 외면에 도장한다.
② 알루미늄 도막은 금속광택이 있고 열을 잘 반사한다.
③ 은분이라고도 하며 방청효과가 크고 습기가 통하기 어렵기 때문에 내구성이 풍부한 도막이 형성된다.
④ 알루미늄 분말에 아마인유와 혼합하여 만든다.

**알루미늄 도료(은분)**
산화 알루미늄($Al_2O_3$) 분말을 유성 니스에 혼합한 것으로 방청효과가 크며 밑바탕 도장 후 유성 페인트를 사용하면 방청효과가 더욱 커진다.

**47** 보일러에 사용되는 강재의 전단강도는 일반적으로 인장강도의 몇 %를 택하여 계산하는가?

① 50   ② 65
③ 70   ④ 85

보일러에 사용되는 강재의 전단강도는 일반적으로 인장강도의 85% 정도로 한다.

**48** 배관에 설치하는 신축 이음쇠의 종류가 아닌 것은?

① 루프형   ② 벨로우즈형
③ 스위블형   ④ 게이트형

**신축 이음**
열팽창에 의한 관의 파열을 막기 위하여 설치한다.
① 슬리브형 : 미끄럼 이음이라고도 하며 슬리브 양쪽에 배관을 삽입해 신축을 흡수한다.
② 벨로우즈형 : 주름통을 이용하여 신축을 흡수하는 장치. 펙레스 이음이라고도 한다.
③ 스위블형 : 2개 이상의 엘보를 이용한 저압난방용 신축이음쇠이다.
④ 루프형 : 만곡관이라고도 부르며 옥외 고압배관용으로 사용된다.

정답  45 ③  46 ④  47 ④  48 ④

**49** 에너지이용 합리화법에서 정한 시공업자단체의 설립 정관의 기재사항과 감독에 관하여 필요한 사항은 어느 령으로 정하는가?

① 대통령령　　② 산업통상자원부령
③ 환경부령　　④ 고용노동부령

시공압자단체의 설립, 정관의 기재사항과 감독에 관하여 필요한 사항은 대통령령으로 정한다.

**50** 전동 밸브를 올바르게 설명한 것은?

① 온도조절기나 압력조정기 등에 의해 신호전류를 받아 전자코일의 전자력을 이용하여 밸브를 개폐한다.
② 주요밸브와 보조밸브가 있으며 적용유체의 자체압력을 이용한 것이다.
③ 회전운동을 링크기구에 의하여 왕복운동으로 바꾸어서 제어밸브를 개폐한다.
④ 화학약품을 차단하는 경우에 많이 쓰이며 유체의 흐름에 대한 저항이 적다.

**전동밸브**
회전운동을 링크(link)기구에 의하여 왕복운동으로 바꾸어서 제어밸브를 개폐한다(각종 유체의 온도, 압력, 유량 등의 작동제어 및 원격조작용으로 사용된다).

**51** 배관의 상부에서 관을 지지하는 것으로, 관의 상하방향 이동을 허용하면서 일정한 힘으로 관을 지지하는 것은?

① 콘스탄트 행거　　② 리지드 행거
③ 파이프 슈　　④ 롤러 서포트

**행거(Hanger)**
① 리지드 행거(rigid hanger) : I(아이) 빔에 턴버클을 연결하여 관을 매다는 형태로 상하방향의 변위가 없는 곳에 사용한다.
② 스프링 행거(spring hanger) : 턴버클 대신 스프링을 사용한 것으로 충격, 진동 등을 흡수할 수 있다.
③ 콘스탄트 행거(constant hanger) : 배관의 상하 이동을 어느 정도 허용하는 구조로 만들어 관의 지지력을 일정하게 한 것으로 중추식과 스프링식이 있다.

**52** 기기 장치의 모양을 배관기호로 도시하고 주요 밸브, 온도, 유량, 압력 등을 기입한 대표적인 배관 도면은?

① URS　　② PID
③ 관장치도　　④ 계통도

**계통도**
배관의 지름, 밸브, 온도, 유량, 압력 등을 기입하고 기기 등의 접속 계통을 간단하고 알기 쉽게 평면적으로 배치해놓은 도면을 말한다.

**정답** 49 ① 50 ③ 51 ① 52 ④

53. 내화물은 (분쇄) → (혼련) → (성형) → ( ) → (소성) 등의 기본 공정을 거쳐서 제조한다. ( )에 들어갈 용어로 맞는 것은?

① 건조
② 숙성
③ 함습
④ 스폴링

**내화물의 제조 공정 순서와 특징**
① 분쇄 : 표면적 증가, 이물질 분리, 균일한 혼합을 위해 분쇄하는 과정
② 혼련 : 물이나 기타 첨가제를 배합하여 고루 분포되도록 잘 섞고 이기는 과정
③ 성형 : 혼련된 배토를 일정한 형상을 가질 수 있도록 만드는 과정
④ 건조 : 수분을 제거하는 과정
⑤ 소성 : 원료에 열역학적 변화를 일으켜 내화물로서 필요한 모양과 강도를 가지게 하는 과정

54. 여유시간이 5분, 정미시간이 40분일 경우 내경법으로 여유율을 구하면 약 몇 % 인가?

① 6.33%
② 9.05%
③ 11.11%
④ 12.05%

**내경법에 의한 여유율 계산**

$$여유율 = \frac{여유시간}{정미시간 + 여유시간} \times 100[\%]$$

$$= \frac{5}{40+5} \times 100 = 11.111[\%]$$

55. 배관작업용 공구에 대한 설명 중 맞는 것은?

① 플레어링 툴 : 소구경 동관의 끝을 교정하는데 사용한다.
② 리이머 : 관절단 후 관 외부의 거스러미를 제거하는데 사용한다.
③ 사이징 툴 : 동관을 압축이음으로 하는데 사용된다.
④ 튜브벤더 : 동관을 필요한 각도로 구부리기 위해 사용한다.

**배관작업용 공구의 기능**
① 플레어링 툴 : 동관을 나팔모양으로 가공 후 압축 접합하는 공구
② 라이머 : 관 절단 후 관내 거스러미(burr)를 제거하는 공구
③ 사이징 툴 : 동관의 끝을 정확하게 원형으로 가공하는 공구
④ 튜브벤더 : 동관 굽힘(벤딩)용 공구

56. 로트에서 랜덤하게 시료를 추출하여 검사한 후 그 결과에 따라 로크의 합격, 불합격을 판정하는 검사방법을 무엇이라 하는가?

① 자주 검사
② 간접 검사
③ 전수 검사
④ 샘플링 검사

**샘플링·검사**
로트로부터 시료를 채취하여 검사한 후 그 결과를 판정 기준과 비교하여 로트의 합격·불합격을 판정하는 것을 말한다.

정답 53① 54③ 55④ 56④

**57** 다음과 같은 [데이터]에서 5개월 이동평균법에 의하여 8월의 수요를 예측한 값은 얼마인가?

| 월 | 1 | 2 | 3 | 4 | 5 | 6 | 7 |
|---|---|---|---|---|---|---|---|
| 판매실적 | 100 | 90 | 110 | 100 | 115 | 110 | 100 |

① 103  ② 105
③ 107  ④ 109

**이동평균법**

예측치 $F_t = \dfrac{\text{기간의 실적치}}{\text{기간의 수}}$

$F_t = \dfrac{110 + 100 + 115 + 110 + 100}{5} = 107$

**58** 관리 사이클의 순서를 가장 적절하게 표시한 것은? (단, A는 조치(Act), C는 체크(Check), D는 실시(Do), P는 계획(Plan)이다)

① P → D → C → A   ② A → D → C → P
③ P → A → C → D   ④ P → C → A → D

**관리 사이클(PDCA cycle)**
Plan : 계획 → Do : 실시 → Check : 검토, 체크 → Action : 조치, 대책

**59** 다음 중 계량값 관리도만으로 짝지어진 것은?

① $c$ 관리도, $u$ 관리도
② $x - R_e$ 관리도, $P$ 관리도
③ $\bar{x} - R$ 관리도, $nP$ 관리도
④ $M_e - R$ 관리도, $\bar{x} - R$ 관리도

**관리도의 종류**
① 계량값 관리도
  • $\bar{x} - R$(평균치–범위)관리도
  • $\bar{x} - s$(평균치–표준편차)관리도
  • $\tilde{x} - R$(중앙치–범위)관리도
    → $M_e - R$관리도로 나타내기도 한다.
  • $x - R_m$(개개의 측정치–이동범위)관리도
② 계수값 관리도
  • $np$(부적합품수)관리도
  • $p$(부적합품률)관리도
  • $c$(부적합수)관리도
  • $u$(단위당 부적합수)관리도

정답 57 ③  58 ①  59 ④

**60** 다음 중 모집단의 중심적 경향을 나타낸 측도에 해당하는 것은?

① 범위(Range)
② 최빈값(Mode)
③ 분산(Variance)
④ 변동계수(Coefficient of variation)

① 변위($R$) : 데이터 중 최대값과 최소값의 차이 $R = x_{max} - x_{min}$
② 최빈값($M_o$) : 도수분포표에서 도수가 최대인 곳의 대표치를 말하는 것으로 모드(Mode), 최빈값이라고도 한다.
③ 분산($s^2$, $V$) : 제곱합(S)에서 (n-1)로 나눈 값으로 모분산($\sigma^2$)의 추정모수로 사용된다.
④ 변동계수($CV$, $V_c$) : 표준편차($s$)를 산술평균($\bar{x}$)로 나눈 값을 의미한다.

정답 60 ②

# 10회 에너지관리기능장 실전모의고사 기출문제

**01** 증기 보일러의 용량 표시방법으로 사용되지 않는 것은?

① 환산증발량
② 전열면적
③ 최고사용압력
④ 보일러의 마력

**보일러의 용량표시 방법**
① 정격출력
② 보일러마력
③ 전열면적
④ 상당방열면적(EDR)
⑤ 상당증발량
⑥ 최대 연속 증발량

**02** 보일러의 자동제어에서 증기압력제어는 어떤 량을 조작하는가?

① 노내 압력량과 기압량
② 급수량과 연료공급량
③ 수위량과 전열량
④ 연료공급량과 연소용 공기량

**보일러 자동제어의 제어량과 조작량과의 관계**

| 종류 | 제어량 | 조작량 |
|---|---|---|
| 증기온도제어 (S.T.C) | 증기온도 | 전열량 |
| 급수제어 (F.W.C) | 보일러수위 | 급수량 |
| 자동연소제어 (A.C.C) | 증기압력 | 연료량, 공기량 |
| | 노내압력 | 연소가스량 |

**03** 급수펌프의 구비조건에 대한 설명으로 틀린 것은?

① 고온, 고압에도 충분히 견디어야 한다.
② 부하변동에 대한 대응이 좋아야 한다.
③ 고·저부하시에는 펌프가 정지하여야 한다.
④ 작동이 확실하고 조작이 간편하여야 한다.

**급수펌프의 구비조건**
① 고온, 고압에 잘 견딜 것
② 병렬운전에 지장이 없을 것
③ 작동이 간단하고 취급이 용이할 것
④ 저부하에서도 효율이 좋을 것
⑤ 회전식은 고속회전에 안전할 것
⑥ 구조가 간단하고 부하변동에 대응성이 좋을 것

정답  01 ③  02 ④  03 ③

**04** 다음 중 난방부하의 정의로 가장 옳은 것은?

① 난방을 위하여 열을 공급하는 보일러에 걸리는 부하를 말한다.
② 난방 장소에는 사람이 없고 공기 흐름이 없는 완벽한 공간에서의 열 공급량을 말한다.
③ 난방을 하고자 하는 장소의 열 손실을 말한다.
④ 난방 기구의 크기에 따른 열 발생 능력을 말한다.

**난방부하의 정의**
① 겨울철 난방기기의 부하로 실내에서 손실되는 열량을 말한다.
② 실내를 차갑게 하는 요인이다.
③ 난방부하 계산 시 난방형식은 고려하지 않는다.

**05** 보일러의 그을음 취출장치인 슈트 블로워(soot blower)에 대한 내용으로 잘못된 것은?

① 슈트 블로워의 설치목적은 전열면에 부착된 그을음을 제거하여 전열효율을 좋게 하기 위해서다.
② 종류에는 장발형, 정치회전형, 단발형 및 건타입 슈트 블로워 등이 있다.
③ 슈트 블로워 분출(취출) 시에는 통풍력을 크게 한다.
④ 슈트 블로워 분출 전에는 저온부식방지를 위해 취출기 내부에 드레인 배출을 삼가 한다.

**수트 블로워**
전열면 외측의 그을음 등을 제거하는 장치

**수트 블로워(soot blower) 사용 시 주의 사항**
① 한 곳으로 집중적으로 사용함으로 전열면에 무리를 가하지 말 것
② 분출기 내의 응축수는 배출시킨 후 사용할 것
③ 분출하기 전 연도 내 배풍기를 사용하여 유인통풍을 증가시킬 것
④ 부하가 적거나(50[%] 이하) 소화 후 사용하지 말 것
⑤ 연료의 종류, 분출 위치, 증기의 온도 등에 따라 분출시기를 결정할 것

**06** 다음 내용의 (   )안에 들어갈 알맞은 용어는?

> 사이클론 집진기는 연소가스가 회전운동을 일으켜 이 원심력으로 분진을 분리하는 것으로 30~60μm 정도의 분진에 유효하다. 이 사이클론은 연소가스의 유입방법에 따라 접선유입식과 (   )식이 있다.

① 축류　　② 원심
③ 사류　　④ 와류

**연소가스의 유입방법에 따른 분류**
① 접선유입식 : 처리 가스량이 적은 곳에 사용되며 압력손실이 100[mmAq] 전후이다.
② 축상(축류)유입식 : 접선유입식과 동일한 압력손실과 비교하여 처리 가스량이 많고 대용량의 함진가스를 집진하는데 사용된다.

정답  04 ③  05 ④  06 ①

**07** 기체연료의 특징으로 옳은 것은?

① 점화나 소화가 용이하다.
② 연소의 제어가 어렵고 곤란하다.
③ 과잉공기가 많아야만 완전연소 된다.
④ 누출 시 폭발 위험성이 적다.

**기체연료의 특징**
① 점화나 소화가 용이하다.
② 연소 효율이 높고 자동제어가 용이하다.
③ 적은 공기비로 완전연소가 가능하다.
④ 황분 및 회분이 거의 없어 공해 및 전열면의 오손이 적다.
⑤ 누설 시 화재 및 폭발의 위험이 크다.
⑥ 수송 및 저장이 어렵다(수송 및 저장 시 고도의 기술력이 필요하다).
⑦ 가격이 비싸고, 시설비가 많이 든다.

**08** 보일러 설치검사 기준상 가스용 보일러의 운전성능 검사시에 배기가스 중 일산화탄소(CO)의 이산화탄소($CO_2$)에 대한 비는 얼마 이하이어야 하는가?

① 0.002
② 0.004
③ 0.005
④ 0.007

**보일러 계속 사용 검사 중 운전성능 검사기준**
가스용 보일러 배기가스 중 일산화탄소(CO)의 이산화탄소($CO_2$)에 대한 비는 0.002 이하이어야 한다($CO/CO_2$ = 0.002 이하).

**09** 복사난방에 대한 설명 중 맞는 것은?

① 복사난방이란 표면에서 복사열을 방출하는 장치를 이용하여 난방하는 것을 말한다.
② 바닥에 코일을 매설하는 온돌방식은 복사난방이 아니고 대류난방이다.
③ 스테인리스강으로 복사패널을 만드는 것은 복사열을 가장 적게 방출하기 때문이다.
④ 복사패널의 표면온도가 150℃가 넘는 것은 복사난방이라고 하지 않고 온풍난방이라고 한다.

**복사난방**
패널난방이라고도 하며 건축물의 천장, 바닥, 벽 등에 가열코일을 매설하여 코일내 증기 및 온수 등의 열매체로 순환시켜 그 복사열에 의해 난방하는 방식이다.

정답 07 ① 08 ① 09 ①

**10** 인젝터 급수불능 원인에 대한 설명으로 틀린 것은?

① 급수의 온도가 22℃ 정도일 때
② 증기 압력이 2kgf/cm² 이하일 때
③ 흡인 관로에서 공기가 누입될 때
④ 인젝터 자체가 과열되었을 때

**인젝터 작동불능 원인**
① 부품(노즐)이 마모되었을 때
② 인젝터 과열 시
③ 급수온도가 높을 때(50℃ 이상)
④ 체크밸브 고장 시
⑤ 증기압이 너무 낮거나(2kgf/cm² 이하), 높을 때(10kgf/cm² 이상)
⑥ 증기 속에 수분이 많을 때
⑦ 흡입관에 공기가 유입된 경우

**11** 보일러의 중심에서 최상층 방열기의 중심까지 높이가 20m이고 송수온도의 비중량이 962kgf/m³, 환수온도의 비중량이 975kgf/m³일 때 자연 순환수두는 얼마인가?

① 225mmAq   ② 252mmAq
③ 260mmAq   ④ 273mmAq

**순환수두(H)**
$H = (\gamma_2 - \gamma_1) \times 1,000 \times h$
 $= (975 - 962) \times 20$
 $= 260[mmAq]$
※ 비중량의 단위를(kgf/m³)로 준 경우 1,000을 곱하지 않고 계산한다.
※ 단위 환산 1kg/m² = 1mmAq

**12** 태양열 난방설비의 구성요소 중 틀린 것은?

① 냉각기   ② 집열기
③ 축열기   ④ 열교환기

냉각기는 난방설비가 아닌 냉동설비이다.

정답 10① 11③ 12①

**13** 연소장치에 대한 설명으로 틀린 것은?

① 윈드박스는 공기흐름을 적절히 유지하며 동압을 정압 상태로 바꾸어 착화나 화염을 안정시키는 장치이다.
② 콤버스터는 저온의 노에서도 연소를 안정시켜 분출흐름의 모양을 안정시킨 장치이다.
③ 유류버너에서 고압기류식 버너는 연료자체의 압력에 의해 노즐에서 고속으로 분출시켜 미립화시키는 버너이다.
④ 유류버너에서 비환류형 버너는 연소량이 감소하는 경우에는 와류실의 선회력이 감소하여 분무특성이 나빠지는 결점이 있다.

③ 유류버너에서 유압 분무식(유압식) 버너는 연료자체의 압력에 의해 노즐(팁)에서 고속으로 분출시켜 미립화시키는 버너이다.

**14** 보일러의 통풍장치 방식에서 흡입통풍 방식에 관한 설명으로 맞는 것은?

① 노앞과 연돌 하부에 송풍기를 설치하여 노내압을 대기압보다 약간 낮은 압력으로 유지시키는 방식이다.
② 연도에서 연소가스와 외부공기와의 밀도차에 의해서 생기는 압력차를 이용한 방식이다.
③ 연도의 끝이나 연돌하부에 송풍기를 설치하여 연소가스를 빨아내는 방식이다.
④ 노입구에 압입송풍기를 설치하여 연소용 공기를 밀어 넣는 방식이다.

**통풍 방식**
① 압입통풍 : 연소실 앞(입구)에 압입송풍기를 장착하여 통풍하는 방식으로 연소실내 압력이 대기압보다 높은 정압(+)상태를 유지한다.
② 유인통풍 : 흡입통풍이라고도 하며 연도에 배풍기를 장착하여 통풍하는 방식으로 연소실 내 압력이 대기압보다 낮은 부압(-)상태를 유지한다.
③ 평형통풍 : 압입통풍과 유인통풍을 조합한 형식으로 연소실 앞에 송풍기와 연도내 배풍기를 장착하여 정·부압을 임의로 조정하여 사용할 수 있으며 강제통풍 방식 중 통풍력이 가장 우수하다.

**자연통풍**
연돌에 의한 통풍방식으로 배기가스와 외부공기의 비중차에 의해 통풍이 이루어진다.

정답 13 ③ 14 ③

**15** 증기난방의 환수관에서 냉각레그(cooling leg)는 몇 m 이상으로 설치하는 것이 가장 적절한가?

① 1.0　　② 1.2
③ 1.5　　④ 0.5

**냉각레그(cooling leg)**
① 건식환수방식의 관말에 설치
② 관내 응축수에서 생긴 플래시 증기로 인한 보일러의 수격작용 방지(주 역할 : 플래시 증기 응축 후 증기트랩으로 유입)
③ 주관과 수직으로 100[mm] 이상 내리고 하부로 150[mm] 이상 연장하여 관내 슬러지 등 협착물을 제거할 목적으로 드레인 포켓(drain pocket)을 만들어 준다.
④ 주관에서 1.5[m] 이상 보온하지 않은 나관을 설치하며 냉각레그 끝에는 트랩을 설치하여 응축수를 제거한다.

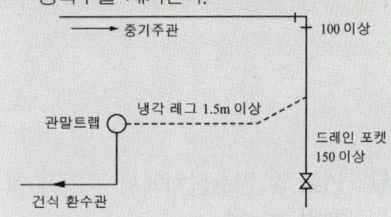

**16** 온수난방 방열기의 방열량 3,600kcal/h, 입구온수온도 75℃, 출구온수온도 65℃로 했을 경우, 1분당 유입 온수유량은 몇 kg인가?

① 6　　② 10
③ 12　　④ 40

$Q = G \cdot C \cdot \Delta T \rightarrow G = \dfrac{Q}{C \cdot \Delta T}$

여기서, $G$ : 수량[kg/h]
　　　　$C$ : 비열[kcal/kg·℃]
　　　　$\Delta T$ : 온도차[℃]

$\therefore G = \dfrac{3,600 \dfrac{kcal}{h}}{1 \dfrac{kcal}{kg \cdot ℃} \times (75-65)℃ \times 60 \dfrac{min}{h}}$

$= 6[kg/min]$

**17** 보일러의 보수유지관리에서 압력계의 정비 시 주의사항으로 틀린 것은?

① 압력계 등은 양손으로 잡고 회전시켜 분리해서는 안 된다.
② 압력계와 미터콕크는 나사삽입 연결의 가스켓으로 적정한 것을 사용한다.
③ 압력계는 적어도 1년에 한번은 기준압력계와 비교검사를 한다.
④ 사이폰관에는 부착 전에 반드시 물이 없도록 한다.

**압력계 정비 시 주의사항**
① 압력계를 분리할 때에는 미터 콕크를 손으로 단단히 잡고 머리부터 너트를 렌치로 끼워 느슨하게 한다. 이 경우 콕 부분을 꼭 잡고 천천히 푸는 것이 중요하다. 압력계를 양손으로 잡고 돌려 분리하려고 해서는 안 된다.
② 압력계와 미터콕크는 나사삽입 연결의 가스켓으로 적정한 것을 사용한다.
③ 압력계는 적어도 1년에 한번은 기준압력계와 비교검사를 한다.
④ 사이폰관에는 부착 전에 반드시 물을 충분히 채워둔다.

정답 15 ③　16 ①　17 ④

**18** 보일러 설치기술 규격에서 감압밸브의 설치에 대한 내용 중 잘못된 것은?

① 감압밸브 앞에 사용되는 레듀서(reducer)는 동심레듀서를 사용한다.
② 바이패스(bypass)관 및 바이패스밸브를 나란히 설치한다.
③ 감압밸브 앞에는 기수분리기 또는 스팀트랩에 의해 응축수가 제거되어야 한다.
④ 감압밸브에는 반드시 여과기를 설치한다.

**감압밸브 설치기준**
① 감압밸브 앞에 사용되는 레듀서는 편심레듀서를 사용한다.
② 바이패스(bypass)관 및 바이패스밸브를 나란히 설치한다.
③ 감압밸브 앞에 기수분리기 또는 스팀트랩에 의해 응축수가 제거되어야 한다.
④ 감압밸브에는 반드시 스트레이너(여과기)를 설치한다.
⑤ 감압밸브는 가능한 사용처에 가깝게 설치한다.
⑥ 감압밸브 전·후의 압력을 나타내는 압력계를 설치한다.

**19** 연료 및 연소장치에서 공기비(m)가 적을 때의 특징으로 틀린 것은?

① 불완전연소가 되기 쉽다.
② 미연소 가스에 의한 가스폭발과 매연이 발생한다.
③ 연소실 온도가 저하된다.
④ 미연소 가스에 의한 열손실이 증가한다.

**공기비(m : 과잉공기계수)**
① 공기비(m)가 적을 때의 특징
  • 불완전연소가 되기 쉽다.
  • 미연소 가스에 의한 가스폭발과 매연발생
  • 미연소 가스에 의한 열손실 증가
② 공기비(m)가 클 때의 특징
  • 연소실 온도 저하
  • 배기가스량 증가로 열손실 증가
  • 배기가스 중 NO(일산화질소) 및 $NO_2$(이산화질소)가 많이 발생되어 부식촉진과 대기오염을 초래한다.

**20** 방열기에 대한 설명 중 맞는 것은?

① 방열기에서 표준방열량을 구하는 평균온도기준은 온수가 80℃이고 증기는 102℃이다.
② 주철제 방열기는 응축수가 가진 현열도 이용하므로 증기사용량이 감소한다.
③ 방열기는 증기와 실내공기의 온도차에 의한 복사열에 의해서만 난방을 한다.
④ 방열기의 표준방열량은 증기는 $650W/m^2$이고 온수는 $450W/m^2$이다.

**방열기의 특징**
① 방열기는 실내에 설치하여 증기 또는 온수를 통과시켜 복사와 대류에 의해 실내온도를 높여 난방 목적을 달성하는 기기이다.
② 증기난방 방열기 평균온도는 102[℃], 표준방열량은 650[$kcal/m^2 \cdot h$] 이다.
③ 온수난방 방열기 평균온도는 80[℃], 표준방열량은 450[$kcal/m^2 \cdot h$] 이다.
④ 증기방열기는 증기의 잠열을 이용하고, 온수방열기는 온수의 현열을 이용한다.

정답 18 ① 19 ③ 20 ①

**21** 연소가스의 여열을 이용하여 보일러의 효율을 향상시키는 장치가 아닌 것은?

① 통풍기　　② 공기예열기
③ 과열기　　④ 절탄기

> 보일러의 여열을 이용하여 증기 보일러의 효율을 높이기 위한 장치(폐열회수장치)
> ① 과열기
> ② 재열기
> ③ 절탄기
> ④ 공기예열기

**22** 과압방지 안전장치에 대한 설명 중 올바른 것은?

① 안전밸브의 부착은 반드시 용접접합을 한다.
② 전열면적이 55m²인 증기 보일러에는 1개 이상의 안전밸브를 설치한다.
③ 안전밸브의 부착은 가능한 보일러 동체에 직접부착하지 않는다.
④ 최고사용압력이 0.1MPa 이하의 보일러에 설치하는 안전밸브의 크기는 호칭지름 20mm 이상으로 하여야 한다.

> ① 안전밸브의 부착은 나사이음 또는 용접접합한다.
> ② 증기보일러에는 2개 이상의 안전밸브를 설치하여야 한다(단, 전열면적 50m² 이하는 1개 이상으로 할 수 있다).
> ③ 안전밸브는 쉽게 검사할 수 있는 장소에 밸브 축을 수직으로 하여 가능한 보일러의 동체 등 장치에 직접 부착시켜야 하며, 안전밸브와 안전밸브가 부착된 보일러 동체사이에는 어떠한 차단밸브도 있어서는 안 된다.

**23** 어떤 보일러에서 측정한 배기가스 온도가 240℃, 배기가스량이 100Nm³/h 이고, 외기온도가 20℃, 실내온도가 25℃인 경우 배출되는 배기가스의 손실열량은 얼마인가? (단, 배기가스 및 공기의 비열은 각각 0.33, 0.31kcal/kg℃이다)

① 6,045kcal/h　　② 6,820kcal/h
③ 7,095kcal/h　　④ 7,260kcal/h

> $Q = G \cdot C \cdot \Delta T$
> 여기서, $G$ : 배기가스량[Nm³/h]
> 　　　　$C$ : 비열[kcal/Nm³·℃]
> 　　　　$\Delta T$ : 온도차[℃]
> ∴ $Q = 100 \dfrac{Nm^3}{h} \times 0.33 \dfrac{kcal}{Nm^3 \cdot ℃}$
> 　　　$\times (240 - 220)℃ = 7,260[kcal/h]$

정답　21 ①　22 ④　23 ④

**24** 산업안전보건에 관한 규칙에서 정한 보일러 부속품 중 압력방출장치(안전밸브)의 검사에 대한 내용으로 맞는 것은?

① 매년 1회 이상 국가교정업무 전담기관에서 검사 후 사용
② 매년 2회 이상 국가교정업무 전담기관에서 검사 후 사용
③ 2년에 1회 이상 국가교정업무 전담기관에서 검사 후 사용
④ 3년에 2회 이상 국가교정업무 전담기관에서 검사 후 사용

**산업안전보건에 관한 규칙 제16조**
압력방출장치는 매년 1회 이상 국가표준기본법에 따라 산업통상자원부장관의 지정을 받은 국가교정업무 전담기관에서 교정을 받은 압력계를 이용하여 설정압력에서 압력방출장치가 적정하게 작동하는지를 검사한 후 납으로 봉인하여 사용하여야 한다.

**25** 물속에 포함되어 있는 불순물 중에서 용해고형물이 아닌 것은?

① 칼슘, 마그네슘의 탄산수소염류
② 칼슘, 마그네슘의 산염류
③ 규산염
④ 콜로이드의 규산염

- 스케일 : 급수 중 용해되어 있는 칼슘염, 마그네슘염, 규산염 등의 단독 또는 다른 성분과 화합으로 생성되는 불순물
- 슬러지 : Ca, Mg 중 탄산염 가열에 의해 분해되어 청정제 등과 화합하여 생기는 연질의 침전물

**26** 보일러 가스폭발을 방지하는 방법이 아닌 것은?

① 보일러 수위를 낮게 유지한다.
② 급격한 부하변동(연소량의 증감)은 피한다.
③ 연료속의 수분이나 슬러지 등은 충분히 배출한다.
④ 점화할 때는 미리 충분한 프리퍼지를 한다.

보일러의 수위가 낮아지면 저수위로 인한 과열로 보일러 본체 파열사고의 원인이 될 수 있다.

**가스폭발 예방을 위한 유의사항**
① 프리퍼지 및 포스트퍼지를 충분히 시행한다.
② 연료속의 수분이나 슬러지 등은 충분히 배출한다.
③ 점화는 1회에 이루어 질 수 있도록 화력이 높은 것을 사용한다.
④ 특히 노내환기에 주의하여야 하고 실화 시에도 충분한 환기가 이루어진 뒤 점화한다.
⑤ 연료배관계통의 누설유무를 정기적으로 확인할 수 있도록 한다(비눗물 사용).
⑥ 전자밸브의 작동유무는 파열사고와 직결되므로 수시로 점검한다.

정답 24 ① 25 ④ 26 ①

**27** 0°C 일 때 2.5m인 강철제 레일이 온도가 40°C가 되면 늘어나는 길이는 약 얼마인가? (단, 강철의 선팽창계수는 $1.1 \times 10^{-5}$/°C이다)

① 0.011cm  ② 0.11cm
③ 1.1cm  ④ 1.75cm

**신축량($\triangle l$)**
$\triangle l = l \times \alpha \times \triangle t$
여기서, $\triangle l$ : 신축량[mm]
$l$ : 배관길이[m]
$\alpha$ : 선팽창계수(/°C)
$\triangle t$ : 온도차(°C)
$\triangle l = 2.5m \times 100cm/m \times 1.1 \times 10^{-5}$/°C
$\times (40-0)$°C $= 0.11cm$

**28** 다음 물질 중 상온에서 열의 전도도가 가장 낮은 것은?

① 구리(동)  ② 철
③ 알루미늄  ④ 납

**열전도도 순서**
구리(동) > 알루미늄 > 철 > 납

**29** 과열증기의 설명으로 가장 적합한 것은?

① 습포화 증기의 압력을 높인 것
② 습포화 증기에 열을 가한 것
③ 포화증기에 열을 가하여 포화온도 보다 온도를 높인 것
④ 포화증기에 압을 가하여 증기압력을 높인 것

과열증기란 포화증기에 열을 가하여 압력변화 없이 온도만 상승시킨 것이다.

**30** 보일러의 고온부식 방지대책 설명으로 틀린 것은?

① 연료 중의 바나듐 성분을 제거할 것
② 전열면의 온도가 높아지지 않도록 설계할 것
③ 공기비를 많게 하여 바나듐의 산화를 촉진할 것
④ 고온의 전열면에 내식재료를 사용할 것

**고온부식 방지대책**
① 연료 내의 바나듐 성분을 제거한다.
② 연료첨가제를 이용 바나듐(또는 회분)의 융점을 높인다.
③ 배기가스 온도를 적절하게 유지하거나 줄인다.
④ 전열면을 내식재로 피복한다.
⑤ 전열면의 표면 온도가 적정범위보다 높아지지 않도록 설계한다.

정답 27 ② 28 ④ 29 ③ 30 ③

**31** 기온, 습도, 풍속의 3요소가 체감에 미치는 효과를 단일지표로 나타낸 온도는?

① 평균복사온도  ② 유효온도
③ 수정유효온도  ④ 신유효온도

**유효온도**
실내환경을 평가하는 척도로서(ET-effective temperature) 온도, 습도, 기류의 3요소를 하나로 조합한 상태로 온도감각을 상대습도 100%, 풍속 0[m/s]일 때 느껴지는 온도 감각이다.

**32** 1마력(PS)으로 1시간 동안 한 일의 양을 열량으로 환산하면 약 몇 kcal인가?

① 75kcal  ② 102kcal
③ 632kcal  ④ 860kcal

- 1[kw] = 102[kg·m/s] = 860[kcal/h]
- 1[PS] = 75[kg·m/s] = 632[kcal/h]
- 1[HP] = 76[kg·m/s] = 641[kcal/h]

**33** 관로(管路)의 유체 마찰저항은 유체속도의 몇 제곱에 비례하는가?

① 4제곱  ② 3제곱
③ 2제곱  ④ 1제곱

**원형관의 마찰손실**
달시-바이스바하(Darcy-Weisbach) 방정식
$$hl = f \times \frac{l}{d} \times \frac{V^2}{2g}$$
여기서, $hl$ : 손실수두[mH$_2$O]
$f$ : 관마찰계수
$l$ : 관길이[m]
$d$ : 관지름[m]
$g$ : 중력가속도[9.8m/s$^2$]
위 공식에 의해 마찰손실은 관지름($d$), 중력가속도($g$)에 반비례하고, 마찰계수($f$), 속도수두($\frac{V^2}{2g}$), 관길이($l$)에 비례, 유속($V$) 2승에 비례함을 알 수 있다.

**34** 유체에 대한 베르누이 정리에서 유체가 가지는 에너지와 관계가 먼 것은?

① 압력에너지  ② 속도에너지
③ 위치에너지  ④ 질량에너지

**베르누이 방정식**
모든 단면에 작용하는 위치 수두, 압력 수두, 속도 수두의 합은 항상 일정하다.
$$H = \frac{P}{\gamma} + \frac{V^2}{2g} + Z$$
여기서, $H$ : 전 수두
$\frac{P}{\gamma}$ : 압력 수두
$\frac{V^2}{2g}$ : 속도 수두
$Z$ : 위치 수두

정답  31 ②  32 ③  33 ③  34 ④

**35** 두 물체가 서로 접촉하고 있으면 열적 평형상태에 도달하는 것과 관계가 있는 법칙은?

① 열역학 제0법칙   ② 열역학 제1법칙
③ 열역학 제2법칙   ④ 열역학 제3법칙

**열역학 법칙**
① 열역학 제0법칙 : 열평형 법칙
② 열역학 제1법칙 : 에너지보존의 법칙
③ 열역학 제2법칙 : 열이동 법칙(방향성의 법칙)
④ 열역학 제3법칙 : 어떤 계 내에서 물체의 상태변화 없이 절대온도 0도에 이르게 할 수는 없다.

**36** 보일러 부식 원인을 설명한 것 중 틀린 것은?

① 수중에 함유된 산소에 의하여
② 수중에 함유된 암모니아에 의하여
③ 수중에 함유된 탄산가스에 의하여
④ 보일러수의 pH가 저하되어

③ 보일러 부식 원인과 수중에 함유된 암모니아와는 관계가 없다.
• 내부식 : 보일러수에 의한 본체 내부의 부식(급수 처리 미흡시 급수 중 유지류, 산류, 탄산가스, 산소, 염류 등의 불순물 함유에 의한 부식작용을 말한다.
• 외부식 : 습기에 의한 보일러 외면, 연소가스에 의한 연도 부식

**37** 밀폐된 용기 안에 비중이 0.8인 기름이 있고, 그 위에 압력이 0.5kgf/cm²인 공기가 있을 때 기름 표면으로부터 1m 깊이에 있는 한 점의 압력은 몇 kgf/cm²인가? (단, 물의 비중량은 1,000kgf/m³이다)

① 0.40   ② 0.58
③ 0.60   ④ 0.78

$P = P_1 + P_2$
$= 0.5 + (0.8 \times 1,000 \times 1 \times 10^{-4})$
$= 0.58 [kgf/cm^2]$
※ 1,000[kg/m³]은 물의 밀도를 나타낸다.

**38** 청관제의 작용 중 해당되지 않는 것은?

① 관수의 탈산작용   ② 기포발생 촉진
③ 경도성분 연화     ④ 관수의 pH 조정

**청관제의 사용 목적**
① 보일러수의 pH 조정
② 보일러수의 탈산소
③ 보일러수의 연화
④ 가성취화 방지
⑤ 포밍(forming) 방지
⑥ 슬러지의 조정

정답 35 ① 36 ② 37 ② 38 ②

**39** 다음 보기는 보일러의 산세정 공정의 일부를 나열한 것이다. 순서대로 바르게 된 것은?

> ㉠ 산세정
> ㉡ 중화 방청처리
> ㉢ 연화처리
> ㉣ 예열

① ㉠ → ㉣ → ㉡ → ㉢
② ㉠ → ㉡ → ㉣ → ㉢
③ ㉣ → ㉠ → ㉢ → ㉡
④ ㉣ → ㉢ → ㉠ → ㉡

**보일러 산세정 순서**
예열 → 연화처리 → 산세정 → 중화 방청처리
① 연화처리 : 전처리로서 스케일의 성상을 감안하여 필요에 따라 실시한다.
② 산세정 : 세관액 주입 → 세관액 순환 → 세관액 배출 → 물청소
③ 중화 방청처리 : 약액 주입 → 중화방청 → 물청소

**40** 급수 중에 용존하고 있는 $O_2$ 등의 용존기체를 분리 제거하는 진공탈기기의 감압장치로 이용되는 것은?

① 증류 펌프
② 급수 펌프
③ 진공 펌프
④ 노즐 펌프

**진공탈기기의 감압장치**
진공펌프, 공기이젝터

**41** 열사용기자재관리규칙에서 정한 특정열사용기자재 및 설치·시공범위의 구분에서 금속요로에 해당되지 않는 품목은?

① 용선로
② 금속균열로
③ 터널가마
④ 금속소둔로

| 구분 | 품목명 |
|---|---|
| 열기관 | 강철제 보일러, 주철제 보일러, 온수 보일러, 구멍탄용온수 보일러, 축열식 전기 보일러, 태양열집열기 |
| 압력용기 | 1종압력용기, 2종압력용기 |
| 요업요로 | 연속식유리용융가마, 불연속식유리용융가마, 유리용융도가니가마, 터널가마, 도염식가마, 셔틀가마, 회전가마, 석회용선가마 |
| 금속요로 | 용선로, 비철금속용융로, 금속소둔로, 철금속가열로, 금속균열로 |

정답 39 ④ 40 ③ 41 ③

**42** 신·재생에너지 설비 성능검사기관을 신청하려는 자는 누구에게 신청서류를 제출하는가?

① 산업통상자원부장관
② 기술표준원장
③ 에너지관리공단 이사장
④ 시·도지사

**성능검사기관의 지정절차(신에너지 및 재생에너지 개발, 이용, 보급 촉진법 시행규칙 제6조)**
성능검사기관으로 지정받으려는 자는 신·재생에너지 설비 성능검사기관 지정신청서를 국가기술표준원장에게 제출하여야 한다.

**43** 열팽창이나 진동으로 관의 이동과 회전을 방지하기 위하여 지지점을 완전히 고정시키는 장치는?

① 인서트(insert)
② 앵커(anchor)
③ 스토퍼(stop/stopper)
④ 브레이스(brace)

**리스트레인트**
관을 지지하며 열팽창에 의한 배관의 운동을 구속 또는 제한하는 관의 지지물
① 앵커(anchor) : 볼트를 콘크리트에 매설하여 관의 이동 및 회전을 방지하기 위해 지지점에 완전히 고정하는 장치로 진동이 심한 곳에 사용하는 장치이다.
② 스톱/스토퍼(stop/stopper) : 배관의 일정한 방향과 회전만 구속하고 다른 방향은 자유롭게 이동하게 하는 장치이다.
③ 가이드(guide) : 배관의 축방향 이동을 안내하고 직각 방향 운동을 구속하는데 사용하며 파이프랙(pipe rack) 위 배관의 곡관부분과 신축이음부에 설치한다.

**44** 지방자치단체의 저탄소 녹색성장과 관련된 주요정책 및 계획과 그 이행에 관한 사항을 심의하기 위한 지방녹색 성장위원회의 구성, 운영 및 기능 등에 필요한 사항을 정하는 령은?

① 대통령령
② 국무총리령
③ 산업통상자원부령
④ 지방자치단체령

지방자치단체의 저탄소 녹색성장과 관련된 주요정책 및 계획과 그 이행에 관한 사항을 심의하기 위한 지방녹색 성장위원회의 구성, 운영 및 기능 등에 필요한 사항은 대통령령으로 정한다.

정답 42 ② 43 ② 44 ①

**45** 캐스터블 내화물에 대한 설명 중 틀린 것은?

① 플라스틱 내화물보다 고온에 적합하여 규산소다로 만든다.
② 경화제로서 알루미나 시멘트를 10~20% 정도 배합한다.
③ 시공 후 24시간 전후로 경화된다.
④ 접합부 없이 노체(爐體)를 구축할 수 있다.

**캐스터블 내화물의 특징**
① 플라스틱 내화물의 내화도는 SK35~370이고, 고온용 캐스터블 내화물의 내화도는 KS30~340이다.
② 부정형 내화물로 소성이 불필요하다.
③ 사용현장에서 필요한 형상이나 치수로 자유롭게 성형할 수 있다.
④ 치밀하게 소결시킨 내화성 골재에 수경성 알루미나 시멘트를 배합한 분말상태의 내화물이다.
⑤ 접합부 없이 축요가 가능하고 시공 후 건조, 소성 시 수축이 적다.
⑥ 시공 후 약 24시간 후에 건조, 승온이 가능하고 경화제로 알루미나 시멘트를 사용한다.
⑦ 점토질이 많이 사용되고 온도에 따라 고알루미나질이나 크롬질도 사용된다.
⑧ 내스폴링성이 크다.

**46** 보일러 열교환기용 관으로 가장 적합한 것은?

① SPP        ② STHA
③ STWW    ④ SPHT관

**압력배관용 탄소강관 KS규격기호**
① SPP : 일반배관용 탄소강관
② SPPS : 압력배관용 탄소강관
③ SPPH : 고압배관용 탄소강관
④ SPHT : 고온배관용 탄소강관
⑤ SPW : 배관용 아크용접 탄소강관
⑥ SPA : 배관용 합금강관
⑦ STS×T : 배관용 스테인리스강관
⑧ STBH : 보일러 열교환기용 탄소강관
⑨ STHA : 보일러 열교환기용 합금강관
⑩ STS×TB : 보일러 열교환기용 스테인리스강관
⑪ STLT : 저온 열교환기용 강

**47** 피복금속 아크용접에서 교류용접기와 비교한 직류용접기의 장점이 아닌 것은?

① 극성의 변화가 쉽다.
② 전격 위험이 적다.
③ 역률이 양호하다.
④ 자기쏠림 방지가 가능하다.

**직류 아크용접기와 교류 아크용접기의 비교**

| 항목 | 직류용접기 | 교류용접기 |
| --- | --- | --- |
| 아크의 안정성 | 우수 | 약간 불안 |
| 극성의 이용 | 가능 | 불가능 |
| 무부하 전하 | 약간 낮음 (최대 60V) | 높음 (80~100V) |
| 전격의 위험 | 적다 | 크다(무부하 전압이 높다) |
| 구조 및 고장률 | 복잡하다 | 간단하다 |
| 역률 | 양호 | 불량 |
| 가격 | 비싸다 | 싸다 |
| 아크 쏠림 방지 | 불가능 | 가능 (아크 쏠림이 거의 없다) |

**정답** 45 ① 46 ② 47 ④

**48** 저탄소 녹색성장 기본법에서 정의하는 온실가스에 해당되지 않는 것은?

① 이산화탄소($CO_2$)  ② 메탄($CH_4$)
③ 육불화황($SF_6$)  ④ 수소(H)

**온실가스**
[저탄소녹색성장 기본법] 제2조제9호에 따른 온실가스, 즉 적외선 복사열을 흡수하거나 재방출하여 온실효과를 유발하는 대기 중의 가스상태의 물질로서 이산화탄소($CO_2$), 메탄($CH_4$), 아산화질소($N_2O$), 수소불화탄소(HFCs), 과불화탄소(PFCs) 또는 육불화황($SF_6$)을 말한다.

**49** 밀폐식 팽창탱크에 설치하지 않아도 되는 것은?

① 안전밸브  ② 수위계
③ 압력계    ④ 온도계

- 밀폐식 팽창탱크 : 압력계, 안전밸브, 수위계, 급수관, 배수관, 팽창관, 공기공급관
- 개방식 팽창탱크 : 통기관(배기관), 오버플로우관, 배수관, 팽창관, 급수관

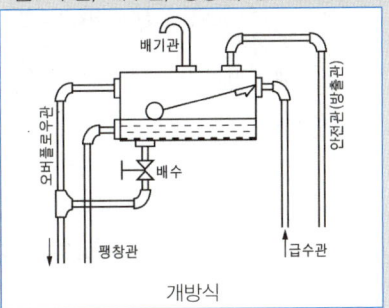
개방식

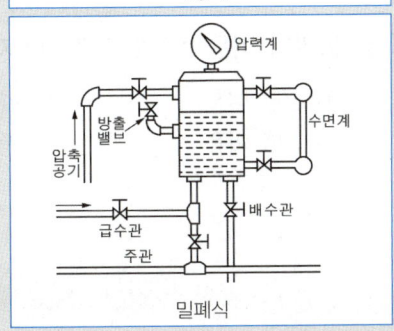
밀폐식

**50** 관말단의 표시 중 나사박음식 캡의 표시기호는?

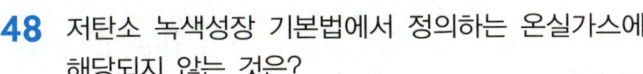

① 나사용 캡
② 용접용 캡
③ 막힘 플랜지

정답  48 ④  49 ④  50 ①

**51** 다음 중 기계식 트랩에 속하는 것은?

① 바이메탈식 트랩　② 디스크식 트랩
③ 플로트식 트랩　④ 벨로즈식 트랩

**증기트랩 작동원리에 의한 분류**
① 기계적 트랩 : 포화수와 포화증기의 비중차를 이용한 방식
　(종류 : 플로트트랩(다랑트랩), 버킷트랩)
② 온도조절식 트랩 : 포화수와 포화증기의 온도차를 이용한 방식
　(종류 : 바이메탈 트랩, 벨로즈 트랩, 다이어프램)
③ 열역학적 트랩 : 포화수 또는 포화증기의 열역학적 특성차를 이용한 방식
　(종류 : 디스크 트랩, 오리피스 트랩)

**52** 연관용 공구 중 분기와 따내기 작업 시 주관에 구멍을 뚫는 공구는?

① 봄 볼　② 드레서
③ 벤드 벤　④ 턴 핀

**연관용 접합 공구**
① 연관용 톱 : 연관 절단에 사용
② 봄 볼 : 주관에 구멍을 뚫을 때 사용
③ 드레서 : 연관 표면의 산화막 제거에 사용
④ 벤드 벤 : 연관 굽힘 작업에 사용
⑤ 턴 핀 : 접합하려는 관 끝을 넓히는데 사용
⑥ 맬 릿 : 턴 핀을 때려 박거나 접합부 주위를 오므리는데 사용하는 나무해머

**53** 동관의 이음 방법으로 적합하지 않은 것은?

① 용접 이음　② 플라스턴 이음
③ 납땜 이음　④ 플랜지 이음

• 동관 이음방법 : 납땜 이음, 플레어 이음, 플랜지 이음
• 플라스턴 이음은 연관의 이음 방법에 속한다.

**54** 보통 파스페놀 A와 에피크롤히드린을 결합해서 얻어지며 내열성, 내수성이 크고 전기절연도 우수하여 도료 접착제, 방식용으로 쓰이는 것은?

① 에폭시 수지　② 고농도 아연 도료
③ 알루미늄 도료　④ 산화철 도료

**에폭시 수지**
방청도료 중 분자 내에 에폭시기를 갖는 열경화성 수지의 총칭으로 내열성, 내수성, 전기 절연성, 접착성, 내약품성이 뛰어나며 경화제와 충전제, 보강제 등과 함께 사용한다.

정답　51 ③　52 ①　53 ②　54 ①

**55** 축의 완성지름, 철사의 인장강도, 아스피린 순도와 같은 데이터를 관리하는 가장 대표적인 관리도는?

① c 관리도　　② nP 관리도
③ u 관리도　　④ $\bar{x}-R$ 관리도

**$\bar{x}-R$ 관리도**
공정에서 품질특성이 길이, 무게, 시간, 강도, 성분 등과 같이 데이터가 연속적인 계량치의 경우에 사용되는 대표적인 관리도이다.

**56** 로트의 크기가 시료의 크기에 비해 10배 이상 클 때, 시료의 크기와 합격판정개수를 일정하게 하고 로트의 크기를 증가시킬 경우 검사특성곡선의 모양 변화에 대한 설명으로 가장 적절한 것은?

① 무한대로 커진다.
② 별로 영향을 미치지 않는다.
③ 샘플링 검사의 판별 능력이 매우 좋아진다.
④ 검사특성곡선의 기울기 경사가 급해진다.

**OC곡선의 성질 중 $N$이 변하는 경우 ($c$, $n$ 일정)**
① OC곡선에 큰 영향을 미치지 않는다.
② $N$이 클 때는 $N$의 크기가 작을 때보다 다소 시료의 크기를 크게 해서 좋은 로트가 불합격되는 위험을 적게 하는 편이 경제적인 경우가 많다.

**57** 작업시간 측정방법 중 직접측정법은?

① PTS법　　② 경험견적법
③ 표준자료법　　④ 스톱워치법

**스톱워치(stop/stopper Watch)법**
테일러(F.W.Taylor)에 의해 처음 도입된 방법으로 잘 훈련된 자격을 갖춘 작업자가 정상적인 속도로 완료하는 특정한 작업을 직접 측정하여 이로부터 표준시간을 설정하는 방법으로 반복적이고 짧은 주기의 작업에 적합하나 작업자에 대한 심리적 영향을 많이 주는 측정 방법이다.

**58** 소비자가 요구하는 품질로서 설계와 판매정책에 반영되는 품질을 의미하는 것은?

① 시장품질　　② 설계품질
③ 제조품질　　④ 규격품질

**시장품질**
시장조사, 클레임 등을 통해 파악한 소비자의 요구조건 등을 말하며, 사용품질, 실용품질, 또는 고객의 필요(Needs)와 직결된 품질을 말한다.

정답　55 ④　56 ②　57 ④　58 ②

**59** 준비작업시간 100분, 개당 정미작업시간 15분, 로트 크기 20일 때 1개당 소요작업시간은 얼마인가? (단, 여유시간은 없다고 가정한다)

① 15분  ② 20분
③ 35분  ④ 45분

**외경법**
단위당 가공시간($T_1$)
$= \dfrac{준비작업시간}{로트수} + [정미시간 \times (1 + 여유율)]$

$\therefore T_1 = \dfrac{100}{20} + 15 = 20\,[분]$

Tip. 표준시간 = 정미시간 × (1 + 여유율)

**60** 다음 중 샘플링 검사보다 전수검사를 실시하는 것이 유리한 경우는?

① 검사항목이 많은 경우
② 파괴검사를 해야 하는 경우
③ 품질특성치가 치명적인 결점을 포함하는 경우
④ 다수 다량의 것으로 어느 정도 부적합품이 섞여도 괜찮을 경우

**전수검사와 샘플링 검사의 비교**

| 전수검사 | • 귀금속과 같은 고가품인 경우<br>• 검사비용에 비해 얻는 효과가 큰 경우<br>• 안전에 중대한 영향을 미치는 경우<br>• 부적합품이 1개라도 혼입되면 큰 경제적 손실이 있는 경우 |
|---|---|
| 샘플링 검사 | • 파괴검사인 경우<br>• 검사항목이 많은 경우<br>• 생산자에게 품질 향상의 자극을 주고 싶은 경우<br>• 다수·다량의 생산품으로 어느정도 부적합품의 혼입이 허용되는 경우 |

정답 59 ② 60 ③

# 11회 에너지관리기능장 실전모의고사 기출문제

**01** 안전밸브의 설치 및 관리에 대한 설명 중 올바른 것은?

① 안전밸브가 누설하여 증기가 새는 경우 스프링을 더 조여 누설을 막는다.
② 설정압력에 도달하여도 안전밸브가 동작하지 않을 때 밸브몸체를 두드려 동작이 되는지 확인한다.
③ 안전밸브의 분해 수리를 위하여 안전밸브 입구측에 스톱밸브를 설치한다.
④ 안전밸브의 작동은 확실하고 안정되어 있어야 한다.

① 안전밸브의 증기가 누설되는 경우 누설을 없애기 위해 스프링식 안전밸브의 스프링을 함부로 조여선 안 된다.
② 설정압력에 도달하여도 안전밸브가 동작하지 않을 때는 시험용 레버가 있는 경우 해당 레버를 이용하여 확인하고 이후에도 정상동작 하지 않을 경우에는 보일러사용을 정지하고 분해정비를 하며 어떠한 경우에도 안전밸브를 두드려서는 안 된다.
③ 안전밸브의 분해 점검 수리 등은 전문가가 아닌 이상 함부로 수행할 수 없으며, 정기적으로 전문 제조자에 정비를 의뢰하여 밸브의 성능시험 증명을 받아놓는 것이 중요하다. 또한 안전밸브의 입구측 배관에는 그 어떠한 밸브도 설치해서는 아니된다.

**02** 강제순환식 수관보일러인 라몬트 보일러의 특징 설명으로 틀린 것은?

① 압력의 고저, 관, 배치, 경사 등에 제한이 없다.
② 수관내 유속이 느리고 관석부착이 많다.
③ 관경이 적고 두께를 가늘게 할 수 있다.
④ 보일러 높이를 낮게 설치할 수 있다.

**라몬트 보일러**
강제순환식 수관보일러에 속하며 순환펌프로 여러 개의 강수관에 강제적으로 물을 보내는 방식으로 순환비는 4~10 정도로 관 배열의 경사, 순서에 제한을 받지 않도록 한 보일러로 라몬트 노즐을 설치하여 송수량을 조절한다. 수관내 유속이 빠르고 관석의 부착이 적다.

**03** 수관식 보일러에서 그을음을 불어내는 장치인 슈트 블로워(soot blower)의 분무 매체로 사용되지 않는 것은?

① 기름  ② 증기
③ 물    ④ 공기

**슈트 블로워(Soot Blower)**
전열면에 부착된 그을음을 제거하는 장치로 증기분사·공기분사·물분사 형식이 있으며 주로 수관식 보일러에 사용한다.

정답 01 ④ 02 ② 03 ①

**04** 보일러의 압력계 부착 방법을 잘못 설명한 것은?

① 증기온도가 210℃가 넘을 때는 동관을 사용하여야 한다.
② 압력계에 연결되는 증기관은 동관일 경우 안지름 6.5mm 이상이어야 한다.
③ 압력계의 콕크 대신에 밸브를 사용할 경우에는 한 눈에 개폐 여부를 알 수 있는 구조로 하여야 한다.
④ 압력계에 연결되는 관은 사이폰관을 부착하여 증기가 직접 압력계에 들어가지 않도록 하여야 한다.

> **압력계 연결 시 주의사항**
> ① 사이폰관의 안지름은 6.5mm 이상으로 한다.
> ② 압력계의 연결관은 동관 안지름 6.5mm, 강관 안지름 12.7mm 이상으로 할 것
> ③ 증기온도 483K(210℃)를 넘을 때에는 황동관 또는 동관을 사용하여서는 안 된다.
> ④ 압력계와 연결되는 증기관은 최고사용압력에 견디는 것으로 한다.
> ⑤ 콕크 대신 다른 밸브를 사용할 경우 한 눈에 개폐여부를 알수 있는 구조로 하여야한다.

**05** 노통 보일러에서 노통을 편심으로 설치하는 주된 이유는?

① 노통의 설치가 간단하므로
② 노통의 설치에 제한을 받으므로
③ 물의 순환을 좋게 하기 위하여
④ 공작이 쉬우므로

> **노통을 편심으로 설치하는 이유**
> 보일러수의 순환을 좋게 하기 위함이다.

**06** 다음 기체 중 가연성인 것은?

① $CO_2$         ② $N_2$
③ $CO$          ④ $He$

> ① $CO_2$ : 불연성
> ② $N_2$ : 불연성
> ③ $CO$ : 가연성(폭발범위 12~74[%])
> ④ $He$ : 불연성

**07** 송기장치 배관에 대한 설명으로 맞는 것은?

① 증기 헤더의 직경은 주증기관의 관경보다 작아도 된다.
② 벨로즈형 신축이음쇠는 일명 신축곡관이라고 하며, 고압 배관에 적당하다.
③ 트랩의 구비조건은 마찰저항이 크고 응축수를 단속적으로 배출할 수 있어야 한다.
④ 감압밸브는 고압측압력의 변동에 관계없이 저압측압력을 항상 일정하게 유지한다.

> ① 증기 헤더의 직경은 증기 헤더에 부착되는 지름이 가장 큰 배관의 2배가 되도록 한다.
> ② 벨로즈형 신축이음을 팩레스이음이라고도 하며, 루프형 신축이음을 신축곡관이라 부른다.
> ③ 트랩의 구비조건은 마찰저항이 작고, 응축수를 연속적으로 배출할 수 있어야 한다.

**정답** 04 ① 05 ③ 06 ③ 07 ④

**08** 실내의 온도 분포가 균등하고 쾌감도가 높은 난방법은?

① 온수난방　　② 증기난방
③ 온풍난방　　④ 복사난방

**복사난방**
패널난방이라고도 하며 건축물의 천장, 바닥, 벽 등에 가열코일을 매설하여 코일내 증기 및 온수 등의 열매체로 순환시켜 그 복사열에 의해 난방하는 방식이다.

**복사난방 특징**
① 장점
- 높이에 따른 온도분포가 균일하다.
- 동일 방열량에 대한 열손실이 적다.
- 공기 등 미진을 태우지 않아 쾌감도가 좋다.
- 방열기 등의 설치공간이 불필요하여 실내 공간의 이용율이 높다.

② 단점
- 초기 설비비가 많이 든다.
- 매입배관이므로 고장수리 및 점검이 어렵다.
- 예열시간이 길어 부하변동에 대응하기 어렵다.
- 표면부(시멘트, 모르타르층) 균열이 발생할 수 있다.

**09** 전기작업 안전사항으로 잘못된 것은?

① 물에 젖은 몸과 복장을 피한다.
② 드라이버 등 공구는 절연된 것을 사용한다.
③ 전기배선은 피복물이 벗겨진 후에만 수리한다.
④ 전선의 접속부는 절연물로서 완전히 피복해 둔다.

③ 감전의 우려가 있으므로 전기배선은 피복물이 벗겨지지 않은 상태에서 수리해야 한다.

**10** 중력 환수식 응축수 환수 방법과 비교한 진공환수식 응축수 환수방법에 대한 설명으로 틀린 것은?

① 순환이 빠르다.
② 배관 기울기(구배)에 큰 지장이 없다.
③ 방열량을 광범위하게 조절할 수 있다.
④ 환수관의 지름을 크게 해야 한다.

**진공환수식 증기난방 특징**
① 중력, 기계 환수보다 순환속도가 빠르다.
② 기울기(구배)에 구애를 받지 않는다.
③ 방열량을 광범위하게 조절할 수 있다.
④ 환수관의 관지름을 작게 할 수 있다.
⑤ 버큠브레이커를 사용하여 진공을 일정하게 유지해야 한다(진공도 : 100~250mmHg·v).
⑥ 방열기 설치장소에 제한을 받지 않는다.

**정답** 08 ④　09 ③　10 ④

**11** 보일러의 열정산 조건에 대한 설명 중 맞는 것은?

① 전기에너지는 1kW당 660kcal/h로 환산한다.
② 열정산을 하는 보일러 자체에만 해당하며 급수 예열기, 공기 예열기는 대상에서 제외한다.
③ 열정산 시험시의 기준온도는 15℃로 하고, 증기의 건도는 70% 이상인 경우에 시험함을 원칙으로 한다.
④ 열정산을 하는 경우 액체 연료의 경우 1kg, 가스연료의 경우 1Nm³을 기준으로 한다.

**보일러 열정산**
① 보일러 열정산은 정격부하 이상에서 정상 상태로 2시간 이상의 운전 결과에 따라야 한다.
② 연료, 증기 또는 물의 누설이 없는가를 확인하고 블로우다운, 그을음 불어내기 등은 하지 않으며, 안전밸브는 열지 않은 운전 상태에서 한다.
③ 시험 보일러는 다른 보일러와 무관한 상태로 하여 실시한다.
④ 고체 및 액체 연료의 1[kg], 기체연료의 경우는 표준상태로 환산 1[Nm³]에 대하여 한다.
⑤ 방열량은 원칙적으로 고위발열량으로 한다 (단, 저위발열량을 사용 시는 기준 발열량을 명기하여야 한다).
⑥ 열정산의 기준온도는 시험 시의 외기온도를 기준으로 한다.
⑦ 열정산 범위는 보일러와 과열기, 재열기, 급수예열기, 공기예열기를 갖는 보일러는 그 보일러에 포함시킨다.
⑧ 공기는 수증기를 포함하는 습공기로 한다.
⑨ 증기의 건도는 98[%] 이상인 경우에 시험함을 원칙으로 한다.
⑩ 보일러 효율의 산정 방식은 입출열법과 열손실법에 따른다.
⑪ 전기에너지는 1[kW]당 860[kcal/h]로 환산한다.

**12** 연소 안전장치에서 플레임 로드의 설명으로 옳은 것은?

① 열적 검출 방식으로 화염의 발열을 이용한 것이다.
② 화염의 전기 전도성을 이용한 것이다.
③ 화염의 방사선을 전기 신호로 바꾸어 이용한 것이다.
④ 화염의 자외선 광전관을 사용한 것이다.

**화염검출기의 종류**
① 플레임 아이 : 화염의 발광(광학적 성질)현상 이용
② 플레임 로드 : 화염의 이온화(전기전도성) 현상 이용
③ 스택스위치 : 연도에 바이메탈을 설치한 방식으로 화염의 발열(열적변화)체 이용한 방식

**13** 경유 1kg을 완전 연소시키는데 필요한 이론공기량은 약 얼마인가? (단, 경유 1kg에 대하여 C=0.85kg, H=0.13kg, O=0.01kg, S=0.01kg이다)

① 14.3kg
② 15.3kg
③ 24.3kg
④ 25.3kg

경유 1[kg]에 대한 각 원소의 함유량은 함유율과 같다.

$A_o = 11.49C + 34.5\left(H - \dfrac{O}{8}\right) + 4.3S$

$\therefore 11.49 \times 0.85 + 34.5\left(0.13 - \dfrac{0.01}{8}\right)$
$+ 4.3 \times 0.01 = 14.25 [kg]$

**정답** 11 ④  12 ②  13 ①

**14** 보일러 급수펌프의 종류가 아닌 것은?

① 마찰펌프 ② 제트펌프
③ 원심펌프 ④ 실리코펌프

**보일러 급수펌프의 종류**
① 왕복동식 : 피스톤펌프, 플런저펌프, 다이어프램펌프, 웨어펌프, 워싱턴펌프
② 회전식 : 기어펌프, 나사펌프, 베인펌프
③ 원심식 : 터빈펌프, 볼류트펌프
④ 특수펌프 : 제트펌프, 와류(마찰)펌프, 에어리프트펌프

**15** 난방부하가 50,000kcal/h인 건물에 주철제 증기방열기로 난방하려고 한다. 방열기 입구의 증기온도가 112℃, 출구온도가 106℃, 실내온도가 21℃일 때 필요한 방열기쪽수는 얼마인가? (단, 방열기의 쪽 당 방열면적은 0.26m²이며 방열계수는 8.0이다)

① 86쪽 ② 162쪽
③ 274쪽 ④ 304쪽

**방열기의 방열량**
$Q = K \times \Delta T$
$= 8.0 \times \left(\dfrac{112+106}{2} - 21\right)$
$= 704 [kcal/m^2h]$

**방열기의 쪽수계산**
$Q = q \times A \times n$
$\rightarrow n = \dfrac{Q}{q \times A} = \dfrac{50,000}{704 \times 0.26} = 273.164$
∴ 274[쪽]
여기서, $Q$ : 난방부하[kcal/h]
$q$ : 방열기방열량[kcal/m²h]
$A$ : 쪽당방열면적[m²/쪽]
$n$ : 쪽수(섹션수)[쪽]

**16** 콘백터 또는 캐비넷 히터라고도 하며, 강판제 케이싱 속에 핀 튜브 등의 가열기를 설치한 방열기는?

① 대류형 방열기 ② 알루미늄 방열기
③ 강판 방열기 ④ 주형 방열기

**대류형 방열기**
강판제 케이싱 속에 튜브 등의 가열기를 설치한 것으로 공기는 하부로 유입되어 가열되고, 상부로 토출되어 자연 대류에 의해 난방하는 방열기로 일반적으로 콘백터(convector)라 하며, 특별히 바닥에 낮게 설치된 것을 베이스보드 히터(base board heater)라 한다.

**17** 긴 수관으로만 구성된 보일러로 초임계압력 이상의 고압증기를 얻을 수 있는 관류 보일러는?

① 슈밋트 보일러 ② 벨록스 보일러
③ 라몬트 보일러 ④ 슐저 보일러

**관류보일러**
드럼이 없고 관으로만 구성되어 있으며 관내에서 가열, 증발, 과열시켜 증기를 공급하는 초임계압 보일러를 관류보일러라 하며 전열면적이 넓어 효율이 대단히 좋다.
• 종류 : 벤슨 보일러, 슐저 보일러, 엣모스 보일러, 램진 보일러, 소형 관류 보일러

정답 14 ④ 15 ③ 16 ① 17 ④

**18** 피드백 자동제어의 중심부분으로 동작신호를 받아서 제어계가 정해진 동작을 하는데 필요한 신호를 만들어 내보내는 부분은?

① 조절부  ② 조작부
③ 비교부  ④ 검출부

**피드백 제어회로의 구성**
① 검출부 : 제어대상으로부터 압력이나 온도, 유량 등의 제어량을 검출하여 신호로 만드는 역할을 하는 부분
② 조절부 : 동작신호를 받아 규정된 동작을 하기 위한 조작신호를 만들어 조작부로 보내는 부분
③ 조작부 : 조절부에서 보낸 조작신호를 받아 조작량으로 변환하여 제어대상으로 보내는 부분
④ 비교부 : 기준입력신호와 주피드백량과의 차를 구하는 부분으로 제어량의 현재값이 목표치와 얼마만큼 차이가 나는가를 판단하는 부분

**19** 기수분리기의 종류가 아닌 것은?

① 백 필터식  ② 스크린식
③ 배플식  ④ 사이클론식

**기수분리기의 종류**
① 사이클론식(원심력 이용)
② 스크레버식(파도형 장애판 이용)
③ 건조스크린식(금속망 이용)
④ 배플식(방향전환 이용)

**20** 실제 증발량 1,300kg/h, 급수온도 35℃, 전열면적 50m²인 연관식 보일러의 전열면 환산 증발률은 약 얼마인가? (단, 발생 증기 엔탈피는 659.7kcal/kg이다)

① 68kg/m²h  ② 56kg/m²h
③ 47kg/m²h  ④ 30kg/m²h

**상당증발량**

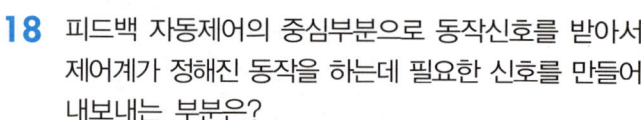

$$G_e = \frac{G(h'' - h')}{539} = \frac{1,300 \times (659.7 - 35)}{539}$$
$$= 1,506.70 [kg/h]$$

여기서, $G$ : 증기발생량(급수량)[kg/h]
$h''$ : 발생증기엔탈피[kcal/kg]
$h'$ : 급수엔탈피[kcal/kg]
$G_e$ : 상당증발량[kg/h]

환산증발률($Be_1$) = $\frac{환산증발량[kg/h]}{전열면적[m^2]}$

$= \frac{G_e}{H_A} [kg/m^2 \cdot h]$

∴ $Be_1 = \frac{1,506.70}{50} = 30.134 [kg/m^2h]$

**21** 보일러의 안전장치에 사용되는 요소이다. 용도가 다른 것은?

① 노내압측정구  ② 흡출기
③ 연료조절밸브  ④ 댐퍼

• 노내압측정구, 흡출기, 댐퍼는 연소실에서 연료를 연소 후 연소가스를 배출시키기 위한 통풍 장치의 일종이다.
• 연료조절밸브는 보일러 부하에 따라 연료량을 조절하여 연소상태를 제어하는 기기이다.

정답 18 ① 19 ① 20 ④ 21 ③

**22** 복사난방의 특징에 대한 설명으로 틀린 것은?

① 배관을 건물 구조체에 매설되므로 시공 및 고장 수리가 비교적 어렵다.
② 증기, 온수난방에 비해 설비비가 다소 비싸다.
③ 대류난방에 비해 쾌감도가 떨어지며, 환기에 의한 손실열량이 비교적 많다.
④ 충분한 보온, 단열 시공이 필요하다.

**23** 보일러설치규격(KBI)에서 규정하고 있는 가스계량기의 설치에 대한 설명으로 틀린 것은?

① 가스계량기는 전기계량기 및 전기개폐기와의 거리는 30cm 이상의 거리를 유지하여야 한다.
② 가스계량기는 당해 도시가스 사용에 적합한 것이어야 한다.
③ 가스계량기는 화기와 2m 이상의 우회거리를 유지하는 곳으로서 수시로 환기 가능한 장소에 설치하여야 한다.
④ 가스의 전체 사용량을 측정할 수 있는 가스계량기가 설치되었을 경우는 각각의 보일러마다 설치된 것으로 본다.

**24** 열에너지를 일에너지로 변환할 수 있고 또 그 역(逆)도 가능하다. 열과 일의 공동성을 표현한 에너지 보존법칙인 것은?

① 열역학 제2법칙
② 열역학 제1법칙
③ 열역학 제3법칙
④ 열역학 제0법칙

---

**복사난방**
패널난방이라고도 하며 건축물의 천장, 바닥, 벽 등에 가열코일을 매설하여 코일내 증기 및 온수 등의 열매체로 순환시켜 그 복사열에 의해 난방하는 방식이다.

**복사난방 특징**
① 장점
  • 높이에 따른 온도분포가 균일하다.
  • 동일 방열량에 대한 열손실이 적다.
  • 공기 등 미진을 태우지 않아 쾌감도가 좋다.
  • 방열기 등의 설치공간이 불필요하여 실내 공간의 이용율이 높다.
② 단점
  • 초기 설비비가 많이 든다.
  • 매입배관이므로 고장수리 및 점검이 어렵다.
  • 예열시간이 길어 부하변동에 대응하기 어렵다.
  • 표면부(시멘트, 모르타르층) 균열이 발생할 수 있다.

**가스계량기와의 이격거리**
① 절연조치하지 않은 전선과 거리 : 15cm 이상
② 전기점멸기 및 전기접촉기와의 거리 : 30cm 이상
③ 전기계량기, 전기개폐기와의 거리 : 60cm

**열역학 법칙**
① 열역학 제0법칙 : 열평형 법칙
② 열역학 제1법칙 : 에너지보존의 법칙
③ 열역학 제2법칙 : 열이동 법칙(방향성의 법칙)
④ 열역학 제3법칙 : 어떤 계 내에서 물체의 상태변화 없이 절대온도 0도에 이르게 할 수는 없다.

정답 22 ③ 23 ① 24 ②

**25** 가스연료 연소 시 역화의 원인으로 볼 수 없는 것은?

① 가스압이 낮아지거나 노즐이나 팁이 막힌 경우
② 1차 공기의 흡인이 너무 적은 경우
③ 버너가 과열된 경우
④ 버너 부식에 의해 염공이 크게 된 경우

**역화(back fire)**
가스의 연소속도가 염공에서의 가스 유출속도보다 크게 되어 불꽃이 버너 내부에 침입하여 노즐선단에서 연소하는 현상
• 원인
 ① 염공이 크게 된 경우
 ② 노즐이나 팁이 막힌 경우
 ③ 콕이 충분히 개방되지 않은 경우
 ④ 가스의 공급압력이 저하되었을 때
 ⑤ 버너가 과열된 경우

**26** 보일러사고 중 제작상의 원인인 용접불량의 원인과 거리가 먼 것은?

① 용접기술의 미숙
② 용접설계의 부적당
③ 용접재료 선택의 부적당
④ 금속면에서 부식이 발생

④ 금속면에서 부식이 발생된 경우 취급상 원인에 해당된다.

**27** 보일러 청소에 대하여 설명한 것이다. 청소하는 위치에서 볼 때 성질이 다른 것은?

① 보일러 효율저하를 방지하기 위하여 스케일, 침전물을 제거하였다.
② 통풍장애를 막기 위하여 재를 제거하였다.
③ 열효율 개선을 위하여 그을음을 제거하였다.
④ 공기예열기 전열면에 붙어있는 그을음을 제거하였다.

• 외부청소 : 전열면에 부착된 그을음, 재 등의 청소 및 연도 내 축적된 재를 제거하는 청소
• 내부청소 : 보일러 내부에 축적된 스케일이나 슬러지 등을 제거하는 방법으로 기계적인 방법과 화학적인 방법이 있다.
보기 ①은 내부청소에 대한 내용이며 보기 ②, ③, ④는 외부청소에 대한 내용이다.

정답 25 ② 26 ④ 27 ①

**28** 다음 T-S선도는 어떤 사이클인가?

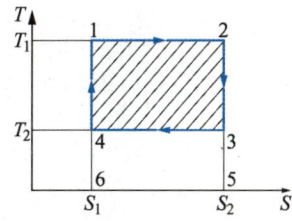

① 랭킨 사이클  ② 카르노 사이클
③ 디젤 사이클  ④ 가솔린 사이클

**카르노 사이클**
2개의 단열과정과 2개의 등온과정으로 구성된 열기관의 이론적인 사이클

**29** 보일러 설비 중 감압밸브를 이용하여 고압의 증기를 저압의 증기로 감압하여 이용할 경우 이점으로 볼 수 없는 것은?

① 생산성 향상    ② 에너지 절약
③ 증기의 건도감소  ④ 배관설비비 절감

**감압에 의한 저압증기 이용 시의 이점**
① 생산성 향상
② 에너지 절약
③ 증기의 건도 향상
④ 배관설비비 절감
⑤ 특정 온도를 정확히 유지

**30** 어떤 벽체의 면적이 25m², 열관류율 10kcal/m²·h·℃이고, 벽 내측의 온도가 25℃, 외측의 온도가 10℃일 때 손실되는 열량은 얼마인가? (단, 방위계수는 무시한다)

① 37,500kcal/h   ② 3,750kcal/h
③ 25,000kcal/h   ④ 2,500kcal/h

$Q = KF \triangle T$
여기서, $K$ : 열관류율[kcal/m²h℃]
　　　　$F$ : 면적[m²]
　　　　$\triangle T$ : 온도차[℃]
　　　　$Q$ : 열량[kcal/h]
∴ $Q = 10 \times 25 \times (25-10) = 3,750$[kcal/h]
※ 외벽의 경우 방위계수까지 가산하며 문제에 주어질 시 이에 따른다.

**정답** 28 ② 29 ③ 30 ②

**31** 보일러용 급수를 정수하는 방법에서 현탁고형물(불순물), 철분 등의 제거방법으로 적당하지 않은 것은?

① 탈기법 ② 침전법
③ 응집법 ④ 여과법

**보일러 용수의 외처리**
① 용존가스의 제거
  • 탈기법 : 용존산소 및 탄산가스를 제거
  • 기폭법 : 탄산가스, 철, 망간 등을 제거
② 현탁 고형물(불순물) 제거
  • 자연침강법
  • 여과법
  • 응집법
③ 용해 고형물 제거
  • 이온교환법
  • 증류법
  • 약품 첨가법(소석회, 가성소다, 탄산소다 등 첨가)

**32** 용기에 담겨져 정지상태에 있는 물과 용기벽과의 압력 관계에 대한 설명으로 맞는 것은?

① 물이 접촉면에 미치는 압력은 반드시 그 면에 수직이다.
② 물내부의 임의의 한점에서 압력은 아래방향으로 작용한다.
③ 동일한 수평면상에 놓인 각 점에서의 압력이라도 다를 수 있다.
④ 압력의 중심은 깊이를 H라고 할 때 수면에서 $\frac{1}{2}$H인 곳에 있다.

용기에 담겨져 있는 정지상태의 물과 용기 벽 사이에 발생하는 압력은 그 면에 수직이다.

**33** 보일러의 수격작용 발생 방지 조치로 적당한 것은?

① 송기 시 주 증기밸브를 천천히 연다.
② 가능한 한 찬물로 급수를 한다.
③ 급수내관이 보일러 수면 위로 노출되게 하여 급수한다.
④ 연소실에 기름의 공급량을 줄인다.

**수격작용 방지법**
① 캐리오버(기수공발) 현상 발생을 방지한다 (비수방지관 설치, 기수분리기 설치 등).
② 주증기 밸브를 서서히 개방한다.
③ 응축수가 체류하는 곳에 증기트랩을 설치한다.
④ 드레인 빼기를 철저히 한다.
⑤ 증기배관의 보온을 철저히 한다.
⑥ 송기전 소량의 증기로 배관을 예열한 후 송기한다.

정답 31 ① 32 ① 33 ①

**34** 보일러에서 2차 연소의 발생 원인으로 틀린 것은?

① 연도 등에 가스가 쌓이거나 와류의 가스포켓이나 모가 난 경우
② 불완전 연소의 비율이 작은 경우
③ 연도나 연소실벽 등의 틈이나 균열이 생긴 곳에서 찬공기가 스며드는 경우
④ 연도의 단면적이 급격히 변하는 경우나 곡부의 각도가 급한 경우

**2차 연소(맥동연소)**
① 연도 등에 가스가 체류하는 에어포켓이 있을 경우 주로 발생하며, 연소 시 미연소된 가스가 불규칙적인 연소를 하여 소음 진동을 유발하는 현상
② 불완전 연소의 비율이 크거나 무리한 연소를 한 경우 2차연소의 원인이 될 수 있다.

**35** 선택적 캐리오버(selective carry over)는 무엇이 증기에 포함되어 분출되는 현상을 의미하는가?

① 액적
② 거품
③ 탄산칼슘
④ 실리카

**캐리오버(carry over) 현상의 구분**
① 선택적 캐리오버 : 증기 속에 용해되어 있던 실리카(무수규산) 성분이 증기와 함께 송출되어지는 현상
② 기계적 캐리오버 : 작은 물방울(액적) 또는 거품이 증기와 함께 송출되는 현상

**36** 부력(浮力)은 그 물체가 배제한 유체의 중량과 같은 힘을 수직 상방으로 받는 것을 말하는데 이는 어떤 원리인가?

① 아르키메데스
② 파스칼
③ 뉴톤
④ 오일러

**부력(浮力)**
정지유체 속에 물체가 일부 또는 완전히 잠겨 있을 때 유체에 접촉하는 모든 부분에 수직 방향으로 작용하는 힘으로 아르키메데스의 원리라고도 하며 그 물체에 의해서 배제된 액체의 무게와 같다.

**37** 보일러수의 pH 및 알칼리도를 조절하고 스케일 부착 시 보일러 부식을 방지하는데 사용하는 약제가 아닌 것은?

① 수산화나트륨
② 고급지방산 폴리아민
③ 인산
④ 탄산나트륨

**ph, 알칼리 조정제 종류**

| 수산화나트륨 | NaOH |
| --- | --- |
| 탄산나트륨 | $Na_2CO_3$ |
| 제3인산나트륨 | $Na_3OP_4$ |
| 제1인산나트륨 | $NaH_2PO_4$ |
| 헥사메타인산나트륨 | $Na_6P_4O_{18}$ |
| 인산 | $H_3PO_4$ |
| 암모니아 | $NH_3$ |

**정답** 34② 35④ 36① 37②

**38** LPG 가스가 증발 시에 흡수하는 열로 맞는 것은?

① 현열  ② 증발잠열
③ 융해열  ④ 화학반응열

> 액체가 기체로 증발할 때 발생되는 흡수열을 증발잠열이라 한다.

**39** 안지름 100mm인 관속을 비중 0.7인 유체가 2m/s로 흐르고 있다. 이 유체의 중량 유량은 약 몇 kgf/s인가? (단, 물의 비중량은 1,000kgf/m³이다)

① 11kgf/s  ② 15kgf/s
③ 22kgf/s  ④ 25kgf/s

> $Q = A \cdot V \cdot \gamma = \dfrac{\pi D^2}{4} \cdot V \cdot \gamma$
> 여기서, $Q$ : 중량유량[kgf/s]
> $\gamma$ : 비중량[kgf/m³]
> $A$ : 면적[m²]
> $V$ : 속도[m/s]
> $\dfrac{\pi D^2}{4}$ : 원면적[m²]
> ∴ $Q = \dfrac{\pi \times 0.1^2}{4}$[m²]×2[m/s]×0.7
> ×1,000[kgf/m³] = 10.995[kgf/s]

**40** 링겔만(Ringelman) 농도표시법에 대한 설명이다. 잘못된 것은?

① 농도표는 14×21cm의 백색바탕에 1cm 간격으로 검은선을 그은 바둑판 모양의 표이다.
② 농도는 1도(No.1)에서 7도(No.7)까지 7종으로 구분돼 있다.
③ 매연농도의 측정은 연돌-농도표-관측자의 순서로, 일정한 거리를 두어 위치시키고, 연돌상단의 연기의 색을 비교하여 측정한다.
④ 농도가 높을수록 연소상태가 나쁘고, 1도나 2도 이하로 유지하면 연소상태가 좋다는 것을 의미한다.

> ② 링겔만 매연 농도표는 No. 0~5번까지 6종으로 구분하고 번호 1의 증가에 따라 매연농도는 20[%]씩 증가한다.

정답 38 ② 39 ① 40 ②

**41** 폴리에틸렌관의 이음법 중 관의 암·수부를 동시에 가열 용융하여 접합하는 방법으로 이음부의 접합강도가 가장 확실하고 안전한 이음은?

① 용착 슬리브(sleeve)이음
② 테이퍼(taper) 조인트 이음
③ 인서트(insert) 이음
④ 콤포(compo) 이음

**폴리에틸렌관(PE관) 이음 방법**
① 용착 슬리브 이음 : 관 끝의 바깥쪽과 이음관의 안쪽을 동시에 가열해 용융이음 하는 방법
② 테이퍼 이음 : 50[mm] 이하의 관에 폴리에틸렌관 전용 포금제 테이퍼 조인트를 사용하여 접합하는 방법
③ 인서트 이음 : 50[mm] 이하의 폴리에틸렌관 접합용 가열 연화한 인서트를 끼우고 물로 냉각시켜 클램프로 조여 접합하는 방법

**42** 관 이음쇠의 용도와 종류가 잘못 조합된 것은?

① 배관의 끝을 막을 때 : 플러그, 티
② 배관의 방향을 바꿀 때 : 벤드, 엘보
③ 관의 분해, 수리가 필요할 때 : 유니언, 플랜지
④ 직경이 다른 관을 이음할 때 : 리듀서, 부싱

① 배관의 끝을 막을 때 : 플러그, 캡

**43** 펌프 등에서 발생하는 진동을 억제하는데 필요한 배관 지지구는?

① 행거
② 레스트레인트
③ 브레이스
④ 서포트

① 행거(hanger) : 배관을 위쪽에 걸어 지지하는 장치이다.
② 레스트레인트(restraint) : 관을 지지하며 열팽창에 의한 배관의 운동을 구속 또는 제한하는 관의 지지물이다.
③ 브레이스(brace) : 펌프, 압축기 등에서 발생하는 진동, 서징, 수격작용, 지진 등에 의한 진동, 충격 등을 완화하는 완충기(방진기)가 있다.
④ 서포트(support) : 배관의 중량을 아래에서 위로 떠받쳐 지지하는 장치이다.

**44** 서브머지드 아크 용접에서 이면 비드에 언더컷의 결함이 발생하였다. 그 원인으로 맞는 것은?

① 용접 전류의 과대
② 용접 전류의 과소
③ 용제 산포량 과대
④ 용제 산포량 과소

서브머지드 아크 용접에서 용접기의 전류를 증가시키면 용입이 증가하는데 전류의 범위가 일정 이상 증가하게 되면 언더컷에 발생한다.

**정답** 41 ① 42 ① 43 ③ 44 ①

**45** 주철관의 용도로 적당하지 않은 것은?

① 급수관용　　② 통기관용
③ 배수관용　　④ 난방코일용

**주철관**
철과 탄소의 합금계에서 탄소함유량이 2% 이하인 것을 강(steel), 2% 이상인 것을 주철(cast iron)이라 한다.
• 주철관의 용도 : 수도관, 배수관, 통기관, 가스관, 오수관 등에 널리 사용된다.

**46** 증기난방에서 응축수 환수법의 종류에 해당되지 않는 것은?

① 중력 환수식　　② 기계 환수식
③ 건식 환수식　　④ 진공 환수식

**증기난방 응축수 환수방식에 따른 분류**
① 중력 환수식
② 기계 환수식
③ 진공 환수식

**47** 가스절단에서 드래그라인을 가장 잘 설명한 것은?

① 예열 온도가 낮아서 일정한 간격의 직선이 진행방향으로 나타나 있는 것
② 절단 토치가 이동한 경로에 따라 직선이 나타나는 것
③ 산소의 압력이 높아 나타나는 선
④ 절단시 절단면에 일정한 간격의 곡선이 진행방향으로 나타나 있는 것

**드래그(drag : 절단거리의 차이)**
가스절단면에서 절단기류의 입구점에서 출구점 사이의 수평거리로 판 두께의 1/5(20%) 정도가 된다(절단면의 일정간격 곡선이 진행방향으로 나타남).

**48** 내열온도가 400~500℃이고, 열을 잘 반사하여 방열기 등의 외면에 도장하는 도료로 적당한 것은?

① 산화철 도료　　② 콜타르 도료
③ 알루미늄 도료　　④ 합성수지 도료

**알루미늄 도료(은분)**
산화 알루미늄($Al_2O_3$) 분말을 유성 니스에 혼합한 것으로 방청효과가 크며 밑바탕 도장 후 유성 페인트를 사용하면 방청효과가 더욱 커진다.
• 사용처 : 방열기 표면이나 탱크표면에 사용하며 400~500℃의 내열성을 가지며 열을 잘 반사하므로 방청효과가 매우 좋다.

**정답** 45 ④　46 ③　47 ④　48 ③

**49** 캐스터블(castable) 내화물에 대한 설명 중 틀린 것은?

① 현장에서 필요한 형상이나 치수로 성형이 가능하다.
② 건조 및 소성 시 수축이 매우 적다.
③ 시공 후 24시간 만에 작업온도까지 올릴 수 있다.
④ 열팽창 및 열전도율이 크고, 스폴링(spalling)성이 크다.

**캐스터블 내화물의 특징**
① 플라스틱 내화물의 내화도는 SK35~37이고, 고온용 캐스터블 내화물의 내화도는 KS30 ~34이다.
② 부정형 내화물로 소성이 불필요하다.
③ 사용현장에서 필요한 형상이나 치수로 자유롭게 성형할 수 있다.
④ 치밀하게 소결시킨 내화성 골재에 수경성 알루미나 시멘트를 배합한 분말상태의 내화물이다.
⑤ 접합부 없이 축요가 가능하고 시공 후 건조, 소성 시 수축이 적다.
⑥ 시공 후 약 24시간 후에 건조, 승온이 가능하고 경화제로 알루미나시멘트를 사용한다.
⑦ 점토질이 많이 사용되고 온도에 따라 고알루미나질이나 크롬질도 사용된다.
⑧ 내스폴링성이 크다.

**50** 에너지이용합리화법에서 정한 소형 온수보일러란 전열면적과 최고사용압력이 각각 얼마 이하인 보일러인가?

① 10m², 0.35MPa
② 14m², 0.55MPa
③ 15m², 0.45MPa
④ 14m², 0.35MPa

**소형온수 보일러**
전열면적 14[m²] 이하이며, 최고사용압력 0.35[MPa] 이하의 온수를 발생하는 보일러

**51** 다음의 인장시험 곡선에서 하중을 제거하였을 경우 처음 상태로 되돌아가는 탄성변형의 구간은?

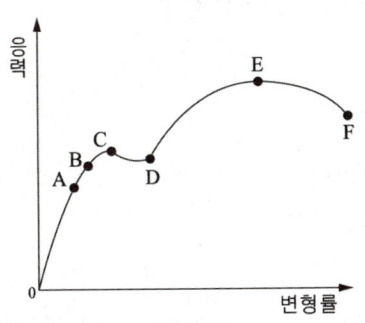

① 0~F
② 0~B
③ 0~D
④ 0~E

**응력 변형율 선도**
• A : 탄성한도
• B : 비례한도
• C : 상향복점
• D : 하향복점
• E : 인장강도
• F : 파괴점

정답 49 ④ 50 ④ 51 ②

**52** 다음은 에너지이용합리화법 제1조 목적에 관한 내용이다. ( )안의 빈칸에 알맞은 말은?

> 이 법은 에너지의 수급을 안정시키고 에너지의 합리적이고 효율적인 이용을 증진하며 에너지 소비로 인한 환경피해를 줄임으로써 국민경제의 건전한 발전 및 국민복지의 증진과 ( )의 최소화에 이바지함을 목적으로 한다.

① 지구온난화　　② 에너지낭비
③ 오존피해　　　④ 환경피해

**에너지이용합리화법**은 에너지의 수급을 안정시키고 에너지의 합리적이고 효율적인 이용을 증진하며 에너지소비로 인한 환경피해를 줄임으로써 국민경제의 건전한 발전 및 국민복지의 증진과 지구온난화의 최소화에 이바지함을 목적으로 한다.

**53** 파이프에 수동으로 나사를 절삭할 때 사용되는 오스터형의 번호와 사용관경이 올바르게 짝지어진 것은?

① 112R-(8A~32A)　　② 114R-(15A~65A)
③ 115R-(50A~80A)　　④ 117R-(50A~100A)

**오스터형 나사절삭기 규격**

| 번호 | 사용 관지름 |
|---|---|
| 112R(102) | 8~32[A] |
| 114R(104) | 15~50[A] |
| 115R(105) | 40~80[A] |
| 117R(107) | 65~100[A] |

**54** 에너지이용합리화법 제75조에 의거 위반 시 1천만원 이하의 벌금에 해당되는 내용으로 맞는 것은?

① 검사대상기기조종자 미선임
② 에너지 사용의 제한, 금지, 조정, 명령 위반
③ 에너지 사용 개선 명령 불이행
④ 보고, 검사규정 위반 또는 허위보고

**1천만원 이하의 벌금**
검사대상기기 조종자를 선임하지 아니한 자

**55** 테일러(F.W. Taylor)에 의해 처음 도입된 방법으로 작업시간을 직접 관측하여 표준시간을 설정하는 표준시간 설정기법은?

① PTS법　　　　② 실적자료법
③ 표준자료법　　④ 스톱워치법

**스톱워치(stop/stopper Watch)법**
테일러(F.W.Taylor)에 의해 처음 도입된 방법으로 잘 훈련된 자격을 갖춘 작업자가 정상적인 속도로 완료하는 특정한 작업을 직접 측정하여 이로부터 표준시간을 설정하는 방법으로 반복적이고 짧은 주기의 작업에 적합하나 작업자에 대한 심리적 영향을 많이 주는 측정방법이다.

**정답** 52 ①　53 ①　54 ①　55 ④

**56** 다음 중 브레인스토밍(Brainstorming)과 가장 관계가 깊은 것은?

① 파레토도  ② 히스토그램
③ 회귀분석  ④ 특성요인도

**특성요인도(Characteristic Diagram)**
Ishikawa 박사가 어떤 결과에 요인이 어떻게 관련되어 있는가를 잘 알 수 있도록 작성한 그림으로, 어떤 결과물(특성)이 나온 원인(요인)들의 구성형태를 브레인스토밍법을 사용하여 원인과 특성을 찾을 수 있도록 표현한 것이다. 일반적 요인으로 4M(Man, Machine, Material, Method)을 사용한다.

**57** 공정 중에 발생하는 모든 작업, 검사, 운반, 저장, 정체 등이 도식화된 것이며 또한 분석에 필요하다고 생각되는 소요시간, 운반거리 등의 정보가 기재된 것은?

① 작업분석(Operation Analysis)
② 다중활동분석표(Multiple Activity Chart)
③ 사무공정분석(Form Process Chart)
④ 유통공정도(Flow Process Chart)

**공정도의 종류**
① 부품공정도 : 원재료가 제품화되어가는 과정 즉 가공, 검사, 운반, 지연 저장에 관한 정보를 수집하여 분석하고, 검토하기 위해 사용되는 것으로 설비계획, 일정계획, 운반계획, 인원계획, 재고계획 등의 기초자료로 활용되는 분석기법이다.
② 작업공정도 : 공정계열의 개요를 파악하기 위해서 또는 가공, 검사공정만의 순서나 시간을 알기 위해서 활용되는 공정도이다.
③ 조립공정도 : 작업, 검사 두 개의 기호를 사용하는 공정도로서 많은 부품 혹은 원재료를 조립, 분해 또는 화학적인 변화를 일으키는 사항을 나타낸다.
④ 유통공정도 : 보통 단일 부품에 사용되는 공정 중에 발생하는 모든 작업, 검사, 운반, 저장, 정체 등이 도식화된 것으로 분석이 필요하다고 생각되는 소요시간, 운반거리 등의 정보가 기재된 공정도이다.

**작업관리 영역**
① 공정분석 : 제품공정분석, 사무공정분석, 작업자공정분석, 부대분석
② 작업분석 : 작업분석표, 다중활동분석표
③ 동작분석 : 목시동작분석, 미세동작분석

**58** 단계여유(slack)의 표시로 옳은 것은? (단, TE는 가장 이른 예정일, TL은 가장 늦은 예정일, TF는 총 여유시간, FF는 자유 여유시간이다)

① TE-TL  ② TL-TE
③ FF-TF  ④ TE-TF

**단계여유($S$)**
① 단계여유($S$ : $Slack$) $S = TL - TE$
② 단계여유는 정여유($TL - TE > 0$), 영여유($TL - TE = 0$), 부여유($TL - TE < 0$)가 있다.

정답 56 ④  57 ④  58 ②

**59** c 관리도에서 k=20인 군의 총 부적합수 합계는 58이었다. 이 관리도의 $U_{CL}$, $L_{CL}$을 계산하면 약 얼마인가?

① $U_{CL}$=2.90, $L_{CL}$=고려하지 않음
② $U_{CL}$=5.90, $L_{CL}$=고려하지 않음
③ $U_{CL}$=6.92, $L_{CL}$=고려하지 않음
④ $U_{CL}$=8.01, $L_{CL}$=고려하지 않음

**c관리도의 관리한계선**

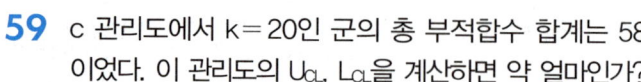

[참고] $L_{CL}$이 음(-)인 경우, 고려하지 않는다.
① 중심선($\bar{c}$)
$\bar{c} = \dfrac{\Sigma c}{k} = \dfrac{58}{20} = 2.9$
② 관리 상한선($U_{CL}$)
$U_{CL} = \bar{c} + 3\sqrt{\bar{c}} = 2.9 + 3\sqrt{2.9} = 8.0088$
③ 관리 하한선($L_{CL}$)
$L_{CL} = \bar{c} - 3\sqrt{\bar{c}} = 2.9 - 3\sqrt{2.9} = -2.2$
※ $L_{CL}$이 음(-)인 경우, 고려하지 않는다.

**60** 검사의 분류 방법 중 검사가 행해지는 공정에 의한 분류에 속하는 것은?

① 관리 샘플링검사    ② 로트별 샘플링검사
③ 전수검사           ④ 출하검사

**검사가 행해지는 공정(목적)에 의한 분류**
① 수입(구입)검사
② 공정(중간)검사
③ 최종(완성)검사
④ 출하검사

정답 59 ④ 60 ④

# 12회 에너지관리기능장 실전모의고사 기출문제

**01** 수관식 보일러 중 강제순환식 보일러에 해당되는 것은?

① 라몬트(Lamont)보일러
② 벤슨(Benson)보일러
③ 다쿠마(Dakuma)보일러
④ 랭카셔(Lancashire)보일러

**수관 보일러의 분류**
① 자연순환식 수관 보일러 : 다쿠마, 쓰네기찌, 바브콕, 2동D형, 3동A형, 가르베
② 강제순환식 수관 보일러 : 베록스, 라몬트
③ 관류 보일러 : 벤슨, 슬저, 엣모스, 람진, 소형관류 보일러

**02** 고체 및 액체연료 1kg에 대한 이론 공기량($Nm^3$)의 체적을 구하는 식은? (단, C : 탄소, H : 수소, O : 산소, S : 황)

① $\dfrac{1}{0.21}(1.867C + 5.6H - 0.7O + 0.7S)$

② $\dfrac{1}{0.21}(1.687C + 5.6H - 0.7O + 0.7S)$

③ $\dfrac{1}{0.21}(1.867C + 6.5H - 5.6O + 0.7S)$

④ $\dfrac{1}{0.21}(1.767C + 8.5H - 0.7O + 0.7S)$

**이론산소량 계산공식 [산소 $Nm^3$/연료kg]**
$$O_o = 1.867C + 5.6\left(H - \dfrac{O}{8}\right) + 0.7S$$

**이론공기량 계산공식 [공기 $Nm^3$/연료kg]**
$$A_o = \dfrac{O_o}{0.21}$$
$$= \dfrac{1}{0.21}\left(1.867C + 5.6\left(H - \dfrac{O}{8}\right) + 0.7S\right)$$
$$= \dfrac{1}{0.21}(1.867C + 5.6H - 0.7O + 0.7S)$$

**03** 원심 송풍기의 종류에 해당되지 않는 것은?

① 다익형 송풍기
② 터보형 송풍기
③ 프로펠러형 송풍기
④ 플레이트형 송풍기

③ 프로펠러형은 축류형 송풍기이다.
• 원심식 송풍기 종류 : 다익형(전향날개 : 시로코형), 터보형(후향날개), 플레이트형(방사형)

**정답** 01 ① 02 ① 03 ③

**04** 프라이밍이나 포밍이 일어난 경우 적절한 조치가 아닌 것은?

① 증기밸브를 열고 수위를 안정시킨다.
② 수면계 및 압력계의 연결관을 점검하여 기능저하를 방지한다.
③ 수위판단이 어려우므로 수면계를 점검한다.
④ 보일러수의 일부를 분출하여 관수의 농축을 방지한다.

> **포밍, 프라이밍(비수)이 일어난 경우 적절한 조치(심한 경우 캐리오버 발생)**
> ① 연료를 차단하거나 줄인다.
> ② 공기를 차단하거나 줄인다.
> ③ 주증기 밸브를 닫고, 수위를 안정시킨다.
> ④ 급수 및 분출작업을 반복한다.
> ⑤ 수면계 등 기계류를 점검한다.

**05** 보일러의 부속장치에 대한 설명으로 틀린 것은?

① 과열기는 포화증기를 일정압력에서 재가열하여 과열증기로 만드는 장치이다.
② 절탄기는 여열을 이용하여 급수되는 물을 예열하는 장치이다.
③ 제어장치에는 점화나 소화가 정해진 순서로 진행하는 인터록 제어, 조건에 맞지 않을 때 작동정지시키는 피드백 제어가 있다.
④ 공기 연료제어장치는 부하변동에 따라 발생된 증기압력변화를 압력조절기에서 감지하여 비례설정기의 신호에 의해 연료조절밸브와 댐퍼를 동작시켜 비례조절로 제어가 이루어진다.

> ③ 제어장치에는 점화나 소화가 정해진 순서대로 진행하는 시퀀스 제어, 조건에 맞지 않을 때 작동정지시키는 인터록 제어가 있다.
> • 시퀀스제어 : 미리 정해진 순서에 따라 제어단계를 순차적으로 진행하는 제어방식
> • 피드백제어 : 제어량을 측정하여 목표값과 비교하고, 그 차를 적절한 정정신호로 교환하여 제어장치로 되돌리며, 제어량이 목표값과 일치할 때까지 수정 동작을 하는 자동 제어방식
> • 인터록제어 : 어느 한쪽의 조건이 충족되지 않으면 다음 단계의 동작을 정지시키는 제어방식

**06** 열효율을 높이는 부속장치에 대한 설명 중 잘못된 것은?

① 과열기 사용 시에는 같은 압력의 포화증기에 비하여 엔탈피가 적어지나, 증기의 마찰저항이 증가된다.
② 과열기의 설치형식에는 공기의 흐름방향에 의해 분류하였을 때 병행류, 대향류, 혼류식으로 나눌 수 있다.
③ 절탄기의 사용 시에는 급수와 관수의 온도차가 적어서 본체의 응력을 감소시킨다.
④ 공기예열기 종류는 전도식과 재생식이 있다.

> **과열기**
> 보일러에서 발생한 포화증기를 과열증기로 만드는 장치로 압력은 일정한 상태에서 온도를 높여 과열이 되며 이때 엔탈피는 증가하고 증기의 마찰저항은 감소한다.

정답 04 ① 05 ③ 06 ①

**07** 보일러의 증발량이 100ton/h이고 본체의 전열면적이 500m²일 때 증발률은 얼마인가?

① 50kg/m²h ② 100kg/m²h
③ 200kg/m²h ④ 300kg/m²h

전열면 증발률($Be_1$) = $\dfrac{실제증발량[kg/h]}{전열면적[m^2]}$

= $\dfrac{G}{H_A}$ [kg/m²·h]

∴ $Be_1 = \dfrac{100,000}{500} = 200$ [kg/m²h]

**08** 통풍장치에서 통풍압이 180mmAq 통풍량 100m³/min 통풍기 효율이 0.6일 때, 통풍기의 소요동력(kW)은 약 얼마인가? (단, 공기의 비중량은 1.29kgf/m³이다)

① 3.8 ② 4.9
③ 14.9 ④ 29.4²

**펌프 및 송풍기의 동력**

kW = $\dfrac{\gamma QH}{102 \times \eta} = \dfrac{QP}{102 \times \eta}$

= $\dfrac{100 \times 180}{102 \times 0.6 \times 60} = 4.901$ [kW]

여기서, $Q$ : 풍량[m³/s]
  $\eta$ : 효율
  $P$ : 압력[mmAq]
  $\gamma$ : 비중량[kg/m³]
    = 물 : 1,000[kg/m³]
    (펌프의 양정을 준 경우 사용)
  $H$ : 전양정[m](펌프인 경우 사용)
※ 단위환산 : 1mmAq = 1kg/m

**09** 보일러 수저분출(간헐분출)의 목적으로 틀린 것은?

① 보일러 관수의 농축방지
② 유지분이나 부유물 제거
③ 동저부의 스케일 부착 방지
④ 관수의 pH조절 및 슬러지 제거

• 수면분출장치(연속분출) : 동 내부 안전저수위보다 약간 높게 설치하여 유지분, 부유물 등을 제거하는 장치로 수위 농도를 일정하게 유지하도록 조절밸브에 의해 분출량을 가감하는 연속분출형식도 있다.
• 수저분출장치(단속분출) : 침전된 슬러지를 배출하는 것으로 동 저부 가장 낮은 곳에 설치한다. 일반적으로 하나의 밸브를 사용하나 두 개의 밸브를 사용할 때에 보일러 가까이 급개형 밸브 그 뒤에 서개형 밸브를 설치하며 개방순서는 급개형(콕)을 열고 서개형(글로브)밸브를 연다.

**정답** 07 ③ 08 ② 09 ②

**10** 매연의 발생 원인이 아닌 것은?

① 연소실 온도가 높을 경우
② 통풍력이 부족할 경우
③ 연소실 용적이 적을 경우
④ 연소 장치가 불량일 경우

**매연발생원인**
① 연소장치의 결함
② 불완전연소
③ 공기비 부족(통풍력 부족)
④ 취급자의 연소기술 미숙(점화조작 불량)
⑤ 저질연료 사용 시(저질연료 : 수분, 회분, 휘발분 등이 많이 함유된 연료)
⑥ 연소실 온도가 너무 낮을 때

**11** 강판이나 알루미늄 판에 강관이나 동관 등을 용접 또는 철물을 사용하여 부착하고 배면에는 단열재를 붙여 열 손실을 방지하도록 하며 일정한 규격의 제품을 조합하여 복사면을 구성하도록 한 방식은?

① 파이프매설식     ② 유닛패널식
③ 덕트식           ④ 벽패널식

**유닛패널식**
강판이나 알루미늄 판에 강관이나 동관 등을 용접 또는 철물을 이용하여 부착하고 배면에는 단열재를 붙여 열 손실을 방지하도록 하며 일정한 규격의 제품을 조합하여 복사면을 구성한 방식

**12** 보일러의 자동제어 장치에 해당되지 않은 것은?

① 안전밸브         ② 노내압 조절장치
③ 압력조절기       ④ 저수위차단장치

안전밸브는 보일러의 안전장치이다.

**13** 불필요한 증기 드럼을 없애고 초 임계압력 이상의 고압 증기를 발생할 수 있는 관류보일러로 옳은 것은?

① 슐처(Sulzer) 보일러
② 레플러(Loffler) 보일러
③ 스코치(Scotch) 보일러
④ 스털링(Stirling) 보일러

**관류보일러**
드럼이 없고 관으로만 구성되어 있으며 관내에서 가열, 증발, 과열시켜 증기를 공급하는 초임계압 보일러를 관류보일러라 하며 전열면적이 넓어 효율이 대단히 좋다.
• 종류 : 벤슨 보일러, 슐저 보일러, 엣모스 보일러, 램진 보일러, 소형 관류 보일러

**정답** 10 ① 11 ② 12 ① 13 ①

**14** 증기난방 시공에서 리프트 피팅에 대한 설명으로 잘못된 것은?

① 환수관이 진공펌프의 흡입구보다 낮은 위치에 있을 때 설치한다.
② 리프트 피팅의 사용개수는 가능한 적게, 펌프 가까이에서는 1개소만 설치한다.
③ 1단의 흡상높이는 1.5m 이내로 한다.
④ 입상관은 환수주관보다 지름이 한 단계 정도 큰 치수를 사용한다.

> **리프트 피팅**
> 저압증기 환수관이 진공 펌프의 흡입구 보다 낮은 위치에 있을 때 응축수를 원활히 끌어올리기 위하여 설치하는 것으로 높이가 1.5[m]이내는 1단, 그 이상은 2단으로 시공하며 환수주관보다 1~2[mm] 정도 작은 치수로 급수 펌프 근처에서 1개소만 설치한다.

**15** 밀폐식 창고를 신설하고 실내의 온도를 60°C로 유지하려고 한다. 동절기 외기평균 온도를 5°C라고 할 때 보온재를 시공하였을 때와 보온재를 시공하지 않았을 때의 난방부하 차이는 약 몇 kJ/h인가? (단, 문을 포함한 벽과 지붕 전체면적 20m², 콘크리트 두께 30cm, 실내 표면 열전달계수 32kJ/m²·h·k, 외부표면 열전달계수 120kJ/m²·h·K이며, 내부에 30mm 두께의 보온재를 시공하였다. 콘크리트의 열전달계수 5kJ/m·h·K, 보온재의 열전달계수 0.25kJ/m·h·K이다)

① 5,010　② 6,030
③ 8,050　④ 11,000

> • 보온재를 시공하지 않았을 때의 손실열량
> $$Q_1 = \frac{1}{\frac{1}{\alpha_1} + \frac{l_1}{\lambda_1} + \frac{1}{\alpha_2}} \times F \times \Delta T$$
> $$= \frac{1}{\frac{1}{32} + \frac{0.3}{5} + \frac{1}{120}} \times 20 \times (60-5)$$
> $$= 11,046.03 [kJ/h]$$
> • 보온재를 시공했을 때의 손실열량
> $$Q_2 = \frac{1}{\frac{1}{\alpha_1} + \frac{l_1}{\lambda_1} + \frac{l_2}{\lambda_2} + \frac{1}{\alpha_2}} \times F \times \Delta T$$
> $$= \frac{1}{\frac{1}{32} + \frac{0.3}{5} + \frac{0.03}{0.25} + \frac{1}{120}} \times 20 \times (60-5)$$
> $$= 5,009.49 [kJ/h]$$
> • 보온시공했을 때와 하지 않았을 때의 손실열량 차이(난방부하 차이)
> $$Q = Q_1 - Q_2 = 11,046.03 - 5,009.49$$
> $$= 6,036.54$$

**정답** 14 ④　15 ②

**16** 리프팅(lifting)이 발생하는 경우가 아닌 것은?

① 가스 압이 너무 높은 경우
② 1차 공기 과다로 분출속도가 높은 경우
③ 연소실의 배기 과다로 인해 2차 공기가 과대한 경우
④ 염공이 막혀 염공의 유효 면적이 작은 경우

**가스연료 연소 시 발생하는 이상 현상**
① 역화(back fire) : 가스의 연소속도가 염공에서의 가스 유출속도보다 크게 되어 불꽃이 버너 내부에 침입하여 노즐선단에서 연소하는 현상
② 선화(리프팅 : lifting) : 염공에서의 가스 유출속도가 연소속도보다 크게 되어 염공에 접하여 연소하지 않고 염공에서부터 떠서 연소되는 현상
③ 블로 오프(blow off) : 연소장치의 혼합기에서 기화염을 만들 때, 염공으로부터의 분출 속도가 빠르면, 화염의 전파 속도가 혼합기의 유속보다 늦어져 염공으로부터 화염이 이탈되어 꺼져버리는 현상
④ 옐로 팁(yellow tip) : 불꽃의 끝이 적황색으로 되어 연소하는 현상으로 연소반응이 충분한 속도로 진행되지 않을 때, 1차 공기량이 부족하여 불완전연소될 때 발생한다.

**17** 일정한 조건 아래에서 휘발성 물질의 증기가 다른 작은 불꽃에 의하여 불이 붙는 가장 낮은 온도를 무엇이라고 하는가?

① 인화점　　② 착화점
③ 연소점　　④ 유동점

- 착화점 : 불씨가 접촉 없이 스스로 불이 붙는 최저온도, 발화점이라고도 한다.
- 인화점 : 불씨가 접촉하여 불이 붙는 최저온도
- 연소점 : 인화 후 연소가 지속될 수 있는 온도, 인화점보다 일반적으로 7~10[℃] 정도 높다.
- 유동점 : 유동할 수 있는 최저온도, 응고점 +2.5[℃]

**18** 보일러 수면계 설치 개수에 대한 설명으로 틀린 것은?

① 증기 보일러(단관식 관류보일러는 제외)에는 2개 이상의 유리 수면계를 부착하여야 한다.
② 소 용량 및 소형 관류 보일러에는 1개 이상의 유리 수면계를 부착하여야 한다.
③ 2개 이상의 원격지시 수면계를 시설하는 경우에 한하여 유리수면계를 1개 이상으로 할 수 있다.
④ 최고 사용압력이 1MPa(10kgf/cm²) 이하로서 동체 지름이 1,000mm 미만인 경우는 수면계 중 1개는 다른 수면 측정 장치로 할 수 있다.

**수면계 설치 개수**
① 증기보일러는 2개(소용량 및 소형관류 보일러는 1개) 이상의 유리수면계를 부착하여야 한다. 다만, 단관식 관류보일러는 제외한다.
② 증기 보일러에는 2개(소용량 및 1종 관류 보일러는 1개) 이상의 유리 수면계를 보일러 내의 수위를 육안으로 확인할 수 있도록 동일한 높이에 나란히 부착하여야 한다.
③ 최고사용압력 1[MPa](10[kg/cm²]) 이하로서 동체안지름 750[mm] 미만인 경우에 있어서 수면계중 1개는 다른 종류의 수면 측정장치로 할 수 있다.
④ 2개 이상의 원격지시 수면계를 부착한 경우 유리수면계를 1개 이상으로 할 수 있다.

정답  16 ③  17 ①  18 ④

**19** 소형보일러가 옥내에 설치되어 있는 보일러실에 연료를 저장할 때에는 보일러 외측으로부터 몇 m 이상 거리를 두어야 하는가? (단, 반격벽이 설치되어 있지 않은 경우임)

① 1m  ② 2m
③ 3m  ④ 4m

> 보일러를 옥내에 설치할 경우 연료를 저장할 때에는 보일러 외측으로부터 2m 이상 거리를 두거나 방화격벽을 설치하여야 한다. 단, 소형보일러의 경우 1m 이상 거리를 두거나 반격벽으로 할 수 있다.

**20** 방열기의 도면 표시방법에서 벽걸이 수직형을 나타내는 기호는?

① W-H  ② W-V
③ W-Ⅲ  ④ Ⅲ-H

> 방열기 호칭 기호
>
> | 종별 | 기호 |
> |---|---|
> | 2주형 | Ⅱ |
> | 3주형 | Ⅲ |
> | 3세주형 | 3 |
> | 5세주형 | 5 |
> | 벽걸이형(수직) | W-V |
> | 벽걸이형(수평) | W-H |

**21** 안전밸브를 부착하지 않는 곳은?

① 보일러 본체  ② 절탄기 출구
③ 과열기 출구  ④ 재열기 입구

> 안전밸브를 부착해야 하는 곳
> ① 보일러 본체(동체)
> ② 과열기 출구
> ③ 재열기 및 독립과열기의 입·출구

정답 19① 20② 21②

**22** 강제순환식 온수난방에서 온수 순환펌프는 일반적으로 어디에 설치되는가?

① 환수주관　　② 급탕주관
③ 팽창관　　　④ 송수주관

**순환펌프 설치 방법**
① 순환펌프의 모터부분은 수평으로 설치한다.
② 순환펌프의 흡입측에는 여과기를 설치하고, 펌프의 양측에 정비를 위한 밸브를 설치하여야 한다.
③ 순환펌프는 보일러 동체, 연도 등에 의한 발열량에 의해 영향을 받을 우려가 없는 곳에 설치해야 한다.
④ 순환펌프는 방출관 및 팽창관의 작용을 폐쇄하거나 차단해서는 안 되며 환수주관에 설치함을 원칙으로 한다.
⑤ 순환펌프의 흡입측에 펌프 자체의 공기빼기 장치가 없을 때는 공기빼기 밸브를 만들어 공기를 제거할 수 있도록 한다.
⑥ 순환펌프는 바이패스 회로를 설치하여야 한다. 단, 자연순환이 가능한 구조에서는 바이패스를 설치하지 않을 수 있다.

**23** 온수난방의 온수귀환방식에서 각 방열기에 공급되는 유량분배를 균등히 하여 각 방열기의 온도차를 최소화시키는 방식은?

① 단관식　　　　② 복관식
③ 리버스리턴방식　④ 강제순환식

**역귀환 방식(리버스리턴 방식)**
냉·온수 배관법의 일종이다. 하나의 배관계에 다수의 방열기를 설치할 때 배관의 길이가 다르기 때문에 환수관을 가장 먼 기기까지 가지고 간 다음 반복하여 환수관을 원래 방향으로 되돌리면서 각 기기의 배관저항의 균형을 맞추어 기기로의 수량 평균성을 보존하는 방식으로 환수관의 길이가 길어진다는 단점이 있다.
• 사용목적 : 방열기에 공급되는 유량분배를 균등하게 하기 위해 사용한다.

**24** 폐열회수(廢熱回收) 사이클은 어떤 사이클에 속하는가?

① 단열 재생　② 복합
③ 재열　　　　④ 재생

폐열회수 사이클은 단열 재생 사이클에 속한다.

정답 22 ① 23 ③ 24 ②

**25** 보일러 관석을 크게 나눌 때 해당되지 않는 것은?

① 황산칼슘(CaSO₄)을 주성분으로 하는 스케일
② 규산칼슘(CaSiO₂)을 주성분으로 하는 스케일
③ 탄산칼슘(CaCO₃)을 주성분으로 하는 스케일
④ 염화칼슘(CaCl₂)을 주성분으로 하는 스케일

탄산소다는 나트륨 성분으로 스케일 생성의 직접적인 원인으로 볼 수 없다.

**스케일 생성 성분 : 칼슘(Ca), 마그네슘(Mg) 등**
① 황산칼슘($CaSO_4$)
② 규산칼슘($CaSiO_2$)
③ 탄산칼슘($CaCO_3$)
④ 중탄산칼슘($Ca(HCO_3)_2$)
⑤ 중탄산마그네슘($Mg(HCO_3)_2$)
⑥ 염화마그네슘($MgCl_2$)
⑦ 황산마그네슘($MgSO_4$)
⑧ 실리카($SiO_2$)

**26** 건도 x가 0보다 크고 1보다 작으면 어떤 상태인가?

① 습증기  ② 포화수
③ 건포화 증기  ④ 과열 증기

**건조도**
습증기 전체 질량 중 증기가 차지하는 질량의 비를 말한다.
① 포화수 : $x = 0$
② 습증기 : $0 < x < 1$
③ 건포화 증기 : $x = 1$

**27** 보일러 전열면에 부착해서 스케일로 되는 작용을 억제시키기 위해 첨가하는 슬러지 조정제의 성분이 아닌 것은?

① 탄닌  ② 인산
③ 리그닌  ④ 전분

**슬러지 조정제**
스케일 생성을 예방하며 분출이 용이하도록 사용하는 처리제로 탄닌, 리그린, 녹말(전분) 등을 사용한다.

**28** 보온관의 열관류열이 5.0kcal/m²·h·℃, 관 1m당 표면적이 0.1m², 관의 길이가 50m, 내부 유체온도 120℃, 외부공기온도 20℃, 보온 효율 80%일 때 보온관의 열손실은 얼마인가?

① 350kcal/h  ② 480kcal/h
③ 500kcal/h  ④ 530kcal/h

$Q = KF\Delta T$
여기서, $K$ : 열관류율[kcal/m²h℃]
$F$ : 면적[m²]
$\Delta T$ : 온도차[℃]
$Q$ : 열량[kcal/h]
∴ $Q = 5 \times 50 \times 0.1 \times (120 - 20) \times (1 - 0.8)$
  $= 500$[kcal/h]
※ 보온효율이 80%이므로 실제 열손실을 20%로 볼 수 있으며 이를 공식화하면 $(1 - 0.8)$이 된다.

**정답** 25 ④ 26 ① 27 ② 28 ③

**29** 레이놀즈(Reynolds)수에 대한 설명 중 틀린 것은?

① 유체의 유동상태를 나타내는 지표가 되는 무차원 그룹이다.
② 관로에서의 유체의 흐름을 층류와 난류로 구분하는 척도이다.
③ 유체의 흐름이 층류에서 난류로 바뀌어 가는 중간지점을 천이구역이라 한다.
④ 점도가 높은 유체는 같은 속도에서 높은 레이놀즈수를 가지게 된다.

**레이놀즈수**
유체의 유동상태를 나타내는 지표로 점성과 관성력의 비로 나타낸다.
$$R_e = \frac{\rho V L}{\mu} = \frac{관성력}{점성력}$$
※ 레이놀즈수는 점성력과 반비례관계로 점도가 높은 유체는 같은 속도에서 낮은 레이놀즈수를 가지게 된다.

**유체의 유동 상태**
① 층류 : 유체의 입자가 각 층 내에서 질서정연하게 흐르는 상태로 레이놀즈수가 2,100 이하이다.
② 난류 : 유체의 입자가 각 층 내에서 불규칙적으로 흐르는 상태로 레이놀즈수가 4,000 이상이다.
③ 천이구역 : 어느 안정 상태에서 다른 안정 상태로 이행하는 도중에 자유 에너지가 극대값을 취하는 상태($2,100 < R_e < 4,000$)

**30** 유체가 원추 확대관에서 생기는 손실수두는?

① 속도에 비례한다.
② 속도의 자승에 비례한다.
③ 속도의 3승에 비례한다.
④ 속도의 4승에 비례한다.

**원추 확대관 손실수두**
$$h_L = \zeta \frac{(V_1 - V_2)^2}{2g}$$
여기서, $V_1$ : 확대 전 유속
$V_2$ : 확대 후 유속
$\zeta$ : 손실계수

**31** 보일러 연료의 연소 시에 발생하는 가마울림의 방지대책에 해당되지 않는 것은?

① 수분이 적은 연료를 사용한다.
② 연소속도를 너무 느리게 하지 않는다.
③ 연소실과 연도를 개선한다.
④ 노내 압력을 높인다.

**가마울림**
연소 중 연소실이나 연도 내에서 연속적인 울림이 발생하는 것으로 그 원인은 다음과 같다.
① 공기연료비(공연비)가 맞지 않을 때
② 연도의 굴곡부가 많거나, 연도의 구조상 미연소가스가 체류하는 가스 포켓이 있는 경우
③ 연료내 수분이 많이 함유된 경우

**가마울림 방지대책**
① 2차 공기의 가열 통풍의 조절 방식을 개선한다.
② 연소실 내에서 완전 연소시킨다.
③ 연소실과 연도의 구조를 개선한다.
④ 연료 속 함유된 공기나 수분을 제거한 후 사용한다.

정답 29 ④ 30 ② 31 ④

**32** 보일러의 안전운전을 위한 일상 점검사항이 아닌 것은?

① 안전밸브의 작동에 이상이 없는지 확인한다.
② 보일러 동체의 외관에 이상한 오염이나 변색은 없는지 확인한다.
③ 수위 변동이 지나치게 심하지 않은지 확인한다.
④ 여과기의 누설이나 막힘은 없는지 확인한다.

해당 문제는 출제 당시 ④번이 답항으로 나왔으나 보기상 확실한 답이 확인되지 않음 보일러 안전운전을 위해 급수 및 안전장치에 신경쓰는게 당연하겠으나 여과기의 누설이나 막힘 역시 안전운전을 위한 점검사항으로 봐야하므로 문제에 오류가 있다고 판단됨

**33** 보일·샤를의 법칙을 설명한 것은?
(단, $T$ : 온도, $P$ : 압력, $V$ : 체적이다)

① $\dfrac{PT}{V} = C$  ② $\dfrac{P}{TV} = C$
③ $\dfrac{TV}{P} = C$  ④ $\dfrac{PV}{T} = C$

**보일-샤를의 법칙**
일정량의 기체가 가진 체적은 압력에 반비례하고, 절대온도에 비례한다.
$\dfrac{P_1 V_1}{T_1} = \dfrac{P_2 V_2}{T_2} \rightarrow V_1 = \dfrac{T_1 P_2 V_2}{P_1}$
$\rightarrow \dfrac{PV}{T} = C$

**34** 보일러에 나타나는 부식 중 연료내의 황분이나 회분 등에 의해 발생하는 것은?

① 내부부식  ② 외부부식
③ 전면부식  ④ 점식

**외부부식(건식부식 – 수부와 닿지 않음)**
① 저온부식 : 황(S)성분에 의한 부식
② 고온부식 : 바나듐(V)에 의한 부식
※ 해당문제의 경우 저온부식에 대한 설명으로 보기 중 저온부식이 없기 때문에 저온부식과 고온부식 모두 외부부식에 해당하므로 외부부식을 답으로 본다.

**35** 보일러사고의 원인을 크게 2가지로 분류할 때 가장 적합한 것은?

① 연료부족과 보일러과열
② 압력 초과와 연료누설차단
③ 취급 부주의와 철저한 급수처리
④ 파열 또는 이에 준한 사고와 가스폭발

보일러에서 발생된 증기의 이상 압력 상승으로 인한 파열사고와 연소설비의 미연소 가스로 인한 가스폭발사고가 발생할 수 있다.

**정답** 32 ④  33 ④  34 ②  35 ④

**36** 비중이 0.9인 액체가 나타내는 압력이 5기압(atm)일 때 이것을 압력수두로 환산하면 약 몇 m인가?

① 23.0  ② 34.4
③ 45.9  ④ 57.4

압력 $P = \gamma \cdot h \rightarrow h = \dfrac{P}{\gamma}$

여기서, $P$ : 압력
 $\gamma$ : 비중
 $H$ : 높이

$\therefore h = \dfrac{5 \times 10,332 [kg/m^2]}{0.9 \times 1,000 [kg/m^3]} = 57.4 [mH_2O]$

※ 수두압의 경우 m를 mH₂O로 나타낼 수 있다.

**37** 안전장치 중 화염검출기라고 볼 수 없는 것은?

① 보염기(stabilizer)
② 스택 스위치(stack switch)
③ 플레임 아이(flame eye)
④ 플레임 로드(flame rod)

**화염검출기의 종류**
① 플레임 아이 : 화염의 발광(광학적 성질)현상 이용
② 플레임 로드 : 화염의 이온화(전기전도성) 현상 이용
③ 스택스위치 : 연도에 바이메탈을 설치한 방식으로 화염의 발열(열적변화)체 이용한 방식

**38** 몰리에르(Mollier)선도의 가장 편리한 점은?

① 면적 계산
② 사이클에서 압축비 계산
③ 열량계산
④ 증발시의 체적증가량 계산

몰리에르 선도는 이론적 냉동선도로 냉동기의 용량, 능력, 효율 등을 측정할 수 있고 압축기, 응축기, 증발기 등의 열량계산 등에도 적극 활용된다.

**39** 신설 보일러의 소다 끓임 조작 시 사용하는 약품의 종류가 아닌 것은?

① 탄산나트륨  ② 수산화나트륨
③ 질산나트륨  ④ 제3인산나트륨

**소다보링**
신설 보일러 설치 중 부착된 페인트, 유지, 녹 등을 제거하기 위해 동 내부에 소다계통의 약액을 넣고 2~3일간 끓여 반복 분출한다.
• 사용약액 : 탄산소다(탄산나트륨), 가성소다(수산화나트륨), 제3인산소다(제3인산나트륨), 아황산소다(아황산나트륨) 등

**정답** 36 ④ 37 ① 38 ③ 39 ③

**40** 보일러 용수의 처리방법 중 보일러 외처리 방법이 아닌 것은?

① 여과법   ② 폭기법
③ 청관제 사용법   ④ 증류법

**보일러 용수의 외처리**
① 용존가스의 제거
  • 탈기법 : 용존산소 및 탄산가스를 제거
  • 기폭법 : 탄산가스, 철, 망간 등을 제거
② 현탁 고형물(불순물) 제거
  • 자연침강법
  • 여과법
  • 응집법
③ 용해 고형물 제거
  • 이온교환법
  • 증류법
  • 약품 첨가법(소석회, 가성소다, 탄산소다 등 첨가)

**41** 배관 도면의 치수기입법에 대한 설명 중 틀린 것은?

① GL : 지면의 높이를 기준으로 할 때 사용한다.
② FL : 건물의 바닥면을 기준하여 높이를 표시할 때 기입한다.
③ TOP : EL에서 관 외경의 윗면까지를 높이로 표시할 때 기입한다.
④ BOP : EL에서 관 중심까지의 높이를 표시할 때 기입한다.

**치수기입법(높이표시)**
① EL : 배관의 높이를 관의 중심을 기준으로 표시한 것
② TOP : 지름이 서로 다른 관의 높이 표시방법으로 관 바깥지름의 윗면을 기준으로 표시한 것
③ BOP : 지름이 서로 다른 관의 높이 표시방법으로 관 지름바깥의 아랫면까지의 높이를 기준으로 표시한 것
④ GL : 포장된 지표면을 기준으로 하여 높이를 표시한 것
⑤ FL : 각층 바닥을 기준으로 하여 높이를 표시한 것

**42** 에너지법 시행규칙에 의거 에너지열량환산기준을 몇 년마다 작성하는가?

① 1년   ② 3년
③ 4년   ④ 5년

**에너지열량환산기준**
에너지열량환산기준은 5년마다 작성하되, 산업통상자원부장관이 필요하다고 인정하는 때에는 수시로 작성할 수 있다.

**43** 부정형 내화물을 사용하여 공사할 때 보강재로서 쓰이는 것이 아닌 것은?

① 앵커(anchor)   ② 서포트(support)
③ 브레이스(brace)   ④ 메탈라스(metal lath)

③ 브레이스(brace) : 펌프, 압축기 등에서 발생하는 진동, 서징, 수격작용, 지진 등에 의한 진동, 충격 등을 완화하는 완충기(방진기)가 있다(공사시 보강재로 사용이 가능하다).

정답 40 ③ 41 ④ 42 ④ 43 ③

**44** 최고 안전 사용온도가 가장 높은 보온재는?

① 유리면 보온재
② 규조토 보온재
③ 탄산마그네슘 보온재
④ 세라믹 파이버 보온재

**보온재 안전 사용온도**
① 석면 : 350~550[℃] 이하
② 글라스울 : 300[℃] 이하
③ 우모펠트 : 100[℃] 이하
④ 암면 : 600[℃] 이하
⑤ 유리섬유(글라스울) : 300~350[℃] 이하
⑥ 탄산마그네슘 : 250[℃]
⑦ 세라믹화이버 : 1,300[℃]
⑧ 규조토 : 500[℃] 이하

**45** 연단을 아마인유와 혼합하여 만들며 녹을 방지하기 위해 페인트 밑칠 및 다른 착색 도료의 초벽으로 우수하여 기계류의 도장 밑칠에 널리 사용되는 것은?

① 수성 페인트
② 광명단 도료
③ 합성수지 도료
④ 알루미늄 페인트

**연단(광명단 도료)**
연단을 아마인유와 혼합한 것으로 밀착력 및 풍화에 강해 녹방지를 위해 페인트의 밑칠용으로 사용된다.

**46** 배관용 강관이음의 종류가 아닌 것은?

① 플랜지 이음
② 콤포 이음
③ 나사 이음
④ 슬리브 용접 이음

• 강관 이음방법 : 나사 이음, 플랜지 이음, 용접 이음(맞대기용접, 슬리브용접)
• 콤포 이음은 콘크리트관 이음방법 중 하나이다.

**47** 동관과 강관의 이음에 사용되는 것으로 분해, 조립이 비교적 자유로운 이음방식은?

① 플라스턴 이음
② MR 이음
③ 용접 이음
④ 플랜지 이음

**플랜지 이음**
배관 끝에 플랜지를 용접하여 접합하는 방식으로 용접 후 플랜지 사이에 패킹을 넣어 볼트너트로 체결하게 되며 분해, 조립, 점검 등이 비교적 자유로운 이음방식이다.

**정답** 44 ④ 45 ② 46 ② 47 ④

**48** 에너지이용합리화법에 의거 검사대상기기조종자를 해임하거나 조종자가 퇴직하는 경우 언제까지 다른 검사대상기기조종자를 선임해야 하는가?

① 해임 또는 퇴직 후 10일 이내
② 해임 또는 퇴직 후 20일 이내
③ 해임 또는 퇴직 이전
④ 해임 또는 퇴직 후 1개월 이내

검사대상기기설치자는 검사대상기기조종자를 선임 또는 해임하거나 검사대상기기 조종자가 퇴직한 경우에는 해임이나 퇴직 이전에 다른 검사대상기기조종자를 선임해야 한다. 다만, 산업통상자원부령으로 정하는 사유에 해당하는 경우에는 선임을 연기할 수 있다.

**49** 연납용으로 사용되는 용제가 아닌 것은?

① 염산  ② 염화아연
③ 인산  ④ 붕산

**연납땜 용제 종류**
① 부식성 용제 : 염화아연, 염화암모니아, 염산, 인산 등
② 비부식성 용제 : 송진, 송진+알코올, 수지, 올리브유 등
③ 부식성이 적은 용제 : 구연산+물

**경납땜 용제 종류**
붕사, 붕산, 산화제1동, 염화리튬 등

**50** 증기 난방배관의 증기트랩 설치 시공법을 설명한 것으로 잘못된 것은?

① 응축 수량이 많이 발생하는 증기관에는 다량 트랩이 적합하다.
② 관말부의 최종 분기부에서 트랩에 이르는 배관은 충분히 보온해 준다.
③ 증기 트랩의 주변은 점검이나 고장시 수리 교체가 가능하도록 공간을 두어야 한다.
④ 트랩 전방에 스트레이너를 설치하여 이물질을 제거한다.

② 관말부의 최종 분기부 이후 트랩에 이르는 배관은 여분의 증기가 충분히 냉각되어 응축수가 될 수 있도록 보온하지 않은 관(냉각레그)을 1.5[m] 이상 설치해주어야 한다.

정답 48 ③ 49 ④ 50 ②

**51** 저탄소 녹색성장기본법에 의거 국가의 저탄소 녹색성장과 관련된 주요 정책 및 계획과 그 이행에 관한 사항을 심의하기 위한 녹색성장위원회의 위원구성으로 맞는 것은?

① 위원장 2명을 포함한 20명 이내
② 위원장 2명을 포함한 30명 이내
③ 위원장 2명을 포함한 40명 이내
④ 위원장 2명을 포함한 50명 이내

> **저탄소 녹색성장 기본법상 녹색성장 위원의 위원장은 2명을 포함한 50명 이내로 구성된다.**

**52** 게이트 밸브에 관한 설명으로 틀린 것은?

① 리프트가 커서 개폐에 시간이 걸린다.
② 밸브를 중간 정도만 열어도 마찰저항이 없으므로 유량조절용으로 적합하다.
③ 사절변이라고도 하며 유체의 흐름을 단속하는 대표적인 밸브이다.
④ 증기배관의 횡주관에서 드레인이 괴는 것을 피하여야 할 개소에 대하여는 게이트밸브가 적당하다.

> **게이트 밸브**
> 슬루스 밸브라고도 하며 유로 개폐용으로 사용된다. 밸브를 완전 개방하면 배관 안지름과 같은 단면적이 되므로 유체의 압력손실이 적으나 밸브를 일부개방하면 와류현상이 생겨 유체의 저항이 커지므로 유량조절용으로는 부적합하다.

**53** 금속재료를 일정온도로 가열 후 급냉시켜 경화하는 것은?

① 뜨임   ② 담금질
③ 풀림   ④ 불림

> **열처리 방법**
> ① 표면 경화법 : 표면을 경화시켜 내마모성, 강도, 경도를 높이거나 내식성을 높이는 것을 말하며 침탄법, 질화법, 금속침투법 등이 있다.
> ② 담금질 : 강을 $A_3$ 변태점보다 30~50[℃] 정도 높은 온도로 가열한 다음 물이나 기름 속에 급속히 냉각시켜 경도와 강도를 증가시키는 방법이다.
> ③ 뜨임 : 담금질한 강을 $A_1$ 변태점 이하의 일정온도에서 재가열하여 냉각시켜 내부응력을 제거하고 인성을 증가시키는 방법이다.
> ④ 불림 : 단조, 압연 등으로 인해 거칠어진 조직을 미세화하고 잔류응력을 제거하기 위해 $A_3$ 변태점보다 30~50[℃] 정도 높게 가열하여 공기 중에 서냉시키는 방법이다.
> ⑤ 풀림 : 거칠어진 조직이나 가공경화 및 내부응력을 제거하기 위해 변태점 이상의 적당한 온도로 가열하고 서냉시키는 방법이다.

> **정답** 51 ④  52 ②  53 ②

**54** 땜납에서 저온 용접의 특징으로 틀린 것은?

① 용접되는 재료의 변질이 없다.
② 용접 시 열 변형이 적다.
③ 용접 시 균열 발생이 적다.
④ 공정조직에서는 이음강도가 떨어진다.

**저온용접**
공정조직을 가진 합금의 용융점은 공정조직이 아닌 금속에 비해 낮다는 성질을 이용한 용접방법으로 공정저온용접이라고도 하며, 비교적 저온에서 용접할 수 있다.
• 특징
 ① 전력 및 가스 소비량이 적다.
 ② 모재의 변형과 변질이 적다.
 ③ 공정합금은 유동성이 좋고 결정이 치밀하여 용접강도가 크다.

**55** 모집단으로부터 공간적, 시간적으로 간격을 일정하게 하여 샘플링하는 방식은?

① 단순랜덤샘플링(simple random sampling)
② 2단계샘플링(two-stage sampling)
③ 취락샘플링(cluster sampling)
④ 계통샘플링(systematic sampling)

**계통샘플링 검사**
유한모집단의 데이터를 일련의 배열로 한 다음 공간적, 시간적으로 같은 간격으로 일정하게 하여 뽑는 샘플링 방법으로 뽑힌 데이터에 주기성이 들어갈 위험성이 있다.

**56** 예방보전(Preventive Maintenance)의 효과가 아닌 것은?

① 기계의 수리비용이 감소한다.
② 생산시스템의 신뢰도가 향상된다.
③ 고장으로 인한 중단시간이 감소한다.
④ 잦은 정비로 인해 제조원단위가 증가한다.

**예방보전**
설비의 건강상태를 유지하기 위해 계획적으로 일정한 사용기간마다 실시하는 것으로 고장이 발생하여 야기될 수 있는 손실을 최소화하기 위한 예방활동으로 예방보전을 하는 쪽이 비용이 절감되는 설비에 적용하는 보전방법이다.

정답 54 ④ 55 ④ 56 ④

**57** 제품공정도를 작성할 때 사용되는 요소(명칭)이 아닌 것은?

① 가공
② 검사
③ 정체
④ 여유

**공정분석기호의 종류(ASME)**
① 가공(작업)
② 운반
③ 검사
④ 정체(저장, 지체)

**58** 부적합수 관리도를 작성하기 위해 $\Sigma_c = 559$, $\Sigma_n = 222$를 구하였다. 시료의 크기가 부분군마다 일정하지 않기 때문에 u 관리도를 사용하기로 하였다. $n=10$일 경우 u 관리도의 $U_{CL}$ 값은 약 얼마인가?

① 4.023
② 2.518
③ 0.502
④ 0.252

**u관리도의 관리한계선**

| 통계량 | 중심선 | $U_{CL}$ | $L_{CL}$ |
|---|---|---|---|
| $u$ | $\bar{u}$ | $\bar{u}+3\sqrt{\dfrac{\bar{u}}{n}}$ | $\bar{u}-3\sqrt{\dfrac{\bar{u}}{n}}$ |

[참고] $\bar{u} = \dfrac{\Sigma c}{\Sigma n}$, $L_{CL}$이 음(-)인 경우, 고려하지 않는다.

① 중심선($\bar{c}$)
$$\bar{u} = \dfrac{\Sigma c}{\Sigma n} = \dfrac{559}{222} = 2.518$$
② 관리 상한선($U_{CL}$)
$$U_{CL} = \bar{u}+3\sqrt{\dfrac{\bar{u}}{n}} = 2.518+3\sqrt{\dfrac{2.518}{10}}$$
$$= 4.023$$
③ 관리 하한선($L_{CL}$)
$$L_{CL} = \bar{u}-3\sqrt{\dfrac{\bar{u}}{n}} = 2.518-3\sqrt{\dfrac{2.518}{10}}$$
$$= 1.012$$

**59** 작업방법 개선의 기본 4원칙을 표현한 것은?

① 층별 – 랜덤 – 재배열 – 표준화
② 배제 – 결합 – 랜덤 – 표준화
③ 층별 – 랜덤 – 표준화 – 단순화
④ 배제 – 결합 – 재배열 – 단순화

**작업방법 개선의 기본 4원칙(ECRS)**
① 배제(Eliminate)
② 결합(Combine)
③ 변경(Rearrange) – 재배열
④ 단순화(Simplify)

정답 57 ④ 58 ① 59 ④

**60** 이항분포(Binomial distribution)의 특징에 대한 설명으로 옳은 것은?

① P=0.01일 때는 평균치에 대하여 좌·우 대칭이다.
② P ≤ 0.1이고, nP=0.1~10일 때는 포아송 분포에 근사한다.
③ 부적합품의 출현개수에 대한 표준편차는 D(x)=nP이다.
④ P ≤ 0.5이고, nP ≤ 5일 때는 정규 분포에 근사한다.

**이항분포**

부적합수, 부적합품률 등의 계수치에 사용되며 모집단 부적합품률 $P$의 로트로부터 $n$개의 샘플을 뽑을 때, 샘플 중의 발견되는 부적합품수 $x$의 확률을 의미힌다.

① 계산공식

$$P_r(x) = \binom{n}{x} P^x (1-P)^{n-x}$$
$$= {}_nC_x P^x (1-P)^{n-x}$$

② 특징
- $P = 0.5$일 때 분포의 형태는 기대치 $nP$에 대해 좌우 대칭이 된다.
- $np \geq 5$, $n(1-P) \geq 5$일 때 정규분포에 가까워진다.
- $P \leq 0.10$이고, $nP = 0.1 \sim 10$일 때는 푸아송 분포에 가까워진다.

정답 60 ②

# 13회 에너지관리기능장 실전모의고사 기출문제

**01** 계장제어의 측정 시스템 중 액면계의 종류에 해당하지 않는 것은?

① 면적식　　② 플로트식
③ 차압식　　④ 평형반사식

**액면계의 종류별 분류**
① 직접식 : 유리관식, 검척식, 부자식(플로트식), 편위식
② 간접식 : 차압식, 변위식, 기포식, 전기저항식, 초음파식, 방사선식, 압력식

**02** 연돌에 관한 설명으로 옳지 않은 것은?

① 연돌은 강판제 또는 철근콘크리드로 제작한다.
② 연돌 설계 시에는 풍압, 지진력, 열응력 등을 고려한다.
③ 연돌 내 가스와 대기의 온도차가 작을수록 통풍이 좋다.
④ 가스의 속도는 자연통풍인 경우는 3~4m/s, 강제통풍인 경우 6~10m/s가 적절하다.

③ 연돌 내 가스와 대기의 온도차가 클수록 밀도차가 커지므로 통풍력이 좋아진다.

**통풍력 증가 방법(자연통풍)**
• 연돌의 높이를 높인다.
• 배기가스 온도를 높인다.
• 연도의 길이를 짧게 하고 굴곡부를 줄인다.
• 연돌 상부단면적을 크게 한다.

**03** 링겔만 농도표의 도표 번호가 No.2일 때 매연농도는 얼마인가?

① 10%　　② 20%
③ 40%　　④ 80%

**링겔만 농도표(가로 14[cm], 세로 21[cm])**

| No. | 0 | 1 | 2 | 3 | 4 | 5 |
|---|---|---|---|---|---|---|
| 농도율 | 0% | 20% | 40% | 60% | 80% | 100% |
| 흑색폭 | 전백 | 1 | 2.3 | 3.7 | 5.5 | 전흑 |
| 백색폭 | – | 9 | 7.7 | 6.3 | 4.5 | – |
| 연기색 | 무색 | 옅은 회색 | 회색 | 짙은 회색 | 흑색 | 암흑색 |

**정답** 01 ① 02 ③ 03 ③

**04** 보일러 출력계산에 사용하는 난방부하의 계산방법이 아닌 것은?

① 열손실 열량으로부터 계산
② 간이식으로부터 열손실 계산
③ 예열부하로부터 열손실 계산
④ 상당 방열면적(EDR)으로부터 계산

### 난방부하 계산방법
① 상당방열면적(EDR)으로부터 계산 : 방열기의 발생열량으로 상당방열면적(EDR)당 손실되는 열량만큼 방열기로 공급하여 주는 열량을 이용한 계산
② 열손실 열량으로부터 계산 : 벽체, 천장, 바닥, 유리창 및 환기 등에 의한 손실열량을 이용한 계산
③ 간이식으로부터 열손실 계산 : 난방면적에 열손실지수[kcal/m²·h]를 곱하여 계산

**05** 온수난방에 관한 설명으로 옳지 않은 것은?

① 대류난방법에 속한다.
② 방열량을 조절할 수 없다.
③ 팽창관에는 밸브를 사용할 수 없다.
④ 온수순환방법에는 중력순환식과 강제순환식이 있다.

### 온수난방의 특징
① 장점
  - 동결의 위험이 작다.
  - 난방부하의 부하변동에 대응하기 쉽다.
  - 방열기의 표면온도가 낮아 화상의 위험이 작고 증기난방에 비해 쾌감도가 좋다.
  - 방열량 조절이 용이하다(온도조절 용이).
  - 방열면적이 넓고 취급이 쉽다.
② 단점
  - 동결의 위험이 증기보일러에 비해 작으나 한랭지역에서는 동결의 위험이 있다.
  - 방열면적과 관지름이 커져 시설비가 증가한다.
  - 예열시간이 길다.

**06** 과열기에 관한 설명으로 옳지 않은 것은?

① 보일러 전열면 중 가장 온도가 높은 부분이다.
② 과열기를 사용하면 보일러의 증발능력이 증대한다.
③ 연소가스의 흐름에 따라 병류형, 향류형, 혼류형이 있다.
④ 보일러 본체에서 발생된 증기를 연소실이나 연도에서 다시 가열하여 과열증기를 만드는 장치이다.

### 과열기
보일러에서 발생한 포화증기를 과열증기로 만드는 장치로 압력은 일정한 상태에서 온도를 높여 과열이 되며 이때 엔탈피는 증가하고 증기의 마찰저항은 감소한다.
※ 과열기는 연소가스의 여열을 이용하는 폐열회수 장치로 보일러 내부 급수의 증발능력과는 무관하며 증발능력과 관계있는 것은 연소장치이다.

정답 04 ③ 05 ② 06 ②

**07** 다음 중 유량조절 범위가 가장 넓은 오일(oil) 연소용 버너는?

① 유압식 버너　　② 저압공기식 버너
③ 회전식 버너　　④ 고압기류식 버너

| 유류버너의 유량조절 범위 ||
|---|---|
| 버너의 종류 | 유량조절 범위 |
| 유압식 | 환류식(1 : 3), 비환류식(1 : 6) |
| 저압공기식 | 1 : 5~1 : 6 |
| 고압기류식 | 1 : 10 |
| 회전분무식 | 1 : 5 |
| 건타입 | – |
| 증발식 | 1 : 4 |

**08** 다음 열전대 온도계 중 가장 높은 온도를 측정할 수 있는 것은?

① IC(철-콘스탄탄) : J형
② CC(구리-콘스탄탄) : T형
③ CA (크로멜-알루멜) : K형
④ PR(백금-백금로듐) : R형

열전대 온도계의 종류 및 측정범위
① R형(백금-백금로듐) : 0~1,600[℃]
② K형(크로멜-알루멜) : –20~1,200[℃]
③ J형(철-콘스탄탄) : –20~800[℃]
④ T형(동-콘스탄탄) : –200~350[℃]

**09** 보일러의 수위를 시각적으로 판독하기 위해 설치하는 수면계의 종류가 아닌 것은?

① 2색식 수면계　　② 사각식 수면계
③ 유리관 수면계　　④ 평형반사식 수면계

수면계의 종류
① 원형유리관식 수면계
② 평형투시식 수면계
③ 평형반사식 수면계
④ 2색식 수면계
⑤ 멀티포트식 수면계

**10** 어떤 원심식펌프가 회전수 600rpm에서 양정 20m이고, 송출량이 매분 0.5m³이다. 이 펌프의 회전수를 900rpm으로 바꾸면 양정은 얼마가 되는가?

① 25m　　② 30m
③ 45m　　④ 60m

상사법칙(양정)
$$P_2 = \left(\frac{N_2}{N_1}\right)^2 \times P_1$$
$$P_2 = \left(\frac{900}{600}\right)^2 \times 20 = 45[m]$$

상사법칙(펌프)

| | |
|---|---|
| 유량 | $Q_2 = \left(\frac{N_2}{N_1}\right)^1 \cdot \left(\frac{D_2}{D_1}\right)^3 \cdot Q_1$ |
| 양정 | $P_2 = \left(\frac{N_2}{N_1}\right)^2 \cdot \left(\frac{D_2}{D_1}\right)^2 \cdot P_1$ |
| 동력 | $L_2 = \left(\frac{N_2}{N_1}\right)^3 \cdot \left(\frac{D_2}{D_1}\right)^5 \cdot L_1$ |

정답 07 ④　08 ④　09 ②　10 ③

**11** 방출밸브의 방출압력은 최고 사용압력의 몇 % 범위 이내를 초과한 압력인가?

① 50%  ② 10%
③ 15%  ④ 20%

> **온수발생 보일러 등에 부착하는 방출밸브의 크기 및 지름은 보일러의 압력이 최고사용압력에 그 10%를 더한 값을 초과하지 않도록 지름과 개수를 정하여야 한다.**

**12** 자동제어에서 목표값이 의미하는 것은?

① 잔류 편차값  ② 조절부의 조절값
③ 동작 신호값  ④ 제어량에 대한 희망값

> **목표값**
> 제어의 출력이 소정 값을 만족하도록 목표를 세운 외부에서 주어진 값으로 제어량에 대한 희망값을 의미한다.

**13** 탄소 12kg 을 연소시키기 위하여 필요한 산소량은?

① 16kg  ② 24kg
③ 32kg  ④ 36kg

> **이산화탄소 완전연소식**
> $C + O_2 \rightarrow CO_2$
> ※ 탄소(C) 12kg 연소 시 산소($O_2$) 32kg 필요하다.

**14** 보일러의 성능을 나타내는 용어에 관한 설명으로 옳지 않은 것은?

① 증발계수는 환산증발량을 실제증발량으로 나눈 값이다.
② 증발율은 증발량을 보일러 본체의 전열면적으로 나눈 값이다.
③ 연소율은 화격자 단위면적당 단위시간에 연소할 수 있는 연료의 량이다.
④ 환산증발량은 실제증발량을 상용압력하에서 발생되는 증기량으로 환산한 값이다.

> **상당증발량**
> 환산증발량이라고도 하며 표준대기압 하에서 100[℃]의 포화수를 100[℃]의 건포화 증기로 변화시키는 경우 1시간당 증발량[kg/h]을 뜻한다.
> $G_e = \dfrac{G(h'' - h')}{539}$

**정답** 11 ② 12 ④ 13 ③ 14 ④

**15** 난방부하에 관한 설명으로 옳은 것은?

① 틈새바람의 양을 예측하는 방법으로 환기횟수법이 있다.
② 건축물 구조체에서의 열전달은 열전달계수와 관련이 있다.
③ 표면열전달계수는 풍속과는 관련이 없고 재질에 영향을 받는다.
④ 위험율 2.5% 온도는 최대부하에 근거한 외기온도 보다 2.5% 낮은 온도를 기준한다.

② 건축물 구조체에서의 열전달은 열전도율과 관련 있다.
③ 표면 열전달계수는 재질에는 관련 없고, 풍속에 영향을 받는다.
④ 위험율 2.5% 온도는 난방기간 동안의 총 시간에 대한 온도출현분포 중에서 가장 낮은 온도쪽으로 부터 총시간 2.5%에 해당하는 온도를 제외시킨 것이다.

**16** 복사난방의 특징에 관한 설명으로 옳지 않은 것은?

① 동일 방열량의 경우 열손실이 비교적 작다.
② 예열시간이 걸리므로 일시적 난방에는 부적당하다.
③ 증기, 온수난방에 비해 설비비용이 다소 많이 든다.
④ 실내 공기의 대류가 많으므로 바닥 먼지의 상승이 많다.

**복사난방 특징**
① 장점
 • 높이에 따른 온도분포가 균일하다.
 • 동일 방열량에 대한 열손실이 적다.
 • 공기 등 미진을 태우지 않아 쾌감도가 좋다.
 • 방열기 등의 설치공간이 불필요하여 실내 공간의 이용율이 높다.
② 단점
 • 초기 설비비가 많이 든다.
 • 매입배관이므로 고장수리 및 점검이 어렵다.
 • 예열시간이 길어 부하변동에 대응하기 어렵다.
 • 표면부(시멘트, 모르타르층) 균열이 발생할 수 있다.

**17** 강철제 증기보일러의 안전밸브 및 압력방출장치의 크기는 호칭지름이 25A 이상이어야 하지만 20A 이상으로 할 수 있는 것은?

① 최대증발량이 4t/h인 관류보일러
② 최고사용압력이 0.2Mpa(2kg/cm$^2$)인 보일러
③ 최고사용압력이 1Mpa(10kg/cm$^2$)이고, 전열면적이 3m$^2$인 보일러
④ 최고사용압력이 1Mpa(10kg/cm$^2$)이고, 동체안지름이 600mm, 길이가 1,000mm인 보일러

안전밸브 및 압력방출장치의 지름은 25A 이상으로 한다. 단, 다음의 경우는 20A 이상으로 할 수 있다.
① 최고사용압력 0.1MPa(1kgf/cm$^2$) 이하의 보일러
② 최고사용압력 0.5MPa(5kgf/cm$^2$) 이하의 보일러로 동체의 안지름이 500mm 이하이며 동체의 길이가 1,000mm 이하인 보일러
③ 최고사용압력 0.5MPa(5kgf/cm$^2$) 이하의 보일러로 전열면적 2m$^2$ 이하인 보일러
④ 최대증발량 5t/h 이하의 관류 보일러
⑤ 소용량강철제 보일러, 소용량주철제보일러

정답 15① 16④ 17①

**18** 보일러 난방기구인 방열기에 관한 설명으로 옳지 않은 것은?

① 주형 방열기에는 2세주, 3세주, 4세주형의 3종류가 있다.
② 방열기의 호칭은 종별-형×절수(쪽수, 섹션수)로 표시한다.
③ 방열기는 벽면과 50~60mm 정도 간격을 두어 설치하는 것이 좋다.
④ 증기방열기의 표준상태에서 발생하는 표준방열량은 650kcal/m²·h이다.

**주형방열기의 종류**
2주형, 3주형, 3세주형, 5세주형

**19** 방열관의 입구, 출구의 높이차가 500mm 이고 입구의 온도 60℃, 출구의 온도 50℃ 일 때 방열관에서 순환수두는 약 몇 mmH₂O인가? (단, 50℃의 비중 0.9784, 60℃의 비중은 0.9684이다)

① 3  ② 4
③ 5  ④ 6

**순환수두(H)**
$H = (\gamma_2 - \gamma_1) \times 1{,}000 \times h$
$= (0.9784 - 0.9684) \times 1{,}000 \times 0.5$
$= 5 [mmH_2O]$

※ 위 공식에서 1,000을 곱한 이유는 비중의 단위를 밀도의 단위 kg/L로 가정하여 단위를 kg/m³으로 변환하기 위함이다. 변환 후 높이 0.5m를 곱하게 되면 최종 단위는 kg/m²으로 바뀐다.
※ 단위 환산 1kg/m² = 1mmH₂O

**20** 기체연료에 관한 설명으로 옳지 않은 것은?

① 고부하 연소가 가능하다.
② 누설 시 화재 폭발의 위험이 없다.
③ 다른 연료에 비해 매연 발생이 적다.
④ 적은 과잉공기비로 완전연소가 가능하다.

**기체연료의 특징**
① 점화나 소화가 용이하다.
② 연소 효율이 높고 자동제어가 용이하다.
③ 적은 공기비로 완전연소가 가능하다.
④ 황분 및 회분이 거의 없어 공해 및 전열면의 오손이 적다.
⑤ 누설 시 화재 및 폭발의 위험이 크다.
⑥ 수송 및 저장이 어렵다(수송 및 저장 시 고도의 기술력이 필요하다).
⑦ 가격이 비싸고, 시설비가 많이 든다.

정답  18 ①  19 ③  20 ②

**21** 증기난방법의 종류 중 응축수 환수방식에 의한 분류에 해당되지 않는 것은?

① 저압 환수식
② 중력 환수식
③ 진공 환수식
④ 기계 환수식

**증기난방 응축수 환수방식에 따른 분류**
① 중력 환수식
② 기계 환수식
③ 진공 환수식

**22** 상당증발량 2,500kg/h,에서 연료소비량 150kg/h인 보일러가 있다. 급수온도 28℃, 증기압력 10kgf/cm² 일 때 이 보일러의 효율은 약 몇 % 인가? (단, 연료의 저위발열량은 9,800kcal/kg이다)

① 65%
② 77%
③ 92%
④ 98%

**보일러 효율**
$$\eta = \frac{G(h''-h')}{Gf \times H_l} \rightarrow \eta = \frac{Q}{Gf \times H_l}$$
$$\rightarrow \eta = \frac{G_e \times 539}{Gf \times H_l}$$
$$\rightarrow \eta = \frac{2,500 \times 539}{150 \times 9,800} \times 100 = 91.66[\%]$$

여기서, $G$ : 증기발생량(급수량)[kg/h]
$h''$ : 발생증기엔탈피[kcal/kg]
$h'$ : 급수엔탈피[kcal/kg]
$Gf$ : 연료사용량[kg/h]
$H_l$ : 저위발열량[kcal/kg]
$G_e$ : 상당증발량[kg/h]

**23** 사이클론(cyclone) 집진장치의 주 원리는?

① 압력차에 의한 집진
② 물에 의한 입자의 여과
③ 망(screen)에 의한 여과
④ 입자의 원심력에 의한 집진

**사이클론 집진장치**
함진가스에 선회운동을 주어 입자에 작용하는 원심력에 의하여 입자를 분리하는 방식으로 내통경은 작게, 처리가스 속도는 크게 하면 집진효율이 좋아진다.

**24** 일의 열당량의 값은?

① 427kcal/kg
② 427dyne/kg
③ 1/427kcal/kg · m
④ 1/427kg · m/kcal

• 열의 일당량= 427[kg · m/kcal]
• 일의 열당량= $\frac{1}{427}$[kcal/kg · m]

**정답** 21 ① 22 ③ 23 ④ 24 ③

**25** 직경 20cm인 원관 속을 속도 7.3m/s로 유체가 흐를 때 유량은 약 몇 m³/s인가?

① 0.23
② 3.67
③ 13.76
④ 51.1

$Q = A \cdot V = \dfrac{\pi D^2}{4} \cdot V$

여기서, $Q$ : 유량[m³/s]
$A$ : 면적[m²]
$V$ : 속도[m/s]
$\dfrac{\pi D^2}{4}$ : 원면적[m²]

$\therefore Q = \dfrac{\pi \times 0.2^2}{4} \times 7.3 = 0.229$ [m³/s]

**26** 보일러 증기압력이 상승할 때의 상태변화에 관한 설명으로 옳지 않은 것은?

① 현열이 증가한다.
② 증발잠열이 증가한다.
③ 포화온도가 상승한다.
④ 포화수의 비중이 작아진다.

**증기압력이 상승할 때 나타나는 현상**
① 포화수의 온도가 상승한다.
② 포화수의 부피가 증가한다.
③ 포화수의 비중이 작아진다.
④ 물의 현열이 증가하고, 증기의 잠열이 감소한다.
⑤ 건포화증기 엔탈피가 증가한다.

**27** 가성취화현상을 가장 적절하게 설명한 것은?

① 물과 접촉하고 있는 강재의 표면에서 철이온이 용출하여 부식되는 현상이다.
② 보일러 강판과 관이 화염의 접촉으로 화학작용을 일으켜 부식되는 현상이다.
③ 청관제인 탄산나트륨을 과다하게 공급하여 보일러수가 알칼리화 되어 부식되는 현상이다.
④ 보일러판의 리벳 구멍 등에 농후한 알칼리 작용에 의해 강 조직을 침범하여균열이 생기는 현상이다.

**가성취화**
고온·고압 리벳 보일러에서 일어나는 부식으로 보일러 수중에 분해되어 생긴 가성소다(NaOH)가 과도하게 농축되면 수산화이온(OH⁻)이 많아져 보일러수가 강알칼리성을 띠게 되며 이것이 강재와 작용하여 생기는 나트륨(Na)이 강재의 결정입계를 침해하여 재질을 열화, 취화시키는 것으로 주로 수면과 접촉한 수면하단부나 리벳이음부에서 발생되는 부식으로 용접 보일러에서는 발생하지 않는다.

**정답** 25 ① 26 ② 27 ④

**28** 액체 중질유 B-C에 기준 이상의 수분이 함유되어 있을 때 안전적인 측면에서 어떠한 위험이 있는가?

① 수분입자가 순간폭발로 연료의 미립화를 돕는다.
② 수분이 버너, 컵 등에 녹을 만들어 연료 미립화를 방해하므로 폭발사고를 유발한다.
③ 연료 예열로 관내에서 수분이 증발하여 연료 pumping을 끊어 맥동연소 폭발가능성이 있다.
④ 연료 내의 수분이 로 내에서 열애 급격히 팽창하여 공간 면적이 커지므로 폭발사고를 유발한다.

**중유에 함유된 수분의 영향**
발열량을 감소시키고, 진동(맥동)연소의 원인이 되며 저온부식을 촉진시킨다.

**29** 22℃의 물 10톤에 90℃의 고온수 3톤을 섞으면 혼합 후의 물의 온도는 약 얼마인가? (단, 물의 비중량은 1kg/ℓ, 비열은 1kcal/kg·℃이다)

① 28.8℃ ② 35.2℃
③ 37.7℃ ④ 40.3℃

**혼합온도**
$$tm = \frac{G_1 T_1 + G_2 T_2}{G_1 + G_2}$$
$$= \frac{10,000 \times 22 + 3,000 \times 90}{10,000 + 3,000}$$
$$= 37.69[℃]$$

**30** 보일러 연소생성물 중 질소산화물을 억제하는 대책으로 옳지 않은 것은?

① 저질소 연료를 사용한다.
② 2단 연소를 시켜 적은 공기로 빠르게 연소시킨다.
③ 고온 연소범위에서의 연소가 체류시간을 짧게 한다.
④ 연소온도를 높게 하고, 국부과열부가 생기지 않게 한다.

④는 질소산화물을 경감시킬 수 있는 억제 대책으로는 부족하다.

**질소산화물 억제대책**
① 공기비를 작게 한다.
② 열부하를 감소시킨다.
③ 공기온도를 저하시킨다.
④ 배기가스를 재순환시킨다.
⑤ 2단 연소법을 사용한다.
⑥ 물이나 증기를 분사한다.
⑦ 연료를 전처리하여 사용한다.
⑧ 저질소 연료를 사용한다.

**31** KS B 6205(육상용 보일러의 열정산 방식)에서 열정산을 하는 보일러의 표준적인 범위에 해당되는 것은?

① 급수펌프   ② 흡출 송풍기
③ 미분탄기   ④ 연료유 가열기

**열정산을 하는 보일러의 표준적인 범위**
① 해당하는 것 : 과열기, 재열기, 절탄기, 공기예열기, 보일러수 순환펌프, 미분탄기
② 해당되지 않는 것 : 압입송풍기, 흡출송풍기, 집진장치, 외부 열원에 의한 급수가열기, 외부 열원에 의한 공기예열기, 급수펌프, 연료유 가열기

**32** 보일러수 중에 포함된 실리카($SiO_2$)에 관한 설명으로 옳지 않은 것은?

① 알루미늄과 결합해서 여러 가지 형의 스케일을 생성한다.
② 실리카 함유량이 많은 스케일은 연질이므로 제거가 쉽다.
③ 저압 보일러에서는 알칼리도를 높여 스케일화를 방지할 수 있다.
④ 보일러수에 실리카가 많으면 캐리오버에 의해 터빈날개 등에 부착하여 성능을 저하시킬 수 있다.

**실리카**
스케일의 종류 중 보일러 급수 중의 칼슘 성분과 결합하여 규산칼슘을 생성하기도 하며, 실리카 성분이 많은 스케일은 대단히 경질이기 때문에 기계적 화학적으로 제거하기가 힘들다.
• 경질스케일 성분 : 규산염(실리카), 황산염
• 연질스케일 성분 : 탄산염(황토 흙이 퇴전된 형태)

**33** 다음 중 안전보호구에 해당되지 않는 것은?

① 공구상자   ② 차광안경
③ 방진안경   ④ 방독마스크

• 방진안경 : 철분, 모래 등이 날리는 작업에 착용(연삭작업, 선반, 밀링, 셰이퍼, 목공 기계작업 등
• 차광안경 : 용접작업과 같은 불티나 유해 강관이 나오는 작업에 착용
• 방독 마스크 : 해로운 가스 및 유독물을 취급하는 장소에서의 작업 시 착용

정답  31 ③  32 ②  33 ①

**34** 보일러를 6개월 이상 장기간 사용하지 않고 보존하는 경우 가장 적절한 보존방법은?

① 습식보존법  ② 건조밀폐보존법
③ 소다만수보존법  ④ 보통만수보존법

**보일러 휴지보존법**
보일러 가동 중지 후 단기간 혹은 장기간 보존하는 방법
① 단기보존법 : 2주일에서 1개월 정도 휴지하는 경우
② 장기보존법 : 2~3개월 이상 휴지하는 경우

| 장기<br>보존법 | 건조보존법 | 석회밀폐건조법 |
| --- | --- | --- |
| | | 질소가스봉입법 |
| | 만수보존법 | 소다만수보존법 |
| 단기<br>보존법 | 건조보존법 | 가열건조보존법 |
| | 만수보존법 | 보통만수보존법 |

**35** 증기 원동소의 기본 사이클인 랭킨 사이클은 어떠한 상태로 구성되어 있는가?

① 등온변화와 단열변화가 둘이다.
② 단열변화, 정적변화가 각각 둘이다.
③ 정압변화가 둘, 단열변화가 둘이다.
④ 단열, 정압, 정적, 폴리트로피 변화가 각각 하나이다.

**랭킨사이클 T-S선도**
① 1-2 : 단열압축과정
② 2-3-4-5 : 정압가열과정
③ 5-6 : 단열팽창과정
④ 6-1 : 정압냉각과정(방열)

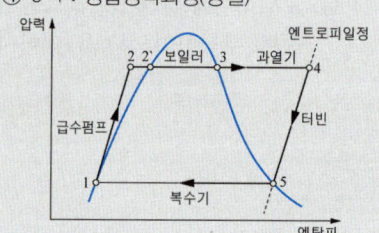

**36** 물체의 온도변화 없이 상(phase)의 변화를 일으키는데 필요한 것을 잠열이라고 하는데 다음 중 잠열로 볼 수 없는 것은?

① 반응열  ② 증발열
③ 승화열  ④ 융해열

**잠열**
온도변화 없이 상태만 변하는 과정으로 종류는 아래와 같다.
① 고체와 액체사이의 융해열 또는 응고열
② 액체와 기체사이의 증발열 또는 응축열
③ 기체와 고체사이의 승화열

정답 34 ② 35 ③ 36 ①

**37** 1시간 동안에 온도차 1℃당 면적 1m²를 통과하는 열량으로 단위가 kcal/m²h℃ 로 표시되는 것은?

① 열복사율　　② 열관류율
③ 열전도율　　④ 열전달율

**열관류율(K)**
1시간 동안 온도차 1[℃]당 면적 1[m²]를 통과하는 열량으로 열통과율이라고도 하며 단위는 [kcal/m²h℃]로 나타낸다.

**38** 액체 속에 잠겨 있는 곡면에 작용하는 수직분력에 관한 설명으로 옳은 것은?

① 곡면에 의해서 배제된 액체의 무게와 같다.
② 곡면의 수직 투영면에 비중량을 곱한 값이다.
③ 곡면 수직부분 위에 있는 액체의 무게와 같다.
④ 중심에서 비중량, 압력, 면적을 곱한 값과 같다.

**곡면에 작용하는 힘**
① 수평분력($F_x$) : 곡면의 수평투영 면적에 작용하는 힘
　($F$(힘) = $P$(압력) × $A$(면적))
② 수직분력($F_y$) : 곡면의 수직방향에 실려 있는 액체의 무게와 같다.

**39** 가는 관으로 액체가 올라가는 현상은 무엇인가?

① 부착성 현상　　② 모세관 현상
③ 팽창성 현상　　④ 압축성 현상

모세관 현상은 액체가 중력과 같은 외부 도움 없이 좁은 관을 오르는 현상을 말한다. 모세관 현상은 모세관의 지름이 충분히 작을 때 액체의 표면장력(또는 응집력)과 액체와 고체사이의 흡착력에 의해 발생한다.

**40** 보일러 청관제로서 슬러지 조정제로 사용되는 것은?

① 전분　　② 탄산나트륨
③ 히드라진　　④ 수산화나트륨

**슬러지 조정제**
스케일 생성을 예방하며 분출이 용이하도록 사용하는 처리제로 탄닌, 리그린, 녹말(전분) 등을 사용한다.

정답　37 ②　38 ③　39 ②　40 ①

**41** 에너지법에서 정한 지역에너지계획의 수립에 포함되어야 할 사항으로 틀린 것은?

① 에너지 수급의 추이와 전망에 관한 사항
② 에너지의 안정적 공급을 위한 대책에 관한 사항
③ 에너지 사용의 합리화와 이를 통한 온실가스의 배출감소를 위한 대책에 관한 사항
④ 활용 에너지원의 개발·사용을 위한 대책에 관한 사항

**지역에너지계획에 포함될 사항**
① 에너지 수급의 추이와 전망에 관한 사항
② 에너지의 안정적 공급을 위한 대책에 관한 사항
③ 신·재생에너지 등 환경친화적 에너지 사용을 위한 대책에 관한 사항
④ 에너지 사용의 합리화와 이를 통한 온실가스의 배출감소를 위한 대책에 관한 사항
⑤ [집단에너지사업법]에 따라 집단에너지 공급대상지역으로 지정된 지역의 경우 그 지역의 집단에너지 공급을 위한 대책에 관한 사항
⑥ 미활용 에너지자원의 개발 및 사용을 위한 대책에 관한 사항
⑦ 그밖에 에너지시책 및 관련 사업을 위하여 시·도지사가 필요하다고 인정하는 사항

**42** 금속의 희생전극의 원리를 이용하여 방청하는 도료는?

① 알루미늄 도료
② 에폭시수지 도료
③ 산화철 도료
④ 고농도 아연 도료

**고농도 아연도료**
최근 배관공사에 많이 사용되고 있는 방청도료로 맨홀 등에 물이 고여도 주위의 아연이 철 대신 부식되어 철의 부식을 방지하는 희생전극의 원리를 이용한 도료이다.

**43** 관지지 장치 중 빔에 턴버클을 연결한 장치로 수직방향에 변위가 없는 곳에 사용하는 것은?

① 스프링 행거
② 리지드 행거
③ 콘스탄트 행거
④ 플랜지 행거

**행거(Hanger)**
① 리지드 행거(rigid hanger) : I(아이) 빔에 턴버클을 연결하여 관을 매다는 형태로 상하방향의 변위가 없는 곳에 사용한다.
② 스프링 행거(spring hanger) : 턴버클 대신 스프링을 사용한 것으로 충격, 진동 등을 흡수할 수 있다.
③ 콘스탄트 행거(constant hanger) : 배관의 상하 이동을 어느 정도 허용하는 구조로 만들어 관의 지지력을 일정하게 한 것으로 중추식과 스프링식이 있다.

정답 41 ④ 42 ④ 43 ②

**44** 연강용 피복 아크 용접봉 종류 중 피복제 중에 석회석이나 형석을 주성분으로 사용한 것은?

① 일미나이트계  ② 라임티타니아계
③ 고셀룰로오스계  ④ 저수소계

**저수소계(E4316)**
피복제 중 석회석(CaCO₃)이나 형석을 주성분으로 사용하는 것으로 수소함유량이 적어 균열에 대한 강도 좋고 구조물의 용접 등에 사용된다. 특징으로는 아크가 불안정하고 비드가 거칠며 비드 시작부분 및 비드 이음부분에 기공이 생기기 쉬운 결점이 있다.

**45** 냉간가공과 열간가공을 구분하는 온도는?

① 풀림온도  ② 재결정온도
③ 변태온도  ④ 절대온도

**재결정온도**
열을 가했을 때 변형된 결정입자가 원시 복원력에 의해 몇 개인가의 작은 결정입자로 변화하는데 이것을 재결정이라고 하며 그 때의 온도를 재결정온도라고 하며 냉간가공과 열간가공을 구분하는 온도로 사용하기도 한다.

**46** 주로 방로 피복에 사용하는 보온재로서 아스팔트로 피복한 것은 -60℃ 정도까지 유지할 수 있으므로 보냉용으로 많이 사용되는 보온재는?

① 펠트  ② 코르크
③ 기포성 수지  ④ 암면

**펠트 특징**
① 양모 펠트와 우모 펠트가 있다.
② 아스팔트를 방습한 것은 -60[℃] 정도까지의 보냉용에 사용이 가능하다.
③ 곡면 시공이 용이하다.
④ 열전도율 : 0.042~0.050[kcal/m·h·℃]
⑤ 안전사용온도 : 100[℃] 이하

**47** 관 A가 화면에 직각으로 반대쪽으로 내려가 있는 경우는 어느 것인가?

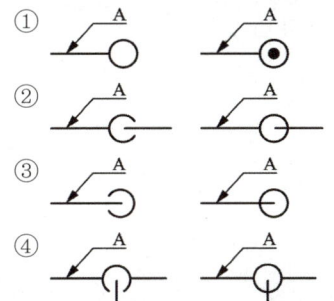

① 좌측 : 관 "A"가 화면 뒤쪽으로 가는 경우
   우측 : 관 "A"가 화면 앞쪽으로 오는 경우
② 두 개 모두 관 "A"가 화면 앞쪽으로 와서 우측으로 가는 경우
③ 두 개 모두 관 "A"가 화면 뒤쪽으로 가는 경우
④ 두 개 모두 관 "A"가 티이음쇠로 분기되어 화면 앞쪽으로 와서 아래로 가는 경우

정답  44 ④  45 ②  46 ①  47 ③

**48** 동관용 공구의 설명 중 틀린 것은?

① 티뽑기 : 직관에서 분기관을 성형 시 사용하는 공구이다.
② 튜브벤더 : 동관의 벤딩용 공구이다.
③ 익스팬더 : 동관 끝의 확관용 공구이다.
④ 플레어링 툴 세트 : 동관의 끝 부분을 원형으로 정형하는 공구이다.

**동관용 공구**
① 사이징 툴 : 동관의 끝을 정확하게 원형으로 가공하는 공구
② 익스팬더 : 동관 확관용 공구
③ 플레어링 툴 : 동관을 나팔모양으로 가공 후 압축 접합하는 공구
④ 튜브 커터 : 동관 커팅용 공구
⑤ 튜브 벤더 : 동관 굽힘(벤딩)용 공구
⑥ 토치램프 : 납땜(용접), 벤딩 등의 가열에 이용되는 공구 또는 장비
⑦ 티뽑기 : 주관에서 분기관 성형 시 구멍을 뚫때 사용되는 공구

**49** 설비 배관에 있어서 유속을 $V$, 유량을 $Q$라 할 때 관경 $d$를 구하는 식은?

① $d = \sqrt{\dfrac{4Q}{\pi V}}$  ② $d = \sqrt{\dfrac{\pi V}{Q}}$
③ $d = \sqrt{\dfrac{\pi V}{4Q}}$  ④ $d = \sqrt{\dfrac{Q}{\pi V}}$

$Q = A \cdot V = \dfrac{\pi D^2}{4} \cdot V$

$\therefore D = \sqrt{\dfrac{4Q}{\pi V}}$

여기서, $Q$ : 유량[m³/s]
$A$ : 면적[m²]
$V$ : 속도[m/s]
$\dfrac{\pi D^2}{4}$ : 원면적[m²]

**50** 에너지이용합리화법에 의해 검사대상기기의 검사를 받지 아니한 자에 대한 벌칙은?

① 2년 이하의 징역 또는 2천만원 이하의 벌금
② 1년 이하의 징역 또는 1천만원 이하의 벌금
③ 2천만원 이하의 벌금
④ 6개월 이하의 징역

**1년 이하의 징역 또는 1천만원 이하의 벌금**
① 검사대상기기의 제조, 설치, 개조, 설치장소 변경, 사용중지 후 재사용하려는 자가 검사를 받지 아니한 때
② 검사에 합격되지 아니한 검사대상기기 사용정지 명령을 위반한 자

정답 48 ④ 49 ① 50 ②

**51** 벨로즈(Bellows) 트랩의 특징을 설명한 것 중 틀린 것은?

① 과열증기에도 사용할 수 있다.
② 초기의 가동 시 공기의 배출 능력이 있다.
③ 부식성 물질이나 수격작용에 파손되기 쉽다.
④ 소형으로 다량의 응축수를 배출시킬 수 있다.

**벨로즈(Bellows) 트랩의 특징**
① 응축수의 배출능력이 좋다.
② 응축수의 온도조절이 가능하다.
③ 워터해머에 약하다.
④ 고압에는 부적당하다.
⑤ 과열증기에는 사용할 수 없다.
⑥ 초기 기동 시 공기의 배출능력이 있다.
⑦ 부식성 물질이나 수격작용에 파손되기가 쉽다.
⑧ 소형으로 다량의 응축수를 배출시킬 수 있다.

**52** 급수배관에서 수격작용을 예방하기 위한 시공으로 가장 적절한 것은?

① 관경을 작게 하고 배관구배를 1/200로 낮춘다.
② 굴곡배관 및 중력탱크를 사용한다.
③ 슬리브형 신축이음을 한다.
④ 배관부의 높은 곳에 공기빼기 밸브를 설치한다.

**수격작용**
유속의 급격한 변화로 인하여 압력의 상승과 소음이 발생하는 현상으로 급수배관에서의 수격작용 방지를 위해 급히 열리고 닫히는 밸브 근처에 공기실을 설치하게 되고 이때 공기실의 공기가 압축되면서 스프링 작용을 하여 소음이나 충격을 방지할 수 있다.

**급수관의 수격작용 예방법**
① 관지름을 크게 하고, 배관구배는 1/250의 올림구배로 한다. 단, 옥상탱크식의 경우 내림구배로 한다.
② 굴곡배관을 적게 하고 굴곡배관부의 높은 곳에 공기빼기 밸브를 설치한다.
③ 급히 열리고 닫히는 밸브의 근처에 공기실을 설치하며, 공기실의 공기가 압축되면서 스프링 작용을 하여 소음이나 충격을 방지한다.

**53** 바이패스(by-pass) 배관을 설치하기에 가장 부적절한 것은?

① 온도조절 밸브   ② 솔레노이드 밸브
③ 감압밸브       ④ 증기트랩

보일러에 사용되는 솔레노이드 밸브(전자밸브)의 경우 보일러 가동 중 연소의 소화, 압력 초과 등 이상 현상 등 긴급상황 시 연료를 차단하는 용도로 사용되므로 바이패스 배관을 설치하기에는 부적절하다.

**정답** 51 ① 52 ④ 53 ②

**54** 신에너지 및 재생에너지의 개발 및 이용·보급촉진법에서 정의한 신에너지 및 재생에너지에 해당되지 않는 것은?

① 태양에너지  ② 연료전지
③ 수소에너지  ④ 원자력

**신·재생에너지**
① 태양에너지
② 풍력에너지
③ 수력에너지
④ 지열에너지
⑤ 수소에너지
⑥ 연료전지

**55** 다음 중 반즈(Ralph M. Barnes)가 제시한 동작경제 원칙에 해당되지 않는 것은?

① 표준작업의 원칙
② 신체의 사용에 관한 원칙
③ 작업장의 배치에 관한 원칙
④ 공구 및 설비의 디자인에 관한 원칙

**동작경제의 원칙**
① 신체의 사용에 관한 원칙
② 작업장의 배치에 관한 원칙
③ 공구류 및 설비의 설계에 관한 원칙

**56** 전수검사와 샘플링검사에 관한 설명으로 가장 올바른 것은?

① 파괴검사의 경우에는 전수검사를 적용한다.
② 전수검사가 일반적으로 샘플링검사보다 품질향상에 자극을 더 준다.
③ 검사항목이 많을 경우 전수검사보다 샘플링검사가 유리하다.
④ 샘플링검사는 부적합품이 섞여 들어가서는 안 되는 경우에 적용한다.

**전수검사와 샘플링검사의 비교**

| | |
|---|---|
| 전수검사 | • 귀금속과 같은 고가품인 경우<br>• 검사비용에 비해 얻는 효과가 큰 경우<br>• 안전에 중대한 영향을 미치는 경우<br>• 부적합품이 1개라도 혼입되면 큰 경제적 손실이 있는 경우 |
| 샘플링검사 | • 파괴검사인 경우<br>• 검사항목이 많은 경우<br>• 생산자에게 품질 향상의 자극을 주고 싶은 경우<br>• 다수·다량의 생산품으로 어느정도 부적합품의 혼입이 허용되는 경우 |

**정답** 54 ④  55 ①  56 ③

**57** 도수분포표에서 도수가 최대인 계급의 대표값을 정확히 표현한 통계량은?

① 중위수
② 시료평균
③ 최빈수
④ 미드-레인지(Mid-range)

① 중위값($\tilde{x}$, $Me$) : 데이터를 크기순으로 나열했을 때 중앙에 위치한 데이터의 값을 의미한다.
② 평균($Mean$, $\bar{x}$) : 데이터의 총합($\sum x_i$)을 총개수 n개로 나눈 데이터의 값을 의미한다.
$$\bar{x} = \frac{x_1 + x_2 + \cdots + x_{n-1} + x_n}{n} = \frac{\sum x_i}{n}$$
$$= [\bar{x}]$$
③ 최빈값($M_o$) : 도수분포표에서 도수가 최대인 곳의 대표치를 말하는 것으로 모드(Mode), 최빈값이라고도 한다.
④ 범위중앙값(Mid-Range, $M$) : 데이터의 최대값과 최소값의 평균값을 의미한다.
$$M = \frac{x_{min} + x_{max}}{2}$$

**58** 다음 [표]를 참조하여 5개월 단순이동평균법으로 7월의 수요를 예측하면 몇 개인가?

| 월 | 1 | 2 | 3 | 4 | 5 | 6 |
|---|---|---|---|---|---|---|
| 판매실적 | 48 | 50 | 53 | 60 | 64 | 68 |

① 55개
② 57개
③ 58개
④ 59개

**이동평균법**

예측치 $F_t = \dfrac{\text{기간의 실적치}}{\text{기간의 수}}$

$= \dfrac{50 + 53 + 60 + 64 + 68}{5}$

$= 59$

**59** 근래 인간공학이 여러 분야에서 크게 기여하고 있다. 다음 중 어느 단계에서 인간공학적 지식이 고려됨으로서 기업에 가장 큰 이익을 줄 수 있는가?

① 제품의 개발단계
② 제품의 구매단계
③ 제품의 사용단계
④ 작업자의 채용단계

제품의 개발단계에서부터 인간공학적 지식이 고려되고 반영되어야 기업의 이익이 최대로 될 수 있다.

정답 57 ③ 58 ④ 59 ①

**60** 다음 중 두 관리도가 모두 푸아송 분포를 따르는 것은?

① $\bar{x}$관리도, $R$ 관리도
② $c$ 관리도, $u$ 관리도
③ $np$ 관리도, $p$ 관리도
④ $c$ 관리도, $p$ 관리도

- $c$관리도 : 푸아송분포를 근거로 하며, 미리 정해진 일정 단위 중에 포함된 부적합(결점)수에 의거 공정을 관리한다.
  예 흠의 수, TV 또는 라디오의 납땜 부적합 수 등을 관리하는데 이용된다.
- $u$관리도 : 푸아송 분포를 근거로 하며, 검사하는 시료의 면적이나 길이 등이 일정하지 않을 경우 또는 부적합수를 취급할 때 사용한다.
  예 단위당 직물의 얼룩, 에나멜동선의 핀홀 등과 같은 부적합수 등을 관리하는데 이용된다.

정답 60 ②

# 14회 에너지관리기능장 실전모의고사 기출문제

**01** 포화수와 포화증기 혼합물의 밀도차를 이용하여 순환하는 방식을 이용하는 보일러가 아닌 것은?

① 벤슨(Benson) 보일러
② 야로우(Yarrow) 보일러
③ 스털링(Stirling) 보일러
④ 다쿠마(Dakuma) 보일러

**수관보일러의 분류**
① 자연순환식 수관 보일러 : 다쿠마, 쓰네기찌, 바브콕, 2동D형, 3동A형, 가르베
② 강제순환식 수관 보일러 : 베록스, 라몬트
③ 관류 보일러 : 벤슨, 슬저, 엣모스, 람진, 소형관류 보일러

**02** 보일러의 압력계 부착 방법 설명으로 틀린 것은?

① 압력계와 연결된 증기관은 동관일 경우 안지름 6.5mm 이상 이여야 한다.
② 증기 온도가 210℃를 넘을 때에는 황동관 또는 동관을 사용하여서는 안 된다.
③ 압력계에 연결되는 관은 물을 넣은 사이폰관을 설치하며, 그 안지름은 12.7mm 이상이어야 한다.
④ 압력계의 콕 대신에 밸브를 사용할 경우에는 한눈으로 개폐 여부를 알 수 있는 구조로 하여야 한다.

**압력계 연결 시 주의사항**
① 사이폰관의 안지름은 6.5mm 이상으로 한다.
② 압력계의 연결관은 동관 안지름 6.5mm, 강관 안지름 12.7mm 이상으로 한다.
③ 증기온도 483K(210℃)를 넘을 때에는 황동관 또는 동관을 사용하여서는 안 된다.
④ 압력계와 연결되는 증기관은 최고사용압력에 견디는 것으로 한다.
⑤ 콕 대신 다른 밸브를 사용할 경우 한눈에 개폐여부를 알 수 있는 구조로 하여야 한다.

**03** 보일러의 연소량을 일정하게 하고 과잉열량을 물에 저장하여 과부하 시 증기를 방출함으로써 증기부족을 보충시키는 장치는?

① 공기예열기    ② 축열기
③ 절탄기       ④ 과열기

**증기축열기(Steam Accumulator)**
보일러에서 발생한 증기량이 소비량에 대해 과잉했을 때, 증기를 저장하고, 발생량보다 소비량이 많아졌을 때, 저장한 증기를 방출해서 증기의 부족량을 보충하는 장치를 말한다. 이 증기축열기는 여분의 증기를 물로 바꾸어 저장하는 것이며, 방식은 변압식과 정압식의 방법이 있다.

정답  01 ①  02 ③  03 ②

**04** 액화천연가스의 주 구성 물질은?

① $C_3H_8$
② $C_4H_{10}$
③ $CH_4$
④ $C_2H_5$

- 액화천연가스(LNG)의 주성분 : 메탄($CH_4$)
- 액화석유가스(LPG)의 주성분 : 프로판($C_3H_8$), 부탄($C_4H_{10}$)

**05** 보일러의 열정산 방식의 설명 중 틀린 것은?

① 열정산 시 시험부하는 원칙적으로 정격부하로 한다.
② 열정산의 기준온도는 시험시의 외기온도로 한다.
③ 열정산에서는 보일러 효율의 정산방식으로는 입출열법 또는 열손실법으로 효율을 정산한다.
④ 열정산 시 외기온도는 보일러실 외기 주위의 입구나 공기예열기가 설치된 경우 그 출구에서 측정한다.

**측정방법(외기온도)**
보일러실 외기 주위의 입구에서 측정한다 (공기예열기가 있는 경우 → 공기예열기 입구 측에서 측정).

**보일러 열정산**
① 보일러 열정산은 정격부하 이상에서 정상 상태로 2시간 이상의 운전 결과에 따라야 한다.
② 연료, 증기 또는 물의 누설이 없는가를 확인하고 블로우다운, 그을음 불어내기 등은 하지 않으며, 안전밸브는 열지 않은 운전 상태에서 한다.
③ 시험 보일러는 다른 보일러와 무관한 상태로 하여 실시한다.
④ 고체 및 액체 연료의 1[kg], 기체연료의 경우는 표준상태로 환산 1[$Nm^3$]에 대하여 한다.
⑤ 방열량은 원칙적으로 고위발열량으로 한다 (단, 저위발열량을 사용 시는 기준 발열량을 명기하여야 한다).
⑥ 열정산의 기준온도는 시험 시의 외기온도를 기준으로 한다.
⑦ 열정산 범위는 보일러와 과열기, 재열기, 급수예열기, 공기예열기를 갖는 보일러는 그 보일러에 포함시킨다.
⑧ 공기는 수증기를 포함하는 습공기로 한다.
⑨ 증기의 건도는 98[%] 이상인 경우에 시험 함을 원칙으로 한다.
⑩ 보일러 효율의 산정 방식은 입출열법과 열손실법에 따른다.
⑪ 전기에너지는 1[kW]당 860[kcal/h]로 환산한다.

**정답** 04 ③ 05 ④

**06** 보일러 주증기 밸브로 가장 많이 사용되며 유체의 흐름을 90°로 바꾸어 흐르게 하는 것은?

① 글로브 밸브  ② 앵글밸브
③ 체크밸브  ④ 게이트밸브

- 체크밸브(역류방지밸브) : 유체의 역류방지용
- 게이트밸브(슬루스밸브) : 유량 개폐용
- 글로브밸브 : 유량 조절용
- 앵글밸브 : 유체의 입구와 출구의 방향이 직각(90°)으로 꺾여 있는 밸브

**07** 난방부하가 4,500kcal/h인 방의 온수 방열기의 방열면적은 몇 $m^2$로 하면 되는가? (단, 방열기 방열량은 표준방열량으로 한다)

① 약 $6m^2$  ② 약 $7m^2$
③ 약 $9m^2$  ④ 약 $10m^2$

$Q = q \times A \rightarrow A = \dfrac{Q}{q}$

여기서, $Q$ : 열량[kcal/h]
  $q$ : 표준방열량(온수 450[kcal/$m^2$h], 증기 650[kcal/$m^2$h])
  $A$ : 표준방열면적[$m^2$]

$\therefore A = \dfrac{Q}{q} = \dfrac{4,500}{450} = 10[m^2]$

**08** 가스와 공기를 강제혼합하는 방식으로 급속연소가 가능하며 고부하 연소에 적합하고 화염의 크기도 작은 가스 버너는?

① 유도 혼합식 버너  ② 내부 혼합식 버너
③ 부분 혼합식 버너  ④ 외부 혼합식 버너

**내부혼합식 버너**
연소에 필요한 공기량을 전량 혼합하여 노즐에서 분출하고 연소시키는 형식의 버너
- 특징
 ① 가스와 공기의 예혼합방식이다.
 ② 화염이 짧고 고온의 화염을 얻을 수 있다.
 ③ 공기와 가스를 예열하여 사용할 수 없다.
 ④ 연소부하가 크고, 역화의 위험성이 크다 (역화의 위험을 방지하기 위해 어느 정도의 압력을 갖게 해 유출속도를 빠르게 할 필요가 있다).

**09** 보일러 관리 중 사고의 직접원인과 간접원인 중 간접원인으로 거리가 먼 것은?

① 불안전한 행동  ② 기술적 원인
③ 교육적 원인  ④ 정신적 원인

**사고 원인**
① 직접적 원인 : 불안전한 행동, 불안전한 상태
② 간접적 원인 : 기술적 원인, 교육적 원인, 신체적 원인, 정신적 원인

정답 06 ② 07 ④ 08 ② 09 ①

**10** 최고사용압력이 1.4MPa인 강철제 증기보일러의 안전밸브 호칭지름은 얼마 이상으로 해야 하는가?

① 15mm
② 20mm
③ 25mm
④ 32mm

안전밸브 및 압력방출장치의 지름은 25A 이상으로 한다. 단, 다음의 경우는 20A 이상으로 할 수 있다.
① 최고사용압력 0.1MPa(1kgf/cm$^2$) 이하의 보일러
② 최고사용압력 0.5MPa(5kgf/cm$^2$) 이하의 보일러로 동체의 안지름이 500mm 이하이며 동체의 길이가 1,000mm 이하인 보일러
③ 최고사용압력 0.5MPa(5kgf/cm$^2$) 이하의 보일러로 전열면적 2m$^2$ 이하인 보일러
④ 최대증발량 5t/h 이하의 관류 보일러
⑤ 소용량강철제 보일러, 소용량주철제보일러

**11** 장치 내부의 압력이 설정압력 이상으로 상승 시 압력을 외부로 방출시켜 장치의 파손을 방지하기 위해 설치하는 밸브는?

① 플로트 밸브
② 체크 밸브
③ 안전밸브
④ 온조 조절 밸브

**안전밸브(Safety Valve)**
보일러 동상부(증기부)에 설치하며, 보일러 내부의 증기압이 이상 상승하게 될 때 자동적으로 이상 증기압을 외부로 배출하여 보일러를 보호하는 장치이다.

**12** 연소온도에 대한 설명으로 틀린 것은?

① 연소용 공기 중 산소농도가 높아지면 이론연소 온도가 높아진다.
② 공기비가 커지면 연소가스량이 증가하므로 이론 연소온도에는 별로 차이가 생기지 않는다.
③ 발열량이 커지면 연소가스량도 많아지므로 이론 연소온도에는 별로 차이가 생기지 않는다.
④ 실제로 연소온도는 완전연소가 곤란하고 발생한 열이 노벽 등에 흡수되므로 이론 연소온도보다 낮아지는 것이 보통이다.

② 공기비를 높일 경우 배기가스 손실이 증가하여 연소실 내부온도가 감소하게 되고 이로 인해 연소온도 역시 낮아진다.

정답 10 ③ 11 ③ 12 ②

**13** 펌프의 공동현상(cavitation)에 의하여 발생하는 현상으로 틀린 것은?

① 부식 또는 침식이 발생한다.
② 운전불능이 될 수도 있다.
③ 소음 및 진동이 발생한다.
④ 양정 및 효율이 상승한다.

**캐비테이션(cavitation : 공동현상)**
흡입측이 저압이 되어 포화증기압보다 낮아지는 부분이 생기면 물이 증발을 일으키고 기포를 다수 발생하는 현상으로 다수의 기포가 공동부를 형성시켜 해당 공기층(공동부)에 의해 배관에 심한 소음과 진동 충격을 발생시킬 수 있다.

**캐비테이션에 의해 발생하는 현상**
① 소음 및 진동 발생
② 임펠러(날개깃)의 부식 및 침식
③ 운전불능(양수불가)
④ 특성곡선, 양정곡선의 저하

**14** 천장이나 벽, 바닥 등에 코일을 매설하여 온수 등 열매체를 이용하여 복사열에 의해 실내를 난방하는 것은?

① 대류난방    ② 패널난방
③ 간접난방    ④ 전도난방

**복사난방**
패널난방이라고도 하며 건축물의 천장, 바닥, 벽 등에 가열코일을 매설하여 코일내 증기 및 온수 등의 열매체로 순환시켜 그 복사열에 의해 난방하는 방식이다.

**15** 증발량이 일정한 경우 분출압력이 저압에서 고압으로 상승 시 보일러 안전밸브의 시트 단면적은?

① 넓어야 한다.   ② 동일하게 한다.
③ 좁아야 한다.   ④ 무관하다.

안전밸브 시트 단면적은 분출압력에 반비례하고, 증발량에 비례한다.

**16** 보일러 배기가스 분석결과 $O_2$ 농도가 3.5%일 때 공기비는?

① 1.1    ② 1.2
③ 1.3    ④ 1.5

**공기비($m$ : 공기 과잉계수)**
실제 공기량과 이론 공기량과의 비

공기비$(m) = \dfrac{\text{실제 공기량}(A)}{\text{이론 공기량}(A_o)}$

정답  13 ④  14 ②  15 ③  16 ②

**17** 과열기의 특징으로 틀린 것은?

① 증기관의 열효율을 증대시킨다.
② 증기관내의 마찰 저항을 감소시킨다.
③ 적은 증기량으로 많은 일을 할 수 있다.
④ 연소가스의 저항으로 압력손실이 적다.

**과열기 설치 시 장점**
① 보일러의 열효율을 높여준다.
② 관내부식 및 워터해머를 방지할 수 있다.
③ 적은 양의 증기로 많은 열을 얻을 수 있다.
④ 관내 유속에 따른 마찰저항이 감소된다.

**과열기 설치 시 단점**
① 가열면의 온도를 일정하게 유지하기가 어렵다.
② 가열장치에 열응력이 발생한다.
③ 연도내 통풍력이 감소한다.
④ 과열기 표면에 고온부식이 발생할 수 있다.

**18** 보일러의 연소장치인 공기조절장치와 거리가 먼 것은?

① 윈드박스   ② 보염기
③ 버너타일   ④ 플레임 아이

**보염장치(연소용공기 조절장치)**
① 윈드박스(바람상자) : 공급되는 공기를 선회시켜 연료용 공기의 혼합촉진, 연소효율 향상
② 버너타일 : 분무 연료유를 고르게 하여 화염의 형상을 조절한다.
③ 보염기(콤버스터) : 연소를 안정시키고 실화를 방지한다.
④ 스테빌라인저(화염의 안정기) : 화염의 안정도모
※ 플레임 아이는 화염검출 장치이다.

**19** 증기난방방식에서 응축수 환수방식에 의한 분류 중 진공환수방식에 대한 설명으로 틀린 것은?

① 환수주관의 말단에 진공펌프를 설치한다.
② 환수주관에서의 진공도는 50~100mmHg이다.
③ 방열량은 광범위하게 조절할 수 있어서 대규모 난방에 적합하다.
④ 방열기 설치 위치에 제한을 받지 않는다.

**진공환수식 증기난방 특징**
① 중력, 기계 환수보다 순환속도가 빠르다.
② 기울기(구배)에 구애를 받지 않는다.
③ 방열량을 광범위하게 조절할 수 있다.
④ 환수관의 관지름을 작게 할 수 있다.
⑤ 버큠브레이커를 사용하여 진공을 일정하게 유지해야 한다(진공도 : 100~250mmHg·v).
⑥ 방열기 설치장소에 제한을 받지 않는다.

정답  17 ④  18 ④  19 ②

**20** 집진장치 중 가압한 물을 분사시켜 충돌 또는 확산에 의한 포집을 하는 가압수식에 속하지 않는 것은?

① 벤튜리 스크러버  ② 사이클론 스크러버
③ 세정탑  ④ 백 필터

**가압수식 집진장치 종류**
① 벤튜리 스크러버
② 사이클론 스크러버
③ 제트 스크러버
④ 충전탑
⑤ 분무탑
※ 백 필터 방식은 함진가스를 여과재에 통과시켜 입자를 분리, 포집하는 방식으로 건식 집진장치이다.

**21** 보일러의 급수량이 2,000L/h, 관수 중의 허용 고형분이 1,100ppm, 급수 중의 고형분이 200ppm 일 때 분출율은?

① 약 2.2%  ② 약 22.2%
③ 약 5.5%  ④ 약 55%

분출률 = $\dfrac{d}{r-d} \times 100$

= $\dfrac{200}{1,100-200} \times 100$

= 22.22[%]

여기서, $r$ : 관수허용고형분[ppm]
　　　　$d$ : 급수 중 고형분[ppm]

**22** 입형 보일러의 특징 설명으로 틀린 것은?

① 설비비가 많이 들지만 설치가 용이하다.
② 좁은 장소에 설치가 용이하다.
③ 전열면적이 작아 부하능력이 적다.
④ 구조상 증기부가 좁아 습증기가 발생할 수 있다.

**입형 보일러의 특징**
① 설치장소를 적게 차지한다.
② 전열면적이 작아 효율이 낮다.
③ 연소실이 좁아 완전연소가 힘들다.
④ 습증기가 다량 발생한다.
⑤ 설비비가 타 보일러에 비해 저렴하다.

**23** 보일러 자동제어에 대하여 '제어량–조작량'의 관계를 짝지은 것 중 틀린 것은?

① 증기압력 – 연료량, 공기량
② 증기온도 – 전열량
③ 보일러수위 – 연료량, 증기량
④ 노내압력 – 연소가스량

**보일러 자동제어의 제어량과 조작량과의 관계**

| 종류 | 제어량 | 조작량 |
| --- | --- | --- |
| 증기온도제어 (S.T.C) | 증기온도 | 전열량 |
| 급수제어 (F.W.C) | 보일러수위 | 급수량 |
| 자동연소제어 (A.C.C) | 증기압력 | 연료량, 공기량 |
|  | 노내압력 | 연소가스량 |

정답  20 ④  21 ②  22 ①  23 ③

**24** 지구온난화 방지를 위해 발효된 교토의정서에서 배출을 제한하는 온실가스의 종류가 아닌 것은?

① $NH_3$
② $CO_2$
③ $N_2O$
④ $CH_4$

**온실가스**
[저탄소녹색성장 기본법] 제2조제9호에 따른 온실가스, 즉 적외선 복사열을 흡수하거나 재방출하여 온실효과를 유발하는 대기 중의 가스상태의 물질로서 이산화탄소($CO_2$), 메탄($CH_4$), 아산화질소($N_2O$), 수소불화탄소(HFCs), 과불화탄소(PFCs) 또는 육불화황($SF_6$)을 말한다.

**25** 대류(對流)열전달 방식의 분류 중 옳은 것은?

① 자유대류와 복사대류
② 강제대류와 자연대류
③ 열판대류와 전도대류
④ 교환대류와 강제대류

**대류**
유체의 비중차(밀도차)에 의한 열이동 현상을 말하며 자연대류와 강제대류 방식으로 나눌 수 있다.
① 자연대류 : 유체의 밀도 변화에 의하여 일어나는 대류
② 강제대류 : 송풍기 또는 펌프 등 기계를 이용한 강제 대류

**26** 다음의 베르누이 방정식에서 $P/\gamma$항은 무엇을 뜻하는가? (단, $H$ : 전 수두, $P$ : 압력, $\gamma$ : 비중량, $V$ : 유속, $g$ : 중력 가속도, $Z$ : 위치 수두)

$$H = (P/\gamma) + (V^2/2g) + (Z)$$

① 압력수두
② 속도수두
③ 공압수두
④ 유속수두

**베르누이 방정식**
모든 단면에 작용하는 위치 수두, 압력 수두, 속도 수두의 합은 항상 일정하다.
$$H = \frac{P}{\gamma} + \frac{V^2}{2g} + Z$$
여기서, $H$ : 전 수두
$\frac{P}{\gamma}$ : 압력 수두
$\frac{V^2}{2g}$ : 속도 수두
$Z$ : 위치 수두

**27** 보일러 내부 청소 시 화학약품을 이용한 세관 중 산 세관에 이용되는 일반적인 염산의 농도?

① 5~10%
② 11~15%
③ 16~20%
④ 21~25%

**산세관**
내면의 스케일과 산관의 화학반응에 의해 스케일을 용해 제거하는 방법으로 일반적으로 5~10[%] 염산 수용액을 사용한다. 부식을 방지하기 위해 부식억제제를 적당량(0.2~0.6[%]) 첨가한다.

정답 24 ① 25 ② 26 ① 27 ①

**28** 신설 보일러의 플러싱(flushing)이 끝난 후 유지의 제거를 주목적으로 행하는 것은?

① 산 세관  ② 유기산 세관
③ 알칼리 세관  ④ 워싱(washing)

- 알칼리 세관 : 보일러 제조 후 또는 신설 보일러의 플러싱이 끝난 후 내면의 유지류, 규산계 스케일(실리카) 제거에 사용되는 방법이다.
- 플러싱(flushing) : 신설보일러의 동 및 배관 내에 다량의 유체(물)를 급속히 흘려보냄으로써 동 및 배관내의 이물질을 세정하는 것

**29** 내경 100mm의 파이프를 통해 10m/sec의 속도로 흐르는 물의 유량(m³/min)은 약 얼마인가?

① 2.6  ② 3.5
③ 4.7  ④ 5.4

$Q = A \cdot V = \dfrac{\pi D^2}{4} \cdot V$

여기서, $Q$ : 유량[m³/s]
$A$ : 면적[m²]
$V$ : 속도[m/s]
$\dfrac{\pi D^2}{4}$ : 원면적[m²]

∴ $Q = \dfrac{\pi \times 0.1^2}{4} \times 10 \times 60 = 4.71[\text{m}^3/\text{min}]$

**30** 증기에 관한 기본적 성질을 설명한 것으로 옳은 것은?

① 순수한 물질은 한 개의 포화온도와 포화압력이 존재한다.
② 습증기 영역에서 건도는 항상 1보다 크다.
③ 증기가 갖는 열량은 10℃의 순수한 물을 기준하여 정해진다.
④ 대기압 상태에서 엔탈피의 변화량과 주고 받은 열량의 변화량은 같다.

**증기에 대한 기본성질**
① 포화온도 : 가해진 압력에 대하여 증발을 시작할 때의 온도를 그 압력에 대한 포화온도라고 한다.
② 포화압력 : 온도가 일정한 상태에서 액체의 압력을 낮추면 어느 압력에서 증발을 시작하며 이 압력을 그 온도에 대한 포화압력이라 한다.
③ 습증기 영역에서 증기의 건조도($x$)는 $0 < x < 1$ 이다.
④ 증기가 갖는 열량은 0[℃] 순수한 물을 기준으로 정한다.

**31** 보일러 내처리제로 사용되는 약제 중 주로 슬러지 조정에 이용되는 것은?

① 리그닌  ② 암모니아
③ 수산화나트륨  ④ 탄산나트륨

**슬러지 조정제**
스케일 생성을 예방하며 분출이 용이하도록 사용하는 처리제로 탄닌, 리그린, 녹말(전분) 등을 사용한다.

정답 28 ③ 29 ③ 30 ④ 31 ①

**32** 표준 대기압에 해당되지 않는 것은?

① 760mmHg
② 101325N/m²
③ 10.3323mAq
④ 12.7psi

**표준 대기압**
1atm = 1.0332[kgf/cm²] = 760[mmHg]
    = 10.33[mH₂O] = 1.01325[bar]
    = 1,013.25[mbar] = 101,325[N/m²]
    = 101,325[Pa] = 14.7[lb/in²]
    = 101.325[kPa]
※ [mH₂O]와 [mAq]는 같은 단위로 쓰인다.
※ [lb/in²]과 [PSI]는 같은 단위로 쓰인다.

**33** 플랜지패킹에 대한 설명 중 틀린 것은?

① 플랜지에 패킹시트가 있는 경우에는 그 크기만큼 패킹을 사용한다.
② 플랜지에 패킹시트가 없는 경우에는 죔 볼트 구멍의 안쪽에 접하는 크기로 사용한다.
③ 소구경 플랜지는 죔 볼트 구멍의 피치원 지름에 접하는 크기로 사용한다.
④ 제조사에서 제공한 플랜지용 패킹재가 있는 경우에는 그대로 사용한다.

③ 소구경 플랜지는 죔 볼트 구멍의 안쪽에 접하는 크기나, 플랜지 바깥지름에 접하는 크기로 사용한다.

**34** 열역학 제2법칙과 관계가 없는 것은?

① 열 이동의 방향성
② 제2종 영구기관
③ 엔트로피 증가
④ 일과 에너지의 변환

**열역학 법칙**
① 열역학 제0법칙 : 열평형 법칙
② 열역학 제1법칙 : 에너지보존의 법칙
③ 열역학 제2법칙 : 열이동 법칙(방향성의 법칙)
④ 열역학 제3법칙 : 어떤 계 내에서 물체의 상태변화 없이 절대온도 0도에 이르게 할 수는 없다.
※ 일과 에너지의 변환은 열역학 제1법칙에 관한 설명이다.

**35** 보일러에서 연소 배기가스의 $CO_2$ 성분을 측정하는 주된 이유는?

① 연소부하를 계산하기 위하여
② 연료 소비량을 알기 위하여
③ 연료의 구성 성분을 알기 위하여
④ 공기비를 알기 위하여

보일러에서 연소 배가가스의 $CO_2$ 성분을 측정하는 주된 이유는 공기비를 구하여 연소 시 적정 공기비를 유지하기 위함이다.

정답 32 ④  33 ③  34 ④  35 ④

**36** 여러 가지 물리량에 대한 설명으로 틀린 것은?

① 밀도는 단위체적당의 중량이다.
② 비체적은 단위중량당의 체적이다.
③ 비중은 표준 대기압에서 4℃ 물의 비중량에 대한 유체의 비중량의 비(比)이다.
④ 유체의 압축률은 압력변화에 대한 체적변화의 비(比)이다.

밀도는 단위 체적당 질량이다.
• 밀도의 단위 : [kg/m³], [g/L]

**37** 안지름 0.1m, 길이 100m인 파이프에 물이 흐르고 있다. 파이프의 마찰손실계수를 0.015, 물의 평균속도가 10m/s일 때 나타나는 압력손실은? (단, 물의 비중량은 1000kg/m³, 중력가속도는 9.8m/s²이다)

① 약 5.65kg/cm²  ② 약 6.65kg/cm²
③ 약 7.65kg/cm²  ④ 약 8.65kg/cm²

**원형관의 마찰손실**
달시–바이스바하(Darcy–Weisbach) 방정식
$$h_l = f \times \frac{l}{d} \times \frac{V^2}{2g}$$
여기서, $h_l$ : 손실수두[mH₂O]
  $f$ : 관마찰계수
  $l$ : 관길이[m]
  $d$ : 관지름[m]
  $g$ : 중력가속도[9.8m/s²]
∴ $h_l = 0.015 \times \frac{100}{0.1} \times \frac{10^2}{2 \times 9.8} \times 1,000$
  $= 76,530.61$[mmAq]
• 단위 환산
∴ $\frac{76,530.61[\text{mmAq}]}{10,332[\text{mmAq}]} \times 1.0332[\text{kg/cm}^2]$
  $= 7.65[\text{kg/cm}^2]$
※ 단위환산 : 1[mmAq] = 1[kg/m²]

**38** 다음 보일러 청관제의 역할 중 거리가 가장 먼 것은?

① 관수의 pH 조정  ② 관수의 취출
③ 관수의 탈산소작용  ④ 관수의 경도성분 연화

**청관제의 사용목적**
① 보일러수의 pH 조정
② 보일러수의 탈산소
③ 보일러수의 연화
④ 가성취화 방지
⑤ 포밍(forming) 방지
⑥ 슬러지의 조정

정답 36 ① 37 ③ 38 ②

**39** 보일러 내면부식 발생 원인으로 틀린 것은?

① 급수의 수질 처리가 잘 되지 않을 때
② 보일러수의 순환불량으로 국부적 과열을 일으킬 때
③ 연료에 유황성분이 많이 포함되어 있을 때
④ 보일러 휴지 중 보존법이 좋지 않을 때

③은 외부부식 중 고온부식에 대한 설명이다.

**내부부식 발생원인**
① 급수 중 유지류, 산류, 염류, 탄산가스 등 불순물이 함유된 경우이다.
② 강재의 수측 표면에 녹이 생기면 국부적으로 전위차가 발생하며 이때 전류가 흘러 부식될 수 있다(점식의 원인).
③ 청관제의 사용법이 옳지 못한 경우 급수의 질이 떨어지고 내부부식의 원인이 될 수 있다.
④ 강재속에 함유된 유황(S)성분이나 인(P)성분이 온도상승과 함께 산화되거나 녹이 생긴 경우이다.

**40** 단위 중량당 엔탈피(enthalpy)가 가장 큰 것은?

① 과냉각액　　② 과열증기
③ 포화증기　　④ 습포화증기

과열증기는 포화증기에 열을 가하여 압력변화 없이 온도만 상승시킨 것으로 단위 중량당 엔탈피가 가장 큰 상태이다.

**41** 산업통상자원부장관 또는 시·도지사가 소속 공무원 또는 에너지관리공단으로 하여금 검사하게 할 수 있는 사항이 아닌 것은?

① 에너지 절약전문기업이 수행한 사업에 관한 사항
② 효율관리시험기관의 지정을 위한 시험능력 확보여부에 관한 사항
③ 에너지 다소비사업자의 에너지 사용량의 신고 이행 여부에 관한 사항
④ 에너지 절약전문기업의 경우 영업실적(연도별 계약실적을 포함한다)

④은 산업통상자원부장관이 보고를 명할 수 있는 사항이다.

**보고 및 검사**
① 산업통상자원부장관이나 시·도지사는 이 법의 시행을 위하여 필요하면 산업통상자원부령으로 정하는 바에 따라 효율관리기자재·대기전력저감대상제품·고효율에너지인증대상기자재의 제조업자·수입업자·판매업자 및 각 시험기관, 에너지절약전문기업, 에너지다소비사업자, 진단기관과 검사대상기기설치자에 대하여 그 업무에 관한 보고를 명하거나 소속 공무원 또는 공단으로 하여금 효율관리기자재 제조업자 등의 사무소·사업장·공장이나 창고에 출입하여 장부·서류·에너지사용기자재, 그 밖의 물건을 검사하게 할 수 있다.
② 검사를 하는 공무원이나 공단의 직원은 그 권한을 표시하는 증표를 지니고 이를 관계인에게 내보여야 한다.

**정답** 39 ③　40 ②　41 ④

**42** 패킹재의 종류 중 합성수지 제품으로 내열범위가 −260 ~260℃인 것은?

① 테프론　　② 아마존 패킹
③ 네오프렌　　④ 모울드 패킹

**합성수지 패킹**
가장 우수한 것으로는 테프론이 있으며, 탄성이 부족하여 고무, 석면, 금속관 등으로 표면처리하여 사용하며, 내열범위는 −260~260[℃]까지로 사용범위가 아주 넓게 사용된다.

**43** 설치검사와 계속사용검사를 받는 검사대상기기는?

① 전열면적 30m²의 진공보일러
② 전열면적 9m²의 가스연소 관류보일러
③ 전열면적 9m²의 기름연소 관류보일러
④ 전열면적 30m²의 대기개방형보일러(무압보일러)

**검사의 면제대상 범위(강철제, 주철제 보일러)**
① 설치검사
　• 가스 외의 연료를 사용하는 1종 관류보일러
　• 전열면적 30m² 이하의 유류용 주철제 증기보일러
② 계속사용검사
　• 전열면적 5m² 이하의 증기보일러로서 다음 각 항목의 어느 하나에 해당하는 것
　　− 대기에 개방된 안지름 25mm 이상인 증기관이 부착된 것
　　− 수두압이 5m 이하이며 안지름이 25mm 이상인 대기에 개방된 U자형 입관이 보일러의 증기부에 부착된 것
　• 온수보일러로서 다음 각 항목의 어느 하나에 해당하는 것
　　− 유류·가스 외의 연료를 사용하는 것으로 전열면적 30m² 이하인 것
　　− 가스 외의 연료를 사용하는 주철제 보일러

**44** 강관 벤더기에 관한 설명으로 틀린 것은?

① 램(ram)식은 현장용으로 많이 쓰인다.
② 램(ram)식은 관 속에 모래를 채우는 대신 심봉을 넣고 벤딩을 한다.
③ 공장에서 동일한 모양의 벤딩 제품을 다량 생산할 때 적합한 것은 로터리(rotary)식이다.
④ 로터리(rotary)식 사용 시에는 관의 단면 변형이 없고 강관, 스테인리스관, 동관도 벤딩 가능하다.

② 심봉(mandrel)을 사용하는 것은 로터리식 벤더기이다.

정답　42 ①　43 ②　44 ②

**45** 제조방법으로 수직법과 원심력법이 있으며, 내식성, 내구성이 좋아 수도용 급수관, 가스 공급관, 통신용 지하매설관 등에 사용되는 관은?

① 주철관
② 고압 배관용 탄소강관
③ 배관용 탄소강관
④ 압력 배관용 탄소강관

**주철관**
철과 탄소의 합금계에서 탄소함유량이 2% 이하인 것을 강(steel), 2% 이상인 것을 주철(cast iron)이라 한다.
• 특징
 ① 내식성 및 내마모성이 좋다.
 ② 일반관에 비해 강도가 크다.
 ③ 매설 시 부식이 적어 매설관에 적합하다.
 ④ 급수·배수·통기 및 오수·가스공업·화학공업 등 사용처가 다양하다.
 ⑤ 제조방법으로 수직법과 원심력법이 있다.

**46** 다음 배관 중 스위블형 신축 이음으로 가장 거리가 먼 것은?

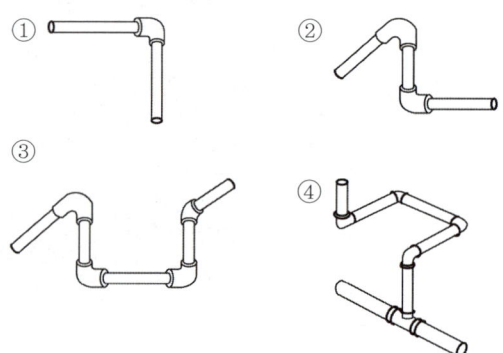

**스위블형 신축이음**
회전이음, 지블이음이라고도 불리며, 2개 이상의 엘보를 조립하여 설치한 신축이음으로 신축이 큰 배관에서는 누설의 우려가 있다. 주로 증기 및 온수난방용 배관에 사용된다.

**47** 파이프에 관한 설명으로 틀린 것은?

① 호칭경은 일정한 등분으로 나뉘어 있다.
② 관이음의 부품들도 호칭경으로 표시된다.
③ 호칭경이 없이 외경으로 관경을 표시한다.
④ 관이음의 부품들은 국제적으로 표준화되어 있다.

파이프는 호칭지름이 일정한 등분으로 나뉘어져있고 내경을 기준으로 관경을 표시한다.

정답 45 ① 46 ① 47 ③

**48** 펌프, 압축기 등에서 발생하는 배관계 진동을 억제하는데 사용하는 지지구는?

① 행거
② 브레이스
③ 턴 버클
④ 리스트레인트

② 브레이스(brace) : 펌프, 압축기 등에서 발생하는 진동, 서징, 수격작용, 지진 등에 의한 진동, 충격 등을 완화하는 완충기(방진기)가 있다(공사 시 보강재로 사용이 가능하다).

**49** 일정규모 이상의 에너지를 사용하는 에너지 다소비업자는 에너지사용기자재의 현황을 누구에게 신고해야 하는가?

① 대통령
② 산업통상자원부장관
③ 에너지사용시설 지역 관할 시·도지사
④ 에너지관리공단 이사장

에너지 다소비사업자는 연료·열 및 전력의 연간사용량의 합계(연간 에너지사용량)가 2,000 [TOE] 이상이 되는 경우 1월 31일까지 그 에너지사용시설이 있는 지역의 관할 시·도지사에게 신고하여야 한다.

**50** 무기질 보온재 중 암면을 가공한 것으로 빌딩의 덕트, 천장, 마루 등의 단열재로 한 쪽 면은 은박지 등을 부착하였으며, 사용온도가 600℃ 정도인 것은?

① 로코트(rocoat)
② 홈 매트(home met)
③ 블랭킷(blanket)
④ 하이울(high wool)

**블랭킷(blanket)**
안산암, 현무암, 석회석 등을 원료로 섬유상으로 제조한 암면을 가공한 보온재로 사용온도가 600℃ 정도이다.

**정답** 48 ② 49 ③ 50 ③

**51** 가스절단 장치에 관한 설명으로 가장 거리가 먼 것은?

① 독일식 절단 토치의 팁은 이심형이다.
② 프랑스식 절단 토치의 팁은 등심형이다.
③ 중압식 절단 토치는 아세틸렌가스 압력이 보통 0.07 kgf/cm² 이하에서 사용된다.
④ 산소나 아세틸렌 용기내의 압력이 고압이므로 그 조정을 위해 압력 조정기가 필요하다.

**가스절단 토치 아세틸렌 가스 압력**
① 저압식 : 0.07[kg/cm²] 이하
② 중압식 : 0.07~0.4[kg/cm²] 이하

**52** 증기트랩의 점검방법으로 틀린 것은?

① 배출상태로 확인
② 수작업으로 감지확인
③ 초음파 탐지기를 이용하여 점검
④ 사이트 그라스를 이용하여 점검

**증기트랩 점검방법**
① 배출상태로 확인 : 증기트랩 출구에 설치된 밸브를 폐쇄하고 점검밸브를 개방하여 물방울이 배출되는 상태로 점검하는 방법
② 초음파 탐지기 이용 : 증기트랩 몸체에 탐지기의 검사부를 접촉시켜 배출음을 듣고 점검하는 방법
③ 사이트 그라스 이용 : 응축수 배관에 사이트 그라스를 설치하여 응축수의 상태를 눈으로 직접 확인하는 방법

**53** 스트레이너의 형상에 따른 3가지 분류에 해당되지 않는 것은?

① P형　　② U형
③ Y형　　④ V형

**여과기(스트레이너)**
유체 속의 이물질을 제거하는 장치로 U형, V형, Y형이 있다.
① 증기관, 급수관 : 주로 Y형 사용
② 급유관 : 주로 U형, V형, Y형 사용
③ 가스관 : 주로 U형, V형 사용

정답　51 ③　52 ②　53 ①

**54** 가스용접 시 변형방지를 목적으로 하는 조치로 적절하지 않은 것은?

① 가접을 한다.
② 예열과 후열을 한다.
③ 구속을 한다.
④ 전진법으로 용접한다.

> 가스용접 시 전진법 및 후진법은 가스용접의 방법을 말하며 모재의 변형과는 관계가 없다.

**55** MTM(Method Time Measurement)법에서 사용되는 TMU(Time Measurement Unit)는 몇 시간인가?

① $\dfrac{1}{100,000}$시간
② $\dfrac{1}{10,000}$시간
③ $\dfrac{6}{10,000}$시간
④ $\dfrac{36}{1,000}$시간

> **MTM법의 시간치**
> 1TMU = $\dfrac{1}{100,000}$시간
> = 0.00001시간
> = 0.0006분
> = 0.036초

**56** $np$ 관리도에서 시료군 마다 시료수($n$)는 100이고, 시료군의 수($k$)는 20, $\sum np = 77$이다. 이때 $np$ 관리도의 관리상한선($U_{CL}$)을 구하면 약 얼마인가?

① 8.94
② 3.85
③ 5.77
④ 9.62

> **$np$ 관리도의 관리한계선**
>
> | 통계량 | 중심선 |
> |---|---|
> | $np$ | $n\bar{p}$ |
> | $U_{CL}$ | $L_{CL}$ |
> | $n\bar{p}+3\sqrt{n\bar{p}(1-\bar{p})}$ | $n\bar{p}-3\sqrt{n\bar{p}(1-\bar{p})}$ |
>
> [참고] $n\bar{p} = \dfrac{\sum np}{k}$, $\bar{p} = \dfrac{\sum np}{\sum n} = \dfrac{\sum np}{k \times n}$
> $L_{CL}$이 음(-)인 경우, 고려하지 않는다.
>
> ① 중심선($n\bar{p}$)
> $n\bar{p} = \dfrac{\sum np}{k} = \dfrac{77}{20} = 3.85$
>
> ② $\bar{p}$ 값
> $\bar{p} = \dfrac{\sum np}{\sum n} = \dfrac{\sum np}{k \times n} = \dfrac{77}{20 \times 100} = 0.0385$
>
> ③ 관리 상한선($U_{CL}$)
> $U_{CL} = n\bar{p} + 3\sqrt{n\bar{p}(1-\bar{p})}$
> $= 3.85 + 3\sqrt{3.85(1-0.0385)}$
> $= 9.622$

**정답** 54 ④   55 ①   56 ④

**57** 미국의 마틴 마리에타사(Martin Marietta Corp.)에서 시작된 품질개선을 위한 동기부여 프로그램으로 모든 작업자가 무결점을 목표로 설정하고 처음부터 작업을 올바르게 수행함으로써 품질비용을 줄이기 위한 프로그램은 무엇인가?

① TPM활동  ② 6 시그마 운동
③ ZD운동  ④ ISO 9001인증

**Z.D(Zero Defect)운동**
무결점운동으로 인간의 오류에 의한 일체의 결함이나 결점을 없애기 위한 경영관리기법이다.

**58** 그림의 OC곡선을 보고 올바른 내용을 나타낸 것은?

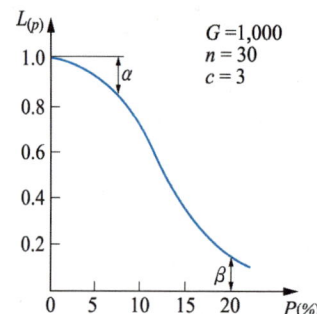

① $\alpha$ : 소비자 위험
② $L_{(p)}$ : 로트가 합격할 확률
③ $\beta$ : 생산자 위험
④ 부적합품률 : 0.03

**OC 곡선**

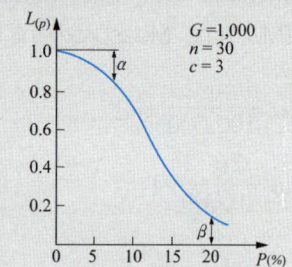

여기서, $P$ : 로트의 부적합품률(%)
$L_{(p)}$ : 로트가 합격할 확률
$\alpha$ : 좋은 로트가 불합격될 확률
  (생산자 위험)
$\beta$ : 나쁜 로트가 합격될 확률
  (소비자 위험)
$N$ : 로트의 크기
$n$ : 시료의 크기
$c$ : 합격판정계수

**59** 일정 통제를 할 때 1인당 그 작업을 단축하는데 소요되는 비용의 증가를 의미하는 것은?

① 정상소요시간(Normal duration time)
② 비용견적(Cost estimation)
③ 비용구배(Cost slope)
④ 총비용(Total cost)

**비용구배(Cost Slope)**
작업일정을 단축시키는데 소요되는 단위시간당 소요비용을 의미한다.

비용구배 = $\dfrac{특급비용 - 정상비용}{정상시간 - 특급시간}$

정답 57 ③  58 ②  59 ③

**60** 다음 중 단속생산 시스템과 비교한 연속생산 시스템의 특징으로 옳은 것은?

① 단위당 생산원가가 낮다.
② 다품종 소량생산에 적합하다.
③ 생산방식은 주문생산방식이다.
④ 생산설비는 범용설비를 사용한다.

작업 연속성에 의한 분류

| 특징 | 단속생산 | 연속생산 |
|---|---|---|
| 생산시기 | 주문생산 | 예측생산 |
| 품종과 생산량 | 다품종 소량생산 | 소품종 대량생산 |
| 단위당 생산원가 | 높다 | 낮다 |
| 기계설비 | 범용설비 (일반 목적용) | 전용설비 (특수 목적용) |

정답 60 ①

# 15회 에너지관리기능장 실전모의고사 기출문제

**01** 다음 중 복사난방에서 방열관의 열전도율이 큰 순서대로 나열된 것으로 맞는 것은?

① 강관 > 폴리에틸렌관 > 동관
② 동관 > 폴리에틸렌관 > 강관
③ 동관 > 강관 > 폴리에틸렌관
④ 폴리에틸렌관 > 동관 > 강관

**방열관 열전도율**
① 동관 : 340[kcal/m·h·℃]
② 강관 : 50[kcal/m·h·℃]
③ 폴리에틸렌관 : 일반적 폴리에틸렌관(PE)의 열전도율을 상당히 낮아 방열관으로 잘 사용하지 않으며 가교화 폴리에틸렌관(XL)의 경우 열전도율은 22.3[kcal/m·h·℃]로 방열관으로 사용된다.

**02** 관류보일러(단관식)의 특징 설명으로 틀린 것은?

① 관로만으로 구성되어 기수드럼을 필요로 하지 않고 관을 자유로이 배치할 수 있다.
② 전열면적에 비해 보유수량이 많아 기동에서 소요증기 발생까지의 시간이 길다.
③ 부하변동에 의해 압력변동이 생기기 때문에 응답이 빠르고 급수량 및 연료량의 자동제어장치가 필요하다.
④ 작고 가느다란 관내에서 급수의 전부 또는 거의가 증발되기 때문에 제대로 처리된 급수를 사용해야 한다.

② 전열면적에 비해 보유수량이 적어 기동에서 소요증기 발생까지의 시간이 짧다.
• 단관식 : 증기와 응축수를 동일 관 속에 흐르게 하는 방식

**03** 실제 증발량 4ton/h인 보일러의 효율이 85%이고, 급수 온도가 40℃, 발생증기 엔탈피가 650kcal/kg이다. 이 보일러의 연료소비량은 얼마인가? (단, 연료의 저위 발열량은 9,800kcal/kg이다)

① 361kg/h   ② 293kg/h
③ 250kg/h   ④ 395kg/h

**보일러 효율**
$$\eta = \frac{G(h'' - h')}{Gf \times Hl}$$
$$\rightarrow Gf = \frac{G(h'' - h')}{Hl \times \eta} = \frac{4,000 \times (650 - 40)}{9,800 \times 0.85}$$
$$= 292.92[kg/h]$$

여기서, $G$ : 증기발생량(급수량)[kg/h]
$h''$ : 발생증기엔탈피[kcal/kg]
$h'$ : 급수엔탈피[kcal/kg]
$Gf$ : 연료사용량[kg/h]
$Hl$ : 저위발열량[kcal/kg]

**정답** 01 ③  02 ②  03 ②

**04** 지역난방의 특징에 대한 설명으로 틀린 것은?

① 각 건물의 보일러를 설치하는 경우에 비해 건물의 유효면적이 증대된다.
② 각 건물에 보일러를 설치하는 경우에 비해 열효율이 좋아진다.
③ 설비의 고도화에 따라 도시매연이 감소된다.
④ 열매체로 증기보다 온수를 사용하는 것이 관내 저항 손실이 적으므로 주로 온수를 사용한다.

**지역난방**
열공급 시설에 고압의 증기 및 고온수를 생산하여 일정지역을 대상으로 집단 공급하는 난방방식이다.
① 장점
- 대규모 설비로 인한 우수한 장치의 확보로 열설비의 고효율화, 대기오염의 방지 효과를 얻을 수 있다.
- 한곳에 집중적으로 설비하므로 건물 공간을 유효하게 사용할 수 있다.
- 폐열 회수 및 쓰레기 소각 등으로 연료비를 절감할 수 있다.
- 작업인원의 절감으로 인건비를 절약할 수 있다.
- 고압의 증기 및 고온수이므로 관지름을 적게 할 수 있다.
② 단점
- 시설비가 많이 든다.
- 설비가 길어지므로 배관의 열손실이 크다.
- 고압의 증기, 고온의 온수를 사용하므로 취급에 어려움이 따른다.

**05** 증기보일러의 사용 전 준비사항으로 적절하지 않은 것은?

① 보일러 가동 전 압력계의 지침은 0점에 있어야 한다.
② 주증기 밸브를 열어 놓은 후 보일러를 가동한다.
③ 원심식 펌프는 수동으로 회전시켜 이상 유무를 살펴본다.
④ 자동급수장치의 전원을 넣을 때 전류흐름의 지침이나 표시전등의 정상유무를 확인한다.

② 주증기 밸브는 보일러의 압력상승에 따라 알맞게 개방시킨다.

**06** 액상식 열매체 보일러 및 온도 120℃ 이하의 온수발생 보일러에 설치하는 방출밸브 지름은 몇 mm 이상으로 하는가?

① 5mm    ② 10mm
③ 15mm   ④ 20mm

**방출밸브(온수 보일러의 안전장치)**
① 온수온도 120[℃](393[K]) 초과 : 안전밸브(20A 이상)부착
② 온수온도 120[℃](393[K]) 이하 : 방출밸브(20A 이상)부착
③ 온수 보일러의 방출밸브는 보일러 압력이 최고사용압력의 10%를 초과하지 않도록 지름과 개수를 정하여야 한다.

정답  04 ④  05 ②  06 ④

**07** 집진장치의 종류 중 집진효율이 가장 높고 0.05~20μm 정도의 미립자까지 집진이 가능한 장치는?

① 전기 집진장치　② 관성력식 집진장치
③ 세정 집진장치　④ 원심력식 집진장치

**전기식(cotterll : 코트렐식) 집진장치**
고압의 직류 전원을 사용하여 방전극 근처에서 양이온과 자유전자로부터 이루어지는 플라즈마 형성에 의해 입자를 전리하는 방식으로 이러한 방전을 코로나 방전현상이라 하며 가스 중 함유 입자는 음이온으로 되어 부착·분리되어 제거하는 방식으로 0.05~20μm 정도의 미립자까지 집진이 가능하다(집진방식 중 가장 효율이 뛰어나다).

**08** 개방식과 밀폐식 팽창탱크에 공통적으로 필요한 것은?

① 통기관　② 압력계
③ 팽창관　④ 안전밸브

- 개방식 팽창탱크의 구성 : 팽창관, 급수관, 안전관(방출관), 배기관, 오버플로우관, 배수관
- 밀폐식 팽창탱크의 구성 : 팽창관, 급수관, 배수관, 압축공기관, 압력계, 수면계, 안전밸브
- 개방식과 밀폐식 팽창탱크의 공통 부속 : 팽창관, 급수관, 배수관

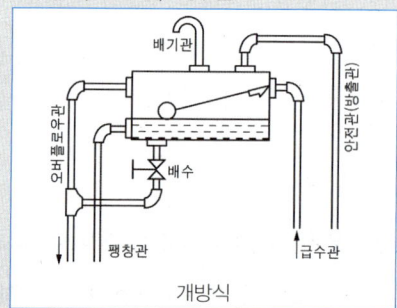
개방식

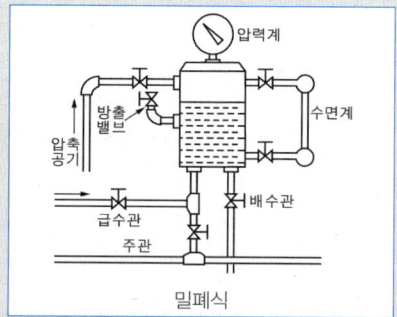
밀폐식

**09** 교축열량계는 무엇을 측정하는 것인가?

① 증기의 압력　② 증기의 온도
③ 증기의 건도　④ 증기의 유량

**교축열량계(throotting calorimeter)**
습증기를 교축밸브를 통해 교축시켜 습증기의 건도를 측정하는데 사용되는 계측기이다.

정답　07 ①　08 ③　09 ③

10  보일러의 부속장치에서 슈트 블로워(Soot blower)의 사용 시 주의사항으로 가장 거리가 먼 것은?

① 보일러의 부하가 60% 이상인 때는 사용하지 않는다.
② 소화 후에는 슈트 블로워 사용을 금지한다.
③ 분출 시에는 유인 통풍을 증가시킨다.
④ 분출 전에는 분출기 내부에 드레인을 제거한다.

**수트 블로워**
전열면 외측의 그을음 등을 제거하는 장치
**수트 블로워(soot blow) 사용 시 주의 사항**
① 한 곳으로 집중적으로 사용함으로 전열면에 무리를 가하지 말 것
② 분출기 내의 응축수는 배출시킨 후 사용할 것
③ 분출하기 전 연도 내 배풍기를 사용하여 유인통풍을 증가시킬 것
④ 부하가 적거나(50[%] 이하) 소화 후 사용하지 말 것
⑤ 연료의 종류, 분출 위치, 증기의 온도 등에 따라 분출시기를 결정할 것

11  건조공기 성분 중 산소와 질소의 용적비율로 가장 적절한 것은? (단, 공기는 산소와 질소로만 이루어진 것으로 가정한다)

① 산소 21%, 질소 79%
② 산소 30%, 질소 70%
③ 산소 11%, 질소 89%
④ 산소 35%, 질소 65%

**건공기의 체적비율**
산소 21[%], 질소 79[%]

12  어떤 보일러의 원심식 급수펌프가 2,500rpm으로 회전하여 200m³/h의 유량을 공급한다고 한다. 이 펌프를 1,500rpm으로 회전시키면 공급되는 유량은?

① 100m³/h  ② 120m³/h
③ 140m³/h  ④ 160m³/h

**상사법칙(유량)**
$Q_2 = \left(\dfrac{N_2}{N_1}\right)^1 \times Q_1$

$Q_2 = \left(\dfrac{1,500}{2,500}\right)^1 \times 200 = 120[m^3/h]$

**상사법칙(펌프)**

| | |
|---|---|
| 유량 | $Q_2 = \left(\dfrac{N_2}{N_1}\right)^1 \cdot \left(\dfrac{D_2}{D_1}\right)^3 \cdot Q_1$ |
| 양정 | $P_2 = \left(\dfrac{N_2}{N_1}\right)^2 \cdot \left(\dfrac{D_2}{D_1}\right)^2 \cdot P_1$ |
| 동력 | $L_2 = \left(\dfrac{N_2}{N_1}\right)^3 \cdot \left(\dfrac{D_2}{D_1}\right)^5 \cdot L_1$ |

정답  10 ①  11 ①  12 ②

**13** 복사난방의 특징에 대한 설명으로 틀린 것은?

① 방열기의 설치가 불필요하여 바닥면의 이용도가 높다.
② 실내 평균온도가 높아 손실열량이 크다.
③ 건물 구조체에 매입배관을 하므로 시공 및 고장수리가 어렵다.
④ 예열시간이 많이 걸려 일시적 난방에는 부적당하다.

**복사난방 특징**
① 장점
 • 높이에 따른 온도분포가 균일하다.
 • 동일 방열량에 대한 열손실이 적다.
 • 공기 등 미진을 태우지 않아 쾌감도가 좋다.
 • 방열기 등의 설치공간이 불필요하여 실내 공간의 이용율이 높다.
② 단점
 • 초기 설비비가 많이 든다.
 • 매입배관이므로 고장수리 및 점검이 어렵다.
 • 예열시간이 길어 부하변동에 대응하기 어렵다.
 • 표면부(시멘트, 모르타르층) 균열이 발생할 수 있다.

**14** 증기난방의 설명 중 틀린 것은?

① 단관중력환수식은 환수관이 별도로 없어서 방열기 상부에 공기빼기장치가 필요하다.
② 기계환수식은 응축수를 일단 급수탱크에 모아서 펌프를 사용하여 보일러로 급수한다.
③ 진공환수식은 방열기 마다 공기빼기 장치가 필요하다.
④ 진공환수식은 대규모 설비에서 사용되며 방열량이 광범위하게 조절된다.

③ 진공환수식은 방열기 마다 공기빼기 장치를 설치할 필요가 없다.
 • 진공환수식은 환수관 말단에 진공펌프를 설치하고, 방열기 및 배관내의 공기를 흡입하여 응축수를 환수시키는 방식으로 항상 배관내부의 진공도(100~250[mmHg·V])를 일정하게 유지하게 되며 탱크내부의 수위와 연동하여 자동적으로 펌프를 작동시켜 응축수를 환수시킨다. 배관이 보일러 수위보다 낮아도 작동에 문제가 없으며, 방열량을 광범위하게 조절할 수 있어 대규모 난방에 적합하다.

**15** 유압분무식 버너의 특징에 대한 설명으로 틀린 것은?

① 유압펌프로 기름이 고압력(5~20kgf/cm²)을 주어서 버너팁에서 노내로 분출하여 무화시킨다.
② 분무각도는 설계에 따라 40~90° 정도의 넓은 각도로 할 수 있다.
③ 유량은 유압의 평방근에 반비례한다.
④ 무화매체인 공기나 증기가 필요 없다.

**유압분무식 버너**
연료유에 기어펌프로 0.5~2MPa(5~20[kg/cm²]) 정도의 압력을 가하여 팁을 통해 고속으로 분무하여 연소하는 방식으로 환류식과 비환류식이 있으며 분무각도는 40~90° 정도이다.
 • 특징
 ① 환류식과 비환류식이 있다.
 ② 부하변동에 적응성이 작다.
 ③ 무화매체가 필요 없고, 대용량에 적합하다.
 ④ 유량은 유압의 평반근에 비례한다.
 ⑤ 분무각도는 40~90° 정도이다.
 ⑥ 사용유압은 0.5~2MPa(5~20[kg/cm²]) 정도이다.
 ⑦ 유량조절범위 : 환류식(1:3), 비환류식 (1:6)

정답 13② 14③ 15③

**16** 보일러 연료로서 중유가 석탄보다 좋은 점을 설명한 것으로 틀린 것은?

① 연소장치가 필요 없다.
② 단위중량당 발열량이 크다.
③ 운반과 저장이 편리하다.
④ 그을음이 적고 재의 처리가 간단하다.

**액체연료의 특징**
① 품질이 균일하여 발열량이 높다.
② 운반 및 저장, 취급이 용이하다.
③ 회분이 적고 연소조절이 쉽다.
④ 연소온도가 높아 국부과열의 위험성이 높다.
⑤ 고체연료보다 연소효율 및 열효율이 높다.
⑥ 화재 및 역화의 위험이 있다.

**17** 자동제어의 종류 중 주어진 목표값과 조작된 결과의 제어량을 비교하여 그 차를 제거하기 위하여 출력측의 신호를 입력측으로 되돌려 제어하는 것은?

① 피드백 제어　　② 시퀀스 제어
③ 인터록 제어　　④ 캐스케이드 제어

- 시퀀스제어 : 미리 정해진 순서에 따라 제어 단계를 순차적으로 진행하는 제어방식
- 피드백제어 : 제어량을 측정하여 목표값과 비교하고, 그 차를 적절한 정정신호로 교환하여 제어장치로 되돌리며, 제어량이 목표값과 일치할 때까지 수정 동작을 하는 자동제어방식
- 인터록제어 : 어느 한쪽의 조건이 충족되지 않으면 다음 단계의 동작을 정지시키는 제어방식
- 캐스케이드 제어 : 2개의 제어계를 조합한 형태로 1차 제어량의 제어량 결과가 2차 제어계의 입력이 되는 제어방식

**18** 관성력 집진장치의 형식 분류에 속하지 않는 것은?

① 포켓법　　② 직관형
③ 곡관형　　④ 루버형

**관성력식 집진장치**
분진가스를 방해판 등에 충돌시키거나 급격한 방향전환 등에 의해 매연을 분리 포집하는 집진장치
- 종류
  ① 집진방법에 의한 분류 : 충돌식, 반전식
  ② 방해판 수에 의한 분류 : 일단형, 다단형
  ③ 형식에 의한 분류 : 곡관형, 루버형, 포켓형

**19** 2장의 전열 판을 일정한 간격을 둔 상태에서 시계의 태엽 모양으로 감아 나간 것으로 저유량에서 심한 난기류 등이 유발되는 곳에 사용하는 열교환기의 형식은?

① 플레이트식 열교환기　② 2중관식 열교환기
③ 스파이럴형 열교환기　④ 쉘 앤 듀브식 열교환기

**스파이럴식(spiral type) 열교환기**
2장의 전열판을 일정간격으로 둔 상태에서 시계의 태엽 모양으로 감아 제작되며 열팽창이 큰 경우에도 견딜 수 있고 유량이 적은 경우 심한 난류현상이 발생되는 곳에 사용된다.

정답　16 ①　17 ①　18 ②　19 ③

**20** 감압밸브의 설치 시 이점에 대한 설명으로 틀린 것은?

① 증기를 감압시키면 잠열이 증가되므로 최대한의 열을 이용할 수 있다.
② 포화증기는 일정한 온도를 가지므로 특정온도를 유지할 수 있다.
③ 고압증기를 저압증기로 변화시키면 증기의 건도를 향상시킬 수 있다.
④ 고압증기보다 저압증기를 공급하면 배관 관경을 작게 할 수 있으며 경제적이다.

④는 고압증기 사용 시 배관경을 작게할 수 있어 경제적이며 저압증기 사용 시 배관경이 커지므로 비경제적이다.

**감압밸브 사용 시 이점**
① 생산성 향상
② 에너지 절약
③ 증기의 건도 향상
④ 배관 설비의 절감
⑤ 특정 온도를 일정하게 유지

**21** 보일러의 연소실이나 연료에 따라 연소가스 폭발을 대비하여 설치하는 안전장치는?

① 파괴 판   ② 안전밸브
③ 방폭문   ④ 가용전

**방폭문**
보일러 후부 또는 측부에 설치하여 연소실 내의 미연소가스 폭발로 인한 보일러의 파손을 방지하기 위한 안전장치

**22** 보일러의 자연통풍력에 대한 설명으로 틀린 것은?

① 외기온도가 높으면 통풍력은 증가한다.
② 연돌의 높이가 높으면 통풍력은 증가한다.
③ 배기가스 온도가 높으면 통풍력은 증가한다.
④ 연돌의 단면적이 클수록 증가한다.

**통풍력 증가 방법(자연통풍)**
• 연돌의 높이를 높인다.
• 배기가스 온도를 높인다.
• 연도의 길이를 짧게 하고 굴곡부를 줄인다.
• 연돌 상부단면적을 크게 한다.

**23** 과열기(super heater)에 대한 설명으로 옳은 것은?

① 포화증기의 온도를 높이기 위한 장치이다.
② 포화증기의 압력과 온도를 높이기 위한 장치이다.
③ 급수를 가열하기 위한 장치이다.
④ 연소용 공기를 가열하기 위한 장치이다.

**과열기**
보일러에서 발생한 포화증기를 과열증기로 만드는 장치로 압력은 일정한 상태에서 온도를 높여 과열이 되며 이때 엔탈피는 증가하고 증기의 마찰저항은 감소한다.

정답  20 ④  21 ③  22 ①  23 ①

**24** 고압 보일러에 사용되는 청관제 중 탈 산소제로 사용되는 것은?

① 히드라진    ② 수산화나트륨
③ 탄산나트륨  ④ 암모니아

> **탈산소제**
> 탄닌, 히드라진, 아황산나트륨(아황산소다)

**25** 보일러의 건조보존법에서 질소가스를 사용할 때 질소의 보존 압력은?

① 0.03Mpa    ② 0.06Mpa
③ 0.12Mpa    ④ 0.15Mpa

> 질소가스 봉입보전법의 경우 질소가스 압력은 0.06MPa(0.6kg/cm$^2$)정도로 보존한다.

**26** 청관제의 작용에 해당되지 않는 것은?

① 관수의 탈산작용   ② 기포발생 촉진
③ 경도성분 연화     ④ 관수의 PH조절

> **청관제의 사용목적**
> ① 보일러수의 pH조정
> ② 보일러수의 탈산소
> ③ 보일러수의 연화
> ④ 가성취화 방지
> ⑤ 포밍(forming) 방지
> ⑥ 슬러지의 조정

**27** 카르노사이클의 열효율 $\eta$, 공급열량 $Q_1$, 배출 열량 $Q_2$라 할 때 옳은 관계식은?

① $\eta = 1 + \dfrac{Q_2}{Q_1}$    ② $\eta = 1 - \dfrac{Q_2}{Q_1}$

③ $\eta = 1 - \dfrac{Q_1}{Q_2}$    ④ $\eta = \dfrac{Q_1 + Q_2}{Q_2}$

> **카르노사이클의 열효율**
> $\eta = \dfrac{Aw}{Q_1} = \dfrac{Q_1 - Q_2}{Q_1} = 1 - \dfrac{Q_2}{Q_1}$
> $= \dfrac{T_1 - T_2}{T_1} = 1 - \dfrac{T_2}{T_1}$

**정답** 24 ① 25 ② 26 ② 27 ②

**28** 높이가 2m되는 뚜껑이 없는 용기 안에 비중이 0.8인 기름이 가득 차 있다면 밑면의 압력은?

① 1,600kgf/cm²  ② 16kgf/cm²
③ 1.6kgf/cm²    ④ 0.16kgf/cm²

수중(물속)에서 받은 압력은 그 깊이($h$)[m]에 물의 비중량($\gamma$)[kgf/m³]을 곱한 값과 같다.
$P$[kgf/m²] = $\gamma$[kgf/m³] × $h$[m]
∴ $P$ = 1,000 × 0.8[kgf/m³] × 2[m]
× $10^{-4}$[m²/cm²] = 0.16[kgf/cm²]

**29** 다음 중 물 때(scale)가 부착됨으로써 보일러에 미치는 영향으로 가장 거리가 먼 것은?

① 포밍을 일으킨다.
② 연료 손실을 일으킨다.
③ 관의 부식을 일으킨다.
④ 국부 과열로 보일러의 동판을 손상시킨다.

**포밍**
관수 중 용해 고형물, 유지류 등의 불순물로 인해 거품층이 형성되는 것

**스케일에 의한 장해**
① 통수공 차단으로 순환불량
② 열효율 저하로 인한 연료소비량 증가
③ 전열면 과열
④ 관 및 연락관 막힘
⑤ 전열량 감소로 배기가스 온도 상승

**30** 유체 속에 잠겨진 경사 평면벽에 작용하는 전압력에 대한 설명으로 옳은 것은?

① 경사진 각도에만 관계된다.
② 유체의 비중량과 단면적을 곱한 것과 같다.
③ 잠겨진 깊이와는 무관하다.
④ 벽면의 도심에서의 압력에 평면의 면적을 곱한 것과 같다.

유체속에 잠겨진 경사면에 작용하는 힘($F$ : 전압력)은 면의 중심점($h_c$ : 도심)에서의 압력 ($\gamma \cdot h_c = \gamma \cdot \sin\alpha$)과 면적(A)과의 곱과 같다.

**경사면에 작용하는 힘**
① 힘의 크기 : $F = \gamma \cdot h_c \cdot A = \gamma \cdot \sin\alpha \cdot A$
② 힘의 방향 : 면에 수직한 방향
여기서, $F$ : 힘[kgf]
$\gamma$ : 액체 비중량[kgf/m³]
$h_c$ : 경사면높이[m]
$A$ : 면적[m²]

**31** 기체의 정압 비열과 정적 비열의 관계를 설명한 것으로 옳은 것은?

① 정압비열이 정적비열보다 항상 작다.
② 정압비열이 정적비열보다 항상 크다.
③ 정압비열과 정적비열은 항상 같다.
④ 비열비는 정압비열과 정적비열의 차를 나타낸다.

정압비열($C_p$)이 정적비열($C_v$) 보다 항상 크기 때문에 비열비 $k = \dfrac{C_p}{C_v}$ 는 항상 1보다 크다.

정답 28 ④  29 ①  30 ④  31 ②

**32** 보일러 급수 중의 용존 고형물을 처리하는 방법이 아닌 것은?

① 가성소다법　　② 석회소다법
③ 응집침강법　　④ 이온교환법

**보일러 용수의 외처리**
① 용존가스의 제거
　• 탈기법 : 용존산소 및 탄산가스를 제거
　• 기폭법 : 탄산가스, 철, 망간 등을 제거
② 현탁 고형물(불순물) 제거
　• 자연침강법
　• 여과법
　• 응집법
③ 용해 고형물 제거
　• 이온교환법
　• 증류법
　• 약품 첨가법(소석회, 가성소다, 탄산소다 등 첨가)

**33** 배관 정비에 있어서 관경을 구할 때 사용하는 공식은? (단, $V$ : 유속, $Q$ : 유량, $d$ : 관경)

① $d = \sqrt{\dfrac{\pi V}{4Q}}$　　② $d = \sqrt{\dfrac{Q}{\pi V}}$

③ $d = \sqrt{\dfrac{4Q}{\pi V}}$　　④ $d = \sqrt{\dfrac{VQ}{4\pi}}$

$Q = A \cdot V = \dfrac{\pi D^2}{4} \cdot V$

$\therefore D = \sqrt{\dfrac{4Q}{\pi V}}$

여기서, $Q$ : 유량[m³/s]
　　　　$A$ : 면적[m²]
　　　　$V$ : 속도[m/s]
　　　　$\dfrac{\pi D^2}{4}$ : 원면적[m²]

**34** 보일러의 연소실 내부에서 전열면으로 열이 전달되는 형태 중 가장 크게 작용하는 열전달 방식은?

① 전도　　② 대류
③ 복사　　④ 비등

**복사 열전달**
중간에 매질 없이 한 물체에서 다른 물체로 열에너지가 이동하는 현상으로 스테판 볼츠만 법칙이 성립되며 보일러의 연소실 내부에서 전열면으로 열이 전달되는 형태 중 가장 크게 작용한다.

정답　32 ③　33 ③　34 ③

**35** 응축수 회수기는 고온의 응축수를 온도강하 없이 보일러에 급수할 수 있는 장치로서 압력계가 상승하며 동시에 배출구에서도 가압기체가 계속 나오는 이상발생의 원인으로 틀린 것은?

① 디스크 밸브 내에 먼지가 끼어 기밀이 잘 되지 않는다.
② 장치 내부의 배기밸브에 먼지나 이물질이 끼어 있다.
③ 디스크 밸브가 불량이다.
④ 가압기체가 공급되지 않는다.

④ 가압기체가 공급되지 않는 경우 압력계의 지침은 0으로 지시되고 배출구에서 배기음이 들리지 않게 된다.

**36** 2MPa의 고압증기를 0.12MPa로 감압하여 사용하고자 한다. 감압밸브 입구에서의 건도가 0.9라고 할 때 감압 후의 건도는? (단, 감압과정을 교축과정으로 본다. 압력에 따른 비엔탈피는 다음과 같다)

| 압력<br>(MPa) | 포화수의 비엔탈피<br>(kJ/kg) | 포화증기의 비엔탈피<br>(kJ/kg) |
|---|---|---|
| 0.12 | 439.362 | 2,683.4 |
| 2 | 908.588 | 2,797.2 |

① 0.65
② 0.79
③ 0.83
④ 0.97

① 감압 전 습포화 증기의 엔탈피
$h_a = x(h'' - h') + h'$
$= 0.9(2,787.2 - 908.588) + 908.588$
$= 2,608.34 [kcal/kg]$

② 감압 후 건도계산 : 감압밸브 전후의 과정이 교축과정이므로 엔탈피는 일정하다.
$x = \dfrac{h_a - h'}{h'' - h'}$
$= \dfrac{2,608.34 - 439.362}{2,683.4 - 439.362} = 0.97$

**37** 노통연관식 보일러에서 노통의 상부가 압궤되는 주된 요인은?

① 수처리 불량
② 저수위 차단불량
③ 연소실 폭발
④ 과부하 운전

**압궤**
보일러 본체의 화염에 접하는 부분이 과열된 결과 외부의 압력에 의해 짓눌리는 현상(발생위치 : 노통, 연소실, 연관, 관판)
∴ 저수위시 과열로 인한 압궤를 방지하기 위해 빠르게 차단해야 한다.

정답 35 ④ 36 ④ 37 ②

**38** 스테판-볼츠만의 법칙에 대한 설명으로 옳은 것은?

① 완전흑체 표면에서의 복사열 전달열은 절대온도의 4승에 비례한다.
② 완전흑체 표면에서의 복사열 전달열은 절대온도의 4승에 반비례한다.
③ 완전흑체 표면에서의 복사열 전달열은 절대온도의 2승에 비례한다.
④ 완전흑체 표면에서의 복사열 전달열은 절대온도에 반비례한다.

**스테판-볼츠만 법칙**
완전 흑체에서의 복사열 전달열은 절대온도 4승에 비례한다.

**39** 열관류율의 단위로 옳은 것은?

① kcal/kg·h
② kcal/kg·℃
③ kcal/m·℃·h
④ kcal/m²·℃·h

**열관류율(K)**
1시간 동안 온도차 1[℃]당 면적 1[m²]를 통과하는 열량으로 열통과율이라고도 하며 단위는 [kcal/m²h℃]로 나타낸다.

**40** 보일러의 내부부식의 주요 원인으로 볼 수 없는 것은?

① 급수 중에 유지류, 산류, 탄산가스, 염류 등의 불순물을 함유하는 경우
② 일반 전기배선에서의 누전으로 인하여 전류가 장시간 흐르는 경우
③ 연소가스 속의 부식성 가스에 의한 경우
④ 강재의 수축 표면에 녹이 생겨서 국부적으로 전위차가 발생하여 전류가 흐르는 경우

③은 외부부식 중 고온부식에 대한 설명이다.

**내부부식 발생원인**
① 급수 중 유지류, 산류, 염류, 탄산가스 등 불순물이 함유된 경우
② 강재의 수측 표면에 녹이생기면 국부적으로 전위차가 발생하며 이때 전류가 흘러 부식될 수 있다(점식의 원인).
③ 청관제의 사용법이 옳지 못한 경우 급수의 질이 떨어지고 내부부식의 원인이 될 수 있다.
④ 강재속에 함유된 유황(S)성분이나 인(P)성분이 온도상승과 함께 산화되거나 녹이 생긴 경우

정답 38 ① 39 ④ 40 ③

**41** 에너지이용합리화법의 에너지저장시설의 보유 또는 저장의무의 부과 시 정당한 이유 없이 이를 거부하거나 이행하지 아니한 자에 대한 벌칙은?

① 1년 이하의 징역 또는 1천만원 이하의 벌금에 처한다.
② 2년 이하의 징역 또는 2천만원 이하의 벌금에 처한다.
③ 3년 이하의 징역 또는 3천만원 이하의 벌금에 처한다.
④ 500만원 이하의 벌금에 처한다.

**2년 이하의 징역 또는 2천만원 이하의 벌금**
① 에너지저장시설의 보유 또는 저장의무의 부과 시 정당한 이유없이 이를 거부하거나 이행하지 아니한 자
② 에너지 수급안정을 위한 조정·명령 등의 조치를 위반한 자
③ 에너지관리 공단의 임직원으로 근무하거나 근무하였던 사람이 그 직무상 알게 된 비밀을 누설하거나 도용한 자

**42** 응축수의 부력을 이용해 밸브를 개폐하여 간헐적으로 응축수를 배출하는 증기트랩은?

① 벨로즈 트랩   ② 디스크 트랩
③ 오리피스 트랩  ④ 버킷 트랩

**버킷 트랩**
기계식 트랩 중 하나로 응축수의 부력을 이용하여 버킷을 작동시킨다.

**43** 에너지사용량이 기준량 이상인 에너지다소비사업자가 시·도지사에 신고해야 하는 사항으로 틀린 것은?

① 전년도의 분기별 에너지 사용량·제품생산량
② 해당년도의 분기별 에너지사용예정량·제품
③ 해당년도의 에너지이용합리화 실적 및 전년도의 계획
④ 에너지사용기자재의 현황제품생산예정량

**에너지다소비사업자가 매년 1월 31일까지 시·도지사에게 신고할 사항**
① 전년도의 에너지사용량·제품 생산량
② 해당 연도의 에너지사용예정량·제품생산 예정량
③ 에너지사용기자재의 현황
④ 전년도의 에너지이용 합리화 실적 및 해당 연도의 계획
⑤ 에너지관리자의 현황

**44** 부정형 내화물이 아닌 것은?

① 캐스터블 내화물   ② 포스테라이드 내화물
③ 플라스틱 내화물    ④ 래밍 내화물

• 산성 내화물 : 납석질, 점토질, 규석질, 반규석질, 지르콘질, 탄화규소질 등
• 염기성 내화물 : 마그네시아질, 돌로마이트질, 크롬-마그네시아질, 고점감람석질 등
• 중성내화물 : 고산화알루미늄질, 크롬질, 스피넬질, 탄소질 등
• 부정형 내화물 : 캐스터블, 플라스틱, 래밍 믹스, 내화 피복제, 내화 몰타르 등

정답 41 ② 42 ④ 43 ③ 44 ②

**45** 동관용 공구에 대한 설명 중 틀린 것은?

① 튜브 벤더(tube bender) : 관을 구부리는 공구
② 사이징 툴(sizing tool) : 관경을 원형으로 정형하는 공구
③ 플레어링 툴 세트(flaring tool sets) : 동관의 관 끝을 오므림하는 압축접합 공구
④ 익스팬더(expander) : 동관 끝의 확관용 공구

**동관용 공구**
① 사이징 툴 : 동관의 끝을 정확하게 원형으로 가공하는 공구
② 익스팬더 : 동관 확관용 공구
③ 플레어링 툴 : 동관을 나팔모양으로 가공 후 압축 접합하는 공구
④ 튜브 커터 : 동관 커팅용 공구
⑤ 튜브 벤더 : 동관 굽힘(벤딩)용 공구
⑥ 토치램프 : 납땜(용접), 벤딩 등의 가열에 이용되는 공구 또는 장비
⑦ 티뽑기 : 주관에서 분기관 성형 시 구멍을 때 사용되는 공구

**46** 사용하는 재료의 안전율에 대하여 고려해야 할 요소로 가장 거리가 먼 것은?

① 사용하는 장소    ② 가공의 정확성
③ 사용자의 연령    ④ 발생하는 응력의 종류

**사용재료의 안전율에 대한 고려사항**
사용장소, 가공의 정확성, 발생하는 응력의 종류

**47** 배관 설계도의 치수 기입 법에 대한 설명 중 옳은 것은?

① TOP, BOP 표시와 같은 목적으로 사용되면 관의 아랫면을 기준으로 표시한다.
② BOP 표시는 지름이 다른 관의 높이를 나타내며 관 외경의 중심까지를 기준으로 표시한다.
③ GL 표시는 포장이 안 된 바닥을 기준으로 하여 배관 장치의 높이를 표시한다.
④ EL 표시는 배관의 높이를 관의 중심을 기준으로 표시한다.

**치수기입법(높이표시)**
① EL : 배관의 높이를 관의 중심을 기준으로 표시한 것
② TOP : 지름이 서로 다른 관의 높이 표시방법으로 관 바깥지름의 윗면을 기준으로 표시한 것
③ BOP : 지름이 서로 다른 관의 높이 표시방법으로 관 지름바같의 아랫면까지의 높이를 기준으로 표시한 것
④ GL : 포장된 지표면을 기준으로 하여 높이를 표시한 것
⑤ FL : 각층 바닥을 기준으로 하여 높이를 표시한 것

정답  45 ③  46 ③  47 ④

**48** 스테인리스강의 내식성과 가장 관계가 깊은 것은?

① 철(Fe)　　② 크롬(Cr)
③ 알루미늄(Al)　　④ 구리(Cu)

> 스테인리스 강의 크롬(Cr)성분은 내식성, 내열성, 자경성을 증가시키며, 탄화물의 생성을 양호하게 하여 내마멸성을 증가시킨다.

**49** 증기와 응축수의 열역학적 특성값에 의해 작동하는 트랩은?

① 플로트 트랩　　② 버킷 트랩
③ 디스크 트랩　　④ 바이메탈 트랩

> • 기계적 트랩 : 포화수와 포화증기의 비중차를 이용한 방식
>  (종류 : 플로트트랩(다랑트랩), 버킷트랩)
> • 온도조절식트랩 : 포화수와 포화증기의 온도차를 이용한 방식
>  (종류 : 바이메탈트랩, 벨로즈트랩, 다이어프램)
> • 열역학적 트랩 : 포화수 또는 포화증기의 열역학적 특성차를 이용한 방식
>  (종류 : 디스크트랩, 오리피스트랩)

**50** 배관의 중량을 밑에서 받쳐 주는 장치로서 배관의 축 방향 이동을 자유롭게 하기 위해 배관을 지지하는 것은?

① 리지드 행거(rigid hanger)
② 콘스탄트 행거(constant hanger)
③ 앵커(anchor)
④ 롤로 서포트(roller support)

> **서포트(support)**
> 관을 밑에서 떠받쳐 지지하는 장치
> • 종류
>  ① 리지드 서포트 : 강도가 높은 재료로 만든 I빔, H빔으로 여러개의 관을 동시에 지지할 수 있다.
>  ② 파이프 슈 : 관에 직접 접촉하여 지지하는 장치로 배관의 수평부와 곡관부를 지지하는 장치이다.
>  ③ 롤러 서포트 : 관의 축방향의 이동을 자유롭게 하기 위해 롤러를 이용해 지지하는 장치이다.
>  ④ 스프링 서포트 : 스프링에 의해 관의 하중에 따라 상하 이동을 허용하는 지지 장치이다.

정답　48 ②　49 ③　50 ④

**51** 강관 이음 시 사용하는 패킹에 대한 설명으로 틀린 것은?

① 나사용 패킹으로 광명단을 섞은 페인트를 사용하기도 한다.
② 플랜지 패킹으로 석면 조인트 시트는 내열성이 나쁘다.
③ 테프론 테이프는 탄성이 부족하다.
④ 액화합성수지는 화학약품에 강하여 내유성이 크다.

**석면 조인트 시트**
플랜지 패킹 중 하나로 석면은 천연섬유로 강인한 특징이 있다. 석면 조인트 시트의 내열도가 450℃로 높아 고온·고압 증기용으로 사용된다.

**52** 전기저항 용접의 종류가 아닌 것은?

① 스폿 용접
② 버트 심 용접
③ 심(seam)용접
④ 서브머지드 용접

- 전기저항 용접 : 점(spot)용접, 심(seam)용접, 프로젝션(projection)용접, 오프셋(upset)용접, 플래시버트(flash butt)용접
- 서브머지드 아크용접 : 이음의 표면에 쌓아 올린 미세한 입상의 플럭스 속에 비피복 전극 와이어를 집어넣고, 모재와의 사이에 생기는 아크열로 용접하는 방법

**53** 저압 증기보일러에서 보일러수가 환수관으로 역류하거나 누출하는 것을 방지하기 위하여 설치하는 배관 방식은?

① 리프트 피팅법
② 하트포드 접속법
③ 에어 루프 배관
④ 바이패스 배관

**하트포드 접속법**
저압증기난방의 습식 환수방식에 있어 보일러의 수위가 환수관의 접속부 누설(역류)로 인한 저수위사고가 일어나는 것을 방지하기 위해 증기관과 환수관 사이 표준수면에서 50[mm] 아래로 균형관을 설치한 방식이다.

**54** 동관의 분류 중 사용된 소재에 따른 분류가 아닌 것은?

① 인 탈산 동관
② 터프피치 동관
③ 무산소 동관
④ 반경질 동관

**동관의 분류**
① 소재 및 제조방법에 따른 분류 : 터프피치 동관, 인탈산동관, 무산소동관, 황동관, 단동관, 규소청동관, 니켈동합금관
② 재질에 따른 분류 : 연질, 반연질, 반경질, 경질
③ 두께에 따른 분류 : K형, L형, M형
④ 형태에 따른 분류 : 직관, 코일, 온수온돌용

정답 51② 52④ 53② 54④

**55** 생산보전(PM : productive maintenance)의 내용에 속하지 않는 것은?

① 보전예방
② 안전보전
③ 예방보전
④ 개량보전

**생산보전(설비보전 방식)**
① 예방보전(PM) : 설비의 건강상태를 유지하기 위해 계획적으로 일정한 사용기간마다 실시하는 것으로 고장이 발생하여 야기될 수 있는 손실을 최소화하기 위한 예방활동으로 예방보전을 하는 쪽이 비용이 절감되는 설비에 적용하는 보전방법이다.
② 사후보전(BM) : 고장, 정지 또는 유해한 성능 저하를 초래한 뒤 수리를 하는 보전방법이다.
③ 개량보전(CM) : 고장이 발생한 후 또는 설계 및 재료변경 등으로 설비자체의 품질을 개선하여 수명을 연장시키거나 수리, 검사가 용이하도록 하는 보전방법이다.
④ 보전예방(MP) : 새로운 설비를 계획할 때에 PM생산보전을 고려하여 고장나지 않고 (신뢰성이 좋은) 보전하기 쉬운(보전성이 좋은) 설비를 설계하거나 선택하는 것을 말한다.

**56** 품질특성을 나타내는 데이터 중 계수치 데이터에 속하는 것은?

① 무게
② 길이
③ 인장강도
④ 부적합품률

**데이터의 척도에 의한 분류**
① 계량치 : 데이터를 연속으로 셀 수 없는 형태로 측정되는 품질특성치(길이, 무게, 강도, 온도, 시간 등)
② 계수치 : 데이터를 비연속량으로 수량으로 세어지는 품질 특성치(부적합품수, 부적합수)

**57** 모든 작업을 기본동작으로 분해하고 각 기본 동작에 대하여 성질과 조건에 따라 미리 정해 놓은 시간치를 적용하여 정미시간을 산정하는 방법은?

① PTS법
② Work Sampling법
③ 스톱위치법
④ 실적자료법

**PTS법(Predetermined Time Standards : 기정시간표준법)**
사람이 행하는 작업 또는 작업방법을 기본적으로 분석하고 각 기본동작에 대하여 그 성질과 조건에 따라 미리 정해진 기초동작치를 사용하여 알고자 하는 작업동작 또는 운동의 시간치를 구하고 이를 집계하여 작업의 정미시간을 구하는 방법이다.

정답 55② 56④ 57①

**58** 관리도에서 측정한 값을 차례로 타점했을 때 점이 순차적으로 상승하거나 하강하는 것을 무엇이라 하는가?

① 런(run)동  ② 주기(cycle)
③ 경향(trend)  ④ 산포(dispersion)

**59** 어떤 공장에서 작업을 하는데 있어서 소요되는 기간과 비용이 다음 표와 같을 때 비용구배는? (단, 활동시간의 단위는 일로 계산한다)

| 정상 작업 | | 특급 작업 | |
|---|---|---|---|
| 기간 | 비용 | 기간 | 비용 |
| 15일 | 150만원 | 10일 | 200만원 |

① 50,000원  ② 100,000원
③ 200,000원  ④ 500,000원

**60** 200개 들이 상자가 15개 있을 때 각 상자로부터 제품을 랜덤하게 10개씩 샘플링 할 경우 이러한 샘플링 방법을 무엇이라 하는가?

① 층별 샘플링  ② 계통 샘플링
③ 취락 샘플링  ④ 2단계 샘플링

---

**관리도의 판정**
① 연(run) : 관리도에서 점이 관리한계 내에 있고 중심선의 한쪽에 연속해서 나타나는 점의 배열현상(길이 9 이상 나타나면 비관리 상태로 판정한다.)
② 경향(trend) : 관측값을 순서대로 타점했을 때 점이 점점 상승하거나 하강하는 상태를 말하며, 길이 6 이상이 나타나면 비관리 상태로 판정한다.
③ 주기성(cycle) : 점이 주기적으로 상하로 변동하며 파형을 나타내는 경우를 말하며, 연속 14점 이상이 교대로 증감한다면 비관리 상태로 판정한다.

비용구배 = $\dfrac{\text{특급비용} - \text{정상비용}}{\text{정상시간} - \text{특급시간}}$
= $\dfrac{2,000,000 - 1,500,000}{15 - 10}$
= 100,000원

- 랜덤 샘플링 : 모집단의 어느 부분이라도 목적하는 특성에 관하여 같은 확률로 시료 중에 뽑혀지도록 샘플링하는 방법으로 시료 수가 증가할수록 샘플링 정도가 높아진다. 종류로는 단순샘플링검사, 계통샘플링검사, 지그재그샘플링 검사가 있다.
- 층별 샘플링 : 모집단을 여러개의 층(M=m)으로 분류하고, 각 층 내에서 랜덤하게 시료(n)를 뽑는 방법이다.
- 집락(취락) 샘플링 : 모집단을 몇 개의 층(M≠m)으로 나누어 그 층 중에서 몇 개의 층(m)을 랜덤 샘플링하여 그 취한 층안을 모두 조사하는 방법이다.
- 2단계 샘플링 : 모집단을 몇 개의 층(M>m)으로 나누어 그 층 중에서 몇 개의 층(m)을 랜덤 샘플링하고 그 층(m)에서 n개를 뽑아 조사하는 방법이다.

정답  58 ③  59 ②  60 ①

# 16회 에너지관리기능장 실전모의고사 기출문제

**01** 보일러 집진방법 중 함진가스에 선회운동을 주어 분진 입자에 사용하는 원심력에 의하여 입자를 분리하는 것은?

① 중력하강법  ② 관성법
③ 사이클론법  ④ 원통여과법

**사이클론 집진장치**
함진가스에 선회운동을 주어 입자에 작용하는 원심력에 의하여 입자를 분리하는 방식으로 내통경은 작게, 처리가스 속도는 크게 하면 집진효율이 좋아진다.

**02** 스팀트랩 중 기계식 트랩으로서 증기와 응축수 사이의 부력차이에 의해 작동되는 타입으로 에어밴트가 내장되어 불필요한 공기를 제거하도록 되어 있으며 응축수가 생성되는 것과 거의 동시에 배출시키는 트랩은?

① 플로트식 증기트랩  ② 써모다이나믹 증기트랩
③ 온도조절식 증기트랩  ④ 버켓식 증기트랩

**플로트 트랩**
다량트랩이라고도 하며 포화수와 포화증기의 비중차에 의해 동작하는 트랩으로 부하변동에 따른 적응성이 좋으며, 응축수를 연속적으로 배출하고 자동공기배출이 이루어지나 수격작용에 약하고, 고압증기배관에는 사용할 수 없다는 단점이 있다.

**03** 지역난방 서브-스테이션(Sub-station)시스템의 중계 방식으로 가장 거리가 먼 것은?

① 직접방식  ② 간접방식
③ 브리드 인 방식  ④ 열 교환기 방식

**지역난방 서브-스테이션(sub-station) 시스템의 중계 방식**
① 직접방식 : 1차측 고온수 열매체를 2차측에 그대로 공급하는 방식
② 브리드인 방식(bleed in method) : 1차측과 2차측이 직접 연결되어 있지만 2차측 펌프로 2차측 환수를 바이패스시켜 고온수와 혼합 후 공급하는 방식
③ 열교환 방식 : 열교환기를 이용하여 1차측 고온수로 2차측에 온수 또는 증기를 발생시켜 이용하는 방식

**정답** 01 ③  02 ①  03 ②

**04** 보일러 용량 표시 방법으로 틀린 것은?

① 정격출력
② 상당 증발량
③ 보일러 마력
④ 과열기 면적

**05** 보일러의 증기난방 시공에 대한 설명으로 틀린 것은?

① 온수의 온도 상승으로 인한 체적 팽창에 의한 보일러의 파손을 방지하기 위한 팽창 탱크를 설치한다.
② 진공 환수방식에서 방열기의 설치위치가 보일러보다 아래쪽에 설치된 경우 적용되는 이음방식을 리프트 피팅이라 한다.
③ 증기관과 환수관을 연결한 밸런스 관을 설치하며 안전 저수위면 위쪽으로 환수관을 설치하는 배관방식은 하트포드 접속법이다.
④ 증기 공급관의 관말부의 최종 분기 이후에서 트랩에 이르는 배관은 여분의 증기가 충분히 냉각되어 응축수가 될 수 있도록 보온 피복을 하지 않은 나관 상태로 1.5m 이상의 냉각래그를 설치한다.

**06** 온도조절식 증기트랩의 종류가 아닌 것은?

① 벨로즈식
② 바이메탈식
③ 다이어프램식
④ 버킷식

---

**보일러의 용량표시 방법**
① 정격출력
② 보일러마력
③ 전열면적
④ 상당방열면적(EDR)
⑤ 상당증발량
⑥ 최대 연속 증발량

①번 항목은 온수난방에 대한 설명이다.
• 증기난방에만 사용되는 부품 : 응축수트랩 (증기트랩)
• 온수난방에만 사용되는 부품 : 팽창탱크

• 기계적 트랩 : 포화수와 포화증기의 비중차를 이용한 방식
(종류 : 플로트트랩(다량트랩), 버킷트랩)
• 온도조절식 트랩 : 포화수와 포화증기의 온도차를 이용한 방식
(종류 : 바이메탈트랩, 벨로즈트랩, 다이어프램)
• 열역학적 트랩 : 포화수 또는 포화증기의 열역학적 특성차를 이용한 방식
(종류 : 디스크트랩, 오리피스트랩)

정답 04 ④ 05 ① 06 ④

**07** 일반적인 연소에 있어서 이론공기량이 $A_0$, 실제공기량이 $A$일 때, 공기비 $m$을 구하는 식은?

① $m = (A_0/A) - 1$  ② $m = (A_0/A) + 1$
③ $m = A_0/A$  ④ $m = A/A_0$

**공기비($m$ : 공기 과잉계수)**
실제 공기량과 이론 공기량과의 비

공기비($m$) = $\dfrac{\text{실제 공기량}(A)}{\text{이론 공기량}(A_o)}$

**08** 연소장치에 대한 설명으로 틀린 것은?

① 윈드박스는 공기흐름을 적절히 유지하며 동압을 정압 상태로 바꾸어 착화나 화염을 안정시키는 장치이다.
② 컴버스터(combustor)는 저온의 노에서도 연소를 안정시켜 분출흐름의 모양을 안정시킨 장치이다.
③ 유류버너의 고압기류식 버너는 연료자체의 압력에 의해 노즐에서 고속으로 분출시켜 미립화시키는 버너이다.
④ 유류버너에서 비환류형 버너는 연소량이 감소하는 경우에는 와류실의 선회력이 감소하여 분무특성이 나빠지는 결점이 있다.

③ 유류버너에서 유압 분무식(유압식) 버너는 연료자체의 압력에 의해 노즐(팁)에서 고속으로 분출시켜 미립화시키는 버너이다.

**09** 아래의 식은 이용하여 보일러 용량 계산 시 다음 중 옳은 것은? (단, $H_1$은 난방부하를 나타낸다)

$$K = (H_1 + H_2)(1 + \alpha)\beta/R$$

① $\alpha$ : 발열량  ② $H_2$ : 예열부하
③ $\beta$ : 여력계수  ④ $R$ : 출력상승계수

**보일러의 용량 계산**
- $K$ : 보일러 용량[kcal/h]
- $H_1$ : 난방부하[kcal/h]
- $H_2$ : 급탕부하[kcal/h]
- $\alpha$ : 배관부하율
- $\beta$ : 여력계수
- $R$ : 출력저하계수

정답 07 ④ 08 ③ 09 ③

**10** 기수분리기를 설치하는 목적으로 가장 적절한 것은?

① 폐증기를 회수, 재사용하기 위해서
② 발생된 증기 속에 남은 물방울을 제거하기 위해서
③ 보일러에 녹아있는 불순물을 제거하기 위해서
④ 과열증기의 순환을 되도록 빨리 하기 위해서

- 기수분리기(수관식보일러) : 동 내부 또는 수관 보일러의 상승관 내에 설치하여 건조 증기를 취출시킨다(관 내 부식이나 수격작용을 방지).
- 비수방지관(원통보일러) : 주증기밸브 급개 시 압력저하, 고수위, 관수농축, 과열 등으로 인한 비수현상으로 인한 수위의 오판, 수격작용 등의 피해를 방지하기 위해 주증기관에 연결 설치한다.

**11** 증기난방에 대한 설명으로 옳은 것은?

① 증기를 공급하여 증기의 전열을 이용하여 가열하므로 에너지비용이 적게 든다.
② 증기난방에서는 응축수의 열도 이용하므로 응축수를 회수하지 않아도 된다.
③ 중력환수식 증기난방에서 응축수를 회수할 때는 응축수 탱크가 방열기보다 높은 위치에 있다.
④ 응축수환수법에는 중력환수식, 기계환수식 및 진공환수식 등이 있다.

① 증기를 공급하여 증기의 잠열을 이용하여 가열한다.
② 증기난방에서는 응축수의 열도 이용하므로 응축수를 회수하여 재사용한다.
③ 중력환수식 증기난방에서 응축수를 회수할 때는 응축수탱크가 방열기 보다 낮은 위치에 있어야 한다.

**12** 화염의 전기전도성을 이용한 검출기로 화염중 가스는 고온이고, 도전식과 정류식이 있는 화염검출기는?

① 플레임 로드　② 스택 스위치
③ 플레임 아이　④ 센터 파이어

**화염검출기의 종류**
① 플레임 아이 : 화염의 발광(광학적 성질)현상 이용
② 플레임 로드 : 화염의 이온화(전기전도성) 현상 이용
③ 스택스위치 : 연도에 바이메탈을 설치한 방식으로 화염의 발열(열적변화)체 이용한 방식

정답 10 ② 11 ④ 12 ①

**13** 기수분리기의 종류가 아닌 것은?

① 백 필터식  ② 스크린식
③ 배플식     ④ 사이클론식

**기수분리기의 종류**
① 사이클론식(원심력 이용)
② 스크레버식(파도형 장애판 이용)
③ 건조스크린식(금속망 이용)
④ 배플식(방향전환 이용)

**14** 분젠버너의 가스유속을 빠르게 했을 때 불꽃이 짧아지는 이유로 옳은 것은?

① 유속이 빨라서 연소하지 못하기 때문이다.
② 층류현상이 생기기 때문이다.
③ 난류현상으로 연소가 빨라지기 때문이다.
④ 가스와 공기의 혼합이 잘 안되기 때문이다.

분젠버너에서 가스유속이 빠르게 되면 난류현상으로 연소가 빨라져 불꽃이 짧아지는 현상이 발생한다.

**15** 복사난방에 대한 설명으로 틀린 것은?

① 환기에 의한 손실열량이 비교적 많다.
② 실내 평균온도가 낮기 때문에 같은 방열량에 대해서 손실열량이 적다.
③ 실내공기의 대류가 작기 때문에 공기 유동에 의한 먼지가 적다.
④ 난방배관의 시공이나 수리가 어렵고 설치비가 비싸다.

**복사난방 특징**
① 장점
 • 높이에 따른 온도분포가 균일하다.
 • 동일 방열량에 대한 열손실이 적다.
 • 공기 등 미진을 태우지 않아 쾌감도가 좋다.
 • 방열기 등의 설치공간이 불필요하여 실내 공간의 이용율이 높다.
② 단점
 • 초기 설비비가 많이 든다.
 • 매입배관이므로 고장수리 및 점검이 어렵다.
 • 예열시간이 길어 부하변동에 대응하기 어렵다.
 • 표면부(시멘트, 모르타르층) 균열이 발생할 수 있다.

**정답** 13 ① 14 ③ 15 ①

**16** 보일러의 통풍장치 방식에서 흡입통풍 방식에 관한 설명으로 옳은 것은?

① 노 앞과 연돌 하부에 송풍기를 설치하여 노내압을 대기압보다 약간 낮은 압력으로 유지시키는 방식이다.
② 연도에서 연소가스와 외부공기와의 밀도차에 의해서 생기는 압력차를 이용한 방식이다.
③ 연도의 끝이나 연돌하부에 송풍기를 설치하여 연소가스를 빨아내는 방식이다.
④ 노 입구에 압입송풍기를 설치하여 연소용 공기를 밀어 넣는 방식이다.

**강제통풍 방식**
① 압입통풍 : 연소실 앞(입구)에 압입송풍기를 장착하여 통풍하는 방식으로 연소실내 압력이 대기압보다 높은 정압(+)상태를 유지한다.
② 유인통풍 : 흡입통풍이라고도 하며 연도에 배풍기를 장착하여 통풍하는 방식으로 연소실 내 압력이 대기압보다 낮은 부압(−)상태를 유지한다.
③ 평형통풍 : 압입통풍과 유인통풍을 조합한 형식으로 연소실 앞에 송풍기와 연도내 배풍기를 장착하여 정·부압을 임의로 조정하여 사용할 수 있으며 강제통풍 방식 중 통풍력이 가장 우수하다.

**자연통풍**
연돌에 의한 통풍방식으로 배기가스와 외부공기의 비중차에 의해 통풍이 이루어진다.

**17** 과열기를 전열방식에 의한 분류와 열 가스 흐름 방향에 의한 분류로 나눌 때 열 가스 흐름 방향에 의한 분류에 따른 종류가 아닌 것은?

① 병류형  ② 향류형
③ 복사접촉형  ④ 혼류형

**과열기의 열가스 흐름에 의한 분류**
① 병류식 : 증기와 열가스의 흐름이 같은 방향으로 흐를 때
② 향류식(대항류식) : 증기와 열가스의 흐름이 반대 방향으로 흐를 때
③ 혼류식 : 병류식과 항류식의 혼합 형태

**과열기의 열가스 접촉법(전열방식)에 의한 분류**
① 접촉과열기 : 대류열 이용
② 복사과열기 : 복사열 이용
③ 복사접촉과열기 : 대류열과 복사열을 동시에 이용

**18** 어떤 원심 펌프가 1,800rpm에 전양정 100m, 0.2m³/s의 유량을 방출할 때 축동력은 300ps이다. 이 펌프와 상사로서 치수가 2배이고 회전수는 1,500rpm으로 운전할 때 축동력을 구하면?

① 173ps  ② 192ps
③ 273ps  ④ 182ps

**상사법칙(동력)**

$$L_2 = \left(\frac{N_2}{N_1}\right)^3 \times \left(\frac{D_2}{D_1}\right)^5 L_1$$

$$L_2 = \left(\frac{1,800}{1,500}\right)^3 \times \left(\frac{2}{1}\right)^5 \times 300 = 16,588.8 [PS]$$

**상사법칙(펌프)**

| | |
|---|---|
| 유량 | $Q_2 = \left(\frac{N_2}{N_1}\right)^1 \cdot \left(\frac{D_2}{D_1}\right)^3 \cdot Q_1$ |
| 양정 | $P_2 = \left(\frac{N_2}{N_1}\right)^2 \cdot \left(\frac{D_2}{D_1}\right)^2 \cdot P_1$ |
| 동력 | $L_2 = \left(\frac{N_2}{N_1}\right)^3 \cdot \left(\frac{D_2}{D_1}\right)^5 \cdot L_1$ |

정답 16 ③ 17 ③ 18 ①

**19** 중유 연소장치에서 급유펌프로 가장 적당한 것은?

① 워싱톤 펌프  ② 기어 펌프
③ 플런저 펌프  ④ 웨어 펌프

**급유펌프의 종류**
기어펌프, 스크루펌프, 원심펌프

**20** 보일러의 매연을 털어내는 매연분출장치가 아닌 것은?

① 롱 리트랙터블형  ② 숏 리트랙터블형
③ 정치 회전형  ④ 튜브형

**수트 블로워(Soot Blower)**
전열면에 부착된 그을음을 제거하는 장치로 증기분사·공기분사·물분사 형식이 있으며 주로 수관식 보일러에 사용된다.
• 종류
 ① 롱 리트랙터블형(장발형)
 ② 숏 리트랙터블형(단발형)
 ③ 건타입형
 ④ 로터리형(정치회전형)
 ⑤ 에어히터클리너형

**21** 보일러 연료의 연소형태 중 버너연소가 아닌 것은?

① 기름연소  ② 수분식연소
③ 가스연소  ④ 미분탄연소

**보일러 연료 중 버너연소 할 수 있는 경우**
액체연료, 기체연료, 미분탄 연소

**22** 보일러의 자동제어에서 제어동작과 관계가 없는 것은?

① 비례동작  ② 적분동작
③ 연결동작  ④ 온·오프동작

**제어동작**
① 연속동작 : 비례동작(P동작), 적분동작(I동작), 미분동작(D동작)
② 불연속동작 : 2위치동작, 다위치동작, 불연속 속도동작

정답  19 ②  20 ④  21 ②  22 ③

**23** 실제 증발량 1,400kg/h, 급수온도 40℃, 전열면적 50m²인 연관식 보일러의 전열면 환산 증발률은? (단, 발생 증기 엔탈피는 659.7kcal/kg이다)

① 68kg/m²·h  ② 56kg/m²·h
③ 47kg/m²·h  ④ 32kg/m²·h

**상당증발량**

$$G_e = \frac{G(h''-h')}{539} = \frac{1,400 \times (659.7-40)}{539}$$
$$= 1,609.61 [kg/h]$$

여기서, $G$ : 증기발생량(급수량)[kg/h]
$h''$ : 발생증기엔탈피[kcal/kg]
$h'$ : 급수엔탈피[kcal/kg]
$G_e$ : 상당증발량[kg/h]

환산증발률($Be_1$) = $\frac{\text{환산증발량[kg/h]}}{\text{전열면적[m²]}}$

$$= \frac{G_e}{H_A} [kg/m^2 \cdot h]$$

$$\therefore Be_1 = \frac{1,609.61}{50} = 32.192 [kg/m^2 h]$$

**24** 보일러 점화전 가장 우선적으로 점검해야 할 사항은?

① 과열기 점검
② 증기압 점검
③ 매연농도 점검
④ 수위확인 및 급수계통 점검

보일러 점화전에는 수위확인 및 급수계통을 가장 우선적으로 점검해야 한다.

**25** 50℃의 물 2kg을 대기압 하에서 100℃ 증기 2kg으로 만들려면 필요한 열량은? (단, 전열효율은 100%이다)

① 약 100kcal  ② 약 579kcal
③ 약 1,178kcal  ④ 약 1,567kcal

50℃(물) → 100℃(물) → 100℃(증기)
① (현열)
$$Q = G \cdot C \cdot \Delta T$$
$$= 2 \times 1 \times (100-50) = 100 [kcal]$$
② (잠열)
$$Q = G \cdot r = 2 \times 539 = 1,078 [kcal]$$

여기서, $G$ : 수량[kg]
$C$ : 비열[kcal/kg·℃]
$\Delta T$ : 온도차[℃]
$r$ : 잠열[kcal/kg]

$\therefore$ ① + ② = 100 + 1,078 = 1,178 [kcal]

**정답** 23 ④  24 ④  25 ③

**26** 관로 속 물의 흐름에 관한 설명으로 틀린 것은?
(단, 정상흐름으로 가정한다)

① 관경이 작은 관에서 큰 관으로 물이 흐를 때 유량은 많아진다.
② 마찰손실을 무시할 때 물이 가지는 위치수두, 압력수두, 속도수두를 합한 값은 어느 곳에서나 일정하다.
③ 관내 유수를 급히 정지시키거나 탱크 내에 정지하고 있던 물을 갑자기 흐르게 하면 수격작용이 발생한다.
④ 관내 유수는 레이놀즈수에 따라 층류와 난류로 구분된다.

① 관경(관지름)이 바뀌어도 연속의 법칙에 의하여 유량의 변함은 없고 유속의 변화가 있다.

**27** 대기압이 750mmHg일 때, 탱크 내에 압력게이지가 9.5kgf/cm²를 지침하였다면 탱크내의 절대압력은?

① 9.52kgf/cm²   ② 13.02kgf/cm²
③ 10.52kgf/cm²  ④ 11.58kgf/cm²

절대압력 = 대기압 + 게이지압력
$= \left(\dfrac{750}{760} \times 1.0332\right) + 9.5$
$= 10.519 [kgf/cm^2 \cdot a]$
※ 1[atm] = 760[mmHg] = 1.0332[kgf/cm²]

**28** 보일러 동체 내부에 침식을 일으키는 주요 요인은?

① 급수 중의 포함된 탄산칼슘
② 급수 중의 포함된 인산칼슘
③ 급수 중의 포함된 황산칼슘
④ 급수 중의 포함된 용존산소

**점식(pitting)**
동내부의 물은 전해액이 되고 동의 강재는 양극화가 되어 국부전지가 일시적으로 일어남으로서 보일러수 중의 용존산소가 양극에 집중적으로 발생되어 발생되는 부식으로 외형상 좁쌀 크기의 반점으로 나타나는 부식을 말한다.

**29** 보일러 관수의 탈산소제가 아닌 것은?

① 아황산나트륨   ② 암모니아
③ 탄닌          ④ 하이드라진

**탈산소제**
탄닌, 히드라진, 아황산나트륨(아황산소다)

정답 26 ① 27 ③ 28 ④ 29 ②

**30** 물의 임계온도는?

① 374.15℃   ② 225.56℃
③ 157.5℃    ④ 132.4℃

**임계점**
어떤 온도에서 증발현상없이 액체로부터 기체로 변하는 기점을 말하며 이때의 온도 및 압력을 임계온도, 임계압력이라 한다(기체를 액화시키기 위한 최고온도).
• 물의 임계압력 : 225.65[kgf/cm²]
• 물의 임계온도 : 374.15[℃]

**31** 신설 보일러에서 소다 끓이기(soda boiling)는 주로 어떤 성분을 제거하기 위하여 하는가?

① 스케일    ② 고형물
③ 소석회    ④ 유지

**소다보링**
신설보일러 설치 중 부착된 페인트, 유지, 녹 등을 제거하기 위해 동 내부에 소다계통의 약액을 넣고 2~3일간 끓여 반복 분출한다.
• 사용약액 : 탄산소다(탄산나트륨), 가성소다(수산화나트륨), 제3인산소다(제3인산나트륨), 아황산소다(아황산나트륨) 등

**32** 보일러에서 열의 전달방법 중 대류에 의한 열전달에 관한 설명으로 틀린 것은?

① 온도가 다른 고체와 유체가 서로 접촉하고 있을 때 유체의 유동이 생기면서 열이 이동하는 현상을 말한다.
② 대류 열전달을 나타내는 기본법칙은 뉴턴의 냉각법칙이다.
③ 전자파의 형태로 한 물체에서 다시 다른 물체로 열이 전달되는 현상을 말한다.
④ 대류 열전달계수의 단위는 kcal/m²·h·℃이다.

③ 전자파의 형태로 한 물체에서 다시 다른 물체로 열이 전달되는 현상은 복사에 의한 열전달이다.

**33** 가역 단열변화에서 단열방정식으로 옳은 것은?
(단, $T$=온도, $P$=압력, $V$=체적, $k$=비열비이다)

① $T \cdot V^k = C$      ② $P \cdot V^k = C$
③ $P \cdot V^k1 = C$    ④ $P \cdot V = C$

• 등온과정 : $PV = C$
• 단열과정 : $PV^K = C$
• 폴리트로픽 과정 : $PV^n = C$

정답 30 ① 31 ④ 32 ③ 33 ②

**34** 상온에서 중성인 물의 pH 값은?

① pH>7    ② pH<7
③ pH=7    ④ pH<5

**pH 농도 기준**
- pH > 7(알칼리성)
- pH = 7(중성)
- pH < 7(산성)

**35** 불완전 연소의 원인과 가장 거리가 먼 것은?

① 연료유의 분무 입자가 크다.
② 연료유와 연소용 공기의 혼합이 불량하다.
③ 연료용 공기량이 부족하다.
④ 연료용 공기를 예열하였다.

연소용 공기가 예열되어 있으면 완전연소가 가능하다.

**불완전 연소의 원인**
① 버너로부터의 분무불량(무화불량 및 분무 입자가 큰 경우)
② 연소용 공기량 부족
③ 분무연료와 연소용 공기와의 혼합 불량
④ 연소속도가 맞지 않는 경우

**36** 뉴턴(Newton)의 점성법칙과 가장 밀접한 관계가 있는 것은?

① 전단응력, 점성계수   ② 압력, 점성계수
③ 전단응력, 압력       ④ 동점성계수, 온도

**뉴턴의 점성법칙**
$$\tau = \mu \frac{du}{dy}$$
여기서, $\tau$ : 전단응력[kgf/m$^2$], [N/m$^2$]
　　　　$\mu$ : 점성계수[kgf·s/m], [N·s/m$^2$], [kgm/m·s]
　　　　$\frac{du}{dy}$ : 속도구배

**37** 연도에서 폭발이 발생했을 때 그 원인을 조사하기 위해서 가장 먼저 조치할 사항으로 적절한 것은?

① 급수펌프를 중지한다.
② 주 증기밸브를 차단한다.
③ 연료밸브를 차단한다.
④ 송풍기 가동을 중지한다.

연도에서 폭발이 발생했을 시 그 원인을 조사하기 위해서 가장 먼저 연료밸브를 차단하여 2차 폭발에 의한 피해를 방지해야 한다.

정답 34 ③　35 ④　36 ①　37 ③

**38** 액체 속에 잠겨있는 곡면에 작용하는 수직분력의 크기는?

① 물체 끝에서의 압력과 면적을 곱한 것과 같다.
② 곡면 윗부분에 있는 액체의 무게와 같다.
③ 곡면의 수직 투영면에 작용하는 힘과 같다.
④ 곡면의 면적에 유체의 비중을 곱하는 것과 같다.

**곡면에 작용하는 힘**
① 수평분력($F_x$) : 곡면의 수평투영 면적에 작용하는 힘
 ($F$(힘)$= P$(압력)$\times A$(면적))
② 수직분력($F_y$) : 곡면의 수직방향에 실려 있는 액체의 무게와 같다.

**39** 보일러 가성취화 현상의 특징으로 틀린 것은?

① 극히 미세한 불규칙적인 방사상 형태를 하고 있다.
② 고압보일러에서 보일러수의 알칼리 농도가 높은 경우에도 발생한다.
③ 수면아래의 리벳부에서도 발생한다.
④ 관 구멍 등 응력이 분산하는 곳의 틈이 적은 곳에서 발생한다.

**가성취화**
고온·고압 리벳 보일러에서 일어나는 부식으로 보일러 수중에 분해되어 생긴 가성소다(NaOH)가 과도하게 농축되면 수산화이온(OH⁻)이 많아져 보일러수가 강알칼리성을 띠게 되며 이것이 강재와 작용하여 생기는 나트륨(Na)이 강재의 결정입계를 침해하여 재질을 열화, 취화시키는 것으로 주로 수면과 접촉한 수면하단부나 리벳이음부에서 발생되는 부식으로 용접 보일러에서는 발생하지 않는다.

**40** 관류보일러의 발생증기압력 측정위치로 적절한 곳은?

① 증기헤더 입구        ② 기수분리기 최종출구
③ 기수분리기 입구    ④ 증기헤더 최종출구

**관류보일러 발생증기 압력 측정위치**
기수분리기 최종 출구

**41** 관의 분해·수리·교체가 필요할 때 사용되는 배관 이음쇠는?

① 소켓        ② 티
③ 유니언    ④ 엘보

**분해, 조립 시 사용되는 이음쇠**
유니언, 플랜지

정답 38② 39④ 40② 41③

**42** 가스절단에서 표준 드래그(drag) 길이는 보통 관 두께의 어느 정도인가?

① 1/3
② 1/4
③ 1/5
④ 1/6

**드래그(drag : 절단거리의 차이)**
가스절단면에서 절단기류의 입구점에서 출구점 사이의 수평거리로 판 두께의 1/5(20%) 정도가 된다(절단면의 일정간격 곡선이 진행방향으로 나타남).

**43** 다음 중 1년 이하의 징역 또는 1천만원 이하의 벌금에 처하는 경우는?

① 직무상 알게 된 비밀을 누설하거나 도용한 경우
② 효율관리기자재에 대한 에너지사용량의 측정결과를 신고하지 아니한 경우
③ 검사대상기기의 검사를 받지 않은 경우
④ 최저 소비효율을 기준에 미달하는 효율관리기자재의 생산 또는 판매금지 명령을 위반한 경우

**1년 이하의 징역 또는 1천만원 이하의 벌금**
① 검사대상기기의 제조, 설치, 개조, 설치장소 변경, 사용중지 후 재사용하려는 자가 검사를 받지 아니한 때
② 검사에 합격되지 아니한 검사대상기기 사용정지 명령을 위반한 자

**44** 동력파이프 나사 절삭기의 종류 중 관의 절단, 나사절삭, 거스러미 제거 등의 일을 연속적으로 할 수 있는 것은?

① 다이헤드식
② 호브식
③ 오스티식
④ 리드식

동력 나사절삭기의 종류로는 오스터형, 호브형, 다이헤드형이 있으며 다이헤드형은 관 거스러미 제거, 관 절단, 나사 절삭 등을 연속적으로 행할 수 있다.

**정답** 42 ③  43 ③  44 ①

**45** 배관의 지지 장치에 대한 설명으로 옳은 것은?

① 배관의 중량을 지지하기 위하여 달아매는 것을 서포트(support)라고 한다.
② 배관의 중량을 아래에서 위로 떠받치는 것을 가이드(guide)라고 한다.
③ 관의 회전을 구속하기 위하여 사용하는 것을 브레이스(brace)라고 한다.
④ 배관 지지점에서의 이동 및 회전을 방지하기 위해서 지지점 위치에 완전히 고정할 때 사용하는 것을 앵커(anchor)라고 한다.

① 배관의 중량을 지지하기 위하여 달아매는 것을 행거(hanger)라고 한다.
② 배관의 중량을 아래에서 위로 떠받치는 것을 서포트(support)라고 한다.
③ 관의 회전만 구속하고 다른 방향은 자유롭게 이동하는 장치를 스톱(stop/stopper)라고 한다.

[참고]
• 가이드(guide) : 배관의 축방향 이동을 안내하고 직각 방향 운동을 구속하는데 사용하며 파이프랜 위 배관의 곡관 부분과 신축이음부에 설치한다.
• 브레이스(brace) : 펌프, 압축기 등에서 발생하는 진동, 서징, 수격작용, 지진 등에 의한 진동, 충격 등을 완화하는 장치이다.

**46** 연강용 피복 아크 용접봉의 종류와 기호가 바르게 짝지어진 것은?

① 일미나이트계 : E4302
② 고셀롤로오스계 : E4310
③ 고산화티탄계 : E4311
④ 저수소계 : E4316

**피복아크 용접봉의 종류**
① 일미나이트계 : E4301
② 라임티탄계 : E4303
③ 고셀로오스계 : E4311
④ 고산화티탄계 : E4313
⑤ 저수소계 : E4316
⑥ 철분 산화티탄계 : E4324
⑦ 철분 저수소계 : E4326
⑧ 철분 산화철계 : E4327
⑨ 특수계 : E4340

**47** 탄산마그네슘 보온재에 관한 설명으로 틀린 것은?

① 400~450℃에서 열분해를 일으킨다.
② 무기질보온재에 해당한다.
③ 습기가 많은 옥외 배관에 알맞다.
④ 탄산마그네슘 85%에 석면 10~15%를 첨가한 것이다.

**탄산마그네슘 보온재의 특성**
① 안전 사용온도 250℃ 이하에 사용되며 300~320℃ 정도에서 열분해한다.
② 염기성 탄산마그네슘 85%, 석면 15%를 배합하여 물에 개어서 사용하는 무기질 보온재이다.
③ 석면의 혼합비율에 따라 열전도율이 달라진다.
④ 열전도율 : 0.05~0.07[kcal/m·h·℃]
⑤ 방습 가공하여 옥외 배관, 습기가 많은 지하 덕트의 배관에 사용하며 250℃ 이하의 관, 탱크 등의 보온재로 사용된다.

정답 45 ④ 46 ④ 47 ①

**48** 증기주관에는 증기주관을 통과하는 공기 중에 떠다니는 물방울 외에도 관 내벽에 수막이 존재한다. 이를 제거하기 위하여 트랩장치 외에 추가로 부착하는 장치는?

① 스팀 세퍼레이터  ② 에어벤트
③ 바이패스  ④ U형 스트레이너

> **스팀 세퍼레이터(steam separator)**
> 증기 속에 함유된 수분을 제거하기 위한 장치

**49** 온수난방 시공 시 각 방열기에 공급되는 유량분배를 균등하게 하여 전후방 방열기의 온도차를 최소화하는 방식은?

① 역귀환 방식  ② 직접귀환 방식
③ 단관식 방식  ④ 중력순환식 방식

> **역귀환 방식(리버스리턴 방식)**
> 냉·온수 배관법의 일종이다. 하나의 배관계에 다수의 방열기를 설치할 때 배관의 길이가 다르기 때문에 환수관을 가장 먼 기기까지 가지고 간 다음 반복하여 환수관을 원래 방향으로 되돌리면서 각 기기의 배관저항의 균형을 맞추어 기기로의 수량 평균성을 보존하는 방식으로 환수관의 길이가 길어진다는 단점이 있다.
> • 사용목적 : 방열기에 공급되는 유량분배를 균등하게 하기 위해 사용한다.

**50** 다음 그림과 관계가 있는 경도 시험은?

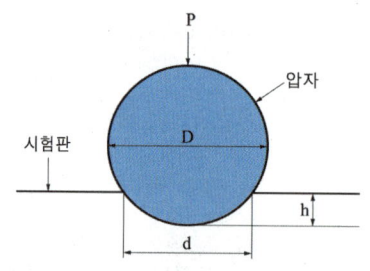

① 로크웰($H_R$)  ② 쇼어($H_S$)
③ 비커스($H_V$)  ④ 브리넬($H_B$)

> **브리넬 경도시험($H_B$)**
> 일정한 지름($D$[mm])을 갖는 강구 압입체에 일정한 하중($P$[kg])을 가하여 시험편 표면에 압입한 후 나타나는 압입 자국의 표면적 ($A$[mm²])으로 가한 하중을 나눈 값으로 경도를 측정하는 방법
> $H_B = \dfrac{P}{A} = \dfrac{P}{\pi Dt}$

정답 48 ① 49 ① 50 ④

**51** 관 지지 장치의 필요조건이 아닌 것은?

① 외부로부터 충격과 진동에 견딜 수 있어야 한다.
② 적당한 지지간격으로 설치하여야 한다.
③ 피복제를 제외한 배관의 자중과 유체의 중량에 견딜 수 있어야 한다.
④ 관의 신축에 적절하게 대응할 수 있는 구조여야 한다.

③ 피복제를 포함한 배관의 자중과 유체의 중량에 견딜 수 있어야 한다.

**52** 저탄소녹색성장기본법의 관리업체 지정기준에 대한 내용으로 틀린 것은?

① 최근 3년간 업체의 모든 사업장에서 배출한 온실가스와 소비한 에너지의 연평균 총량을 기준으로 한다.
② 부문별 관장기관은 업체를 관리업체의 대상으로 선정하여 매년 4월 30일까지 환경부장관에게 통보하여야 한다.
③ 환경부장관은 매년 9월 30일까지 관리업체를 지정하여 관보에 고시한다.
④ 관리업체는 지정에 이의가 있을 경우 고시된 날로부터 30일 이내에 이의를 신청할 수 있다.

③ 환경부장관은 매년 6월 30일까지 관리업체를 지정하여 관보에 고시한다.

**53** 파이프의 이음 방식의 하나인 파이프 홈 조인트로 파이프와 파이프를 홈 조인트로 체결하기 위한 파이프 끝을 가공하는 기계는?

① 베벨 조인트 머신
② 로터리식 조인트 머신
③ 그루빙 조인트 머신
④ 스웨징 조인트 머신

**파이프 홈 조인트**
파이프에 홈을 가공한 후 고무링을 삽입하고 조인트 커버로 이음하는 방식으로 파이프 끝에 홈을 가공하는 장치로 그루빙 조인트 머신을 사용한다.

정답 51 ③ 52 ③ 53 ③

**54** 다른 착색도료의 초벽으로 우수하며, 강관의 용접이음 시공 후 용접부에 사용되는 도료는?

① 산화철 도료  ② 알루미늄 도료
③ 광명단 도료  ④ 합성수지 도료

**연단(광명단 도료)**
연단을 아마인유와 혼합한 것으로 밀착력 및 풍화에 강해 녹방지를 위해 페인트의 밑칠용으로 사용된다.

**55** 미리 정해진 일정단위 중에 포함된 부적합수에 의거하여 공정을 관리할 때 사용되는 관리도는?

① c관리도  ② P관리도
③ X관리도  ④ nP관리도

**c관리도**
푸아송분포를 근거로 하며, 미리 정해진 일정단위 중에 포함된 부적합(결점)수에 의거 공정을 관리한다.
예 흠의 수, TV 또는 라디오의 납땜 부적합수 등을 관리하는데 이용된다)

**56** 도수분포표에서 알 수 있는 정보로 가장 거리가 먼 것은?

① 로트 분포의 모양
② 100단위당 부적합 수
③ 로트의 평균 및 표준편차
④ 규격과의 비교를 통한 부적합품률의 추정

**히스토그램(Histogram)**
길이, 질량, 강도, 압력 등과 같은 계량치의 데이터가 어떤 분포를 하고 있는지를 알아보기 위하여 도수분포표를 작성하고 이를 토대로 일종의 막대그래프 개념으로 보다 구체적인 형태로 나타낸 것이다.
• 히스토그램(도수분포표) 작성 목적
 ① 데이터의 분포 모양을 알고 싶을 때
 ② 원 데이터를 규격과 대조하고 싶을 때 (부적합품 파악)
 ③ 데이터의 집단으로부터 정보수집을 하기 위하여
 ④ 데이터의 평균과 표준편차를 파악하기 위하여
 ⑤ 주어진 데이터와 규격을 비교하여 공정의 현황을 파악하기 위하여
 ⑥ 공정 능력을 파악하기 위하여

**57** ASME(American Society of Mechanical Engineers)에서 정의하고 있는 제품공정 분석표에 사용되는 기호 중 "저장(Storage)"을 표현한 것은?

① ○  ② □
③ ▽  ④ ⇨

**ASME(공정분석기호)**
① ○ : 가공(작업)
② D : 정체(지체)
③ □ : 검사
④ ▽ : 저장
⑤ ⇨ : 운반

**정답** 54 ③ 55 ① 56 ② 57 ③

**58** 자전거를 셀 방식으로 생산하는 공장에서, 자전거 1대당 소요공수가 14.5H이며, 1일 8H, 월 25일 작업을 한다면 작업자 1명 당월 생산 가능 대수는 몇 대인가? (단, 작업자의 생산종합효율은 80%이다)

① 10대　② 11대
③ 13대　④ 14대

월생산가능대수 = 작업자 월작업시간 / 제품1대당 소요공수
= $\dfrac{8 \times 25 \times 0.8}{14.5}$ = 11.03대

**59** TPM 활동 체재 구축을 위한 5가지 기둥과 가장 거리가 먼 것은?

① 설비초기관리체계 구축 활동
② 설비효율화의 개별개선 활동
③ 운전과 보전의 스킬 업 훈련 활동
④ 설비경제성검토를 위한 설비투자분석 활동

**TPM의 5가지 기둥(기본활동)**
① 프로젝트팀에 의한 설비효율화, 개발개선 활동
② 설비운전·사용부문의 자주보전활동
③ 설비보전부문의 계획보전활동
④ 운전자·보전자의 기능·기술향상 교육 훈련활동
⑤ 설비계획부문의 설비 초기관리체제 확립 활동

**60** 로트에서 랜덤하게 시료를 추출하여 검사한 후 그 결과에 따라 로트의 합격, 불합격을 판정하는 검사방법을 무엇이라 하는가?

① 자주검사　② 간접검사
③ 전수검사　④ 샘플링검사

**샘플링 검사**
로트로부터 시료를 채취하여 검사한 후 그 결과를 판정 기준과 비교하여 로트의 합격·불합격을 판정하는 것을 말한다.

정답　58 ②　59 ④　60 ④

## 17회 에너지관리기능장 실전모의고사 기출문제

**01** 증기난방의 특징에 대한 설명으로 틀린 것은?

① 이용하는 열량은 증발 잠열로서 매우 크다.
② 예열시간이 길고 응답속도가 느리다.
③ 증기공급방식에는 상향·하향공급식이 있다.
④ 증기를 공급하는 힘을 발생증기압으로 별도의 동력을 필요로 하지 않는다.

**증기난방의 특징**
① 장점
- 예열시간이 온수난방에 비해 짧고, 증기 순환이 빠르다.
- 방열면적을 온수난방에 비해 작게 할 수 있고 배관의 직경을 작게 할 수 있다.
- 열의 운반능력이 크고, 유지 및 시설비가 저렴하다.
- 대규모 건물에 적합하다.

② 단점
- 초기통기 시 주관 내 응축수를 배수할 때 열손실이 발생한다.
- 소음이 발생하고, 실내의 방열량조절이 어렵다.
- 보일러 취급이 어렵고, 환수관에 부식의 우려가 있다.
- 방열기 표면온도가 높아 화상의 우려가 있고, 실내 쾌감도가 낮다.

**02** 증기보일러에 눈금판 바깥지름이 100mm 이상의 압력계를 부착해야 하는 반면, 다음 중 바깥지름이 60mm 이상의 압력계 부착이 가능한 보일러는?

① 대용량 보일러
② 최대 증발량이 5ton/h 이하인 관류 보일러
③ 최고 사용 압력이 0.5MPa(5kgf/cm$^2$) 이하로서 전열면적이 2m$^2$ 이상인 보일러
④ 최고 사용 압력이 0.5MPa(5kgf/cm$^2$) 이하이고, 동체의 안지름이 1,000mm 이하인 보일러

**보일러에 부착하는 압력계에 대한 설명**
① 증기 보일러에 부착하는 압력계 눈금판의 바깥지름은 100mm 이상의 크기로 한다.
② 최대증발량 5t/h 이하인 관류 보일러에 부착하는 압력계 눈금판은 60mm 이상으로 한다.
③ 보일러 부착 압력계 최고 눈금판은 보일러 최고사용압력의 1.5~3배로 한다.
④ 압력계를 보호하기 위하여 물을 넣은 안지름 6.5mm 이상의 사이폰관 또는 동등한 장치를 부착하여야 한다.

정답 01 ② 02 ②

**03** 절탄기에 대한 설명으로 가장 적절한 것은?

① 증기를 이용하여 급수를 예열하는 장치
② 보일러의 배기가스 여열을 이용하여 급수를 예열하는 장치
③ 보일러의 여열을 이용하여 공기를 예열하는 장치
④ 연도 내에서 고온의 증기를 만드는 장치

**절탄기(Economizer)**
배기(연소)가스의 여열을 이용하여 급수를 예열하는 장치

**04** 비접촉식 온도계의 특징에 관한 설명으로 옳은 것은?

① 피측정체의 내부온도만을 측정한다.
② 방사율의 보정이 필요하다.
③ 측정 정도가 좋은 편이다.
④ 연속측정이나 자동제어에 적합하다.

**비접촉식 온도계의 특징**
① 내구성에서 유리하다.
② 접촉에 의한 열손실이 없고 측정물체의 열적 조건을 건드리지 않는다.
③ 이동물체와 고온 측정이 가능하다.
④ 방사율 보정이 필요하다.
⑤ 측정온도의 오차가 크다.
⑥ 표면온도 측정에 사용된다(내부온도 측정이 불가능하다).
⑦ 700[℃] 이하의 온도 측정이 곤란하다 (단, 방사온도계의 측정범위는 50~3,000[℃] 이다).

**05** 증기난방의 진공 환수식에 관한 설명으로 틀린 것은?

① 진공 펌프로 환수시킨다.
② 환수관경은 커야만 한다.
③ 다른 방법보다 증기 회전이 빠르다.
④ 방열기 설치장소에 제한을 받지 않는다.

**진공환수식 증기난방 특징**
① 중력, 기계 환수보다 순환속도가 빠르다.
② 기울기(구배)에 구애를 받지 않는다.
③ 방열량을 광범위하게 조절할 수 있다.
④ 환수관의 관지름을 작게 할 수 있다.
⑤ 버큠브레이커를 사용하여 진공을 일정하게 유지해야 한다(진공도 : 100~250mmHg·v).
⑥ 방열기 설치장소에 제한을 받지 않는다.

**06** 안전밸브를 부착하지 않는 곳은?

① 보일러 본체      ② 절탄기 출구
③ 과열기 출구      ④ 재열기 입구

**안전밸브를 부착해야 하는 곳**
① 보일러 본체(동체)
② 과열기 출구
③ 재열기 및 독립과열기의 입·출구

정답  03 ②  04 ②  05 ②  06 ②

**07** 온수방열기의 입구온도가 85℃, 출구온도가 60℃이고, 실내온도가 20℃이다. 난방부하가 28,000kcal/h일 때 필요한 방열기 쪽수는? (단, 방열기 쪽당 방열면적은 0.21m², 방열계수는 7.2kcal/m²·h·℃이다)

① 297쪽  ② 353쪽
③ 424쪽  ④ 578쪽

**방열기의 방열량**
$$Q = K \times \Delta T = 7.2 \times \left(\frac{85+60}{2} - 20\right) = 378 [kcal/m^2 h]$$

**방열기의 쪽수계산**
$$Q = q \times A \times n$$
$$\rightarrow n = \frac{Q}{q \times A} = \frac{28,000}{378 \times 0.21} = 352.733$$
∴ 353[쪽]

여기서, $Q$ : 난방부하[kcal/h]
$q$ : 방열기방열량[kcal/m²h]
$A$ : 쪽당방열면적[m²/쪽]
$n$ : 쪽수(섹션수)[쪽]

**08** 보일러에 사용되는 직접식(실측식) 가스미터의 종류에 속하지 않는 것은?

① 습식 가스미터  ② 막식 가스미터
③ 루트식 가스미터  ④ 터빈식 가스미터

**가스미터의 종류**
① 실측식
 • 건식 : 막식형(독립내기식, 클로버식)
 • 회전식 : 루츠형, 오벌식, 로터리피스톤식
 • 습식
② 추량식 : 델타식, 터빈식, 오리피스식, 벤투리식

**09** 단열 및 보온재는 무엇을 기준으로 해서 구분하는가?

① 최고 사용온도  ② 최저 사용온도
③ 안전 사용온도  ④ 상용 온도

보온재란 온도를 보존하기 위해 사용되는 재료로 일명 단열재라고도 한다. 안전사용온도에 따라 내화물, 단열재, 보온재, 보냉재 등으로 구분한다.

정답 07 ② 08 ④ 09 ③

**10** 보일러의 보수유지관리에서 압력계의 정비 시 주의사항으로 틀린 것은?

① 압력계 등은 양손으로 잡고 회전시켜 분리해서는 안 된다.
② 압력계와 미터콕크는 나사삽입 연결의 가스켓으로 적정한 것을 사용한다.
③ 압력계는 적어도 1년에 한번은 기준압력계와 비교검사를 한다.
④ 사이폰관에는 부착 전에 반드시 물이 없도록 한다.

> **압력계 정비 시 주의사항**
> ① 압력계를 분리할 때에는 미터 콕을 손으로 단단히 잡고 머리부터 너트를 렌치로 끼워 느슨하게 한다. 이 경우 콕 부분을 꼭 잡고 천천히 푸는 것이 중요하다. 압력계를 양손으로 잡고 돌려 분리하려고 해서는 안된다.
> ② 압력계와 미터콕크는 나사삽입 연결의 가스켓으로 적정한 것을 사용한다.
> ③ 압력계는 적어도 1년에 한번은 기준압력계와 비교검사를 한다.
> ④ 사이폰관에는 부착 전에 반드시 물을 충분히 채워둔다.

**11** 보일러의 자동제어 장치에 해당되지 않은 것은?

① 안전밸브  ② 노내압 조절장치
③ 압력조절기  ④ 저수위차단장치

> 안전밸브는 보일러의 안전장치이다.

**12** 보일러의 성능(용량)을 표시하는 방법이 아닌 것은?

① 상당증발량(kgf/h)  ② 보일러마력
③ 보일러전열면적($m^2$)  ④ 보일러 지름(mm)

> **보일러의 용량표시 방법**
> ① 정격출력[kcal/h]
> ② 보일러마력
> ③ 전열면적[$m^2$]
> ④ 상당방열면적(EDR)[$m^2$]
> ⑤ 상당증발량[kgf/h]
> ⑥ 최대 연속 증발량[kgf/h]

정답  10 ④  11 ①  12 ④

**13** 열효율을 높이는 부속장치에 대한 설명으로 틀린 것은?

① 과열기 사용 시에는 같은 압력의 포화증기에 비하여 엔탈피가 적어지나, 증기의 마찰저항이 증가된다.
② 과열기의 설치형식에는 공기의 흐름방향에 의해 분류 하였을 때 병행류, 대향류, 혼류식으로 나눌 수 있다.
③ 절탄기의 사용 시에는 급수와 관수의 온도차가 적어서 본체의 응력을 감소시킨다.
④ 공기예열기 종류는 전도식과 재생식이 있다.

**과열기**
보일러에서 발생한 포화증기를 과열증기로 만드는 장치로 압력은 일정한 상태에서 온도를 높여 과열이 되며 이때 엔탈피는 증가하고 증기의 마찰저항은 감소한다.

**14** 불필요한 증기 드럼을 없애고 초 임계압력 이상의 고압 증기를 발생할 수 있는 관류보일러로 옳은 것은?

① 슐처 보일러    ② 레플러 보일러
③ 스코치 보일러  ④ 스털링 보일러

**관류보일러**
드럼이 없고 관으로만 구성되어 있으며 관내에서 가열, 증발, 과열시켜 증기를 공급하는 초임계압 보일러를 관류보일러라 하며 전열면적이 넓어 효율이 대단히 좋다.
• 관류보일러의 종류 : 벤슨 보일러, 슐저 보일러, 엣모스 보일러, 램진 보일러, 소형 관류 보일러

**15** 보일러에 댐퍼(damper)를 설치하는 목적과 가장 거리가 먼 것은?

① 가스의 흐름을 차단한다.
② 매연을 멀리 집중시켜 대기오염을 줄인다.
③ 통풍력을 조절하여 연소효율을 상승시킨다.
④ 주연도와 부연도가 있을 경우 가스 흐름을 전환한다.

**댐퍼(damper)의 설치목적**
① 통풍력을 조절하여 연소 효율을 상승시킨다.
② 배기가스의 흐름을 조절 및 차단한다.
③ 주연도와 부연도가 있을 경우 가스흐름 방향을 전환한다.

**16** 보일러 집진 장치 중 세정 집진장치의 작동순서로 옳은 것은?

① 충돌 – 확산 – 증습 – 누설 – 응집
② 충돌 – 확산 – 증습 – 응집 – 누설
③ 확산 – 충돌 – 증습 – 누설 – 응집
④ 확산 – 충돌 – 증습 – 응집 – 누설

**세정식 집진장치**
분진이 포함된 배기가스를 세정액이나 액막 등에 충돌시켜 분진입자를 포집 분리하는 방식
• 작동순서 : 충돌 – 확산 – 증습 – 응집 – 누설

정답  13 ①  14 ①  15 ②  16 ②

**17** 다음 중 방열기는 창문 아래에 설치하는데 방열량을 고려하여 벽면으로부터 약 몇 mm 정도의 간격을 두어야 가장 적합한가?

① 10~20mm  ② 50~70mm
③ 100~120mm  ④ 150~170mm

**방열기의 배치**
① 외기와 접한 창문 아래쪽에 설치한다(부하가 가장 큰 곳).
② 기둥형(주형) 방열기 : 벽에서 50~60[mm] 거리에 설치
③ 벽걸이형 방열기 : 바닥에서 150[mm] 거리에 설치
④ 대류방열기 : 바닥으로부터 하부 케이싱까지 최저 90[mm] 이상 높게 설치한다.

**18** 보일러 급수장치의 하나인 인젝터에 대한 설명으로 틀린 것은?

① 인젝터는 벤튜리의 원리를 응용해서 증기를 분출하고, 그 부근의 압력강하로 생기는 진공을 이용하여 물을 빨아올린다.
② 응축작용에 의해 보유하는 열에너지를 물에 주어 고속의 수류를 만들고 이를 압력에너지로 바꾸어 보일러에 급수한다.
③ 인젝터는 일반적으로 급수압력 1MPa 미만이면 작동 불량을 초래하기 때문에 주의해야 한다.
④ 증기속의 드레인이 많을 때에는 인젝터의 성능이 저하하기 때문에 이러한 일이 없도록 한다.

③ 인젝터는 증기압이 너무 낮거나 (0.2MPa 이하), 높으면(1.0MPa 이상) 작동불능의 원인이 될 수 있다.

**19** 화염검출기와 사용연료와의 적합성 내용으로 틀린 것은?

① Cds셀 : A중유, B·C중유
② Pbs셀 : 가스, 등유, A중유, B·C중유
③ 광전관 : B·C중유
④ 플레임로드 : 중유, 등유

**화염검출기와 사용연료**
① Cds셀 : A중유, B·C중유
② Pbs셀 : 가스, 등유~A중유, B·C중유
③ 광전관 : B·C중유(정류식)
  [참고] 자외선식은 가스, 등유~A중유, B·C중유 검출가능하나 등유~A중유의 경우 불안정함
④ 플레임로드 : 가스, B·C중유

정답 17 ② 18 ③ 19 ④

**20** 상당증발량이 5ton/h인 증기보일러의 연료 소비량이 6kg/min이다. 이 보일러의 효율은? (단, 연료는 중유이며, 저위발열량은 9,200kcal/kg이다)

① 76%  ② 81%
③ 88%  ④ 92%

**보일러 효율**

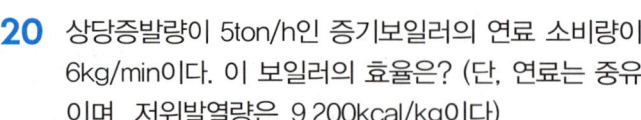

$$\to \eta = \frac{G_e \times 539}{Gf \times H_l}$$

$$\to \eta = \frac{5{,}000 \times 539}{6 \times 60 \times 9{,}200} \times 100 = 81.37[\%]$$

여기서, $G$ : 증기발생량(급수량)[kg/h]
$h''$ : 발생증기엔탈피[kcal/kg]
$h'$ : 급수엔탈피[kcal/kg]
$Gf$ : 연료사용량[kg/h]
$H_l$ : 저위발열량[kcal/kg]
$G_e$ : 상당증발량[kg/h]

**21** 보일러의 자동제어 장치인 인터록 제어에 대한 설명으로 가장 적합한 것은?

① 조건이 충족되지 않을 때 다음 동작이 정지되는 것
② 제어량과 설정목표치를 비교하여 수정 동작시키는 것
③ 점화나 소화가 정해진 순서에 따라 차례로 진행하는 것
④ 증기의 압력, 연료량, 공기량을 조절하는 것

**인터록 제어**
어느 한쪽의 조건이 충족되지 않으면 다음 단계의 동작을 정지시키는 제어방식

**22** 보일러 설비의 계획에 있어서 연소 장치의 선택은 가장 중요하다. 연소 장치 종류가 아닌 것은?

① 버너  ② 송풍기
③ 윈드 박스  ④ 급유펌프

**연소장치**
연소실에 공급되는 연료를 연소시키기 위한 장치로 고체연료 사용시 화격자, 액체 및 기체연료 사용시 버너 및 부속기기(보염장치, 급유펌프 등)가 사용된다.
• 송풍기는 통풍장치에 속한다.

정답 20 ② 21 ① 22 ②

**23** 절대압력 5kg/cm²인 상태로 운전되는 보일러의 증발량이 시간당 5,000kg이었다면, 이 보일러의 상당증발량은? (단, 이 때 급수온도는 30℃이었고, 발생증기의 건도는 98%이었으며, 증기표 값은 다음과 같다)

| 증기압(절대)(kg/cm²) | 포화수 엔탈피(kcal/kg) | 포화증기 엔탈피(kcal/kg) |
|---|---|---|
| 5 | 152.1 | 656.0 |

① 6085kg/h  ② 5992kg/h
③ 5807kg/h  ④ 5714kg/h

**① 습증기 엔탈피**
$$h_2 = x(h'' - h') + h'$$
$$= 0.98(656.0 - 152.1) + 152.1$$
$$= 645.92 [kcal/kg]$$

**② 상당증발량**
$$G_e = \frac{G(h_2 - h_1)}{539}$$
$$= \frac{5,000 \times (645.92 - 30)}{539}$$
$$= 5,713.54 [kg/h]$$

**24** 보일러 내처리에 사용되는 약제의 종류 및 작용에서 탈산소제로 쓰이는 약품이 아닌 것은?

① 수산화나트륨  ② 탄닌
③ 히드라진  ④ 아황산나트륨

**탈산소제**
탄닌, 히드라진, 아황산나트륨(아황산소다)

**25** 열역학 법칙 가운데 에너지 보존법칙을 명확하게 나타낸 것은?

① 열역학 제0법칙  ② 열역학 제1법칙
③ 열역학 제2법칙  ④ 열역학 제3법칙

**열역학 법칙**
① 열역학 제0법칙 : 열평형 법칙
② 열역학 제1법칙 : 에너지보존의 법칙
③ 열역학 제2법칙 : 열이동 법칙(방향성의 법칙)
④ 열역학 제3법칙 : 어떤 계 내에서 물체의 상태변화 없이 절대온도 0도에 이르게 할 수는 없다.

**26** 압력의 단위로서 국제단위계에서 Pa(파스칼)은?

① N/cm²  ② N/m²
③ kgf/m²  ④ kgf/cm²

**국제단위계(SI단위)**
Pa = N/m²

정답  23 ④  24 ①  25 ②  26 ②

**27** 지름이 100mm에서 지름 200mm로 돌연 확대되는 관에 물이 0.04m³/s의 유량으로 흐르고 있다. 이 때 돌연 확대에 의한 손실수두는? (단, 마찰은 무시한다)

① 0.32m  ② 0.53m
③ 0.75m  ④ 1.28m

① 100mm 관에서의 속도계산
$Q = A \cdot V$
$\rightarrow V_1 = \dfrac{Q}{A_1} = \dfrac{0.04}{\dfrac{\pi \times 0.1^2}{4}} = 5.092 [m/s]$

② 돌연 확대관에서의 손실수두
$h_l = \left\{1 - \left(\dfrac{D_1}{D_2}\right)^2\right\}^2 \times \dfrac{V_1^2}{2g}$
$= \left\{1 - \left(\dfrac{0.1}{0.2}\right)^2\right\}^2 \times \dfrac{5.092^2}{2 \times 9.8}$
$= 0.744 [mH_2O]$

**28** 유체의 층류흐름과 난류흐름의 구분에 사용되는 수는?

① 프로트수  ② 레이놀즈수
③ 아보가드로수  ④ 웨버수

**레이놀즈수**
유체의 유동상태를 나타내는 지표로 점성과 관성력의 비로 나타낸다.
$R_e = \dfrac{\rho VL}{\mu} = \dfrac{관성력}{점성력}$
※ 레이놀즈수는 점성력과 반비례관계로 점도가 높은 유체는 같은 속도에서 낮은 레이놀즈수를 가지게 된다.

**유체의 유동 상태**
① 층류 : 유체의 입자가 각 층 내에서 질서 정연하게 흐르는 상태로 레이놀즈수가 2,100 이하이다.
② 난류 : 유체의 입자가 각 층 내에서 불규칙적으로 흐르는 상태로 레이놀즈수가 4,000 이상이다.
③ 천이구역 : 어느 안정 상태에서 다른 안정 상태로 이행하는 도중에 자유 에너지가 극대값을 취하는 상태(2,100 < $R_e$ < 4,000)

**29** 엑서지(exergy)에 대한 설명으로 틀린 것은?

① 열에너지를 전부 기계적 에너지로 변환시킬 수 없다.
② 열에너지로부터 얼마만큼의 기계적 일을 내게 할 수 있는가를 나타낸다.
③ 열에너지는 엑서지와 에너지의 합이다.
④ 환경온도(열기관의 저열원)가 높을수록 엑서지는 크다.

**엑서지(Exergy)**
종합적 에너지 유효이용도로 주어진 환경 조건에서 어떤 계(系)로부터 외부로 꺼낼 수 있는 최대의 기계적 작업또는 에너지를 말한다. 열역학 제1법칙에 의하면 열에너지는 모두 기계적 에너지로 바꿀수 있다고 하지만 실제 열역학 제2법칙에 의하면 제1의 열원에서 얻은 열에너지를 전부 기계적 작업으로 변환할 수 없고 반드시 일정량의 열에너지를 제2의 열원에 버리지 않으면 안된다. 이때 이론적으로 얻을 수 있는 최대일을 엑서지라 한다.

정답 27 ③ 28 ② 29 ④

**30** 보일러 연료의 연소 시에 발생하는 가마울림의 방지 대책으로 가장 거리가 먼 것은?

① 수분이 적은 연료를 사용한다.
② 2차공기의 가열 통풍 조절을 개선한다.
③ 연소실과 연도를 개선한다.
④ 연소속도를 천천히 한다.

**가마울림**
연소중 연소실이나 연도 내에서 연속적인 울림이 발생하는 것으로 그 원인은 다음과 같다.
① 공기연료비(공연비)가 맞지 않을 때
② 연도의 굴곡부가 많거나, 연도의 구조상 미연소가스가 체류하는 가스 포켓이 있는 경우
③ 연료내 수분이 많이 함유된 경우

**가마울림 방지대책**
① 2차 공기의 가열 통풍의 조절 방식을 개선한다.
② 연소실 내에서 완전 연소시킨다.
③ 연소실과 연도의 구조를 개선한다.
④ 연료 속 함유된 공기나 수분을 제거한 후 사용한다.

**31** 과열증기의 설명으로 가장 적합한 것은?

① 습포화 증기의 압력을 높인 것
② 습포화 증기에 열을 가한 것
③ 포화증기에 열을 가하여 포화온도 보다 온도를 높인 것
④ 포화증기에 압을 가하여 증기압력을 높인 것

과열증기란 포화증기에 열을 가하여 압력변화 없이 온도만 상승시킨 것이다.

**32** 평판을 사이에 두고 고온유체와 저온유체가 접하고 있는 경우 열관류율에 영향을 미치지 않는 것은?

① 평판의 열전도율
② 평판의 중량
③ 평판의 두께
④ 고온 및 저온유체 열전달률

**열관류율 계산 공식**

$$K = \frac{1}{\frac{1}{\alpha_1} + \frac{l}{\lambda} + \frac{1}{\alpha_2}}$$

여기서, $K$ : 열관류율[kcal/m²h℃]
$\lambda$ : 열전도율[kcal/mh℃]
$l$ : 두께[m]
$\alpha_1$ : 저온면 열전달율[kcal/m²h℃]
$\alpha_2$ : 고온면 열전달율[kcal/m²h℃]

정답 30 ④ 31 ③ 32 ②

**33** 부력(浮力)은 그 물체가 배제한 유체의 중량과 같은 힘을 수직 상방으로 받는 것을 말하는데 이는 어떤 원리인가?

① 아르키메데스  ② 파스칼
③ 뉴톤  ④ 오일러

**부력(浮力)**
정지유체 속에 물체가 일부 또는 완전히 잠겨 있을 때 유체에 접촉하는 모든 부분에 수직방향으로 작용하는 힘으로 아르키메데스의 원리라고도 하며 그 물체에 의해서 배제된 액체의 무게와 같다.

**34** 보일러 부속장치 중 고온부식이 유발될 수 있는 장치는?

① 절탄기  ② 과열기
③ 응축기  ④ 공기예열기

**고온부식과 저온부식의 비교**
① 고온부식 : 과열기, 재열기에서 발생하며 주원인 성분은 바나듐(V)이다(그 외 일부 나트륨(Na)과 유황(S)성분이 섞일 수 있으나 보통 무시한다).
② 저온부식 : 절탄기, 공기예열기에서 발생하며 주원인 성분은 유황(S)이다.

**35** 보일러 부식의 원인이 아닌 것은?

① 수중의 용존산소  ② 염화마그네슘
③ 수산화나트륨  ④ 질소

• 내부부식 : 수중의 용존산소에 의한 점식 및 급수중 유지류, 산류, 탄산가스, 염류 등에 의한 부식
• 질소는 불활성 가스로 보일러 부식원인에 속하지 않는다.

**36** 보일러 세관 작업을 염산으로 하는 경우 염산의 농도 (%), 처리온도(℃), 순환시간으로 가장 적합한 것은?

① 1~3%, 30~40℃, 4~6시간
② 5~10%, 55~65℃, 4~6시간
③ 10~15%, 30~40℃, 7~9시간
④ 15~20%, 60~70℃, 10~12시간

**산세관**
내면의 스케일과 산관의 화학반응에 의해 스케일을 용해 제거하는 방법으로 일반적으로 5~10[%] 염산 수용액을 사용한다. 부식을 방지하기 위해 부식억제제를 적당량(0.2~0.6[%]) 첨가한다.
• 산세관법에 사용하는 산의 종류 : 염산, 황산, 인산, 설파민산
• 산세관법에 사용하는 중화방청제의 종류 (부식억제제) : 탄산소다, 가성소다, 인산소다, 히드라진
• 세정액 배출 후 물의 pH 5 이상이 될 때까지 충분히 물로 씻은 후 중화나 방청처리를 실시한다.
• 보일러수의 온도 : 60±5[℃](55~65[℃])
• 순환시간 : 4~6시간

정답 33 ① 34 ② 35 ④ 36 ②

**37** 보일러 매연 발생의 원인으로 가장 거리가 먼 것은?

① 불순물 혼입  ② 연소실 과열
③ 통풍력 부족  ④ 점화조작 불량

**매연발생원인**
① 연소장치의 결함
② 불완전연소
③ 공기비 부족(통풍력 부족)
④ 취급자의 연소기술 미숙(점화조작 불량)
⑤ 저질연료 사용 시(저질연료 : 수분, 회분, 휘발분 등이 많이 함유된 연료)
⑥ 연소실 온도가 너무 낮을 때

**38** 수중에서 받는 압력은 그 깊이에 무엇을 곱한 값인가?

① 체적  ② 면적
③ 부피  ④ 비중량

수중(물속)에서 받은 압력은 그 깊이($h$)[m]에 물의 비중량($\gamma$)[kgf/m³]을 곱한 값과 같다.
$P$[kgf/m²] = $\gamma$[kgf/m³] × $h$[m]

**39** 1kg의 습증기 속에 수분이 $x$kg 포함되어 있을 때 건도는?

① $x$  ② $x-1$
③ $1-x$  ④ $x/(1-x)$

습증기 1[kg]안에 수분이 $x$[kg]포함되어 있다고 할 때 수분을 제외한 나머지는 건조증기 이므로 건도는 $(x-1)$[kg]이 된다. 이때 $x$를 습도라고 하며 $(x-1)$를 건조도라 한다.

**40** 보일러 급수 중 가스제거 방법에 대해서 설명한 것으로 틀린 것은?

① 용존가스 제거 방법은 기폭법, 탈기법 등이 있다.
② 탈기에 의한 방법은 산소, 탄산가스 등을 제거하는 경우에 쓰인다.
③ 기폭에 의한 방법은 산소, 탄산가스, 철분, 망간을 제거한다.
④ 기폭에 의한 처리 방법은 보통 급수를 분무 또는 탑상에서 우화(雨花)시키는 방법을 취하고 있다.

**용존가스의 제거법**
급수 중 포함되어 있는 용존산소($O_2$), 탄산가스($CO_2$) 등의 기체성분 및 철(Fe), 망간(Mn) 등을 제거하는 방법으로 공기 중 물을 아래로 뿌려 내리는 강수방식과 급수 중에 공기를 흡입하는 방법이 있다.
- 탈기법 : 용존산소($O_2$) 및 탄산가스($CO_2$)를 제거
- 기폭법 : 탄산가스($CO_2$), 철(Fe), 망간(Mn) 등을 제거

정답 37 ② 38 ④ 39 ③ 40 ③

**41** 저탄소 녹색성장 기본법에서 온실가스·에너지 목표관리의 원칙 및 역할에 대한 설명으로 틀린 것은?

① 환경부장관은 온실가스 감축 목표의 설정·관리 및 필요한 조치에 관하여 총괄·조정기능을 수행한다.
② 건물·교통 분야의 관장기관은 국토교통부이다.
③ 환경부장관은 농림축산식품부와 공동으로 해당분야 관리업체의 실태조사를 할 수 있다.
④ 국토교통부장관은 부문별 관장기관의 소관 사무에 대해 점검할 수 있으며, 그 결과에 따라 부문별 관장기관에게 관리업체에 대한 개선 명령을 요구할 수 있다.

**온실가스·에너지 목표관리의 원칙 및 역할**
환경부장관은 목표관리의 신뢰성을 높이기 위하여 필요한 경우에는 부문별 관장기관의 소관 사무에 대하여 종합적인 점검·평가를 할 수 있으며, 그 결과에 따라 부문별 관장기관에게 온실가스 배출업체 및 에너지 소비업체(관리업체)에 대한 개선명령 등 필요한 조치를 요구할 수 있고 부문별 관장기관은 특별한 사정이 없으면 이에 따라야 한다.

**42** 보일러에 설치되는 원통형 파이프 강도 계산 시 길이방향 응력(kg/cm²) 계산식은? (단, $P$는 원통내부의 압력(kg/cm²), $D$는 보일러 내경(cm), $t$는 동판의 두께(cm)이다)

① $\dfrac{PD}{2t}$
② $\dfrac{P}{4t}$
③ $\dfrac{PD}{4t}$
④ $\dfrac{D}{4t}$

- 원주(원둘레)방향 인장응력 : $\sigma_A = \dfrac{PD}{2t}$
- 축(세로, 길이)방향 인장응력 : $\sigma_B = \dfrac{PD}{4t}$

**43** 신축으로 의한 배관의 좌우, 상하 이동을 구속하고 제한하는 목적에 사용되는 배관지지구인 리스트레인트(restraint)의 종류가 아닌 것은?

① 브레이스
② 앵커
③ 스토퍼
④ 가이드

**리스트레인트**
관을 지지하며 열팽창에 의한 배관의 운동을 구속 또는 제한하는 관의 지지물
① 앵커(anchor) : 볼트를 콘크리트에 매설하여 관의 이동 및 회전을 방지하기 위해 지지점에 완전히 고정하는 장치로 진동이 심한 곳에 사용하는 장치이다.
② 스톱/스토퍼(stop/stopper) : 배관의 일정한 방향과 회전만 구속하고 다른 방향은 자유롭게 이동하게 하는 장치이다.
③ 가이드(guide) : 배관의 축방향 이동을 안내하고 직각 방향 운동을 구속하는데 사용하며 파이프랙(pipe rack) 위 배관의 곡관부분과 신축이음부에 설치한다.

정답 41 ④ 42 ③ 43 ①

**44** 가스켓의 재질 중 동물성 섬유류로 거칠지만 강인하며 압축성이 풍부하고 약산에 잘 견디며 내유성이 커서 기름배관에 적합한 것은?

① 가죽  ② 펠트
③ 형석  ④ 오일시트

**펠트**
동물성 섬유제 플랜지 패킹으로 가죽에 비해 거친 섬유제품으로 압축성이 큰 특징이 있으며 약산에 잘 견디지만 알칼리에는 용해되고 내유성이 있어 유류배관에 사용된다.

**45** 담금질한 강에 강인성을 부여하기 위해 특정 변태점 이하의 온도에서 가열하는 열처리 방법은?

① 표면경화법  ② 풀림
③ 불림  ④ 뜨임

**열처리 방법**
① 표면 경화법 : 표면을 경화시켜 내마모성, 강도, 경도를 높이거나 내식성을 높이는 것을 말하며 침탄법, 질화법, 금속침투법 등이 있다.
② 담금질 : 강을 $A_3$ 변태점보다 30~50[℃] 정도 높은 온도로 가열한 다음 물이나 기름 속에 급속히 냉각시켜 경도와 강도를 증가시키는 방법이다.
③ 뜨임 : 담금질한 강을 $A_1$ 변태점 이하의 일정 온도에서 재가열하여 냉각시켜 내부응력을 제거하고 인성을 증가시키는 방법이다.
④ 불림 : 단조, 압연 등으로 인해 거칠어진 조직을 미세화하고 잔류응력을 제거하기 위해 $A_3$ 변태점보다 30~50[℃]정도 높게 가열하여 공기 중에 서냉시키는 방법이다.
⑤ 풀림 : 거칠어진 조직이나 가공경화 및 내부응력을 제거하기 위해 변태점 이상의 적당한 온도로 가열하고 서냉시키는 방법이다.

**46** 피복금속 아크용접에서 교류용접기와 비교한 직류 용접기의 장점이 아닌 것은?

① 극성의 변화가 쉽다.
② 전격 위험이 적다.
③ 역률이 양호하다.
④ 자기쏠림 방지가 가능하다.

**직류 아크용접기와 교류 아크용접기의 비교**

| 항목 | 직류용접기 | 교류용접기 |
|---|---|---|
| 아크의 안정성 | 우수 | 약간 불안 |
| 극성의 이용 | 가능 | 불가능 |
| 무부하 전하 | 약간 낮음 (최대 60V) | 높음 (80~100V) |
| 전격의 위험 | 적다 | 크다(무부하 전압이 높다) |
| 구조 및 고장률 | 복잡하다 | 간단하다 |
| 역률 | 양호 | 불량 |
| 가격 | 비싸다 | 싸다 |
| 아크 쏠림 방지 | 불가능 | 가능 (아크 쏠림이 거의 없다.) |

**정답** 44 ② 45 ④ 46 ④

**47** 아래에 주어진 평면도를 등각투상도로 나타낼 때 옳은 것은?

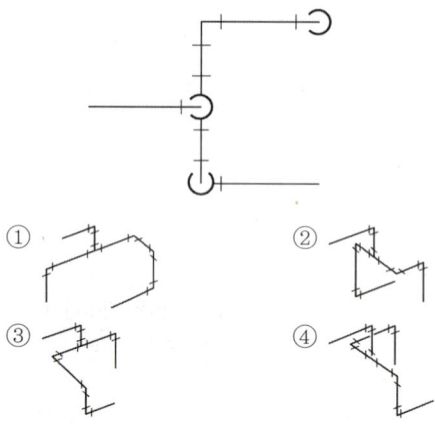

**48** 다음 중 동관의 납땜이음 순서로 옳은 것은?

> ㉠ 이음부의 안팎을 샌드페이퍼로 닦아 산화물을 제거한다.
> ㉡ 사이징툴(sizing tool)로 파이프 끝을 둥글게 가공한다.
> ㉢ 가열토치로 접합부 주위를 골고루 가열하여 땜납이 모세관 작용으로 빨려들도록 한다.
> ㉣ 이음부에 용제를 바르고 관을 끼워 맞춘다.
> ㉤ 이음부의 간격이 0.1mm 정도가 되도록 관의 지름을 넓힌다.

① ㉡-㉤-㉠-㉢-㉣
② ㉡-㉠-㉢-㉣-㉤
③ ㉡-㉤-㉠-㉣-㉢
④ ㉡-㉠-㉣-㉢-㉤

**동관의 납땜이음 순서**
① 사이징(sizing tool)로 파이프 끝을 둥글게 가공한다.
② 이음부의 간격이 0.1mm 정도가 되도록 관의 지름을 넓힌다.
③ 이음부의 안팎을 샌드페이퍼로 닦아 산화물을 제거한다.
④ 이음부에 용제를 바르고 관을 끼워 맞춘다.
⑤ 가열토치로 접합부 주위를 골고루 가열하여 땜납이 모세관 작용으로 빨려들도록 한다.

정답 47 ④ 48 ③

**49** 에너지법 시행규칙에 의거 일반적으로 에너지열량 환산기준은 몇 년 마다 작성하는가?

① 1년　　② 3년
③ 4년　　④ 5년

**에너지열량환산기준**
에너지열량환산기준은 5년마다 작성하되, 산업통상자원부장관이 필요하다고 인정하는 때에는 수시로 작성할 수 있다.

**50** 알루미늄 도료에 관한 설명 중 틀린 것은?

① 400~500℃의 내열성을 지니고 있어 난방용 방열기 등의 외면에 도장한다.
② 알루미늄 도막은 금속광택이 있고 열을 잘 반사한다.
③ 은분이라고도 하며 방청효과가 크고 습기가 통하기 어렵기 때문에 내구성이 풍부한 도막이 형성된다.
④ 알루미늄 분말에 아마인유와 혼합하여 만든다.

**알루미늄 도료(은분)**
산화 알루미늄($Al_2O_3$) 분말을 유성 니스에 혼합한 것으로 방청효과가 크며 밑바탕 도장 후 유성 페인트를 사용하면 방청효과가 더욱 커진다.

**51** 높은 온도의 응축수가 압력이 낮아져 재증발 할 때 생기는 부피의 증기를 밸브의 개폐에 이용한 증기트랩 으로 응축수양에 비해 극히 소형인 트랩은?

① 바이메탈식　　② 버켓식
③ 디스크식　　　④ 벨로즈식

**디스크식 트랩**
증기와 응축수의 열역학적 특성값에 의해 작동하는 트랩으로 과열증기에 사용할 수 있으며 수격현상에 잘견디며 배관이 용이하나 소음 발생, 불응축 가스에 의한 장해, 증기누설 등의 문제가 발생할 수 있다

**52** 다음 중 연관용 공구 중 분기관 따내기 작업 시 주관에 구멍을 뚫는 공구는?

① 봄 볼　　② 드레서
③ 벤드벤　　④ 턴 핀

**연관용 접합 공구**
① 연관용 톱 : 연관 절단에 사용
② 봄 볼 : 주관에 구멍을 뚫을 때 사용
③ 드레서 : 연관 표면의 산화막 제거에 사용
④ 벤드 벤 : 연관 굽힘 작업에 사용
⑤ 턴 핀 : 접합하려는 관 끝을 넓히는데 사용
⑥ 맬 릿 : 턴 핀을 때려 박든가 접합부 주위를 오므리는데 사용하는 나무해머

정답  49 ④  50 ④  51 ③  52 ①

**53** 에너지이용 합리화법상 검사대상기기설치자가 검사대상기기조종자를 선임하지 않았을 때 해당되는 벌칙은?

① 2년 이하의 징역 또는 2천만원 이하의 벌금
② 1년 이하의 징역 또는 1천만원 이하의 벌금
③ 2천만원 이하의 벌금
④ 1천만원 이하의 벌금

**1천만원 이하의 벌금**
검사대상기기 조종자를 선임하지 아니한 자

**54** 관의 길이 팽창은 일반적으로 관경에는 관계없고 길이에만 영향이 있다. 강관인 경우 온도차 1℃일 때 1m당 신축길이는? (단, 철의 선팽창계수는 $1.2 \times 10^{-5}$이다)

① 1.2mm   ② 0.12mm
③ 0.012mm  ④ 0.0012mm

**신축량($\Delta l$)**
$\Delta l = l \times \alpha \times \Delta t$
여기서, $\Delta l$ : 신축량[mm]
  $l$ : 배관길이[m]
  $\alpha$ : 선팽창계수(/℃)
  $\Delta t$ : 온도차(℃)
$\Delta l = 1m \times 1,000mm/m \times 1.2 \times 10^{-5}/℃ \times 1℃$
  $= 0.012mm$

**55** 계수 규준형 샘플링 검사의 OC곡선에서 좋은 로트를 합격시키는 확률을 뜻하는 것은? (단, $\alpha$는 제1종 과오, $\beta$는 제2종 과오이다)

① $\alpha$   ② $\beta$
③ $1-\alpha$  ④ $1-\beta$

- $1-\alpha$ : 좋은 로트를 합격시킬 확률
- $1-\beta$ : 나쁜 로트를 불합격시킬 확률

**OC 곡선**

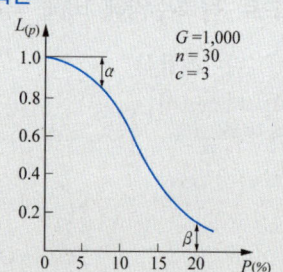

여기서, $P$ : 로트의 부적합품률(%)
  $L_{(p)}$ : 로트가 합격할 확률
  $\alpha$ : 좋은 로트가 불합격될 확률
    (생산자 위험)
  $\beta$ : 나쁜 로트가 합격될 확률
    (소비자 위험)
  $N$ : 로트의 크기
  $n$ : 시료의 크기
  $c$ : 합격판정계수

**정답** 53 ④ 54 ③ 55 ③

**56** 계량값 관리도에 해당되는 것은?

① c 관리도  ② u 관리도
③ R 관리도  ④ np 관리도

**관리도의 종류**
① 계량값 관리도
- $\bar{x} - R$(평균치-범위)관리도
- $\bar{x} - s$(평균치-표준편차)관리도
- $\tilde{x} - R$(중앙치-범위)관리도
- $x - R_m$(개개의 측정치-이동범위)관리도

② 계수값 관리도
- $np$(부적합품수)관리도
- $p$(부적합품률)관리도
- $c$(부적합수)관리도
- $u$(단위당 부적합수)관리도

**57** 어떤 작업을 수행하는데 작업소요시간이 빠른 경우 5시간, 보통이면 8시간, 늦으면 12시간 걸린다고 예측되었다면 3점 견적법에 의한 기대 시간치와 분산을 계산하면 약 얼마인가?

① $te = 8.0$, $\sigma^2 = 1.17$
② $te = 8.2$, $\sigma^2 = 1.36$
③ $te = 8.3$, $\sigma^2 = 1.17$
④ $te = 8.3$, $\sigma^2 = 1.36$

**기대시간치(Expected Time)**: $t_e$

① $t_e = \dfrac{a + 4m + b}{6} = \dfrac{5 + (4 \times 8) + 12}{6}$
$= 8.166$

② $t_e$의 분산
$\sigma^2 = \left(\dfrac{b-a}{6}\right)^2 = \left(\dfrac{12-5}{6}\right)^2 = 1.366$

여기서, $a$(낙관 시간치) : 작업활동을 수행하는데 필요한 최소시간
$m$(정상 시간치) : 작업 활동을 수행하는데 정상적으로 소요되는 시간
$b$(비관 시간치) : 작업활동을 수행하는데 필요한 최대시간

**58** 정규분포에 관한 설명 중 틀린 것은?

① 일반적으로 평균치가 중앙값보다 크다.
② 평균을 중심으로 좌우대칭의 분포이다.
③ 대체로 표준편차가 클수록 산포가 나쁘다고 본다.
④ 평균치가 0이고 표준편차가 1인 정규분포를 표준정규분포라 한다.

**정규분포의 특징**
① 평균치($\bar{x}$), 중앙치($\tilde{x}$), 최빈수($M_0$)가 같다.
② 평균을 중심으로 좌우대칭인 종모양이다.
③ 대체로 표준편차가 클수록 산포가 나쁘다고 본다.
④ 평균치가 0이고 표준편차가 1인 정규분포 즉, $u_i \sim N(0, 12)$을 정규분포라 한다.

정답 56 ③ 57 ② 58 ①

**59** 작업측정의 목적 중 틀린 것은?

① 작업개선　　② 표준시간 설정
③ 과업관리　　④ 요소작업 분할

**작업측정의 목적**
① 표준시간의 설정
② 유휴시간의 제거
③ 작업성과의 측정
④ 작업개선 및 과업관리

**60** 일반적으로 품질 코스트 가운데 가장 큰 비율을 차지하는 것은?

① 평가코스트　　② 실패코스트
③ 예방코스트　　④ 검사코스트

**품질 코스트의 구성비율**

|  | 예방코스트 (P-cost) | 평가코스트 (A-cost) | 실패코스트 (F-cost) |
|---|---|---|---|
| 파이겐바움 (Feigenbaum) | 5% | 25% | 70% |
| 커크페트릭 (Kirkpatrick) | 10% | 25% | 50~75% |

정답　59 ④　60 ②

# 18회 에너지관리기능장 실전모의고사 기출문제

**01** 급탕량이 10,000kg/h인 온수보일러의 급수온도가 5℃이고 출구 온수 온도는 59℃일 때, 연료소비량은? (단, 보일러 효율이 90%이며, 사용연료는 도시가스이고, 저위발열량 10,000kcal/kg이다)

① 100kg/h
② 90kg/h
③ 54kg/h
④ 60kg/h

**보일러 효율**

$$\eta = \frac{G(h''-h')}{Gf \times H_l} \rightarrow \eta = \frac{Q}{Gf \times H_l}$$

$$\rightarrow \eta = \frac{G \cdot C \cdot \Delta T}{Gf \times H_l}$$

$$\rightarrow Gf = \frac{G \cdot C \cdot \Delta T}{\eta \times H_l}$$

$$= \frac{10,000 \times 1 \times (59-5)}{0.9 \times 10,000}$$

$$= 60[kg/h]$$

여기서, $G$ : 증기발생량(급수량)[kg/h]
$h''$ : 발생증기엔탈피[kcal/kg]
$h'$ : 급수엔탈피[kcal/kg]
$Gf$ : 연료사용량[kg/h]
$H_l$ : 저위발열량[kcal/kg]
$C$ : 비열[kcal/kg·℃]
$\Delta T$ : 온도차[℃]

**02** 보일러 집진 장치 중 가압수식 집진기가 아닌 것은?

① 충전탑
② 유수식
③ 벤튜리 스크러버
④ 사이클론 스크러버

- 가압수식 집진장치 종류
  ① 벤튜리 스크러버
  ② 사이클론 스크러버
  ③ 제트 스크러버
  ④ 충전탑
  ⑤ 분무탑
- 유수식 집진장치 종류 : S형 임펠러, 로터형, 분수형, 선화류형(에어텀플러) 등
- 회전식 : 타이젠 와셔, 임펠러 스크러버 등

**03** 온수난방 분류에서 각층, 각실 간에 온수의 순환율이 동일하고 온도차를 최소화시키는 방식으로, 배관길이가 다소 길고 마찰저항이 커지는 단점이 있는 배관방법은?

① 직접귀환방식
② 역귀환방식
③ 중력순환식
④ 강제순환식

**역귀환 방식(리버스리턴 방식)**
냉·온수 배관법의 일종이다. 하나의 배관계에 다수의 방열기를 설치할 때 배관의 길이가 다르기 때문에 환수관을 가장 먼 기기까지 가지고 간 다음 반복하여 환수관을 원래 방향으로 되돌리면서 각 기기의 배관저항의 균형을 맞추어 기기로의 수량 평균성을 보존하는 방식으로 환수관의 길이가 길어진다는 단점이 있다.
- 사용목적 : 방열기에 공급되는 유량분배를 균등하게 하기 위해 사용한다.

정답 01 ④ 02 ② 03 ②

**04** 보일러의 운전 성능을 향상시키는 방법으로 틀린 것은?

① 공기비를 가급적 크게 한다.
② 연소용 공기를 예열한다.
③ 가급적 연속 가동을 하여 종합적인 연소 효율을 향상시킨다.
④ 배기가스 열을 회수하여 최종 배기가스 온도를 적정범위 내에서 최대한 낮춘다.

① 보일러 운전시 사용 연료에 따른 공기비를 적정하게 유지해야 한다.

**05** 강철제 증기보일러의 전열면적이 $10m^2$을 초과하는 경우 급수밸브의 크기는 호칭지름이 얼마 이상이어야 하는가?

① 15A
② 20A
③ 30A
④ 40A

**급수밸브와 체크밸브의 크기**
① 전열면적 $10m^2$ 이하 : 15A 이상
② 전열면적 $10m^2$ 초과 : 20A 이상

**06** 굴뚝 높이 140m, 배기가스의 평균온도 200℃, 외기온도 27℃, 굴뚝 내 가스의 외기에 대한 비중이 1.05일 때, 연돌의 통풍력은?

① 36.3mmAq
② 49.8mmAq
③ 51.3mmAq
④ 55.0mmAq

**(약식)이론통풍력 계산공식**
배기가스 비중량을 대기에 대한 비중량으로 주어진 경우
$$Z = 353H\left(\frac{1}{T_a} - \frac{r_g}{T_g}\right)$$
$$= 353 \times 140 \times \left(\frac{1}{273+27} - \frac{1.05}{273+200}\right)$$
$$= 55.027 mmAq$$

**07** 관류보일러의 특징에 대한 설명으로 틀린 것은?

① 관로만으로 구성되어 기수드럼이 필요하지 않다.
② 급수량 및 연료량의 자동제어 장치가 필요하다.
③ 관을 자유로이 배치할 수 있다.
④ 열효율이 높고, 전열 면적당 보유수량이 많다.

④ 전열면적에 비해 보유수량이 적어 기동에서 소요증기 발생까지의 시간이 짧다.

정답  04 ①  05 ②  06 ④  07 ④

**08** 다음 기체 중 가연성인 것은?

① $CO_2$ ② $N_2$
③ H ④ He

① $CO_2$ : 불연성
② $N_2$ : 불연성
③ H : 가연성
④ He : 불연성
• 가연성분 : 탄소(C), 수소(H), 유황(S)

**09** 버너 착화를 원활하게 하고 화염의 안정을 도모하는 장치는?

① 윈드 박스 ② 보염기
③ 버너타일 ④ 플레임 아이

**보염기(스테빌라이저)**
연료유의 분무흐름이나 연소공기 사이에서 저유속흐름을 유도함으로 불꽃의 안정성을 유지하게 하는 장치이다.

**10** 보일러의 자동제어에서 증기압력제어는 어떤 것을 조작하는가?

① 노내 압력량과 기압량
② 급수량과 연료공급량
③ 수위량과 전열량
④ 연료공급량과 연소용 공기량

**보일러 자동제어의 제어량과 조작량과의 관계**

| 종류 | 제어량 | 조작량 |
|---|---|---|
| 증기온도제어 (S.T.C) | 증기온도 | 전열량 |
| 급수제어 (F.W.C) | 보일러수위 | 급수량 |
| 자동연소제어 (A.C.C) | 증기압력 | 연료량, 공기량 |
| | 노내압력 | 연소가스량 |

**11** 보일러 관수 중 불순물에 의한 장해를 방지하기 위한 분출의 직접적인 목적으로 가장 거리가 먼 것은?

① 관수의 pH를 조정하기 위해서
② 프라이밍, 포밍 현상 방지를 위해서
③ 발생하는 증기의 건조도를 높이기 위해서
④ 슬러지 성분을 배출하기 위해서

**분출장치 설치목적**
① 관수 농축방지
② 프라이밍, 포밍 방지
③ 관수순환 촉진
④ 관수 pH조절
⑤ 스케일 생성 방지

정답 08 ③ 09 ② 10 ④ 11 ③

**12** 다음 내용의 ( )안에 들어갈 알맞은 용어는?

> 사이클론 집진기는 연소가스가 회전운동을 일으켜 이 원심력으로 분진을 분리하는 것으로 30~60μm 정도의 분진에 유효하다. 이 사이클론은 연소가스의 유입방법에 따라 접선유입식과 ( )식이 있다.

① 축류　　　　② 원심
③ 사류　　　　④ 와류

**연소가스의 유입방법에 따른 분류**
① 접선유입식 : 처리 가스량이 적은 곳에 사용되며 압력손실이 100[mmAq] 전후이다.
② 축상(축류)유입식 : 접선유입식과 동일한 압력손실과 비교하여 처리 가스량이 많고 대용량의 함진가스를 집진하는데 사용된다.

**13** 진공환수식 증기난방에 관한 설명으로 틀린 것은?

① 진공 펌프에 버큠 브레이커(vacuum breaker)를 설치하여 진공도가 높아지면 밸브를 열어서 진공도를 낮춘다.
② 배관 및 방열기 내의 공기를 뽑아내므로 증기의 순환이 빠르다.
③ 환수파이프와 보일러 사이에 진공펌프를 설치하여 응축수를 환수시킨다.
④ 방열기 설치장소에 제한을 받고 방열기의 밸브로 방열량을 조절할 수 없다.

**진공환수식 증기난방 특징**
① 중력, 기계 환수보다 순환속도가 빠르다.
② 기울기(구배)에 구애를 받지 않는다.
③ 방열량을 광범위하게 조절할 수 있다.
④ 환수관의 관지름을 작게 할 수 있다.
⑤ 버큠브레이커를 사용하여 진공을 일정하게 유지해야 한다(진공도 : 100~250mmHg·v).
⑥ 방열기 설치장소에 제한을 받지 않는다.

**14** 보일러의 증발계수에 대하여 옳게 설명한 것은?

① 상당증발량을 실제증발량으로 나눈 값이다.
② 실제증발량을 상당증발량으로 나눈 값이다.
③ 상당증발량을 539로 나눈 값이다.
④ 실제증발량을 539로 나눈 값이다.

**증발계수**
상당증발량($G_e$)과 실제증발량($G$)의 비
$$\frac{G_e}{G} = \frac{h'' - h'}{539}$$
여기서, $G_e$ : 상당증발량[kg/h]
　　　　$G$ : 실제증발량[kg/h]
　　　　$h''$ : 발생증기엔탈피[kcal/kg]
　　　　$h'$ : 급수엔탈피[kcal/kg]

**정답** 12 ① 13 ④ 14 ①

**15** 다음 중 탄성식 압력계에 속하지 않는 것은?

① 피스톤식  ② 벨로우즈식
③ 부르동관식  ④ 다이어프램식

**1차 압력계(직접식)**
액주식, 분동식, 침종식, 링밸런스 식
**2차 압력계(간접식)**
탄성식, 전기식
① 탄성식 : 벨로우즈식, 다이어프램식, 부르동관식
② 전기식 : 전기저항식, 전기압식(피에조), 자기변형식(스트레인게이지)

**16** 배기가스분석 방법에서 수동식 가스분석계 중 화학적 가스 분석 방법에 해당 되지 않는 것은?

① 오르자트법  ② 헴펠법
③ 검지관법  ④ 세라믹법

**각 분석법의 특징 및 분류**
① 오르자트 법 : 주로 연도가스 내의 이산화탄소($CO_2$), 산소($O_2$), 일산화탄소(CO)의 함유 비율을 측정하는 휴대용 가스 분석기로, 각각의 가스 흡수병(흡수 피펫)을 가지며 흡인법으로 연도 가스를 흡수시켜 흡수제에 흡수된 가스량에 의해 측정하는 화학적 가스분석계이다.
② 헴펠법 : 석탄 가스, 연도 가스, 갱내 가스, 암거(暗渠) 가스, 혹은 자동차 배기 가스 등, 비교적 복잡한 성분을 갖고 있는 유해 가스를 신속하게 분석하는 화학적 가스 분석계이다.
③ 검지관법 : 검지관을 이용하여 행해지는 미량 가스의 정성 정량 분석법으로 야외, 공장, 현장 등에서 공기 중의 미량 유해 가스의 측정에 이용되는 화학적 가스분석계이다.
④ 세라믹법 : 세라믹식 $O_2$ 분석기를 주원료로 한 특수세라믹은 850[℃] 이상에서 산소이온만 통과시키는 특수한 성질을 이용한 것으로 산소이온이 통과할 때 발생되는 기전력을 측정하여 산소농도를 측정하는 물리적 가스분석계이다.

**17** 탄소(C) 1kg을 완전 연소시키는 데 필요한 이론 공기량은?

① 8.89Nm³/kg  ② 3.33Nm³/kg
③ 1.87Nm³/kg  ④ 22.4Nm³/kg

**이산화탄소 완전연소식**
$C + O_2 \rightarrow CO_2$
완전연소식에서 탄소 12kg이 연소할 때 산소는 $1 \times 22.4 = 22.4[Nm^3]$ 연소하므로 비례식을 세우면
$12[kg] : 22.4[Nm^3] = 1[kg] : x[Nm^3]$
• 이론산소량
$$x = \frac{22.4 \times 1}{12} = 1.866[Nm^3]$$
• 이론공기량
$$A_o = \frac{O_o}{0.21} = \frac{1.866}{0.21} = 8.89[Nm^3]$$

정답 15① 16④ 17①

**18** 특수보일러인 열매체 보일러의 특징 중 틀린 것은?

① 관 내부의 열매체를 물 대신 다우섬, 수은 등을 사용한 보일러이다.
② 동파의 우려가 적다
③ 높은 압력 하에서 고온을 얻는 것이 특징이다.
④ 물처리 장치나 청관제 주입장치가 불필요하다.

**특수열매체 보일러**
열매체를 물 대신 수은, 다우섬, 모빌섬, 카네크롤, 세큐리티53 등 특수열매체를 사용하여 증기를 발생시키는 보일러
• 특징
 ① 저압에서 고온의 증기를 얻을 수 있다.
 ② 동결의 위험이 적다.
 ③ 안전밸브를 밀폐식으로 사용한다(인화성, 유독성, 증기를 발생시킬 수 있으므로).
 ④ 급수처리장치가 불필요하다.

**19** 다음 배관 및 부속기기에 관한 설명으로 옳은 것은?

① 배관의 신축이음은 증기 배관에만 설치하고 응축수 배관에는 필요가 없다.
② 각 설비로 공급하는 증기배관을 증기주관의 하부에 연결하면 스팀트랩을 설치하지 않아도 된다.
③ 축열기의 설치 목적은 보일러의 캐리오버를 방지하기 위한 것이다.
④ 주증기 밸브를 개방할 때에는 서서히 개방하여야 보일러의 캐리오버를 줄일 수 있다.

① 배관의 신축이음은 증기배관과 응축수 배관의 필요 부위에 설치해야 한다.
② 각 설비로 공급하는 증기배관은 증기주관의 상부에서 분기하여야 하며, 필요시 스팀트랩을 설치해야 한다.
③ 축열기는 저부하 또는 변동부하 시 잉여증기를 저장하고 과부하(peak)시 저장된 잉여증기를 공급하여 증기의 부족을 해소하는 장치이다.

**20** 대류난방과 비교하여 복사난방에 대한 특징을 설명한 것으로 틀린 것은?

① 외기 온도급변에 대한 온도 조절이 쉽다.
② 하자 발생 시 보수작업이 번거롭고 힘들다.
③ 실내온도가 비교적 균등하다.
④ 동일 방열량에 대해 열손실이 비교적 적다.

**복사난방 특징**
① 장점
 • 높이에 따른 온도분포가 균일하다.
 • 동일 방열량에 대한 열손실이 적다.
 • 공기 등 미진을 태우지 않아 쾌감도가 좋다.
 • 방열기 등의 설치공간이 불필요하여 실내 공간의 이용율이 높다.
② 단점
 • 초기 설비비가 많이 든다.
 • 매입배관이므로 고장수리 및 점검이 어렵다.
 • 예열시간이 길어 부하변동에 대응하기 어렵다.
 • 표면부(시멘트, 모르타르층) 균열이 발생할 수 있다.

정답 18 ③ 19 ④ 20 ①

**21** 방열기 내 공기가 빠지지 않아 방열기가 뜨거워지는 것을 방지하기 위해 공기 빼기를 목적으로 설치하는 밸브는?

① 체크 밸브　② 솔레노이드 밸브
③ 에어벤트 밸브　④ 스톱 밸브

**에어벤트밸브(air vent valve)**
공기빼기 밸브라고도 하며 방열기 내부의 공기 및 불응축 가스를 제거하기 위해 설치한다.

**22** 보일러의 안전밸브 또는 압력 릴리프밸브에 요구되는 기능에 관한 설명으로 틀린 것은?

① 적절한 정지압력으로 닫힐 것
② 방출할 때는 규정의 리프트가 얻어질 것
③ 설정된 압력 이하에서 방출할 것
④ 밸브의 개폐동작이 안정적일 것

**안전밸브 및 릴리프밸브 기능**
① 설정된 압력 이상에서 방출할 것
② 적절한 정지압력으로 닫힐 것
③ 방출 때는 규정의 리프트가 얻어질 것
④ 밸브의 개폐동작이 안정적일 것
⑤ 동작하고 있지 않을 때 밸브의 누설이 없을 것

**23** 체적과 시간으로부터 직접 유량을 구하는 유량계는?

① 피토관　② 벤투리관
③ 로터미터　④ 노즐

**로터미터(면적식)**
로터미터는 면적유량계의 일종으로서, 하부가 뾰족하고 상부가 넓은 유리관 속에 부표가 장치되어 액체의 유량의 대소에 따라 액체통 속에서 부표가 정지하는 위치가 달라지는 성질을 이용하여 유량을 측정하는 유량계

**24** 다음 물질 중 상온에서 열의 전도도가 가장 낮은 것은?

① 구리(동)　② 철
③ 알루미늄　④ 납

**열전도도 순서**
구리(동) > 알루미늄 > 철 > 납

정답　21 ③　22 ③　23 ③　24 ④

**25** 다음 설명에 해당되는 보일러 손상 종류는?

> 고온 고압의 보일러에서 발생하나 저압 보일러에서도 열부하가 클 경우 발생되며. 발생하는 장소로는 용접부의 틈이 있는 경우나 관공 등 응력이 집중하는 틈이 많은 곳이다. 외관상으로는 부식성이 없고 극히 미세한 불규칙적인 방사형을 하고 있다.

① 가성취화  ② 크랙(균열)
③ 블리스터  ④ 라미네이션

**가성취화**
고온·고압 리벳 보일러에서 일어나는 부식으로 보일러 수중에 분해되어 생긴 가성소다(NaOH)가 과도하게 농축되면 수산화이온($OH^-$)이 많아져 보일러수가 강알칼리성을 띄게 되며 이것이 강재와 작용하여 생기는 나트륨(Na)이 강재의 결정입계를 침해하여 재질을 열화, 취화시키는 것으로 주로 수면과 접촉한 수면하단부나 리벳이음부에서 발생되는 부식으로 용접 보일러에서는 발생하지 않는다.

**26** 0℃일 때 2.5m인 강철제 레일이 온도가 40℃가 되면 늘어나는 길이는? (단, 강철의 선팽창계수는 $1.1 \times 10^{-5}$ mm/m·℃이다)

① 0.011cm  ② 0.11cm
③ 1.1cm    ④ 1.75cm

**신축량($\Delta l$)**
$\Delta l = l \times \alpha \times \Delta t$
여기서, $\Delta l$ : 신축량[mm]
  $l$ : 배관길이[m]
  $\alpha$ : 선팽창계수(/℃)
  $\Delta t$ : 온도차(℃)
$\Delta l = 2.5\text{m} \times 100\text{cm/m} \times 1.1 \times 10^{-5}\text{mm/m·℃}$
  $\times (40-0)\text{℃} = 0.11\text{cm}$

**27** 유체 속에 잠긴 경사 평면에 작용하는 전압력의 작용점의 위치는?

① 경사 평면의 중심에 있다.
② 경사 평면의 좌측에 있다.
③ 경사 평면의 중심보다 위에 있다.
④ 경사 평면의 중심보다 아래에 있다.

유체 속에 잠긴 경사 평면에 작용하는 전압력의 작용점($y_p$)의 위치는 경사 평면의 중심($y_c$)보다 아래에 있다.
$y_p = y_c + \dfrac{I_G}{A \cdot y_c}$

**정답** 25 ① 26 ② 27 ④

**28** 보일러 연소시 역화가 발생하는 경우와 가장 거리가 먼 것은?

① 점화 시 착화가 빠를 경우
② 프리퍼지가 부족한 상태에서 점화하는 경우
③ 연도 댐퍼가 닫혀 있는 상태에서 점화하는 경우
④ 점화 시 공기보다 연료가 노내에 먼저 공급 되었을 경우

**역화(back fire)**
가스의 연소속도가 염공에서의 가스 유출속도보다 크게 되어 불꽃이 버너 내부에 침입하여 노즐선단에서 연소하는 현상

**역화의 원인**
① 염공이 크게 된 경우
② 노즐이나 팁이 막힌 경우
③ 콕이 충분히 개방되지 않은 경우
④ 가스의 공급압력이 저하되었을 때
⑤ 버너가 과열된 경우
⑥ 점화시 착화가 늦은 경우
⑦ 프리퍼지가 불충분한 상태에서 점화한 경우
⑧ 통풍압력이 부족한 경우
⑨ 점화시 공기보다 연료가 노내에 먼저 공급된 경우

**29** 보일러 가동 시 매연 발생 원인으로 가장 거리가 먼 것은?

① 연소장치가 부적당할 때
② 통풍력과 공기량이 부족할 때
③ 연소기기의 취급을 잘못하였을 때
④ 연료 중에 수분이나 불순물이 없을 때

**매연발생원인**
① 연소장치의 결함
② 불완전연소
③ 공기비 부족(통풍력 부족)
④ 취급자의 연소기술 미숙(점화조작 불량)
⑤ 저질연료 사용 시(저질연료 : 수분, 회분, 휘발분 등이 많이 함유된 연료)
⑥ 연소실 온도가 너무 낮을 때

**30** 증기의 교축(throttle)시에 항상 증가하는 것은?

① 압력　　　② 엔트로피
③ 엔탈피　　④ 온도

• 교축 : 압력과 온도가 감소하며 엔탈피는 일정한 과정. 이때 엔트로피는 증가한다.
• 단열과정 : 가역변화 시 엔트로피 변화는 없고, 비가역변화 시 엔트로피는 증가한다.

정답 28 ① 29 ④ 30 ③

**31** 보일러 가스폭발을 방지하는 방법이 아닌 것은?

① 급격한 부하변동(연소량의 증감)은 피한다.
② 점화할 때는 미리 충분한 프리퍼지를 한다.
③ 연료속의 수분이나 슬러지 등은 충분히 배출한다.
④ 안전 저연소율보다 부하를 낮추어서 연소시킨다.

저연소율이란 더 이상 감소하면 연소 불안정 또는 위험하게 되는 정도를 나타내며, 연료 및 연소방법에 따라 다르게 나타난다.

**가스폭발 예방을 위한 유의사항**
① 프리퍼지 및 포스트퍼지를 충분히 시행한다.
② 연료속의 수분이나 슬러지 등은 충분히 배출한다.
③ 점화는 1회에 이루어 질 수 있도록 화력이 높은 것을 사용한다.
④ 특히 노내환기에 주의하여야 하고 실화시에도 충분한 환기가 이루어진 뒤 점화한다.
⑤ 연료배관계통의 누설유무를 정기적으로 확인할 수 있도록 한다(비눗물 사용).
⑥ 전자밸브의 작동유무는 파열사고와 직결되므로 수시로 점검한다.

**32** 밀폐된 용기속의 유체에 압력을 가(加)했을 때 그 압력이 작용하는 방향은?

① 압력을 가하는 방형으로 작용
② 압력을 가하는 반대 방향으로 작용
③ 용기 내 모든 방향으로 작용
④ 용기의 하부 방향으로만 작용

밀폐된 용기속의 유체에 압력을 가하면 그 압력의 작용 방향은 용기 내 모든 방향으로 작용한다.

**33** 프라이밍에 관한 설명으로 틀린 것은?

① 이상 증발 현상의 하나임
② 보일러 부하를 급증시켰을 때 발생
③ 보일러 수위가 낮을 때 발생
④ 보일러 청정제를 다량 투입했을 때 발생

**프라이밍(Priming : 비수)**
주증기 밸브 급개시, 고수위 시 수면으로부터 끓임 없이 물방울이 비산하면서 수위를 불안전하게 하는 현상

**프라이밍(비수)의 원인**
① 주증기 밸브 급개시
② 고수위
③ 관수농축
④ 급격한 과열
⑤ 고압에서 저압으로 변할 때
⑥ 용존 고형물, 유지분의 과다

정답 31 ④ 32 ③ 33 ③

**34** 압력 3kg/cm²에서 물의 증발잠열이 517.1kcal/kg이며, 포화온도는 132.88°C이다. 물 5kg을 동일 압력에서 증발시킬 때 엔트로피의 변화량은?

① 1.32kcal/K  ② 4.42kcal/K
③ 6.37kcal/K  ④ 8.73kcal/K

**엔트로피 변화량**

$$\Delta S = \frac{\Delta Q}{T}$$

$$= \frac{5[kg] \times 517.1[kcal/kg]}{132.88 + 273[K]}$$

$$= 6.37[kcal/K]$$

여기서, $\Delta Q$ : 열량[kcal/kg]
$\Delta S$ : 엔트로피[kcal/kg·K]
$T$ : 절대온도[K]

※ 문제에서 열량의 단위를 단위엔탈피 $q$[kcal/kg]로만 준 경우 엔트로피의 단위는 [kcal/kg·K]이 되고 위 문제와 같이 물질의 양 $G$[kg]를 준 경우 엔트로피의 단위는 [kcal/K]이 된다.

**35** 물 중의 불순물 농도를 표시하는 단위인 ppb의 설명으로 옳은 것은?

① 만 단위중량분의 1단위 중량
② 백만 단위중량분의 1단위 중량
③ 10억 단위중량분의 1단위 중량
④ 용액 1L 중 1mg 해당량

**불순물농도 표시**

① ppm : 용액 1kg 중의 용질 1mg으로 mg/kg, g/ton의 중량 100만분율을 말한다.
② ppb : 용액 1ton 중의 용질 1mg으로 mg/ton의 중량 10억분율을 말한다.
③ epm : 용액 1kg 중의 용질 1mg당량으로 상온 수용액일 경우 ppm과 같이 1ℓ 중에 mg당으로 표시한다.

**36** 선택적 캐리 오버(selective carry over)는 무엇이 증기에 포함되어 분출되는 현상인가?

① 액적  ② 거품
③ 탄산칼슘  ④ 실리카

**캐리오버(carry over) 현상의 구분**

① 선택적 캐리오버 : 증기 속에 용해되어 있던 실리카(무수규산) 성분이 증기와 함께 송출 되어지는 현상
② 기계적 캐리오버 : 작은 물방울(액적) 또는 거품이 증기와 함께 송출되는 현상

정답 34 ③ 35 ③ 36 ④

**37** 다음 보기는 보일러의 산세정 공정의 일부를 나열한 것이다. 순서대로 바르게 된 것은?

> ㉠ 산 세정
> ㉡ 중화 방청처리
> ㉢ 연화처리
> ㉣ 예열

① ㉠ → ㉣ → ㉡ → ㉢
② ㉠ → ㉡ → ㉣ → ㉢
③ ㉣ → ㉠ → ㉢ → ㉡
④ ㉣ → ㉢ → ㉠ → ㉡

**보일러 산세정 순서**
예열 → 연화처리 → 산세정 → 중화방청처리
① 연화처리 : 전처리로서 스케일의 성상을 감안하여 필요에 따라 실시한다.
② 산세정 : 세관액 주입 → 세관액 순환 → 세관액 배출 → 물청소
③ 중화 방청처리 : 약액 주입 → 중화방청 → 물청소

**38** 2개의 단열 변화와 2개의 등압변화로 구성되며 증기와 액체의 상변화가 이루어지는 사이클은?

① 랭킨 사이클
② 재열 사이클
③ 재생 사이클
④ 재상–재열 사이클

**랭킨 사이클**
2개의 정압(등압)변화와 2개의 단열변화로 구성된 증기원동소의 이상 사이클로 보일러에서 발생된 증기를 증기터빈에서 단열팽창하면서 외부에 일을 한 후 복수기(condenser)에서 냉각되어 포화액이 된다.

**39** 보일러 내부부식의 원인이 아닌 것은?

① 보일러수의 pH 값이 너무 높거나 낮다.
② 보일러수 중에 산(HCl, H₂SO₄)이 포함되어 있다.
③ 보일러수 중에 공기나 산소가 용존한다.
④ 보일러수 중에 적당량의 암모니아가 용해되어 있다.

③은 외부부식에 대한 설명이다.

**내부부식 발생원인**
① 급수 중 유지류, 산류, 염류, 탄산가스 등 불순물이 함유된 경우
② 강재의 수측 표면에 녹이생기면 국부적으로 전위차가 발생하며 이때 전류가 흘러 부식될 수 있다(점식의 원인).
③ 청관제의 사용법이 옳지 못한 경우 급수의 질이 떨어지고 내부부식의 원인이 될 수 있다.
④ 강재속에 함유된 유황(S)성분이나 인(P) 성분이 온도상승과 함께 산화되거나 녹이 생긴 경우
⑤ 보일러수의 pH 값이 너무 높거나 낮은 경우
⑥ 보일러수 중 공기 및 용존산소가 존재하는 경우

정답 37 ④ 38 ① 39 ④

**40** 관 마찰계수가 일정할 때 배관 속을 흐르는 유체의 손실수두에 관한 설명으로 옳은 것은?

① 유속에 반비례한다.
② 관 길이에 반비례한다.
③ 유속의 제곱에 비례한다.
④ 관 직경에 비례한다.

**41** 유리섬유(glass wool) 보온재에 대한 특징으로 틀린 것은?

① 물 등에 의하여 화학작용을 일으키지 않으므로 단열·내열·내구성이 좋다.
② 순수한 유기질의 섬유제품으로서 불에 타지 않는다.
③ 섬유가 가늘고 섬세하게 밀집되어 다량의 공기를 포함하고 있으므로 보온효과가 좋다.
④ 외관이 아름답고 유연성이 좋아 시공이 간편하다.

**42** 보온재와 보냉재, 단열재는 무엇을 기준으로 하여 구분하는가?

① 압축강도
② 내화도
③ 열전도도
④ 안전 사용온도

---

**원형관의 마찰손실**

달시-바이스바하(Darcy–Weisbach) 방정식

$$h_l = f \times \frac{l}{d} \times \frac{V^2}{2g}$$

여기서, $h_l$ : 손실수두[mH₂O]
　　　　$f$ : 관마찰계수
　　　　$l$ : 관길이[m]
　　　　$d$ : 관지름[m]
　　　　$g$ : 중력가속도[9.8m/s²]

위 공식에 의해 마찰손실은 관지름($d$), 중력가속도($g$)에 반비례하고, 마찰계수($f$), 속도수두($\frac{V^2}{2g}$), 관길이($l$)에 비례, 유속($V$) 2승에 비례함을 알 수 있다.

② 무기질 섬유 제품으로 불에 잘 타지 않는 난연성 성질을 갖는다.

**글라스울(유리섬유)**
용융유리를 압축공기, 증기로 원심력을 이용해 섬유화 한 것으로 물 등에 의한 화학작용을 일으키지 않으므로 단열, 내열, 내구성이 좋아 보온재, 보온통 등에 널리 사용된다(근래에는 보건상 문제로 사용빈도가 감소되는 추세이다).

보온재란 온도를 보존하기 위해 사용되는 재료로 일명 단열재라고도 한다. 안전사용온도에 따라 내화물, 단열재, 보온재, 보냉재 등으로 구분한다.

정답 40 ③ 41 ② 42 ④

**43** 도료의 분류에서 성분(도막 주요소)에 의한 분류로 가장 거리가 먼 것은?

① 유성도료　　② 수성도료
③ 프탈산 수지도료　　④ 내알칼리 도료

**성분에 의한 도료의 분류**
유성도료, 수성도료, 프탈산 수지도료

**44** 용접식 관 이음쇠인 롱 엘보(long elbow)의 곡률 반경은 강관 호칭지름의 몇 배인가?

① 1배　　② 1.5배
③ 2배　　④ 2.5배

**맞대기 용접용 엘보의 곡률 반지름**
① 롱 엘보(long elbow) : 강관 호칭지름의 1.5배
② 숏 엘보(short elbow) : 강관의 호칭지름

**45** 강관의 전기용접 접합에서 사용되는 용접봉의 기호가 E4301로 표시되어 있을 때 43의 뜻은?

① 사용 가능한 용접자세
② 용접봉 심선의 굵기
③ 용착금속의 최소인장강도
④ 심선의 최고인장강도

**용접봉 기호의 의미 : E4301**
① E(Electrode) : 전기용접용이란 의미
② 43 : 융착금속의 최소인장강도(kg/mm$^2$)
③ 0 : 용접 자세(0과 1은 전자세, 2는 아래보기와 수평필렛, 4는 특정자세)
④ 1 : 피복제의 종류

**46** 배관지지 장치의 종류 중 배관의 열팽창에 의한 이동을 구속 제한할 목적으로 사용되며 종류에는 앵커, 스토퍼, 가이드 등이 있는데 이와 같은 지지 장치를 무엇이라 하는가?

① 레스트레인트(restraint)
② 브레이스(brace)
③ 행거(hanger)
④ 서포트(support)

**레스트레인트**
관을 지지하며 열팽창에 의한 배관의 운동을 구속 또는 제한하는 관의 지지물
① 앵커(anchor) : 볼트를 콘크리트에 매설하여 관의 이동 및 회전을 방지하기 위해 지지점에 완전히 고정하는 장치로 진동이 심한 곳에 사용하는 장치이다.
② 스톱/스토퍼(stop/stopper) : 배관의 일정한 방향과 회전만 구속하고 다른 방향은 자유롭게 이동하게 하는 장치이다.
③ 가이드(guide) : 배관의 축방향 이동을 안내하고 직각 방향 운동을 구속하는데 사용하며 파이프랙(pipe rack) 위 배관의 곡관 부분과 신축이음부에 설치한다.

정답 43 ④　44 ②　45 ③　46 ①

**47** 에너지법상의 에너지공급자란?

① 에너지 사용처의 사장
② 한국에너지공단 이사장
③ 에너지 관리 공장장
④ 에너지를 생산, 수입, 전환, 수송, 저장, 판매하는 사업자

**에너지공급자**
에너지를 생산, 수입, 전환, 수송, 저장, 판매하는 사업자

**48** 동관의 이음 방법으로 적합하지 않은 것은?

① 용접 이음
② 플라스턴 이음
③ 납땜 이음
④ 플랜지 이음

- 동관 이음방법 : 납땜 이음, 플레어 이음, 플랜지 이음
- 플라스턴 이음은 연관의 이음 방법에 속한다.

**49** 다음은 배관의 일정한 방향의 이동과 회전만 구속하고 다른 방향은 자유롭게 이동하게 하는 배관 지지구이다. 이 지지구의 명칭은 무엇인가?

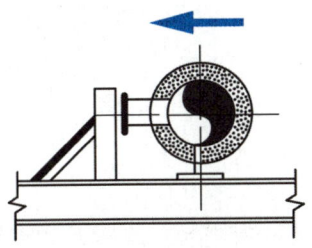

① 브레이스
② 앵커
③ 스토퍼
④ 가이드

**레스트레인트**
관을 지지하며 열팽창에 의한 배관의 운동을 구속 또는 제한하는 관의 지지물
① 앵커(anchor) : 볼트를 콘크리트에 매설하여 관의 이동 및 회전을 방지하기 위해 지지점에 완전히 고정하는 장치로 진동이 심한 곳에 사용하는 장치이다.
② 스톱/스토퍼(stop/stopper) : 배관의 일정한 방향과 회전만 구속하고 다른 방향은 자유롭게 이동하게 하는 장치이다.
③ 가이드(guide) : 배관의 축방향 이동을 안내하고 직각 방향 운동을 구속하는데 사용하며 파이프랙(pipe rack) 위 배관의 곡관부분과 신축이음부에 설치한다.

정답 47 ④ 48 ② 49 ③

**50** 오리피스형 증기트랩에 관한 설명으로 틀린 것은?

① 작동 및 구조상 증기가 약간 누설되는 결점이 있다.
② 오리피스를 통과할 때 생성된 재증발 증기의 교축효과를 이용한 것이다.
③ 취급되는 응축수의 양에 비하여 대형이다.
④ 고압, 중압, 저압의 어느 곳에나 사용된다.

**오리피스형 증기트랩 특징**
① 작동 및 구조상 증기가 약간 누설되는 결점이 있다.
② 오리피스를 통과할 때 생성된 재증발 증기의 교축효과를 이용한 것이다.
③ 취급되는 응축수의 양에 비하여 소형이다.
④ 고압, 중압, 저압의 어느 곳에나 사용이 가능하다.
⑤ 배압의 허용도가 30[%] 미만이다.
⑥ 과열증기 사용에 적합하다.

**51** 에너지이용 합리화법에 따라 에너지관리의 효율적인 수행과 특정열사용기자재의 안전관리를 위하여 에너지관리자, 시공업의 기술인력 및 검사대상기기조종자에 대하여 교육을 실시하는 자는?

① 고용노동부장관
② 국토교통부장관
③ 산업통상자원부장관
④ 한국에너지공단이사장

산업통상자원부장관은 에너지관리의 효율적인 수행과 특정열사용기자재의 안전관리를 위하여 에너지관리자, 시공업의 기술인력 및 검사대상기기조종자에 대하여 교육을 실시하여야 한다.

**52** 다음의 인장시험 곡선에서 하중을 제거하였을 경우 처음 상태로 되돌아가는 탄성변형의 구간은?

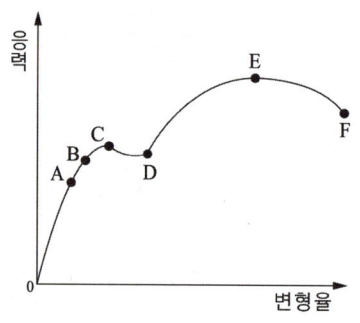

① 0~F
② 0~A
③ 0~D
④ 0~E

**응력 변형율 선도**
• A : 탄성한도
• B : 비례한도
• C : 상항복점
• D : 하항복점
• E : 인장강도
• F : 파괴점

정답 50 ③ 51 ③ 52 ②

**53** 에너지이용 합리화법에서 특정열사용기자재에 포함되지 않는 것은?

① 태양열집열기   ② 1종압력용기
③ 온수보일러    ④ 버너

| 구분 | 품목명 |
|---|---|
| 열기관 | 강철제 보일러, 주철제 보일러, 온수 보일러, 구멍탄용온수 보일러, 축열식 전기 보일러, 태양열집열기 |
| 압력용기 | 1종압력용기, 2종압력용기 |
| 요업요로 | 연속식유리용융가마, 불연속식유리용융가마, 유리용융도가니가마, 터널가마, 도염식가마, 셔틀가마, 회전가마, 석회용선가마 |
| 금속요로 | 용선로, 비철금속용융로, 금속소둔로, 철금속가열로, 금속균열로 |

**54** 증기 배관의 증기트랩 설치 시공법을 설명한 것으로 틀린 것은?

① 응축 수량이 많이 발생하는 증기관에는 다량 트랩이 적합니다.
② 관말부의 최종 분기부에서 트랩에 이르는 배관은 충분히 보온해 준다.
③ 증기 트랩의 주변은 점검이나 고장 시 수리 및 교체가 가능하도록 공간을 두어야 한다.
④ 트랩 전방에 스트레이너를 설치하여 이물질을 제거한다.

② 관말부의 최종 분기부 이후 트랩에 이르는 배관은 여분의 증기가 충분히 냉각되어 응축수가 될 수 있도록 보온하지 않은 관(냉각레그)을 1.5[m] 이상 설치해주어야 한다.

**55** 다음 표는 어느 자동차 영업소의 월별 판매실적을 나타낸 것이다. 5개월 단순이동 평균법으로 6월의 수요를 예측하면 몇 대인가?

| 월 | 1월 | 2월 | 3월 | 4월 | 5월 |
|---|---|---|---|---|---|
| 판매량 | 100대 | 110대 | 120대 | 130대 | 140대 |

① 120대   ② 130대
③ 140대   ④ 150대

**이동평균법**

예측치 $F_t = \dfrac{\text{기간의 실적치}}{\text{기간의 수}}$

$= \dfrac{100+110+120+130+140}{5}$

$= 120$

정답 53 ④ 54 ② 55 ①

**56** 이항분포(binomial distribution)에서 매회 A가 일어나는 확률이 일정한 값 $P$일 때, $n$회의 독립시행 중 사상 A가 $x$회 일어날 확률 $P(x)$를 구하는 식은? (단, $N$은 로트의 크기, $n$은 시료의 크기, $P$는 로트의 모부적합품률이다)

① $P(x) = \dfrac{n!}{x!(n-x)!}$

② $P(x) = e^{-x} \cdot \dfrac{(nP)^x}{x!}$

③ $P(x) = \dfrac{\binom{NP}{x}\binom{N-NP}{n-x}}{\binom{N}{n}}$

④ $P(x) = \binom{n}{x}P^x(1-P)^{n-x}$

**이항분포**
부적합품수, 부적합품률 등의 계수치에 사용되며 모집단 부적합품률 $P$의 로트로부터 $n$개의 샘플을 뽑을 때, 샘플 중의 발견되는 부적합품수 $x$의 확률을 의미한다.
• 계산공식
$$P_r(x) = \binom{n}{x}P^x(1-P)^{n-x}$$
$$= nCxP^x(1-P)^{n-x}$$
※ ②번은 푸아송분포, ③번은 초기하분포를 나타내는 식이다.

**57** 표준시간 설정 시 미리 정해진 표를 활용하여 작업자의 동작에 대해 시간을 산정하는 시간 연구법에 해당되는 것은?

① PTS법　　② 스톱워치법
③ 워크샘플링법　　④ 실적자료법

**PTS법(Predetermined Time Standards : 기정시간표준법)**
사람이 행하는 작업 또는 작업방법을 기본적으로 분석하고 각 기본동작에 대하여 그 성질과 조건에 따라 미리 정해진 기초동작치를 사용하여 알고자 하는 작업동작 또는 운동의 시간치를 구하고 이를 집계하여 작업의 정미시간을 구하는 방법이다.

**58** 다음 내용은 설비보전조직에 대한 설명이다. 어떤 조직의 형태에 대한 설명인가?

> 보전작업자는 조직상 각 제조부문의 감독자 밑에 둔다.
> • 단점 : 생산우선에 의한 보전작업 경시, 보전기술 향상의 곤란성
> • 장점 : 운전자와 일체감 및 현장감독의 용이성

① 집중보전　　② 지역보전
③ 부문보전　　④ 절충보전

**부문보전**
각 부서별·부문별로 보전요원을 배치하여 보전활동을 실시하는 방법(각 제조부문의 감독자 밑에 보전요원을 배치하게 됨)
• 장점 : 운전부문과의 일체감이 있음, 현장감독의 용이성, 현장왕복시간 단축(지역보전과 유사함)
• 단점 : 생산우선에 의한 보전경시, 보전기술 향상의 곤란성, 보전책임의 분할

정답　56 ②　57 ③　58 ③

**59** 샘플링에 관한 설명으로 틀린 것은?

① 취락 샘플링에서는 취락 간의 차는 작게, 취락 내의 차는 크게 한다.
② 제조공정의 품질특성에 주기적인 변동이 있는 경우 계통 샘플링을 적용하는 것이 좋다.
③ 시간적 또는 공간적으로 일정 간격을 두고 샘플링하는 방법을 계통 샘플링이라고 한다.
④ 모집단을 몇 개의 층으로 나누어 각 층마다 랜덤하게 시료를 추출하는 것을 층별 샘플링이라고 한다.

### 계통샘플링 검사
유한모집단의 데이터를 일련의 배열로 한 다음 공간적, 시간적으로 같은 간격으로 일정하게 하여 뽑는 샘플링 방법으로 뽑힌 데이터에 주기성이 들어갈 위험성이 있다.

**60** 다음은 관리도의 사용 절차를 나타낸 것이다. 관리도의 사용 절차를 순서대로 나열한 것은?

> ㉠ 관리하여야 할 항목의 선정
> ㉡ 관리도의 선정
> ㉢ 관리하려는 제품이나 종류선정
> ㉣ 시료를 채취하고 측정하여 관리도를 작성

① ㉠ → ㉡ → ㉢ → ㉣
② ㉠ → ㉢ → ㉣ → ㉡
③ ㉢ → ㉠ → ㉡ → ㉣
④ ㉢ → ㉣ → ㉠ → ㉡

### 관리도의 정의
품질의 산포가 우연원인에 의한 것인지 또는 이상원인에 의한 것인지를 판단하고, 공정이 안정상태(관리상태)에 있는지의 여부를 판별하고 공정을 안정상태로 유지함으로써 제품의 품질을 균일화하기 위한 것이다.

### 관리도의 사용 절차
① 관리하려는 제품이나 종류선정
② 관리하여야 할 항목의 선정
③ 관리도의 선정
④ 시료를 채취하고 측정하여 관리도를 작성

정답 59 ① 60 ③

# 19회 에너지관리기능장 실전모의고사 기출문제

**01** 작동방법에 따른 감압밸브의 분류에 포함되지 않는 것은?

① 로터리형　② 벨로즈형
③ 다이어프램형　④ 피스톤형

**감압밸브**
① 작동방법에 의한 분류
　• 벨로즈형
　• 다이어프램형
　• 피스톤형
② 구조에 의한 분류
　• 스프링식
　• 추식

**02** 온수난방 방열기의 방열량 3,600kcal/h, 입구온수 온도가 75℃, 출구온수 온도가 65℃로 했을 경우, 1분당 유입 온수유량은 몇 kg인가?

① 6　② 10
③ 12　④ 40

$Q = G \cdot C \cdot \Delta T \rightarrow G = \dfrac{Q}{C \cdot \Delta T}$

여기서, $G$ : 수량[kg/h]
　　　　$C$ : 비열[kcal/kg·℃]
　　　　$\Delta T$ : 온도차[℃]

$\therefore G = \dfrac{3,600 \dfrac{\text{kcal}}{\text{h}}}{1 \dfrac{\text{kcal}}{\text{kg} \cdot \text{℃}} \times (75-65)\text{℃} \times 60 \dfrac{\text{min}}{\text{h}}}$

$= 6[\text{kg/min}]$

**03** 긴 수관으로만 구성된 보일러로 초임계압력 이상의 고압 증기를 얻을 수 있는 관류 보일러는?

① 슈미트 보일러　② 베록스 보일러
③ 라몬트 보일러　④ 슐처 보일러

**관류보일러**
드럼이 없고 관으로만 구성되어 있으며 관내에서 가열, 증발, 과열시켜 증기를 공급하는 초임계압 보일러를 관류보일러라 하며 전열면적이 넓어 효율이 대단히 좋다.
• 관류보일러의 종류 : 벤슨 보일러, 슐처 보일러, 엣모스 보일러, 램진 보일러, 소형 관류 보일러

**정답** 01 ①　02 ①　03 ④

**04** 부하변동에 적응성이 좋으며 응축수를 연속적으로 배출하고 자동공기배출이 이루어지며 볼과 레버가 수격작용으로 인해 파손이 생기기 쉽고 겨울철 동파위험이 있는 증기트랩은?

① 버킷 트랩  ② 플로트 트랩
③ 바이메탈식 트랩  ④ 벨로즈 트랩

**플로트 트랩**
다량트랩이라고도 하며 포화수와 포화증기의 비중차에 의해 동작하는 트랩으로 부하변동에 따른 적응성이 좋으며, 응축수를 연속적으로 배출하고 자동공기배출이 이루어지나 수격작용에 약하고, 고압증기배관에는 사용할 수 없다는 단점이 있다.

**05** 수소($H_2$)의 영향을 가장 많이 받으며, 휘스톤브리지 회로를 구성한 가스 분석계는?

① 밀도식 $CO_2$계  ② 오르자트식 가스분석계
③ 가스크로마토그래피  ④ 열전도율형 $CO_2$계

**열전도형 $CO_2$계**
$CO_2$는 공기보다 열전도율이 낮다는 것을 이용한 분석계
• 특징
① 장치가 간단하며, 취급이 용이하다.
② $N_2$, $O_2$, CO농도 변화에 대한 $CO_2$ 지시 오차가 거의 없다.
③ 열전도율이 대단히 큰 $H_2$가 혼입되면 오차가 커진다.

**06** 보일러와 압력계 부착방법에 관한 설명으로 틀린 것은?

① 증기온도가 210℃가 넘을 때는 동관을 사용하여야 한다.
② 압력계에 연결되는 증기관은 동관일 경우 안지름 6.5mm 이상이어야 한다.
③ 압력계의 코크 대신에 밸브를 사용할 경우에는 한 눈에 개폐 여부를 알 수 있는 구조로 하여야 한다.
④ 압력계에 연결되는 관은 사이폰관을 부착하여 증기가 직접 압력계에 들어가지 않도록 하여야 한다.

**압력계 연결 시 주의사항**
① 사이폰관의 안지름은 6.5mm 이상으로 한다.
② 압력계의 연결관은 동관 안지름 6.5mm, 강관 안지름 12.7mm 이상으로 할 것
③ 증기온도 483K(210℃)를 넘을 때에는 황동관 또는 동관을 사용하여서는 안 된다.
④ 압력계와 연결되는 증기관은 최고사용압력에 견디는 것으로 한다.
⑤ 코크 대신 다른 밸브를 사용할 경우 한 눈에 개폐여부를 알 수 있는 구조로 하여야한다.

정답 04 ② 05 ④ 06 ①

**07** 자동제어 방법에서 추치제어의 종류가 아닌 것은?

① 추종제어　　② 정치제어
③ 비율제어　　④ 프로그램 제어

**추치제어**
목표값이 시간의 변화에 따라 변하는 제어로, 추종 제어, 비율 제어, 프로그램 제어 방식이 있다.
① 추종제어 : 목표값이 시간에 따라 임의로 변화하는 제어
② 비율제어 : 목표값이 시간에 따라 어떤 다른 양과 일정한 비율로 변하는 제어
③ 프로그램 제어 : 목표값이 시간에 따라 미리 프로그램 된 값으로 변하는 제어

**정치제어**
목표값이 변화가 없는 일정한 제어방식

**08** 원심펌프가 회전수 600rpm에서 양정이 20m이고, 송출량이 매분 0.5m³이다. 이 펌프의 회전수를 900 rpm으로 바꾸면 양정은 얼마나 되는가?

① 25m　　② 30m
③ 45m　　④ 60m

**상사법칙(양정)**
$P_2 = \left(\dfrac{N_2}{N_1}\right)^2 \times P_1$

$P_2 = \left(\dfrac{900}{600}\right)^2 \times 20 = 45[m]$

**상사법칙(펌프)**

| | |
|---|---|
| 유량 | $Q_2 = \left(\dfrac{N_2}{N_1}\right)^1 \cdot \left(\dfrac{D_2}{D_1}\right)^3 \cdot Q_1$ |
| 양정 | $P_2 = \left(\dfrac{N_2}{N_1}\right)^2 \cdot \left(\dfrac{D_2}{D_1}\right)^2 \cdot P_1$ |
| 동력 | $L_2 = \left(\dfrac{N_2}{N_1}\right)^3 \cdot \left(\dfrac{D_2}{D_1}\right)^5 \cdot L_1$ |

**09** 난방부하에 관한 설명으로 옳은 것은?

① 틈새바람의 양을 예측하는 방법으로 환기횟수법이 있다.
② 건축물 구조체에서의 열전달은 열전달계수와 관련이 있다.
③ 표면열전달계수는 풍속과는 관련이 없고 재질에 영향을 받는다.
④ 위험율 2.5% 온도는 최대부하에 근거한 외기온도보다 2.5% 낮은 온도를 기준한다.

② 건축물 구조체에서의 열전달은 열전도율과 관련 있다.
③ 표면 열전달계수는 재질에는 관련 없고, 풍속에 영향을 받는다.
④ 위험율 2.5% 온도는 난방기간 동안의 총시간에 대한 온도출현분포 중에서 가장 낮은 온도쪽으로부터 총시간 2.5%에 해당하는 온도를 제외시킨 것이다.

정답  07 ②　08 ③　09 ①

**10** 전양식 안전밸브를 사용하는 증기보일러에서 분출압력이 15kg/cm² 이고, 밸브시트 구멍의 지름이 50mm일 때 분출용량은 약 몇 kg/h인가?

① 12,985
② 12,920
③ 12,013
④ 11,525

**전량식 분출용량**

$$E = \frac{1.03P + 1}{2.5} AC$$

$$= \frac{1.03 \times 15 + 1}{2.5} \times \frac{\pi \times 50^2}{4} \times 1$$

$$= 12,919.799$$

**안전밸브 분출용량 계산식**

① 저양정식 $E = \dfrac{1.03P + 1}{22} AC$

② 고양정식 $E = \dfrac{1.03P + 1}{10} AC$

③ 전양정식 $E = \dfrac{1.03P + 1}{5} AC$

④ 전량식 $E = \dfrac{1.03P + 1}{2.5} AC$

여기서, $E$ : 안전밸브 분출용량[kgf/h]
$P$ : 분출압력[kgf/cm²]
$A$ : 안전밸브 단면적[mm²]
$\left( A = \dfrac{\pi D^2}{4} \right)$
$C$ : 상수(증기압력 120[kgf/cm²] 이하, 증기온도 280[℃] 이하일 경우 1로 하며, 그 밖의 경우에는 문제의 조건에 의해 결정한다)

---

**11** 증기 난방방식에서 응축수 환수방식에 의한 분류 중 진공 환수방식에 대한 설명으로 틀린 것은?

① 환수주관의 말단에 진공펌프를 설치한다.
② 환수관에서의 진공도는 20~30mmHg이다.
③ 방열량을 광범위하게 조절할 수 있어서 대규모 난방에 적합하다.
④ 방열기 설치 위치에 제한을 받지 않는다.

**진공환수식 증기난방 특징**

① 중력, 기계 환수보다 순환속도가 빠르다.
② 기울기(구배)에 구애를 받지 않는다.
③ 방열량을 광범위하게 조절할 수 있다.
④ 환수관의 관지름을 작게 할 수 있다.
⑤ 버큠브레이커를 사용하여 진공을 일정하게 유지해야 한다(진공도 : 100~250mmHg·v).
⑥ 방열기 설치장소에 제한을 받지 않는다.

---

**12** 보일러 연돌의 통풍력에 관한 설명으로 틀린 것은?

① 연돌의 높이가 높을수록 통풍력이 크다.
② 연돌의 단면적이 클수록 통풍력이 크다.
③ 연돌 내 배기가스의 온도가 높을수록 통풍력이 크다.
④ 연돌의 온도구배가 작을수록 통풍력이 크다.

**통풍력 증가 방법(자연통풍)**

• 연돌의 높이를 높인다.
• 배기가스 온도를 높인다.
• 연도의 길이를 짧게 하고 굴곡부를 줄인다.
• 연돌 상부단면적을 크게 한다.

**정답** 10 ② 11 ② 12 ④

**13** 보일러 급수장치는 주펌프 세트 외에 보조펌프 세트를 갖추어야 하는데 관류 보일러의 경우 전열면적이 몇 m² 이하이면 보조펌프를 생략할 수 있는가?

① 12m²
② 14m²
③ 50m²
④ 100m²

### 급수장치 설치기준
① 주펌프 세트(인젝터포함)+보조펌프 세트로 2세트 이상으로 설치하여야 한다. 다만 아래와 같은 경우 보조펌프 세트는 생략할 수 있다.
  - 전열면적 12m² 이하인 증기보일러
  - 전열면적이 14m² 이하인 가스용 온수보일러
  - 전열면적 100m² 이하인 관류보일러
② 주펌프 세트는 동력으로 운전하는 급수펌프 또는 인젝터이어야 한다.
③ 보일러 급수가 멎은 경우 즉시연료(열)의 공급이 차단되지 않거나 과열될 염려가 있는 보일러에는 인젝터, 상용압력 이상의 수압에 급수할 수 있는 급수탱크, 내연기관 또는 예비전원에 의해 운전할 수 있는 급수장치를 설치해야 한다.
④ 주펌프 세트 및 보조펌프 세트는 보일러의 사용압력에서 정상가동 상태에서 필요량을 단독으로 공급할 수 있어야 한다.
⑤ 주펌프세트 2개 이상의 펌프를 조합한 경우 보조펌프 세트의 용량은 보일러 급수 필요량의 25% 이상이면서 주펌프 세트 중 최대 펌프의 용량 이상으로 할 수 있다.
⑥ 급수밸브와 체크밸브의 경우 최고사용압력이 0.1MPa[1kgf/cm²] 미만일 경우 체크밸브를 생략할 수 있다.
⑦ 자동급수조절기를 설치할 때에는 필요에 따라 즉시 수동으로 변경할 수 있는 구조이어야 하며, 2개 이상의 보일러에 공통으로 사용하는 자동급수조절기를 설치하여서는 안 된다.

**14** 고압기류식 분무버너의 특징에 관한 설명으로 옳은 것은?

① 연료유의 점도가 크면 비교적 무화가 곤란하다.
② 연소 시 소음의 발생이 적다.
③ 유량 조절범위가 1 : 3 정도로 좁다.
④ 공기 또는 증기를 분사시켜 기름을 무화하는 방식이다.

### 고압기류식 버너
① 2~7kgf/cm² 정도의 가압 분무 유체(공기, 증기)를 이용하여 연료(0.05~0.2kgf/cm²)를 분무하는 형식으로 버너로 2유체버너라고도 한다.
② 분무각도는 30° 정도이다.
③ 유량조절범위는 1 : 10 정도이다.
④ 고점도 연료도 무화가 가능하다.
⑤ 연소 시 소음발생이 심하다.
⑥ 부하변동이 큰 곳에 적당하다.

정답 13 ④  14 ④

**15** 버너에서 착화를 확실히 하고, 화염이 꺼지지 않도록 화염의 안정을 도모하기 위해 설치되는 장치는?

① 스택스위치　　② 플레임아이
③ 플레임로드　　④ 보염기

**보염기(스테빌라이저)**
연료유의 분무흐름이나 연소공기 사이에서 저유속흐름을 유도함으로 불꽃의 안정성을 유지하게 하는 장치이다.

**16** 일정한 조건 아래에서 휘발성 물질의 증기가 다른 작은 불꽃에 의하여 불이 붙는 가장 낮은 온도를 무엇이라고 하는가?

① 인화점　　② 임계점
③ 연소점　　④ 유동점

- 착화점 : 불씨가 접촉 없이 스스로 불이 붙는 최저온도, 발화점이라고도 한다.
- 인화점 : 불씨가 접촉하여 불이 붙는 최저온도
- 연소점 : 인화 후 연소가 지속될 수 있는 온도, 인화점보다 일반적으로 7~10[℃] 정도 높다.
- 유동점 : 유동할 수 있는 최저온도, 응고점 +2.5[℃]

**17** 송기장치 배관에 대한 설명으로 옳은 것은?

① 증기 헤더의 직경은 주증기관의 관경보다 작아도 된다.
② 벨로즈형 신축이음쇠는 일명 신축곡관이라고 하며, 고압배관에 적당하다.
③ 트랩의 구비조건은 마찰저항이 크고 응축수를 단속적으로 배출할 수 있어야 한다.
④ 감압밸브는 고압 측 압력의 변동에 관계없이 저압 측 압력을 항상 일정하게 유지한다.

① 증기헤더의 직경은 증기 헤더에 부착되는 지름이 가장 큰 배관의 2배가 되도록 한다.
② 벨로즈형 신축이음을 팩레스이음이라고도 하며, 루프형 신축이음을 신축곡관이라 부른다.
③ 트랩의 구비조건은 마찰저항이 작고, 응축수를 연속적으로 배출할 수 있어야 한다.

**18** 급수펌프의 구비조건에 대한 설명으로 틀린 것은?

① 고온, 고압에도 충분히 견디어야 한다.
② 부하변동에 대한 대응이 좋아야 한다.
③ 고·저부하 시에는 반드시 펌프가 정지하여야 한다.
④ 작동이 확실하고 조작이 간편하여야 한다.

**급수펌프의 구비조건**
① 고온, 고압에 잘 견딜 것
② 병렬운전에 지장이 없을 것
③ 작동이 간단하고 취급이 용이할 것
④ 저부하에서도 효율이 좋을 것
⑤ 회전식은 고속회전에 안전할 것
⑥ 구조가 간단하고 부하변동에 대응성이 좋을 것

정답　15 ④　16 ①　17 ④　18 ③

**19** 천장이나 벽, 바닥 등에 코일을 매설하여 온수 등 열매체를 이용하여 복사열에 의해 실내를 난방하는 것은?

① 대류난방  ② 패널난방
③ 간접난방  ④ 전도난방

**복사난방**
패널난방이라고도 하며 건축물의 천장, 바닥, 벽 등에 가열코일을 매실하여 코일내 증기 및 온수 등의 열매체로 순환시켜 그 복사열에 의해 난방하는 방식이다.

**20** 탄소 12kg을 완전 연소시키기 위하여 필요한 산소량은?

① 16kg  ② 24kg
③ 32kg  ④ 36kg

**이산화탄소 완전연소 식**
$C + O_2 \rightarrow CO_2$
※ 탄소(C) 12kg 연소 시 산소($O_2$) 32kg 필요하다.

**21** 수관식 보일러에서 전열면의 증발률($Be_1$)을 구하는 식은?

① $Be_1$ = 총증기발생량/전열면적
② $Be_1$ = 매시실제증기발생량/전열면적
③ $Be_1$ = 전열면적/총증기발생량
④ $Be_1$ = 전열면적/매시실제증기발생량

전열면 증발률($Be_1$) = 실제증발량[kg/h] / 전열면적[m²]
= $\dfrac{G}{H_A}$ [kg/m²·h]

**22** 가압수식 집진장치가 아닌 것은?

① 벤투리 스크러버  ② 사이클론 스크러버
③ 제트 스크러버    ④ 타이젠 와셔식

**가압수식 집진장치 종류**
① 벤투리 스크러버
② 사이클론 스크러버
③ 제트 스크러버
④ 충전탑
⑤ 분무탑

**정답** 19 ② 20 ① 21 ② 22 ④

**23** 복사난방에 관한 설명으로 틀린 것은?

① 별도의 방열기가 없으므로 공간 활용도가 높아진다.
② 열용량이 작고 방열량 조절 시간이 짧아 간헐난방에 적합하다.
③ 화상을 입을 염려가 없고, 공기의 오염이 적다.
④ 매립 코일의 고장 시 수리가 어렵다.

**복사난방 특징**
① 장점
- 높이에 따른 온도분포가 균일하다.
- 동일 방열량에 대한 열손실이 적다.
- 공기 등 미진을 태우지 않아 쾌감도가 좋다.
- 방열기 등의 설치공간이 불필요하여 실내 공간의 이용율이 높다.

② 단점
- 초기 설비비가 많이 든다.
- 매입배관이므로 고장수리 및 점검이 어렵다.
- 예열시간이 길어 부하변동에 대응하기 어렵다.
- 표면부(시멘트, 모르타르층) 균열이 발생할 수 있다.

**24** 증기 선도에서 임계점이란?

① 고체, 액체, 기체가 불평형을 유지하는 점이다.
② 증발잠열이 어느 압력에 달하면 0이 되는 점이다.
③ 증기와 액체가 평형으로 존재할 수 없는 상태의 점이다.
④ 건포화증기를 계속 가열하면 압력 변동 없이 온도만 상승하는 점이다.

**임계점**
증발잠열은 압력이 클수록 적어지므로 어느 압력에 도달하면 잠열이 0[kcal/kg]이 되어 액체, 기체의 구분이 없어진다. 이 상태를 임계상태라 하며 이땐의 온도를 임계온도, 이에 대응하는 압력을 임계압력이라 한다.

**임계점의 특징**
① 증기와 포화수간의 비중량이 같다.
② 증발현상이 없다.
③ 증발잠열이 0이 된다.

**25** 표준 대기압에 해당되지 않는 것은?

① 760mmHg  ② 101,325N/m²
③ 10.3323mAq  ④ 12.7psi

**표준 대기압**
1atm = 1.0332[kgf/cm²] = 760[mmHg]
    = 10.33[mH₂O] = 1.01325[bar]
    = 1,013.25[mbar] = 101,325[N/m²]
    = 101,325[Pa] = 14.7[lb/in²]
    = 101.325[kPa]
※ [mH₂O]와 [mAq]는 같은 단위로 쓰인다.

정답 23② 24② 25④

**26** 냉동 사이클의 이상적인 사이클은 어느 것인가?

① 오토 사이클
② 디젤 사이클
③ 스털링 사이클
④ 역카르노 사이클

- 역카르노 사이클 : 이상적인 냉동사이클
- 카르노 사이클 : 이상적인 열기관사이클

**27** 물속에 경사지게 평판이 잠겨 있다. 이 경사 평판에 작용하는 압력의 중심에 대한 설명으로 옳은 것은?

① 압력의 중심은 도심의 아래에 있다.
② 압력의 중심은 도심과 동일하다.
③ 압력의 중심은 도심보다 위에 있다.
④ 압력의 중심은 도심과 같은 높이의 우측에 있다.

유체속에 잠긴 경사 평면에 작용하는 압력의 중심은($y_c$) 도심 보다 아래에 있다.
$$y_p = y_c + \frac{I_G}{A \cdot y_c}$$

**28** 이상기체가 일정한 압력 하에서의 부피가 2배가 되려면 초기 온도가 27℃인 기체는 몇 ℃가 되어야 하는가?

① 54℃
② 108℃
③ 300℃
④ 327℃

**이상기체 상태방정식**
$\frac{P_1V_1}{T_1} = \frac{P_2V_2}{T_2}$ 에서 $P_1 = P_2$ 이므로,
$\frac{V_1}{T_1} = \frac{V_2}{T_2}$ 이다.
→ $V_1 = \frac{T_1V_2}{T_2} = \frac{(273+27) \times 2V}{V_1} = 600[K]$
∴ $600 - 273 = 327[℃]$

**29** 가성취화 현상에 관한 설명으로 옳은 것은?

① 물과 접촉하고 있는 강재의 표면에서 철이온이 용출하여 부식되는 현상이다.
② 보일러 강판과 관이 화염의 접촉으로 화학작용을 일으켜 부식되는 현상이다.
③ 청관제인 탄산나트륨을 과다하게 공급하여 보일러수가 알칼리화되어 부식되는 현상이다.
④ 보일러판의 리벳트 구멍 등에 고농도 알칼리 작용에 의해 강 조직을 침범하여 균열이 생기는 현상이다.

**가성취화**
고온·고압 리벳 보일러에서 일어나는 부식으로 보일러 수중에 분해되어 생긴 가성소다(NaOH)가 과도하게 농축되면 수산화이온(OH⁻)이 많아져 보일러수가 강알칼리성을 띠게 되며 이것이 강재와 작용하여 생기는 나트륨(Na)이 강재의 결정입계를 침해하여 재질을 열화, 취화시키는 것으로 주로 수면과 접촉한 수면하단부나 리벳이음부에서 발생되는 부식으로 용접 보일러에서는 발생하지 않는다.

정답 26 ④ 27 ① 28 ④ 29 ④

**30** 증기보일러에 부착된 저양정식 안전밸브의 분출압력이 0.1MPa, 밸브의 단면적이 100mm²이다. 이 밸브의 증기 분출용량(kg/h)은? (단, 계수는 1로 한다)

① 9.23kg/h  ② 20.31kg/h
③ 51.36kg/h  ④ 82.47kg/h

**저양정식 분출용량**

$$E = \frac{1.03P+1}{22}AC$$

$$= \frac{(1.03 \times 0.1 \times 10) + 1}{22} \times 100 \times 1$$

$$= 9.23$$

**안전밸브 분출용량 계산식**

① 저양정식 $E = \dfrac{1.03P+1}{22}AC$

② 고양정식 $E = \dfrac{1.03P+1}{10}AC$

③ 전양정식 $E = \dfrac{1.03P+1}{5}AC$

④ 전량식 $E = \dfrac{1.03P+1}{2.5}AC$

여기서, $E$ : 안전밸브 분출용량[kgf/h]
  $P$ : 분출압력[kgf/cm²]
  $A$ : 안전밸브 단면적[mm²]
  $\left(A = \dfrac{\pi D^2}{4}\right)$
  $C$ : 상수(증기압력 120[kgf/cm²] 이하, 증기온도 280[℃] 이하일 경우 1로 하며, 그 밖의 경우에는 문제의 조건에 의해 결정한다)

**31** 보일러 수의 관내 처리를 위하여 투입하는 청관제의 사용 목적으로 가장 거리가 먼 것은?

① pH 조정  ② 탈산소
③ 가성취화 방지  ④ 기포발생 촉진

**청관제의 사용목적**
① 보일러수의 pH 조정
② 보일러수의 탈산소
③ 보일러수의 연화
④ 가성취화 방지
⑤ 포밍(forming) 방지
⑥ 슬러지의 조정

**32** 열전도율의 단위로 옳은 것은?

① kcal/m·h·℃  ② kcal/m²·h·℃
③ kcal·℃/m·h  ④ m²·h·℃/kcal

**열전도율**
두께 1[m]인 고체의 양쪽면 온도차가 1[℃]일 때, 고온에서 저온으로 1시간동안 이동한 열량의 비율로 단위는 [kcal/m·h·℃]이다.

정답 30 ① 31 ④ 32 ①

**33** 다음의 베르누이 방정식에서 $P/r$항은 무엇을 의미하는가? (단, $H$ : 전 수두, $P$ : 압력, $\gamma$ : 비중량, $V$ : 유속, $g$ : 중력 가속도, $Z$ : 위치 수두)

$$H = (P/r) + (V^2/2g) + (z)$$

① 압력수두 ② 속도수두
③ 공압수두 ④ 유속수두

**베르누이 방정식**
모든 단면에 작용하는 위치 수두, 압력 수두, 속도 수두의 합은 항상 일정하다.
$$H = \frac{P}{\gamma} + \frac{V^2}{2g} + Z$$
여기서, $H$ : 전 수두
$\frac{P}{\gamma}$ : 압력 수두
$\frac{V^2}{2g}$ : 속도 수두
$Z$ : 위치 수두

**34** 보일러 내면에 발생하는 점식(pitting)의 방지법이 아닌 것은?

① 용존산소를 제거한다.
② 아연판을 매단다.
③ 내면에 도료를 칠한다.
④ 브리딩 스페이스를 작게 한다.

• 점식 방지법 : 용존산소제거(탈기), 방청도장(보호피막), 약한 전류의 통전, 아연판 매달기(희생양극법)
• 브리딩 스페이스 : 가셋트스테이와 노통사이의 거리로 열팽창을 흡수하고 그루빙(구식)을 방지하기 위하여 확보한 공간을 말한다.

**35** 신설 보일러의 소다 끓임 조작 시 사용하는 약품의 종류가 아닌 것은?

① 탄산나트륨 ② 수산화나트륨
③ 질산나트륨 ④ 제3인산나트륨

• 소다보링 : 신설보일러 설치 중 부착된 페인트, 유지, 녹 등을 제거하기 위해 동 내부에 소다 계통의 약액을 넣고 2~3일간 끓여 반복 분출한다.
• 사용약액 : 탄산소다(탄산나트륨), 가성소다(수산화나트륨), 제3인산소다(제3인산나트륨), 아황산소다(아황산나트륨) 등

**36** 증기난방에서 수격작용 방지법이 아닌 것은?

① 주증기관을 냉각 후 송기한다.
② 주증기 밸브를 서서히 연다.
③ 증기관 경사도를 준다.
④ 과부하를 피한다.

**수격작용 방지법**
① 캐리오버(기수공발) 현상 발생을 방지한다 (비수방지관 설치, 기수분리기 설치 등).
② 주증기 밸브를 서서히 개방 한다.
③ 응축수가 체류하는 곳에 증기트랩을 설치한다.
④ 드레인 빼기를 철저히 한다.
⑤ 증기배관의 보온을 철저히 한다.
⑥ 송기전 소량의 증기로 배관을 예열한 후 송기한다.

**정답** 33 ① 34 ④ 35 ③ 36 ①

**37** 보일러 전열면의 고온부식을 일으키는 연료의 주성분은?

① $O_2$(산소)  ② $H_2$(수소)
③ S(유황)  ④ V(바나듐)

**고온부식과 저온부식의 비교**
① 고온부식 : 과열기, 재열기에서 발생하며 주원인 성분은 바나듐(V)이다(그 외 일부 나트륨(Na)과 유황(S)성분이 섞일 수 있으나 보통 무시한다).
② 저온부식 : 절탄기, 공기예열기에서 발생하며 주원인 성분은 유황(S)이다.

**38** 유체에서 체적탄성계수의 단위는?

① $N/m^2$  ② $m^2/N$
③ $N \cdot m$  ④ $N/m^3$

**체적탄성계수**
체적변형률에 대한 압력비로 단위는 $[N/m^2]$, $[kgf/cm^2]$이다.

**39** 유체의 흐름에서 관이 확대되면 압력은?

① 높아진다.  ② 낮아진다.
③ 일정하다.  ④ 높아지다가 일정해진다.

**유체의 흐름에서 관이 확대**
단면적이 증가하면 압력과 유속은 감소한다. (위와 같이 해설을 달기는 하겠으나 문제는 논란의 소지가 있어 보입니다. 기본적 베르누이 법칙에 의해서 단면적이 증가하면 유속은 감소하고 이로 인해 압력은 증가하게 됩니다. 교축의 반대 작용이라 볼 수 있습니다. 그러나 위 문제 같은 경우 지속적으로 답은 낮아진다로 출제되고 있기 때문에 수험자 입장에서는 답위주로 보는 수 밖에 없을 듯 합니다.)

**40** 보일러 급수 중의 용존가스($O_2$, $CO_2$)를 제거하는 방법으로 가장 적합한 것은?

① 석회소다법  ② 탈기법
③ 이온교환법  ④ 침강분리법

**용존가스의 제거법**
급수 중 포함되어 있는 용존산소($O_2$), 탄산가스($CO_2$) 등의 기체성분 및 철(Fe), 망간(Mn) 등을 제거하는 방법으로 공기 중 물을 아래로 뿌려 내리는 강수방식과 급수 중에 공기를 흡입하는 방법이 있다.
• 탈기법 : 용존산소($O_2$) 및 탄산가스($CO_2$)를 제거
• 기폭법 : 탄산가스($CO_2$), 철(Fe), 망간(Mn) 등을 제거

정답 37 ④ 38 ① 39 ② 40 ②

**41** 압력배관용 강관의 사용압력이 30kg/cm², 인장강도가 20kg/mm²일 때의 스케줄 번호는? (단 안전율은 4로 한다)

① 30
② 40
③ 60
④ 80

**스케줄 번호(Schedule No)**
관의 두께를 표시하는 번호

$$(Sch.\ No) = 10 \times \frac{P}{S}$$

여기서, $P$ : 사용압력[kg/cm²]
$S$ : 허용응력[kg/mm²]

• 허용응력 = $\frac{인장강도}{안전율}$

∴ $(Sch.\ No) = 10 \times \dfrac{30}{\frac{20}{4}} = 60$

**42** 내화물의 균열현상을 나타내는 스폴링의 분류에 해당되지 않는 것은?

① 열적 스폴링
② 조직적 스폴링
③ 화학적 스폴링
④ 기계적 스폴링

**스폴링현상(spalling)**
내화물(내화벽돌 등)사용 중 조우하는 여러 가지 조건에 의해 내화물 내부에 생기는 변형 때문에 균열을 일으켜 표면에서 소편이나 소괴가 벗겨져 떨어져나가고 그에 의해 내화물 내부가 노출되는 것을 말한다.

**스폴링현상(spalling)의 종류**
① 열적 스폴링 : 내화물이 가열 또는 냉각될 때의 온도 급변으로 인해 변형이 생기고 표면에 균열이 일어나는 현상
② 기계적 스폴링 : 온도의 상승에 따른 팽창에 의해 내화물간 압력이 작용하고 이 압력 등이 고르지 않아 내화물이 파쇄되는 현상
③ 조직적 스폴링 : 내화물에 화학적 슬래그 등의 침투에 의해 조직의 변화가 일어나고 이로 인해 균열이 일어나는 현상

**43** 동관과 강관의 이음에 사용되는 것으로 분해, 조립이 비교적 자유로운 이음방식은?

① 플라스턴 이음
② MR 이음
③ 용접 이음
④ 플랜지 이음

**플랜지 이음**
배관 끝에 플랜지를 용접하여 접합하는 방식으로 용접 후 플랜지 사이에 패킹을 넣어 볼트너트로 체결하게 되며 분해, 조립, 점검 등이 비교적 자유로운 이음방식이다.

정답 41 ③ 42 ③ 43 ④

**44** 보일러에서 발생한 증기는 주증기 헤더를 통해서 각 사용처에 공급된다. 증기헤더의 설치목적으로 가장 적당한 것은?

① 각 사용처에 양질의 증기를 안정적으로 공급하기 위하여
② 보일러실 근무자가 스팀 사용량을 통제하여 보일러를 보호하기 위하여
③ 발생 증기의 1차 저장 기능을 가지기 위하여
④ 증기의 압력을 자동으로 조정하여 일정하게 저장하기 위하여.

**증기헤더**
보일러에서 발생한 증기를 한 곳에 모아 일시 저장한 후 사용처에 알맞게 보내주는 장치로 일종의 분배기라고 볼 수 있다(헤더크기 : 헤더에 부착되는 가장 큰 증기관 지름의 2배).

**설치시 장점**
① 각 사용처에 양질의 증기를 안정적으로 공급 및 차단할 수 있다.
② 증기 수요에 대응하기가 좋다.
③ 불필요한 배관에 증기가 공급되지 않기 때문에 열손실을 방지할 수 있다

**45** 배관 지지의 필요조건에 해당되지 않는 것은?

① 관의 합계 중량을 지지하는 데 충분한 재료이어야 한다.
② 진동과 충격에 대해서 견고해야 한다.
③ 관의 신축에 대하여 적합해야 한다.
④ 관의 시공 시 구배 조정과는 관계없다.

**배관 지지의 필요조건**
① 피복제를 포함한 배관의 자중과 유체의 중량에 견딜 수 있어야 한다.
② 진동과 충격에 대해서 견고해야 한다.
③ 관의 신축에 대하여 적합해야 한다.
④ 관의 시공에 있어 구배의 조정이 간단하게 될 수 있는 고조이어야 한다.
⑤ 관의 지지간격이 적당하게 설치되어야 한다.

**46** 루프형 신축 곡관에서 곡관의 외경(d)이 25mm이고, 길이(L)가 1m일 때 흡수할 수 있는 배관의 신장(△L) 길이는 약 얼마인가?

① 0.3mm   ② 0.75mm
③ 3mm   ④ 7.5mm

**배관의 신장길이**
$L = 0.073\sqrt{d \cdot \Delta L}$
$\therefore \Delta L = \dfrac{L^2}{0.073^2 \times d} = \dfrac{1^2}{0.073^2 \times 25}$
$= 7.51[mm]$

정답  44 ①  45 ④  46 ④

**47** 무기질 보온재 중 암면을 가공한 것으로 빌딩의 덕트, 천장, 마루 등의 단열재로 한 쪽면은 은박지 등을 부착하였으며, 사용온도가 600℃ 정도인 것은?

① 로코트(rocoat)　② 펠트(felt)
③ 블랭킷(blanket)　④ 하이 울(high wool)

**블랭킷(blanket)**
안산암, 현무암, 석회석 등을 원료로 섬유상으로 제조한 암면을 가공한 보온재로 사용온도가 600℃ 정도이다.

**48** 서브머지드 아크 용접에서 이면 비드에 언더컷의 결함이 발생하였다. 그 원인으로 옳은 것은?

① 용접 전류의 과대　② 용접 전류의 과소
③ 용제 산포량 과대　④ 용제 산포량 과소

서브머지드 아크 용접에서 용접기의 전류를 증가시키면 용입이 증가하는데 전류의 범위가 일정 이상 증가하게 되면 언더컷에 발생한다.

**49** 증기트랩의 점검방법으로 틀린 것은?

① 배출상태로 확인
② 수작업으로 감지 확인
③ 초음파 탐지기를 이용하여 점검
④ 사이트 그리스를 이용하여 점검

**증기트랩 점검방법**
① 배출상태로 확인 : 증기트랩 출구에 설치된 밸브를 폐쇄하고 점검밸브를 개방하여 물방울이 배출되는 상태로 점검하는 방법
② 초음파 탐지기 이용 : 증기트랩 몸체에 탐지기의 검사부를 접촉시켜 배출음을 듣고 점검하는 방법
③ 사이트 그라스 이용 : 응축수 배관에 사이트 그라스를 설치하여 응축수의 상태를 눈으로 직접 확인하는 방법

**50** 배관의 동력 절단기 종류가 아닌 것은?

① 포터블 소잉 머신　② 고정식 소잉 머신
③ 커팅 휠 전단기　④ 리드형 전단기

**배관 절단용 동력 공구**
① 포터블 소잉머신
② 고정식 소잉머신
③ 고속 숫돌절단기(커팅 휠 전단기)
④ 다이헤드식 자동 나사절삭기
⑤ 자동 가스 절단기

정답 47 ③  48 ①  49 ②  50 ④

**51** 호칭지름 15A의 관을 반지름 90mm, 각도 90°로 구부리고자 할 때 필요한 곡선부의 길이는?

① 135.0mm  ② 141.4mm
③ 158.6mm  ④ 160.8mm

**곡관부 길이**

$$L = 2\pi r \times \frac{\theta}{360} = 2 \times \pi \times 90 \times \frac{90}{360}$$
$$= 141.37 mm$$

여기서, $L$ : 곡관부길이
 $r$ : 반지름
 $\theta$ : 각도

**52** 에너지이용합리화법에 따라 산업통상자원부장관 또는 시·도지사가 소속 공무원 또는 한국에너지공단으로 하여금 검사하게 할 수 있는 사항이 아닌 것은?

① 에너지절약전문기업이 수행한 사업에 관한 사항
② 고효율시험기관의 지정을 위한 시험능력 확보 여부에 관한 사항
③ 에너지다소비사업자의 에너지 사용량 신고이행 여부에 관한 사항
④ 에너지절약전문기업의 경우 영업실적(연도별 계약실적을 포함한다)

④은 산업통상자원부장관이 보고를 명할 수 있는 사항이다.

**보고 및 검사**
① 산업통상자원부장관이나 시·도지사는 이 법의 시행을 위하여 필요하면 산업통상자원부령으로 정하는 바에 따라 효율관리기자재·대기전력저감대상제품·고효율에너지인증대상기자재의 제조업자·수입업자·판매업자 및 각 시험기관, 에너지절약전문기업, 에너지다소비사업자, 진단기관과 검사대상기기설치자에 대하여 그 업무에 관한 보고를 명하거나 소속 공무원 또는 공단으로 하여금 효율관리기자재 제조업자 등의 사무소·사업장·공장이나 창고에 출입하여 장부·서류·에너지사용기자재, 그 밖의 물건을 검사하게 할 수 있다.
② 검사를 하는 공무원이나 공단의 직원은 그 권한을 표시하는 증표를 지니고 이를 관계인에게 내보여야 한다.

**53** 배관도에서 "EL-300 TOP"의 표시에 관한 설명으로 옳은 것은?

① 파이프 윗면이 기준면보다 300mm 높게 있다.
② 파이프 윗면이 기준면보다 300mm 낮게 있다.
③ 파이프 밑면이 기준면보다 300mm 높게 있다.
④ 파이프 밑면이 기준면보다 300mm 낮게 있다.

**EL-300TOP**
파이프 윗면(TOP)이 기준면(EL)보다 300[mm] 낮다.

정답 51 ② 52 ④ 53 ②

**54** 가스절단장치에 관한 설명으로 틀린 것은?

① 독일식 절단 토치의 팁은 이심형이다.
② 프랑스식 절단 토치의 팁은 동심형이다.
③ 중압식 절단 토치는 아세틸렌 가스 압력이 보통 0.05 kgf/cm$^2$ 미만에서 사용된다.
④ 산소나 아세틸렌 용기 내의 압력이 고압이므로 그 조정을 위해 압력조정기가 필요하다.

**가스절단 토치 아세틸렌 가스 압력**
① 저압식 : 0.07[kg/cm$^2$] 이하
② 중압식 : 0.07~0.4[kg/cm$^2$] 이하

**55** 워크 샘플링에 관한 설명 중 틀린 것은?

① 워크 샘플링은 일명 스냅리딩(Snap Reading)이라 불린다.
② 워크 샘플링은 스톱워치를 사용하여 관측대상을 순간적으로 관측하는 것이다.
③ 워크 샘플링은 영국의 통계학자 L.H.C. Tippet가 가동률 조사를 위해 창안한 것이다.
④ 워크 샘플링은 사람의 상태나 기계의 가동상태 및 작업의 종류 등을 순간적으로 관측하는 것이다.

**워크 샘플링(Work Sampling)법**
통계적인 샘플링방법을 이용하여 작업자의 활동, 기계의 활동, 물건의 시간적 추이 등의 관측대상을 순간적으로 관측(Snap Reading)하는 통계적·계수적인 작업측정의 한 기법으로 영국의 통계학자 L.H.C Tippet에 의해 최초로 고안되었다.

**56** 설비보전조직 중 지역보전(area maintenance)의 장단점에 해당하지 않는 것은?

① 현장 왕복시간이 증가한다.
② 조업요원과 지역보전요원과의 관계가 밀접해진다.
③ 보전요원이 현장에 있으므로 생산 본위가 되며 생산의욕을 가진다.
④ 같은 사람이 같은 설비를 담당하므로 설비를 잘 알며 충분한 서비스를 할 수 있다.

**지역보전**
특정지역에 분산배치되어 보전활동을 실시하는 방법
• 장점 : 운전부문과 일체감이 있음, 현장감독의 용이성, 현장왕복시간 단축
• 단점 : 노동의 유효이용 곤란, 인원배치의 유연성 제약, 보전용 설비공구의 중복

정답 54 ③ 55 ② 56 ①

**57** $3\sigma$법의 $\bar{X}$ 관리도에서 공정이 관리상태에 있는데도 불구하고 관리상태가 아니라고 판정하는 제1종 과오는 약 몇 %인가?

① 0.27
② 0.54
③ 1.0
④ 1.2

### $3\sigma$법의 제1종 과오와 제2종 과오
① 제1종 과오 : 공정이 관리 상태에 있는데도 관리상태가 아니라고 판단하는 과오로 0.27[%] 정도이다.
② 제2종 과오 : 공정이 관리 상태에 있지 않는데도 관리 상태라고 판단하는 과오이다.

**58** 검사의 종류 중 검사공정에 의한 분류에 해당되지 않는 것은?

① 수입검사
② 출하검사
③ 출장검사
④ 공정검사

### 검사가 행해지는 공정(목적)에 의한 분류
- 수입(구입)검사
- 공정(중간)검사
- 최종(완성)검사
- 출하검사

**59** 부적합품률이 20%인 공정에서 생산되는 제품을 매시간 10개씩 샘플링 검사하여 공정을 관리하려고 한다. 이때 측정되는 시료의 부적합품 수에 대한 기댓값과 분산은 약 얼마인가?

① 기댓값 : 1.6, 분산 : 1.3
② 기댓값 : 1.6, 분산 : 1.6
③ 기댓값 : 2.0, 분산 : 1.3
④ 기댓값 : 2.0, 분산 : 1.6

### 기댓값과 산포값
① 기댓값
$E(x) = n \cdot P = 10 \times 0.2 = 2$
② 분산
$V(x) = nP(1-P)$
$= 10 \times 0.2(1-0.2) = 1.6$

**60** 설비배치 및 개선의 목적을 설명한 내용으로 가장 관계가 먼 것은?

① 재공품의 증가
② 설비투자 최소화
③ 이동거리의 감소
④ 작업자 부하 평준화

### 설비배치의 목적
① 생산공정의 단순화
② 재공품의 감소
③ 물가취급의 최소화
④ 이동거리 감소
⑤ 작업자 부하의 평준화
⑥ 설비투자의 최소화
⑦ 근로자의 편리와 만족
⑧ 작업공간의 효율적 이용

정답 57 ① 58 ③ 59 ④ 60 ①

# 20회 에너지관리기능장 실전모의고사 기출문제

**01** 공기예열기를 설치하였을 경우 나타나는 현상이 아닌 것은?

① 예열공기의 공급으로 불완전 연소가 증가한다.
② 노 내의 연소속도가 빨라진다.
③ 보일러의 열효율이 높아진다.
④ 배기가스의 열손실이 감소된다.

**공기예열기 설치 시 특징**
① 장점
- 보일러의 열효율을 향상시킨다.
- 연소 및 전열 효율을 향상시킬 수 있다.
- 수분이 많은 저질탄 연료도 연소가 가능하다.
- 연료의 완전연소를 가능하게 한다.

② 단점
- 통풍저항이 증가 하여 연돌의 통풍력이 저하된다.
- 저온부식의 원인이 된다.
- 연도의 청소, 검사, 점검이 곤란해진다.

**02** 전열면적이 12m²인 온수발생 보일러에 대해 방출관의 안지름 크기 기준은?

① 15mm 이상  ② 20mm 이상
③ 25mm 이상  ④ 30mm 이상

**온수발생 보일러**
전열면적에 따른 방출관의 크기

| 전열면적[m²] | 방출관 안지름[mm] |
|---|---|
| 10 미만 | 25 이상 |
| 10~15 미만 | 30 이상 |
| 15~20 미만 | 40 이상 |
| 20 이상 | 50 이상 |

정답 01 ① 02 ④

**03** 안전밸브의 설치 및 관리에 대한 설명으로 옳은 것은?

① 안전밸브가 누설하여 증기가 새는 경우 스프링을 더 조여 누설을 막는다.
② 설정압력에 도달하여도 안전밸브가 동작하지 않을 때 밸브몸체를 두드려 동작이 되는지 확인한다.
③ 안전밸브의 분해 수리를 위하여 안전밸브 입구측에 스톱밸브를 설치한다.
④ 안전밸브의 작동은 확실하고 안정되어 있어야 한다.

① 안전밸브의 증기가 누설되는 경우 누설을 없애기 위해 스프링식 안전밸브의 스프링을 함부로 조여선 안된다.
② 설정압력에 도달하여도 안전밸브가 동작하지 않을 때는 시험용 레버가 있는 경우 해당 레버를 이용하여 확인하고 이후에도 정상동작 하지 않을 경우에는 보일러사용을 정지하고 분해정비를 하며 어떠한 경우에도 안전밸브를 두드려서는 안 된다.
③ 안전밸브의 분해 점검 수리 등은 전문가가 아닌 이상 함부로 수행할 수 없으며, 정기적으로 전문 제조자에 정비를 의뢰하여 밸브의 성능시험 증명을 받아놓는 것이 중요하다. 또한 안전밸브의 입구측 배관에는 그 어떠한 밸브도 설치해서는 아니된다.

**04** 소형보일러가 옥내에 설치되어 있는 보일러실에 연료를 저장할 때에는 보일러 외측으로부터 최소 몇 m 이상 거리를 두어야 하는가? (단, 반격벽이 설치되어 있지 않은 경우이다)

① 1m　② 2m
③ 3m　④ 4m

보일러를 옥내에 설치할 경우 연료를 저장할 때에는 보일러 외측으로부터 2m 이상 거리를 두거나 방화격벽을 설치하여야 한다. 단, 소형보일러의 경우 1m 이상 거리를 두거나 반격벽으로 할 수 있다.

**05** 보일러의 부속 장치 중 감압밸브 사용 시 옳은 것은?

① 응축수 회수관이나 탱크에 재증발 증기발생량이 증가한다.
② 감압 전후의 1차측과 2차측의 증기의 총열량은 변하지 않는다.
③ 고압증기를 감압시켜 저압 증기로 변화시키면 현열이 증가한다.
④ 고압증기는 저압증기보다 비체적이 크기 때문에 같은 양의 증기 수송 시 저압증기로 해야 보온 재료비가 적게 든다.

① 응축수 회수관이나 탱크에 재증발 증기 발생량이 감소한다.
③ 고압증기를 감압시켜 저압증기로 변화시키면 총열량의 변화는 없으나 현열량은 감소하게 된다(이때 증기의 건도는 향상된다).
④ 고압증기는 저압증기보다 비체적이 작기 때문에 같은 양의 증기 수송 시 고압증기로 하면 보온재료비가 적게 든다.

**감압밸브 사용 시 이점**
① 생산성 향상
② 에너지 절약
③ 증기의 건도 향상
④ 배관 설비의 절감
⑤ 특정 온도를 일정하게 유지

**정답** 03 ④　04 ①　05 ②

**06** 증기보일러에서 안전밸브 및 압력방출장치의 크기를 20A로 할 수 있는 경우는?

① 최고사용압력 1MPa 이하의 보일러
② 최고사용압력 0.5MPa 이하의 보일러로 전열면적 $2m^2$ 이하의 보일러
③ 최고사용압력 0.7MPa 이하의 보일러로 동체의 안지름이 500mm 이하이며 동체의 길이가 1200mm 이하의 보일러
④ 최대증발량 7t/h 이하의 관류보일러

**안전밸브 및 압력방출장치의 지름은 25A 이상으로 한다. 단, 다음의 경우는 20A 이상으로 할 수 있다.**
① 최고사용압력 0.1MPa(1kgf/cm²) 이하의 보일러
② 최고사용압력 0.5MPa(5kgf/cm²) 이하의 보일러로 동체의 안지름이 500mm 이하이며 동체의 길이가 1,000mm 이하인 보일러
③ 최고사용압력 0.5MPa(5kgf/cm²) 이하의 보일러로 전열면적 $2m^2$ 이하인 보일러
④ 최대증발량 5t/h 이하의 관류 보일러
⑤ 소용량강철제 보일러, 소용량주철제보일러

**07** 증기 보일러에서 규정 상용압력 이상시 파괴위험을 방지하기 위해 설치하는 밸브는?

① 개폐밸브   ② 역지밸브
③ 정지밸브   ④ 안전밸브

**안전밸브(Safety Valve)**
보일러 동상부(증기부)에 설치하며, 보일러 내부의 증기압이 이상 상승하게 될 때 자동적으로 이상 증기압을 외부로 배출하여 보일러를 보호하는 장치이다.

**08** 복사난방의 패널구조에 의한 분류 중 강판이나 알루미늄 판에 강관이나 동관 등을 용접 또는 철물을 사용하여 부착하고 배면에는 단열재를 붙여 열손실을 방지하도록 하며, 일정한 규격의 제품을 조합하여 복사면을 구성하도록 한 방식은?

① 파이프매설식   ② 유닛패널식
③ 덕트식   ④ 벽패널식

**유닛패널식**
강판이나 알루미늄 판에 강관이나 동관 등을 용접 또는 철물을 이용하여 부착하고 배면에는 단열재를 붙여 열 손실을 방지하도록 하며 일정한 규격의 제품을 조합하여 복사면을 구성한 방식

**정답** 06 ② 07 ④ 08 ②

**09** 고체 및 액체연료 1kg 에 대한 이론공기량(kg/kg)을 중량으로 구하는 식은?
(단, C : 탄소, H : 수소, O : 산소, S : 황)

① $11.49C + 34.5(H - \frac{O}{8}) + 4.31S$

② $12.49C + 34.5(H - \frac{O}{8}) + 8.31S$

③ $11.49C + 38.5(H - \frac{O}{8}) + 4.31S$

④ $12.49C + 38.5(H - \frac{O}{8}) + 4.31S$

**고체 및 액체 연료 이론공기량 계산식**

① $A_o[kg/kg] = 11.49C + 34.5(H - \frac{O}{8}) + 4.13S$

② $A_o[kg/kg] = 8.89C + 26.7(H - \frac{O}{8}) + 3.33S$

**10** 굴뚝의 통풍력을 구하는 식으로 옳은 것은?
(단, $Z$ = 통풍력(mmAq), $H$ = 굴뚝의 높이(m), $\gamma_a$ = 외기의 비중량(kgf/m³), $\gamma_g$ = 배기가스의 비중량(kgf/m³) 이다)

① $Z = (\gamma_g - \gamma_a)H$  ② $Z = (\gamma_a - \gamma_g)H$
③ $Z = (\gamma_g - \gamma_g)H$  ④ $Z = (\gamma_g - \gamma_g)H$

**통풍력 계산공식**

① $Z = H(r_a - r_g)$
② $Z = 273H\left(\frac{r_a}{T_a} - \frac{r_g}{T_g}\right)$
③ $Z = 355H\left(\frac{1}{T_a} - \frac{1}{T_g}\right)$
④ (고체연료의 경우) $Z = H\left(\frac{353}{T_a} - \frac{367}{T_g}\right)$

**11** 사이클론(cyclone) 집진장치의 주 원리는?

① 압력차에 의한 집진
② 물에 의한 입자의 여과
③ 망(screen)에 의한 여과
④ 입자의 원심력에 의한 집진

**사이클론 집진장치**
함진가스에 선회운동을 주어 입자에 작용하는 원심력에 의하여 입자를 분리하는 방식으로 내통경은 작게, 처리가스 속도는 크게 하면 집진효율이 좋아진다.

정답  09 ①  10 ②  11 ④

**12** 연소 안전장치에서 플레임 로드에 관한 설명으로 옳은 것은?

① 열적 검출 방식으로 화염의 발열을 이용한 것이다.
② 화염의 방사선을 전기 신호로 바꾸어 이용한 것이다.
③ 화염의 전기 전도성을 이용한 것이다.
④ 화염의 자외선 광전관을 사용한 것이다.

**화염검출기의 종류**
① 플레임 아이 : 화염의 발광(광학적 성질)현상 이용
② 플레임 로드 : 화염의 이온화(전기전도성) 현상 이용
③ 스택스위치 : 연도에 바이메탈을 설치한 방식으로 화염의 발열(열적변화)체 이용한 방식

**13** 방열기에 대한 설명으로 옳은 것은?

① 방열기에서 표준방열량을 구하는 평균온도 기준은 온수가 80℃이고, 증기는 102℃이다.
② 주철제 방열기는 강제대류식이며, 응축수가 가진 현열을 이용하므로 증기사용량이 감소한다.
③ 방열기는 증기와 실내공기의 온도차에 의한 복사열에 의해서만 난방을 한다.
④ 방열기의 표준방열량은 증기는 650W/m²이고, 온수는 450W/m²이다.

**방열기의 특징**
① 방열기는 실내에 설치하여 증기 또는 온수를 통과시켜 복사와 대류에 의해 실내온도를 높여 난방 목적을 달성하는 기기이다.
② 증기난방 방열기 평균온도는 102[℃], 표준방열량은 650[kcal/m²·h]이다.
③ 온수난방 방열기 평균온도는 80[℃], 표준방열량은 450[kcal/m²·h]이다.
④ 증기방열기는 증기의 잠열을 이용하고, 온수방열기는 온수의 현열을 이용한다.

**14** 증기 헤드(steam head)의 설치 목적으로 틀린 것은?

① 건도가 높은 증기를 공급하여 수격작용을 방지하기 위하여
② 각 사용처에 증기공급 및 정지를 편리하게 하기 위하여
③ 불필요한 증기 공급을 막아 열손실을 방지하기 위하여
④ 필요한 압력과 양의 증기를 사용처에 공급하기 좋게 하기 위하여

**증기헤더**
보일러에서 발생한 증기를 한 곳에 모아 일시 저장한 후 사용처에 알맞게 보내주는 장치로 일종의 분배기라고 볼 수 있다(헤더크기 : 헤더에 부착되는 가장 큰 증기관 지름의 2배).

**설치 시 장점**
① 각 사용처에 양질의 증기를 안정적으로 공급 및 차단할 수 있다.
② 증기 수요에 대응하기가 좋다.
③ 불필요한 배관에 증기가 공급되지 않기 때문에 열손실을 방지할 수 있다.

정답  12 ③  13 ①  14 ①

**15** 강제순환 수관보일러에 있어서 순환비란?

① 순환 수량과 포화수의 비율
② 포화 증기량과 포화 수량의 비율
③ 순환 수량과 발생 증기량의 비율
④ 발생 증기량과 포화 수량의 비율

순환비 = $\dfrac{\text{순환수량(급수량)}}{\text{발생 증기량}}$

**16** 2장의 전열 판을 일정한 간격을 둔 상태에서 시계의 태엽 모양으로 감아 나간 것으로 오염저항 및 저유량에서 심한 난기류 등이 유발되는 곳에 사용하는 열교환기의 형식은?

① 플레이트식 열교환기
② 2중관식 열교환기
③ 스파일럴형 열교환기
④ 쉘 엔 튜브식 열교환기

**스파이럴식(spiral type) 열교환기**
2장의 전열판을 일정간격으로 둔 상태에서 시계의 태엽 모양으로 감아 제작되며 열팽창이 큰 경우에도 견딜 수 있고 유량이 적은 경우 심한 난류현상이 발생되는 곳에 사용된다.

**17** 실내온도가 18℃, 외기온도가 -10℃이며, 열관류율이 5kcal/m²·h·℃인 건물의 난방부하는? (단, 바닥, 천정, 벽체 등 총면적은 180m²이고, 방위계수는 1.15이다)

① 21,990kcal/h
② 22,100kcal/h
③ 25,200kcal/h
④ 28,980kcal/h

$Q = K \cdot F \cdot \Delta T \cdot k$
여기서, $K$ : 열관류율[kcal/m²h℃]
$F$ : 면적[m²]
$\Delta T$ : 온도차[℃]
$Q$ : 열량[kcal/h]
$k$ : 방위계수
∴ $Q = 5 \times 180 \times (18 - (-10)) \times 1.15$
  $= 28,980$[kcal/h]
※ 외벽의 경우 방위계수까지 가산하며 문제에 주어질 시 이에 따른다.

정답 15 ③ 16 ③ 17 ④

**18** 보일러의 그을음 취출장치인 수트 블로워(soot blower)에 대한 설명으로 틀린 것은?

① 수트 블로워의 설치목적은 전열면에 부착된 그을음을 제거하여 전열효율을 좋게 하기 위해서다.
② 종류에는 장발형, 정치회전형, 단발형 및 건타입 수트 블로워 등이 있다.
③ 수트 블로워 분출(취출)시에는 통풍력을 크게 한다.
④ 수트 블로워 분출 전에는 저온부식방지를 위해 취출기 내부에 드레인 배출을 삼가한다.

**수트 블로워**
전열면 외측의 그을음 등을 제거하는 장치

**수트 블로워(soot blow) 사용 시 주의사항**
① 한 곳으로 집중적으로 사용함으로 전열면에 무리를 가하지 말 것
② 분출기 내의 응축수는 배출시킨 후 사용할 것
③ 분출하기 전 연도 내 배풍기를 사용하여 유인통풍을 증가시킬 것
④ 부하가 적거나(50[%] 이하) 소화 후 사용하지 말 것
⑤ 연료의 종류, 분출 위치, 증기의 온도 등에 따라 분출시기를 결정할 것

**19** 보일러의 보염장치 설치 목적에 관한 설명으로 틀린 것은?

① 연소용 공기의 흐름을 조절하여 준다.
② 확실한 착화가 되돌고 한다.
③ 연료의 분무를 확실하게 방지한다.
④ 화염의 형상을 조절한다.

**보염장치 설치목적**
① 안정된 착화를 도모한다.
② 연료의 분무를 돕고 공기와의 혼합을 양호하게 한다(공기의 흐름 조절).
③ 화염의 형상을 조절한다.
④ 연소실의 온도분포를 고르게 하고 국부 과열을 방지한다.
⑤ 연소가스의 체류시간을 지연시켜 화염의 안정을 도모한다.

**20** 1일 급수량이 36,000L인 보일러에서 급수 중 고형분 농도가 100ppm, 보일러수의 허용 고형분이 2,000ppm 일 때 1일 분출량은? (단, 응축수는 회수하지 않는다)

① 1,625L/day   ② 1,785L/day
③ 1,895L/day   ④ 1,945L/day

**분출량**
$$X = \frac{W \times b}{r - b} = \frac{36,000 \times 100}{2,000 - 100}$$
$$= 1,894.736 [L/day]$$
여기서, $W$ : 1일 급수량[L]
$b$ : 급수 중 고형분 농도[ppm]
$r$ : 보일러수의 허용 고형분[ppm]

**정답** 18 ④   19 ③   20 ③

**21** 보일러에서 측정한 배기가스 온도가 240℃, 배기 가스량이 100kg/h이고, 외기 온도가 20℃, 실내온도가 25℃인 경우 배출되는 배기가스의 손실열량은? (단, 배기가스 및 공기의 비열은 각각 0.33, 0.3 kcal/kg·℃이다)

① 6,045kcal/h
② 6,820kcal/h
③ 7,095kcal/h
④ 7,260kcal/h

$Q = G \cdot C \cdot \Delta T$
여기서, $G$ : 배기가스량[Nm³/h]
$C$ : 비열[kcal/Nm³·℃]
$\Delta T$ : 온도차[℃]
∴ $Q = 100\dfrac{kg}{h} \times 0.33\dfrac{kcal}{kg\cdot℃}$
$\times (240-20)℃ = 7,260$[kcal/h]

**22** 자동식 가스분석계 중 화학적 가스분석계에 속하는 측정법은?

① 연소열법
② 밀도법
③ 열전도도법
④ 자화율법

**가스분석계의 종류**
① 화학적 가스분석계
 • 연소열 이용법
 • 용액흡수제 이용법
 • 고체흡수제 이용법
② 물리적 가스분석계
 • 가스 열전도율을 이용법
 • 가스의 밀도, 점도차를 이용법
 • 전기전도도를 이용법
 • 가스의 자기적 성질을 이용법
 • 가스의 반응성을 이용법
 • 적외선 흡수를 이용법
 • 빛의 간섭을 이용법

**23** 보일러 출력계산에 사용하는 난방부하의 계산방법이 아닌 것은?

① 상당 방열면적(EDR)으로부터 계산
② 예열부하로부터 열손실 계산
③ 열손실 열량으로부터 계산
④ 간이식으로부터 열손실 계산

**난방부하 계산방법**
① 상당방열면적(EDR)으로부터 계산 : 방열기의 발생열량으로 상당방열면적(EDR)당 손실되는 열량만큼 방열기로 공급하여 주는 열량을 이용한 계산
② 열손실 열량으로부터 계산 : 벽체, 천장, 바닥, 유리창 및 환기 등에 의한 손실열량을 이용한 계산
③ 간이식으로부터 열손실 계산 : 난방면적에 열손실지수[kcal/m²·h]를 곱하여 계산

정답 21 ④ 22 ① 23 ②

**24** 보일러 수중의 용존 가스를 제거하는 장치는?

① 저면 분출장치　② 표면 분출장치
③ 탈기기　　　　④ pH 조정장치

- 용존가스 제거법 : 탈기법, 기폭법
- pH조정제(급수처리) : 탄산나트륨(가성소다), 암모니아, 제1·3인산소다, 인산나트륨
- 분출장치(불순물 배출) : 수저분출장치, 수면 분출장치

**25** 다음 랭킨사이클 T-S(온도-엔트로피)선도에서 단열 팽창 구간은?

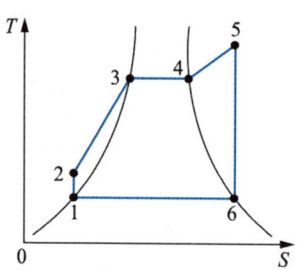

① 1-2　　　② 2-3-4
③ 5-6　　　④ 6-1

**랭킨사이클 T-S선도**
① 1-2 : 단열압축과정
② 2-3-4-5 : 정압가열과정
③ 5-6 : 단열팽창과정
④ 6-1 : 정압냉각과정(방열)

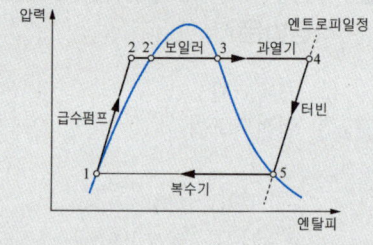

**26** 보일러 급수의 순환계통 외처리에서 부유 및 유기물의 제거방법이 아닌 것은?

① 폭기법　　　② 침전법
③ 응집법　　　④ 여과법

**보일러 용수의 외처리**
① 용존가스의 제거
　• 탈기법 : 용존산소 및 탄산가스를 제거
　• 기폭법 : 탄산가스, 철, 망간 등을 제거
② 현탁 고형물(불순물) 제거
　• 자연침강법
　• 여과법
　• 응집법
③ 용해 고형물 제거
　• 이온교환법
　• 증류법
　• 약품 첨가법(소석회, 가성소다, 탄산소다 등 첨가)

정답　24 ③　25 ③　26 ①

**27** 두께 3cm, 면적 2m²인 강판의 열전도량을 6,000kcal/h로 하기 위한 강판 양면의 필요한 온도차는?
(단, 열전도율 λ = 45kcal/m·h·℃이다)

① 2℃  ② 2.5℃
③ 3℃  ④ 3.5℃

$Q = \dfrac{\lambda}{l} \cdot F \cdot \Delta T$

여기서, $Q$ : 열량[kcal/h]
$\lambda$ : 열전도율[kcal/m·h·℃]
$F$ : 면적[m²]
$\Delta T$ : 온도차[℃]

$\therefore \Delta T = \dfrac{Q \times l}{F \times \lambda} = \dfrac{6,000 \times 0.03}{2 \times 45} = 2[℃]$

**28** 원관 속 층류 유동이 되고 있을 때, 압력 손실에 관한 설명으로 옳은 것은?

① 유체의 점성에 비례한다.
② 관의 길이에 반비례한다.
③ 유량에 반비례한다.
④ 관경의 3제곱에 비례한다.

하겐푸아즈(Hagen-Poiseuille) 방정식
$h_L = \dfrac{128\mu L Q}{\pi D^4 \gamma}$

• 압력손실은 유체의 점성($\mu$)에 비례한다.
• 압력손실은 관길이($L$)에 비례한다.
• 압력손실은 유량($Q$)에 비례한다.
• 압력손실은 관지름($D$)의 4제곱에 반비례한다.
• 압력손실은 유체의 비중량($\gamma$)에 반비례한다.

**29** 실제 열사이클에 있어서는 각부에서의 손실 때문에 이상사이클과는 일치하지 않는데, 그 손실 요인으로 가장 거리가 먼 것은?

① 배관 손실  ② 과열기 손실
③ 터빈 손실  ④ 복수기 손실

실제 열사이클에서의 손실요인
배관 손실, 터빈 손실, 복수기 손실

**30** 일의 열당량의 값은?

① 1/427kcal/kg  ② 427dyne/kg
③ 1/427kcal/kg·m  ④ 427kg·m/kcal

• 열의 일당량 = 427[kg·m/kcal]
• 일의 열당량 = $\dfrac{1}{427}$[kcal/kg·m]

정답 27 ① 28 ① 29 ② 30 ③

**31** 보일러가 과열이 되면 그 부분의 강도가 저하되는데 이것이 심한 경우에는 보일러의 압력에 못 견디어 안쪽으로 오므라드는 것을 압궤라 한다. 압궤를 일으킬 수 있는 부분으로 가장 거리가 먼 것은?

① 수관　　　　② 연소실
③ 노통　　　　④ 연관

**보일러의 압궤와 팽출의 발생 원인**
① 압궤 : 외압에 의해 내부로 짓눌려 들어가는 현상으로 노통, 연소실, 연관, 관판 등에서 주로 발생한다.
② 팽출 : 내압에 의해 외부로 부풀어 오르는 현상으로 횡연관, 보일러 동저부, 수관 등에서 주로 발생한다.

**32** 수관내부에 부착되어 열전도를 저하시키는 스케일의 생성원인으로 가장 거리가 먼 것은?

① 농축에 의하여 포화상태로 석출되는 경우
② 물에 불용성의 물질이 유입되는 경우
③ 온도상승에 따라 용해도가 저하하여 석출되는 경우
④ 산성용액에서 용해도가 증가하여 석출되는 경우

**스케일 생성 원인**
① 보일러 수가 농축될 때 전열면에 접하고 있는 보일러수에서 국부농축이 일어나 스케일이 생성될 수 있다.
② 급수 중 용해고형물이 존재할 때 보일러수의 온도가 상승하면 용해도가 감소하여 석출된 물질에 의해 스케일이 생성될 수 있다.
③ 급수 중 불용성 물질이 유입된 경우 스케일을 생성할 수 있다.

**33** 보일러수 중에 포함된 실리카($SiO_2$)에 관한 설명으로 틀린 것은?

① 실리카 함유량이 많은 스케일은 연질이므로 제거가 쉽다.
② 알루미늄과 결합해서 여러 가지 형의 스케일을 생성한다.
③ 저압 보일러에서는 알칼리도를 높혀 스케일화를 방지할 수 있다.
④ 보일러수에 실리카가 많으면 캐리오버에 의해 터빈날개 등에 부착하여 성능을 저하시킬 수 있다.

**실리카**
스케일의 종류 중 보일러 급수 중의 칼슘 성분과 결합하여 규산칼슘을 생성하기도 하며, 실리카 성분이 많은 스케일은 대단히 경질이기 때문에 기계적 화학적으로 제거하기가 힘들다.
• 경질스케일 성분 : 규산염(실리카), 황산염
• 연질스케일 성분 : 탄산염(황토 흙이 퇴전된 형태)

정답　31 ①　32 ④　33 ①

**34** 0.5kW의 전열기로 20℃의 물 5kg을 80℃까지 가열하는데 소요되는 시간은 약 몇 분인가? (단, 가열효율은 90%이다)

① 46.5분  ② 21.0분
③ 32.3분  ④ 12.7분

가열시간(분) = $\dfrac{\text{물을 가열할 때 필요한 열량}}{\text{전열기의 발생열량}} \times 60$

$= \dfrac{5 \times 1 \times (80-20)}{0.5 \times 860 \times 0.9} \times 60$

$= 46.51$[분]

※ 단위 환산
1[kW] = 860[kcal/h], 1[h] = 60[min]

**35** 유체 속에 잠겨진 경사 평면에 작용하는 힘의 작용점은?

① 면의 도심에 있다.
② 면의 도심보다 위에 있다.
③ 면의 중심에 있다.
④ 면의 도심보다 아래에 있다.

유체속에 잠긴 경사 평면에 작용하는 전압력의 작용점($y_p$)의 위치는 경사 평면의 중심($y_c$)보다 아래에 있다.

$y_p = y_c + \dfrac{I_G}{A \cdot y_c}$

**36** 보일러 연소 관리에 관한 설명으로 틀린 것은?

① 보일러 본체 및 내화벽돌에 화염을 직접 충돌시키지 않는다.
② 연소량을 증가할 때에는 연료 공급량을 우선 늘리고, 연소량을 감소할 때는 통풍량부터 줄인다.
③ 연소상태 및 화염상태 등을 수시로 감시한다.
④ 노 내를 고온으로 유지한다.

② 연소량을 증가시킬 경우에는 먼저 공급 공기량(통풍량)을 증가시켜야 하며, 연소량을 감소시킬 경우에는 먼저 연료량을 감소시켜야 한다.

**37** 보일러수 내처리를 할 때 탈산소제로 쓰이지 않는 것은?

① 탄닌  ② 아황산소다
③ 히드라진  ④ 암모니아

**탈산소제**
탄닌, 히드라진, 아황산나트륨(아황산소다)

정답  34 ① 35 ④ 36 ② 37 ④

**38** 증기의 건도가 0인 상태는?

① 포화수  ② 포화증기
③ 습증기  ④ 건증기

**건조도**
습증기 전체 질량 중 증기가 차지하는 질량의 비를 말한다.
① 포화수 : $x = 0$
② 습증기 : $0 < x < 1$
③ 건포화증기 : $x = 1$

**39** 버너 정비 시 오일 콘의 끝단이 흠이 나있으면 분무 상태가 나빠지므로 눈금이 세밀한 줄을 사용하여 다듬질 해야 하는 버너형식은?

① 고압분무식  ② 회전식
③ 유압분무식  ④ 건타입

회전식 버너의 노즐은 센터피스의 선단 끝 및 홈의 경우 손질이나 조립시 흠이 생기면 분무각도 및 분무패턴이 바뀌고 치우쳐, 연소나 착화불량 등 연소에 악영향을 미칠 수 있다. 그러므로 통상적으로 보염기와 노즐팁 외면 청소로 제한하고 연소상태가 나쁠 때에만 분해 및 손질하거나 노즐을 교체한다.

**40** 이온교환처리장치의 운전공정에서 재생탑에 원수를 통과시켜 수중의 일부 또는 전부의 이온을 이온교환 또는 제거시키는 공정을 의미하는 것은?

① 통약  ② 압출
③ 부하  ④ 수세

**이온교환처리장치 운전공정**
① 역세 : 수지탑의 아래에서 위로 물을 흐르게 하여 압축된 수지를 느슨하게 해주고 수지층에 괴여 있는 현탁물을 제거해주는 공정
② 통약 : 부하공정에서 흡착된 흡착이온을 용출시키고 부하목적에 맞는 이온을 흡착시키기 위하여 재생액을 수지탑의 위에서 아래로 흘러내리는 공정으로 좁은 의미의 재생이라 함
③ 압출(치환) : 통약 후 수지층에 남아있는 재생액을 통약공정과 같은 방향으로 천천히 압출시키는 공정
④ 수세(세정) : 수지층에 남아 있는 재생제를 완전히 씻어 내리는 공정
⑤ 부하 : 재생탑에 원수를 통과시켜 수중의 일부 또는 전부의 이온교환 또는 제거시키는 공정

정답 38 ① 39 ② 40 ③

**41** 에너지이용 합리화법에 따라 검사대상기기의 계속사용 검사에 대한 연기는 검사유효기간 만료인 기준으로 최대 언제까지 가능한가? (단, 만료일이 9월 1일 이후인 경우 제외한다)

① 2개월 이내
② 6개월 이내
③ 8개월 이내
④ 당해연도 말까지

계속 사용검사 신청서 및 재사용검사신청서는 유효기간 만료 10일 전까지 제출하고, 검사의 연기는 당해 연도 말까지 연기할 수 있지만 유효 기간 만료일이 9월 1일 이후인 경우 4개월의 범위 내에서 연기하며 공단 이사장에게 제출한다.

**42** 연강용 피복 아크 용접봉 중 용입이 깊고, 비드가 깨끗하며, 작업성이 우수한 용접봉으로서 아래보기 수평 필릿용접에 가장 적합한 것은?

① E4316
② E4313
③ E4303
④ E4327

**E4327(철분 산화철계)**
산화철을 주성분으로 여기에 철분을 첨가한 것으로 스패터는 적어 비드가 깨끗하며, 용입이 깊고, 작업성이 우수한 용접봉으로 아래보기 수평 필릿용접에 적합하다.

**43** 에너지이용 합리화법에 따라 에너지저장시설의 보유 또는 저장의무의 부과 시 정당한 이유 없이 이를 거부하거나 이행하지 아니한 자에 대한 벌칙 기준은?

① 2년 이하의 징역 또는 2천만원 이하의 벌금
② 5백만원 이하의 벌금
③ 1년 이하징역 또는 1천만원 이하의 벌금
④ 1천만원 이하의 벌금

**2년 이하의 징역 또는 2천만원 이하의 벌금**
① 에너지저장시설의 보유 또는 저장의무의 부과 시 정당한 이유없이 이를 거부하거나 이행하지 아니한 자
② 에너지 수급안정을 위한 조정·명령 등의 조치를 위반한 자
③ 에너지관리 공단의 임직원으로 근무하거나 근무하였던 사람이 그 직무상 알게 된 비밀을 누설하거나 도용한 자

정답 41 ④  42 ④  43 ①

**44** 온도조절밸브 선정 시 고려할 사항이 아닌 것은?

① 밸브의 구경 및 배관경
② 사용 유체의 종류, 압력, 온도와 유량
③ 가열 또는 냉각되는 유체의 종류와 압력
④ 최소 유량 시 밸브의 허용압력 손실

**온도조절밸브 선정 시 고려사항**
① 밸브의 구경 및 배관경
② 사용 유체의 종류, 압력, 온도와 유량
③ 가열 또는 냉각되는 유체의 종류와 압력
④ 최대 유량 시 밸브의 허용압력손실
⑤ 조절 온도 및 허용 가능한 조절온도 오차
⑥ 밸브 본체 주위의 재질, 플랜지 규격, 감열통의 재질과 이동관의 길이

**45** 내열온도가 400~500℃이고, 금속 광택이 있으며 방열기 등의 외면에 도장하는 도료로 적당한 것은?

① 산화철 도료
② 콜타르 도료
③ 알루미늄 도료
④ 합성수지 도료

**알루미늄 도료(은분)**
산화 알루미늄($Al_2O_3$) 분말을 유성 니스에 혼합한 것으로 방열효과가 크며 밑바탕 도장 후 유성 페인트를 사용하면 방청효과가 더욱 커진다.
• 사용처 : 방열기 표면이나, 탱크표면에 사용하며 400~500℃의 내열성을 가지며 열을 잘 반사하므로 방청효과가 매우 좋다.

**46** 배관을 고정하는 받침쇠인 행거(hanger)의 종류가 아닌 것은?

① 스프링 행거
② 롤러 행거
③ 콘스탄트 행거
④ 리지드 행거

**행거(Hanger)**
① 리지드 행거(rigid hanger) : I(아이) 빔에 턴버클을 연결하여 관을 매다는 형태로 상하방향의 변위가 없는 곳에 사용한다.
② 스프링 행거(spring hanger) : 턴버클 대신 스프링을 사용한 것으로 충격, 진동 등을 흡수할 수 있다.
③ 콘스탄트 행거(constant hanger) : 배관의 상하 이동을 어느 정도 허용하는 구조로 만들어 관의 지지력을 일정하게 한 것으로 중추식과 스프링식이 있다.

**47** 관 장치의 설계, 제작, 시공, 운전, 조작, 공정 수정 등에 도움을 주기 위해 주 계통의 라인, 계기, 제어기 및 장치기기 등에서 필요한 자료를 도시한 도면을 무엇이라고 하는가?

① 계통도(flow diagram)
② 관 장치도
③ PID(Piping Instrument Diagram)
④ 입면도

**PID(piping instrument diagram)**
관 장치의 설계, 자작, 시공, 운전, 조작, 공정 수정 등에 도움을 주기위해 주계통의 라인, 계기, 제어기 및 장치기기 등에서 필요한 자료를 도시한 것

정답 44 ④  45 ③  46 ②  47 ③

**48** 온수귀환방식 중 역귀환 방식에 관한 설명으로 옳은 것은?

① 배관길이를 짧게 하여 온수공급거리에 따라 보일러에서 가까운 곳과 먼 곳의 방열기 온도차를 늘리는 방식이다.
② 각 방열기에 공급되는 유량분배를 균등하게 하여 가까운 곳과 먼 곳의 방열기 온도차를 줄이는 방식이다.
③ 각 방열기에 공급되는 유량분배에 차등을 두어 가까운 곳과 먼 곳의 방열기 온도차를 줄이는 방식이다.
④ 방열기를 통과한 귀환온수가 순차적으로 보일러에 귀환하여 가까운 곳과 먼 곳의 방열기 온도차를 늘리는 방식이다.

**역귀환 방식(리버스리턴 방식)**
냉·온수 배관법의 일종이다. 하나의 배관계에 다수의 방열기를 설치할 때 배관의 길이가 다르기 때문에 환수관을 가장 먼 기기까지 가지고 간 다음 반복하여 환수관을 원래 방향으로 되돌리면서 각 기기의 배관저항의 균형을 맞추어 기기로의 수량 평균성을 보존하는 방식으로 환수관의 길이가 길어진다는 단점이 있다.
• 사용목적 : 방열기에 공급되는 유량분배를 균등하게 하기 위해 사용한다(유량분배의 균등으로 먼곳의 방열기 온도차를 줄일 수 있다).

**49** 에너지법에서 정한 에너지위원회의 구성 및 운영에 관한 설명으로 옳은 것은?

① 위촉위원의 임기는 2년으로 하고, 연임할 수 있다.
② 위촉위원의 임기는 1년으로 하고, 연임할 수 있다.
③ 위촉위원의 임기는 2년으로 하고, 연임할 수 없다.
④ 위촉위원의 임기는 1년으로 하고, 연임할 수 없다.

**에너지위원회의 구성 및 운영**
에너지위원회 위원의 임기는 2년(연임가능)으로 한다.

**50** 폴리에틸렌관의 이음방법으로 틀린 것은?

① 테이퍼 조인트 이음　② 인서트 이음
③ 용착슬리브 이음　　④ 심플렉스 이음

**폴리에틸렌관(PE관) 이음 방법**
① 융착 슬리브 이음 : 관 끝의 바깥쪽과 이음관의 안쪽을 동시에 가열해 용융이음 하는 방법
② 테이퍼 이음 : 50[mm] 이하의 관에 폴리에틸렌관 전용 포금제 테이퍼 조인트를 사용하여 접합하는 방법
③ 인서트 이음 : 50[mm] 이하의 폴리에틸렌관 접합용 가열 연화한 인서트를 끼우고 물로 냉각시켜 클램프로 조여 접합하는 방법

정답 48 ② 49 ① 50 ④

**51** 보온재의 구비조건으로 틀린 것은?

① 열전도율이 클 것
② 비중이 작을 것
③ 어느 정도 기계적 강도가 있을 것
④ 흡습성이 작을 것

> **보온재의 구비조건(단열재, 보냉재)**
> ① 열전도율이 작을 것
> ② 부피·비중이 작을 것
> ③ 다공성이며, 기공이 균일할 것
> ④ 기계적 강도가 크고, 시공성이 좋을 것
> ⑤ 흡수성, 흡습성이 없을 것
> ⑥ 사용온도에 있어서 내구성이 있고, 변질되지 않을 것

**52** 가옥트랩 또는 메인트랩을 건물 내의 배수 수평 주관의 끝에 설치하여 공공 하수관에서의 유독 가스가 건물 안으로 침입하는 것을 방지하는데 사용하는 트랩은?

① S트랩　　② P트랩
③ U트랩　　④ X트랩

> **배수트랩(trap)의 종류**
> ① S 트랩 : 위생기구를 바닥에 설치된 배수 수평관에 접속할 때 사용
> ② P 트랩 : 벽면에 매설하는 배수 수직관에 접속할 때 사용
> ③ U 트랩 : 건물 안의 배수 수평주관 끝에 설치하여 하수구에서 해로운 가스가 건물 안으로 침입하는 것을 방지할 때 사용
> ④ 박스트랩 : 드럼 트랩, 벨 트랩, 가솔린 트랩, 그리스 트랩 등

**53** 2개 이상의 엘보를 사용하여 신축을 흡수하는 이음은?

① 슬리브형 신축이음　　② 벨로스형 신축이음
③ 스위블형 신축이음　　④ 루프형 신축이음

> **스위블형 신축이음**
> 회전이음, 지블이음이라고도 불리며, 2개 이상의 엘보를 조립하여 설치한 신축이음으로 신축이 큰 배관에서는 누설의 우려가 있다. 주로 증기 및 온수난방용 배관에 사용된다.

정답  51 ①  52 ③  53 ③

**54** 스프링 백(spring back)이 일어나는 원인은?

① 탄성 복원력 때문에
② 영구변형이 많이 일어나므로
③ 극한 강도가 너무 작으므로
④ 원인이 없음

**스프링백(spring back)**
배관의 굽힘 작업에 있어 냉간가공 시 탄성에 의해 돌아가는 현상을 스프링백(spring back) 현상이라 하며 이를 감안해 배관 굽힘 작업시 실제 굽힘 각도보다 조금 더 구부려 준다.

**55** 다음 그림의 AOA(Activity-on-Arc)네트워크에서 E작업을 시작하려면 어떤 작업들이 완료되어야 하는가?

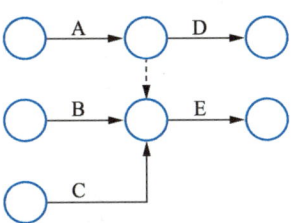

① B
② A, B
③ B, C
④ A, B, C

AOA(Activity-on-Arc)네트워크에서는 마디(O)는 단계, 가지(→)는 활동을 나타내고, 단계는 활동의 시작과 끝을 나타내므로 명목상의 활동(--→)을 필요로 한다.
※ E작업을 시작하려면 A, B, C 작업들이 완료되어야 한다.

**56** 표준시간을 내경법으로 구하는 수식으로 맞는 것은?

① 표준시간= 정미시간 + 여유시간
② 표준시간= 정미시간×(1 + 여유율)
③ 표준시간= 정미시간×($\frac{1}{1 - 여유율}$)
④ 표준시간= 정미시간×($\frac{1}{1 + 여유율}$)

• 내경법에 의한 표준시간 계산
  표준시간= 정미시간×$\frac{1}{1 - 여유율}$
• 외경법에 의한 표준시간 계산
  표준시간= 정미시간×(1 + 여유율)

정답  54 ①  55 ④  56 ③

**57** 검사특성곡선(OC Curve)에 관한 설명으로 틀린 것은?
(단, N : 로트의 크기, n : 시료의 크기, c : 합격판정 개수이다)

① N, n이 일정할 때 c가 커지면 나쁜 로트의 합격률은 높아진다.
② N, c가 일정할 때 n이 커지면 좋은 로트의 합격률은 낮아진다.
③ N/n/c의 비율이 일정하게 증가하거나 감소하는 퍼센트 샘플링 검사 시 좋은 로트의 합격률은 영향이 없다.
④ 일반적으로 로트의 크기 N이 시료 n에 비해 10배 이상 크다면, 로트의 크기를 증가시켜도 나쁜 로트의 합격률은 크게 변화하지 않는다.

%샘플링 검사 $\left(\dfrac{c/n}{N} = 일정\right)$에서 $N$이 달라지면 $n$, $c$도 같이 변하므로 부적합품률이 같은 로트에 대해 품질보증의 정도가 달라져 일정한 품질의 보증을 얻을 수 없다.

**58** 품질특성에서 $x$관리도로 관리하기에 가장 거리가 먼 것은?

① 볼펜의 길이　　② 알코올 농도
③ 1일 전력소비량　④ 나사길이의 부적합품 수

$x$관리도는 계량값 관리도에 해당되며 데이터를 얻는 간격이 크거나 군 구분의 의미가 없는 경우 또는 정해진 공정에서 한 개의 측정치밖에 얻을 수 없는 경우 사용된다.
(관리요소 : 화학적분석치, 알코올농도, 볼펜의 길이, 1일 전력소비량 등)
① $x$ 또는 $\bar{x}$ 관리도
② $x$ 관리도
③ $x$ 관리도
④ $np$ 또는 $p$ 관리도

**59** 브레인스토밍(Brainstorming)과 가장 관계가 깊은 것은?

① 특성요인도　　② 파레토도
③ 히스토그램　　④ 회귀분석

**특성요인도(Characteristic Diagram)**
Ishikawa 박사가 어떤 결과에 요인이 어떻게 관련되어 있는가를 잘 알 수 있도록 작성한 그림으로, 어떤 결과물(특성)이 나온 원인(요인)들의 구성형태를 브레인스토밍법을 사용하여 원인과 특성을 찾을 수 있도록 표현한 것이다. 일반적 요인으로 4M(Man, Machine, Material, Method)을 사용한다.

정답 57 ③ 58 ④ 59 ①

**60** 다음 데이터로부터 통계량을 계산한 것 중 틀린 것은?

| 21.5 | 23.7 | 24.3 | 27.2 | 29.1 |

① 범위(R) = 7.6  ② 제곱합(S) = 7.59
③ 중앙값(Me) = 24.3  ④ 시료분산($s^2$) = 8.988

① 범위(R)
$x_{max} - x_{min} = 29.1 - 21.5 = 7.6$

② 제곱합(S)
- 평균값
$$\bar{x} = \frac{\sum x_i}{n}$$
$$= \frac{21.5 + 23.7 + 24.3 + 27.2 + 29.1}{5}$$
$$= 25.16 = [\bar{x}] \text{(계산기)}$$

- 제곱합
$S = \sum (x_i - \bar{x})^2$
$= (21.5 - 25.16)^2 + \cdots + (29.1 - 25.16)^2$
$= 35.952$
$S = \left[ \sum x_i^2 - \frac{(\sum x_i)^2}{n} \right]$
$= \left[ 3,201.08 - \frac{125.8^2}{5} \right] = 35.952$
$S = (n-1) \times [s_x]^2 = 4 \times [s_x]^2$
$= 35.952 \text{(계산기)}$

③ 중앙값(Me)
데이터를 크기 순서대로 나열하면 21.5 23.7 24.3 27.2 29.1이 되며 이때 중앙값은 $\frac{n+1}{2} = \frac{5+1}{2} = 3$번째 값으로 24.30이 된다.

④ 시료분산($S^2$)
$S^2 = V = \frac{S}{n-1} = \frac{35.952}{4} = 8.988$
$S^2 = [S_x]^2 = 8.988 \text{(계산기)}$

정답 60 ②

# 21회 에너지관리기능장 실전모의고사 기출문제

**01** 증기배관의 관말부의 최종 분기 이후에서 트랩에 이르는 배관은 여분의 증기가 충분히 냉각되어 응축수가 될 수 있도록 보온피복을 하지 않은 나관 상태로 1.5m 설치하는 배관을 무엇이라고 하는가?

① 하트포트 접속법　② 리프트피팅
③ 냉각레그　　　　 ④ 바이패스배관

### 냉각레그(cooling leg)
① 건식환수방식의 관말에 설치
② 관내 응축수에서 생긴 플래시 증기로 인한 보일러의 수격작용 방지(주 역할 : 플래시 증기 응축 후 증기트랩으로 유입)
③ 주관과 수직으로 100[mm] 이상 내리고 하부로 150[mm] 이상 연장하여 관내 슬러지 등 협착물을 제거할 목적으로 드레인 포켓(drain pocket)을 만들어 준다.
④ 주관에서 1.5[m] 이상 보온하지 않은 나관을 설치하며 냉각레그 끝에는 트랩을 설치하여 응축수를 제거한다.

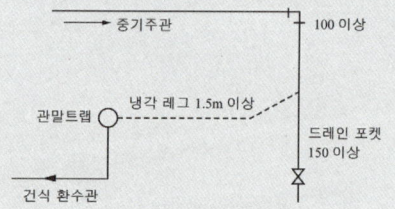

**02** 실제증발배수(kg증가/kg연료)가 3인 보일러의 시간당 연료소비량(kg/h)은? (단, 발생증기량은 1.2ton/h 이며, 효율은 89%이다)

① 300　　　　② 340
③ 356　　　　④ 400

### 증발배수
연료 1kg이 발생시킨 증발능력[kg/kg 연료]
- 증발배수 = $\dfrac{실제증발량}{사용연료량} = \dfrac{G}{Gf}$ [kg/kg]
- 환산증발배수 = $\dfrac{환산(상당)증발량}{사용연료량}$

  $= \dfrac{G_e}{Gf}$ [kg/kg]

∴ $Gf = \dfrac{G}{실제증발배수} = \dfrac{1,200}{3}$
   $= 400$ [kg/kg]

정답　01 ③　02 ④

**03** 다음 중 습식 집진장치의 종류가 아닌 것은?

① 유수식　　② 가압수식
③ 백필터식　　④ 회전식

- 습식집진 장치 : 유수식, 회전식, 가압수식
- 건식집진 장치 : 중력식, 원심식, 여과식, 관성력식

**04** 보일러의 용량(ton/h)이 최소 얼마 이상이면 유량계를 설치해야 하는가?

① 0.5　　② 1
③ 1.5　　④ 2

**유량계**
유체가 흐르는 양을 측정하기 위하여 사용되는 계측장치로 교축에 의한 차압이나 유속분포, 용적을 이용하여 측정한다. 시간당 1[t/h] 이상의 보일러에서는 급수·급유 유량계를 설치하여야 하며, 유량계전에는 여과기를 설치한다. 온수 보일러나 난방전용 보일러로서 2[t/h] 미만의 보일러는 급유량계를 $CO_2$ 측정 장치로 바꾸어 사용할 수 있다.

**05** 보일러 설치 시 유의사항으로 틀린 것은?

① 보일러의 저부하 운전을 방지하기 위해 사용압력은 특별한 경우 최고사용압력을 초과할 수 있도록 설치해야 한다.
② 기초가 약하여 내려앉거나 갈라지지 않아야 한다.
③ 수관식 보일러의 경우 전열면을 청소할 수 있는 구멍이 있어야 한다.
④ 강구조물은 빗물이나 증기에 의하여 부식이 되지 않도록 적절한 보호조치를 하여야 한다.

① 보일러의 사용 압력은 특별한 경우에도 그 최고사용압력을 초과하지 않도록 설치하여야 한다.

**06** 보일러의 매연을 털어내는 매연분출장치의 종류가 아닌 것은?

① 롱 리트랙터블(long retractable)형
② 숏 리트랙터블(short retractable)형
③ 정치 회전형
④ 튜브형

**수트 블로워(Soot Blower)**
전열면에 부착된 그을음을 제거하는 장치로 증기분사·공기분사·물분사 형식이 있으며 주로 수관식 보일러에 사용된다.
- 종류
  ① 롱 리트랙터블형(장발형)
  ② 숏 리트랙터블형(단발형)
  ③ 건타입형
  ④ 로터리형(정치 회전형)
  ⑤ 에어히터클리너형

**정답** 03 ③　04 ②　05 ①　06 ④

**07** 다음 중 유량조절 범위가 넓은 오일 연소용 버너는?

① 고압기류식 버너  ② 저압공기식 버너
③ 유압식 버너  ④ 회전식 버너

**유류버너의 유량조절 범위**

| 버너의 종류 | 유량조절 범위 |
|---|---|
| 유압식 | 환류식(1:3), 비환류식(1:6) |
| 저압공기식 | 1:5~1:6 |
| 고압기류식 | 1:10 |
| 회전분무식 | 1:5 |
| 건타입 | – |
| 증발식 | 1:4 |

**08** 효율이 80%인 보일러가 연소 150kg/h를 사용할 경우 손실열량(kcal/s)은? (단, 연료의 저위발열량은 8,800 kcal/kg이다)

① 49.3  ② 58.8
③ 68.7  ④ 73.3

**보일러 효율**

$\eta = \dfrac{G(h''-h')}{Gf \times H_l} \rightarrow \eta = \dfrac{Q}{Gf \times H_l}$

$\rightarrow Q = \eta \times Gf \times H_l$
$\rightarrow Q_l = (1-\eta) \times Gf \times H_l$
$= (1-0.8) \times 150 \times 8,800$
$= 264,000 [kcal/h]$

$\therefore \dfrac{264,000}{3,600} = 73.33 [kcal/s]$

여기서, $G$ : 증기발생량(급수량)[kg/h]
$h''$ : 발생증기엔탈피[kcal/kg]
$h'$ : 급수엔탈피[kcal/kg]
$Gf$ : 연료사용량[kg/h]
$H_l$ : 저위발열량[kcal/kg]

**09** 보일러 안전밸브의 크기는 호칭지름 25A 이상이어야 하나, 보일러 크기나 종류에 따라 20A 이상으로 할 수 있다. 호칭지름 20A 이상으로 할 수 있는 경우의 보일러가 아닌 것은?

① 최대 증발량 5t/h 이하의 관류 보일러
② 최고사용압력 0.1MPa 이하의 보일러
③ 전열면적 10m² 이하의 보일러
④ 소용량 강철제보일러

안전밸브 및 압력방출장치의 지름은 25A 이상으로 한다. 단, 다음의 경우는 20A 이상으로 할 수 있다.
① 최고사용압력 0.1MPa(1kgf/cm²) 이하의 보일러
② 최고사용압력 0.5MPa(5kgf/cm²) 이하의 보일러로 동체의 안지름이 500mm 이하이며 동체의 길이가 1,000mm 이하인 보일러
③ 최고사용압력 0.5MPa(5kgf/cm²) 이하의 보일러로 전열면적 2m² 이하인 보일러
④ 최대증발량 5t/h 이하의 관류 보일러
⑤ 소용량강철제 보일러, 소용량주철제보일러

**정답** 07 ① 08 ④ 09 ③

**10** 공기예열기에 대한 설명으로 옳은 것은?

① 공기예열기를 설치하여도 연도에서 흡입하는 압력이 있으므로 운전에는 영향이 없다.
② LNG가스를 이용하는 경우에 산로점의 문제 때문에 배기가스 온도를 130℃ 이상을 유지한다.
③ 연소 공기의 온도가 올라가면 배기가스 중의 NOx의 농도가 상승할 수 있으므로 주의가 요구된다.
④ 공기예열기는 기체인 공기를 가열하므로 동일한 열량의 급수예열기에 비해 전열면적이 작다.

① 공기예열기를 설치하면 통풍저항이 증가하여 통풍력이 저하한다.
② LNG의 경우 황(S) 등의 불순물을 함유하지 않으므로 배기가스온도를 낮추어도 문제가 없다.
④ 공기의 비열은 물에 비해 작으므로 동일한 열량의 급수예열기에 비해 공기예열기의 전열면적은 커져야 한다.

**11** 보일러에 사용되는 자동제어계의 동작순서로 옳은 것은?

① 검출 → 비교 → 판단 → 조작
② 조작 → 비교 → 판단 → 검출
③ 판단 → 비교 → 검출 → 조작
④ 검출 → 조작 → 판단 → 비교

**자동제어계의 동작순서**
검출 → 비교 → 판단(조절) → 조작

**12** 열손실 난방부하와 관계가 없는 것은?

① 열관류율(kcal/m²·h·℃)
② 예열부하계수
③ 전열면적(m²)
④ 온도차(℃)

**난방부하의 계산**
벽체, 천장, 바닥, 유리창, 층간벽 및 환기 등에 의한 총열손실을 난방부하라 보고 계산한다.
$Q = K \cdot F \cdot \triangle T \cdot k$
여기서, $K$ : 열관류율[kcal/m²h℃]
$F$ : 면적[m²]
$\triangle T$ : 온도차[℃]
$Q$ : 열량[kcal/h]
$k$ : 방위계수

정답  10 ③  11 ①  12 ②

**13** 보일러에서 연돌의 자연 통풍력을 증대하는 방법으로 옳은 것은?

① 연돌의 높이를 짧게 한다.
② 연돌의 단면적을 작게 시공한다.
③ 연돌 내부, 외부 온도차를 작게 한다.
④ 연도의 길이를 짧게 한다.

**통풍력 증가 방법(자연통풍)**
• 연돌의 높이를 높인다.
• 배기가스 온도를 높인다.
• 연도의 길이를 짧게 하고 굴곡부를 줄인다.
• 연돌 상부단면적을 크게 한다.

**14** 다음 중 보일러의 안전장치 종류가 아닌 것은?

① 방출밸브  ② 가용마개
③ 드레인 콕  ④ 수면고저경보기

**안전장치의 종류**
안전밸브 및 방출밸브, 가용전(가용마개), 방폭문, 화염검출기, 압력제한기 및 압력조절기, 고저수위 경보장치

**15** 기체연료의 특징에 대한 설명으로 틀린 것은?

① 연소효율이 높고 소량의 공기로도 완전연소가 가능하다.
② 연소가 균일하고 연소조절이 용이하다.
③ 가스폭발 위험성이 있다.
④ 유황 산화물이나 질소 산화물의 발생이 많다.

**기체연료의 특징**
① 점화나 소화가 용이하다.
② 연소 효율이 높고 자동제어가 용이하다.
③ 적은 공기비로 완전연소가 가능하다.
④ 황분 및 회분이 거의 없어 공해 및 전열면의 오손이 적다.
⑤ 누설 시 화재 및 폭발의 위험이 크다.
⑥ 수송 및 저장이 어렵다(수송 및 저장시 고도의 기술력이 필요하다).
⑦ 가격이 비싸고, 시설비가 많이 든다.

**16** 태양열 보일러가 80W/m²의 비율로 열을 흡수한다. 열효율이 75%인 장치로 10kW의 동력을 얻으려면 전열면적(m²)은 얼마나 되어야 하는가?

① 216.7  ② 166.7
③ 149.1  ④ 52.8

공급열량(태양열보일러열량×전열면적)
= 사용열량(장치동력/효율)

$$\rightarrow 0.08 \times F = \frac{10}{0.75}$$

$$\therefore F = \frac{10}{0.08 \times 0.75} = 166.66[m^2]$$

**정답** 13 ④  14 ③  15 ④  16 ②

**17** 강철제보일러의 전열면적이 14m² 이하이고, 최고사용압력이 0.35 MPa 이하일 때, 설치 시공 후 실시하는 수압시험압력은 얼마이어야 하는가?

① 최고사용압력의 2배
② 최고사용압력의 1.3배
③ 최고사용압력의 1.5배
④ 최고사용압력의 1.3배 + 0.3MPa

**강철제 보일러 수압시험 압력**
① 보일러의 최고사용압력이 0.43MPa 이하일 때에는 그 최고사용압력의 2배로 한다.
② 보일러의 최고사용압력이 0.43MPa 초과 1.5MPa 이하일 때에는 그 최고사용압력의 1.3배에 0.3MPa를 더한 압력으로 한다.
③ 보일러의 최고사용압력이 1.5MPa를 초과할 때에는 그 최고사용압력의 1.5배로 한다.

**18** 다음 중 저위발열량($H_L$)을 구하는 식은? (단, $H_h$ = 고위발열량(kcal/kg), h = 연료 1kg 중의 수소량(kg), w = 연료 1kg 중의 수분량(kg)이다)

① $H_L = H_h - 600(H + 9W)$
② $H_L = H_h - 600(H - 9W)$
③ $H_L = H_h - 600(9H + W)$
④ $H_L = H_h - 600(9H - W)$

- 고위발열량 : $H_h = H_L + 600(9H + W)$
- 저위발열량 : $H_L = H_h - 600(9H + W)$

**19** 난방방식에 대한 설명으로 옳은 것은?

① 증기난방은 증발잠열을 이용하는 난방법으로 방열량을 조절할 수 있다.
② 중력환수식 증기난방법에서 리프트피팅(lift fitting)을 적용하면 환수를 위쪽으로 끌어 올릴 수 있다.
③ 온수난방은 예열시간이 짧으므로 반응이 빠르지만 방열량을 조절할 수 없다.
④ 복사난방은 쾌감도는 좋으나 하자발생 여부르 확인하기 어렵고 부하변동에 따라 즉각적인 대응이 어렵다.

① 증기난방은 증발잠열을 이용하는 난방법으로 방열량 조절이 어렵다.
② 리프트피팅(lift fitting)은 진공환수식 증기난방법에서 환수관 도중에 입상관이 있는 경우 물을 흡상하기 위해 설치하는 배관방법이다.
③ 온수난방은 예열시간이 길어 예열부하가 크지만, 난방부하의 변동에 대응하기 좋다(방열량 조절이 용이하다).

정답 17 ① 18 ③ 19 ④

**20** 증기난방 설비 중 진공환수식 응축수 회수 방법에 대한 설명으로 틀린 것은?

① 환수관 내 유속이 다른 환수방식에 비해 빠르고 난방효과가 크다.
② 대규모 난방에 적합하다.
③ 공기 빼기 밸브를 부착해야 한다.
④ 환수관의 관경을 작게 할 수 있다.

**진공환수식 증기난방 특징**
① 중력, 기계 환수보다 순환속도가 빠르다.
② 기울기(구배)에 구애를 받지 않는다.
③ 방열량을 광범위하게 조절할 수 있다.
④ 환수관의 관지름을 작게 할 수 있다.
⑤ 버큠브레이커를 사용하여 진공을 일정하게 유지해야 한다.
(진공도 : 100~250mmHg·v)
⑥ 방열기 설치장소에 제한을 받지 않는다.

**21** 다음 중 고압(50~300kg/cm$^2$)에서 레이놀즈수가 클 때, 유체의 유량 측정에 가장 적합한 유량계는?

① 플로우 노즐 유량계  ② 오리피스 유량계
③ 벤튜리 유량계  ④ 피토우 유량계

**플로우 노즐(flow nozzle) 유량계의 특징**
① 고속, 고압의 유량측정에 적당하다.
② 레이놀즈수가 높을 때 사용한다.
③ 레이놀즈수가 낮아지면 유량계수가 감소한다.
④ 침전물의 영향이 오리피스보다 적은 편이다.
⑤ 오리피스보다 구조가 복잡하고, 설계 및 가공이 어렵다.
⑥ 가격, 압력손실이 차압식 유량계 중 중간 정도이다.

**22** 다음 중 방열기(radiator)의 사용 재질로 가장 거리가 먼 것은?

① 주철  ② 강
③ 알루미늄  ④ 황동

**방열기 사용재질**
① 주철 : 주형 방열기, 벽걸이형 방열기
② 강 : 대류형 방열기(콘벡터, 베이스보드히터)
③ 알루미늄 : 알루미늄 방열기

정답  20 ③  21 ①  22 ④

**23** 지역난방의 특징에 대한 설명으로 틀린 것은?

① 각 건물에 보일러를 설치하는 경우에 비해 각 건물의 유효면적이 증대된다.
② 각 건물에 보일러를 설치하는 경우에 비해 열효율이 좋아진다.
③ 설비의 고도화에 따라 도시매연이 감소된다.
④ 열매체로 증기보다 온수를 사용하는 것이 관내 저항 손실이 적으므로 주로 온수를 사용한다.

**지역난방**
열공급 시설에 고압의 증기 및 고온수를 생산하여 일정지역을 대상으로 집단 공급하는 난방방식이다.
① 장점
  • 대규모 설비로 인한 우수한 장치의 확보로 열설비의 고효율화, 대기오염의 방지 효과를 얻을 수 있다.
  • 한 곳에 집중적으로 설비하므로 건물 공간을 유효하게 사용할 수 있다.
  • 폐열 회수 및 쓰레기 소각 등으로 연료비를 절감할 수 있다.
  • 작업인원의 절감으로 인건비를 절약할 수 있다.
  • 고압의 증기 및 고온수이므로 관지름을 적게 할 수 있다.
② 단점
  • 시설비가 많이 든다.
  • 설비가 길어지므로 배관의 열손실이 크다.
  • 고압의 증기, 고온의 온수를 사용하므로 취급에 어려움이 따른다.

**24** 보일러 안전관리 수칙에 대한 설명으로 가장 거리가 먼 것은?

① 안전밸브 및 저수위 연료차단장치는 정기적으로 작동 상태를 확인한다.
② 연소실 내 잔류가스 배출을 위해 댐퍼의 개방상태를 확인한다.
③ 보일러 연소상태를 수시 확인하고 적정 공기비를 유지한다.
④ 급수온도를 수시로 점검하여 온도를 80℃ 이상으로 유지한다.

④ 보일러 급수펌프의 특성 상 급수온도는 80[℃] 이하로 유지해야 한다. 급수온도가 너무 높은 경우 급수펌프에 캐비테이션이 발생하고 급수불능이 발생할 수 있다.

정답 23 ④ 24 ④

**25** 연료의 연소 시 과잉 공기량에 대한 설명으로 옳은 것은?

① 실제 공기량과 같은 값이다.
② 실제 공기량에서 이론 공기량을 뺀 값이다.
③ 이론 공기량에서 실제 공기량을 뺀 값이다.
④ 이론 공기량과 실제 공기량을 더한 값이다.

> 과잉 공기량은 이론공기량보다 더 많이 공급된 공기로 실제공기량에서 이론공기량을 뺀 값과 값을 나타낸다.

**26** 여러 가지 물리량에 대한 설명으로 틀린 것은?

① 밀도는 단위체적당의 중량이다.
② 비체적은 단위중량당의 체적이다.
③ 비중은 표준 대기압에서 4℃ 물의 비중량에 대한 유체의 비중량의 비(比)이다.
④ 유체의 압축률은 압력변화에 대한 체적변화의 비(比)이다.

> 밀도는 단위 체적당 질량이다.
> • 밀도의 단위 : [kg/m³], [g/L]

**27** 보일러의 건조보존법에서 질소가스를 사용할 때 질소가스의 보존압력(MPa)은?

① 0.06  ② 0.3
③ 0.12  ④ 0.015

> 질소가스 봉입보전법의 경우 질소가스 압력은 0.06MPa(0.6kg/cm²)정도로 보존한다.

**28** 다음 중 보일러 손상의 종류와 발생 부위에 대한 연결로 틀린 것은?

① 압궤 : 노통 또는 화실
② 팽출 : 수관, 동체
③ 균열 : 리벳구멍, 플랜지 이음부
④ 수격작용 : 증기트랩 또는 기수분리기

> **수격작용**
> 배관 내부에 체류하는 응축수가 송기 시 고온·고압의 증기에 이해 배관을 심하게 타격하는 현상으로 소음이 발생되며 심할 경우 배관 및 밸브류가 파손될 수 있다.

정답  25 ②  26 ①  27 ①  28 ④

**29** 캐리오버(carry over)의 방지책이 아닌 것은?

① 보일러수의 염소이온을 높여야 한다.
② 수면이 비정상으로 높게 유지되지 않도록 한다.
③ 압력을 규정압력으로 유지해야 한다.
④ 부하를 급격히 증가시키지 않는다.

> **캐리오버(기수공발 : carry over)**
> 본체 내에서 보일러수 농축, 포밍, 프라이밍 등으로 인해 발생한 습증기가 주증기밸브 개방 시 증기관으로 유입되는 현상
>
> **캐리오버 방지대책**
> ① 보일러수를 농축되지 않게 한다.
> ② 보일러수 중의 불순물을 제거한다.
> ③ 과부하가 되지 않도록 한다.
> ④ 비수방지관을 설치한다.
> ⑤ 주증기 밸브를 급개하지 않는다.
> ⑥ 수위를 고수위로 하지 않는다.
> ⑦ 압력을 규정압력으로 유지해야 한다.
> ⑧ 부하를 급격히 증가시키지 않는다.

**30** 급수예열기의 취급방법으로 틀린 것은?

① 바이패스 연도가 있는 경우에는 연소가스를 바이패스 시켜 물이 급수예열기 내를 유동하게 한 후 연소가스를 급수예열기 연도에 보낸다.
② 댐퍼조작은 급수예열기 연도의 입구댐퍼를 먼저 연 다음 출구댐퍼를 열고 최후에 바이패스 댐퍼를 닫는다.
③ 바이패스 연도가 없는 경우에는 순환관을 이용하여 급수예열기 내의 물을 유동시킨다.
④ 순환관이 없는 경우에는 적정량의 보일러수의 분출을 실시한다.

> ※ 보기② 댐퍼조작은 급수예열기 연도의 출구 댐퍼를 먼저 연 다음 입구 댐퍼를 열고 최후에 바이패스 댐퍼를 닫는다.
>
> **급수예열기(절탄기) 설치시 댐퍼 조작 순서**
> ① 급수예열기(절탄기) 급수 유동
> ② 주연도 급수예열기(절탄기) 출구 댐퍼를 연다.
> ③ 주연도 급수예열기(절탄기) 입구 댐퍼를 연다.
> ④ 바이패스 연도 입구 댐퍼를 닫는다.
> ⑤ 바이패스 연도 출구 댐퍼를 닫는다.

**31** 인젝터의 급수 불량원인으로 가장 거리가 먼 것은?

① 노즐이 마모된 경우
② 급수온도가 50℃ 이상으로 높은 경우
③ 증기압이 4kg/cm² 정도로 낮은 경우
④ 흡입관에 공기유입이 유입된 경우

> **인젝터 작동불능 원인**
> ① 부품(노즐)이 마모되었을 때
> ② 인젝터 과열 시
> ③ 급수온도가 높을 때(50℃ 이상)
> ④ 체크밸브 고장 시
> ⑤ 증기압이 너무 낮거나(2kgf/cm² 이하), 높을 때(10kgf/cm² 이상)
> ⑥ 증기 속에 수분이 많을 때
> ⑦ 흡입관에 공기가 유입된 경우

정답 29① 30② 31③

**32** 보일러 내부에 부착된 페인트, 유지, 녹 등을 제거하기 위해 사용되는 약품은?

① 탄산소다($Na_2CO_3$)  ② 히드라진($N_2H_4$)
③ 염화칼슘($CaCl_2$)  ④ 탄산마그네슘($MgCO_3$)

- 소다보링 : 신설보일러 설치 중 부착된 페인트, 유지, 녹 등을 제거하기 위해 동 내부에 소다계통의 약액을 넣고 2~3일간 끓여 반복 분출한다.
- 사용약액 : 탄산소다(탄산나트륨), 가성소다(수산화나트륨), 제3인산소다(제3인산나트륨), 아황산소다(아황산나트륨) 등

**33** 순수한 물 1lb(파운드)를 표준대기압서 1°F 높이는데 필요한 열량을 나타낼 때 쓰이는 단위는?

① Chu  ② MPa
③ Btu  ④ kcal

- 1[kcal] : 물 1[kg]을 1[℃] 올리는데 필요한 열량
- 1[Btu] : 물 1[lb]를 1[°F] 올리는데 필요한 열량
- 1[Chu] : 물 1[lb]를 1[℃] 올리는데 필요한 열량

**34** 보일러의 건식보존 시 사용되는 약품이 아닌 것은?

① 생석회  ② 염화칼슘
③ 소석회  ④ 활성알루미나

보일러의 건식보존 시 사용되는 약품(흡수제)
생석회, 실리카겔, 염화칼슘, 활성알루미나, 오산화인

**35** 기체의 정압비열과 정적비열의 관계에 대한 설명으로 옳은 것은?

① 정압비열이 정적비열보다 항상 작다.
② 정압비열이 정적비열보다 항상 크다.
③ 정적비열과 정압비열은 항상 같다.
④ 정압비열은 정적비열보다 클 수도 있고 작을 수도 있다.

정압비열($C_p$)이 정적비열($C_v$) 보다 항상 크기 때문에 비열비 $k = \dfrac{C_p}{C_v}$ 는 항상 1보다 크다.

정답 32 ① 33 ③ 34 ③ 35 ②

**36** 수관이나 동저부에 고열의 연소가스가 접촉하여 파열이 진행되는 순서는?

① 과열 → 가열 → 팽출 → 변형 → 파열
② 과열 → 가열 → 변형 → 팽출 → 파열
③ 가열 → 과열 → 팽출 → 변형 → 파열
④ 가열 → 과열 → 변형 → 팽출 → 파열

**연소가스 접촉에 의한 파열 진행순서**
가열 → 과열 → 변형 → 팽출 → 파열

**37** 액체 속에 잠겨 있는 곡면에 작용하는 합력을 구하기 위해서는 수평 및 수직분력으로 나누어 계산해야 한다. 이중 수직분력에 관한 설명으로 옳은 것은?

① 곡면에 의해서 배제된 액체의 무게와 같다.
② 곡면의 수직 투영면에 비중량을 곱한 값이다.
③ 중심에서 비중량, 압력, 면적을 곱한 값이다.
④ 곡면 위에 있는 액체의 무게와 같다.

**곡면에 작용하는 힘**
① 수평분력($F_x$) : 곡면의 수평투영 면적에 작용하는 힘
 ($F$(힘)$= P$(압력)$\times A$(면적))
② 수직분력($F_y$) : 곡면의 수직방향에 실려 있는 액체의 무게와 같다.

**38** 유체의 원추 확대관에서 생기는 손실수두는?

① 속도에 비례한다.
② 속도에 반비례한다.
③ 속도의 제곱에 비례한다.
④ 속도의 제곱에 반비례한다.

**원추 확대관 손실수두**
$$h_L = \zeta \frac{(V_1 - V_2)^2}{2g}$$
여기서, $V_1$ : 확대 전 유속
 $V_2$ : 확대 후 유속
 $\zeta$ : 손실계수

**39** 압력이 100kg/cm²인 습증기가 있다. 포화수의 엔탈피가 334kcal/kg 이고, 건조포화증기 엔탈피가 652 kcal/kg, 건조도가 80%일 때, 이 습증기의 엔탈피(kcal/kg)는?

① 427  ② 575
③ 588  ④ 641

① 감압 전 습포화 증기의 엔탈피
$h_a = x(h'' - h') + h'$
 $= 0.8(652 - 334) + 334$
 $= 588.4$[kcal/kg]

정답 36 ④ 37 ④ 38 ③ 39 ③

**40** 중유 연소 시 노내의 상태가 밝고 공기량이 과다할 때 화염의 색깔은?

① 보라색　　② 회백색
③ 오렌지색　④ 적색

**화염의 형태 및 불빛에 의한 연소상태**
① 공기량이 많은 경우 : 화염이 짧고 회백색이며 연소실 내가 밝다.
② 공기량이 적은 경우 : 화염이 암적색이며 연기가 생겨 연소실 내가 보이지 않는다.
③ 공기량이 적당한 경우 : 화염은 엷은 주황색이며 연소실 내가 잘 보인다.

**41** 다음 중 중성 내화 벽돌에 속하는 것은?

① 탄소질　　② 규석질
③ 마그네시아질　④ 샤모트질

- 산성 내화물 : 납석질, 점토질, 규석질, 반규석질, 지르콘질, 탄화규소질 등
- 염기성 내화물 : 마그네시아질, 돌로마이트질, 크롬-마그네시아질, 고점감람석질 등
- 중성내화물 : 고산화알루미늄질, 크롬질, 스피넬질, 탄소질 등
- 부정형 내화물 : 캐스터블, 플라스틱, 래밍믹스, 내화 피복제, 내화 몰타르 등

**42** 배관에 설치하는 신축 이음쇠의 종류가 아닌 것은?

① 루프형　　② 벨로우즈형
③ 스위블형　④ 게이트형

**신축이음**
열팽창에 의한 관의 파열을 막기 위하여 설치한다.
① 슬리브형 : 미끄럼 이음이라고도 하며 슬리브 양쪽에 배관을 삽입해 신축을 흡수한다.
② 벨로우즈형 : 주름통을 이용하여 신축을 흡수하는 장치, 펙레스 이음이라고도 한다.
③ 스위블형 : 2개 이상의 엘보를 이용한 저압 난방용 신축이음쇠이다.
④ 루프형 : 만곡관이라고도 부르며 옥외 고압 배관용으로 사용된다.

정답 40 ② 41 ① 42 ④

**43** 주철의 일반적인 특징에 대한 설명으로 옳은 것은?

① 주철은 강에 비해 용융점이 높고 유동성이 나쁜 특성을 지니고 있다.
② 가단 주철은 마그네슘, 세륨 등을 소량 첨가하여 구상 흑연으로 바꿔서 연성을 부여한 것이다.
③ 흑연이 비교적 다량으로 석출되어 파면이 회색으로 보이고 흑연은 보통 편상으로 존재하는 것을 반주철이라 한다.
④ 흑연의 형상을 미세, 균일하게 하기 위하여 Si, Ca-Si 분말을 첨가하여 흑연의 핵형성을 촉진시킨 것을 미하나이트 주철이라 한다.

① 주철은 강에 비해 용유점이 낮고 유동성이 좋은 특성을 지니고 있다(주조성 우수).
② 가단주철은 백주철을 열처리하여 그 산화작용에 의하여 가단성을 부여한 것으로 보통 주철보다 점성이 강하고 충격에 잘 견디는 성질이 있다. 흑심가단주철과 백심가단주철로 분류된다.
③ 흑연이 많을 경우 주철의 파단면이 회색을 나타내는 회주철이 되며, 흑연의 양이 적고 대부분 탄소가 시멘타이트($Fe_3C$)의 화합 탄소로 존재할 경우에는 그 면이 흰색으로 나타나는 백주철이 된다(회주철과 백주철이 혼합된 주철을 반주철이라 한다).
※ 미하나이트 주철 : 흑연의 형상을 미세, 균일하게 하기 위하여 Si, Ca-Si 분말을 첨가하여 흑연의 핵형성을 촉진시킨 것 고급 주철의 제품명이다. 공작기계의 안내면, 내연기관 실린더 등에 사용되며 담금질이 가능하다.

**44** 강관용 플랜지와 관과의 부착방법에 따른 분류에 대한 각각의 용도를 설명한 것으로 틀린 것은?

① 웰딩넥형(Welding neck type) – 저압 배관용
② 랩 조인트형(Lap joint type) – 고압 배관용
③ 블라인드형(Blind type) – 관의 구멍 폐쇄용
④ 나사형(Thread type) – 저압 배관용

**웰딩넥형(welding neck type) 플랜지**
관의 팽창과 충격으로부터 보호해 주기 위해 긴 테이퍼의 목(hub)이 있으며 유체의 흐름을 일정하게 할 필요가 있는 20[kg/cm²] 이상의 고압배관에 사용한다.

**45** 에너지이용 합리화법에 따라 검사기관의 장은 검사대상 기기인 보일러의 검사를 받는 자에게 그 검사의 종류에 따라 필요한 사항에 대한 조치를 하게 할 수 있다. 그 조치에 해당되지 않는 것은?

① 기계적 시험의 준비
② 비파괴 검사의 준비
③ 조립식인 검사대상기기의 조립 해체
④ 단열재의 열전도 시험의 준비

**검사에 필요한 조치**
① 기계적 시험의 준비
② 비파괴검사의 준비
③ 검사대상기기의 정비
④ 수압시험의 준비
⑤ 안전밸브 및 수면측정장치의 분해·정비
⑥ 검사대상기기의 피복물 제거
⑦ 조립식인 검사대상기기의 조립 해제
⑧ 운전성능 측정의 준비

정답 43 ④ 44 ① 45 ④

**46** 에너지이용 합리화법 따른 에너지관리지도결과, 에너지 다소비사업자가 개선명령을 받은 경우에는 개선명령일부터 며칠 이내에 개선계획을 수립·제출하여야 하는가?

① 60일　　② 45일
③ 30일　　④ 15일

에너지 다소비사업자가 개선명령을 받은 때는 개선명령일부터 60일 이내 개선계획을 수립하여 산업통상자원부장관에게 제출하고 그 결과를 개선기간 만료일부터 15일 이내에 산업통상자원부장관에게 통보하여야 한다.

**47** 천연고무와 비슷한 성질을 가진 합성고무로서 내열성을 위주로 만들어진 알칼리성이며, 내열도가 −46~121℃ 사이에서 사용되는 패킹재료는?

① 네오프렌　　② 석면
③ 암면　　　　④ 펠트

**네오프렌**
천연고무와 비슷한 성질을 가진 합성고무로서 내유성, 내후성, 내산화성, 내열성 등이 우수하며, 석유용매에 대한 저항이 크고, 내열도는 −46[℃]~121[℃] 범위에서 안정한 패킹재이다.

**48** 규조토질 단열재의 특징에 대한 설명으로 틀린 것은?

① 압축강도(5~30kg/cm²), 내마모성, 내스폴링성이 적다.
② 재가열·수축열이 크다.
③ 안전 사용 온도가 1,300~1,500℃이다.
④ 기공율은 70~80% 정도이며, 350℃ 정도에서 열전도율은 0.12~0.2kcal/m·h·℃이다.

**규조토질 단열재의 특징**
① 압축강도, 내마모성이 적다.
② 재가열 수축율이 크다.
③ 내스폴링성이 작다.
④ 기공율은 70~80[%] 정도이며, 350[℃] 정도에서 열전도율은 0.12~0.2[kcal/mh℃]이다.

**단열재 안전사용 온도**
① 규조토질 단열재 : 800~1,200[℃]
② 점토질 단열재 : 1,200~1,500[℃]

정답  46 ①  47 ①  48 ③

**49** 전동밸브에 대한 설명으로 옳은 것은?

① 회전운동을 링크 가구에 의한 왕복운동으로 바꾸어서 밸브를 개폐한다.
② 고압유체를 취급하는 배관이나 압력용기에 주로 설치한다.
③ 실린더의 왕복운동을 캠장치를 이용하여 회전운동으로 바꾸어 밸브를 개폐한다.
④ 고압관과 저압관 사이에 설치하며 밸브의 리프트를 제어하여 유량을 조절한다.

**전동밸브**
회전운동을 링크(link)기구에 의하여 왕복운동으로 바꾸어서 제어밸브를 개폐한다(각종 유체의 온도, 압력, 유량 등의 작동제어 및 원격조작용으로 사용된다).

**50** 다음 중 아크 용접, 가스 용접에 있어서 용접 중에 비산하는 슬래그 및 금속 입자를 의미하는 용어는?

① 자기 쏠림(magnetic blow)
② 핀치 효과(pinch effect)
③ 굴하 작용(digging action)
④ 스패터(spatter)

**스패터(spatter)**
아크 용접과 가스용접에서 용접중 비산하는 슬래그 및 금속입자가 부착되는 것으로 전류가 높을 때, 용접봉에 습기가 있을 때, 아크 길이가 길 때, 아크 쏠림이 클 때 많이 발생 한다.

**51** 응축수의 부력을 이용해 밸브를 개폐하여 간헐적으로 응축수를 배출하는 증기트랩은?

① 벨로즈 트랩　② 디스크 트랩
③ 오리피스 트랩　④ 버킷 트랩

**버킷 트랩**
기계식 트랩 중 하나로 응축수의 부력을 이용하여 버킷을 작동시킨다.

정답 49 ① 50 ④ 51 ④

**52** 배관의 높이를 관의 중심을 기준으로 표시할 때 표시기호로 옳은 것은? (단, 기준선은 그 지방의 해수면으로 한다)

① EL  ② GL
③ TOP  ④ FL

**치수기입법(높이표시)**
① EL : 배관의 높이를 관의 중심을 기준으로 표시한 것
② TOP : 지름이 서로 다른 관의 높이 표시 방법으로 관 바깥지름의 윗면을 기준으로 표시한 것
③ BOP : 지름이 서로 다른 관의 높이 표시 방법으로 관 지름바깥의 아랫면까지의 높이를 기준으로 표시한 것
④ GL : 포장된 지표면을 기준으로 하여 높이를 표시한 것
⑤ FL : 각층 바닥을 기준으로 하여 높이를 표시한 것

**53** 에너지이용 합리화법에 따라 검사에 불합격한 검사대상기기를 사용한 자에 대한 벌칙기준은?

① 1년 이하의 징역 또는 1천만원 이하의 벌금
② 2년 이하의 징역 또는 2천만원 이하의 벌금
③ 5백만원 이하의 벌금
④ 2천만원 이하의 벌금

**1년 이하의 징역 또는 1천만원 이하의 벌금**
① 검사대상기기의 제조, 설치, 개조, 설치장소 변경, 사용중지 후 재사용하려는 자가 검사를 받지 아니한 때
② 검사에 합격되지 아니한 검사대상기기 사용 정지 명령을 위반한 자

**54** 펌프 등에서 발생하는 진동을 억제하는데 필요한 배관 지지구는?

① 행거  ② 레스트레인트
③ 브레이스  ④ 서포트

① 행거(hanger) : 배관을 위쪽에 걸어 지지하는 장치이다.
② 리스트레인트(restraint) : 관을 지지하며 열팽창에 의한 배관의 운동을 구속 또는 제한하는 관의 지지물
③ 브레이스(brace) : 펌프, 압축기 등에서 발생하는 진동, 서징, 수격작용, 지진 등에 의한 진동, 충격 등을 완화하는 완충기(방진기)가 있다.
④ 서포트(support) : 배관의 중량을 아래에서 위로 떠받쳐 지지하는 장치이다.

정답 52 ① 53 ① 54 ③

55. Ralph M. Barnes 교수가 제시한 동작경제의 원칙 중 작업장 배치에 관한 원칙(Arrangement of the work place)에 해당되지 않는 것은?

① 가급적이면 낙하식 운반방법을 이용한다.
② 모든 공구나 재료는 지정된 위치에 있도록 한다.
③ 적절한 조명을 하여 작업자가 잘 보면서 작업할 수 있도록 한다.
④ 가급적 용이하고 자연스런 리듬을 타고 일할 수 있도록 작업을 구성하여야 한다.

56. 직물, 금속, 유리 등의 일정 단위 중 나타나는 홈의 수, 핀홀 수 등 부적합수에 관한 관리도를 작성하려면 가장 적합한 관리도는?

① c 관리도
② np 관리도
③ p 관리도
④ $\overline{X} - R$ 관리도

57. 어떤 회사의 매출액이 80,000원, 고정비가 15,000원, 변동비가 40,000원일 때 순익분기점 매출액은 얼마인가?

① 25,000원
② 30,000원
③ 40,000원
④ 55,000원

### 동작경제의 원칙
① 신체의 사용에 관한 원칙
- 양손이 동시에 시작하고 동시에 끝나도록 한다.
- 휴식시간을 제외하고 양손이 동시에 쉬어서는 안 된다.
- 양팔은 반대방향, 대칭적인 방향으로 동시에 행한다.

② 작업장의 배치에 관한 원칙
- 공구와 재료는 지정된 위치에 놓여 있어야 한다.
- 가능하다면 낙하식 운반방법을 사용하여야 한다.
- 시각에 가장 적당한 조명을 만들어 주어야 한다.

③ 공구류 및 설비의 설계에 관한 원칙
- 손 이외의 신체부분을 이용하여 손의 노력을 경감시켜야 한다.
- 가능하면 두 개 이상의 기능이 있는 공구를 사용한다.
- 도구와 재료는 가능한 한 다음에 사용하기 쉽게 놓아야 한다.

### c관리도
푸아송분포를 근거로 하며, 미리 정해진 일정 단위 중에 포함된 부적합(결점)수에 의거 공정을 관리한다.

**예** 홈의 수, TV 또는 라디오의 납땜 부적합수 등을 관리하는데 이용된다.

### 손익분기점 매출액
$$BEP = \frac{고정비(F)}{한계이익률} = \frac{고정비(F)}{1 - \frac{변동비(V)}{매출액(S)}}$$

$$= \frac{고정비(F)}{1 - 변동비율}$$

$$\therefore BEP = \frac{15,000}{1 - \frac{40,000}{80,000}} = 30,000$$

정답 55 ④ 56 ① 57 ②

**58** 다음 데이터의 제곱합(sum of squares)은 약 얼마인가?

| 18.8 | 19.1 | 18.8 | 18.2 | 18.4 |
| 18.3 | 19.0 | 18.6 | 19.2 | |

① 0.129　　　　② 0.338
③ 0.359　　　　④ 1.029

**제곱합(S)**
- 평균값
$$\bar{x} = \frac{\sum x_i}{n}$$
$$= \frac{18.8+19.1+18.8+18.2+18.4+18.3+19.0+18.6+19.2}{9}$$
$$= 18.71 = [\bar{x}](계산기)$$

- 제곱합
$$S = \sum(x_i - \bar{x})^2$$
$$= (18.8 - 18.71)^2 + \cdots + (19.2 - 18.71)^2$$
$$= 35.952$$
$$S = \left[\sum x_i^2 - \frac{(\sum x_i)^2}{n}\right]$$
$$= \left[3,151.98 - \frac{168.4^2}{9}\right] = 1.029$$
$$S = (n-1) \times [s_x]^2 = 8 \times [s_x]^2$$
$$= 1.029(계산기)$$

**59** 전수검사와 샘플링검사에 관한 설명으로 맞는 것은?

① 파괴검사의 경우에는 전수검사를 적용한다.
② 검사항목이 많을 경우 전수검사보다 샘플링검사가 유리하다.
③ 샘플링검사는 부적합품이 섞여 들어가서는 안 되는 경우에 적용한다.
④ 생산자에게 품질향상의 자극을 주고 싶을 경우 전수검사가 샘플링검사보다 더 효과적이다.

**전수 검사와 샘플링 검사의 비교**

| 전수 검사 | • 귀금속과 같은 고가품인 경우<br>• 검사비용에 비해 얻는 효과가 큰 경우<br>• 안전에 중대한 영향을 미치는 경우<br>• 부적합품이 1개라도 혼입되면 큰 경제적 손실이 있는 경우 |
|---|---|
| 샘플링 검사 | • 파괴검사인 경우<br>• 검사항목이 많은 경우<br>• 생산자에게 품질 향상의 자극을 주고 싶은 경우<br>• 다수·다량의 생산품으로 어느정도 부적합품의 혼입이 허용되는 경우 |

**60** 국제 표준화의 의의를 지적한 설명 중 직접적인 효과로 보기 어려운 것은?

① 국제간 규격통일로 상호 이익도모
② KS 표시품 수출 시 상대국에서 품질인증
③ 개발도상국에 대한 기술개발의 촉진을 유도
④ 국가 간의 규격상이로 인한 무역장벽의 제거

**국제표준화의 의의**
① 각국 규격의 국제성 증대 및 상호이익 도모
② 국제 간의 산업기술 교류 및 경제거래의 활성화(무역장벽 제거)
③ 각국의 기술이 국제수준에 이르도록 조장
④ 국제 분업의 확립, 개발도상국에 대한 기술개발의 촉진

정답　58 ④　59 ②　60 ②

# M·E·M·O

# 에너지관리기능장 필기

## 교재인증[등업] 방법

▲ 카페 바로가기

**01** 나합격 수험생 지원센터(www.edukang.com)에 가입

**02** 아래 공란에 닉네임 및 이메일 주소 기입

**03** 사진 촬영 후 게시판 목록 중 '**교재구매 인증하기**'에 게시

| 카페 닉네임 | |
|---|---|
| | * 지워지지 않는 펜으로 크게 기입<br>* 중복기입 및 중고도서 등 인증불가 |

- 이론 강의는 무료로 제공되고 기출 강의는 멤버쉽가입 후 제공됩니다.
- 카페 내 공지사항은 필독!!
- 광고 및 욕설 등 카페 분위기를 흐리는 행위는 강퇴사유에 해당됩니다.

---

**나합격 에너지관리기능장** 필기+이론 무료특강

2023년 1월 5일 초판 인쇄 | 2023년 1월 10일 초판 발행

**지은이** 강진규 | **발행인** 오정자 | **발행처** 삼원북스 | **전화** 02-3662-3650, 4650 | **팩스** 02-6280-2650
**등록** 제|2017-000048호 | **홈페이지** www.samwonbooks.com | **ISBN** 979-11-92394-05-3 13500 | **정가** 45,000원
Copyright©samwonbooks.Co.,Ltd.

- 낙장 및 파손된 책은 구입한 서점에서 바꿔드립니다.
- 이 책에 실린 모든 내용, 디자인, 이미지, 편집 형태에 대한 저작권은 삼원북스와 저자에게 있습니다. 허락없이 복제 및 게재는 법에 저촉을 받습니다.